電路學(第四版)

BASIC ELECTRIC CIRCUIT ANALYSIS
FOURTH EDITION

David E. Johnson
John L. Hilburn   原著
Johnny R. Johnson

湯君浩   編譯

U0068902

全華圖書股份有限公司　印行

Fourth Edition

■BASIC ELECTRIC CIRCUIT ANALYSIS

David E. Johnson

Professor Emeritus, Louisiana State University
Science and Mathematics Division
Birmingham-Southern College

John L. Hilburn

President, Microcomputer Systems Inc.

Johnny R. Johnson

Professor Emeritus, Louisiana State University
Department of Mathematics
University of North Alabama

 Prentice-Hall International, Inc.

原　序

　　本書乃為大二學生研習線性網路分析課程所寫。本課程是電機工程系的基本課程，且為學生進一步探討專門領域時首先必須接觸的。對一本教科書而言，不可避免的是要包含其基本主題，同時儘可能的使人容易理解，這也正是我們編寫本書的目的。

　　大多數學生在研讀本課程之前，均已在物理學中，唸過電學和磁學，當然，這背景對讀本課程是很有幫助，然而並非必要的，不過讀過基本微積分的學生，則很容易理解本書內容。本書將很完整的論述電路分析所需的微分方程理論，和適合電路理論的積分概論，至於行列式、高斯消去法和複數理論則列於附錄中。

　　運算放大器將在電阻討論完後立即做介紹，做為本書的內容之一，和電阻、電容、電感一樣，均為本書之基本元件。另外，相依電源和使用運算放大器的結構將先討論，且以後每章也加以討論。

　　為了使讀者瞭解課程內容，本書備有充分的例題，且在每節末提供大量的練習，並附答案。例題均有編號以利查閱。每章尾的習題困難度有深有淺，且在附錄 F 中列有單數題的答案以供學生查對。在練習和習題方面，也已全部做實際上的改變，我們盡量不破壞其實用的方向而尋求更漂亮的答案，像六伏特 而不是 6.128……伏特。

　　大部份習題和有實際元件值的練習也經精心設計與安排，當然，發展完備的刻度網路理論，更能使大部份剩下的網路問題達到實際化。尤其在幅度和相位響應這章，有關濾波器的問題是很實用的，我們將使用運算放大器的主動濾波器和被動濾波器為例題，並選擇一些練習和習題做為本章理論的推廣，在這章，是可選擇性的去掉某些內容的。

本書前九章專注於用辭和時域分析，後九章則討論頻域分析，某些帶有星號的章節在研讀時可刪除，不至於影響本書的連續性，而網路拓樸學這章，我們將取某些重要的主題予以討論。17章和18章分別討論傅立葉和拉普拉氏方法，若這些方法已在其他課程中上過，則可省略此部份的內容。換句話說，我們可直接對電路理論應用傅立葉和拉普拉氏法，而不需採用傳統的微分方程式演繹法。

在第四版，我們仍將維持前三版的基本格式和特色，但在內容上則做更好的修正，尤其是採用雙色印刷來強調重要的方程式和例題，以提高本書的可讀性。爲了讓讀者熟悉電路的計算機解，本書也增加了計算機輔助電路分析程式 SPICE 的相關內容，並在某些章節列出 SPICE 的應用例題，且這些章節尾亦列有電腦輔助習題。

有很多人對本書提供珍貴的幫助和意見。我們要感謝我們的同事和學生們對本書的協助。對 M. E. Van Valkenberg，A. P. Sage，S. R. Laxpati 和 S. K. Mitra 等教授曾審閱第一版手稿，並提供很多有用的內容及建議，在此予以特別感謝。

David E. Johnson

John L. Hilburn

Johnny R. Johnson

譯 者 序

有人說 21 世紀是電的時代，換言之，人類生活的一切事物均將仰賴和電有關的產品，來爲我們提供更便捷舒適的服務。而電的產品常是諸多學科的整合，譬如機械人是由機械、電機控制、電腦和物理整合而成；而電腦更是材料、物理、化學和電機等的充分合作而發展出來的產品，然這些產品的設計有時需仰賴其等效電路的分析，來尋求設計的完美性，因此，電路學這門課程實爲未來各行業的一個基礎。

本書原爲 DAVID E. JOHNSON，JOHN L. HILBURN 和 JOHNNY R. JOHNSON 等三人所合著，其內容包含五大重點：

  (一) 電阻電路理論

  (二) 時域分析方法

  (三) 交流穩態電路理論

  (四) 複頻率與網路函數

  (五) 頻域分析方法

這五大類實涵蓋電路學的所有重要部份，並能建立電機工程系其他課程（如控制、電子學、電子電路……等）的基礎。適於做爲工專及大二學生修習電路學之敎本，且本書之編排簡易而有系統，亦適於具有微分基礎的初學者自修之用。

本書的編譯完成，在此要特別感謝全華圖書公司陳總經理的提攜，以及編輯部全體同仁的鼎力協助；而內人淑華更以她豐富的巧思，爲本書之潤飾及校稿，提供諸多寶貴的意見，在此亦致上我由衷的謝意。

本書之編譯雖經再三推敲與校對，以力求完美，然仍恐有所疏漏之處，尙祈各先進不吝指正，特此誌謝。

湯 君 浩

于靜廬

編輯部序

　　「系統編輯」是我們的編輯方針，我們所提供給您的，絕不只是一本書，而是關於這門學問的所有知識，它們由淺入深，循序漸進。

　　本書譯自 D.E. Johnson、J.L. Hilburn 及 J.R. Johnson 合著之 " Basic Electric Circuit Analysis" 第四版，主要在建立讀者電路理論之基礎，使讀者經由本書的引導及例題的驗證，進而培養分析及設計的能力，內容涵蓋了電路學的重要理論，實為大專電子、電機科系最佳「電路學」教本。

　　同時，為了使您能有系統且循序漸進研習電路學方面叢書，我們以流程圖方式，列出各有關圖書的閱讀順序，以減少您研習此門學問的摸索時間，並能對這門學問有完整的知識。若您在這方面有任何問題，歡迎來函連繫，我們將竭誠為您服務。

相關叢書介紹

書號：05057
書名：最新無刷直流馬達
編譯：孫清華
20K/408 頁/350 元

書號：01012
書名：程序控制與轉換器使用技術
編著：陳福春
20K/400 頁/240 元

書號：05919007
書名：MATLAB 程式設計實務
　　　（附範例光碟片）
編著：莊鎮嘉.鄭錦聰
16K/896 頁/650 元

書號：05851
書名：泛用伺服馬達應用技術
編著：顏嘉男
20K/296 頁/300 元

書號：0375402
書名：自動控制(修訂二版)
編著：蔡瑞昌.陳　維.林忠火
20K/720 頁/550 元

書號：00653
書名：控制電路(Ⅰ)－順序控制
編譯：林桬銘
20K/224 頁/190 元

書號：03238057
書名：控制系統設計與模擬－使用
　　　MATLAB/SIMULINK
　　　（附範例光碟片）(修訂五版)
編著：李宜達
20K/688 頁/550 元

◎上列書價若有變動，請
　以最新定價為準。

流程圖

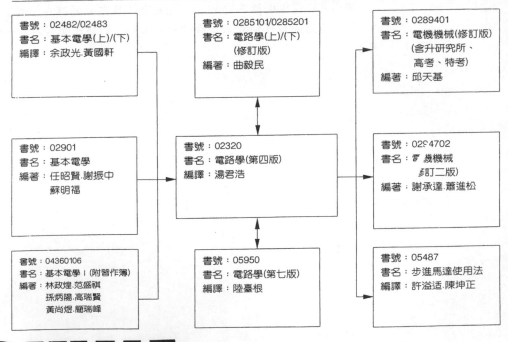

書號：02482/02483
書名：基本電學(上)/(下)
編譯：余政光.黃國軒

書號：0285101/0285201
書名：電路學(上)/(下)
　　　(修訂版)
編著：曲毅民

書號：0289401
書名：電機機械(修訂版)
　　　(含升研究所、
　　　高考、特考)
編著：邱天基

書號：02901
書名：基本電學
編著：任昭賢.謝振中
　　　蘇明福

書號：02320
書名：電路學(第四版)
編譯：湯君浩

書號：0294702
書名：電機機械
　　　(修訂二版)
編著：謝承達.蕭進松

書號：04360106
書名：基本電學Ⅰ(附習作簿)
編著：林政煌.范盛祺
　　　孫炳陽.高瑞賢
　　　黃尚煜.簡瑞峰

書號：05950
書名：電路學(第七版)
編譯：陸臺根

書號：05487
書名：步進馬達使用法
編譯：許溢适.陳坤正

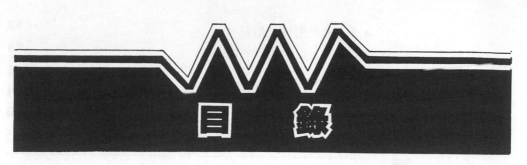

目　錄

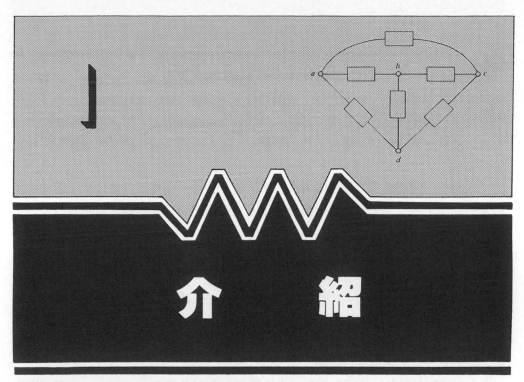

這無止盡的電流循環出現得相當詭異，但它卻是相當眞實且可用手感覺得到。

Alessandro Volta

電路理論的發展是在1800年3月20日Volta 發表他的發明 " 電池 " 的同時才開始。這重大的發明允許Volta製造一個連續穩定的電流，就像以往的來頓瓶或電氣盤裂縫中所產生的電流一樣，不過這電流不具備靜電特性。

Volta 出生於義大利的Como市，當時義大利受奧地利的統治。Volta 於 18 歲那年完成了電實驗，並成爲歐洲著名的電研究員。1782 年他任敎於 Padua 大學的物理系，在那裡他與另一名電研究員 Luigi Galvani （任敎於 Bologna 的 anatomy 大學）發生了電學上的爭論。Galvani 的靑蛙實驗使其相信電流是來自於有機體本身的興奮，但Volta仍強調電流是金屬激發，即電流來自於靑蛙腿部的不同金屬棒。這兩種推論都是正確的，Galvani也因此推論成爲神經學大師。但Volta 的發明能再生電流，並令全球享有電的優點。Volta在他有生之年已是著名人物，拿破崙封他爲法國伯爵及上議院議員。拿破崙失敗後，奧地利允許他恢復義大利身份。人們爲了永記Volta的貢獻，在其死後 54 年，將電動勢的單位命名爲伏特（ Volt ）。

電路分析是電機系學生研讀電機工程主要課程的首先必修，實際上，電機工程的所有分支，像電子、電力系統、通訊系統、旋轉機械和控制理論等，均建立在電路理論上。在電機工程中比電路更基本的概論是電磁場理論，而其中有很多問題是靠等效電路來解，所以對電機工程學生而言，基本電路理論是最重要的課程，此話並不誇張。

在開始研究電路前，我們必須先了解電路是什麼，電路分析是什麼，連接電路數量是什麼，被測量的數量單位為何，以及在電路理論中基本的定義和慣例，而這些正是我們在本章所要討論的。

1.1 定義和單位（DEFINITIONS AND UNITS）

電路或網路是電元件以某些特定方式連接組成的。以後，我們將正式定義電元件，但現在我們只討論圖 1.1 所繪兩端點元件，端點 a 和 b，顯而易見的是為了連接其他元件的。我們有很多熟悉的例子，像電阻、電感、電容、電池、發電機等，這將在以後幾節中予以討論。

大部份複雜電路元件都有兩個以上的端點，像電晶體（transistor）和運算放大器（op amplifier）就是典型例子；當然，一些簡單元件可彼此連接它們的端點，而組成一多端點的包裝（package）。以後，我們將考慮某些多端點元件，但我們主要討論的，仍是簡單的兩端點裝置。

在圖 1.2 是一個六元件組合的電路例子。某些作者由電路至少需包含一個封閉路徑（像 $abca$ 路徑），來區分電路和網路，我們可交替的使用這些術語，但要注意這電路至少必須有一個封閉路徑，否則是缺少其實用意義的。

為了更明確的定義電路元件，我們將必須考慮元件所附帶的數量，像電壓和電

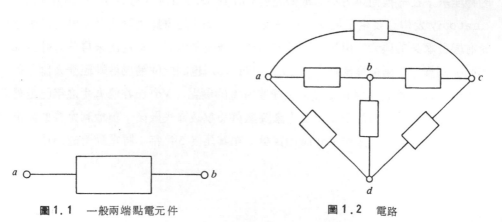

圖 1.1　一般兩端點電元件

圖 1.2　電路

流等，但這些量必須小心定義，而也只有在我們有一標準單位系統，才能使所測量的符合測量的意義。很幸運的，在今天有一標準單位系統，被所有的專業工程協會和大多數工程書作者所採用，本書亦採用在1960年世界權衡與測量會議中所訂定的國際單位系統（簡寫SI）。

SI有六個基本單位，所有其他單位均由它們導出。對電路理論重要的四基本單位為米、仟克、秒和庫倫，剩下兩個基本單位是凱氏溫度和燭光（candela），它們對從事電子設計的物理學家和照明工程師都是很重要的。

SI單位是以永久的和再製的量，非常精確的下定義，而此定義是高度奧秘的，只在某些情況下，原子科學家才能理解的[1]。我們也可注意到，基本單位和英制單位的吋、呎、磅等是很相似的。

SI長度基本單位是米，簡寫m，相對的英制是1吋等於0.0254米，質量基本單位是仟克（kg），時間基本單位是秒（s）；在英制單位，1磅質量等於0.45359237kg，秒在兩個系統中則是相同的。

SI測量電荷的基本單位是庫倫（C），我們將在下一節討論電荷和電流時予以定義。庫倫的名稱是紀念法蘭西科學家、發明家和陸軍工程師Charles Augustin de Coulomb（1736-1806）而取的，他是摩擦學、電學及磁學最早的開拓者。

我們看到所有SI單位均以著名人物命名，其簡寫為大寫字首，另外小寫簡寫亦經常使用。我們可選擇不同於SI的單位去形成基本單位，例如我們可取安培（ampere）（A）來代替庫倫，此時庫倫可視為一導出單位。

在電路理論中，有三個由安培所導出的單位是很有用的，它們被用來測量力、功、能量以及功率。力的基本單位是牛頓（netwon）（N），它是使1kg質量加速1米／秒平方（$1m/s^2$）所需之力，因而$1N=1kg-m/s^2$。而牛頓的命名是為紀念偉大的英國科學家、天文學家和數學家 Isaac Netwon（1642-1727），他的成就在很多課題中被廣泛的應用。

功或能量的基本單位是焦耳（joule）（J），此乃為紀念大英帝國物理學家 Jame.P.Joule（1818-1889），他發現能量不滅定理，並幫助建立熱為能量的一種型式觀念。1焦耳是1N常數力移動1米距離所提供的功，因而$1J=1N-m$。

瓦特（watt）（W）是功率的基本單位，為作功或消耗能量的速度，其定義為1 J/S，乃為紀念製造實用蒸汽引擎設計的蘇格蘭工程師James Watt（1736-

---

註1：完整的基本單位定義可從很多來源獲得，來源之一如C.H.page etal 所著"在建立科學、技術工作上IEEE所推荐的實用單位"（IEEE Spectrum，vol.3，no.3， pp.169-173， March 1966 。）

表 1.1　SI 單位字首

乘 積	字 首	符 號
10^9	十億（Giga）	G
10^6	百萬（Mega）	M
10^3	仟（Kilo）	K
10^{-3}	毫（Milli）	m
10^{-6}	微（Macro）	μ
10^{-9}	奈（Nano）	n
10^{-12}	微微（Pico）	P

1819）而命名的。

在結束單位討論前，我們要指出，SI 單位比英制單位更有利的地方是，對基本單位導入十進位系統方面；在表 1.1 列舉了一些 10 的次方及其簡寫。

舉例說明，我們知道一秒是很短的時間，0.1 或 0.01 秒是更短的；但現在某些應用上，如數位電腦，一秒是不實際的大單位，正常使用的應是 1 奈秒（1 ns 或 10^{-9} s），另一典型例子 1 克（g）$=10^{-3}$ 仟克亦是如此。

例題 1.1

1972 年奧林匹克運動會七面金牌得主馬克史畢斯游 100 米的時間為 51.22 秒。試以每小時哩來表示他的平均速度。注意

$$1 \text{ m} = \frac{1}{0.0254} \text{ in}$$

$$= \left(\frac{1}{0.0254} \text{ in} \right) \left(\frac{1}{12} \frac{\text{ft}}{\text{in}} \right) \left(\frac{1}{5280} \frac{\text{mi}}{\text{ft}} \right)$$

或

$$1 \text{ m} = 0.00062137 \text{ mi}$$

因此平均速度為

$$\frac{100}{51.22} \frac{\text{m}}{\text{s}} = \left(\frac{100}{51.22} \frac{\text{m}}{\text{s}} \right) \left(0.00062137 \frac{\text{mi}}{\text{m}} \right) \left(3600 \frac{\text{s}}{\text{hr}} \right)$$

$$= 4.37 \text{ mph}$$

注意每一步驟的單位對消可找出轉換過程中所需的參數。

練　習

1.1.1　試以奈秒為單位換算下列各量：(a) 0.4 秒；(b) 20 毫秒；(c) 15 微秒。

答：(a) 4×10^8；(b) 2×10^7；(c) 15,000

1.1.2　求出(a) 22 微秒為多少秒；(b) 1 哩為多少仟米；(c)以常數力 200 μN 推 10 g 物體 50 m 所做的功。

答：(a) 2.2×10^{-5}；(b) 1.609；(c) 10 mJ

1.1.3　1979 年 Sebastian Coe 分別以 1 分 42.4 秒、3 分 49 秒和 3 分 32.1 秒打破 800 米、1 哩和 1500 米徑賽的世界記錄。試對每項記錄以每小時哩來表示。

答：17.5，15.7，15.8

1.1.4　1963 年 Robert Hayes 創造了 100 碼跑 9.1 秒的世界記錄。1988年奧林匹克運動會 Ben Johnson 100 米跑出 9.79 秒的佳績，但他因無法通過藥物檢驗被大會宣告成績不算，而由原第二名的 Carl Lewis 以 9.92 秒的成績獲得該項目的金牌。試以每小時哩來表示三位選手的平均速度。

答：Hayes，22.48；Johnson，22.55；Lewis，22.85

1.2 電荷和電流（CHARGE AND CURRENT）

　　對於物體間重力吸引的問題是我們所熟悉的，它使我們可以站在地球上，也使蘋菓從樹上掉落到地上而不飛向天空，但有些物體彼此間的吸引力和他們的質量是不成正比的，我們也可觀察到有些力不是重力，而是排斥力和吸引力。

　　我們主張物體中存在有正、負兩種電荷，而其所形成的電氣特性，則造成物體間吸引力和排斥力的存在。

　　根據現今理論，得知物質是由原子所組成，而原子則是由很多基本粒子組成的；這些粒子最重要的是質子（正電荷）和在原子核裏發現的中子（中性、不帶電），以及沿著核外軌道移動的電子（負電荷）。正常的原子是電中性的，電子的負電荷與質子的正電荷平衡；而粒子可失去電子形成正電荷，亦可從其他粒子獲得電子而帶負電。

　　例如，我們可摩擦氣球和頭髮，而在氣球上製造負電荷，氣球就可附著在不帶電牆上或天花板上，相對於帶負電氣球，中性牆和天花板是帶正電的。

　　現在，我們定義上節討論的庫倫（C）單位，其一電荷等於 -1.6021×10^{-19} 庫倫；換句話說，1 庫倫是 6.24×10^{18} 個電子。當然這值是很容易疏忽的，在電路理論上，我們可使用更易於運算的數目，像 2 C 等。

我們取 Q 或 q 表示電荷，大寫常表示定數電荷，如 $Q=4C$，小寫常表示時間可變的電荷，以後我們會強調時間因變電荷 $q(t)$，至於在其他電量上，亦包含大小寫含意。

電路主要的用途，是提供電荷移動所需的特定路徑。電荷的流動形成電流，以 i 或 I 表示，其正式定義爲電荷隨時間的變率

$$i = \frac{dq}{dt} \tag{1.1}$$

電流的基本單位是安培(A)，此乃爲紀念建立電磁理論的法國數學家、物理學家 Andre Marie Ampere，1 安培是每秒 1 庫倫。

在電路理論中，電流是正電荷的移動，這習慣是緣自 Benjamin Frankin（1706-1790）猜測電是由正跑向負的。然今我們已了解，金屬導體電流是由脫離金屬原子軌道的電子移動所造成的，因此我們必須區分網路理論中所慣用的電流（conventional current）（正電荷移動）和電子流。

玆舉一例，在圖 1.3 (a)表示線上電流 $I=3A$，即爲線上某特定點通過 $3C/s$，3 A 標示箭頭說明電流是從左向右流動；此情形如圖 1.3 (b)所描述的，一個 $-3C/s$ 或 $-3A$ 的電流從右向左流動。

圖 1.4 表示一普通的電路元件，有一電流從左向右流過，而在時間 t_0 和 t 之間進入元件的總電荷爲(1.1)的積分，其結果爲

$$q_T = q(t) - q(t_0) = \int_{t_0}^{t} i \, dt \tag{1.2}$$

但必須注意的是，我們所考慮的網路元件都是電中性的，即沒有正或負電荷能在元件內累積，也可以說成一正電荷流進，要有一正電荷流出（或相當一負電荷流入）。在圖 1.4 表示電流流入左端點，流出右端點。

例題 1.2

若進入一元件端點的電流爲 $i = 4t$ A，則在時間 $t = 0$ 和 $t = 3$ 秒間進入端點的總電荷爲

$$q = \int_{0}^{3} 4t \, dt = 18 \text{ C}$$

圖 1.3 同電流的兩種表示法

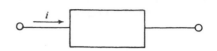

圖 1.4 一普通元件的電流流向

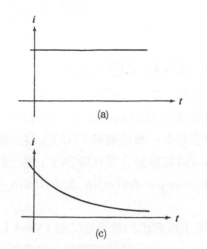

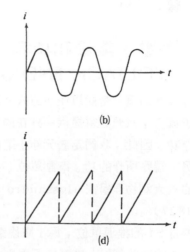

圖 1.5 (a) dc；(b) ac；(c)指數電流；(d)鋸齒形電流

在圖 1.5 表示一些常使用的電流型態，圖 1.5 (a)表示定電流，是直流電或以 dc 表示；圖 1.5 (b)表示交流電或以 ac 表示，爲正弦電流；圖 1.5 (c)和(d)分別表示指數電流和鋸齒形電流。

商業上使用直流電很多，像閃光燈和電子電路的電源供應器，當然 ac 在全世界是最常用的電流；指數電流實際上常出現（不管我們要或不要），開關在充電電路上啓閉一路徑時均會產生；鋸齒波在儀器上很有用，像示波器的螢幕掃描線就是。

練 習

1.2.1 求 0.32042 pC 等於多少電子。

答：2 百萬

1.2.2 若進入一元件端點的總電荷爲

$$q = 4t^3 - 5t \text{ mC}$$

則在 $t = 0$ 和 $t = 2$ 秒時的電流爲多大。

答：-5，43 mA

1.2.3 若進入一端點的電流爲

$$i = 1 + \pi \sin 2\pi t \text{ A}$$

求在 $t = 0$ 和 1.5 s 間進入端點的總電荷。

答：2.5 C

1.3 電壓、能量和功率
（VOLTAGE, ENERGY, AND POWER）

在導線內的電荷是能以任何方式移動的自由電子，因此想要它有一致性的移動（像電子流），我們必須提供一外在的電動勢（electrmotive force）（EMF）在電荷上作功。因此，我們定義元件上電壓爲移動一單位電荷（1C），從一端點穿過元件至另一端點所作的功。電壓單位（有時叫電位差）是伏特（V），爲紀念發明伏特電池的義大利物理學家Alessandro Guiseppe Antonio Anastasio Volta（1745-1827）。

伏特是 SI 的推導單位，爲 1 庫倫電荷上所完成的焦耳功，即 1V＝1 J／C。

圖 1.6 說明我們以 v 或 V 表示電壓，＋、－表示極性的習慣，即端點 A 對端點 B 是正 v 伏特，以電位差觀念是端點 A 比端點 B 高 v 伏特電位；以功的觀念是從 B 向 A 移動一單位電荷需要 1 焦耳功。

某些作者較喜歡以電壓降或電壓昇來描述元件上電壓，參考圖1.6，電壓降 v 伏特發生在從 A 移向 B，反過來電壓昇 v 伏特發生在從 B 移向 A。

茲舉一例，在圖 1.7 (a)和(b)是同電壓的兩種敍述，在(a)內端點 A 比端點 B 高 5 伏特，在(b)內端點 B 比端點 A 高－5 伏特（或低 5 伏特）。

我們可用 v_{ab} 雙符號註解來表示點 a 對點 b 的電位，在此情形下 $v_{ab} = -v_{ba}$，如圖 1.7 (a) $v_{AB} = 5$V 和 $v_{BA} = -5$V。

我們可以能量被提供來說明，即移動電荷穿過一元件所作的功，爲了了解能量是由電路供給元件或由元件供給電路，我們必須知道元件電壓的極性和穿過元件的電流方向；若正電流進入正端點，那外力必須去推動電流，即供給或釋放能量給元件，因而元件吸收能量；若正電流從正端點流出（進入負端點），則元件釋放能量給外接電路。

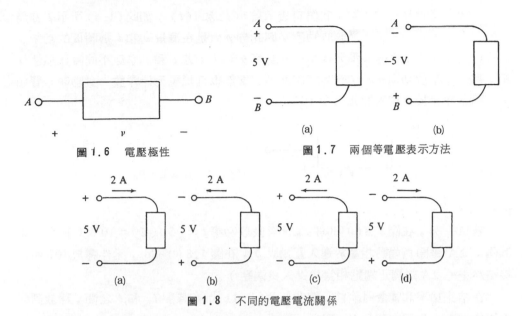

圖 1.6　電壓極性　　　　圖 1.7　兩個等電壓表示方法

圖 1.8　不同的電壓電流關係

　　茲舉一例，在圖 1.8 (a)的元件是吸收能量，正電流進入正端點，在圖 1.8 (b)亦同，在圖 1.8 (c)和(d)正電流進入負端點，所以元件釋放能量。

　　現在我們來考慮釋放能量到電路元件的速率，若元件上電壓是 v，一很小電荷 Δq 從正端點穿過元件移向負端點，那元件吸收能量是 Δw，即

$$\Delta w = v\,\Delta q$$

若流過元件所需時間是 Δt，那功的變化率或能量 w 的消耗率爲

$$\lim_{\Delta t \to 0} \frac{\Delta w}{\Delta t} = \lim_{\Delta t \to 0} v \frac{\Delta q}{\Delta t}$$

或

$$\frac{dw}{dt} = v \frac{dq}{dt} = vi \tag{1.3}$$

而能量消耗率即爲功率 p 的定義，所以

$$p = \frac{dw}{dt} = vi \tag{1.4}$$

觀察（1.4）因次，可知 vi 的單位是（J/C）（C/s）或（J/s）滿足先前瓦特（W）的定義。

　　v 和 i 通常是時間函數，我們可表示爲 $v(t)$ 和 $i(t)$，如此（1.4）所示 p 亦爲時變函數，某些時候稱 p 爲瞬時功率，因此時 p 值是在測量 v 和 i 那瞬間的功率。

　　總之，在圖 1.9 的典型元件是吸收功率 $p=vi$，若 v 和 i（但不同時）極性反相，那元件釋放功率 $p=vi$ 到外接電路上；當然也可以說元件釋放一負功率（譬如 $-10\mathrm{W}$）相當於元件吸收正功率 $10\,\mathrm{W}$。

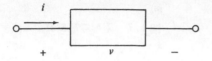

圖 1.9　有電壓、電流的典型元件

例題 1.3

　　玆舉一例，在圖 1.8 (a)和(b)內，元件吸收功率 $p=(5)(2)=10\mathrm{W}$（在圖 1.8 (b)內，2A 離開負端點相當於進入正端點），在圖 1.8 (c)和(d)，元件釋放 10W 到外接電路上（2A 離開正端點相當於進入負端點）。

　　在結束功率和能量討論前，讓我們解(1.4)式 在時間 t_0 和 t 之間，釋放到元件的能量 w，我們有積分上下限 t_0 及 t，

$$w(t) - w(t_0) = \int_{t_0}^{t} vi\, dt \tag{1.5}$$

例題 1.4

　　若圖 1.9 內的電流 $i=2t\,\mathrm{A}$，電壓 $v=6\,\mathrm{V}$，則在時間 $t=0$ 和 $t=2$ 秒間釋放到元件的能量爲

$$w(2) - w(0) = \int_{0}^{2} (6)(2t)\, dt = 24\ \mathrm{J}$$

　　（1.5）式左邊，表示在時間 t_0 和 t 之間，釋放到元件的能量，我們可解釋 $w(t)$ 爲在時間開始和 t 之間釋放到元件的能量，$w(t_0)$ 爲在時間開始和 t_0 之間釋放的能量，我們假設時間開始就是 $t=-\infty$，在這時候釋放到元件的能量爲零，即

$$w(-\infty) = 0$$

假使在（1.5）式中 $t_0 = -\infty$，那從時間開始到 t 釋放的能量公式爲

$$w(t) = \int_{-\infty}^{t} vi\, dt \tag{1.6}$$

這式能符合（1.5）式，又因爲

$$w(t) = \int_{-\infty}^{t} vi \, dt$$

$$= \int_{-\infty}^{t_0} vi \, dt + \int_{t_0}^{t} vi \, dt$$

所以（1.5）和（1.6）式亦可寫成

$$w(t) = w(t_0) + \int_{t_0}^{t} vi \, dt$$

練 習

1.3.1 求 v，若 $i = 6\,\text{mA}$ 及 (a)元件吸收功率 $p = 18\,\text{mW}$，(b)元件釋放功率 $p = 12\,\text{mW}$。

答：(a) 3 V ；(b) $-$ 2 V

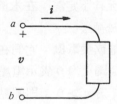

練習 1.3.1

1.3.2 在練習 1.3.1，進入元件 a 端點的電流 $i = 3\,\text{A}$，$v = 6\,\text{V}$，求 (a)元件吸收功率，(b)在時間 $t = 2$ 和 $t = 4\,\text{s}$ 之間釋放到元件的能量。

答：(a) 18 W ；(b) 36 J

1.3.3 一個兩端點元件吸收能量如圖練習 1.3.3 所示，若進入正端點的電流

$$i = 100 \cos 1000\pi t \text{ mA}$$

求在 $t = 1\,\text{ms}$ 和 $t = 4\,\text{ms}$ 時的元件電壓。

答：$-$ 50 ， 5 V

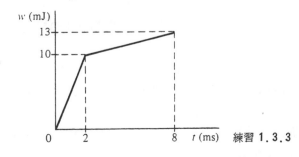

練習 1.3.3

1.4 被動及主動元件
（PASSIVE AND ACTIVE ELEMENTS）

我們考慮元件釋放能量的型態，可以將電路元件區分爲被動和主動兩大範圍。

一個被動電路元件的定義，就是電路其他部份釋放給元件的全部能量，在任何時間都是非負的，即參考（1.6）式，得

$$w(t) = \int_{-\infty}^{t} p(t)\, dt = \int_{-\infty}^{t} vi\, dt \geq 0 \tag{1.7}$$

而圖1.9表示 v、i 極性，從此我們可知電阻、電容和電感是被動元件。

當然主動元件是非被動的，即（1.7）式不能在任何時間內滿足；主動元件的例子包括發電機、電池和需要電源供應的電子裝置等。

我們在此並不準備對不同的被動元件下定義，在本節我們將討論兩個非常重要的主動元件，即獨立電壓源和獨立電流源。

獨立電壓源是兩端點元件，如電池或發電機，它們在端點間維持一特定電壓，此電壓是完全獨立於通過元件的電流。圖1.10表示電壓源符號 v 伏特以及它的極性，它指出端點 a 高於端點 b v 伏特，若 $v > 0$，則端點 a 的電位比端點 b 高；若 $v < 0$，反之亦然。

在圖1.10中，電壓可能是時變的或是常數（以V表示）；在圖1.11中，則是常用來表示定電壓源，譬如跨於兩端點元件的電池電壓 v 伏特，定電壓源的符號我們可使用圖1.10和圖1.11來交替表示。

在圖1.11中，極性符號是多餘的，因極性已被長短線位置所定義，所以以後我們也將省略此極性符號；但在分析電路時，極性符號有時也是很有用的。

獨立電流源是流過特定電流的兩端點元件，此電流完全與元件的電壓無關，圖1.12表示一獨立電流源的符號，i 是特定電流，箭頭則表示電流方向。

獨立電流源經常釋放功率到外接電路，而不吸收功率；若電源的電壓是 v，電流 i 的指向是離開正端點，那電流源是釋放功率 $p = vi$ 到外接電路上；反之，電源吸收功率。例如，在圖1.13 (a)內，電池釋放24W到外接電路，在圖1.13 (b)內電池吸收24W功率，這就相當於充電情形。

在此所討論的電源和以後考慮的電路元件都是理想元件，即元件的數學模式只在某些狀況下接近實際狀況或物理特性。例如，一理想自動電池提供定電壓12V，在理論上不論其連接任何外接電路，它的電流可爲任意值，且能釋放無窮量的功率；當然，這在實際情況下是不可能的，一個實際12V自動電池只在釋放很小電流時

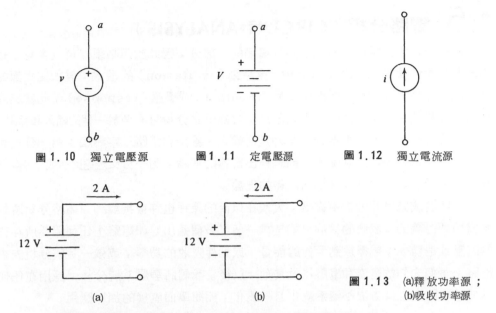

圖 1.10 獨立電壓源　　　圖 1.11 定電壓源　　　圖 1.12 獨立電流源

圖 1.13 (a)釋放功率源；
　　　　 (b)吸收功率源

(a)　　　　　　　　　　(b)

能接近定電壓，若電流超過幾百安培時，電壓就會很明顯的下降。

　　以後，我們將討論實際的電源在何種情況下，能近似理想電源，以及被電路上其他的電壓或電流所控制的相依電壓（或電流）源。

練　　　習

1.4.1 求以下所示電路所供給的功率。

　　答：(a) 36 ；(b) 20 ；(c)－ 24 ；(d)－ 45

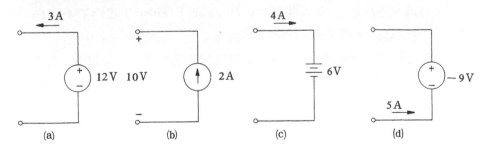

(a)　　　　　　(b)　　　　　　(c)　　　　　　(d)

練習 1.4.1

1.4.2 電壓源的端電壓是 $v = 6 \sin 2t\,\text{V}$ ，若離開正端點電荷是 $q = -2 \cos 2t\,\text{mC}$ 。求在任何時間，電源供給的功率及在時間 0 和 t s內電源所供給的能量。

　　答：$24 \sin^2 2t\,\text{mW}$；$12t - 3 \sin 4t\,\text{mJ}$

1.5 電路分析（CIRCUIT ANALYSIS）

我們應注意到電路分析此字句是書名的一部分，因此我們必須了解其含意。通常電路分析的重點在於輸入（input）或激勵（excitation）的型式，譬如獨立源提供的電壓或電流，和輸入所產生的輸出（output）或響應（response），此輸出或響應可能是電路上某元件的電壓和電流，當然電路分析可有多於一個的輸入和輸出。

電路理論上有兩個主要分支，乃是從輸入、輸出和電路三字導出；第一分支是電路分析，爲給予電路和輸入，討論輸出解答的理論；另一分支是電路合成，爲給予輸入和輸出，討論電路本身如何求得的理論。

網路合成通常比分析更複雜，大家在以後的課程也許會接觸到。電路分析將是本書所要討論的，我們的目的可能是求一個或多個輸出（如電路上任何元件所存在的電壓或電流），或釋放到元件的能量，或元件吸收的功率，或做一完整分析去求電路上每個未知的電流和電壓以及其他。以後，我們將發展系統分析，應用在任何型式的電路上，此方法不僅系統化且一般化，能簡單而直接的加以應用。

＿＿習＿＿題＿

1.1 1960年Don Styron創造了女子220碼跑21.9秒的世界記錄，1988年奧林匹克運動會Florence Griffith Joyner創造了女子200米跑21.34秒的世界記錄。試以每小時哩比較她們的平均速度。

1.2 1954年Roger Bannister首先以3分59.4秒打破1哩賽跑4分鐘的瓶頸。1980年Tatyana Kazankina創造了女子1500米跑3分52.47秒的世界記錄。1985年Mary Decker Slaney 1哩跑了4分16.71秒。試以每小時哩比較她們的平均速度。

1.3 若在時間 t 秒時進入一元件正端點的電荷爲函數 $f(t)$ 庫倫，如下圖所示則求(a)在時間4秒和9秒間流入的總電荷，(b)在8秒時流入的電荷，(c)在1.5秒和8秒時的電流。

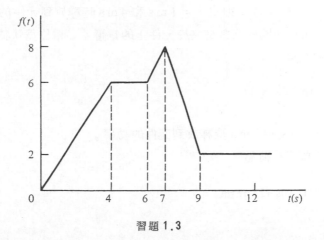

習題 1.3

1.4 若習題 1.3 內的 $f(t)$ 是流入元件的電流，單位為安培，則求在 4 秒和 9 秒間流入元件的總電荷，及 6.5 秒和 8 秒時的電流。

1.5 若習題 1.3 內跨於元件上的電壓為 6 V，則求 $t = 1$、5、8、10 秒時釋放到元件的功率。

1.6 若跨於元件上的電壓為 8 V，進入元件正端點的電流如圖所示，則求 $t = 7 \text{ ms}$ 時釋放到元件的功率，及 0 和 10 ms 間釋放至元件的總電荷和總能量。

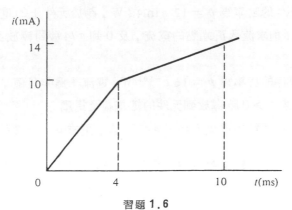

習題 1.6

1.7 若習題 1.6 內的圖形函數是進入元件正端點的電荷量，單位為 mC，且電壓為 6 V，則求(a)在 $t = 2$、5、8 ms 時釋放到元件的功率，(b) $t = 0$ 和 10 ms 間釋放到元件的總能量。

1.8 若習題 1.6 內的圖形函數是跨於元件上的電壓 v，單位為伏特，且進入正

端點的電流爲 $2\,\mathrm{mA}$，則求 $t=1\,\mathrm{ms}$ 和 $4\,\mathrm{ms}$ 時釋放到元件的功率。

1.9 若習題 1.6 內的圖形函數是跨於元件上的電壓 v，單位爲伏特，且流入正端點的電流爲

$$i = 10^{-6}\frac{dv}{dt}\,\mathrm{A}$$

則求 $t=1\,\mathrm{ms}$ 和 $7\,\mathrm{ms}$ 時釋放到元件的功率。

1.10 若進入正端點電荷爲

$$q = 12\cos 125\,\pi t\,\mathrm{mC}$$

電壓爲

$$v = 4\sin 125\,\pi t\,\mathrm{V}.$$

則求 $t=2\,\mathrm{ms}$ 時釋放到元件的功率。

1.11 就習題 1.10，求 $t=0$ 到 $8\,\mathrm{ms}$ 間釋放到元件的能量。

1.12 若釋放到元件的功率爲 $p=24\,e^{-8t}\,\mathrm{mW}$，進入正端點的電荷爲 $q=2-2\,e^{-4t}\,\mathrm{mC}$，則求(a)跨於元件上的電壓，(b)在 $t=0$ 到 0.25 秒間釋放到元件的能量。

1.13 若釋放到元件的功率爲 $p=12\sin 4t\,\mathrm{W}$，跨於元件上的電壓爲 $v=4\sin 2t\,\mathrm{V}$，則求流入正端點的電流，及 0 到 $\pi/4$ 秒間釋放到元件的電荷量。

1.14 若釋放到元件的功率爲 $p=16\,e^{-10t}\,\mathrm{W}$，電流 i 爲非負值，電壓爲 $v=4i\,\mathrm{V}$，則求 $t>0$ 時釋放到元件的總電荷及電壓。

1.15 若流入元件正端點的電流 $i=-4\,e^{-2t}\,\mathrm{A}$，則求(a) $v=2i$，(b) $v=4\dfrac{di}{dt}$，(c) $v=2\displaystyle\int_0^t i\,dt+4$（電壓單位爲伏特）時釋放到元件的功率函數及能量，（其中 $t>0$）。

1.16 若流入元件正端點的電流爲

$$i = 4\sin 2t\,\mathrm{A},\ t>0$$
$$= 0,\ t<0$$

及(a) $v = 2i$,(b) $v = 2\dfrac{di}{dt}$, (c) $v = 2\displaystyle\int_0^t i\,dt\ -4$ (電壓單位爲伏特)

則求 $t > 0$ 時釋放到元件的功率 , 及 $t = 0$ 到 $\dfrac{\pi}{4}$ 秒間釋放到元件的電荷量 。

1.17 若流入元件正端點的電流 $i = -4e^{-2t}$ A , 電壓爲 $v = 8i$ V , 則求 0 到 1 秒間釋放到元件的能量 。

1.18 若跨於元件上的電壓 $v = 6e^{-3t}$ V , 流入元件的電流 $i = 2\dfrac{dv}{dt}$ A , 則求 t 時的釋放功率及 0 到 4 秒間釋放到元件的電荷量 。

1.19 假使電池端電壓 $v = 12$ V 時流入正端點的電流 $i = 0.4$ A 的話 , 就表示電池正在充電 , 即電池在吸收功率而非釋放功率 。求(a)供給電池的能量 , (b) 2 小時內釋放到電池的電荷 。注意單位的一致性 , 即 $1\,V = 1\,J\,/\,C$ 。

1.20 就習題 1.19 (b) , 求 30 分鐘內釋放同樣電荷所需的電流 。

1.21 在習題 1.19 中 , 當 t 從 0 改變到 10 分鐘時 , 電壓 v 是從 6 V 線性地改變 到 18 V 。若在這段期間 $i = 2$ A , 則求(a)釋放到電池的總能量 , (b)釋放到 電池的總電荷 。

1.22 流入一元件的交流電流

$$i = I \sin kt \ A,\ t > 0$$
$$= 0,\ t < 0$$

且此時的電壓 $v = ai$, $a > 0$, 試求
(a)從 0 秒到 T 秒間釋放到元件的能量 。
(b)能在 $T = \pi / K$ 秒內供給相同能量的直流電流 $i = b > 0$ 。

1.23 若流入元件正端點的電流

$$i = a \sin kt \ A,\ t > 0$$
$$= 0,\ t < 0$$

且電壓爲

$$v = b \int_{-\infty}^{t} i \, dt \text{ V}$$

其中 a、b、$k > 0$，試證明在 $-\infty$ 到 $t > 0$ 間釋放到元件的能量爲

$$w = \frac{ba^2}{2k^2} (\cos kt - 1)^2 \text{ J} \qquad (w \geq 0)$$

1.24 令流入元件正端點的電流

$$i = 2 \sin 6t \text{ A}, \, t > 0$$
$$= 0, \, t < 0$$

(a)若電壓 $v = 4 \dfrac{di}{dt}$ V，則證明對所有時間釋放到元件的能量是非負值。

(b)重做(a)小題，其中 $v = 3 \displaystyle\int_{0}^{t} i \, dt$ V。

1.25 重做習題 1.24 (a)，這裡

$$i = 2(e^{-2t} - 1) \text{ A}, \, t > 0$$
$$= 0, \, t < 0$$

1.26 就習題 1.24 (a)，求 $t = \dfrac{\pi}{12}$ 秒時釋放到元件的總電荷，及 $t = \dfrac{\pi}{24}$ 秒時元件吸收的功率。

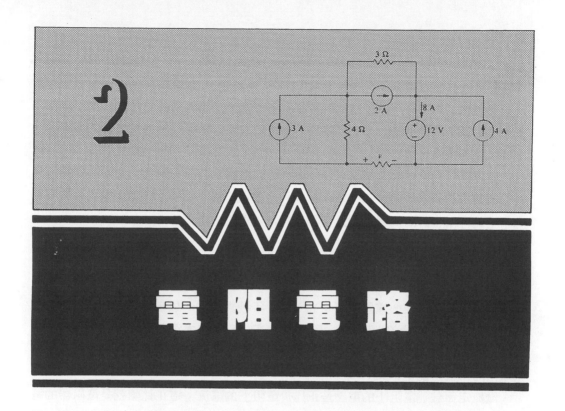

電 阻 電 路

我應該叫第一個爲 " 電張力 " (電壓) ，第二個爲電流 。

André Marie Ampére

　　1820 年 9 月 11 日丹麥物理學家 Hans Christian Oersted 在法國的科學發明學會發表了一篇 " 電流可產生磁效應 " 的重要論文 。學會成員之一 Ampére (法國數學敎授) 對此論文有相當高的興趣 ，並在一星期內重做 Oersted 的實驗 。於實驗中 ，他推得一個數學表示式 ，並發現兩條平行導線內的電流會彼此產生磁力 。

　　Ampére 出生於法國里昂 ，學童時代的他即已讀完其父親所有的藏書 。12 歲那年他被送入里昂圖書館 ，雖然當時著名的數學叢書都是拉丁文 ，但他在未來的數週內即能閱讀拉丁文 。除了兩件個人事件——18 歲那年他父親在法國大革命期間被送上斷頭台 ，及婚後四年漂亮的妻子突然逝世—— 衝擊外 ，Ampére 是一位出色多產的科學家 。他建立了很多電磁學公式 ，他也是電動力學之父 。1881 年人們爲了推崇他的貢獻 ，將電流的單位命名爲 Ampere 。

電阻是最簡單而常用的電路元件，所有電導體均有電阻的特性；電子是電流流過導體時，和導體內原子晶格碰撞而成的；當然碰撞將阻礙電子的移動，碰撞次數愈多，導體電阻也愈大。電阻器是只有電阻特性的裝置，製造電阻器的物質包含金屬合金和碳混合物。

本章首先介紹歐姆定律及網路分析所需的兩個克西荷夫定律，由這些定律的應用，開始單迴路和單節點對（node-pair）電阻網路（由獨立源當做輸入）的電路分析，此外，也討論簡單的測量儀器來探討實際的電阻器。

2.1 歐姆定律（OHM'S LAW）

德國物理學家 Georg Simon Ohm(1787-1854)根據其在 1826 年所完成的實驗，發現電阻的電流-電壓關係，在 1827 年發表論文 " 以數學方式論述流電的電路 "，因而電阻的單位叫做歐姆。事實上，在 46 年前大英帝國化學家Henry Cavendish(1731-1810)就發現了相同的結果，但因爲他沒有發表他的發現，否則電阻的單位可能是卡文（caven）了。

歐姆定律敍述電阻上的電壓是正比於電阻上的電流，這正比值就是電阻器的電阻值，單位爲歐姆。圖 2.1 表示電阻器的電路符號，對圖上所示的電流和電壓，其歐姆定律是

$$v = Ri \qquad (2.1)$$

這裡電阻值 R ≥ 0，單位爲歐姆。

歐姆符號是大寫的希臘字omega（ Ω ），由（2.1）式得 $R = v/i$，即

$$1\ \Omega = 1\ \text{V/A}$$

在某些運用上，如電子電路，歐姆是很不方便的單位，但仟歐姆（kΩ）和百萬歐姆（MΩ）則是常用單位。

例題 2.1

茲舉一例，在圖2.1中若 $R = 3\,\Omega$ 和 $v = 6\text{V}$，則電流

$$i = \frac{v}{R} = \frac{6\ \text{V}}{3\ \Omega} = 2\ \text{A}$$

若 R 改爲 $1\,\text{k}\Omega$，電流是

$$i = \frac{6\ \text{V}}{1\ \text{k}\Omega} = \frac{6\ \text{V}}{10^3\ \Omega} = 6 \times 10^{-3}\ \text{A} = 6\ \text{mA}$$

很明顯的，此過程可靠熟記 $1\ \text{V/k}\Omega = 1\text{mA}$，$1\ \text{V/M}\Omega = 1\ \mu\text{A}$ 來縮短。

若 R 是常數，（2.1）式是一直線方程式，此時電阻器稱爲線性電阻器。

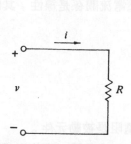

圖2.1　電阻器電路符號

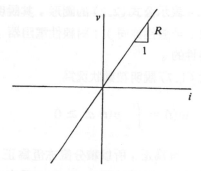

圖2.2　線性電阻器的電壓－電流關係

　　圖2.2是 v 對 i 的圖形，它是斜率 R 通過原點的直線，很明顯的，直線圖形是對所有 i 而言，v 比 i 是一定數。

　　非線性電阻器是對不同的端電流，電阻不能維持定數，而為電流的函數，白熾燈（incandescent lamp）就是一個非線性電阻器的簡例。圖2.3所示為非線性電阻器的典型電壓－電流特性，此特性圖不再是直線，電路若包含非線性電阻則分析電路將更複雜。

　　事實上，所有實際的電阻器都是非線性的，那是因為所有導體的電氣特性均受環境因數（像溫度）的影響，但大多數物質在理想操作範圍下，都非常接近線性電阻器，在此我們將專門討論元件的型態，且單純的視為電阻器。

　　我們觀察（2.1）公式能符合圖2.1，且能證明若 $i > 0$（電流進入上端點）則 $v > 0$，即電流進入高電位端，從低電位端流出；若 $i < 0$（電流進入下端點）則 $v < 0$，即下端點電位高於上端點。進一步說明，從高電位端點穿過電阻器流向低電位的電荷 q，所損失的能量被電阻以熱方式吸收，而能量消耗速率即是瞬間功率的定義

$$p(t) = v(t)i(t) = Ri^2(t) = \frac{v^2(t)}{R} \tag{2.2}$$

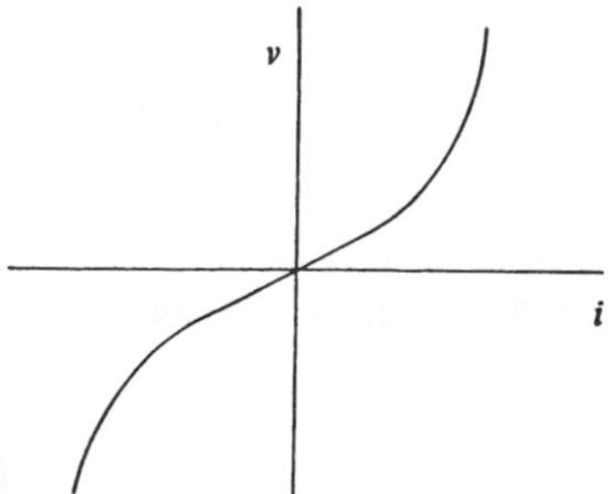

圖2.3　非線性電阻器的典型電壓－電流關係 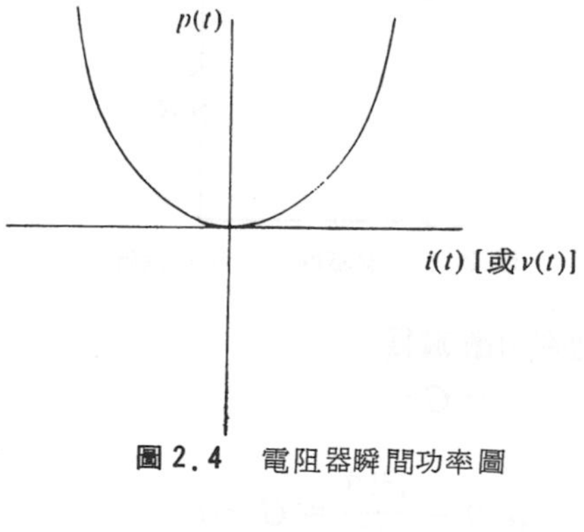　　　　**圖2.4**　電阻器瞬間功率圖

圖 2.4 表示公式(2.2)的圖形，其說明 $p(t)$ 恆爲正，且爲 $i(t)$ 或 $v(t)$ 的拋物線函數（非線性亦同）；對線性電阻器，就算電壓電流關係是線性，其瞬間功率仍是非線性的。

公式(1.7)說明被動狀況爲

$$w(t) = \int_{-\infty}^{t} p(t)\, dt \geq 0$$

因爲 $p(t)$ 恆爲正，所以積分值亦恆爲正，即說明電阻是被動元件。

若電壓極性不同於圖2.1，則初學者常在使用歐姆定律時，不能正確的決定代數符號。根據(2.1)式可知：電壓爲 R 乘以流入正端點的電流。圖 2.5 令電流 i 流入負電壓端，即 $-i$ 流入正端點，因此歐姆定律爲 $v = R(-i)$，或

$$v = -Ri$$

一個電阻器被它的功率額定或瓦特額定所限制，即爲電阻器不因過熱而破壞的最大消耗功率；若電阻器消耗功率 p，則其功率額定至少是 p，最好較 p 高一點。（對交流而言，功率額定爲平均功率值，此將在 12 章討論；對直流而言，平均功率和瞬間功率是相等的。）

電路分析上，另一重要量是電導（conductance），定義爲

$$G = \frac{1}{R} \tag{2.3}$$

電導單位爲姆歐（A/V），是歐姆的反寫，符號爲 ℧〔有時電導單位爲西門子（S，siemens），這在美國以外的地區常使用〕。組合(2.1)至(2.3)式，歐姆定律和

圖 2.5 電壓極性反相的電阻　　　　圖 2.6 電流－電壓例題

瞬間功率可改寫爲

$$i = Gv \tag{2.4}$$

和

$$p(t) = \frac{i^2(t)}{G} = Gv^2(t) \tag{2.5}$$

最後我們注意到，電阻可用來說明短路和開路的含義，短路是兩點間連接導體的電阻爲零，任何流過短路的電流也只跟電路其他部分有關，而其短路電壓爲零；類似的，開路是電路破壞以致電流不能流過，即電阻無窮大，而開路電壓也只跟電路其他部分有關。

例題 2.2

兹舉一例，求圖 2.6　1 kΩ 電阻器的吸收功率和電流 I ，從（2.3）式和（2.4）式得知，$G = \dfrac{1}{1000} = 10^{-3}\,\mho$ 和 $I = 10^{-3} \times 12\,\text{A} = 12\,\text{mA}$ ，從（2.5）式得知 $p(t) = 10^{-3} \times 12^2\,\text{W} = 144\,\text{mW}$ ，爲電阻器之最小功率額定。

在上例中，電流是直流，其值不隨時間而變，若以時變電壓 $v = 10\cos t\,\text{V}$ 取代 12 V 重複上式過程，電流是

$$i = \frac{10\cos t\,\text{V}}{1\,\text{k}\Omega} = 10\cos t\,\text{mA}$$

瞬間功率是

$$p = 0.1\cos^2 t\,\text{W}$$

其恆爲正，此時電流成爲交流電流。

練　習

2.1.1　10 kΩ 電阻器端電壓 50 V，求(a)電導；(b)電流；(c)電阻器的最小瓦特額定。

答：(a) 0.1 m℧ ；(b) 5 mA ；(c) 0.25 W

2.1.2　一電阻器吸收的瞬間功率爲 $4\sin^2 377\,t\,\text{W}$ 。若電流爲 $40\sin 377\,t\,\text{mA}$ ，則求 v 和 R 。

答：$100\sin 377\,t\,\text{V}$ ，$2.5\,\text{k}\Omega$

2.1.3　求 i 和釋放到電阻的功率。

答：$-20\,\mu\text{A}$ ，2 mW

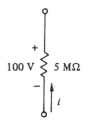

練習 2.1.3

2.2 克西荷夫定律（KIRCHHOFF'S LAWS）

　　歐姆定律可用來求電阻的吸收功率、電壓和電流，但歐姆定律不能用來分析一簡單電路，必須和德國物理學家Gustav Kirchhoff（1824-1887）在1887年提出的克西荷夫電流定律，和克西荷夫電壓定律配合，才能對任何網路做系統分析，或做不同電路元件組合的特性分析。對克西荷夫定律，我們僅對證明做概述而不詳細推論，這是因爲完整的證明必需從電磁場理論開始進行的緣故。

　　電路是兩個或更多電路元件以良好導線組合而成，良好導線即爲零電阻線，其允許電流自由流過且不累積電荷和能量，此時能量被考慮完全集中在每一個電路元件上，因而稱此種網路爲集中參數電路（lumped-parameter circuit）。

　　兩個或更多電路元件的接點叫做節點，圖2.7 (a)表示三節點電路，節點1連接電路上方所有的接點（初學者常誤解點 a 和 b 是節點，然點 a 和 b 是由良好導線連接，其電性考慮爲同一點）；圖2.7 (b)重繪電路，說明所有連接節點1的爲同一點，節點2亦有相似註解，節點3是內接獨立電壓源和電阻器所需，有了這些概念後，我們可以開始討論所有克西荷夫的重要定律。

　　克西荷夫電流定律（KCL）其敍述爲：

進入任何節點的電流代數和爲零。

由圖2.8流入一節點的電流來說明KCL定律，KCL說

$$i_1 + i_2 + (-i_3) + i_4 = 0$$

這裡我們重定電流 i_3 流出節點爲 $-i_3$ 流進節點。

　　爲了證明，我們假設電流和非零，即

$$i_1 + i_2 - i_3 + i_4 = \Psi \neq 0$$

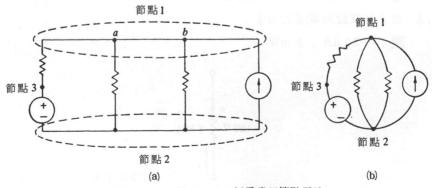

圖2.7 (a)三節點電路；(b)重畫三節點電路

Ψ爲累積在節點的電荷速度，單位是C/s，但節點是由良好導線組成不能累積電荷，且基本物理學說明電荷是不能創造與破壞的（電荷不滅），所以假設不正確，Ψ必須爲零，這說明KCL是合理的。

在圖2.8考慮離開節點的電流和爲

$$(-i_1) + (-i_2) + (i_3) + (-i_4) = 0$$

在等號兩邊都乘以－1，得

$$i_1 + i_2 - i_3 + i_4 = 0$$

此式與先前結果相同，故KCL另一敍述爲

離開任何節點的電流代數和爲零。

重排上述方程式爲

$$i_1 + i_2 + i_4 = i_3$$

這裡 i_1、i_2 和 i_4 是進入節點的電流，i_3 是離開節點的電流，此方程式描述 KCL 另一敍述爲

進入任何節點的電流和，等於離開這節點的電流和。

KCL 的數學通式爲

$$\sum_{n=1}^{N} i_n = 0 \tag{2.6}$$

這裡 i_n 是進入節點的第 n 項電流，N 是節點電流數目。

例題2.3

圖 2.9 爲 KCL 的例題，求電流 i；進入節點的電流和爲

$$5 + i - (-3) - 2 = 0$$

或

$$i = -6 \text{ A}$$

我們解釋 $i = -6$ A 進入節點，相當於 6A 離開節點，故解題前並不需要猜測電流

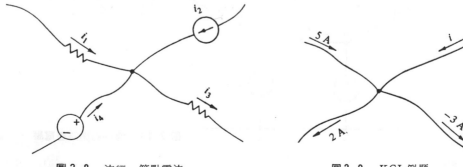

圖2.8　流經一節點電流　　　　　　　　　圖2.9　KCL例題

正確方向，依然可得正確答案。

　　更直接求進入節點的電流 i ，等於另外三個離開節點電流和，即

$$i = -3 + 2 + (-5) = -6 \text{ A}$$

亦符合先前答案。

　　現討論克西荷夫電壓定律，其敍述爲

沿任何封閉路徑的電壓代數和爲零。

　　圖 2.10 封閉路徑說明 KVL 的應用，得

$$-v_1 + v_2 - v_3 = 0 \tag{2.7}$$

這裡電壓符號爲從＋向─（高向低電位）穿過元件時取正，從─向＋（低向高電位）穿過元件時取負，沿用此慣例，可使沿一迴路的電壓降的和爲零，使用相反慣例則迴路電壓昇的和爲零。

　　同 KCL 一樣，我們不證明 KVL ，只概述（2.7）式爲合理的。假設（2.7）式右邊不等於零，即

$$-v_1 + v_2 - v_3 = \Phi \neq 0$$

公式左邊項是沿路徑 $abcda$ 移動 1 單位電荷所需做的功，但一集中參數電路是保守系統，即沿任何封閉路徑移動一電荷所需功爲零（此證明爲電磁場理論的主題），因而假設 $\Phi \neq 0$ 是不正確的。

　　事實上，所有電系統（如電力發電、無線電波和日光）均是不保守系統的。

　　KVL 的應用與路徑運動方向無關，如圖 2.10 的路徑 $adcba$ ，其電壓和爲

$$v_3 - v_2 + v_1 = 0$$

這和（2.7）式相同。

　　KVL 數學通式爲

$$\sum_{n=1}^{N} v_n = 0 \tag{2.8}$$

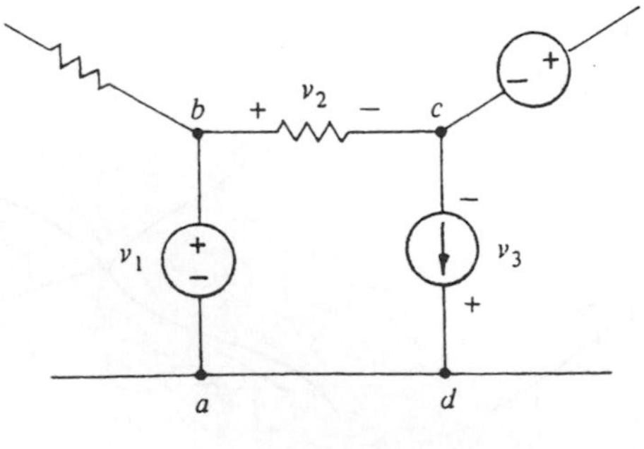

圖 2.10　沿一封閉路徑電壓

這裡 v_n 是一 N 個電壓廻路中第 n 項電壓，每一電壓符號如（2.7）式所述。

例題 2.4

圖 2.11 為 KVL 的一個應用例題，沿順時針方向繞行電路得

$$-15 + v + 10 + 2 = 0$$

或 $v = 3\ \mathrm{V}$。若依逆時針方向繞行電路得

$$15 - 2 - 10 - v = 0$$

或 $v = 3\ \mathrm{V}$，和順時針繞行所得結果相同。

圖 2.11 的另一 KVL 敘述為

$$v + 10 + 2 = 15$$

即同極性電壓和等於反極性電壓和；換句話說，電壓昇等於電壓降。

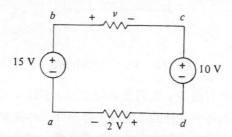

圖 2.11　KVL 電路例題

最後我們可直接求 $v = v_{bc}$ 解，注意這裡的 v_{bc} 是從 b 穿過另外三個元件至 C 的電壓和，也就是說無論連接兩端點的路徑為何，兩端點間的電壓是一樣的。因此根據圖 2.11 可得

$$v = 15 - 2 - 10 = 3\ \mathrm{V}$$

在先前例題中，KVL 都只應用在沿傳導路徑（像 $abcda$）上，但 KVL 定律對任何封閉電路都可適用。如圖 2.11 路徑 $acda$，我們可注意從 a 至 c 的直接移動是不沿傳導路徑的，對此路徑應用 KVL 定律可得 $v_{ac} + 10 + 2 = 0$，即 $v_{ac} = -12\ \mathrm{V}$ 是點 a 對點 c 的電位。我們也可對路徑 $abca$ 應用 KVL 定律，即

$$-15 + v - v_{ac} = -15 + 3 - v_{ac} = 0$$

於是 $v_{ac} = -12\,V$，這說明了使用不同的路徑可獲得相同的結果。

例題 2.5

再擧 KCL 及 KVL 其他應用的例子，如圖 2.12 網路，求 i_x 和 v_x；進入節點 a 的電流和爲 $-4 + 1 + i_1 = 0$ 或 $i_1 = 3\,A$，在節點 b，$-i_1 + 2 - i_2 = 0$ 或 $i_2 = -1\,A$。在節點 c，$i_2 + i_3 - 3 = 0$ 或 $i_3 = 4\,A$。在節點 d，$-i_x - 1 - i_3 = 0$ 或 $i_x = -5\,A$。再對路徑 $abcda$ 應用 KVL 得 $-10 + v_2 - v_x = 0$，從歐姆定律得知 $v_2 = 5\,i_2 = -5\,V$，所以 $v_x = -15\,V$。

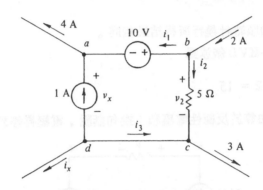

圖 2.12　KCL 及 KVL 例題

在結束克西荷夫定律討論前，我們先看圖 2.13 網路，其在封閉面 S 內有 n 個元件，我們再强調 " 進入每一元件的電流等於離開此元件電流，即保存於元件的純電荷量爲零 "，因而在 S 面內所存全部純電荷量爲零，即必須

$$i_1 + i_2 + i_3 + i_4 = 0$$

這結果描述了廣義 KCL，其敍述爲：

進入任何封閉面的電流代數和是零[1]。

爲了說明廣義 KCL 定律的合理性，我們寫下圖 2.13 節點 a、b、c 和 d 的 KCL 方程式，得

$$i_1 = i_5 - i_6$$

$$i_2 = -i_5 - i_8 - i_9 - i_{10}$$

註 1：此面不能通過集中參數電路內考慮爲集中點的元件。

$$i_3 = -i_7 + i_8 + i_{10}$$

$$i_4 = i_6 + i_7 + i_9$$

相加這些方程式得

$$i_1 + i_2 + i_3 + i_4 = 0$$

如前註解。

從廣義KCL得知，在圖2.12包含點 a、b、c 和 d 的面，可得 $-i_x - 4 + 2 - 3 = 0$ 或 $i_x = -5 \, \text{A}$。

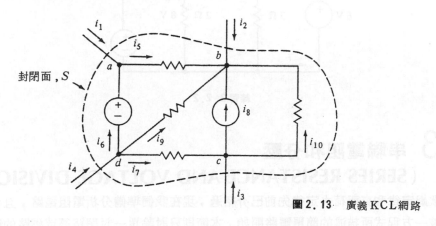

圖 2.13 廣義 KCL 網路

練　　習

2.2.1 求 i 和 v_{ab} 。

答：5 A，24 V

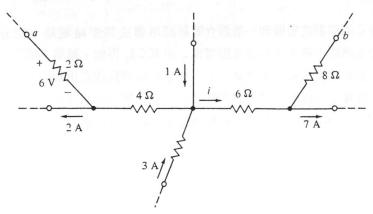

練習 2.2.1

2.2.2 求 v 和 i 。

　　　　答：17 V ，3 A

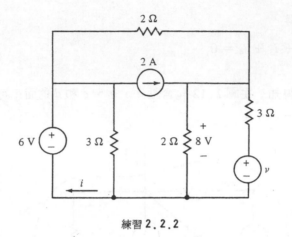

練習 2.2.2

2.3 串聯電阻和分壓
（SERIES RESISTANCE AND VOLTAGE DIVISION）

　　歐姆定律和克西荷夫定律先前已介紹過，現在我們準備分析電阻電路，且從能完全被一方程式所描述的簡單電路開始，本節則只討論單一封閉路徑或廻路的電路型式，由 KCL 得知，電路上每一元件有共同電流 i ，由歐姆定律和 KVL 得知，電路可用 i 做未知元寫出單一方程式。

　　元件串聯是指所有元件均帶有同一電流，在本節所有網路均為串聯元件組合，我們也以兩個電阻器和一個獨立電壓源串聯電路，做為分析的最佳特例，再進一步推廣到一般狀況。

　　圖 2.14(a)表示由兩個電阻器和一個獨立電壓源串聯成單廻路電路，在分析過程的第一步是指定網路上所有元件的電壓電流。由 KCL 得知，電路上所有元件帶同一電流，可任意取電流方向（順時針），（初學者常嘗試指定正確的電流方向，這是不需要的，事實上正確指定電流方向常是不可能，甚至老手亦同）再來是對 R_1 和 R_2 指定電壓為 v_1 和 v_2 ，這些指定是任意的，但圖上所選擇的需滿足歐姆定律。

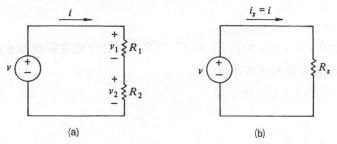

圖 2.14　(a)單迴路電路；(b)等效電路

分析的第二步是 KVL 應用，得

$$v = v_1 + v_2$$

從歐姆定律得知

$$v_1 = R_1 i$$
$$v_2 = R_2 i \qquad\qquad (2.9)$$

結合這些公式，得

$$v = R_1 i + R_2 i$$

求 i 解，得

$$i = \frac{v}{R_1 + R_2} \qquad\qquad (2.10)$$

現讓我們考慮如圖 2.14 (b)所示，由電阻 R_s 和電壓源組合的簡單電路，若選擇 R_s，使得

$$i_s = \frac{v}{R_s} = i \qquad\qquad (2.11)$$

則圖 2.14 (b)網路稱為圖 2.14 (a)的等效電路，因對同一電壓 v（激勵）得同一電流 i（響應），通常兩電路等效是說它們在端點建立相同的電壓－電流關係，換句話說，在每一電路端點源看入時可得同一電阻。

比較（2.10）及（2.11）式，得

$$R_s = R_1 + R_2 \tag{2.12}$$

（2.12）式說明，若以 R_s 取代 R_1 和 R_2 的串聯組合，則從電壓源 v 流出相同電流，因此 R_s 是串聯電阻的等效電阻。

組合（2.9）和（2.10）式，得

$$v_1 = \frac{R_1}{R_1 + R_2} v$$

$$\tag{2.13}$$

$$v_2 = \frac{R_2}{R_1 + R_2} v$$

電源 v 分配在電阻 R_1 和 R_2 上的電位和它們的電阻值成正比，這說明了兩串聯電阻的分壓原理（principle of voltage division）。根據這理由，圖 2.14(a)電路被稱爲一個分壓器。（2.13）式亦說明較大電壓出現在較大電阻上。

例題2.6

若圖 2.14(a)電路內的 $R_1 = 8\,\Omega$ ， $R_2 = 4\,\Omega$ ， $v = 12\,V$ ，則根據分壓原理可得

$$v_1 = \frac{8}{8 + 4}(12) = 8\ V$$

於是 $v_2 = v - v_1 = 4\,V$ ，或應用分壓原理可得

$$v_2 = \frac{4}{8 + 4}(12) = 4\ V$$

R_1 和 R_2 吸收的瞬間功率爲

$$p_1 = \frac{v_1^2}{R_1} = \frac{R_1}{(R_1 + R_2)^2} v^2$$

和

$$p_2 = \frac{v_2^2}{R_2} = \frac{R_2}{(R_1 + R_2)^2} v^2$$

全部吸收功率爲

$$p_1 + p_2 = \frac{v^2}{R_1 + R_2} = v\left(\frac{v}{R_1 + R_2}\right) = vi$$

電源釋放功率亦是 vi ，指出被電源釋出功率等於 R_1 和 R_2 的吸收功率，此即功率守恒（有時稱爲特立勤定理(Tellegen's theorem)）這在電路分析上是很有用的。

例題 2.7

若圖 2.15 電路內的 $v = 120 \sin t$ V ， $v_1 = 48 \sin t$ V，則求 R_1、 R_s、 i 和每一元件的瞬間功率。根據 KVL 可得 $v_2 = v - v_1 = 72 \sin t$ V，根據（2.13）式可得

$$72 \sin t = \frac{90}{90 + R_1} 120 \sin t$$

即 $R_1 = 60\,\Omega$ 。因此 $R_s = R_1 + R_2 = 150\,\Omega$ ，且從（2.10）式可知 $i = (120 \sin t)/150 = 0.8 \sin t$ A 。 R_1 和 R_2 的瞬間功率分別爲 $p_1 = R_1 i^2 = 38.4 \sin^2 t$ W ， $p_2 = R_2 i^2 = 57.6 \sin^2 t$ W 。於是電源的釋放功率爲 $96 \sin^2 t$ W 。 R_s 所吸收的功率爲 $R_s i^2 = 96 \sin^2 t$ W ，這當然等於電源的釋放功率 。

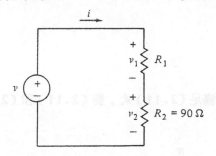

圖 2.15　單廻路電路

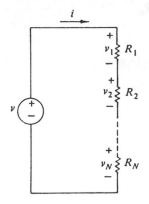

圖 2.16　有 N 個串聯電阻的
單廻路電路

現讓我們推廣此分析去包含如圖 2.16 所示，N 個串聯電阻和一個獨立電壓源的電路。由 KVL 得知

$$v = v_1 + v_2 + \ldots + v_N$$

這裡

$$v_1 = R_1 i$$
$$v_2 = R_2 i$$

$$\cdot$$
$$\cdot \qquad\qquad\qquad\qquad\qquad\qquad (2.14)$$
$$\cdot$$

$$v_N = R_N i$$

因而

$$v = R_1 i + R_2 i + \ldots + R_N i$$

解 i 得

$$i = \frac{v}{R_1 + R_2 + \ldots + R_N} \qquad\qquad\qquad (2.15)$$

現選擇圖 2.14(b)所示的 R_s 以滿足（2.11）式，要（2.11）和（2.15)式相等，必須

$$R_s = R_1 + R_2 + \ldots + R_N = \sum_{n=1}^{N} R_n \qquad\qquad\qquad (2.16)$$

因而 N 個串聯電阻的等效電阻，等於個別電阻的總和。

將（2.15）和（2.16）式代入（2.14），得

$$v_1 = \frac{R_1}{R_s} v$$

$$v_2 = \frac{R_2}{R_s} v$$

$$(2.17)$$

$$\begin{matrix} \cdot \\ \cdot \\ \cdot \end{matrix}$$

$$v_N = \frac{R_N}{R_s} v$$

這方程式描述 N 個串聯電阻的分壓性質，我們再一次發現分壓是正比於電阻值的。

從（2.2）式到（2.7）式得知，釋放到串聯電阻的瞬間功率和爲

$$\begin{aligned} p &= \frac{v_1^2}{R_1} + \frac{v_2^2}{R_2} + \ldots + \frac{v_N^2}{R_N} \\ &= \frac{R_1}{R_s^2} v^2 + \frac{R_2}{R_s^2} v^2 + \ldots + \frac{R_N}{R_s^2} v^2 \\ &= \frac{v^2}{R_s} = vi \end{aligned}$$

這功率等於電源釋放功率，即證明 N 個電阻串聯時功率守恒。

例題 2.8

若圖 2.16 電路內的 $N = 10$ ，$R_1 = 60\,\Omega$ ，$v = 75\,V$ 及其他九個電阻均爲 $10\,\Omega$ ，則求 v_1 和 i 。等效電阻 $R_s = 60 + 9(10) = 150\,\Omega$ ，根據分壓原理可得

$$v_1 = \frac{60}{150}(75) = 30\,V$$

再根據歐姆定律可得

$$i = \frac{v}{R_s} = \frac{75}{150} = 0.5\,A$$

練　習

2.3.1 如圖 2.3.1 所示，求(a)從電源看入的等效電阻；(b)電流 i ；(c)電源釋放功率；(d) v_1 ；(e) v_2 ；(f) 4 Ω 電阻器的最小瓦特額定。

　　答：(a) 12 Ω ；(b) 0.5 A ；(c) 3 W ；(d) 3 V ；(e)－ 2 V ；(f) 1 W

2.3.2 在圖 2.14 (a)電路內，$v = 8\,e^{-t}\,V$ ，$v_2 = 4\,e^{-t}\,V$ ，$R_1 = 24\,\Omega$ 。求(a)

R_2；(b)釋放到R_2的瞬間功率；(c)電流 i 。

答：(a) $8\,\Omega$ ；(b) $2e^{-2t}\,\mathrm{W}$ ；(c) $0.5\,e^{-t}\,\mathrm{A}$

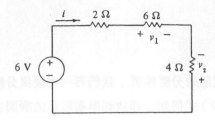

練習 2.3.1

2.3.3 一電阻負載[2]需要 $4\,\mathrm{V}$ 和消耗 $2\,\mathrm{W}$ ，一 $12\,\mathrm{V}$ 蓄電池被用來推動負載，參考圖 2.14 (a) ，若 R_2 是負載而 v 是 $12\,\mathrm{V}$ 電池，求(a)電流 i ；(b) R_1 ；(c) R_1 的最小瓦特額定。

答：(a) $0.5\,\mathrm{A}$ ；(b) $16\,\Omega$ ；(c) $4\,\mathrm{W}$

2.3.4 如圖示之分壓器，若電源釋放 $8\,\mathrm{mW}$ 功率且 $v_1 = v/4$ ，則求 R 、v 、v_1 和 i 。

答：$18\,\mathrm{k}\Omega$ ；$16\,\mathrm{V}$ ；$4\,\mathrm{V}$ ；$0.5\,\mathrm{mA}$

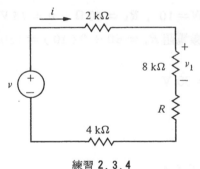

練習 2.3.4

2.4 並聯電阻和分流（PARALLEL RESISTANCE AND CURRENT DIVISION）

本章所討論的另一個重要電路是單節點對電阻電路，在分析這些網路時，我們將先分析一個特殊狀況後，再推廣到一般狀況。

註 2：負載是一個元件或在輸出端之間連接的元件，這裏負載是一個電阻。

　　當每一元件上電壓都相同時，稱元件並聯連接。圖 2.17 (a)表示兩個電阻和一個獨立電流源並聯的單節點對電路，且根據 KVL 定律可知三元件電壓都是相同的。

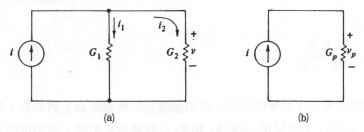

圖 2.17　(a)單節點對電路；(b)等效電路

對上節點應用 KCL 得

$$i = i_1 + i_2$$

由歐姆定律得知

$$i_1 = G_1 v \qquad (2.18)$$
$$i_2 = G_2 v$$

組合這些方程式得

$$i = G_1 v + G_2 v$$

求解 v 得

$$v = \frac{i}{G_1 + G_2} \qquad (2.19)$$

在圖 2.17 (b)電路內，若選擇 G_p 使得

$$v_p = \frac{i}{G_p} = v \qquad (2.20)$$

那圖 2.17 (b)電路為圖 2.17 (a)的等效電路，組合（2.19）和（2.20）式，得

$$G_p = G_1 + G_2 \qquad (2.21)$$

很顯然的，G_p 是兩個並聯電導的等效電導，以電阻表示，則（2.21）式變成

$$G_p = \frac{1}{R_p} = \frac{1}{R_1} + \frac{1}{R_2}$$

或

$$R_p = \frac{R_1 R_2}{R_1 + R_2} \tag{2.22}$$

因而兩個電阻並聯連接的等效電阻，為兩個電阻的乘積除以它們的和；值得注意的是 G_p 大於 G_1 和 G_2，所以 R_p 小於 R_1 和 R_2，從這結果可知，並聯電阻可簡化為單一電阻。在 $R_1 = R_2$ 的特例時，從（2.2）式得知 $R_p = \dfrac{R_1}{2}$

將（2.19）式代入（2.18）式中，得

$$
\begin{aligned}
i_1 &= \frac{G_1}{G_1 + G_2} i \\
i_2 &= \frac{G_2}{G_1 + G_2} i
\end{aligned}
\tag{2.23}
$$

從（2.23）式得知，分配至電導 G_1 和 G_2 的電流源 i 是正比於電導值，這也說明了分流原理（principle of current division）。當然，這電路就是一個分流器（current divider）。但在實際電路圖上，常給予的是電阻值而不是電導值，若以電阻說明分流，則（2.23）式變成

$$
\begin{aligned}
i_1 &= \frac{R_2}{R_1 + R_2} i \\
i_2 &= \frac{R_1}{R_1 + R_2} i
\end{aligned}
\tag{2.24}
$$

因此分流是反比於電阻值，而較大的電流是流過較小的電阻。並聯電阻吸收功率是

$$
\begin{aligned}
p_1 + p_2 &= R_1 i_1^2 + R_2 i_2^2 \\
&= \frac{R_2^2 i^2}{(R_1 + R_2)^2} R_1 + \frac{R_1^2 i^2}{(R_1 + R_2)^2} R_2 \\
&= \frac{R_1 R_2}{R_1 + R_2} i^2 = vi
\end{aligned}
$$

等於電流源釋放到網路上的功率。

例題 2.9

在圖 2.17 (a)中，若 $R_1 = 3\,\Omega$、$R_2 = 6\,\Omega$、$i = 3\,A$，那從（2.22）式得知 $Rp = (3)(6)/(3+6) = 2\,\Omega$，從（2.24）式得知 $i_1 = \dfrac{6}{9}(3) = 2\,A$，$i_2 = \dfrac{3}{9}(3) = 1\,A$，電壓 $v = R_1 i_1 = R_2 i_2 = (3)(2) = 6\,V$；電源電流流過等效電阻 R_p，所以電壓 $v = R_p i = (2)(3) = 6\,V$。

圖 2.18 表示一個獨立電流源和 N 個電導並聯電路，由 KCL 得知

$$i = i_1 + i_2 + \ldots + i_N$$

這裡

$$i_1 = G_1 v$$

$$i_2 = G_2 v$$

$$\cdot$$
$$\cdot$$
$$\cdot$$

$$i_N = G_N v$$

(2.25)

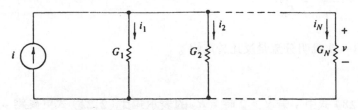

圖 2.18　N 個並聯電導之單節點對電路

因此我們得

$$i = G_1 v + G_2 v + \ldots + G_N v$$

求解 v 得

$$v = \frac{i}{G_1 + G_2 + \ldots + G_N}$$

(2.26)

若在圖 2.17 (b)選擇 G_p 滿足（2.20）式，則（2.26）式必須有右

$$G_p = G_1 + G_2 + \ldots + G_N = \sum_{i=1}^{N} G_i \qquad (2.27)$$

以電阻表示時，（2.27）式變成

$$\frac{1}{R_p} = \frac{1}{R_1} + \frac{1}{R_2} + \ldots + \frac{1}{R_N} = \sum_{i=1}^{N} \frac{1}{R_i} \qquad (2.28)$$

因此等效電阻的倒數等於各個電阻倒數和。

組合（2.25）-（2.28）式，得

$$i_1 = \frac{G_1}{G_p} i = \frac{R_p}{R_1} i$$

$$i_2 = \frac{G_2}{G_p} i = \frac{R_p}{R_2} i$$

$$\cdot$$
$$\cdot \qquad\qquad\qquad\qquad (2.29)$$
$$\cdot$$

$$i_N = \frac{G_N}{G_p} i = \frac{R_p}{R_N} i$$

（2.29）式再一次說明分流是反比於電阻。

例題 2.10

在（2.28）式中，若 $N > 2$ 時，R_p 的表示式比（2.22）式更複雜，當然對 $N = 3$ ，4 等仍能列出其公式，但我們經常直接應用（2.28）式來運算。例如 $N = 3$ ，$R_1 = 4\,\Omega$ ，$R_2 = 12\,\Omega$ ，$R_3 = 6\,\Omega$ ，則

$$\frac{1}{R_p} = \frac{1}{4} + \frac{1}{12} + \frac{1}{6} = \frac{1}{2} \mho$$

$R_p = 2\,\Omega$ 。

例題 2.11

現在讓我們考慮，從圖 2.19 (a)網路上 x 、y 端點看入的等效電阻 R_{eq} 為何，這種簡化在大部份電路分析上是很有用的，簡化的過程是靠電阻的串並聯求其等效電阻。在圖 2.19 (a)，學生常犯的錯誤組合如 $7\,\Omega$ 和 $12\,\Omega$ 電阻串聯，事實上從節點

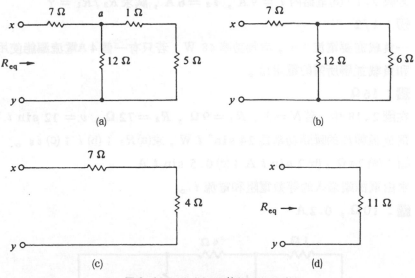

圖 2.19　決定網路等效電阻的步驟

a 看，在 7Ω 電阻上電流將分配到 1Ω 和 12Ω 電阻上，因而 7Ω 和 12Ω 不能串聯，而 1Ω 和 5Ω 必須帶有同一電流，所以它們是串聯連接，其等效電阻表示在圖2.19 (b)的 6Ω；由圖 2.19 (b)得知，6Ω 和 12Ω 電阻上的電壓是相同的，這指出它們是並聯連接其等效電阻，如圖 2.19 (c)所示為 (6)(12)/(6＋12)＝4Ω；在圖 2.19 (c)，很明顯的知道 7Ω 和 4Ω 電阻串聯，所以整個網路的等效電阻如圖2.19 (d)所示的 11Ω；因此從 x，y 端點看入，網路可被一個 11Ω 電阻所取代，這是很有用的。例如要解連接 x，y 端點的電源釋放功率時，若電源為 22 V，則從電源流出的電流為 $i = \dfrac{22}{11} = 2\text{A}$，而釋放到電阻網路的瞬間功率 $p(t) = (22)(2) = 44\text{W}$。

___練____習_____

2.4.1　求從電源端看入的等效電阻，並用此結果求 i、i_1 和 v。

　　答：10Ω，8 A，7 A，56 V

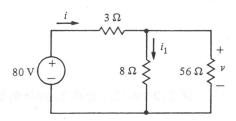

練習 2.4.1

2.4.2 若圖 2.17 (a)電路內 $i = 9 \, \text{A}$,$i_2 = 6 \, \text{A}$,試求 $R_2 / R_1 = ?$

答:$1 / 2$

2.4.3 一負載需要電流 $3 \, \text{A}$,消耗功率 $48 \, \text{W}$,若只有一個 $4 \, \text{A}$ 電流源能使用,求和負載並聯所需的電阻值。

答:$16 \, \Omega$

2.4.4 在圖 2.18 中,若 $N = 3$,$R_1 = 9 \, \Omega$,$R_2 = 72 \, \Omega$,$v = 12 \sin t \, \text{V}$,電流源釋放的瞬間功率爲 $24 \sin^2 t \, \text{W}$,求(a) R_3 ;(b) i ;(c) i_3 。

答:(a) $24 \, \Omega$;(b) $2 \sin t \, \text{A}$;(c) $0.5 \sin t \, \text{A}$

2.4.5 求由電源端看入的等效電阻和電流 i 。

答:$10 \, \Omega$,$0.2 \, \text{A}$

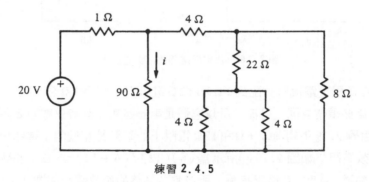

練習 2.4.5

2.5 例題分析(ANALYSIS EXAMPLES)

本節將分析幾個電路來描述至今已討論過的分析技巧。

例題 2.12

第一個例題考慮求圖 2.20 (a)電路內的 i 、v_1 和 v_{ab} 。由 KVL 和歐姆定律可得

$$-30 + 20i + 30i + 20 + 50i = 0$$

簡化爲

$$-10 + 100i = 0$$

所以 $i = 0.1 \, \text{A}$,$v_1 = 30 i = + 3 \, \text{V}$ 。圖 2.20 (b)電路是圖 2.20(a)的等效電路,

由於兩電路都可用簡化方程式來描述,所以這裡只需考慮電流 i 。事實上圖2.20 (b)可直接從圖2.20(a)獲得,這是因為所有的元件都載有相同的電流 i ,即這些元件是串聯連接的。相加三個電阻可得等效電阻100 Ω 。從圖2.20(c)可很容易看出將20V電源移至30V電源下方,即可以代數法求出等效電源10V 。

對圖2.20(a)應用KVL定律可求得 v_{ab} ,這裡廻路包含直接路徑 ba ,20Ω電阻器和30V電源。據此可得

$$-v_{ab} - 20i + 30 = 0$$

即 $v_{ab} = 28\text{V}$ 。

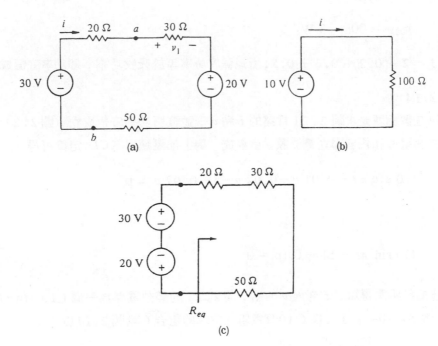

圖2.20　　(a)單廻路電路;(b)等效電路;(c)另一等效電路

例題2.13

第二個例題讓我們證明功率守恒對圖2.20(a)電路成立。由例題2.12得知 i =0.1A,所以電阻器吸收的功率為

$$p_{20\,\Omega} = 20(0.1)^2 = 0.2 \text{ W}$$
$$p_{30\,\Omega} = 30(0.1)^2 = 0.3 \text{ W}$$

和

$$p_{50\,\Omega} = 50(0.1)^2 = 0.5 \text{ W}$$

由於電流流入 20 V 電源的正端點，所以 20 V 電源亦吸收功率，即

$$p_{20\,\text{V}} = 20i = 2 \text{ W}$$

30 V 電源釋放的功率爲

$$p_{30\,\text{V}} = 30i = 3 \text{ W}$$

由於 3 = 2 + 0.2 + 0.3 + 0.5，所以釋放功率等於吸收功率，即功率守恒成立。

例題 2.14

第三個例題是求圖 2.21 電路的 i 和 v ，並證明功率守恒成立。圖 2.21 電路是由三個電導和兩個獨立電流源並聯組成。對上節點應用 KCL 定律可得

$$10 \sin \pi t - 0.01\,v - 0.02\,v - 5 - 0.07\,v = 0$$

或

$$(10 \sin \pi t - 5) - 0.1v = 0$$

從這結果很明顯得知，若考慮 v 的話，圖 2.21 的等效電路爲一個（ $10 \sin \pi t - 5$ ）A 電流源和一個 $0.1\,\text{℧}$（ $10\,\Omega$ 電阻 ）電導的組合（見圖 2.17 (b) ）。

求解 v 後再解 i ，得

$$v = 100 \sin \pi t - 50 \text{ V}$$
$$i = 0.02v = 0.02(100 \sin \pi t - 50) = 2 \sin \pi t - 1 \text{ A}$$

現讓我們考慮圖 2.21 電路的功率守恒問題；被電導所吸收的全部功率爲

$$p_{abs} = G_\rho v^2 = 0.1(100 \sin \pi t - 50)^2$$
$$= 1000 \sin^2 \pi t - 1000 \sin \pi t + 250 \text{ W}$$

最左邊電流源釋放功率是

$$p_1 = 10 \sin \pi t (100 \sin \pi t - 50) \text{ W}$$

相似的，5A電源釋放

$$p_2 = -5(100 \sin \pi t - 50) \text{ W}$$

這些電源釋放的全部功率是

$$p_{\text{del}} = p_1 + p_2 = 1000 \sin^2 \pi t - 1000 \sin \pi t + 250 \text{ W}$$

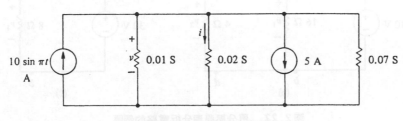

圖 2.21　單節點對電路

例題 2.15

　　第四個例題是求圖 2.22 (a)電路中的 i、v 和電源所釋放的功率。我們從電阻器的串並聯開始解題。4Ω和8Ω電阻串聯可得 12Ω。12Ω和6Ω 電阻器並聯可得（12）（6）/（12＋6）＝4Ω的等效電阻器〔圖 2.22 (b)〕。現在將 12Ω和 4Ω電阻相加後再與 16Ω 並聯可得（16）（16）/（16＋16）＝8Ω 的等效電阻器，如圖 2.22 (c)所示。這 8Ω電阻器是從 a、b 端點看入的等效電阻器。根據圖 2.22 (c)可知：從電源端看入的等效電阻為 $R_{eq} = 2 + 8 = 10\Omega$，即電流 i_1 為

$$i_1 = \frac{30}{10} = 3 \text{ A}$$

因此電源所釋放的功率為

$$p_S = (30)(3) = 90 \text{ W}$$

對圖 2.22 (c)應用分壓原理可得

$$v_1 = \left(\frac{8}{2+8}\right)30 = 24 \text{ V}$$

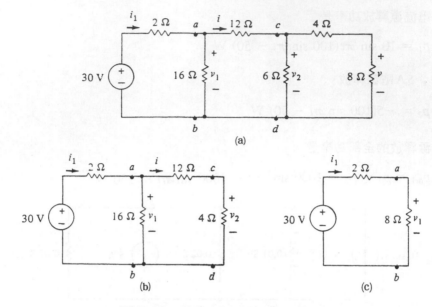

圖2.22 用分壓原理分析電路的例題

這是跨於 a、b 端點上的電壓。根據圖2.22 (b)可知 v_1 是跨於 $12\,\Omega$ 和 $4\,\Omega$ 電阻器串聯組合上的電壓；因此再利用分壓原理可求得

$$v_2 = \left(\frac{4}{12+4}\right)v_1 = 6\ \text{V}$$

這是跨於 c、d 端點上的電壓。在圖2.22 (a)中，v_2 是跨於 $4\,\Omega$ 和 $8\,\Omega$ 電阻器串聯組合上的電壓。於是再利用分壓原理可求出

$$v = \left(\frac{8}{8+4}\right)v_2 = 4\ \text{V}$$

最後對圖2.22 (b)應用分流原理可得

$$i = \frac{1}{2}i_1 = 1.5\ \text{A}$$

例題 2.16

　　最後一例是求圖2.23 (a)的電流 i，我們首先組合圖2.23 (a)右邊的兩個 $6\,\Omega$ 電阻器，且將其等效電阻與 $4\,\Omega$ 電阻器並聯，其結果為（4）（12）/（4 + 12）＝

3 Ω 表示在圖 2.23 (b)；現在我們將 xy 端點右邊兩個電阻器串聯，及左邊的 3 Ω 和 6 Ω 電阻器並聯，就可得圖 2.23 (c)電路。對此電路應用分流原理，得

$$i_1 = \left(\frac{2}{2 + 6}\right) \times 12 = 3 \text{ A}$$

對圖 2.23 (a)做第二次分流，可立即得到

$$i = \left(\frac{4}{4 + 6 + 6}\right)i_1 = \left(\frac{1}{4}\right) \times 3 = \frac{3}{4}\text{A}$$

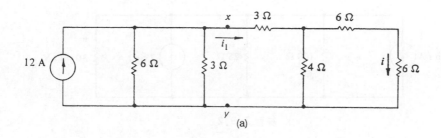

(a)

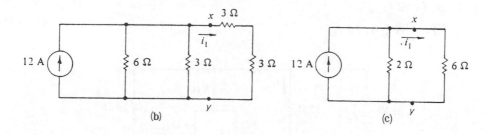

(b)　　　　　　　　　(c)

圖 2.23　使用分流原理分析電路的例題

練　習

2.5.1 求 v_{ab} 和 5 V 電源的釋放功率。

答：5 V，0.5 W

3)是表示在圖 2.23(b))是表明以節點電壓法圖的電源功率單位，及在兩 5 Ω 之
6 Ω 電阻間之電源，是可得得圖 2.23 (b)所電路，如此便較易用節點電壓法，使

$$i = \left(\frac{2}{6} + \frac{2}{6}\right) \times \left(\frac{2}{6}\right) = 2\,A$$

如圖 2.21(b)便揭第二次分析，可立即獲得

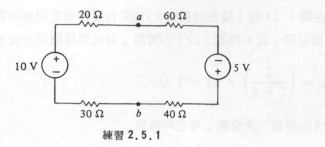

練習 2.5.1

2.5.2 求 R 及等效電路（等效電路爲一個電阻和一個電流源所構成）。

答：$R = 20\,\Omega$ ， $i = 3\sin t$ A向上， $10\,\Omega$

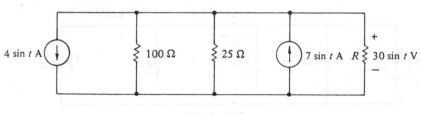

練習 2.5.2

2.5.3 求 i_1 和 i_2 。

答：$1\,A$ ， $0.75\,A$

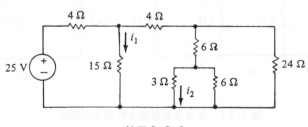

練習 2.5.3

2.5.4 求 v 和電源的釋放功率。

答：$2\,V$ ， $432\,W$

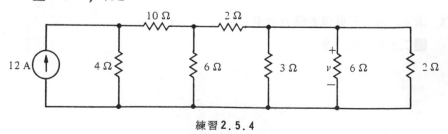

練習 2.5.4

2.6 安培計、伏特計和歐姆計 (AMMETERS, VOLTMETERS, AND OHMMETERS)

分流和分壓的實用例子是簡單的兩端點測量儀器，像安培計、伏特計和歐姆計。一個理想的安培計在測量通過其端點電流時，無端點電壓存在；相對的，一個理想的伏特計測量跨於其端點的電壓時，無端點電流存在；一個理想的歐姆計測量連接其端點間的電阻時，釋放零功率到電阻上。

實際的測量儀器僅接近理想裝置，例如安培計有不爲零的端電壓，伏特計有不爲零的端點電流，歐姆計釋放不爲零的功率到電阻上。

達松法爾電流計（D'Arsonval meter）是常用的機械式安培計，這結構是懸掛一個電線圈（electrical coil）在一個永久磁鐵的兩極間，當一 DC 電流流過線圈時，線圈受正比於電流的磁力作用而旋轉，連接於線圈的指針也跟著旋轉，因此能很正確的讀出電流值。達松法爾電流計被其滿刻度電流限制住，這滿刻度電流即是讓電錶讀到最大值的電流，一般常用電錶的滿刻度電流從 $10\mu A$ 到 $10mA$。

圖 2.24 表示達松法爾電流計的等效電路，爲一個理想安培計串聯一個電阻 R_M，R_M 表示電線圈電阻；很顯然的，出現在安培計端點電壓是電流流過電阻 R_M 的結果，R_M 經常是很小的電阻值，而滿刻度電流時的端電壓，正常是從 20 到 200mV。

圖 2.24 的達松法爾電流計，適合測量不超過滿刻度電流 I_{FS} 的 dc 電流，圖 2.25 電路是測量超過滿刻度電流 I_{FS} 的方法，由分流得知

$$I_{FS} = \frac{R_p}{R_M + R_p} i_{FS}$$

這裡 i_{FS} 是製造達松法爾電流計的滿刻度電流 I_{FS} 的電流，（很顯然的，這是安培計能測量的最大電流。）解 R_p，得

$$R_p = \frac{R_M I_{FS}}{i_{FS} - I_{FS}} \tag{2.30}$$

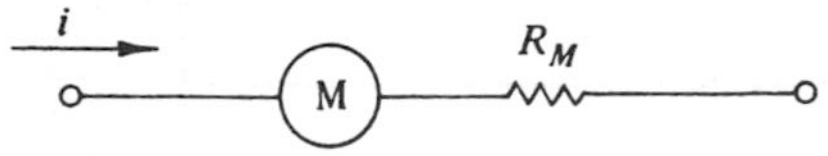

圖 2.24 達松法爾電流計等效電路

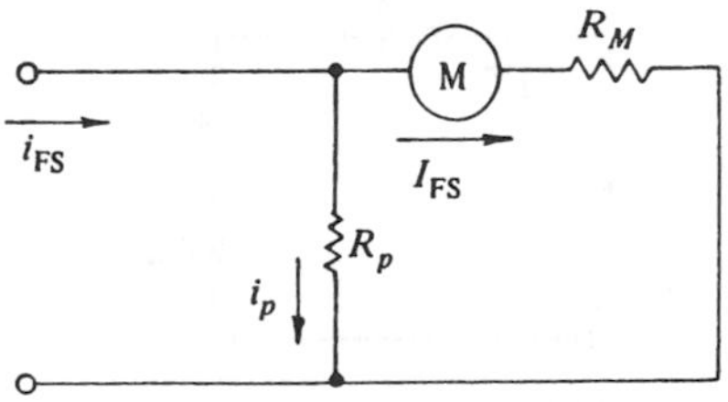

圖 2.25 安培計電路

一個 dc 伏特計是由基本達松法爾電流計和電阻 R_s 串聯構成的，（如圖 2.26 ）很顯然的，當電錶電流是 I_{FS} 時滿刻度電壓 $v = v_{FS}$ ，由 KVL 定律得知

$$-v_{FS} + R_s I_{FS} + R_M I_{FS} = 0$$

所以

$$R_s = \frac{v_{FS}}{I_{FS}} - R_M \tag{2.31}$$

一個伏特計的**電流靈敏度**（ current sensitivity ）以歐姆／伏特表示，其值等於伏特計電阻除以滿刻度電壓，因而得到

$$\Omega/V \ \ 額定 = \frac{R_s + R_M}{v_{FS}} \approx \frac{R_s}{v_{FS}} \tag{2.32}$$

（注意：" $\approx$ "爲近似的意義）

圖 2.27 電路是使用達松法爾電流計，測量待測電阻 R_x 的歐姆計電路。在電路上，電池 E 產生一電流 i 流過 R_x ，應用 KVL 定律，得到

$$-E + (R_s + R_M + R_x)i = 0$$

所以

$$R_x = \frac{E}{i} - (R_s + R_M)$$

我們選擇 E 和 R_s 使得 $R_x = 0$ ， $i = I_{FS}$ ，則

$$I_{FS} = \frac{E}{R_s + R_M}$$

組合最後兩公式，得到

$$R_x = \left(\frac{I_{FS}}{i} - 1\right)(R_s + R_M) \tag{2.33}$$

VOM（伏特計 - 歐姆計 - 毫安計）是組合先前描述的三種電路而成，它是一

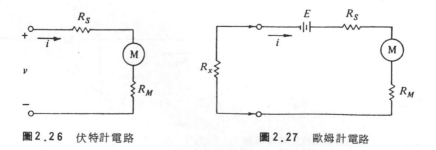

圖 2.26 伏特計電路　　　　　**圖 2.27** 歐姆計電路

個非常價廉而通用的電錶，在 VOM 中，我們可改變 R_p 和 R_s 而有廣泛的操作範圍。

練習：

2.6.1 一個達松法爾電流計有 $I_{FS}=1\,mA$ 和 $R_M=50\Omega$，求圖 2.25 的 R_p 使得
i_{FS} 為(a) $1.0\,mA$，(b) $10\,mA$，(c) $100\,mA$。
答：(a)無限大，(b) $5.556\,\Omega$，(c) $0.505\,\Omega$

2.6.2 在圖 2.26，伏特計滿刻度電壓為 $100V$，決定 R_s 和 Ω/V 額定，當達松
法爾電流計的(a) $R_M=100\Omega$ 和 $I_{FS}=50\,\mu A$，(b) $R_M=50\Omega$ 和 $I_{FS}=1\,mA$
答：(a) $2M\Omega$，$20\,k\Omega/V$；(b) $100\,k\Omega$，$1\,k\Omega/V$

2.6.3 使用練習 2.6.2 設計的電錶，去測量圖練習 2.6.3 的電路，那電壓 v 值為
何，兩個測量為什麼不同。
答：$99.5V$，$90.9V$

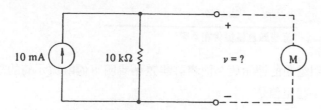

練習 2.6.3

2.6.4 用練習 2.6.1 動圈電流計（meter movement）來構成圖 2.27 的歐姆計
電路。當 $R_x=10\,k\Omega$ 時，求 R_s 和 E 使得 $i=I_{FS}/2\,mA$。
答：$9.95\,k\Omega$，$10V$

2.7 實際電阻器（PHYSICAL RESISTORS）

電阻器是由多種材料製造而成的，它有很多尺寸和電阻值，它們的特性包含標
示的電阻值（實際值是非常接近標示值）、功率消耗值和溫度、濕度及其他環境因
素對穩定性的影響。

在電路上常見的電阻器型式為碳組合或碳膜電阻器。碳組合電阻器是熱壓碳粒
而成；碳膜電阻器是收集碳粉存放在絕緣基座內。在圖 2.28 表示典型的碳電阻器
，印在電阻器上的多色帶，如 a、b、c 和容許誤差%，表示電阻的標示值，

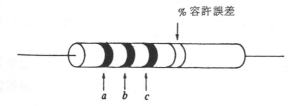

圖 2.28 碳電阻器

表 2.1 碳電阻器的色碼

a、b、c 帶			
顏 色	值	顏 色	值
銀*	-2	黃	4
金*	-1	綠	5
黑	0	藍	6
棕	1	紫	7
紅	2	灰	8
橙	3	白	9
容許誤差％帶			
金	$\pm 5\%$		
銀	$\pm 10\%$		

*這些顏色僅提供在 c 帶

表 2.1 說明色帶意義。

　　a、b 和 c 帶說明電阻的標示值，而容許誤差帶說明可偏離標示值的電阻值百分比。參考圖 2.28，電阻值是

$$R = (10a + b)10^c \pm \% \text{ 容許誤差} \tag{2.34}$$

（2.34）式說明實際電阻 R，是在標示值加減容許誤差率範圍內。

例題 2.17

　　茲舉一例，若有一電阻帶色爲黃、紫、紅和銀，則電阻值爲

$$R = (4 \times 10 + 7) \times 10^2 \pm 10\%$$
$$= 4700 \pm 470 \ \Omega$$

即電阻值在 4230Ω 和 5170Ω 之間。

　　碳電阻器範圍從 2.7 到 $2.2 \times 10^7 \Omega$，功率額定從 ⅛ 到 2W，對電阻值小於10Ω的，從（2.34）式得知，第三帶必須是金色或銀色。碳電阻器很便宜，其缺點是隨溫度不同而有不同的電阻值。

　　另外一種高功率消耗的電阻器爲繞線電阻器（wire-wound），是由鎳鉻合金線繞在陶瓷心上而成，低溫度係數線可使電阻器製造的更精確和穩定，其精確度和穩定性在 $\pm 1\%$ 到 $\pm 0.001\%$ 之間。

　　金屬膜電阻器是另一有價值且常用的電阻器，這電阻器是將一薄金屬膜放在眞空的低溫膨脹基座內，其電阻值可蝕磨薄膜層而調整，精確度和穩定性很接近繞線

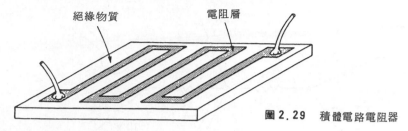

絕緣物質　　　　　電阻層

圖 2.29　積體電路電阻器

電阻器，且高電阻值極易製成。

　　將來，讀者會遇到積體電路電阻器，其在 1950 年末發展，1960 年代完成。積體電路是單積石半導體片，爲經擴散和安放過程製成的主動和被動元件，積體電路能在⅛吋見方的基片內組合數百個元件。一個典型的積體電路電阻器結構如圖 2.29 所示。

練　　習

2.7.1 求碳電阻器的電阻範圍，若色帶爲(a)棕、黑、紅、銀；(b)紅、紫、黃、銀；(c)藍、灰、金、金。

　　　答：(a) 900 - 1100 Ω；(b) 243 - 297 kΩ；(c) 6.46 - 7.14 Ω

習　　題

2.1 一 6 kΩ 電阻器與電池連接後，有 2 mA 電流流過。若電池現與 40 Ω 電阻器連接，求 40 Ω 電阻器上的電流及電池的端電壓。

2.2 一 6 V 電池與長度 1000 ft 導線連接後，有一 12 mA 電流流過，求每英呎的導線電阻值。

2.3 烤麵包機的基本工作原理是電阻器通電後會變熱之故。若烤麵包機在 120 V 電壓下消耗 960 W，求它的電流和電阻。

2.4 若烤麵包機電阻 12 Ω，且在 120 V 電壓工作 10 秒鐘，求它消耗的能量。

2.5 求 i 和 v_{ab}。

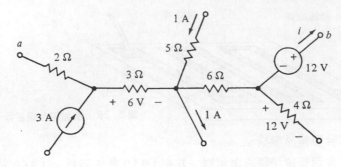

習題 2.5

2.6 求 i_1、i_2 和 v_{ab}。

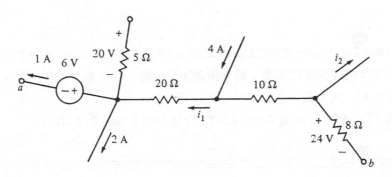

習題 2.6

2.7 求 i_1、i_2 和 v。

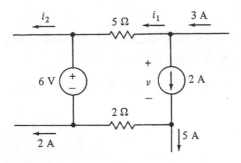

習題 2.7

2.8 求 v 。

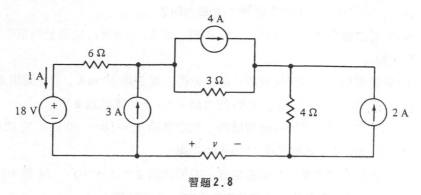

習題 2.8

2.9 求 i 。

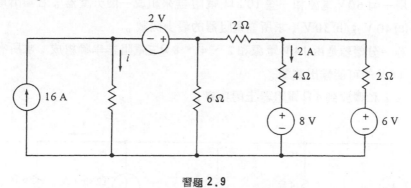

習題 2.9

2.10 求 i 、v_{ab} 和它的等效電路。(等效電路是由單一電源和單一電阻器構成。)

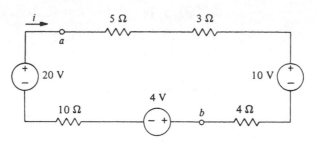

習題 2.10

2.11 10 V 電源串聯幾個電阻器後，元件上電流為 50 mA。若要限制電流為 20 mA，則需串聯多少個電阻器？阻值為何？

2.12 50 V 電源和兩個電阻器 R_1、R_2 串聯，若 $R_2 = 4R_1$，求跨於兩電阻器上的電壓。

2.13 12 V 電源串聯一電阻性負載 R 後，元件上電流為 60 mA。若一電阻器 R_1 被串接到電源和 R 之間，求 R_1 使得跨於 R_1 上的電壓為 8 V。

2.14 用一個 25 V 電源設計一個分壓器，它能供給 4、10、20 V（它們都有同一負端點）且電源釋放 25 mW的功率。

2.15 用一個 50 V 電源設計一個分壓器，它能供給 2、6、10、24 和 40 V（它們有相同的負端點）且電源釋放 100 mW的功率。

2.16 用一個 60 V 電源和一些 10 kΩ 電阻器來組成一個分壓器。若輸出電壓為 (a) 40 V；(b) 30 V，求所需電阻器的最少個數。

2.17 若一分壓器是由 14 V 電源和 2、4、8 Ω 三電阻器串聯組成，求所有小於 14 V 的可能輸出電壓。

2.18 求 i 和釋放到 4 Ω 電阻器上的功率。

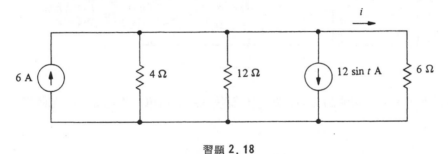

習題 2.18

2.19 求 v。

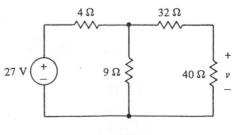

習題 2.19

2.20 一個 20Ω 電阻器，一個 30Ω 電阻器和一個 R Ω 電阻器並聯形成一個 4Ω 的等效電阻器。求 R 和流過它的電流（若有－6A 電流源與並聯組合連接的話）。

2.21 一個 10kΩ 電阻器，一個 20kΩ 電阻器，一個 30kΩ 電阻器和一個 60kΩ 電阻器並聯組成一個分流器，(a)求分流器的等效電阻；(b)若流入分流器的總電流為 120mA，求流經 60kΩ 電阻器的電流。

2.22 一個分流器是由 10 個電阻器並聯形成，其中 9 個電阻器的等效電阻為 60 kΩ，第十個是 20kΩ 電阻器，(a)求分流器的等效電阻；(b)若流入分流器的總電流為 40mA，求流經 20kΩ 的電流。

2.23 求 i_1 和 i_2。

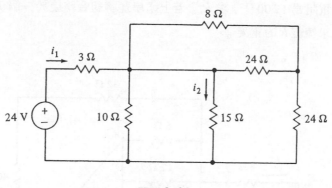

習題 2.23

2.24 求 v 和 i。

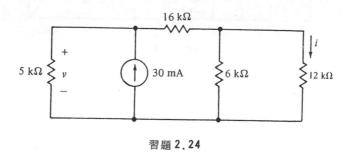

習題 2.24

2.25 求 i、i_1 和 v。

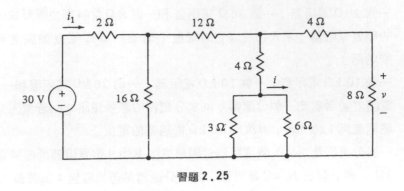

習題 2.25

2.26 求擁有 3 個 6 Ω 電阻器電路的所有等效電阻值。

2.27 兩個 1 kΩ 電阻器串聯。當一電阻器 R 與兩個 1 kΩ 電阻器之一並聯時，其等效電阻為 1200 Ω，求 R。若上述串並聯組合跨接於一個 15 V 電池的兩端，求流經 R 的電流。

2.28 求 i_1 和 i_2。

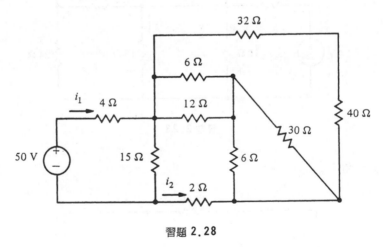

習題 2.28

2.29 求 i。

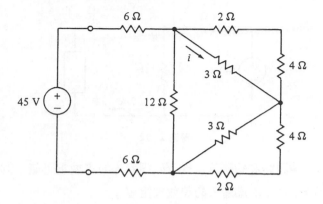

習題 2.29

2.30 求 v 和 i 。

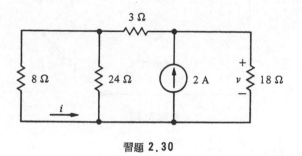

習題 2.30

2.31 求 i 和 R 。

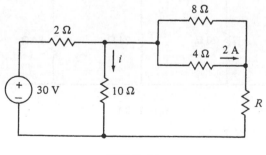

習題 2.31

2.32 求 i 。

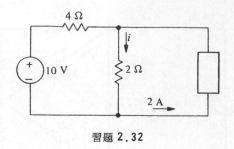

習題 2.32

2.33 (a)求 cd 端開路和短路時，從 ab 端看入的等效電阻值；(b)求 ab 端開路
和短路時，從 cd 端看入的等效電阻值。

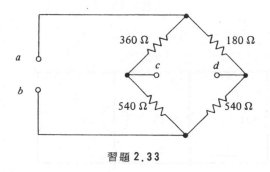

習題 2.33

2.34 求 i、v_1 和 v_2 。

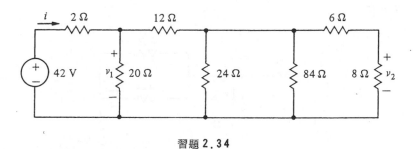

習題 2.34

2.35 求 $12\,\Omega$ 電阻吸收的功率。

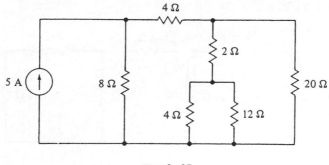

習題 2.35

2.36 用分流和分壓原理求 R 和 v 。

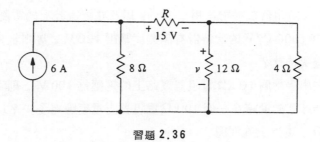

習題 2.36

2.37 求 i 和 v 。

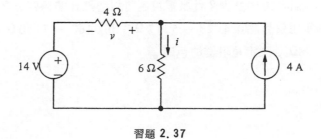

習題 2.37

2.38 求 i_1 和 i_2 。

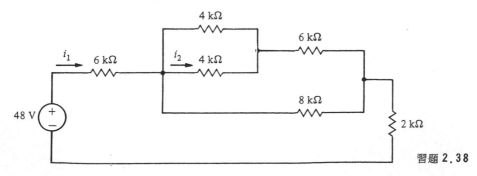

習題 2.38

2.39 求 i_1、i_2 和 v 。

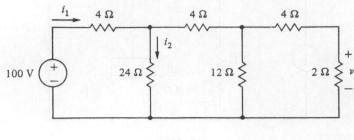

習題 2.39

2.40 一個達松法爾電流計有滿刻度電流 1 mA 和電阻 4.9 Ω，若在圖 2.25 中一個 0.1 Ω 電阻器被並聯使用，求 i_{FS} 以及在電流計上的電壓為何？

2.41 一個 20,000 Ω/V 的伏特計有滿刻度電壓 120 V，當測量 90 V 時，多少電流流過伏特計？

2.42 若跨在串聯兩個 10 kΩ 電阻器電路上的電壓為 100 V，則使用習題 2.41 的伏特計，測量跨在一個 10 kΩ 電阻器上電壓應為多少？以 1 MΩ 代替 10 kΩ，重複上述問題。

2.43 將習題 2.40 達松法爾電流計應用到圖 2.27 的歐姆計上，若 $E = 1.5$ V 則串聯電阻值需要多少？什麼電阻值將引起錶針偏轉四分之一滿刻度？

2.44 對下列電阻值範圍(a) $4.23 - 5.17$ Ω ；(b) $6460 - 7140$ Ω ；(c) $3.135 - 3.465$ MΩ，決定電阻器的色碼。

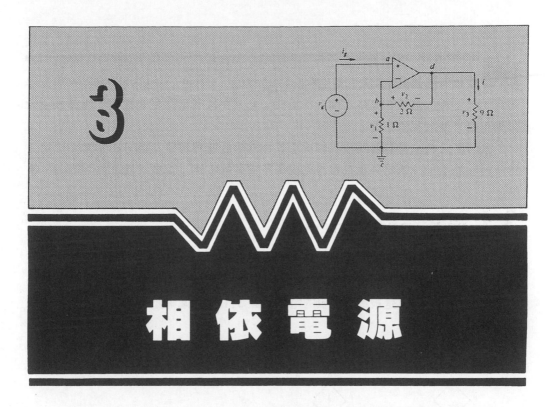

我現在要公開發表一個 galvanic 電學理論（歐姆定律）。

Georg Simon Ohm

最基本及最廣泛被應用的電學定律就是歐姆定律。歐姆定律是德國物理學家 Ohm 於 1827 年利用數學分析 galvanic 電路所獲得的結論。沒有歐姆定律我們無法分析簡單的 galvanic 電路，然而在他發表歐姆定律的同時，評論家批評他的工作爲 "無證據的幻想"，它的唯一功用是 "破壞自然的尊嚴"。

歐姆出生於巴伐利亞的 Erlangen 市，他是中貧家庭七個小孩中的老大。歐姆就讀 Erlangen 大學時曾中途休學，但在 1811 年他重返學校繼續未完之學業，並獲得博士學位。畢業後他獲得幾份低薪的數學教師工作。爲了改善他的生活環境，他把握每一個繁重教學生涯外的機會去從事電研究，才推得著名的歐姆定律。除了未記載他工作精神的論文外，他一生的榮耀都來自於他本身。英國科學院於 1841 年授與他銅質獎章，1849 年慕尼黑大學聘他爲物理系的講座教授。人們爲了紀念他，乃以歐姆做爲電阻的單位。

前兩章所討論的電壓源和電流源都是獨立電源，本章將介紹相依電源和運算放大器電路元件；相依電源在電路理論上很重要，尤其在電子電路更是重要，而運算放大器則可用來製造相依電源。

我們將分析一些包含獨立或相依電源和電阻的簡單電路，此分析非常類似第二章所討論的，而分析結果能被用來完成很多重要的電路，像放大器和反相器……等等。

3.1 定義（DEFINITIONS）

一個相依或被控制的電壓源，是其端電壓與電路上某些其他元件的電壓或電流有關；一個被電壓控制的電壓源（VCVS）是被電壓控制的電源，一個被電流控制的電壓源（CCVS）是被電流控制的電源，圖 3.1 (a)為端電壓 v 的相依電壓源的電路符號。

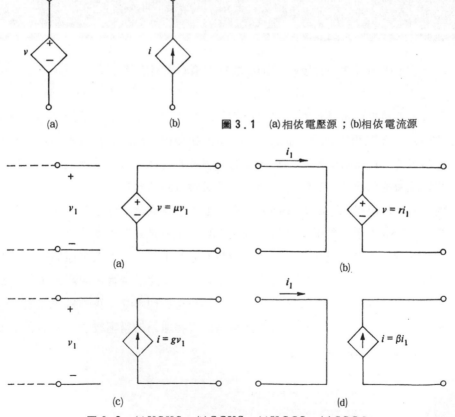

(a)　　　　　　　(b)　　　**圖 3.1**　(a)相依電壓源；(b)相依電流源

圖 3.2　(a) VCVS；(b) CCVS；(c) VCCS；(d) CCCS

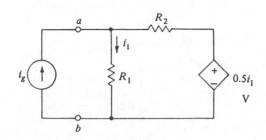

圖3.3　有一個相依電源的電路

一個相依或被控制的電流源，是與電路上其他元件的電壓或電流有關，其電路符號如圖3.1(b)。一個被電壓控制的電流源（VCCS）是被電壓控制的，而一個被電流控制的電流源（CCCS）是被電流控制的。

圖3.2描述四種相依電源的型式。μ和β量是無因次常數，通常它們分別表示電壓和電流增益（gain）。常數r的單位是歐姆，常數g的單位是姆歐。

茲舉一例，如圖3.3有一個獨立電源，一個相依電源和兩個電阻器，相依電源是被電流i_1控制的電壓源，r值是$0.5\mathrm{V/A}$。

在放大器（amplifier）電路內，相依電源是基本的元件（放大器基本上是一種將輸入信號放大的電路）。放大器也能提供其他的功能，像隔離兩電路或提供負電阻等。在第二章曾提過：帶正電阻值的電阻器是一種被動元件；不過，利用相依電源我們也可以製造負電阻，這將在本章節中討論（譬如，練習3.2.2和3.2.3等）。

3.2 有相依電源的電路 (CIRCUITS WITH DEPENDENT SOURCES)

有相依電源的電路和無相依電源的電路其分析方法是相同的，對歐姆定律、克西荷夫電壓、電流定律、等效電阻及分壓、分流原理均可使用。

例題 3.1

我們以求圖3.4電路上的電流i來描述解析步驟，相依電源是被電壓v_1所控制的電壓源，應用KVL到電路上，得到

$$-v_1 + 3v_1 + 6i = 6 \tag{3.1}$$

由歐姆定律得知

$$v_1 = -2i \tag{3.2}$$

用（3.2）式代入（3.1）式，可消去v_1，得到

$$2(-2i) + 6i = 6$$

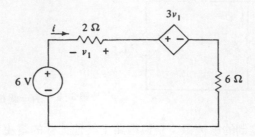

圖 3.4　相依電源例題

或 $i = 3\,A$ ，因而有相依電源的電路分析，其較複雜處是需要額外的方程式（3.2）
式。

例題 3.2

另一個例子，求圖 3.5 的電壓 v ，對離開上節點的電流，使用克西荷夫定律，
得

$$-4 + i_1 - 2i_1 + \frac{v}{2} = 0 \tag{3.3}$$

由歐姆定律，得

$$i_1 = \frac{v}{6} \tag{3.4}$$

代（3.4）式入（3.3）式，得

$$-4 - \frac{v}{6} + \frac{v}{2} = 0$$

或 $v = 12\,V$ 。

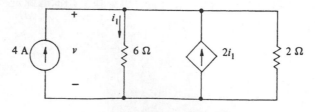

圖 3.5　另一個相依電源例題

___練___習___

3.2.1 若圖 3.4 電路內的 2 Ω 電阻器被 1 Ω 電阻器取代，求 i、v_1和電源端看入的電阻值（即 $R = 6/i$ ）。

　　　　答：$1.5\,\mathrm{A}$，$-1.5\,\mathrm{V}$，$4\,\Omega$

3.2.2 若 2 Ω 電阻被 4 Ω 電阻器取代，重做練習 3.2.1 。

　　　　答：$-3\,\mathrm{A}$，$12\,\mathrm{V}$，$-2\,\Omega$

3.2.3 若圖 3.3 內的(a)$R_1 = 1.5\,\Omega$，$R_2 = 2\,\Omega$；(b)$R_1 = R_2 = 0.1\,\Omega$，求從電源端（即 ab 端點）看入的電阻值。

　　　　答：(a)$1\,\Omega$；(b)$-\dfrac{1}{30}\,\Omega$

3.2.4 求 i_1 和 i_2 。

　　　　答：$3\,\mathrm{A}$，$2\,\mathrm{A}$

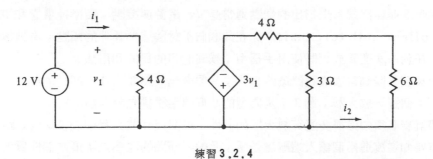

練習 3.2.4

3.3 運算放大器（OPERATIONAL AMPLIFIERS）

　　現有一個邏輯問題產生，即我們如何獲得一個相依電源？答案㈠是在某種狀況下操作電子裝置中的部份電路，答案㈡是相依電源可由某些電子裝置和被動元件構成。

　　這裡，我們將不討論電子裝置，因在以後電子課程中讀者自然會遇到，但運算放大器（OP 放大器）是構成相依電源很有用的元件，它的數學模式簡單而精緻，在本節我們將討論它的理想模式。

　　圖 3.6 是運算放大器的電路符號，運算放大器是多端點元件，為了簡化起見只表示三個端點，端點 1（符號－）是反相輸入端，端點 2（符號＋）是非反相輸入

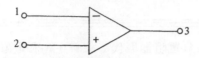

圖3.6　運算放大器電路符號

圖3.7　雙排包裝的運算放大器

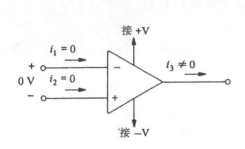

圖3.8　有供電端點的運算放大器

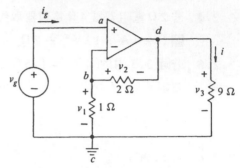

圖3.9　有一個運算放大器的電路

端，端點 3 是輸出端；未指出的端點通常是 dc 電源連接點，頻率補償點和零點補償端（offset null terminals）。在此我們不討論這些其他的端點，有興趣的讀者可在任何一本運算放大器使用手冊中，找到它們的目的和用法。

運算放大器通常製成積體電路型式，其標準包裝為 8 至 14 端點的包裝，且內有 1 到 4 個運算放大器，圖3.7 是典型的 8 個端點雙排包裝積體電路。

設計者必須知道很多運算放大器的特性，但對運算放大器理想模式的電路分析，只需要知道流進兩個輸入端電流是零，及輸入端間的電壓是零這兩個性質即可。

廣義 KCL 對圖3.6 的運算放大器是不適用的，因為輸入電流為零並不表示輸出電流為零，圖3.8 很清楚的表示這觀念。事實上由於其他端點的存在，我們不知道輸出電流為何，也即表示 KCL 定律也不能在圖3.6 端點 3 應用。

例題3.3

茲舉一個有運算放大器的電路例題，如圖3.9，若 v_g 視為已知的發電機電壓，欲求電流 i 和電壓 v_3。連接節點 c 的符號是接地（ground），未繪出的運算放大器供電源連接到任意點，由於流過未繪出元件而進入大地的電流未知，所以 KCL 不能在節點 c 使用；若接地符號沒有，則從圖3.9 很容易的了解節點 c 是連接到電壓源的負端點。

現沿穿過電源的路徑 $abca$ 寫下 KVL 方程式，因為跨在端點 a 和 b 間電壓是零，所以

$$v_1 - v_g = 0 \tag{3.5}$$

或 $v_1 = v_g$ ，在節點 b 應用 KCL 定律，且注意進入運算放大器負端點電流是零，則得到

$$\frac{v_1}{1} + \frac{v_2}{2} = 0 \tag{3.6}$$

或 $v_2 = -2v_1 = -2v_g$ 。其次沿穿過 $9\,\Omega$ 的路徑 $cbdc$ 寫下 KVL 方程式得到

$$-v_1 + v_2 + v_3 = 0$$

或

$$v_3 = v_1 - v_2 = 3v_g \tag{3.7}$$

最後，由歐姆定律得知

$$i = \frac{v_3}{9} = \frac{3v_g}{9} = \frac{v_g}{3}$$

因此，若 $v_g = 12\cos 10t$ 則 $i = 4\cos 10t$ 。

在這例題的運算過程中，我們注意到 $i_g = 0$（進入運算放大器輸入端電流為零），且從（3.7）式得知 $v_3 = 3v_g$，因此我們可繪出只含 v_g，i_g，v_3 和 i 的等效電路，如圖 3.10 所示；等效電路的分析，實際上和圖 3.9 中的 v_3 和 i 對 v_g 和 i_g 分析是一樣的，而本例題為使用運算放大器製成增益（gain）為 3 的被控制電源（這被控制電源是 VCVS，因 v_g 控制 v_3）。

在結束本節前，讓我們觀察圖 3.9 的運算放大器被操作在回饋模式中，即節點 d 的輸出電壓 v_3 經 $2\,\Omega$ 電阻回饋至反相輸入端。一個實際的運算放大器是高增益元件，且經常在回饋系統中使用，在回饋信號只進入一輸入端點時，它總是為反相輸入端。對運算放大器有興趣的同學，在以後電子裝置課程中將可研讀得更深入。

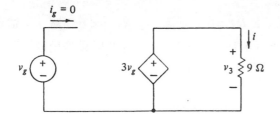

圖 3.10　圖 3.9 的等效電路

3.4 放大器電路（AMPLIFIER CIRCUITS）

（3.6）和（3.7）方程式是圖 3.10 VCVS 電路的基礎，其與圖 3.9 中 $9\,\Omega$ 負載的電流 i 無關，且這敘述對 VCVS 電路是常成立的。為了瞭解這敘述，讓我們觀察圖 3.11 電路得知，運算放大器輸出電壓 v_2 僅與輸入電壓 v_1 和兩個電阻有關。

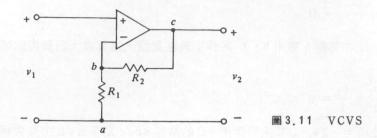

圖3.11　VCVS

　　因爲跨於運算放大器輸入端的電壓爲零，所以$v_{ba}=v_1$，而再沿含有v_2的廻路$abca$寫下KVL方程式，得到

$$-v_{ba} + v_{bc} + v_2 = 0$$

或

$$v_{bc} = v_{ba} - v_2 = v_1 - v_2$$

及在節點b寫下KCL方程式，得

$$\frac{v_1}{R_1} + \frac{v_1 - v_2}{R_2} = 0$$

從上式解v_2，得

$$v_2 = \mu v_1 \tag{3.8}$$

這裡

$$\mu = 1 + \frac{R_2}{R_1} \tag{3.9}$$

　　圖3.11是增益μ的VCVS，它是三端點網路（輸出和輸入端分享一個共同點），且進入運算放大器正輸入端電流爲零，其等效電路如圖3.12所示，我們可注意到若R_1和R_2非負值，則$\mu \geq 1$。

　　圖3.13是圖3.11的特殊狀況，其$R_2=0$（短路），$R_1=\infty$（開路），這電路$\mu=1$或$v_2=v_1$，叫做電壓追隨器（voltage follower），也叫做緩衝放大器（buffer amplifier），因其可以用來將其他電路和一特定電路隔離或緩衝（兩對

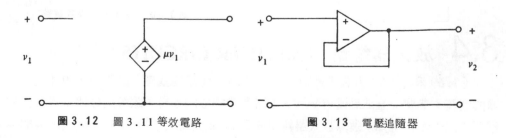

圖3.12　圖3.11等效電路　　　　　圖3.13　電壓追隨器

端點電壓相同，且無電流從一對端點到另一對端點去），練習 3.4.3 是緩衝器的一個例子。

再考慮圖 3.14 的電路，在運算放大器反相輸入端，寫下 KCL 方程式得

$$-\frac{v_1}{R_1} - \frac{v_2}{R_2} = 0$$

或

$$v_2 = -\frac{R_2}{R_1}v_1 \tag{3.10}$$

（回想運算放大器進入輸入端的電流，和輸入端的端電壓爲零這敍述。）由（3.10）式得知 v_2 和 v_1 反相，所以這電路叫做反相器，它也是一個 VCVS，但輸入電流 i_1 不是零，而是

$$i_1 = \frac{v_1}{R_1} \tag{3.11}$$

其等效電路如圖 3.15 所示。

由（3.11）式 $v_1 = R_1 i$ 得知，在圖 3.15 中可消去 v_1，而得到另一等效電路如圖 3.16 所示，這電路是一個 CCVS，因爲電壓 v_2 被電流 i_1 所控制。

從圖 3.14 可得到一個相依電流源，我們重畫在圖 3.17。因爲沒有電流進入運算放大器輸入端，所以

$$i_2 = i_1 = \frac{v_1}{R_1} \tag{3.12}$$

再考慮端點 1、2、3、4，則等效電路如圖 3.18 所示，爲增益 1 的一個 CCCS。

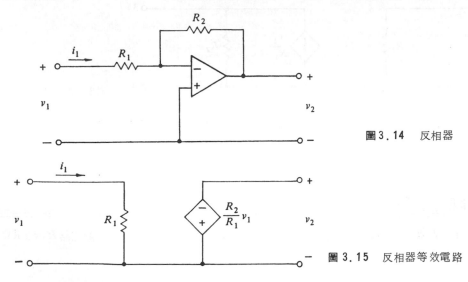

圖 3.14　反相器

圖 3.15　反相器等效電路

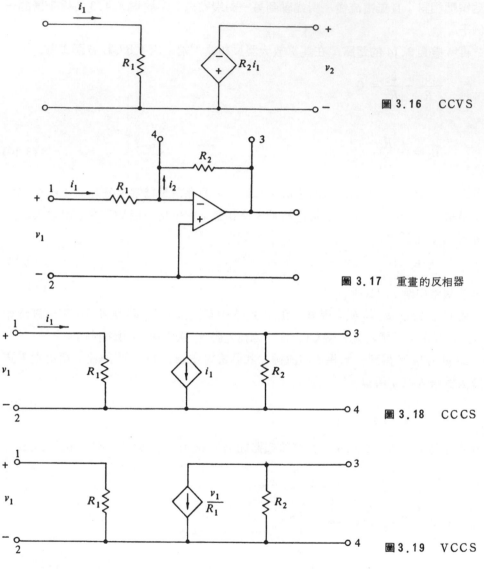

圖 3.16 CCVS

圖 3.17 重畫的反相器

圖 3.18 CCCS

圖 3.19 VCCS

最後代 i_1 入（3.12）式，我們可重畫圖 3.18 爲一個 VCCS 如圖 3.19，此時 $g = \dfrac{1}{R_1}$。

練 習

3.4.1 在圖 3.11 電路中，$v_1 = 2\,\mathrm{V}$，$R_2 = 18\,\mathrm{k\Omega}$。若一負載電阻器 $R = 5\,\mathrm{k\Omega}$

被跨接在 v_2 兩端，則求 R_1 使得電阻器 R 載有 4 mA 的電流。

答：2 kΩ

3.4.2 若圖 3.14 反相器內的 $v_1 = 4\,\mathrm{V}$，則求 R_1 和 R_2 使得 $i_1 = 2\,\mathrm{mA}$，$v_2 = -8\,\mathrm{V}$。

答：2 kΩ，4 kΩ

3.4.3 求 v_1 和 v_2。注意：當 3 kΩ 電阻器不再做為輸出 v_1 的負載時，緩衝放大器將保持 $v_2 = v_g / 2$。

答：$v_g / 4$，$v_g / 2$

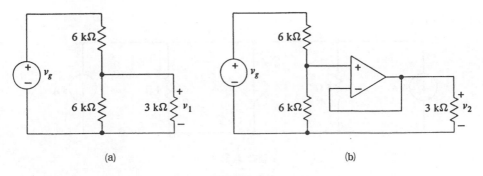

(a)　　　　　　　　　　　(b)

練習 3.4.3

習　題

3.1 求 v_1 和釋放到 8 Ω 電阻器上的功率。

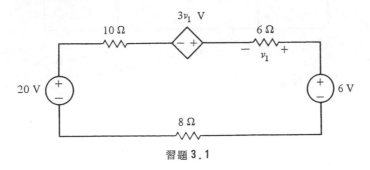

習題 3.1

3.2 求 v_1 和 i_1。

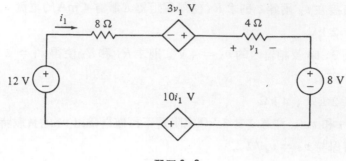

習題 3.2

3.3 求 i_1 。

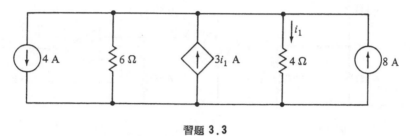

習題 3.3

3.4 求 i_1 ，若(a) $R = 1\,\Omega$ ；(b) $R = 9\,\Omega$ 。

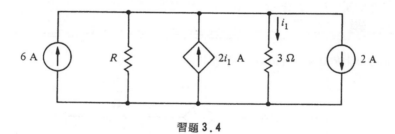

習題 3.4

3.5 求 i ，若 $R = 6\,\Omega$ 。

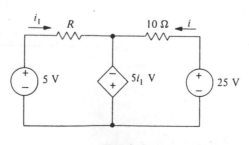

習題 3.5

3.6 求習題 3.5 電路中的 R 使得 $i = 3\,\text{A}$ 。

3.7 求 i_1 和 v ，若(a)$R = 4\,\Omega$ ；(b)$R = 12\,\Omega$ 。

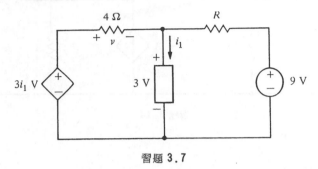

習題 **3.7**

3.8 求 i_1 和 v 。

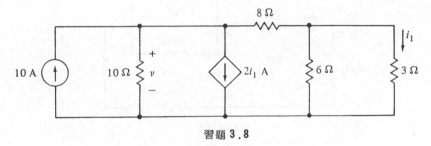

習題 **3.8**

3.9 求 i 和從獨立電流源看入的電阻，若(a)$R = 6\,\Omega$ ；(b)$R = 1\,\Omega$ 。

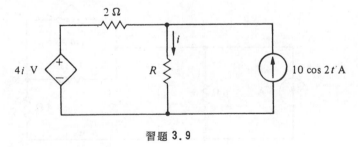

習題 **3.9**

3.10 求 i 。

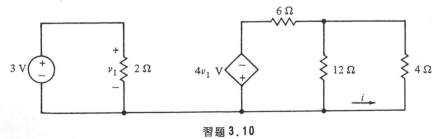

習題 **3.10**

3.11 求 v 。

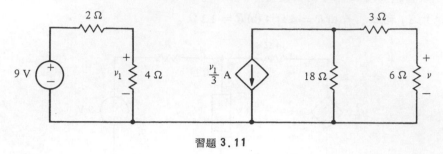

習題 **3.11**

3.12 求 i 。

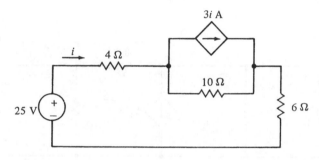

習題 **3.12**

3.13 求 v 。

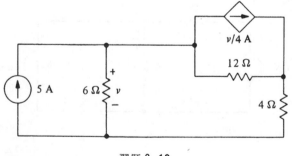

習題 **3.13**

3.14 證明

$$v_3 = -R_0\left(\frac{v_1}{R_1} + \frac{v_2}{R_2}\right)$$

〔由於這電路的輸出電壓是輸入電壓權衡和（weighted sum）的負值，所以它亦被稱為求和器（summer）。注意：這結果是與輸出端 ab 連接的負載無關。〕

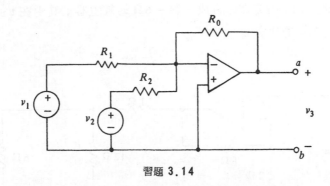

習題 3.14

3.15 (a)就習題 3.14 的電路，求 R_1 和 R_2，使得輸出電壓 v_3 的量是輸入電壓 v_1 和 v_2 的平均值，這裡 $R_0 = 10\,k\Omega$。

(b)求 R_1，若 $R_0 = 2\,k\Omega$，$R_2 = 4\,k\Omega$，$v_1 = 6\,V$，$v_2 = 8\,V$，$v_3 = -16\,V$。

3.16 不論 cd 端點的負載為何，試證明

$$v_1 = v_2$$

$$i_1 = \frac{R_2}{R_1}\,i_2$$

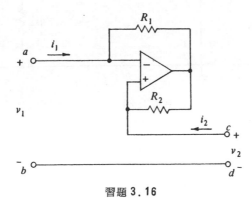

習題 3.16

3.17 令習題 3.16 電路內的 $R_1 = R_2$，且在 cd 端點連接一電阻器 R。證明從輸入端 ab 看入的電阻為 $R_{ab} = -R$。（習題 3.16 電路可將正電阻轉換為負電阻。）

3.18 利用習題 3.17 的方法來合成一個 $-6\,\Omega$ 的電阻器，其中在 $v_1 = 6\,V$ 時，R_1 消耗 2 W 的功率。

3.19 求 v。

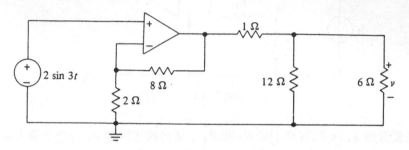

習題 3.19

3.20 求 i。

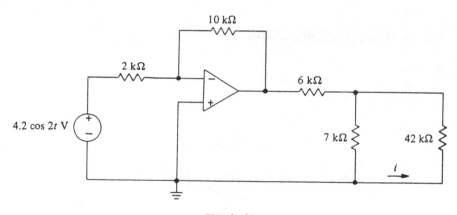

習題 3.20

3.21 求 R 使得 $i = 0.5\,A$。

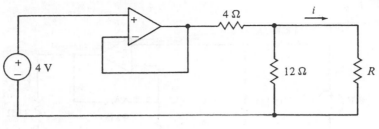

習題 3.21

3.22 求 v 。

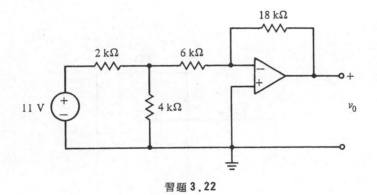

習題 3.22

3.23 求 i 。

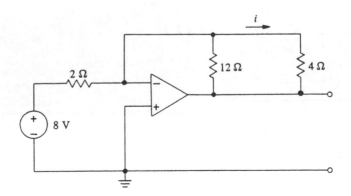

習題 3.23

3.24 求 i 。

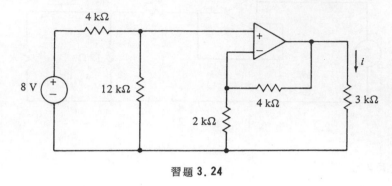

習題 **3.24**

3.25 求 i 。

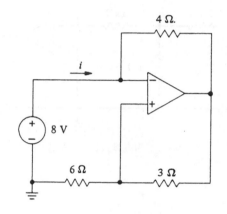

習題 **3.25**

3.26 求 v 。

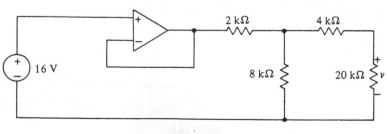

習題 **3.26**

3.27 求 i 。

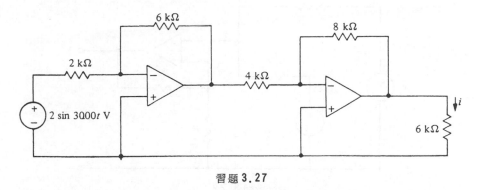

習題 3.27

3.28 求 v 和 i 。

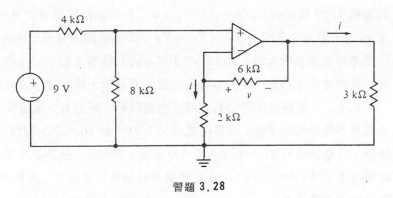

習題 3.28

3.29 由於輸出電壓是輸入電壓權衡和的負值，所以習題 3.14 的求和器是一個反相求和器。(a)證明習題 3.29 的電路是一個非反相求和器（輸出符號未改變），且輸出電壓為

$$v_0 = \mu\left(\frac{R_2 v_1 + R_1 v_2}{R_1 + R_2}\right)$$

其中 $\mu = 1 + \dfrac{R_f}{R}$

(b)用(a)的結果去求 v_0，若 $v_1 = 3\,V$，$v_2 = 2\,V$，$R_1 = 4\,k\Omega$，$R_2 = 3$ $k\Omega$，$R_f = 6\,k\Omega$ 和 $R = 1\,k\Omega$。

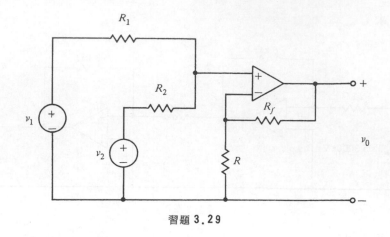

習題 3.29

3.30 若習題 3.29 電路內的 $R_f = R_1 = 1\,\text{k}\Omega$ ，則求其他電阻值使得 $v_0 = v_1 + v_2$ 。（注意：若 $R = R_f = R_1 = R_2$ ，則這結論通常是正確的。）

3.31 一個非理想運算放大器〔圖(a)所示〕可用圖(b)模型來表示，其中 A 是一個非常高的增益，約 10^5 左右。對高品質的運算放大器而言，A 更高，約在 10^8 以上。〔更精確的模型是在圖(b)內端點 1-2 間存有一電阻器，使得輸入電流不等於零。不過，這電阻相當大（ 10^5 到 $10^{15}\,\Omega$ ）我們可視它為開路。〕最後由於 $v_i = v_0/A$ 且 A 非常大，所以 v_i 幾乎等於零。在理想的情況下（ $A \to \infty$ ），$v_i = 0$ 。(a)就非理想放大器而言，證明圖 3.13 電壓追隨器的輸出為

$$v_2 = \frac{A v_1}{1 + A}$$

(b)但就理想情況，$v_2 = v_1$ 而言。試求 v_2 ，若 $A = 10^5$ ，100 ，1 。

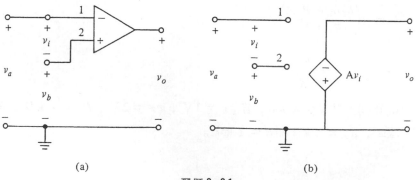

(a)   (b)

習題 3.31

3.32 若習題 3 . 1 4 反相器內的運算放大器是非理想的，如習題 3 . 3 1 所述，則證明

$$\frac{v_2}{v_1} = \frac{-\mathrm{A}(R_2/R_1)}{\mathrm{A} + 1 + (R_2/R_1)}$$

但就理想情形我們可推導（ 3.10 ）式。試求 v_2/v_1，若 $R_2/R_1 = 2$ 及 $A = 10^5$，100，1。

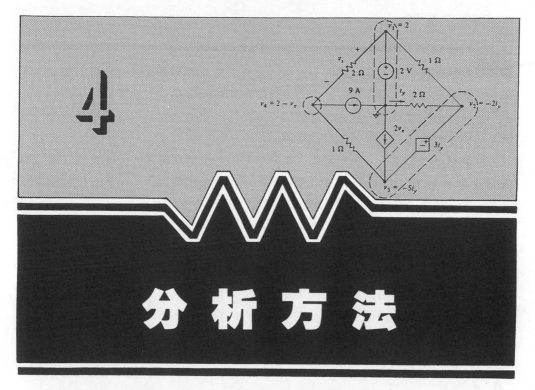

分析方法

這裡必定有一個基本的原因（與 Bunsen 共同研究的過程中）。

Gustav Robert Kirchhoff

雖然電路學的基礎是歐姆定律，但即使要分析最簡單的電路仍需要另外兩個電路理論——克希荷夫電壓和電流定律。它們是德國物理學家 Kirchhoff 於 1847 年導出的。當時 Kirchhoff 的主要興趣是與德國化學家 Robert Bunsen（發明本生燈的人）共同利用分光鏡進行一項開創性研究，在那領域中有另一個克希荷夫定律——克希荷夫散發定律。

克希荷夫出生於東普魯士的 Königsberg 市，他是一位律師的孩子。18 歲那年他就讀於 Königsberg 大學，並於 5 年後獲得博士學位。在畢業前，他與 Friedrich Richelot（一位著名的數學家）的女兒結婚，同時獲得去巴黎博士後研究的機會。由於政治不安導致 1848 年歐洲的革命風潮，這使得他必須改變原有計畫，前往柏林任教。兩年後他遇到 Bunsen，並開始他們著名的研究計畫。由於——Kirchhoff 在分光鏡上的偉大成就，使得人們忽略他在其他物理分支上的貢獻；但總之，沒有克希荷夫定律就沒有電路理論。

讓我們回想一下在第二章中,被單一方程式描述的簡單電路的分析方法。在本章我們將看見分析一般電路時,需要一組同時存在的方程式。茲舉一例,在習題 2.37 解答中需要兩個方程式才可解析,而在第三章中大部份的電路均有多於一個的方程式,雖然這些方程式都很容易解。

在更複雜的電路上,我們將建立系統分析的方法並解這些方程式,而常用的兩種方法是分別建立在克西荷夫電壓定律和克西荷夫電流定律上,KCL 通常以電壓為未知元導出方程式,KVL 以電流為未知元導出方程式。

由先前幾章的經驗可清楚的了解,一個電路完整的分析,是求某些關鍵的電壓或電流而完成的。例如單迴路電路,它的關鍵未知元是電流,若知道電流則可求沿著迴路的各元件電壓,當然元件上電流就是迴路電流。

在 4.1 節,我們將選擇電壓為未知元,很自然的,電壓的選擇能導出一組獨立方程式,這種技巧叫做節點分析。在 4.5 節則討論以電流為未知元的網目分析。

本章只著重於選擇電壓或電流為未知元,而導出電路方程式的技巧,並不加以證明,此證明將留到第六章再討論。

4.1 節點分析 (NODAL ANALYSIS)

本節討論以電壓為未知元的電路分析方法,對大部份電路而言,最方便的電壓選擇就是選節點電壓(node voltage),我們可任意選擇網路上一節點為參考節點(reference node)或基點(datum node)。而節點電壓的定義則是網路上的節點與基點間的電壓,選擇節點電壓極性時,通常是節點電位高於基點,對一有 N 個節點的電路而言,將有 $N-1$ 個節點電壓;當然某些節點電壓已知,若它存在電壓源的話。

基點常選擇被最多分支連接的節點,而大多數的實際電路都建立在金屬基板上,而且是有很多元件連接的基板上。在很多情形下,如電力系統它的基板是地球本身,為這理由基點常選擇接地。基點電壓為接地電位或零電位,而其他節點電壓可考慮為零以上的某電位。

以電壓為未知元的電路,可在節點寫下 KCL 方程式來描述此電路,不論元件電壓是一節點電壓或兩個節點電壓差,元件上的電流是正比於元件電壓的。如圖 4.1 ,基點是接地的節點 3 ,非基點的節點 1 ,2 有節點電壓 v_1 , v_2 ,那元件電壓 v_{12} 為

$$v_{12} = v_1 - v_2$$

其他元件電壓為

$$v_{13} = v_1 - 0 = v_1$$

和

$$v_{23} = v_2 - 0 = v_2$$

這些方程式也可對迴路（實際或想像的）應用 KCL 定律求得。很明顯的，若知所有的節點電壓則可求出所有的元件電壓和電流。

在一個節點處寫下 KCL 方程式就是一個節點方程式（ node equation ），此方程式只與節點電壓有關，很明顯的，可選擇最多分支連接的節點為基點，來簡化節點方程式。雖然這不是選擇基點的唯一標準，但它經常是最佳的。

我們從圖 4.2 (a) 最簡單的電路開始節點分析的過程，圖 4.2 (a) 有三個節點分別以虛線和編號表示（這很容易在重畫的圖 4.2 (b) 看到），因為有 4 個元件連接到節點 3 ，所以選擇接地的節點 3 為基點。

在寫下節點方程式以前，我們先考慮圖 4.3 的元件，v_1 和 v_2 是節點電壓，則元件電壓 v 為

$$v = v_1 - v_2$$

由歐姆定律得知

$$i = \frac{v}{R} = \frac{v_1 - v_2}{R}$$

或

$$i = G(v_1 - v_2)$$

這裡 $G = 1/R$ 是電導。也就是從節點 1 流向節點 2 的電流，是節點 1 的節點電壓和節點 2 的節點電壓差，除以電阻 R 或乘以電導 G ，這關係能使我們靠觀察電路就可直接寫下節點方程式。

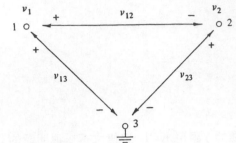

圖4.1 參考和非參考節點

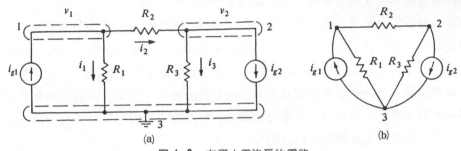

圖4.2 有獨立電流源的電路

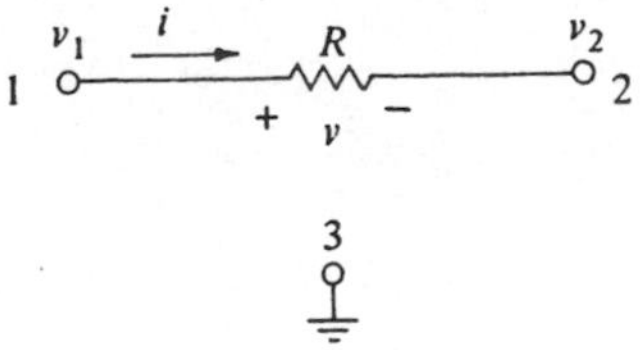

圖4.3 單一元件

現在回到圖4.2的電路，離開節點1的電流和必須是零，用方程式表示這結論為

$$i_1 + i_2 - i_{g1} = 0$$

以節點電壓為未知元，則方程式可改為

$$G_1 v_1 + G_2(v_1 - v_2) - i_{g1} = 0$$

這方程式我們可用先前討論的圖4.3的方法直接求出，以類似的方法，在節點2處寫下KCL方程式，得

$$-i_2 + i_3 + i_{g2} = 0$$

或

$$G_2(v_2 - v_1) + G_3v_2 + i_{g2} = 0$$

這裡 G's 是電導，即電阻 R's 的倒數。

我們也有進入節點的電流和等於離開這節點的電流和的結論，若我們如此解析，則 i_{g1} 和 i_{g2} 應出現在方程式的右邊，即

$$G_1v_1 + G_2(v_1 - v_2) = i_{g1}$$
$$G_2(v_2 - v_1) + G_3v_2 = -i_{g2}$$

重新整理這兩個方程式，得

$$(G_1 + G_2)v_1 - G_2v_2 = i_{g1} \tag{4.1}$$
$$-G_2v_1 + (G_2 + G_3)v_2 = -i_{g2} \tag{4.2}$$

觀察（4.1）式和（4.2）式可發現這兩式具有對稱性，我們可利用此性質直接寫出重排後的方程式。在（4.1）式中，v_1 係數是連接節點 1 的元件電導和，v_2 係數是連接節點 1 和 2 的元件電導的負值。相同的敘述對（4.2）式亦成立。（只要 1 和 2 互相交換即可）。於是節點 2 在（4.2）式中扮演的角色與節點 1 在（4.1）式內相同，即節點 2 可應用 KCL 定律。每一方程式的右邊是從電流源流入相對節點的電流。

通常在只有電導和電流源的網路中，在第 k 個節點處寫下 KCL 方程式的方法如下：方程式的左邊項是 v_k 乘以所有連接節點 k 的電導和，及其他節點電壓乘以連接這些節點與節點 k 的電導負值，方程式的右邊是由電流源流進節點 k 的電流和。

考慮圖 4.4 所示部份電路來說明寫出 KCL 方程式的過程，虛線指出未連接節點 2 的節點，在節點 2 使用短截（shortcut）步驟得到

$$-G_1v_1 + (G_1 + G_2 + G_3)v_2 - G_2v_3 - G_3v_4 = i_{g1} - i_{g2} \tag{4.3}$$

這可在節點 2 寫下 KCL 方程式來比對，即進入節點 2 的電流等於離開節點 2 的電流，這可得到方程式

$$G_1(v_2 - v_1) + G_2(v_2 - v_3) + G_3(v_2 - v_4) + i_{g2} = i_{g1}$$

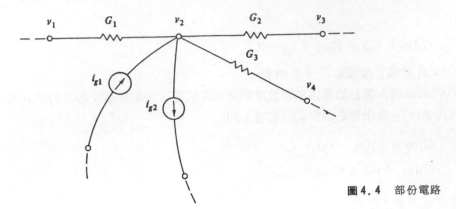

圖4.4 部份電路

重新整理這方程式可得 (4.3) 式。

通常一電路有 $N-1$ 個未知的節點電壓，則需要 $N-1$ 個方程式來分析。在圖 4.2中，我們甚至可選用節點 1 或 2 爲基點，這是因爲基點是可任意選擇，且沒有電流進入大地中（因爲從大地沒有回來的路徑，所以沒有電流流過）。

4.2 例題 (AN EXAMPLE)

例題 4.1

爲了描述節點分析方法，讓我們考慮圖4.5 ，在圖上標定參考點和非參考點 v_1 ， v_2 ， v_3 ，且要注意電導是被電阻器所特定。

因爲有三個節點所以有三個方程式，在節點 1 使用短截法得

$$4v_1 - v_2 = 2 \tag{4.4}$$

在節點 v_1 的電導和爲 $3+1=4$ ，節點 1 和 2 間的電導爲 1 ，節點 1 和 3 間電導是

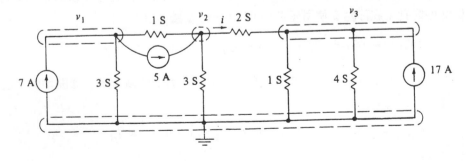

圖4.5 一個電路例題

0，進入節點的純電源電流為 $7 - 5 = 2$，若使用我們習慣的 KCL 方法，則得方程式

$$1(v_1 - v_2) + 3v_1 + 5 = 7$$

這和（4.4）式相同。

在節點 v_2 和 v_3，得 KCL 方程式

$$-v_1 + 6v_2 - 2v_3 = 5$$
$$-2v_2 + 7v_3 = 17 \tag{4.5}$$

在（4.4）和（4.5）式，我們可使用不同的方法來求解節點電壓，兩種常用的方法是克拉莫規則（Cramer's rule）及高斯消去法（Gaussian elimination），不熟悉這兩種方法的讀者，可在附錄 A 和 B 中看到完整的討論。

使用克拉莫規則，首先求係數行列式，得

$$\Delta = \begin{vmatrix} 4 & -1 & 0 \\ -1 & 6 & -2 \\ 0 & -2 & 7 \end{vmatrix} = 145$$

則節點電壓為

$$v_1 = \frac{\begin{vmatrix} 2 & -1 & 0 \\ 5 & 6 & -2 \\ 17 & -2 & 7 \end{vmatrix}}{145} = \frac{145}{145} = 1 \text{ V}$$

$$v_2 = \frac{\begin{vmatrix} 4 & 2 & 0 \\ -1 & 5 & -2 \\ 0 & 17 & 7 \end{vmatrix}}{145} = \frac{290}{145} = 2 \text{ V}$$

和

$$v_3 = \frac{\begin{vmatrix} 4 & -1 & 2 \\ -1 & 6 & 5 \\ 0 & -2 & 17 \end{vmatrix}}{145} = \frac{435}{145} = 3 \text{ V}$$

有了節點電壓後，就可完整的分析電路，例如要求 2 S 元件上的電流 i 為

$$i = 2(v_2 - v_3) = 2(2 - 3) = -2 \text{ A}$$

（4.4）和（4.5）方程式是對稱的，這在一般情形下亦同，例如在第一個方程

式 v_2 的係數和第二個方程式 v_1 的係數相同，第一個方程式 v_3 的係數和第三個方程
式 v_1 的係數相同，第二個方程式 v_3 的係數和第三個方程式 v_2 的係數相同。事實上
，這些結果是因爲節點 1 和 2 間的電導就是節點 2 和 1 間的電導，節點 3 和 1 間的
電導就是節點 1 和 3 間的電導。

這對稱性也表現在係數行列式 Δ 上，它的對角元素是 4、6 和 7 ，爲連接三個
非參考點的電導和，而非對角的元素對對角線對稱，其值爲節點間電導的負值。

練　習

4.2.1 若圖 4.2 (a)電路內的 $R_1 = 4\,\Omega$ ，$R_2 = 4\,\Omega$ ，$R_3 = 8\,\Omega$ ，$i_{g1} = 1\,\mathrm{A}$ 和
$i_{g2} = -2\,\mathrm{A}$ ，則利用節點分析法求 v_1 和 v_2 。

答：7 V ，10 V

4.2.2 用節點分析法求 v_1、v_2 和 i 。

答：4 V ，36 V ，4 A

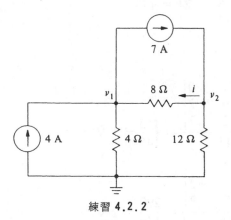

練習 4.2.2

4.2.3 用節點分析法求 v_1、v_2 和 v_3 。

答：24 V ，-4 V ，20 V

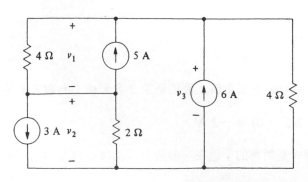

練習 4.2.3

4.3 有電壓源的電路
（CIRCUITS CONTAINING VOLTAGE SOURCES）

在一個電路上存有電壓源時，節點分析將更複雜，且不能使用短截法來寫出方程式，這是因為我們不知道流過電壓源的電流為何所致。但在電壓源存在的電路上，我們能很容易的應用節點分析而不會感到困難。

例題 4.2

考慮圖 4.6 來描述分析過程，我們標示非參考節點 v_1，v_2，v_3，v_4，v_5 和取第六點為基點，電阻器以它們的電導表示。

因為有 5 個非參考點，所以有 5 個節點方程式，我們不寫下 KCL 方程式，靠觀察電路可得出

$$v_1 = v_{g1}$$
$$v_5 - v_4 = v_{g2} \tag{4.6}$$

因此我們現只需要三個 KCL 方程式。為了系統化且同時消去必須知道的電壓源電流，讓我們用虛線圈出電壓源如圖 4.6，這些圈起的面稱為廣義節點（generalized node），有些作者稱為超級節點（super node）。如此我們有兩個廣義節點和兩個正常節點，而只需要 3 個 KCL 方程式去組合（4.6）式，形成解題所需的 5 個以節點電壓為未知元的方程式。

為了完成節點分析的過程，在節點 v_2，v_3 和含有電壓源 v_{g2} 的廣義節點，寫出 KCL 方程式，前兩個節點方程式為

$$(G_1 + G_2 + G_4)v_2 - G_1v_1 - G_2v_3 - G_4v_5 = 0$$
$$(G_2 + G_3 + G_5)v_3 - G_2v_2 - G_5v_4 = 0 \tag{4.7}$$

最後，進入廣義節點的電流等於離開廣義節點的電流，因而得到

$$G_4(v_5 - v_2) + G_5(v_4 - v_3) + G_6v_5 = 0 \tag{4.8}$$

故電路分析可同時解（4.6）、（4.7）和（4.8）三式而完成。

例題 4.3

第二個例子是求圖 4.7 (a)電路上的 v，最底下的節點當做參考點，非參考點標示為 v_1，v_2 和 v_3，如圖 4.7 (b)；再觀察電路得知 $v_1 = v + 3$ 且 $v_2 = 20$，即節點

v_1 比節點 v 高 3 V ，節點 v_2 比大地高 20 V 。使用兩個廣義節點分別包含電壓源，如此就有兩個節點，但我們只需要一個節點方程式，這是非常明確的，因爲只有一個未知的節點電壓 v 。在上廣義節點的節點方程式爲

$$\frac{v + 3 - 20}{6} + \frac{v + 3}{2} + \frac{v}{4} = 6$$

若 v 是伏特單位，則方程式每項單位是毫安，解方程式得 $v = 8\,\text{V}$ 。

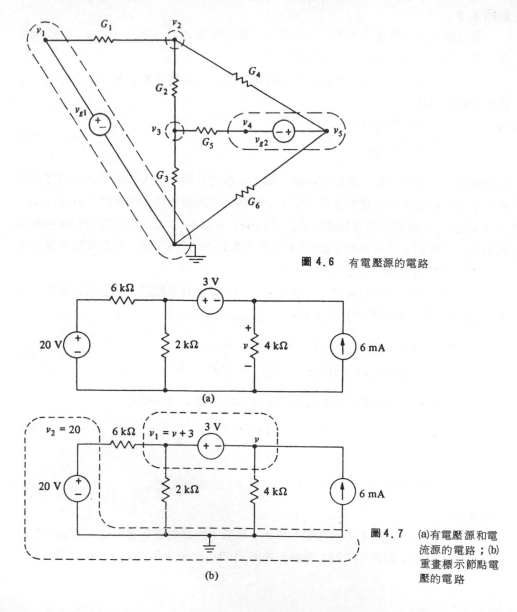

圖 4.6　有電壓源的電路

圖 4.7　(a)有電壓源和電流源的電路；(b)重畫標示節點電壓的電路

例題 4.4

另一個例子：圖 4.8 電路包含一個獨立電壓源和一個相依電流源，因為電壓源

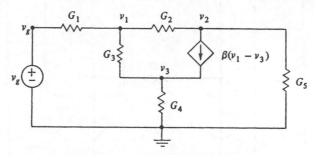

圖 4.8 有獨立和相依電源的電路

的存在減少了一個未知的節點電壓，所以在圖左上方節點標示 v_g，且指定基點及未知節點電壓 v_1，v_2 和 v_3，在這些節點應用 KCL 定律，得方程式為

$$(G_1 + G_2 + G_3)v_1 - G_2v_2 - G_3v_3 - G_1v_g = 0$$

$$-G_2v_1 + (G_2 + G_5)v_2 + \beta(v_1 - v_3) = 0$$

$$-G_3v_1 + (G_3 + G_4)v_3 = \beta(v_1 - v_3)$$

這些方程式可以解得未知的節點電壓（v_g 是已知）。我們也注意到相依電源的存在，會破壞到上例方程式的對稱性，這現象在包含相依電源的一般情形都是正確的。

例題 4.5

最後一個例子是求圖 4.9 電路內所有未知的電壓和電流，圖 4.9 電路包含有獨立和相依電流、電壓源。為了簡化起見，我們如圖所示選定基點及標示非參考節點為 v_1、v_2、v_3 和 v_4。在寫出任何節點方程式前，我們先觀察電路發覺

$$v_1 = 2$$

$$v_2 - v_3 = 3i_y$$

$$v_1 - v_4 = v_x$$

及用歐姆定律可得

$$v_2 = -2i_y$$

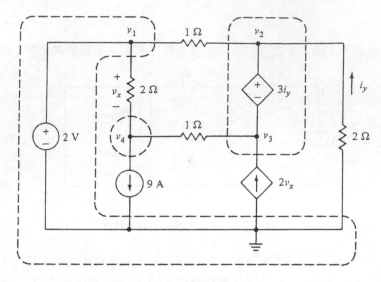

圖 4.9 更複雜電路

從上述結果我們可求得

$$v_1 = 2$$
$$v_2 = -2i_y$$
$$v_3 = v_2 - 3i_y = -5i_y$$
$$v_4 = v_1 - v_x = 2 - v_x$$

於是節點電壓可只用兩個未知項 v_x 和 i_y 來表示；換句話說，我們只需兩個方程式即可解題。由於我們有一個正常節點和兩個廣義節點（如虛線所示），所以可確定有兩個獨立節點方程式。在節點 v_4，得

$$-\frac{v_x}{2} + 9 + \frac{v_4 - v_3}{1} = 0$$

在包含相依電壓源的廣義節點，得

$$\frac{v_2 - v_1}{1} - i_y - 2v_x + \frac{v_3 - v_4}{1} = 0$$

將節點電壓消去可得

$$-\frac{v_x}{2} + 9 + \frac{2 - v_x - (-5i_y)}{1} = 0$$

$$\frac{-2i_y - 2}{1} - i_y - 2v_x + \frac{-5i_y - (2 - v_x)}{1} = 0$$

簡化這些方程式，得

$$-3v_x + 10i_y = -22$$

$$-v_x - 8i_y = 4$$

因而得解

$$v_x = 4\text{ V}, \qquad i_y = -1\text{ A}$$

如此我們可求得電路上所有的電流和電壓。

練 習

4.3.1 若元件 x 是一個 4 V 獨立電壓源（正極向上），用節點分析法求 v。

　　　 答：20 V

4.3.2 若練習 4.3.1 的 x 元件是一個 7 A 朝上的獨立電流源，求 v。

　　　 答：26 V

4.3.3 若練習 4.3.1 的 x 元件是一個 $5i$ V 的相依電壓源（正極向上），求 v。

　　　 答：32 V

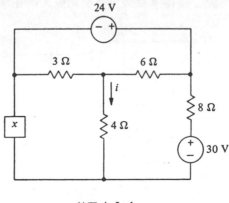

練習 4.3.1

4.4 有運算放大器的電路 (CIRCUITS CONTAINING OP AMPS)

當一個電路包含運算放大器時，節點分析是最佳的分析方法，因爲在電子電路參考點經常是接地的，且所有其他元件也常個別接到參考點，所以節點分析很適用，但迴路分析就不適用了，通常我們只需要少數有關的節點方程式就能分析含有運算放大器的電路。

例題 4.6

考慮圖 3.11 的 VCVS 電路，現重畫於圖 4.10 上，且標示參考節點接地，故 v_1 和 v_2 成爲節點電壓；又因爲在運算放大器的輸入電流和輸入端電壓均爲零，所以 $v_3 = v_1$。現在節點 3 應用 KCL 定律，得出

$$\frac{v_1}{R_1} + \frac{v_1 - v_2}{R_2} = 0 \tag{4.9}$$

從 (4.9) 式，可得

$$v_2 = \left(1 + \frac{R_2}{R_1}\right)v_1 = \mu v_1 \tag{4.10}$$

這結果在 3.4 節已獲得。

例題 4.7

另一例子在圖 4.11 電路中，v_1 爲已知輸入電壓，求解輸出電壓 v_2。我們選擇大地爲零電位的參考點，使得運算放大器反相輸入端在零電位，在節點 3 寫出

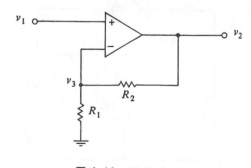

圖 4.10　VCVS

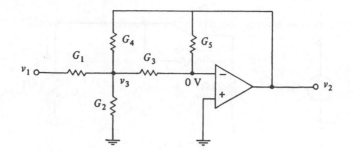

圖 4.11　有一個運算放大器的電路

KCL 方程式，得到

$$(G_1 + G_2 + G_3 + G_4)v_3 - G_1v_1 - G_4v_2 = 0$$

進入運算放大器反相輸入節點的電流是

$$G_3v_3 + G_5v_2 = 0$$

從這兩個方程式消去 v_3，得到

$$(G_1 + G_2 + G_3 + G_4)\left(-\frac{G_5v_2}{G_3}\right) - G_1v_1 - G_4v_2 = 0$$

從這式，可得

$$v_2 = \frac{-G_1G_3v_1}{G_5(G_1 + G_2 + G_3 + G_4) + G_3G_4}$$

　　在運算放大器的反相輸入節點寫出節點方程式總是有利的，如這例題所做的。但在運算放大器的輸出節點則避免寫其節點方程式，原因是很難決定運算放大器的輸出電流。在第三章我們已注意到，當運算放大器存在時，接地節點爲非任意的，原因是運算放大器未繪出的端點，可以有電流流進大地，故我們將避免在接地節點寫下一個節點方程式。

＝＝練＿＿習＿＿＿＿＿＿＿＿＿＿＿＿＿＿＿＿＿＿＿＿＿＿＿＿＿

4.4.1　求 i 。

　　答：$2\cos 4t$　mA

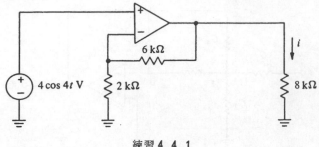

練習 4.4.1

4.4.2 用節點電壓 v_1，v_2，v_3 和電阻來表示 v_0。（這電路是一個求和器，像習題 3.14 外帶一個電壓源）

答：$-R_0(v_1/R_1 + v_2/R_2 + v_3/R_3)$

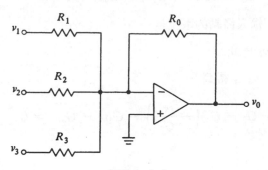

練習 4.4.2

4.4.3 若 $v_g = 6\cos 2t$ V，求 v。（建議：注意輸入運算放大器端點電壓為節點電壓 v_1）

答：$3\cos 2t$ V

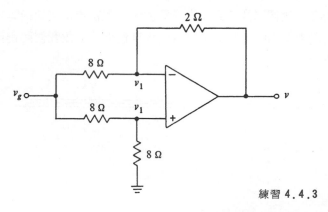

練習 4.4.3

4.5 網目分析 (MESH ANALYSIS)

在上節的節點分析中，我們在電路內的非參考節點處應用 KCL 定律，現在我們要考慮的網目分析或叫迴路分析（loop analysis），是沿電路上某些封閉路徑應用 KVL 定律，在這情形電流常是未知值。

在這章我們只討論平面電路（planar circuits），即一個電路能畫於平面，且無元件跨過任何其他元件上。在此情形下，平面可被元件們分成個別的面，而每個面的封閉邊界叫做電路的一個網目。一個網目是一個迴路的特例，即電路上元件的封閉路徑通過的節點或元件不多於一次；換句話說，一個網目是一個不包含元件的迴路。

例題 4.8

圖 4.12 是一包含三個網目的平面電路，網目 1 包含元件 R_1 ，R_2 ，R_3 和 v_{g1} ；網目 2 包含 R_2 ，R_4 ，v_{g2} ，R_5 ；網目 3 包含 R_5 ，v_{g2} ，R_6 和 R_3 。

非平面電路無法定義網目，若封閉路徑是迴路時，KVL 分析過程和網目分析相同，當然迴路方程式比較不容易明確表示，但在第六章將討論 KVL 在一般電路上的分析。

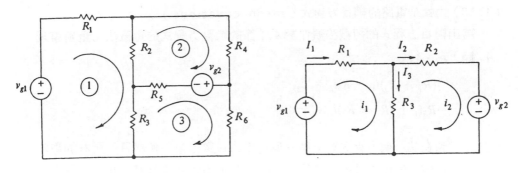

圖 4.12　有三個網目的平面電路　　　　圖 4.13　有兩個網目的電路

例題 4.9

考慮圖 4.13 兩個網目電路來說明 KVL 的應用，元件電流是 I_1、I_2 和 I_3，沿包含 v_{g1} 的第一個網目寫下 KVL 方程式，得

$$R_1 I_1 + R_3 I_3 = v_{g1} \qquad\qquad (4.11)$$

相似的，沿另一網目可得

$$R_2 I_2 - R_3 I_3 = -v_{g2} \tag{4.12}$$

網目電流（mesh current）的定義是沿著一個網目流動的電流，它可能是網目元件的全部或部份電流所構成的，如圖4.13中 i_1 和 i_2 是網目電流，而在 R_1 和 R_2 元件上的電流是網目電流，但 R_3 元件上的電流是兩個網目電流的組合。

通常元件電流是網目電流的代數和，如圖4.13中，R_1 內的電流是

$$I_1 = i_1$$

在 R_2 內的電流是

$$I_2 = i_2$$

應用KCL定律，得 R_3 內的電流爲

$$I_3 = I_1 - I_2 = i_1 - i_2$$

利用這些結果，可以重寫（4.11）和（4.12）式爲

$$R_1 i_1 + R_3(i_1 - i_2) = v_{g1}$$
$$R_2 i_2 - R_3(i_1 - i_2) = -v_{g2} \tag{4.13}$$

（4.13）式就是電路的網目方程式（mesh equations）。

寫出網目方程式的短截法類似於 4.1 節的節點方程式的短截法，重新整理（4.13）式，得

$$(R_1 + R_3)i_1 - R_3 i_2 = v_{g1}$$
$$-R_3 i_1 + (R_2 + R_3)i_2 = -v_{g2}$$

我們注意到在第一個方程式裏，第一個電流的係數是第一個網目上所有的電阻和，而另一網目電流的係數是網目和第一個網目共有電阻和的負值，在第一個方程式的右邊是推動網目電流沿指定方向流動的電壓源代數和；對以上的敍述，以" 第二個 "取代" 第一個 "這字眼，則能描述第二個方程式。這種短截法是選擇所有網目電流同向，且沿網目電流流動方向寫出 K V L 方程式的步驟，當然短截法僅適用於電源爲獨立電壓源的時候。

例題 4.10

　　圖 4.12 為另一個例子，定義 i_1、i_2、i_3 是網目 1，2，3 的網目電流，對網目 1 應用短截法，可得到

$$(R_1 + R_2 + R_3)i_1 - R_2 i_2 - R_3 i_3 = v_{g1}$$

這結果可在網目 1 寫出 KVL 方程式

$$R_1 i_1 + R_2(i_1 - i_2) + R_3(i_1 - i_3) = v_{g1}$$

比較上二式得知，這兩個結果是完全相同的。

　　對網目 2 和 3，寫下 KVL 方程式得

$$-R_2 i_1 + (R_2 + R_4 + R_5)i_2 - R_5 i_3 = -v_{g2}$$
$$-R_3 i_1 - R_5 i_2 + (R_3 + R_5 + R_6)i_3 = v_{g2}$$

而網目分析可由此三個網目方程式解得網目電流而完成。

　　在網目方程式中，也有節點方程式的對稱性，若克拉莫規則被用來解網目電流，則係數行列式為

$$\Delta = \begin{vmatrix} R_1 + R_2 + R_3 & -R_2 & -R_3 \\ -R_2 & R_2 + R_4 + R_5 & -R_5 \\ -R_3 & -R_5 & R_3 + R_5 + R_6 \end{vmatrix}$$

對角元素是網目上所有的電阻和，在非對角的元素則是對應於行列式的行和列網目共有電阻和的負值，如 $-R_2$ 是在 1 列、2 行或 2 列、1 行位置，也是網目 1 和 2 共有電阻的負值，於是行列式是對對角線對稱，當然對稱性在相依電源存在時，是不正確的。

___練___習___

4.5.1 在圖 4.13 中，若 $R_1 = 2\,\Omega$，$R_2 = 4\,\Omega$，$R_3 = 3\,\Omega$，$v_{g1} = 9\,V$，$v_{g2} = -5\,V$，試用網目分析法求 i_1 和 i_2。

　　答：3 A，2 A

4.5.2 若 $R_1 = 1\,\Omega$，$R_2 = 2\,\Omega$，$R_3 = 4\,\Omega$，$v_{g1} = 21\,V$，$v_{g2} = 0$ 時，重做練習 4.5.1。

　　答：9 A，6 A

4.5.3　若元件 x 是一個 6 V 獨立電壓源（極性向上為正）時，試用網目分析法求
i_1 和 i_2 。
　　　答：2A ，1A

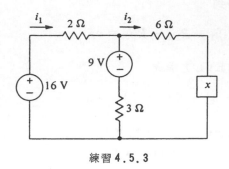

練習 4.5.3

4.5.4　若元件 x 是一個 $6i_1$ V 的相依電源（極性向下為正）時，重做練習4.5.3。
　　　答：5A ，6A

4.6　有電流源的電路
（CIRCUITS CONTAINING CURRENT SOURCES）

　　網目分析對有電流源的電路是很容易的，我們以圖4.14(a)含有兩個電流源和
一個電壓源電路來描述分析過程。

　　如圖選擇三個網目電流 i_1、i_2 和 i_3，故需要三個獨立方程式來解析（但並不
一定要全為網目方程式）；由觀察電路得知兩個電流源的存在，使得我們有

$$i_2 = -i_{g1}$$
$$i_3 - i_1 = i_{g2}$$

(4.14)

兩個限制，因此我們只需要再一個方程式即可，而這方程式必須從 KVL 來，也就
是說所選擇的全部封閉路徑必須避開電流源而包含所有的電壓源。

　　現在，我們想像兩個電流源被移開，即開路，則有兩個網目會不存在；但我們
已經有（4.14）兩個方程式，所以留下的電路仍足夠寫出所需的 KVL 方程式。大
部份留下的廻路（它們可以不是網目）僅含有電阻器和電壓源，故 KVL 定律是很
容易應用的，但我們必須強調電流源並未從電路上移開，只是為了寫出 KVL 方程

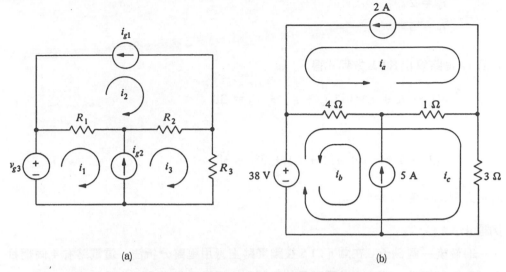

圖4.14 有兩個電流源和一個電壓源的電路

式，而想像它們移開而已。

回到圖4.14(a)且想像電流源開路，則只留下含有 v_{g3}、R_1、R_2 和 R_3 的廻路，對這廻路寫出KVL方程式，得

$$R_1(i_1 - i_2) + R_2(i_3 - i_2) + R_3 i_3 = v_{g3} \tag{4.15}$$

此時電路的分析就能解析（4.14）和（4.15）式而完成。

例題4.11

讓我們完成圖4.14(a)的電路分析。若 $R_1 = 4\,\Omega$，$R_2 = 1\,\Omega$，$R_3 = 3\,\Omega$，$i_{g1} = 2\,\mathrm{A}$，$i_{g2} = 5\,\mathrm{A}$，$v_{g3} = 38\,\mathrm{V}$，則（4.14）式和（4.15）式變為

$$i_2 = -2$$

$$i_3 - i_1 = 5$$

$$4(i_1 - i_2) + 1(i_3 - i_2) + 3i_3 = 38$$

解之可得 $i_1 = 1\,\mathrm{A}$，$i_2 = -2\,\mathrm{A}$ 和 $i_3 = 6\,\mathrm{A}$。

在這例題中，亦可用廻路電流來簡化解析過程，若問題是求在 R_3 向下的電流，則很明顯的 $i_3 = 6\,\mathrm{A}$，這可由圖4.14(b)所選擇的廻路電路 i_a、i_b 和 i_c 很容易的驗證。觀察圖4.14(b)電路，得

$$i_a = 2$$

$$i_b = 5$$

且沿 i_c 廻路寫出 KVL 方程式得

$$4(i_a - i_b + i_c) + 1(i_a + i_c) + 3i_c = 38$$

或

$$4(2 - 5 + i_c) + 1(2 + i_c) + 3i_c = 38$$

解這方程式，得 $i_c = 6$ A。

例題 4.12

舉最後一個例子，在圖 4.15 複雜電路上應用廻路分析法。這電路有 4 個網目和兩個控制變數 v_x 和 i_y 必須滿足的限制；故需要六個方程式來分析。

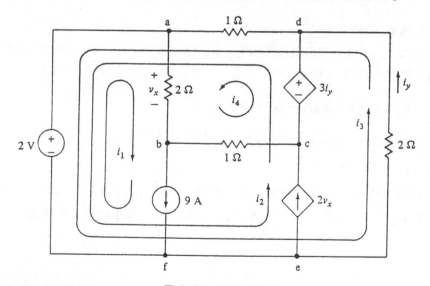

圖 4.15 更複雜電路

如解圖 4.14(a) 一樣，我們可以選擇 4 個網目電流去導出它們和兩個電流源的關係，但無論如何要使用廻路電流來簡化方程式，所以我們選擇 i_1、i_2、i_3 和 i_4（如圖所示）為未知的廻路電流。單廻路為選擇通過電流源和通過電流控制的相依電源元件，這是因為此廻路電流可使電路限制成為一個簡單的方程式。在應用 KVL

定律前，我們先觀察電路，可得

$$i_1 = 9$$
$$i_2 = 2v_x$$
$$i_3 = i_y$$
$$2(i_1 + i_4) = v_x$$

從這些方程式中，我們能以 v_x 和 i_y 來表示所有的廻路電流，而得出

$$i_1 = 9$$
$$i_2 = 2v_x$$
$$i_3 = i_y \qquad (4.16)$$
$$i_4 = \frac{v_x}{2} - 9$$

至今我們仍未寫出單廻路方程式。基本上，我們只需要未知元爲 v_x 和 i_y 的兩個獨立方程式即可；我們想像電流源開路，可見留下的電路有兩個廻路 $abcda$ 和 $afeda$，對個別廻路寫出 KVL 方程式得

$$v_x + 1(i_4) - 3i_y + 1(i_2 + i_3 + i_4) = 0$$
$$2 + 2i_3 + 1(i_2 + i_3 + i_4) = 0$$

代（4.16）式入上述方程式可得

$$4v_x - 2i_y = 18$$
$$\frac{5v_x}{2} + 3i_y = 7$$

解此聯立方程式組，得

$$v_x = 4 \text{ V}, \qquad i_y = -1 \text{ A}$$

這解答可和 4.3 節所得的結果做比較。

現在可從（4.16）式得到廻路電流而使分析完全，而在電路上任何其他的電流或電壓亦可求得。

通常在分析任何電路以前，要注意在節點分析和迴路分析中所需要的方程式各爲多少，且使用較少方程式的方法。很顯然的，在最後一個例子中，節點分析是較佳的方法。

練 習

4.6.1 使用網目分析法求 i 。

答：2 A

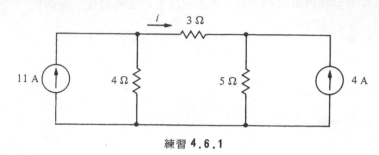

練習 **4.6.1**

4.6.2 使用網目分析法求 v_1 。

答：6 V

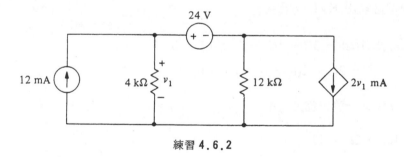

練習 **4.6.2**

4.6.3 在圖 4.14 (a) 內，讓 $R_1 = 4\,\Omega$ ， $R_2 = 6\,\Omega$ ， $R_3 = 2\,\Omega$ ， $i_{g1} = 4\,A$ ， $i_{g2} = 6\,A$ ， $v_{g3} = 52\,V$ 。 i_2 和 i_3 如圖所示， i_1 改爲沿 R_1 、 R_2 、 R_3 和 v_{g3} 迴路的順時針方向電流，且使用迴路分析法去求釋放到 R_3 的功率。（注意在此情形下，流過 R_3 的電流是 $i_1 + i_3$ 。）

答：18 W

4.7 對偶性（DUALITY）

讀者可能已注意到，先前討論的某些對網路方程式很相似，例如歐姆定律是

$$v = Ri \qquad (4.17)$$

或

$$i = Gv \qquad (4.18)$$

在第二種情形，我們定義 $G = 1/R$ 來解 i 。現我們以另一方式來看這些方程式，可注意到（4.18）式可由（4.17）式以 i 代替 v ， v 代替 i 和 G 代替 R 得到；相似的方法，（4.17）式可由（4.18）式以 v 代替 i ， i 代替 v 和 R 代替 G 得到。

同樣的，在 2.3 節串聯 R_1 ， R_2 ， $\cdots$ ， R_n 的等效電阻是

$$R_s = R_1 + R_2 + \ldots + R_n \qquad (4.19)$$

和 2.4 節中並聯 G_1 ， G_2 ， $\cdots$ ， G_n 的等效電導是

$$G_p = G_1 + G_2 + \ldots + G_n \qquad (4.20)$$

很明顯的，（4.19）式和（4.20）式可以互相交換電阻和電導及串聯和並聯的簡寫 s 、 p 而互得。

於是我們定義電阻和電導、電流和電壓、串聯和並聯間有對偶性，即 G 的對偶是 R ， v 的對偶是 i ，並聯的對偶是串聯，反之亦然。

另一個簡單的對偶方程式是

$$v = 0 \qquad (4.21)$$

而它的對偶是

$$i = 0 \qquad (4.22)$$

在一般情形，（4.21）描述的元件是短路，而（4.22）是開路，所以短路和開路也是對偶。在以後章節中，亦可見其他的對偶量。

例題 4.13

在電路理論上每一個方程式都有一個對偶，此對偶是將方程式中每一個量以其對偶量取代而得。若一方程式描述一平面電路，則對偶方程式描述此電路的對偶或稱對偶電路（非平面電路無對偶存在）。例如圖 4.16 電路，其網目方程式為

$$\begin{aligned}
(R_1 + R_2)i_1 - R_2 i_2 &= v_g \\
-R_2 i_1 + (R_2 + R_3)i_2 &= 0
\end{aligned} \qquad (4.23)$$

我們以 G's 代替 R's，v's 代替 i's 和 i 代替 v，可得（4.23）式的對偶爲

$$(G_1 + G_2)v_1 - G_2 v_2 = i_g$$
$$-G_2 v_1 + (G_2 + G_3)v_2 = 0$$

(4.24)

（4.24）式爲一個電路的節點方程式，此電路爲包含兩個非參考節點電壓 v_1、v_2 ，三個電導和一個獨立電流源 i_g。從求節點方程式的短截法過程中，知道 G_1 和 G_2 是連接到第一個節點的，G_2 是連接兩節點的元件，G_2 和 G_3 是連接到第二個節點的 ，及 i_g 是進入第一個節點的電流源，且 G_1、i_g、G_3 是連接到參考節點的；由上 敍述所描繪的電路爲圖 4.17 所示，也是圖 4.16 的一個對偶。

　　圖 4.16 可描述爲 v_g 串聯 R_1 後和 R_2、R_3 並聯連接，將此敍述中各量以其對 偶取代後，可看見圖 4.17 對偶電路的正確描述爲 i_g 並聯 G_1 後和 G_2、G_3 串聯連

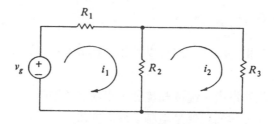

圖 4.16　兩個網目的電路

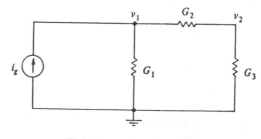

圖 4.17　圖 4.16 的對偶

接。

　　在這例子中，我們注意到網目的對偶是節點，反之亦然。由於網目電流和非參 考節點電壓的對偶性，上敍述通常都是正確的。參考節點是電路以外範圍或稱外網 目（outer mesh）的對偶。

　　這最後的對偶性（節點和網目之間）提供了求一已知電路的對偶方法。在電路 上每一個網目中置一個對偶網路的節點，在電路外（相當外網目）置一個參考節點

，在原電路上連接節點所畫過的元件的對偶，即爲對偶網路中節點間的元件。

試舉一例，圖4.16以實線重畫於圖4.18，而圖4.18中的**虛線**是依照求對偶電路的方法所繪；很明顯的，虛線電路和圖4.17相同，爲圖4.16的對偶電路。

當對偶電路是從對偶方程式得到時，那獨立電源或相依電源的對偶電源極性將確定，如圖4.17所示。無論如何，在圖4.18的幾何方法，若未指定網目電流方向時，i_g的極性就不能決定而可完全任意。

若原電路上，網目電流或節點電壓已指定時，在對偶電路上電源極性可從推動（driving）一個節點或一個網目來決定。我們定義一個網目被在這網目內的電源推動，是指電源極性能夠沿網目電流方向推動電流；一個節點被連接這節點的電源推動，是指電源極性能夠符合這節點，也就是送電流進入這節點。對偶電源將推動或不推動一個網目或一個節點，是根據原電路電源推動或不推動相對應的一個節點或一個網目而定的。換句話說，電路的兩組對偶方程式必須是一致的。

通常分析一個電路時，電壓和電流的數值與對偶電路上它們的對偶值是相同的；因此當我們分析一個電路時，實際上就是分析兩個電路，如圖4.16中i_1和i_2的數值，和圖4.17中v_1和v_2的數值是相同的。

最後要注意的是一個運算放大器是沒有對偶的，但是，我們可以獲得包含相依電源的電路（相當於有運算放大器的電路）的對偶。

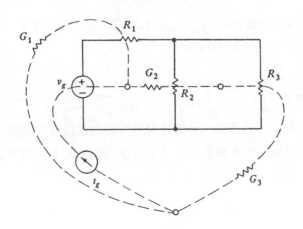

圖4.18 兩個對偶電路

___練___習_____

4.7.1 求圖4.14⒜電路的對偶。

4.8 用SPICE進行電腦輔助電路分析（COMPUTER-AIDED CIRCUIT ANALYSIS USING SPICE）

從大型電腦到個人電腦都有很多電腦輔助電路分析軟體，可用來協助求解電路問題。雖然電腦程式非常有用且在解複雜電路時更是必需品，但它卻無法幫助讀者瞭解基本電路理論。讀者應時時告誡自己：這些程式的輸出完全根據你的輸入來決定。要能有效地應用這些電腦輔助軟體，就必須對資料輸入及判斷計算結果正確與否的基本原理，有充分地瞭解。

SPICE 是美國加州大學柏克萊分校所發展出的一種超強軟體，至今它已成為類比電路模擬的標準工具。PSpice是 SPICE 的 PC 版本，也是本書所使用的版本。附錄 E 列出 SPICE 的標準指令，讀者可先熟悉這些指令後再開始閱讀本節的內容。資料敘述 E、F、G、H、I、R、V、X 和指令.DC、.END、.ENDS、.LIB、.OP、.PRINT、.SUBCKT、.TF 對 dc 例題是特別重要的。

例題 4.14

第一個例題讓我們考慮圖 4.19 的簡單電路，其中節點已被很明確地圈定。模擬過程需要下列步驟：

1. 用 ASCII 文書編輯軟體（ e.g.，MS DOS 中的EDLIN ）建立一個輸入檔案或電路檔案（ circuit file ）。
2. 跑模擬程式。
3. 檢查輸出檔案。

根據附錄 E 可知：一個簡單 dc 電路例題所需的電路檔案通常包含有(1)標題和說明敘述，(2)資料敘述，(3)解控制敘述，(4)輸出控制敘述和(5)結束敘述。例題 4.14 的電路檔案名稱為 EX4-19.CIR，它的內容為

```
Simple DC Solution for example of Fig. 4.19 (Title statement)
* Data statements for component values
I 1  0  1  DC  1M
V1  2  0  DC  6V
R1  1  0  1KOHM
R2  1  2  2K
RL  1  0  3K
* Solution control statement to print all currents and power
```

* dissipation for all voltage sources. (Note: .OP is the
* default used if no control statement included.)
.OP
* Output control statement for node voltages 1 and 2. (Optional
* in this case since .OP gives all node voltages and currents
* through voltage sources automatically.)
.PRINT DC V(1) V(2)
* End Statement
.END

　　執行模擬程式（步驟 2 ）與你所用的硬體結構有關，若你是使用一台具有硬碟機的 IBM　PC 的話，你只需鍵入下列指令即可執行 PSpice：

　　　PSPICE EX4-19.CIR

輸出將自動存在硬碟中，檔名為 EX4-19.OUT 。

　　檢查結果非常容易，你可以在監視器上利用 DOS 指令 TYPE 或 COPY 來觀察，也可用列表機列印結果後再觀察。本例題的解答如下：

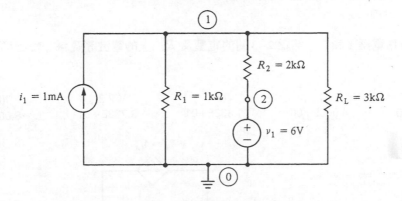

圖 4.19　應用 SPICE 的電路例題

```
 NODE   VOLTAGE       NODE   VOLTAGE
(   1)   2.1818     (    2)   6.0000
     VOLTAGE SOURCE CURRENTS
     NAME           CURRENT
     V1            −1.909E−03
     TOTAL POWER DISSIPATION  1.15E−02   WATTS
```

例題 4.15

第二個例題爲圖 4.20 (a)的電路，它能描述 SPICE 的特異功能。爲了運用分支電流 I_x（它爲相依電流源 i_1 的控制變數），我們必須植入一個虛擬電壓源 V_d，如圖 4.20 (b)所示。電路檔案如下：

```
Circuit file for DC solution of Fig. 4.20
* Data statements
V1 1 0 DC 4V
VD 100 0 DC 0
FI1 3 2 VD 4
R1 1 2 2OHM
R2 2 100 4
R3 2 3 7
RL 3 0 3
* Solution control statement for dc solution with V1 = 4 V.
.DC V1 4 4 1
* Output control statement
.PRINT DC V(1) V(2) V(2,3) I(RL)
.END
```

它包含節點電壓 1 和 2 ，節點 2-3 間的電壓及 R_L 上的電流等資料。輸出檔案的內容如下：

V1	V(1)	V(2)	V(2,3)	I(RL)
4.000E+00	4.000E+00	1.333E+01	3.733E+01	−8.000E+00

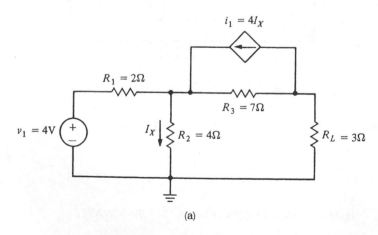

(a)

圖 4.20 (a)具有一個 CCCS 的電路；(b)爲了應用 SPICE 模擬所重繪的電路，其中 V_d 的植入是爲了配合 I_x 的使用

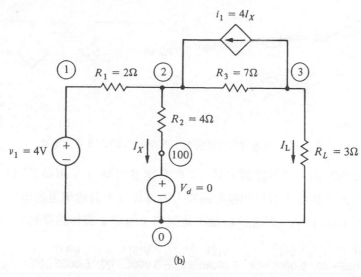

圖4.20 （續）

例題4.16

最後一個例題考慮含有運算放大器的電路。圖4.21表示一個實際運算放大器的簡化VCVS模型，其中R_m表示運算放大器的輸入電阻，μ為增益。此模型可用來模擬圖4.22(a)反相器電路內的運算放大器。標稱值$R_{in} = 10^{10}$，$\mu = 10^6$已足夠視運算放大器為一個理想裝置。解的電路檔案為

```
OP AMP INVERTER OF FIG. 4.22.
* Data statements
VI   10  0  DC 0.5V
R1   10  1  10K
R2   1  3  100K
R3   2  0  10K
RIN  1  2  1E+10
EVO  0  3  1  2  1E+6
* Solution control statements for VI = 0.5 V and transfer
* function for V(3)/VI, input and output resistance.
.DC VI 0.5 0.5 1
.TF V(3) VI
* Output control statement
.PRINT DC V(1) V(2) V(3) I(R1)
* End statement
.END
```

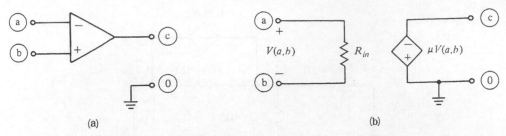

圖 4.21　(a)運算放大器符號；(b)簡化的 VCVS 等效電路

　　電路檔案內新加入的解控制敍述 .TF（轉移函數），可將 $V(3)/V_i$ 比，V_i 內的電流，V_i 看入的輸入電阻和輸出端看入的運算放大器輸出電阻印出。轉移函數（transfer function）的正式討論將留到第十四章。模擬結果為

```
VI            V(1)          V(2)          V(3)          I(R1)
5.000E−01   5.000E−06   5.000E−12   −5.000E+00   5.000E−05

V(3)/VI = −1.000E+01

INPUT RESISTANCE AT VI =    1.000E+04

OUTPUT RESISTANCE AT V(3) =    0.000E+00
```

　　SPICE 的另一個有用功能是它能在資料敍述中定義子電路（subcircuit）。譬如，我們希望將例題 4.16 內運算放大器的等效電路存起來，待以後求解需要時再叫出。要完成上述功能必須(1)先建立一個 OPAMP.CKT 檔案，檔案內容為你對運算放大器的電路定義；(2)在電路檔案內用 X 指令來叫出 OPAMP.CKT 檔案。對本例題，OPAMP.CKT 檔案內容為

```
.SUBCKT OPAMP 1 2 3
* 1 DENOTES INVERTING INPUT NODE
* 2 DENOTES NONINVERTING INPUT NODE
* 3 DENOTES OUTPUT NODE
RIN 1 2 1E+10
EVO 0 3 1 2 1E+6
.ENDS
```

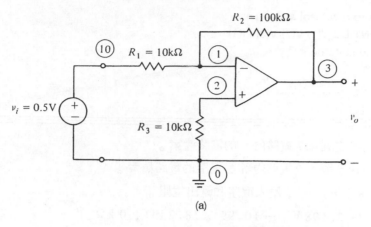

(a)

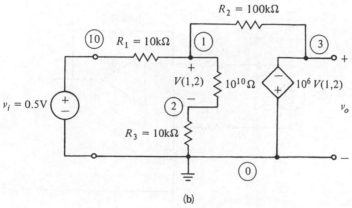

(b)

圖4.22　(a)反相器；(b)VCVS等效電路

利用子電路定義時，例題4.16的電路檔案可改寫為

OP AMP INVERTER OF FIG 4.22.

* Data statements

VI　10　0　DC 0.5V
R1　10　1　10K
R2　1　3　　100K
R3　2　0　10K
XAMP1 1 2 3 OPAMP

* Define file where OPAMP subcircuit located

.LIB OPAMP.CKT

* Solution control statements

.DC V(3) 0.5 0.5 1

.TF V(3) VI

* Output control statement
.PRINT DC V(1) V(2) V(3) I(R1)
* End statement
.END

練 習

4.8.1 寫出決定圖4.7電路內 v 的電路檔案。

4.8.2 寫出決定圖4.9電路內節點電壓的電路檔案。

4.8.3 求 v_0 ， v_0/v_i ，輸入電阻和輸出電阻。

答：$-2.198\,\mathrm{V}$ ， -10.99 ， $18.2\,\mathrm{k\Omega}$ ， $0\,\mathrm{k\Omega}$

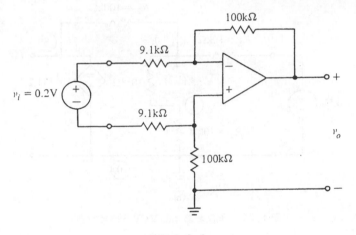

練習 4.8.3

習 題

4.1 用節點分析法求 v_1 和 v_2 。

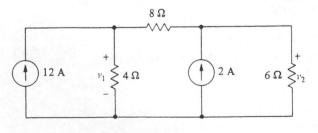

習題 4.1

4.2 用節點分析法求 i 。

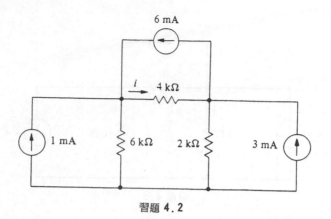

習題 4.2

4.3 用節點分析法求 i_1 和 i_2 。

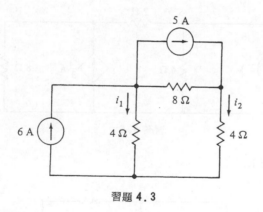

習題 4.3

4.4 用節點分析法求 i 和 i_1 。

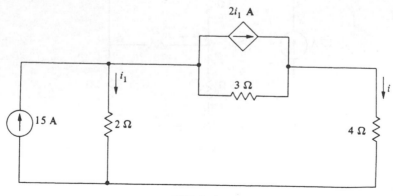

習題 4.4

4.5 用節點分析法求 i_1 。

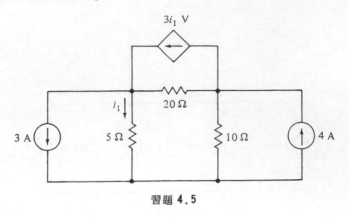

習題 **4.5**

4.6 用節點分析法求釋放到 2Ω 電阻器上的功率。

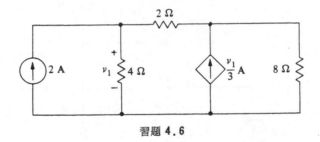

習題 **4.6**

4.7 用節點分析法求 i 。

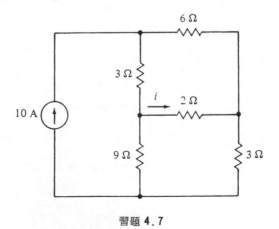

習題 **4.7**

4.8 用節點分析法求 v 和 i。

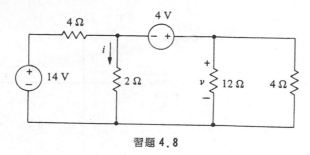

習題 4.8

4.9 用節點分析法求 i。

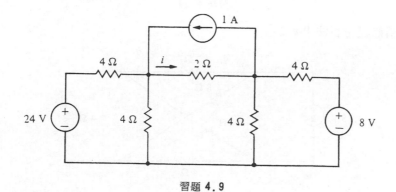

習題 4.9

4.10 用節點分析法求 i。

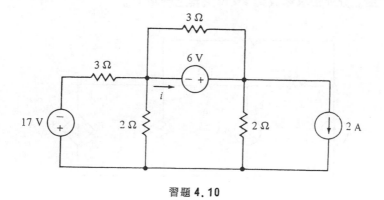

習題 4.10

4.11 用節點分析法求 v 。

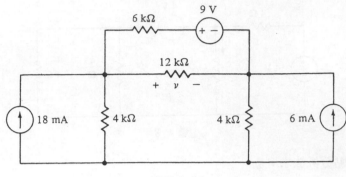

習題 **4.11**

4.12 用節點分析法求 v 。

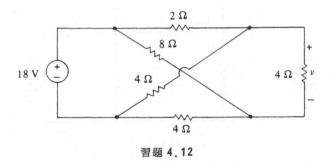

習題 **4.12**

4.13 用節點分析法求釋放到 $4\,\Omega$ 電阻器上的功率 。

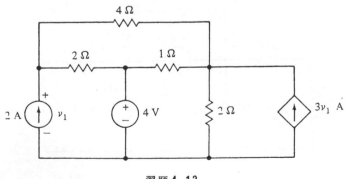

習題 **4.13**

4.14 用節點分析法求 i 。

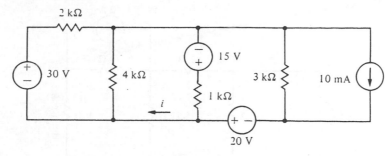

習題 **4.14**

4.15 用節點分析法求 v 和 v_1 。

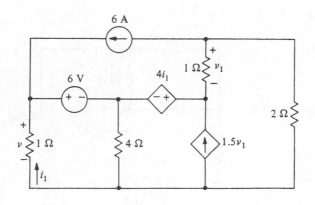

習題 **4.15**

4.16 用節點分析法求 i_1 。

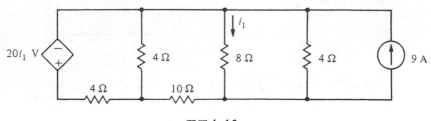

習題 **4.16**

4.17 用節點分析法求 v 。

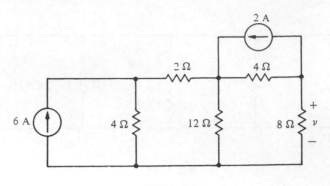

習題 4.17

4.18 若 $v_g = 8 \sin 6t$ V，求 v 。

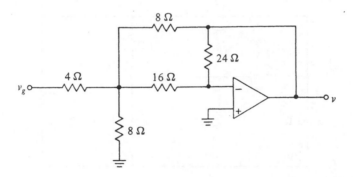

習題 4.18

4.19 若 $v_g = 8 \cos 3t$ V，求 v 。（提示：注意 $v_1 = v/\mu$ ，其中 $\mu = 2$ 是 VCVS 的增益。）

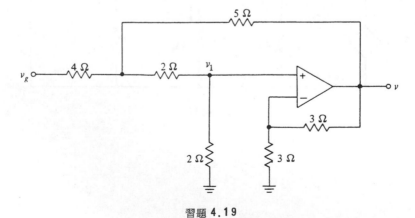

習題 4.19

4.20 若 $v_g = 4 \cos 6t$ V，求 v 。

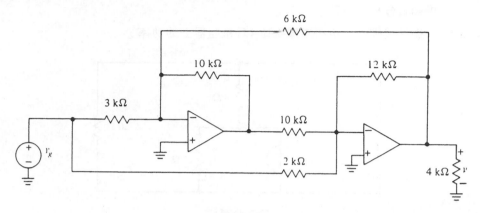

習題 **4.20**

4.21 求 R 使得 $v_0 = -20\,v_g$ 。

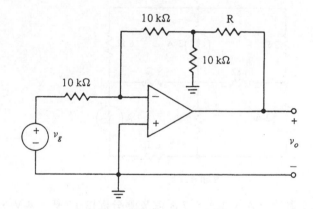

習題 **4.21**

4.22 若 $v_g = 4 \cos 100t$ V，求 i 。

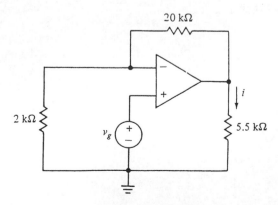

習題 **4.22**

4.23 用網目分析法解習題 4.2 。

4.24 用網目分析法解習題 4.3 。

4.25 用網目或廻路分析法求釋放到 4 Ω 電阻器上的功率。

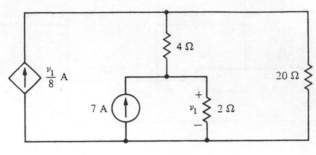

習題 **4.25**

4.26 求 v 。

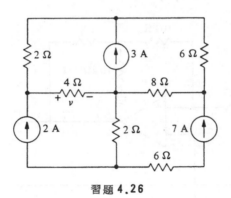

習題 **4.26**

4.27 解習題 4.26 ，其中 2 A、3 A、7 A 電流源分別以 17 V、4 V、16 V 電壓源（正端點在上方）取代。

4.28 用節點和廻路分析法求 i 。

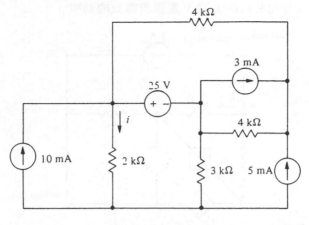

習題 4.28

4.29 用迴路或網目分析法求 i_1 和 i_2 。

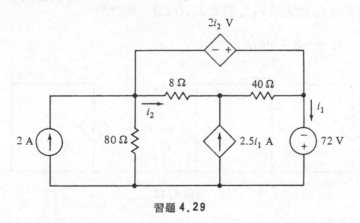

習題 4.29

4.30 用較少方程式的方法求 v 。

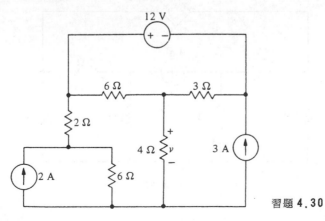

習題 4.30

4.31 用節點和廻路分析法求 10 V 電源所釋放的功率 。

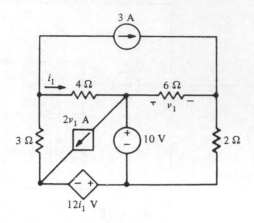

習題 **4.31**

4.32 用 R 和 I_g 項表示 v_2 。若 $R = 10\ k\Omega$ ，則證明

$$v_2 \approx -5 \times 10^4 I_g$$

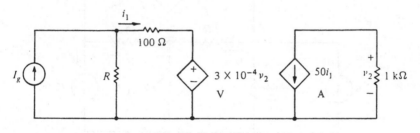

習題 **4.32**

4.33 求 v_1 。

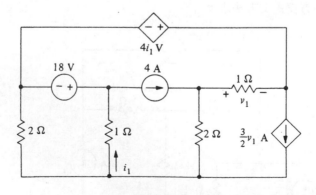

習題 **4.33**

4.34 求 i 。

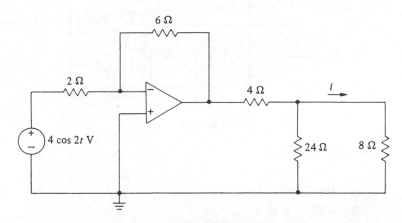

習題 4.34

4.35 若 $v_g = 6 \cos 1000\,t\,\mathrm{V}$ ，求 i 。

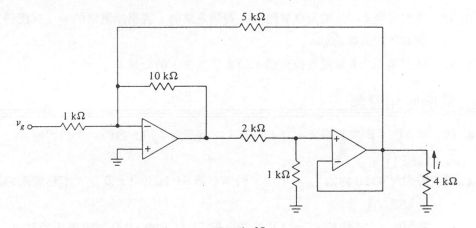

習題 4.35

4.36 用其他電阻項來表示輸入電阻 R_{in} 。若 $R_1 = R_3 = 2\,\mathrm{k\Omega}$ ，則求 R_2 使得(a) $R_{in} = 6\,\mathrm{k\Omega}$ ，(b) $R_{in} = -1\,\mathrm{k\Omega}$ 。

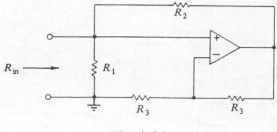

習題4.36

4.37 若電路的網目方程式是

$$10i_1 - 2i_2 = 4$$
$$-2i_1 + 8i_2 - i_3 = 0$$
$$-i_2 + 11i_3 = -6$$

試繪出此電路和它的對偶。

4.38 畫出習題4.26的對偶電路。將對偶電路的 i 視為原電路的 v ，試證明它們有相同的數值。

4.39 就習題4.28電路重做習題4.38 ，並求 i 的對偶 v 。

電腦應用習題

4.40 用 SPICE 求(a)習題4.14內的 i ；(b)習題4.15內的 v ；(c)習題4.31內的 i_1 。

4.41 若習題4.20內的 $v_g = 1.5$ V的話，用SPICE求 v 及從 v 端點看入的輸入電阻。

4.42 若習題4.35內的 $v_g = 2$ V的話，用SPICE求 5 kΩ 電阻器上的電流。

4.43 若習題4.33內的18V電源正由 10 V開始以每2V的增量向 20 V變化的話，用 .DC指令求 v_1 。

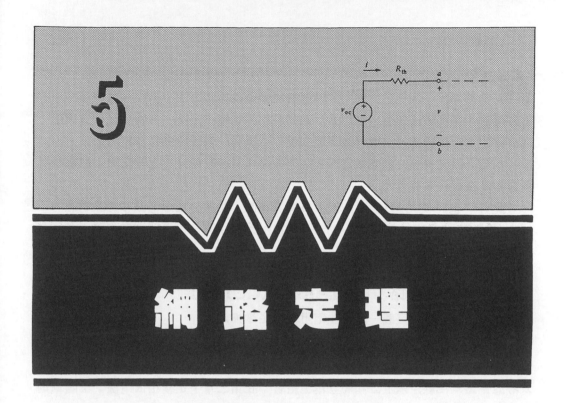

網 路 定 理

雨和雪所帶來的水只能從山上向下流。

Hermann von Helmholtz

　19世紀德國最偉大的科學家Helmholtz說 " 人類有很多想法是符合戴維寧定理的 "。他不僅是一位物理學家，還是個醫生和生理學家。他協助證明能量不滅定律，發明檢眼鏡，導出電動力學的通式，及預知電原子結構。他的學生Heinrich Hertz也證明他對無線電波存在的預測。

　Helmholtz出生於德國的波茨坦市，他是August Helmholtz和Caroline Penne Helmholtz的大兒子，及賓夕凡尼亞州發現者William Penn的後裔。他做了8年軍醫以履行就讀Friedrich Wilhelm學院時獲得醫學獎學金的責任。無論如何，他的主要興趣還是物理，在此他獲得很多著名的成就，70歲那年，德國為他舉行全國性的生日慶祝會。三年後他逝世，但他在德國科學界的聲望可比擬同時代的德國首相Otto von Bismarck。

在前幾章裏，我們已詳細的討論過分析電路的直接方法，但往往有很多分析是可考慮利用某些網路定理來簡化的；例如我們只對電路上某一個特殊元件有興趣，那電路的其他部份則可使用網路定理去簡化，成爲一個簡單的等效電路。

　　本章乃是在介紹一些網路定理及它們在簡化某些電路分析上的應用，而這些應用通常是在線性電路方面。

　　此外，也將使用網路定理來介紹實際電源，並區分理想電源和實際電源的不同；實際電源僅能釋放有限的功率，因此我們將闢一節專門討論實際電源所能釋放的最大功率爲何。

5.1 線性電路（LINEAR CIRCUITS）

在第二章，我們定義一個線性電阻能滿足歐姆定律

$$v = Ri$$

及考慮電路均由線性電阻器和獨立電源組合；在第三章中定義相依電源，第四章則分析含有獨立和相依電源的電路。這些所考慮的相依電源，都能被關係式

$$y = kx \tag{5.1}$$

描述，這裡 k 是一個常數，而變數 x 和 y 可以是電壓或電流。很明顯的，歐姆定律是（5.1）式的一個特例。

　　在（5.1）式內變數 y 是比例於變數 x，而 y 對 x 的圖形是通過原點的直線，基於這理由，某些人認爲滿足（5.1）式特性的元件爲線性元件（linear element）。

　　爲了我們的目的，我們將用更一般性的方式來定義線性元件；假使 x 和 y 是連接一個兩端點元件的變數，像電壓和電流，若 x 乘一個常數 K 的結果使得 y 的增值也是同一常數 K，則此元件是線性的，這特性叫做比例性質（proportionality property），很明顯的（5.1）式能滿足

$$Ky = k(Kx)$$

因此不僅（5.1）式所描述的元件是線性的，且被關係式

$$\frac{dy}{dt} = ax, \; y = b\frac{dx}{dt} \tag{5.2}$$

所描述的元件也是線性的，只要 a 和 b 是非零的常數即可。

理想運算放大器是多端點元件且被多於一個以上的方程式所描述，然而運算放大器僅用於反饋模式中，在這情形下運算放大器的等效電路是滿足(5.1)式的線性元件所組成的，所以理想運算放大器也列入線性元件中。

一個線性電路是只包含獨立電源或線性元件的，像先前所討論的電路都是線性電路。

描述一個線性電路的方程式可應用 KVL 定律和 KCL 定律獲得，且方程式中含有電壓或電流倍數的和。例如一個迴路方程式是

$$a_1 v_1 + a_2 v_2 + \ldots + a_n v_n = f \tag{5.3}$$

這裡 f 是在迴路上獨立電壓源的代數和，v'_s 是迴路元件上的電壓，a'_s 是 0 或 ± 1。

例題5.1

為了說明，沿圖 5.1 的迴路寫下 KVL 方程式為

$$v_1 + v_2 - v_3 = v_{g1} - v_{g2}$$

在這情況下，$a_1 = a_2 = 1$，$a_3 = -1$，其他的 a'_s 是 0；而 $f = v_{g1} - v_{g2}$，也有

$$v_1 = 2i_1, \qquad v_2 = 5i_2, \qquad v_3 = 3i_6$$

這裡 i_6 是電路上其他位置的電流。

一個單一線性元件的比例性質在一個線性電路上也適用，即電路上所有獨立電源乘以一個常數 K，則元件上的電壓或電流也同乘以這常數 K；這很容易將(5.3)式兩邊乘以 K 變成

$$a_1 K v_1 + a_2 K v_2 + \ldots + a_n K v_n = Kf$$

而看到。

右邊項是獨立電源乘以 K 的結果，且為了保持等式的成立，左邊項內的所有 v'_s 都必須乘以 K。由於元件是線性的，所以電壓乘以 K 倍時，它們的電流也會乘以 K 倍。

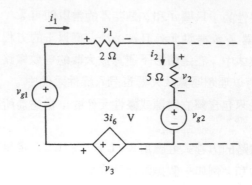

圖 5.1 一個線性電路的廻路

例題 5.2

　　爲了說明比例性質，讓我們求圖 5.2 的電流 i。由 KCL 定律得知在 2 Ω 電阻器上的電流是 $i - i_{g2}$ 向右，沿左邊網目寫下 KVL 方程式，得

$$2(i - i_{g2}) + 4i = v_{g1} \tag{5.4}$$

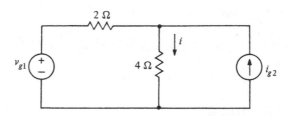

圖 5.2 有兩個電源的線性電路

從 (5.4) 式得

$$i = \frac{v_{g1}}{6} + \frac{i_{g2}}{3} \tag{5.5}$$

若 $v_{g1} = 18\,\text{V}$ 和 $i_{g2} = 3\,\text{A}$，則 $i = 3 + 1 = 4\,\text{A}$。若我們將 v_{g2} 乘以 2 得 36 V，i_{g2} 乘以 2 得 6 A，則 i 也乘以 2 得 8 A。

例題 5.3

　　玆舉最後一例，以求圖 5.3 電路的 v_1，來說明比例關係的另一個用途；像圖 5.3 這電路，有時叫做階梯網路（ladder network）。

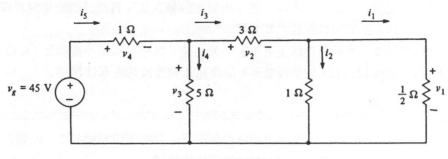

圖 5.3 階梯網路

我們能夠寫下網目或節點方程式，但為了說明比例性質，我們將介紹一個變通的方法。讓我們假設一個解答為

$$v_1 = 1 \text{ V}$$

參考圖形，在 v_1 的假設使得 $i_1 = 2\text{A}$，$i_2 = 1\text{A}$，因此

$$i_3 = i_1 + i_2 = 3 \text{ A}$$

朝階梯網路電源端繼續使用歐姆定律、KVL 和 KCL，得

$$v_2 = 3i_3 = 9 \text{ V}$$
$$v_3 = v_1 + v_2 = 10 \text{ V}$$
$$i_4 = \frac{v_3}{5} = 2 \text{ A}$$
$$i_5 = i_3 + i_4 = 5 \text{ A}$$
$$v_4 = 1(i_5) = 5 \text{ V}$$

最後，若假設 $v_1 = 1\text{V}$ 正確，則

$$v_g = v_3 + v_4 = 15 \text{ V}$$

事實上因 $v_g = 45\text{V}$ 所以假設是不正確的，但站在或然率定律的觀點上來看，這是沒啥好驚訝的。然而我們由比例關係得知，若一個 15V 電源給予一個輸出 $v_1 = 1\text{V}$，則 45V 電源將給予原輸出三倍之多，所以正確的輸出答案是

$$v_1 = 3 \text{ V}$$

　　這方法是假設一個輸出答案，反求出對應的輸入後，再由比例關係對實際輸入求出輸出，這方法對階梯網路尤其有效。

　　一個非線性電路是指電路上至少有一個元件，其端點關係不能滿足(5.1)或(5.2)式，像練習5.1.4的例題就是不能使用比例性質的非線性電路。

練　習

5.1.1　求 v_1 , v_2 , v_3 ，當(a)電源值如圖所示，(b)電源值都除以2 ，(c)電源值都乘以2 。（注意在(b)和(c)如何應用比例性質。）

　　答：(a) 4 , 8 , 28 V ；(b) 2 , 4 , 14 V ；(c) 8 , 16 , 56 V

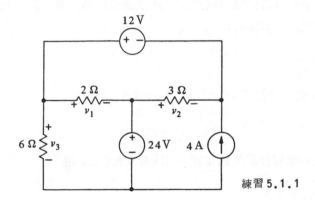

練習 5.1.1

5.1.2　參考圖5.3 ，求 i_1 , v_2 , i_3 , v_3 , v_4 和 i_5 。

　　答：6A , 27V , 9A , 30V , 15V , 15A

5.1.3　用比例性質求 v 和 i 。

　　答：8V , 3A 。

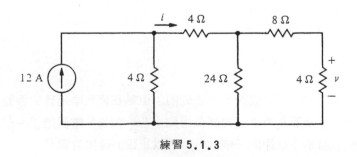

練習 5.1.3

5.1.4 一個電路是由一個電壓源 v_g ，一個 2 - Ω 線性電阻器和一個非線性電阻器串聯組成，非線性電阻器被方程式

$$v = i^2$$

描述，這裡 v 是跨於電阻上的電壓， i 被限制為非負的且流進正端點。求從電源正端點流出的電流，若(a) $v_g = 8\,V$ ，(b) $v_g = 16\,V$ 。（注意比例性質不能應用。）

答：(a) 2 A ；(b) 3 . 123 A

5.2 重疊原理（SUPERPOSITION）

本節將討論多於一個以上輸入的線性電路，由於線性性質的存在，它的響應可由僅分析單一輸入電路而獲得。

例題 5.4

為了說明如何使用重疊原理，讓我們先考慮上節分析過的圖 5.2 電路。它的輸出 i 能滿足（5.4）式，即

$$2(i - i_{g2}) + 4i = v_{g1} \tag{5.6}$$

從（5.6）式可得

$$i = \frac{v_{g1}}{6} + \frac{i_{g2}}{3} \tag{5.7}$$

可見 i 是由兩個分量所組成，而每個分量都根據一個輸入而來的。

假設 i 的分量 i_1 只起因於 v_{g1} ，即 $i_{g2} = 0$ ，則（5.6）式可變為

$$2(i_1 - 0) + 4i_1 = v_{g1} \tag{5.8}$$

同樣的，假設 i 的分量 i_2 只起因於 i_{g2} ，即 $v_{g1} = 0$ ，則（5.6）式變為

$$2(i_2 - i_{g2}) + 4i_2 = 0 \tag{5.9}$$

將（5.8）式和（5.9）式相加，得

$$2(i_1 - 0) + 4i_1 + 2(i_2 - i_{g2}) + 4i_2 = v_{g1} + 0$$

或

$$2[(i_1 + i_2) - i_{g2}] + 4(i_1 + i_2) = v_{g1} \tag{5.10}$$

這結果與 (5.6) 式比較，得知

$$i = i_1 + i_2$$

再解 (5.8) 式和 (5.9) 式，得

$$i_1 = \frac{v_{g1}}{6}$$

$$\tag{5.11}$$

$$i_2 = \frac{i_{g2}}{3}$$

這可和 (5.7) 式所給的兩個分量做查驗。

現在我們從圖 5.2 的電路直接去獲得 i 的分量；爲了求 i_1，必須使電流源 i_{g2} 爲零，即在電路上以開路取代電流源即電流源無電 (dead)。這最終的電路繪在圖 5.4 (a)，從這電路很容易利用歐姆定律，求得 i 的分量 i_1 只與 v_{g1} 有關，關係式如 (5.11) 的第一式。

爲了求 i_2，必須 $v_{g1} = 0$，即在電路上以短路取代電壓源，此電路繪在圖 5.4 (b)，使用分流原理很容易求得 i_2 爲 (5.11) 的第二式。

這例子所說明的方法被稱爲重疊原理，是因爲電路的全部響應，可由每一個獨立電源單獨作用在電路上的響應，做重疊或代數相加而獲得。重疊原理可應用到任何兩個或更多個電源的線性電路，是因爲電路方程式是線性方程式 (一階方程式)。這可從 (5.3) 式和線性元件 v-i 關係式的本性看出，尤其在電阻電路，用克拉莫規則求出的響應，很明顯的是每一個獨立電源單獨作用在電路的響應和。(可利用包含電源行的餘因子，去展開分子行列式而明顯的看出)

電路方程式的線性性質使我們能夠相加 (5.8) 式和 (5.9) 式，以及看出在 (5.10) 式的響應是個別響應的和。例如，我們能說

$$2i_1 + 2i_2 = 2(i_1 + i_2)$$

因爲這些表示式是線性的；但我們却不能說

$$2(i_1 + i_2)^2 = 2i_1^2 + 2i_2^2$$

因爲這些表示式不是線性的而是二次的。

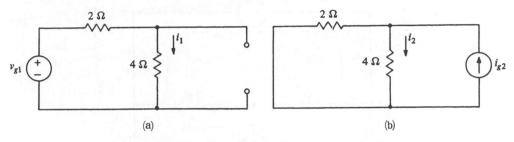

圖 5.4　圖 5.2 的電路有 (a)無電電流源；(b)無電電壓源

　　重疊原理使我們能夠靠個別分析單一輸入的電路，去分析多於一個以上獨立電源的線性電路，這是很有利的；因爲我們可在分析單一輸入電路時，使用等效電阻或分壓等簡化電路的性質。

　　重疊原理的正式敍述爲：

**　　在任何包含兩個或更多個獨立電源的線性電阻電路上，任何電路電壓（或電流）的計算，可爲每一個獨立電源單獨作用所引起的個別電壓（或電流）的代數和。**

例題 5.5

　　第二個例題是求圖 5.5 有三個獨立電源電路的電壓 v。爲了說明響應是個別獨立電源引起的分量和這敍述，我們將先用習慣性的方法去解析電路後，再以重疊原理來解析電路。

　　爲了說明在響應中每一個電源的角色，我們標示電源爲

$$v_{g1} = 6 \text{ V}$$
$$i_{g2} = 2 \text{ A} \tag{5.12}$$
$$v_{g3} = 18 \text{ V}$$

取 d 爲參考節點，則節點 b 的電壓爲 v_{g3}，節點 c 的電壓爲 $v_{g3} - v$，節點 a 的電壓爲 $v_{g3} - v + v_{g1}$，而在廣義節點的節點方程式，則爲

$$\frac{v_{g3} - v + v_{g1}}{6} + \frac{-v + v_{g1}}{2} - \frac{v}{3} - i_{g2} = 0 \tag{5.13}$$

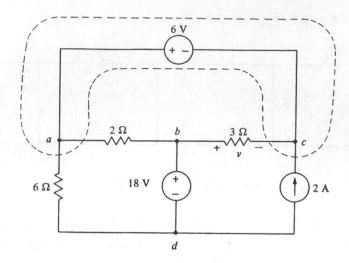

圖 5.5 有三個電源的電路

從 (5.13) 式，得

$$v = \frac{2}{3}v_{g1} - i_{g2} + \frac{1}{6}v_{g3} \tag{5.14}$$

因而可見 v 是一個個別電源引起的分量總和。最後在 (5.14) 式代入 (5.12) 式，得

$$v = 4 - 2 + 3 = 5\ \text{V} \tag{5.15}$$

現在使用重疊原理解 v，我們可以寫出

$$v = v_1 + v_2 + v_3 \tag{5.16}$$

這裡的 v_1 是 6V 電源單獨引起的分量（ 2A 和 18V 電源是無電的 ），v_2 是 2A 電源單獨引起的分量（ 兩個電壓源是無電的 ），v_3 是 18 V 電源單獨引起的分量（ 6 V 和 2A 電源是無電的 ）。圖 5.6 的 (a)、(b)、(c) 分別表示含有 v_1，v_2 和 v_3 的電路，在圖 5.6 (a)，去掉 18V 電壓源而結合節點 b 和 d ；在圖 5.6 (b)，去掉兩個電壓源，結合節點 a 和 c 及節點 b 和 d 。

　　從圖 5.6 ，很容易獲得

$$v_1 = 4\ \text{V}$$
$$v_2 = -2\ \text{V}$$
$$v_3 = 3\ \text{V}$$

這也是（5.15）式所有的值。

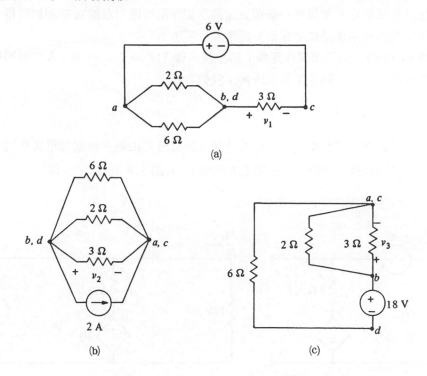

(a)

(b)　　　　　　　　(c)

圖5.6　圖5.5中去掉不同電源的電路

例題5.6

　　爲了說明有相依電源存在時，重疊原理的應用，讓我們參看圖5.7電路，去求釋放到3Ω電阻器的功率。在分析前，我們必須清楚地知道，功率不是電壓或電流的線性組合，現考慮3Ω電阻器的功率爲

$$p = \frac{v^2}{3}$$

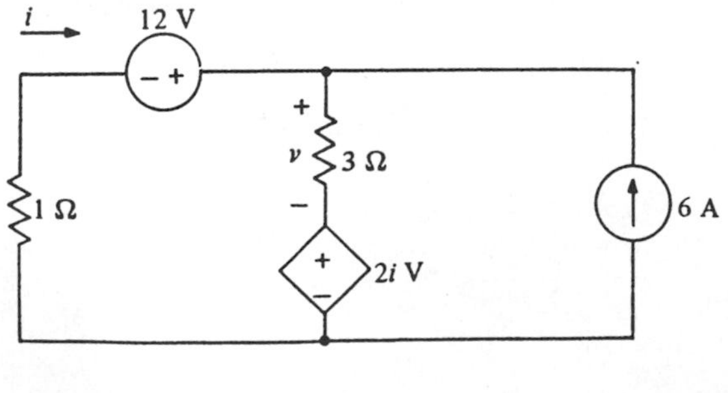

圖5.7　有一個相依電源的電路

這是一個二次式，而不是一個線性表示式，因而求功率時，不能直接應用重疊原理，也就是全部功率不能以每一個獨立電源單獨作用時所引起的功率相加而得；但無論如何，我們可用重疊原理求出 v 後再求功率 p 。

　　讓 v_1 是 12 V 電源單獨作用時 v 的分量〔圖 5.8 (a)〕，v_2 是 6 A 電源單獨作用時 v 的分量〔圖 5.8 (b)〕；如前所言，我們有

$$v = v_1 + v_2$$

可注意到推動相依電源的電流 i 也有分量，此分量是由每一個電源單獨作用時所引起的，我們標示為 i_1 和 i_2 。在圖 5.8 (a)解 v_1 及圖 5.8 (b)解 v_2 ，得

$$v_1 = 6 \text{ V}, \qquad v_2 = 9 \text{ } V$$

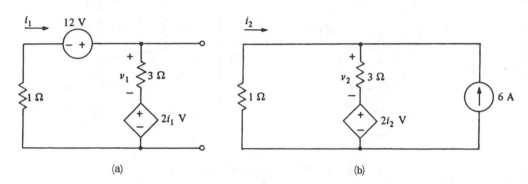

圖 5.8　　圖 5.7 電路有(a)去掉電流源；(b)去掉電壓源

因而 $v = 15 \text{V}$ ，功率是

$$p = \frac{(15)^2}{3} = 75 \text{ W}$$

　　最後一個例題至少說明了三件事情：㈠重疊原理不能直接用來求功率，但能先求 v 或 i 後再求功率；㈡應用重疊原理時，只有獨立電源能被去掉，相依電源絕不可以；㈢重疊原理對解含有相依電源的電路並非好方法，原因是每一個個別單一輸入的電路常和原電路一樣很難分析；例如圖 5.7 原電路有兩個網目，且一個網目電流已知，因而要解在 1Ω 電阻器上的電流，只需在左網目應用 KVL 定理即可，這也是圖 5.8 (b)電路的實際情形 。

練 習

5.2.1 用重疊原理，解練習4.2.3。

5.2.2 用重疊原理，解習題3.14。

5.2.3 在圖5.8 (a)求釋放到3Ω電阻器的功率，(b)證明它們的和不等於在圖5.7釋放到3Ω電阻器的全部功率。

答：12 ，27W

5.3 戴維寧和諾頓定理
（THEVENIN'S AND NORTON'S THEOREMS）

在上節討論的重疊原理，能夠大大的簡化某些電路的分析；而在最後一個例題中，重疊原理雖不能減少問題的複雜性，但它的使用可以推導出另外的工作。本節所討論的戴維寧（Thevenin's）和諾頓（Norton's）定理能在很多情況下應用，且大大的簡化被分析的電路；無論那個定理被使用，均能使我們從一對端點看入的全部電路以一個等效電路（只有一個電阻和一個電源組成）來取代，因而決定一個複雜電路上某一單一元件的電壓或電流，可由一個等效電阻和電源取代電路的其他部份，且分析這簡化電路而得。

假使一個電路能被分割爲圖5.9所示的兩個部份，電路A是包含電阻器、相依電源和獨立電源的線性電路，電路B可包含非線性元件。但我們也加上一個限制，就是在任一電路（電路A或B）上的任何相依電源，其控制元件必須在同一電路上；也就是在電路A上，沒有相依電源是被在電路B上元件電壓或電流所控制的，反之亦然，這理由在以後的推論中會變得很清晰。

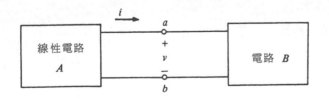

圖5.9 分割電路

現在考慮在a-b端點電壓-電流關係維持相同的情形下，將電路以一個電源和一個電阻器的等效電路表示；假使我們的目的只是在a-b端點維持同端點關係，很明顯的從電路A的觀點，能以一個有適當極性的電壓源（如圖5.10所示）來取代電路B，而得到相同的效果；在電路A被討論的範圍，因爲a-b端電壓相同，電路A本身並未改變，所以同一端點電流必須流出。現我們得到圖5.10的一個線性電路，也可對此電路使用所有已建立的網路性質。

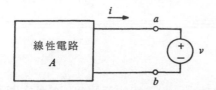

圖 5.10 被一個電壓源取代的電路 B

特別對這線性電路使用重疊原理時，可得電流 i 爲

$$i = i_1 + i_{sc} \tag{5.17}$$

這裡 i_1 是電壓源 v 所引起的（電路 A 所有獨立電源去掉），i_{sc} 是電路 A 任何電源所引起的短路電流（電壓源 v 去掉），這兩種情形如圖 5.11 所示。

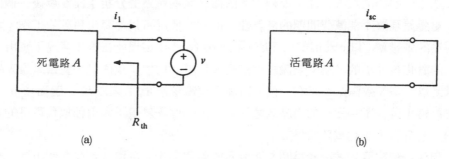

圖 5.11 使用重疊原理時的電路

在電路 A 內獨立電源去掉時〔圖 5.11(a)〕，從電壓源 v 端點看電路 A 只是一個電阻電路，若其等效電阻叫 R_{in}，則由歐姆定律得知

$$i_1 = -\frac{v}{R_{th}} \tag{5.18}$$

代入（5.17）式，則電流 i 變爲

$$i = -\frac{v}{R_{th}} + i_{sc} \tag{5.19}$$

通常（5.19）式描述的網路 A，必須在端點的任何狀況下都能成立。假使端點開路，即 $i = 0$，且定義 $v = v_{oc}$ 開路（ open circuit ）電壓，則（5.19）式，變爲

$$0 = -\frac{v_{oc}}{R_{th}} + i_{sc}$$

或

$$v_{\text{oc}} = R_{\text{th}}i_{\text{sc}} \tag{5.20}$$

在（5.19）式和（5.20）式消去 i_{sc} ，得

$$v = -R_{\text{th}}i + v_{\text{oc}} \tag{5.21}$$

（5.19）式和（5.21）式可以發現兩個很有用的等效電路來取代電路 A ，根據史實，我們稱（5.21）式為戴維寧等效電路（Thevenin's equivalent circuit），此乃為紀念法國電報工程師Charles Leon Thevenin's(1857-1926)而命名的。

戴維寧等效電路被（5.21）式簡單的描述為含有端電壓和端電流的電路，畫電路時，必須注意 v 是兩項和，故 v 要以兩個串聯元件的端電壓和來表示，第一個元件是 R_{th} 稱為戴維寧電阻，第二個元件是一個端電壓為 v_{oc} 的電壓源。圖5.12表示戴維寧等效電路，其虛線表示連接圖5.9的外電路 B 。電路的分析將證明圖5.12能滿足（5.21）式，圖5.12是圖5.9電路 A 的等效電路，這敍述就是有名的戴維寧定理。

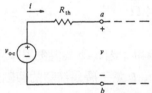

圖5.12　圖5.9電路 A 的戴維寧等效電路

圖5.9電路 A 的另一個等效電路是從（5.19）式獲得，它為戴維寧電路的對偶，也叫做諾頓等效電路（Norton's equivalent circuit），為紀念美國工程師 E.L.Norton(1898-)而命名的。從（5.19）式可知 i 是兩項和，故諾頓電路必須以並聯兩個元件來表示，且元件電流和為 i ；很明顯的第一個元件是戴維寧電阻 R_{th} ，第二個元件是電流源 i_{sc} ，結果如圖5.13所示。圖5.13是圖5.9電路 A 的等效電路，這敍述就是諾頓定理，其中虛線表示連接圖5.9電路 A 的等效電路。

例題5.7

　　玆舉一例，求圖5.14　a-b 端點左邊網路的戴維寧和諾頓等效電路，若使用先前的討論，必須先求負載電阻 R 上的電流 i 。

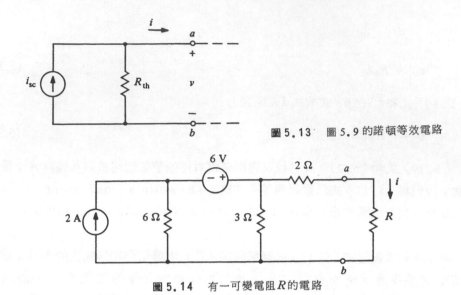

圖 5.13 圖 5.9 的諾頓等效電路

圖 5.14 有一可變電阻 R 的電路

　　為了獲得戴維寧電路，必須求 R_{th} 及 v_{oc}，那戴維寧電阻可從圖 5.15 (a)所示無電電路(dead circuit)求得

$$R_{th} = 2 + \frac{(3)(6)}{3 + 6} = 4 \ \Omega$$

　　開路電壓可從圖 5.15 (b)獲得，因 a-b 端點開路，所以 v_{oc} 是跨於 3 Ω 電阻上的電壓；如圖選擇 b 為參考節點，且寫下廣義節點的節點方程式為

$$\frac{v_{oc} - 6}{6} + \frac{v_{oc}}{3} = 2$$

或

$$v_{oc} = 6 \ V$$

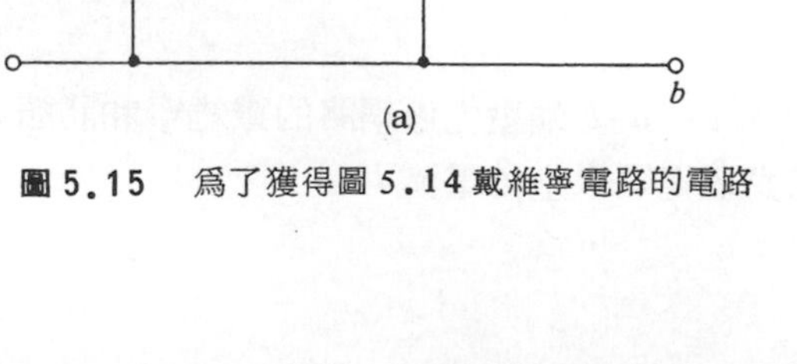

圖 5.15 為了獲得圖 5.14 戴維寧電路的電路

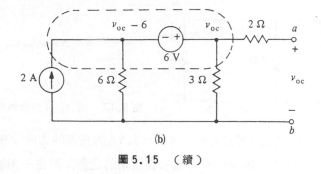

(b)

圖 5.15 （續）

圖 5.16 表示有負載電阻 R 的戴維寧等效電路，應注意 v_{oc} 的極性是 a-b 端點開路時端電壓的極性。

圖 5.14 的電流 i 和圖 5.16 電流是相同的，在圖 5.16 已經可以看出

$$i = \frac{6}{R + 4}$$

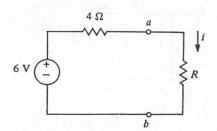

圖 5.16　圖 5.14 有負載的戴維寧等效電路

我們可以用這結果對任何負載，求出負載電流。

例題 5.8

爲了獲得諾頓等效電路，使用 $R_{th} = 4\Omega$ 及計算 i_{sc}。將端點 a 和 b 短路後可求 i_{sc}，也可以利用（5.20）式求 i_{sc}；在後一種情形，我們有

$$i_{sc} = \frac{6}{4} = 1.5 \text{ A}$$

有負載 R 的諾頓等效電路表示在圖 5.17。使用分流原理可得

$$i = \left(\frac{4}{R + 4}\right)(1.5) = \frac{6}{R + 4}$$

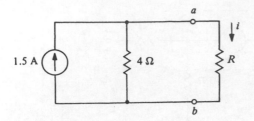

圖 5.17　圖 5.14 有負載的諾頓等效電路

1.5A電源的方向是 R 被短路時，$i_{sc} = 1.5$A的正確的方向。在這情形和圖5.16戴維寧的情形下，電源很容易被放在正確的位置，但在一個複雜的例子，則必須多練習，才能使極性正確。

例題 5.9

現讓我們考慮圖 5.18(a)有相依電源的例題，假使我們想要求在 a-b 端點的諾頓等效電路，我們將要有圖 5.18(b)無電電路的 R_{th} 及圖 5.18(c)的 i_{sc}。

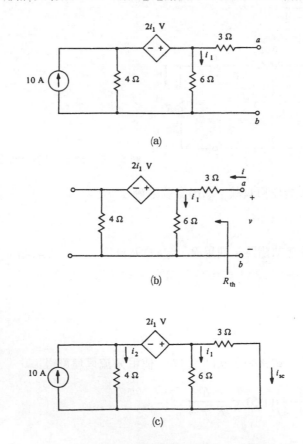

(a)

(b)

(c)

圖 5.18　(a)被分析的電路　(b)去掉電源的電路　(c)端點短路的電路

從圖 5.18 (c)，得知

$$i_2 = 10 - i_1 - i_{sc}$$

及

$$-4(10 - i_1 - i_{sc}) - 2i_1 + 6i_1 = 0$$

$$-6i_1 + 3i_{sc} = 0$$

消去 i_1，得

$$i_{sc} = 5 \text{ A} \tag{5.22}$$

在圖 5.18 (b)因有相依電源，所以不能簡單的算出等效電阻 R_{th}，但我們能在端點提供電壓源 v（或電流源 i）去激勵電路，且算出最終的 i（或 v），則 $R_{th} = v / i$。另一方法是求 v_{oc}，再從（5.20）式求出 R_{th}，這方法說明如下：

參考圖 5.19，得 v_{oc} 爲

$$v_{oc} = 6i_1$$

及沿中間網目，得網目方程式爲

$$-4(10 - i_1) - 2i_1 + 6i_1 = 0$$

從這兩個方程式，得 $v_{oc} = 30\text{V}$，則

$$R_{th} = \frac{v_{oc}}{i_{sc}} = \frac{30}{5} = 6 \ \Omega$$

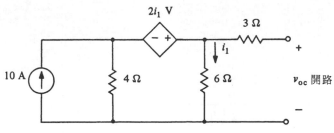

圖 5.19　圖 5.18 電路上，端點開路的電路

例題 5.10

最後一個例題是求圖 5.20 的戴維寧等效電路。觀察圖 5.20 得知電路上無獨立電源存在，故必須有

$$v_{oc} = i_{sc} = 0 \tag{5.23}$$

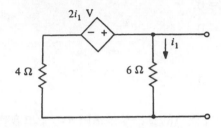

圖 5.20　有一個相依電源的電路

且無電電路就是電路本身，所以 R_{th} 是從圖 5.20 端點看入的電阻；由 (5.23) 式得知我們不能使用 $v_{oc} = R_{th} i_{sc}$ 這個式子去獲得 R_{th}，只有在端點處加上一個電源激勵電路，而從這電路去求 R_{th}。

例如，我們使用 1 A 電流源激勵電路，如圖 5.21 所示，則得

$$R_{th} = \frac{v}{1} = v$$

這裡 v 是最終的端電壓。取底 (bottom) 節點為參考節點，非參考節點如圖 5.21 所示，則由節點分析得

$$\frac{v - 2i_1}{4} + \frac{v}{6} = 1$$

這裡

$$v = 6i_1$$

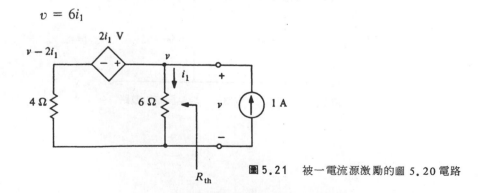

圖 5.21　被一電流源激勵的圖 5.20 電路

從這些方程式得 $v=3\,\mathrm{V}$ ，因而 $R_{\mathrm{th}}=3\,\Omega$ ，戴維寧等效電路（也是諾頓電路）表示在圖 5.22 上。

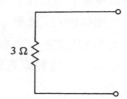

圖 5.22　圖 5.20 的戴維寧等效電路

練　習

5.3.1　求 a - b 端點左邊網路的戴維寧等效電路及 i 。

答： $v_{\mathrm{oc}}=9\,\mathrm{V}$ ， $R_{\mathrm{th}}=3\,\Omega$ ， $i=1\,\mathrm{A}$ 。

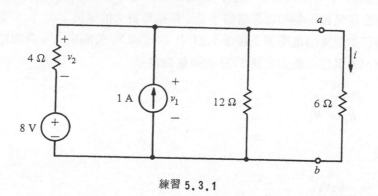

練習 5.3.1

5.3.2　在練習 5.3.1 中，除了 1 A 電流源外，其餘網路以戴維寧等效電路取代，並求 v_1 。

答： $v_{\mathrm{oc}}=4\,\mathrm{V}$ ， $R_{\mathrm{th}}=2\,\Omega$ ， $v_1=6\,\mathrm{V}$ 。

5.3.3　在練習 5.3.1 中，除了 4 Ω 電阻器外，其餘網路以諾頓等效電路取代，並求 v_2 。

答： $i_{\mathrm{sc}}=-1\,\mathrm{A}$ ， $R_{\mathrm{th}}=4\,\Omega$ ， $v_2=-2\,\mathrm{V}$ 。

5.4 實際電源（PRACTICAL SOURCES）

在第一章裏，我們定義獨立電源是理想元件，例如 1 個理想的 12V 電池，不管它的端點所接負載爲何，它在端點間供給 12V 電壓。事實上，一個眞正或實際的 12V 電池，只在它的端點開路時供給 12V 電壓。而有電流流過端點時，則供給少於 12V 電壓。當電流流過電源端點時，一個實際電壓源將有內壓降（internal drop），而這內壓降會減少端電壓。

圖 5.23 是由一個理想電源 v_g，串聯一個內電阻（internal resistance）R_g 而組成的數學模式，可用來表示一個實際電壓源。現在電源端電壓 v 將和電源流出的電流 i 有關，這關係式是

$$v = v_g - R_g i \tag{5.24}$$

因而在開路狀況（$i = 0$），$v = v_g$，在短路狀況（$v = 0$），$i = v_g / R_g$；若 $R_g > 0$，則實際電源不能和理想電源一樣，供給無窮大的電流。

對一個已知的實際電壓源（在圖 5.23 中，v_g 和 R_g 值固定），負載電阻 R_L 決定從端點流出的電流。例如在圖 5.23 的負載電流是

$$i = \frac{v_g}{R_g + R_L} \tag{5.25}$$

再分壓，得

$$v = \frac{R_L v_g}{R_g + R_L} \tag{5.26}$$

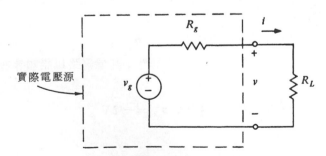

圖 5.23 連接一個負載電阻 R_L 的實際電壓源

因此，當 R_L 改變時，v 和 i 都改變。圖 5.24 是 v 對 R_L 的圖形，而虛線是理想狀況，對 R_L 遠大於 R_g 時，v 是非常接近於 v_g 的。（若 R_L 無窮大，相當於開路，則 $v = v_g$。）

我們重寫（5.24）式為

$$i = \frac{v_g}{R_g} - \frac{v}{R_g}$$

這裡定義

$$i_g = \frac{v_g}{R_g} \qquad (5.27)$$

則

$$i = i_g - \frac{v}{R_g}$$

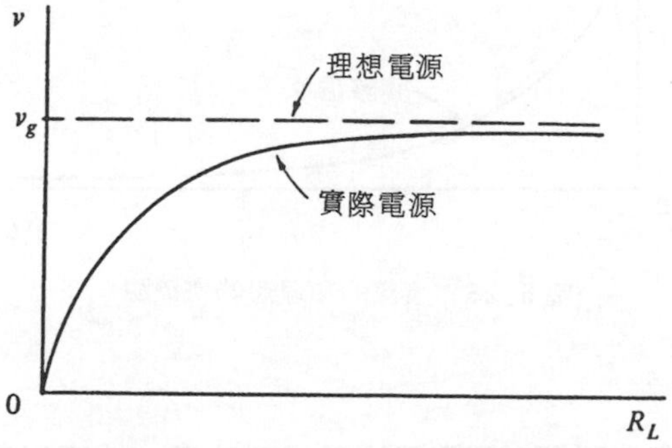

圖 5.24 實際的和理想的電壓源特性

由此可知，圖 5.23 的實際電壓源可被一個實際電流源取代，圖 5.25 長方形虛線就表示此電路，它是由一個理想電流源並聯一個內電阻組合而成的實際電流源。

若 R_g 相同且（5.27）式成立，則圖 5.23 和圖 5.25 在端點處是等效的，即兩個獨立的實際電源，可以簡化為相同的戴維寧和諾頓等效電路。

在圖 5.25 應用分流，得

$$i = \frac{R_g i_g}{R_g + R_L} \qquad (5.28)$$

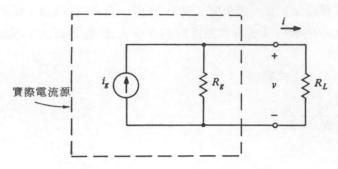

圖 5.25 連接一個負載 R_L 的實際電流源

因此，對一已知電流源（ R_g 和 i_g 值固定），負載電流 i 和 R_L 有關，圖 5.26 是 i 對 R_L 的圖形，虛線表示理想狀況。

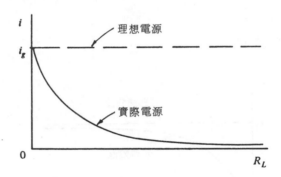

圖 5.26 實際的和理想的電流源

例題 5.11

網路分析常靠實際電壓源和實際電流源相互改變，或應用戴維寧和諾頓定理來簡化分析；例如求圖 5.27 的電流 i ，能有很多方法解題，像以戴維寧等效電路取代 4Ω 電阻器以外的電路再解 i ，現在我們將說明連續變換電源的解題方法。

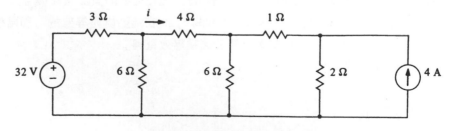

圖 5.27 有兩個實際電源的電路

讓我們以一個由 3Ω 內電阻，和 $\dfrac{32}{3}$ A 理想電流源組成的實際電流源，取代一個內電阻 3Ω 的 32 V 電源開始，再用一個內電阻 2Ω 的 8 V 電壓源，取代一個內電阻 2Ω 的 4 A 電流源，即分別應用戴維寧和諾頓定理；轉換後電路如圖 5.28 所示。

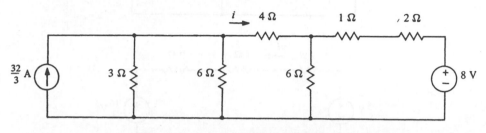

圖 5.28 圖 5.27 兩個電源轉換的結果

現在如圖 5.29(a)所示，並聯 3Ω 和 6Ω 電阻，串聯 1Ω 和 2Ω 電阻，且重複電源的轉換，接下來的過程如圖 5.29(b)、(c)和(d)，最後簡化成靠觀察就能分析的等效電路（只與 i 有關）。從圖 5.29(d)，電流 i 是

$$i = \frac{\dfrac{64}{3} - \dfrac{16}{3}}{2 + 4 + 2} = 2 \text{ A}$$

這過程好像太長，但其大部份步驟均可以心算得到的。

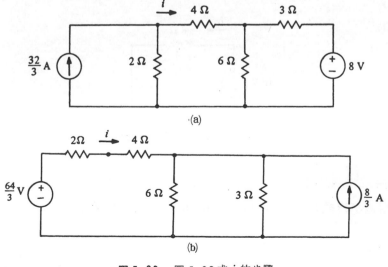

圖 5.29 圖 5.28 求 i 的步驟

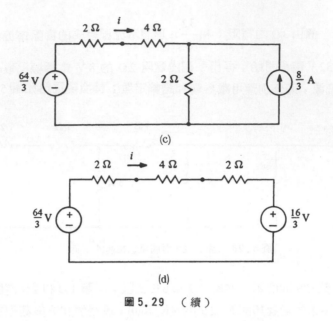

(c)

(d)

圖 5.29 （續）

例題 5.12

本節最後要注意的是，電源常組成等效電源，如電阻常組成等效電阻一樣。例如在圖 5.29 (d)只對 i 有興趣，我們可以組合三個串聯電阻，也可以組合串聯電源為一個 $\dfrac{64}{3} - \dfrac{16}{3} = 16\text{V}$ 的純電源，它的極性和較大的電源相同，因而圖 5.30 表示一個只與 i 有關的電路；同樣的，可以組合並聯的電流源為一個等效電流源。

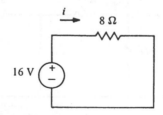

圖 5.30　圖 5.29 (d)的等效電路

練　習

5.4.1 用電源轉換（source transformation）法解練習 5.3.1。

5.4.2 使用電源轉換法，求出除了 8Ω 電阻器外其餘電路的等效電路，它是由一個單一電源和一個單一電阻 R 所組成的，利用此結果，求 v 。

答：$R = 12\,\Omega$ ，$v = 12\,V$

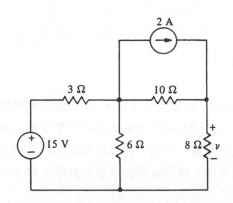

練習 5.4.2

5.4.3 將練習4.2.3所有的電源轉換為電壓源，並求 v_3 。

答：$20\,V$

5.5 最大功率轉移（MAXIMUM POWER TRANSFER）

在電路理論上，很多的應用是希望知道一個實際電源可能釋放的最大功率為何，它可以很容易的使用戴維寧定理，去求出電源能夠釋放的最大功率，以及如何加負載才能得到最大功率，這也是本節的主題所在。

讓我們從圖5.23有一個負載電阻R_L的實際電壓源著手，釋放到電阻器R_L的功率p_L是

$$p_L = \left(\frac{v_g}{R_g + R_L}\right)^2 R_L \tag{5.29}$$

若電源已知v_g和R_g固定時，則p_L是一個R_L的函數，那麼p_L最大值時，dp_L/dR_L必須等於零，即

$$\frac{dp_L}{dR_L} = v_g^2 \left[\frac{(R_g + R_L)^2 - 2(R_g + R_L)R_L}{(R_g + R_L)^4}\right]$$
$$= \frac{(R_g - R_L)v_g^2}{(R_g + R_L)^3} = 0 \tag{5.30}$$

從（5.30）式，得知

$$R_L = R_g \tag{5.31}$$

它也很容易的表示爲

$$\left.\frac{d^2 p_L}{dR_L^2}\right|_{R_L = R_g} = -\frac{v_g^2}{8R_g^3} < 0$$

而（5.31）式是 p_L 最大值的條件，故當負載電阻 R_L 等於電源內電阻時，此已知實際電源能夠釋放最大功率，這個敍述有時叫做最大功率轉換定理。我們已對一個電壓源完成說明，然從諾頓定理的觀點，它對一個實際電流源依然成立。

由（5.29）式和（5.31）式得知，實際電壓源釋放到負載的最大功率是

$$p_{L_{max}} = \frac{v_g^2}{4R_g} \tag{5.32}$$

在實際電流源情形下，它的最大釋放功率是

$$p_{L_{max}} = \frac{R_g i_g^2}{4} \tag{5.33}$$

這可從圖 5.25 和（5.31）式或（5.32）式及諾頓定理導出。

我們可以推廣最大功率轉移定理到一個線性電路上，即當一個線性電路上，某對端點的負載爲此電路的戴維寧電阻時，這對端點能夠獲得最大功率。顯然這是正確的，因爲由戴維寧定理知道，電路和一個有內電阻 R_{th} 的實際電壓源是等效的。

例題 5.13

茲舉一例，求圖 5.18 (a)電路釋放的最大功率。若端點 a-b 的負載是戴維寧電阻，即

$$R_L = R_{th} = 6\ \Omega$$

由（5.22）式得知 $i_{sc} = 5\ A$，故可繪出有 R_L 的諾頓等效電路如圖 5.31，而供給負載的功率是

$$p = \frac{900 R_L}{(R_L + 6)^2}$$

這對 $R_L = 6$ ，可得

$$p_{\max} = 37.5 \text{ W}$$

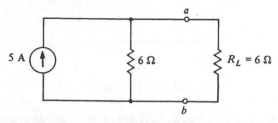

圖 5.31 圖 5.18 (a)的等效電路及負載 R_L

R_L 的任何其他值都將使 p 值較小，例如 $R_L = 5\,\Omega$ ，則 $p = 37.19\,\text{W}$ ， $R_L = 7\,\Omega$ ，則 $p = 37.28\,\text{W}$ 。

練 習

5.5.1 求釋放到電阻器 R 的功率，這裏(a) $R = 6\,\Omega$ ，(b) $R = 2\,\Omega$ ，以及(c) R 為何值時可吸收最大功率 。

答： (a) $15.36\,\text{W}$ ； (b) $14.22\,\text{W}$ ； (c) $16\,\text{W}$ ， $R = 4\,\Omega$ 。

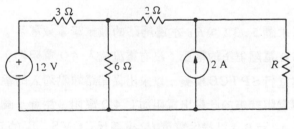

練習 5.5.1

5.5.2 證明這兩個電路，在端點 a-b 是等效的。求在每一電路上， $4\,\Omega$ 電阻器消耗的功率 。

答： (a) $9\,\text{W}$ ； (b) $1\,\text{W}$ 。

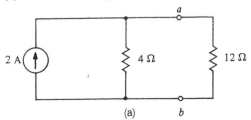

(a)　　　　練習 5.5.2

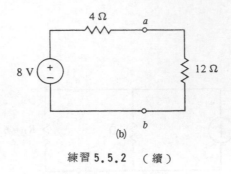

(b)

練習 5.5.2　（續）

5.5.3 假使在圖5.23 上，v_g 和 $R_L > 0$ 是固定的，R_g 是可變的，求釋放到負載 R_L 的最大功率。

答：$v_g{}^2 / R_L$ ，當 $R_g = 0$ 時

5.6 SPICE和戴維寧等效電路
（ SPICE AND THEVENIN EQUIVALENT CIRCUITS ）

　　複雜電路的戴維寧等效電路可直接用SPICE中的 .TF 指令來求得。這些等效電路對於決定最大功率轉移的負載條件是非常有用的。

例題5.14

　　利用SPICE求圖5.32(a)R_L 左邊網路的戴維寧等效電路。由於 a‑b 端點的開路電壓等於 $6\,\Omega$ 電阻器上的電壓（沒有電流流入 $4\,\Omega$ 電阻器），所以我們只需對圖5.32 (b)電路進行SPICE模擬，以求出從開路端點看入的輸出電阻；而最終等效電路的戴維寧電阻就等於此輸出電阻加上 $4\,\Omega$ 電阻。注意：圖5.32 (b)已植入一個虛擬電壓源（ $v_d = 0$ ）以提供電流 i_1 來滿足CCVS v_1 的定義。圖5.32 (b)的電路檔案爲

```
Thevenin equivalent circuit for Fig. 5.32 (b)
I1   0 1 DC 10
R1  1 0 4
HV1 2 1 VD 2
R2  2 3 6
VD  3 0 DC 0
.TF V(2) I1
.END
```

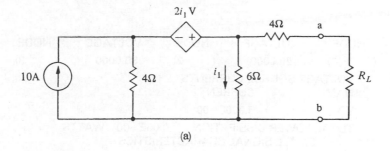

(a)

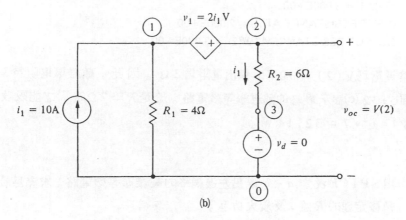

(b)

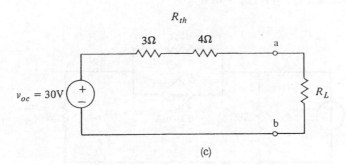

(c)

圖 5.32 用SPICE求戴維寧等效電路的例題

程式解爲

```
        NODE      VOLTAGE      NODE      VOLTAGE      NODE      VOLTAGE
   (    1)      20.0000    (    2)      30.0000    (    3)       0.0000
        VOLTAGE SOURCE CURRENTS
        NAME              CURRENT
        VD                5.000E+00
        TOTAL POWER DISSIPATION      0.00E+00   WATTS
****          SMALL-SIGNAL CHARACTERISTICS
V(2)/I1 = 3.000E+00
INPUT RESISTANCE AT I1 = 2.000E+00
OUTPUT RESISTANCE AT V(2) = 3.000E+00
```

開路電壓爲 $V(2) = 30\,V$ ，輸出電阻爲 $3\,\Omega$ 。因此，戴維寧電阻爲 $3 + 4 = 7\,\Omega$ 。圖 5.32 (c)表示最終的戴維寧等效電路。於是 $R = 7\,\Omega$ 時，才能吸收最大功率 $(30/14)^2 * 7 = 32.14\,W$ 。

5.6.1 用 SPICE 決定 a - b 端點左邊網路的戴維寧等效電路，求滿足最大功率轉移定理的 R 值，及最大功率。

答： $12\,V$ ， $4\,k\Omega$ ， $4\,k\Omega$ ， $9\,mW$ 。

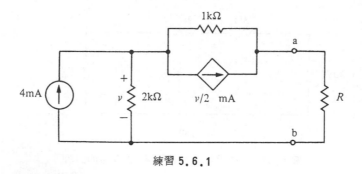

練習 5.6.1

___習___題___

5.1 用比例性質解習題 2.34 。

5.2 用比例性質解習題 2.38 。（建議：令 $i_2 = 1\,mA$ ，並向電源方向解題。）

5.3 用比例性質解練習 $4.4.1$ 。

5.4 用比例性質解習題 4.32 。

5.5 用比例性質求 v_2 。

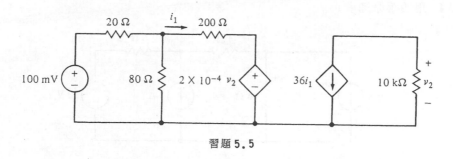

習題 5.5

5.6 用比例性質解習題4.34 。（建議：令 $i = \cos 2t$ A 。）

5.7 用重疊原理解練習4.6.1 。

5.8 用重疊原理解習題4.9 。

5.9 用重疊原理解習題4.10 。

5.10 用重疊原理解習題4.26 。

5.11 用重疊原理求 v 。

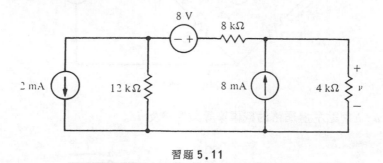

習題 5.11

5.12 若 $R = 2$ ，用重疊原理求 v 。

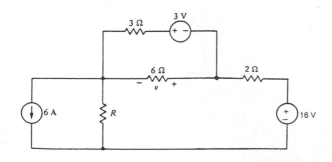

習題 5.12

5.13 就習題4.30電路，用重疊原理求釋放到4Ω電阻器上的功率。

5.14 用重疊原理求 v 。

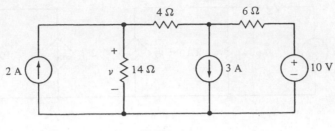

習題 **5.14**

5.15 用重疊原理求 i 。（建議：求 i_1 和 i_2 。）

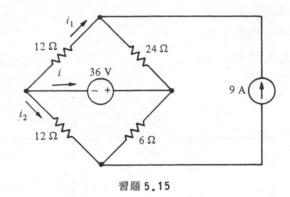

習題 **5.15**

5.16 求 a-b 端點左邊網路的戴維寧等效電路及 i 。

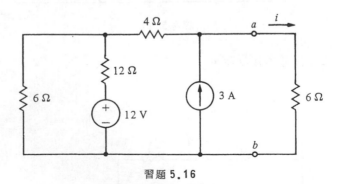

習題 **5.16**

5.17 就習題 5.16 電路,求 4 Ω 電阻器外,其餘電路的戴維寧等效電路,及釋放到 4 Ω 電阻器上的功率。

5.18 求 4 Ω 電阻器外其餘電路的戴維寧等效電路及 v。

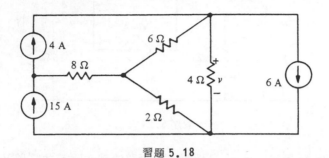

習題 **5.18**

5.19 求 a-b 端點左邊網路的諾頓等效電路及 i。

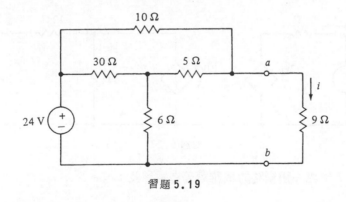

習題 **5.19**

5.20 求 a-b 端點左邊網路的諾頓等效電路及 v。

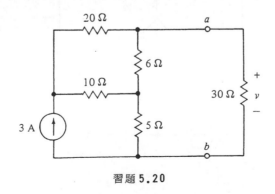

習題 **5.20**

5.21 求 a-b 端點左邊網路的諾頓等效電路及 i 。

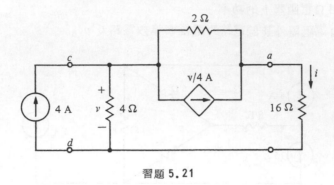

習題 5.21

5.22 就習題 5.21 電路，求 c-d 端點右邊網路的戴維寧等效電路及 v 。

5.23 求 a-b 端點左邊的戴維寧等效電路及 v 。

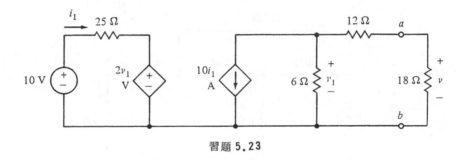

習題 5.23

5.24 求 a-b 端點左邊網路的戴維寧等效電路及 v 。

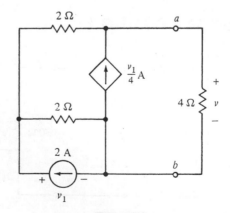

習題 5.24

5.25 求 4 Ω 電阻器外其餘電路的戴維寧等效電路及 i 。

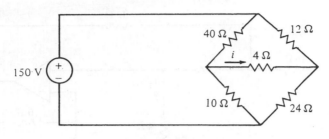

習題 5.25

5.26 求 $a - b$ 端點左邊網路的諾頓等效電路，及釋放到 6 Ω 電阻器上的功率 。

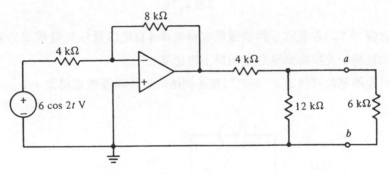

習題 5.26

5.27 求 $R = 4$ k Ω 電阻器外其餘電路的戴維寧等效電路及 i 。

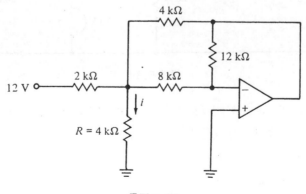

習題 5.27

5.28 求 4 Ω 電阻器外其餘電路的戴維寧等效電路及 i。

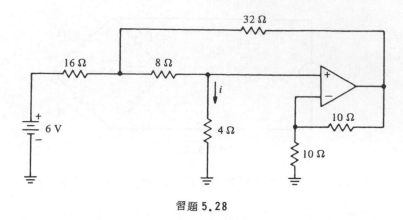

習題 5.28

5.29 就習題 5.16 電路，用連續電源轉換求 4 Ω 電阻器外其餘電路的戴維寧等效電路，及釋放到 4 Ω 電阻器上的功率。

5.30 用連續電源轉換求 a-b 端點左邊網路的戴維寧等效電路及 v。

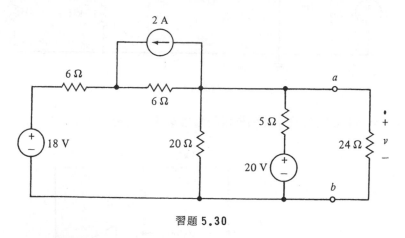

習題 5.30

5.31 用電源轉換求 1 kΩ 電阻器外其餘電路的一個等效電路（只包含一個電源，一個電阻器和 1 kΩ 電阻器），並據此求 i。

5.32 用電源轉換解習題 5.16。

5.33 用電源轉換解習題 5.17。

5.34 就習題 5.12 的電路，求釋放到電阻器 R 的最大功率。

5.35 就習題 5.27 的電路，求釋放到電阻器 R 的最大功率。

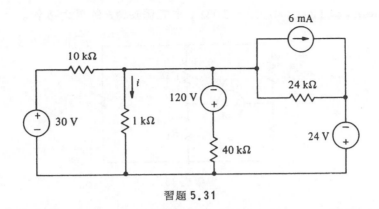

習題 5.31

5.36 求 R 值使得它能從電路的其它部份吸收最大功率，並求此最大功率。

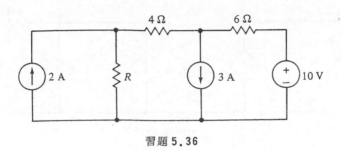

習題 5.36

5.37 求在 a-b 端點間植入多大電阻 R 才能吸收最大功率，並求此最大功率。

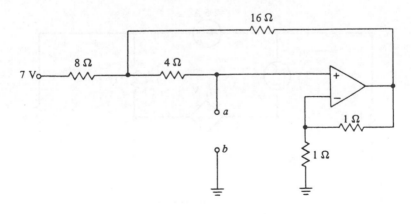

習題 5.37

5.38 若(a)$R_1 = 12\,\Omega$；(b)$R_1 = 30\,\Omega$，求能釋放到 R 的最大功率。

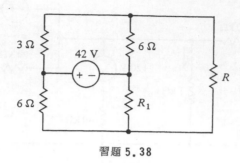

習題 5.38

5.39 求 R 值使得它能從電路的其它部份吸收最大功率，並求此最大功率。

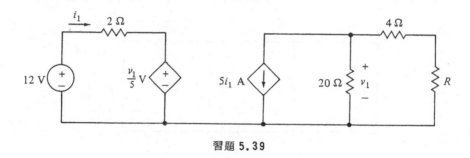

習題 5.39

5.40 求 R 值使得它能從電路的其它部份吸收最大功率，並求此最大功率。

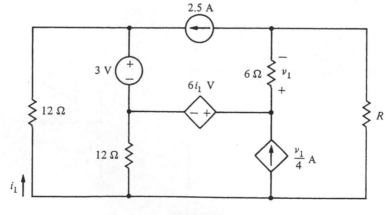

習題 5.40

電腦應用習題

5.41 用 SPICE 解習題 5.24。

5.42 用 SPICE 解習題 5.37。

5.43 用 SPICE 解習題 5.40。

獨立方程式 *

奧衣勒計算並不需花費太多心力，就如同人類的呼吸或鷹在風中維持平衡一樣。

Dominique Arago

除非用本章所介紹的圖形理論，否則對多節點和多廻路電路，應用克希荷夫定律是非常困難的（譬如：一個只有 10 個節點無並聯元件的電路，最多有 10^8 個廻路。）。圖形理論之父是偉大的瑞士數學家 Leonhard Euler ，他在 1736 年發表第一篇圖形理論論文，即著名的 " Königsberg 七座橋 "論文。他也對其他的數學分支有重大的貢獻，且奧衣勒公式是相量法（解交流電路的方法之一）的基礎。

Euler 出生於瑞士的 Basel 市，他是一位牧師的兒子。1724 年他從 Basel 大學畢業，1727 年接受 Catherine I 的邀請加入俄羅斯科學院。1741 年在 Frederick 大帝的邀請下服務於德國科學院。他或許是最多產的數學家，甚至在他 1766 年失明後仍不斷地出書及發表論文。雖然如此，他仍能找出時間陪伴 2 位妻子（第二位妻子在他 69 歲時才結婚）和 13 個小孩。瑞士數學家不斷地公開發表他的論文，並估計他的成果至少可有 60 冊至 80 冊。

網路是被組成它的元件及元件連接的方法所決定，在上面幾章，我們花了不少的時間在討論元件本身，以及它的電壓-電流特性，在本章將只討論網路元件連接的方式，或叫做網路拓樸學（topology）。網路拓樸學的研究將提供我們決定網路分析時需要多少方程式的系統方法，以及那一個方程式是獨立的，並對大多數直接分析選擇最佳的方程式組。

6.1 一個網路的圖 （GRAPH OF A NETWORK）

為了說明一個更複雜電路的分析問題，讓我們考慮圖 6.1 的電路，電阻器編號為 1 ，2 ，⋯⋯ ，9 ，而相對的電阻值為 R_1 ，R_2 ，⋯⋯ ，R_9 。若要完成一個迴路分析，則必須寫出一組獨立的 KVL 方程式。（請注意到電路是非平面的，因而我們不能完成一個網目分析，任何人都會懷疑我們喜歡嘗試以平面型式重繪這電路。）

這電路有 15 個迴路，可使用嘗試法來驗證。對好學的讀者，那 15 個迴路是（1，3，4，5），（1，3，7，9），（2，3，5，6），（1，2，8，9），（1，2，4，6），（4，5，7，9），（2，3，4，5，8，9），（1，2，5，6，7，9），（1，3，5，6，8，9），（2，3，7，8），（2，3，4，6，7，9），（4，6，8，9），（5，6，7，8），（1，3，4，6，7，8），和（1，2，4，5，7，8）。那是電阻器 1，3，4，5 形成一個迴路，1，3，7，9（有 v_g 電源）形成一個迴路等等。

為著手圖 6.1 的迴路分析，我們需知那些迴路是獨立的以及需要多少迴路，回答這些問題，我們只需考慮元件是如何連接的，至於元件的種類則不重要。為了方

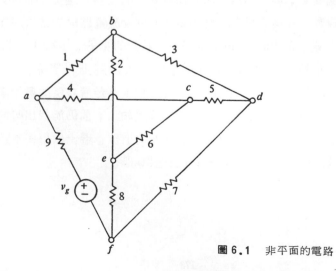

圖 6.1　非平面的電路

便起見，我們可以留下網路的節點而以線代替元件，因而網路拓樸學可使網路變爲更簡單的圖形。

以線替代網路的元件，所獲得的線和節點的結構，叫做網路的圖形；圖形的線叫做它的樹枝（branch），圖形的節點當然是網路的節點。圖 6.1 的網路圖形表示在圖 6.2，它有 9 根樹枝和 6 個節點。（我們考慮電阻器 9 和 v_g 間的節點，不會影響迴路的數目，即兩個串聯元件可視爲一個非理想的電壓源。）

若在任何兩個節點間，有一條或更多的樹枝路徑，則稱圖形是連接的，圖 6.2 的圖形很明顯的是連接的；圖 6.3 是非連接圖形的例子，例如在節點 a 和 d 間無路徑，但現在我們將只討論連接的圖形。

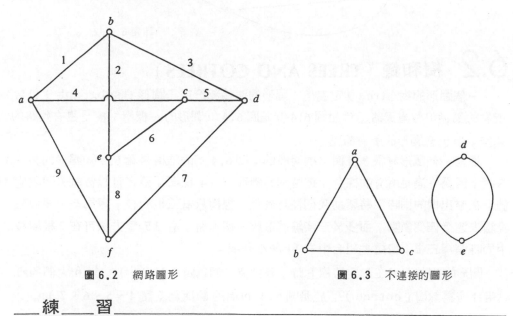

圖 6.2　網路圖形

圖 6.3　不連接的圖形

練　習

6.1.1 證明圖形是平面的。

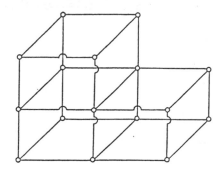

練習 6.1.1

6.1.2 證明圖形是平面的。

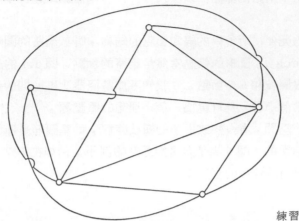

練習 6.1.2

6.2 樹和鏈（TREES AND COTREES）

一個圖形的樹（tree）定義是：圖形的連接部份或子圖形（subgraph）包含所有的節點但沒有廻路。例如圖 6.4 (b)是圖 6.4 (a)圖形的一棵樹，樹是沒有廻路的連接，但包含圖形的所有節點。

通常一個圖形有很多棵樹，很明顯的，圖 6.4 (c)的結構是圖 6.4 (a)圖形的另一棵樹，因為它滿足所有的條件，這特別的圖形有 24 棵樹，讀者可以嘗試去發現它們。在舉出樹的同時，將幫助我們注意到每一棵樹只有三根樹枝，因為至少要取三條線去連接四個節點，而多於三條線將形成一個廻路。有 35 種方法可在 7 根樹枝中同時選擇三根，但這些組合中有 11 種不是樹。

圖形的樹枝若不在選定的樹上時，我們稱它們為鏈（links）。鏈和它們的節點組合稱為餘樹（cotree）。於是圖 6.4 (b)樹的餘樹為（鏈 4、5、6、7）。

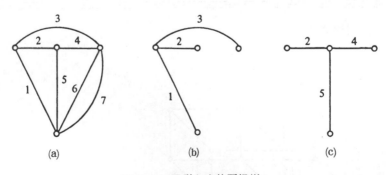

圖 6.4　圖形和它的兩棵樹

通常，B 是圖形中樹枝的數目，N 是節點的數目，那圖形的任何樹都包含 N 個節點和 $N-1$ 根樹枝。節點的數目可從一棵樹的定義來確定，而樹枝的數目則由構造上的論證來建立；讓我們用一根樹枝連接兩個節點開始建立樹，每一個追加的樹枝和建立的樹連接，就加上一個追加的節點，因此節點的數目比樹枝的數目多一個，而樹有 N 個節點時，就必須有 $N-1$ 根樹枝。於是餘樹的鏈數目有 $B-(N-1)$ 或 $B-N+1$ 根樹枝。

例題 6.1

茲舉一例，圖 6.4 (a)圖形有 4 個節點，因而在圖形 6.4 (b)及 6.4 (c)有樹枝數目為 $N-1=3$。當一棵樹的樹枝設計好後，圖形所剩下的樹枝叫做鏈（link）。當然，選定樹後，就可決定餘樹。圖 6.4 (b)的樹重畫在圖 6.5，它以實線表示樹分枝（tree branch），虛線表示餘樹的鏈，在這情形下，鏈的數目是 $7-4+1=4$。

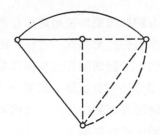

圖 6.5　一個圖形的樹分枝和鏈

___練___習___

6.2.1 在圖 6.2 的圖形上，求樹分枝和鏈的數目。

　　答：5，4

6.2.2 求圖形上所有的樹。

　　答：$(1,2,4)$，$(1,2,5)$，$(1,3,4)$，$(1,3,5)$，$(1,4,5)$，
　　　　$(2,3,4)$，$(2,3,5)$，$(2,4,5)$

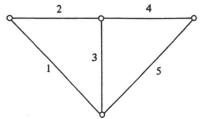

練習 6.2.2

6.2.3 在練習 6.2.2 的圖上，令 i_2 和 i_4 是在元件 2 和 4 上的鏈電流，方向向右；i_1，i_3 和 i_5 是樹電流，方向向下，試以鏈電流表示樹電流。

答：$-i_2$，$i_2 - i_4$，i_4

6.2.4 若元件 6 與練習 6.2.2 內的元件 5 並聯，求最終圖形的所有樹。

答：$(1,2,4)$，$(1,2,5)$，$(1,2,6)$，$(1,3,4)$，$(1,3,5)$，$(1,3,6)$，$(1,4,5)$，$(1,4,6)$，$(2,3,4)$，$(2,3,5)$，$(2,3,6)$，$(2,4,5)$，$(2,4,6)$。

6.3 獨立的電壓方程式
（INDEPENDENT VOLTAGE EQUATIONS）

本節將討論一個電路，其圖形有 N 個節點和 B 根樹枝的節點分析。圖形的一棵樹有 $N-1$ 根樹枝，當然有 $N-1$ 個樹分枝電壓，在電路上也有 $B-N+1$ 個鏈電壓。

讓我們想像任何樹的所有樹枝電壓均被短路樹枝而成爲零（相當樹枝被短路替代），則在電路上或樹上的所有節點都是同一電位，因而鏈電壓也全都是零，因此鏈電壓是和樹分枝電壓有關的；若鏈電壓獨立於樹電壓，則它不能被短路樹分枝强迫至零。換句話說，若一根樹分枝沒有短路，則有一個節點在不同的電位，因而一個樹分枝電壓和其他樹分枝電壓是無關的。因此我們可下結論爲，任何樹的 $N-1$ 個樹枝電壓是獨立的，且可用來求鏈電壓。

以另一個方式看任何鏈電壓都可以樹電壓項來表示，注意加鏈到一棵樹完成一電路，這電路其他元件都是樹分枝，應用 KVL 得知鏈電壓是樹分枝電壓的代數和。

例題 6.2

茲舉一例，圖 6.6 的圖形用實線表示三個樹分枝電壓 v_1，v_2 和 v_3，虛線表示鏈電壓 v_4，v_5 和 v_6，若標示 v_4 的鏈被加到樹，則形成 v_2，v_3，v_4 的電路，沿這電路寫出 KVL 方程式，得

$$v_4 = v_3 - v_2$$

用相似的方法，先加鏈 v_5，得

$$v_5 = v_1 - v_2$$

再加鏈 v_6，得

$$v_6 = v_1 - v_3$$

因而鏈電壓可從樹分枝電壓獲得。

　　寫出包含樹分枝電壓方程式的系統方法是，想像打開一根樹分枝，將樹分隔爲兩個部份，電流流經想像打開的樹分枝和鏈在兩個部份間流動，因而應用 KCL 定理，可得到在已給定方向的這些電流代數和是零，這過程亦可重複在其他的樹分枝。

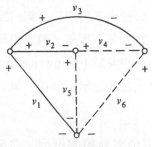

圖 6.6　樹和鏈電壓

例題 6.3

　　爲了說明樹分枝電壓的用法，讓我們考慮圖 6.7 (a)電路。圖 6.7 (b)爲電路的圖形，它有實線的樹分枝和虛線的鏈。因爲樹分枝電壓是獨立的，我們將 20V 電源包含在樹內，則未知元的數目可以減少一個。應用 KVL 定理，我們發現鏈電壓能以樹電壓來表示，這結果如圖 6.7 (b)所示。

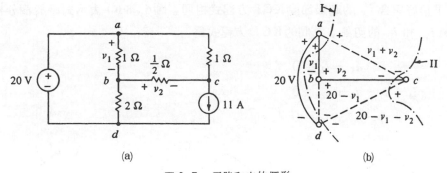

(a)　　　　　　　　　　　　　　　　(b)

圖 6.7　電路和它的圖形

　　若樹分枝（ a、b ）v_1 開路，則樹被分割成兩個部份，這兩個部份被樹枝（ a、b ）及鏈（ a、c ），（ b、d ），（ d、c ）連接，如線符號 I 所示。現在箭頭的方向，總和橫過線的電流是

$$v_1 + v_2 + v_1 - \frac{20 - v_1}{2} - 11 = 0$$

對樹分枝（b、c）重複這過程，導出線 II 和方程式爲

$$-(v_1 + v_2) - 2v_2 + 11 = 0$$

解這些方程式，得 $v_1 = 8\,\mathrm{V}$，$v_2 = 1\,\mathrm{V}$，所有的鏈電壓和鏈電流、樹電流均可求得。

　　一個圖形的切集（cut set）是指將此圖形分割成兩部份時所需切離的最少元件集合。若移走一根樹分枝以分割樹爲兩部份，則連接此兩部份的所有鏈和該根樹分枝的集合就稱爲一個切集。當一個圖形被一個切集分割成兩個子圖形時，這兩個子圖形不是一個節點就是一個超級節點（supernodes），且應用 KCL 定律時可發現離開這兩個子圖形的電流代數和爲零，即在一個切集內的電流代數和等於零。

例題 6.4

　　假設圖 6.8 (a)內元件電流的方向如圖所示。圖 6.8 (b)表示選定的樹，其中樹分枝（實線部份）爲 i_1、i_4、i_6 和 i_7，鏈（虛線部份）爲 i_2、i_3 和 i_5。若樹分枝 i_7 移走以分割樹爲兩個部份（樹分枝 i_6 爲一部份，i_1 和 i_4 爲另一部份），則樹分枝 i_7 和鏈 i_2、i_3、i_5 構成一個切集 CS，如圖所示。對這切集應用 KCL 定律，得

$$i_2 - i_3 + i_5 + i_7 = 0$$

此結果恰好與含 i_6 的超級節點 KCL 方程式相同。圖 6.8 (c) 表示對應於樹分枝 i_1、i_4 和 i_6 的切集，它們的 KCL 方程式爲

$$i_1 - i_2 = 0$$
$$i_4 + i_5 - i_3 + i_2 = 0$$
$$i_2 - i_3 + i_6 = 0$$

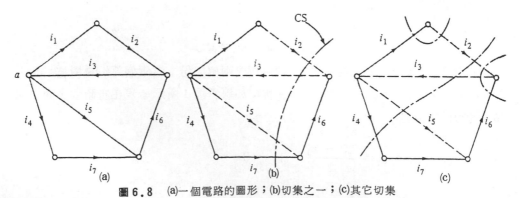

圖 6.8　(a)一個電路的圖形；(b)切集之一；(c)其它切集

另一種求切集的方法就是將連接某一節點的樹分枝和鏈組合起來；譬如對圖 6.8 (a) 的節點 a 而言，（ i_1 、 i_3 、 i_5 、 i_4 ）就是一個切集。此種切集又被稱爲入射切集（ incident cut set ），且它的 KCL 方程式爲

$$i_1 - i_3 + i_5 + i_4 = 0$$

即是節點 a 的 KCL 方程式。

未知元爲電壓的任何電路分析過程，只需要發現一組 $N-1$ 的樹分枝電壓是獨立的即可，這意謂在分析中，只需要 $N-1$ 個獨立的電壓方程式；若任一組獨立方程式存在，則任一組 $N-1$ 個獨立電壓將構成一個解。

另一組不同於樹分枝電壓的 $N-1$ 個獨立電壓，是一組非基點（ nondatum node ）電壓。我們注意到任何非基點均在樹上，且經由樹分枝連接基點，因而每一個非基點電壓是一個樹分枝電壓的代數和（在非基點和基點間的樹分枝）；換句話說，每一個樹分枝電壓是兩個節點電壓的差。總之，節點電壓可由樹分枝電壓決定，反之亦然，因此節點電壓也是一個獨立組。（當然，對這節點寫出的 KCL 方程式和對這節點的入射切集所寫出的 KCL 方程式，是一樣等於零的。）

例題 6.5

在圖 6.7 的例題中，若 d 是基點，則非基點電壓 v_a ， v_b ， v_c 相對於樹電壓 v_1 ， v_2 和 20 V 的關係是

$$v_a = 20$$
$$v_b = 20 - v_1$$
$$v_c = 20 - v_1 - v_2$$

反過來，則得

$$v_1 = v_a - v_b$$
$$v_2 = v_b - v_c$$
$$20 = v_a$$

在大部份情形下，節點是很容易發現的，故節點分析比廻路分析更易於使用。在圖 6.1 的例題中，可看到適當的廻路是很難確定的，因此在下一節中我們將討論，由圖形理論去找出一組獨立的廻路方程式。

練　習

6.3.1 就習題 4.8 的電路，選定電壓源和 12 Ω 電阻器爲樹分枝，試利用本節的方法寫出一個 KCL 方程式及求 v。

　　　答：6 V。

6.3.2 選擇電壓源，3 Ω 和 6 Ω 電阻器爲樹，利用本節方法去求 v。

　　　答：3V

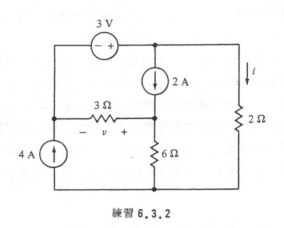

練習 6.3.2

6.3.3 在習題 4.27 中，利用一個適合的樹及本節的方法，求 v。（註：這樹包含電壓 v、三個電源和一根其他的樹枝。）

　　　答：8V

6.4 獨立的電流方程式
（INDEPENDENT CURRENT EQUATIONS）

　　圖 6.1 的例題告訴我們，在對一個電路做廻路分析時，要確認獨立的廻路是不容易的，爲了推導出廻路方程式的系統方法，我們將討論一個有 B 根樹枝和 N 個節點的一般電路，這相當於一棵已知的樹有 $B-N+1$ 個鏈。

　　假使將圖形上所有的鏈打開，則鏈電流等於零；又因爲樹沒有廻路，所以所有的樹分枝電流也是零。因而樹電流是和鏈電流有關的，即它們可以鏈電流來表示；若一個樹電流獨立於鏈電流，則它不能因開路鏈而强迫至零。此外，若一個鏈沒有被打開，則在圖形上將產生一個廻路，且一個電流將流過鏈，因而鏈電流和其他鏈電流是無關的。總之，那 $B-N+1$ 個鏈電流是一個獨立組，而電路的廻路分析需要 $B-N+1$ 個獨立方程式。

　　求 $B-N+1$ 個獨立廻路的系統方法是從一棵樹加上一根鏈開始。因為加上一根鏈，在樹上就形成一個廻路，移開這鏈加上另一根鏈，則決定了第二個廻路，繼續這過程直到 $B-N+1$ 個廻路被發現為止，由於每一個廻路含有一根不同的鏈，所以是一個獨立組。

例題 6.6

　　茲舉一例，讓我們再討論圖 6.1 的電路，一棵樹組合樹枝 1, 5, 7, 8, 9，而鏈是 2, 3, 4, 6，如圖 6.9 所示。一次接通一根鏈的結果是有四個獨立廻路 I，II，III，IV，廻路 I 包含鏈 2 和樹枝 8, 9, 1；廻路 II 包含 3, 7, 9, 1；廻路 III 包含 4, 5, 7, 9；廻路 IV 包含 6、5、7、8，這四個廻路已足夠完成一次的廻路分析。

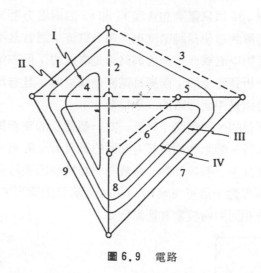

圖 6.9　電路

例題 6.7

　　為了說明在電路分析中鏈電流的使用，讓我們回到圖 6.7 (a) 的例題。圖 6.10 是重畫的圖形（graph），表示鏈電流 i_1，i_2 和 11 A；由於鏈電流是一個獨立組，所以選擇電流源為一根鏈，這使未知元減少了一個，為了這理由，通常電壓源放在樹上，電流源則放在鏈上。

　　在一般情形下，樹分枝電流可從鏈電流求得，像圖 6.10 所示。接通鏈 i_1 和 i_2 形成廻路 1 和 2，從圖 6.7 (a) 和 6.10，寫出這些廻路的 KVL 方程式，為

$$2i_1 - 20 + i_1 - i_2 + 11 = 0$$

$$i_2 - \frac{11 - i_2}{2} - i_1 + i_2 - 11 = 0$$

它們的解是 $i_1 = 6A$, $i_2 = 9A$ 。

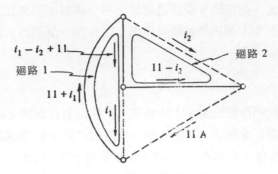

圖 6.10 圖 6.7(a)的圖形

因鏈電流11A已知,所以只需要包含鏈 i_1 和 i_2 的兩個方程式。附帶說明,在這簡單的例題中,被選擇的鏈使得鏈電流也是網目電流,這當然不是一般的狀況。

本章所獲得的結果對平面或非平面的網路都是有效的,而在第4章所見平面網路的特殊情形,網目分析是可能的,因網目電流是獨立的,且有足夠的網目去完成分析,現在我們將證明這是平面網路的一般情形。

我們從分解 M 個網目的平面電路,以及一次一個網目的重新構成平面網路開始;重新構造的第一個網目、節點和樹枝都有相同的數目 k_1,對第一根樹枝有兩個節點,以後每多一根樹枝加上一個新節點,而最後一根樹枝因要接回第一根樹枝的節點,所以不加上一個新節點,這可由圖 6.11(a) 4 個網目的圖形來說明,在圖 6.11 (b)第一個網目的構造有相同的樹枝數和節點數。

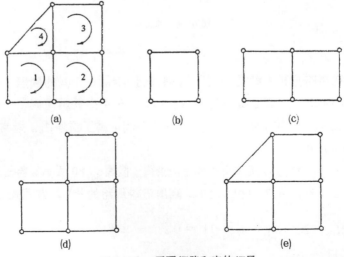

圖 6.11 平面網路和它的網目

　　第一個網目以後，每一個後來的網目是連接樹枝和節點到前一個網目而形成的；由於每加一根樹枝就加一個節點，所以除了最後一根樹枝是連接上一個網目的節點外，每一次所加節點總數比樹枝總數少一個，這過程在圖 6.11 (c)、(d)、(e)說明。

　　因而，若第二個網目加上 k_2 根樹枝，則它只加上 $k_2 - 1$ 個節點；相似的，第三個網目加上 k_3 根樹枝和 $k_3 - 1$ 個節點，同樣的繼續，那最後的網目即第 M 個網目，加上 k_M 根樹枝和 $k_M - 1$ 個節點。若在完整的圖形有 B 根樹枝和 N 個節點，則有

$$k_1 + k_2 + \ldots + k_M = B \tag{6.1}$$

和

$$k_1 + (k_2 - 1) + \ldots + (k_M - 1) = N \tag{6.2}$$

(6.2)式可改寫為

$$k_1 + k_2 + \ldots + k_M - (M - 1) = N$$

則 (6.1) 式變為

$$B - (M - 1) = N$$

網目的數目為

$$M = B - N + 1 \tag{6.3}$$

這也是在圖形上鏈的數目。

　　因此，網目電流可適當的組成一組電流去完整的描述平面電路，在數目上，它們和一組獨立的鏈電流相同，而且是獨立的，雖然每一個新網目至少包含一根不在前面網目上的樹枝。

練　習

6.4.1 針對習題 4.26、4.28 和 4.33，證明 (6.3) 式成立。

6.4.2 就練習 6.3.2 的電路，使用本節的方法及選擇適當的樹來求 i。

　　　答：3 A。

6.5 一個電路的應用（A CIRCUIT APPLICATION

例題 6.8

本章最後將討論圖6.12(a)較複雜的電路，圖6.12(b)是它的圖形，實線部份是選擇的樹。注意：若可能的話，電壓源和電壓驅動相依電源放在樹上，電流源和電流驅動相依電源放在餘樹上。

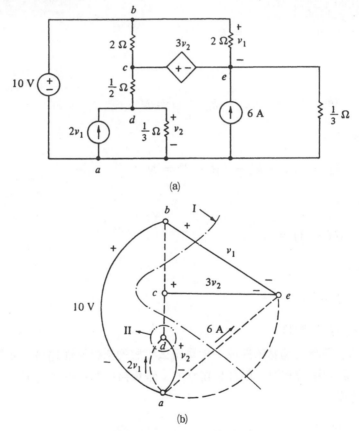

(a)

(b)

圖 6.12 網路和它的圖形

從圖形得知有 v_1 ， v_2 ， $3v_2$ 和 10 V 等 4 個樹分枝，因而使用樹分枝方法，只有兩個未知元 v_1 和 v_2 ，需要兩個方程式。圖形上有 5 個鏈電流，一個是已知的 6 A 電流，另一個是可用樹分枝電流 i_{be} 表示的 $2v_1$ 電源，和其他的鏈電流項，因使用鏈電流方法需要有 3 個方程式，所以我們將使用樹分枝電壓來分析電路。

　　兩個必要的方程式是圖 6.12 (b)所示切集 I 和 II 的 KCL 方程式，其中切集 I 和
II 是分別根據樹分枝（ b 、 e ）和（ a 、 d ）來決定。切集方程式為

$$\frac{v_1}{2} + \frac{v_{bc}}{2} + 2v_{dc} + 6 + 3v_{ae} = 0 \tag{6.4}$$

和

$$2v_{dc} - 2v_1 + 3v_2 = 0 \tag{6.5}$$

觀察圖形，得

$$v_{bc} = v_1 - 3v_2$$
$$v_{dc} = v_1 - 2v_2 - 10$$
$$v_{ae} = v_1 - 10$$

在（6.4）式和（6.5）式代入這些值，且解樹分枝電壓，得

$$v_1 = -11 \text{ V}, \qquad v_2 = -20 \text{ V}$$

　　我們可以注意到節點分析是相當容易應用的，節點電壓可以未知元 v_1 和 v_2 表
示，因而只需要兩個節點方程式，這說明將留到習題 6.4 中討論。

___練___習___

6.5.1 用 6.4 節的方法寫出一個 KVL 方程式及求 i 。

　　　答： 3 A 。

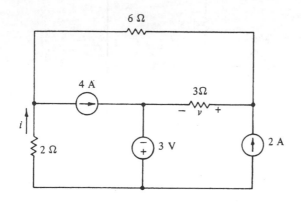

練習 6.5.1

6.5.2 在習題 4.26 的圖形，使用一棵適當的樹，去求流進 4Ω 電阻器右邊的電流 i。（一棵適當的樹將不包含電流源或電流 i，因而使用 6.4 節方法，只需要一個 KVL 方程式。）

答：6.5A

6.5.3 用 6.4 節的方法求釋放到 8 Ω 電阻器上的功率。

答：8 W。

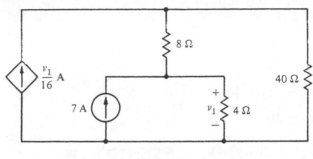

練習 6.5.3

習　　題

6.1 選擇一棵樹，若可能的話，它包含所有的電壓源和電壓控制的相依電源，但不包含電流源或電流控制的相依電源，用這樹和適當的圖形理論去求 v_1。

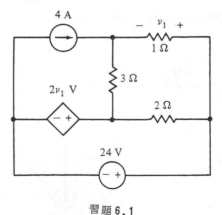

習題 6.1

6.2 如習題 6.1 所描述的選擇一棵樹，並用適當的圖形理論去求 v_1。

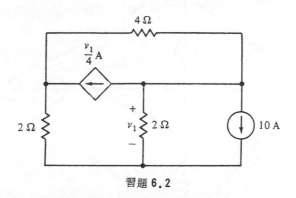

習題 6.2

6.3 選擇一棵適當的樹和使用圖形理論方法，解習題 4.16。

6.4 對圖 6.12 使用節點分析求 v_1 和 v_2。

6.5 選擇 v_1 和 4 Ω 電阻器為樹分枝，試用切集法求 v。

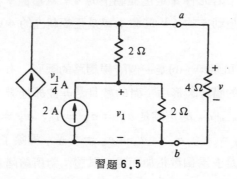

習題 6.5

6.6 用切集法求習題 4.14 內的 i。

6.7 用切集法解習題 4.15。

6.8 所有的電阻是 1 Ω，元件 w 也是 1 Ω 電阻器，元件 x 和 y 是 1 A 獨立電流源、方向朝上，元件 z 是一個 3 A 獨立電流源、方向朝左。選擇一棵適當的樹和使用圖形理論方法去求 i。（注意這電路相似於圖 6.1，是非平面的，在這情況下，它只需要一個迴路方程式。）

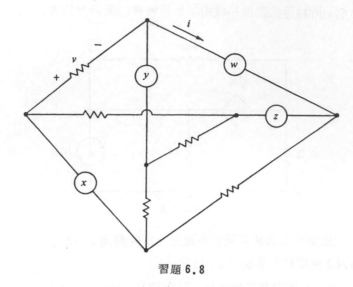

習題 6.8

6.9 在習題 6.8 中，若元件 x 是正極朝上的 4 V 電壓源，y 是正極朝下的 2 V 電源，z 是正極朝左的 6 V 電源，w 是正極朝左的 4 V 電源，試用圖形理論方法求 v。

6.10 練習 6.2.2 圖和圖(a)、(b)是一個階梯網路的圖形，有一個定理敍述爲：在一個 n 根樹枝的階梯圖形中，樹的數目是非波那扯數（Fibonacci number）a_n，a_n 的定義是 $a_0 = a_1 = 1$，$a_2 = a_0 + a_1 = 2$，$a_3 = a_1 + a_2 = 3$，$a_4 = a_2 + a_3 = 5$ 等，即除了 a_0 和 a_1 外，每一個非波那扯數是上兩個數相加而得。試證：對所繪階梯圖形(a)、(b)及練習 6.2.2 的圖形而言，此定理成立。

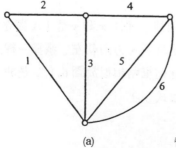

(a)

習題 6.10

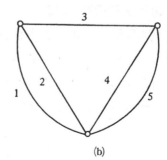

(b)

6.11 圖形(a)和(b)是兩個基本的非平面圖形，在(a)的樹枝 *a - b* 是一個理想的 6 V 電壓源，它的正極朝上；在(b)是一個理想的 4 A 電流源，它的方向朝上，在兩個圖上，所有其他的樹枝是 1 Ω 電阻器，利用圖形理論方法去求每一圖上所示的電流 *i* 。

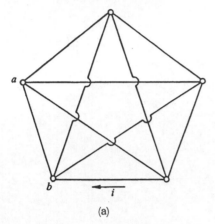

(a)

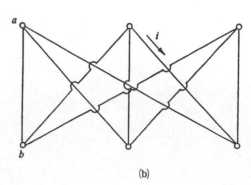

(b)

習題 6.11

6.12 用切集法解習題 4.25 。

6.13 用鏈電流法求習題 4.17 電路內的 *v* 。

6.14 用鏈電流當未知數求圖 6.12 (a)內的 v_1 和 v_2 。

6.15 用鏈電流法求習題 4.15 內的 *v* 和 v_1 。

6.16 用鏈電流法解習題 4.25 。

6.17 用圖形理論法解習 4.26 。

6.18 用圖形理論法解習 4.29 。

6.19 用圖形理論法解習 4.2 。

6.20 用圖形理論法解習 4.3 。

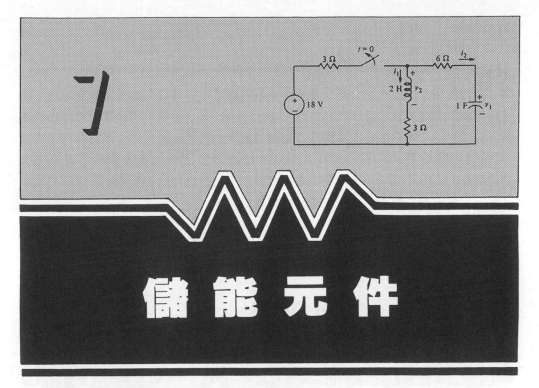

我最偉大的發現就是 Michael Faraday 。

Sir Humphry Davy

1831年8月29日偉大的英國化學、物理學家 Faraday 發現了電磁感應,當他將一磁體移向一線圈時,在線圈內會引起電流。由於電動機和發電機都是根據此原理發展出來的,所以 Faraday 的發現改變了世界的歷史。幾年後,英國首相詢問 Faraday "此發現能做什麼用",Faraday 回答說"有一天你可能會對它們課稅"。

Faraday 出生於倫敦附近,他是一位鐵匠的10個孩子中的一個。原先他是一位裝訂商的學徒,但22歲那年他在 Royal 學會(校)遇到他崇拜的偶像"偉大化學家 Davy"後,他實現了他孩童時代的夢想。Faraday 留在學校54年,並在 Davy 退休後接任其職務。Faraday 或許是至今最偉大的實驗家,在他有生之年幾乎對所有的物理領域都有著作。為了描述他所研究的現象,他和他的科學家朋友提出很多新的名詞,像電解、電解質、離子、陽極和陰極等。為了推崇他的成就,後人將電容的單位命名為法拉。

到現在爲止，我們所討論的都只是些電阻電路，即電路包含電阻器和電源，而這些元件的端點特性（terminal characteristics）是簡單的代數，所導出的電路方程式也是代數的。在本章則將介紹兩個重要的動態電路元件：電容器和電感器，它們的端點方程式（terminal equation）是微分而非代數方程式，這些元件稱爲動態的（dynamic）是因爲在理想情形下，它們儲存的能量能在以後的某些時刻釋回，基於同一理由，另一個名稱就叫儲能元件。

我們將先描述電容的性質，並討論一個理想裝置的數學模式，端點特性和能量關係亦將給予；其次，引出兩個或更多的電容器的並聯和串聯連接。對電感器，我們將重複上述程序。此外，也將討論實際電容器和電感器，以及它們的等效電路。

7.1　電容器（CAPACITORS）

電容器是一個兩端點的裝置，由一個非傳導的物質分隔兩個導體所組成，像這個非傳導的物質叫做絕緣體（insulator）或電介質（dielectric）。由於電介質存在，所以電荷不能在裝置內由一導體移向另一導體。它們必須經由連接電容器端點的外電路來輸送。圖 7.1 是一個非常簡單的型態，叫做一個平行板電容器，它的導體是平的長方形導體，而被電介質分隔。

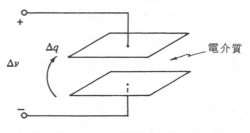

圖 7.1　平行板電容器

爲了描述這裝置電荷和電壓的關係，讓我們從一平板傳送電荷到另一平板。假使我們從下平板取一小電荷 Δq 到上平板，即在上平板放一個 $+\Delta q$ 的電荷，在下平板留下一個 $-\Delta q$ 的電荷。因爲移動這些電荷，需要分開不同的電荷（也叫不同的電荷彼此吸引），所以需要一小量的功來完成，因而上平板電板比下平板提昇了 Δv 電壓。

每一次傳送 Δq 的電荷增量就增加兩板間電位差 Δv，因此兩板間電位差是比例於傳送的電荷，這暗示了在端電壓有 Δv 量的改變，將引起上平板有 Δq 量的電荷改變，因而電荷和電位差是成比例的；即若一端電壓 v 相當於電容器上有一電荷 q（＋q 在上平板，－q 在下平板），那時電容器已被充電到 v 電壓，它和電荷 q 亦成比例，因而我們可以寫

$$q = Cv \tag{7.1}$$

這裡 C 是比例常數，叫做裝置的電容，單位是庫倫／伏特。1C/V 的單位叫做法拉（F）（farad）為紀念大英帝國物理學家 Michael Faraday（1791-1867）而取名的。滿足（7.1）式的電容器叫做線性電容器（linear capacitors），因為它們的電荷－電壓關係是一個斜率 C 的直線方程式。

在上面例題中，可注意到電容器的純電荷總是零，而從一平板移開的電荷總是出現在另一平板上，使得全部電荷維持零。我們也觀察到電荷離開一個端點，進入另一個端點這事實，它可滿足在一個兩端點裝置，電流進入一端點必須從另一端流出的要求。

因為電流定義是電荷改變的速度，微分（7.1）式，得

$$i = C\frac{dv}{dt} \tag{7.2}$$

這是電容器的電流－電壓關係。

電容器的電路符號和滿足（7.2）式的電流－電壓規則，如圖 7.2 所示。很明顯的，在圖 7.1 從下平板移動一個 Δq 電荷到上平板表示電流流進上端點，這電荷的移動引起上平板電位比下平板高 Δv 量，圖 7.2 電流－電壓規則被滿足；若電壓極性或電流方向之一反向，則流進正端點的電流為 $-i$，即（7.2）式修正為

$$i = -C\frac{dv}{dt}$$

回想歐姆定律也有相同的現象。

例題 7.1

茲舉一例，若在 1 個 $1\mu F$ 電容器上電壓是

$$v = 6 \cos 2000t \text{ V}$$

則電流是

$$i = C\frac{dv}{dt} = 10^{-6}\,(-12{,}000 \sin 2000t)\,\text{A}$$

$$= -12 \sin 2000t\,\text{mA}$$

在（7.2）式中，若 v 是常數則電流 i 是零，因此電容器對 dc 電壓的作用像開路；換句話說，v 改變得愈快，流經端點的電流也愈大。例如一個電壓在 a^{-1} 秒內，從 0 線性增加到 1 V，卽 v 爲

$$v = 0, \qquad t \leq 0$$

$$= at, \qquad 0 \leq t \leq a^{-1}$$

$$= 1, \qquad t \geq a^{-1}$$

假使這電壓被供給到一個 1 F 電容器的端點（不是經常如此大的值，這裡是爲了說明方便），則電流是

$$i = 0, \qquad t < 0$$

$$= a, \qquad 0 < t < a^{-1}$$

$$= 0, \qquad t > a^{-1}$$

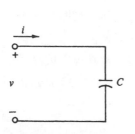

圖 7.2　電容器的電路符號

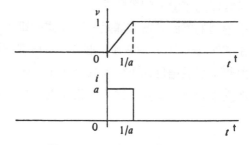

圖 7.3　1 F 電容器上電壓和電流波形

圖 7.3 是 v 和 i 的圖形，我們看到當 v 是常數時 i 是零，而 v 線性增加時 i 等於 a；若 a 愈大則 v 改變愈快且 i 增大，若 $a^{-1} = 0$（a 是無窮大）則 v 立即從 0 變至 1 V（在零時刻）。

　　通常在電壓上若要有立即或瞬間的改變，則需一個無窮大的電流流過電容器。但一個無窮大的電流流過電容器端點時需要一個無窮大的功率，但這在物理學上是不可能的。因而跨在電容器上的電壓是不可能立即或瞬間改變的；但電壓是連續的，而電流却可以是不連續的。（這是可能的，當然畫在紙上的電路都反對這敍述；然而這些電路是數學模式，它不能充分描述完整的物理狀況，這在7.10節我們將看到。）有關包含多於一個電容器以上的電路電壓，其立即改變的另一敍述是全部電荷不能做瞬間的改變（電荷不滅）。

　　在時間 t_0 和 t 間，積分（7.2）式兩邊，得 $v(t)$ 為

$$v(t) = \frac{1}{C} \int_{t_0}^{t} i \, dt + v(t_0) \tag{7.3}$$

這裡 $v(t_0) = q(t_0)/C$ 是在時間 t_0 時電容器上的電壓。在這方程式中，積分項表示從 t_0 到 t 之間累積在電容器上的電壓，然而 $v(t_0)$ 是從 $-\infty$ 到 t_0 累積的，因此 $v(-\infty)$ 定為零，則（7.3）式的另一型式是

$$v(t) = \frac{1}{C} \int_{-\infty}^{t} i \, dt$$

例題7.2

　　我們很明顯的發現在圖7.3中，圖形 i 從 $-\infty$ 到 t 以下的面積能符合這結果。例如 $v(-\infty) = 0$ 和 $C = 1 \mathrm{F}$ ，得

$$v = \frac{1}{1} \int_{-\infty}^{t} (0) \, dt + v(-\infty) = 0, \qquad t \leq 0$$

因此 $v(0) = 0$ ，和

$$v = \frac{1}{1} \int_{0}^{t} a \, dt + v(0) = at, \qquad 0 \leq t \leq a^{-1}$$

因此 $v(1/a) = 1$ ，使得

$$v = \frac{1}{1} \int_{1/a}^{t} (0) \, dt + v\left(\frac{1}{a}\right) = 1, \qquad t \geq a^{-1}$$

這和圖 7.3 的 v 波形符合。

　　這例子說明 v 和 i 不需要有相同的形狀，尤其 v 和 i 的最大和最小值不需要同時發生，不像電阻器的情形。事實上，觀察圖 7.3 可印證先前敘述：當電壓是連續時，電流可以不連續。

練　習

7.1.1 一個 1 nF 電容器有一電壓 $v = 10 \sin 1000\,t$ V，求它的電流。

答：$10 \cos 1000\,t$ μA 。

7.1.2 一個 $0.4\ \mu$F 電容器有一電壓 v，如圖所示。求在 $t = -4$、-1、1、5 和 8 ms 時的電流。

答：-0.5、2、1、0、-0.5 mA 。

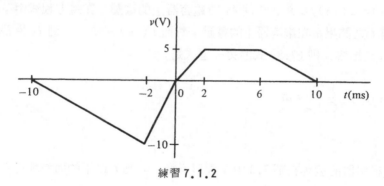

練習 7.1.2

7.1.3 一個 $10\ \mu$F 電容器被定電流 10 mA 充電（進入電容器正端點）。若電容器先前已充電至 5 V，求 20 ms 秒在電容器上的電荷和電壓。

答：0.25 mC，25 V 。

7.1.4 若練習 7.1.2 圖形是一個 $\dfrac{1}{4}$ F 電容器的 i（A）$- t$（ms）曲線，求 $t =$ -4、-1、1、5 和 8 ms 時的電壓。

答：-90，-190，-195，-120，-70 mV 。

7.2 儲存在電容器內的能量 (ENERGY STORAGE IN CAPACITORS)

電容器端電壓是分隔電容器板間電荷而獲得的，這些電荷有電力（electrical force）作用在它們身上。在電磁理論的基本量，電場（electric field）被定義為作用在一單位正電荷上的力，因而在電容器內作用於電荷的力，能被考慮為一個電場的形式。基於這理由，儲存或累積在電容器上的能量也可說是存在電場內。

從（1.6）式和（7.2）式，得知存在電容器上的能量是

$$w_C(t) = \int_{-\infty}^{t} vi\, dt = \int_{-\infty}^{t} v\left(C\frac{dv}{dt} \right) dt$$

$$= C \int_{-\infty}^{t} v\, dv = \frac{1}{2}Cv^2(t)\ \Bigg|_{t=-\infty}^{t}$$

因為 $v(-\infty) = 0$，所以

$$w_C(t) = \frac{1}{2}Cv^2(t)\ \text{J} \tag{7.4}$$

從這結果知 $w_c(t) \geq 0$，因此從（1.7）式知電容器是一個被動電路元件。由（7.1）式和（7.4）式，得知在裝置上電荷為

$$w_C(t) = \frac{1}{2}\frac{q^2(t)}{C}\text{J} \tag{7.5}$$

理想的電容器不像電阻器，它是不能消耗任何能量的，而儲存在裝置內的能量能被釋放出來；例如一個 1 F 電容器有 10 V 電壓，則儲存能量是

$$w_C = \frac{1}{2}Cv^2 = 50\ \text{J}$$

假使在電路上不連接電容器，則電容器沒有電流能流動，且電荷、電壓和能量維持常數；若連接一個電阻器跨在電容器上，則有一個電流流動，直到所有能量（50 J）被電阻器吸收完（以熱的形式），且最終跨於組合點的電壓是零。

　　先前已指出，一個電容器上的電壓是連續函數，因而由（7.4）式得知，在電容器上的儲存能量也是連續的。這不用驚訝，因爲別的能量要在時間零，從一平板傳送到另一平板上是不可能的。

　　爲了說明電容器電壓的連續性，讓我們考慮圖7.4，它包含一個開關，在 $t =$ 0 時是打開的。（觀念上，一個開關將一端端點從開路轉成短路，反之亦然。）現在我們討論開關作用的影響，首先考慮時間＝0時，兩種不同的型態。我們表示 $t = 0^-$ 是開關動作前瞬間，$t = 0^+$ 是開關動作後瞬間。當然，理論上沒有時間在 0^- 和 0^+ 間經過，但這兩個時間基本上表示兩種不同狀態的電路，因而 $v_c(0^-)$ 是開關動作前在電容器上的電壓，$v_c(0^+)$ 是開關動作後立即的電壓。數學上，$v_c(0^-)$ 是時間 t 經負值（$t < 0$）接近零時的極限，和 $v_c(0^+)$ 是 t 經正值（$t > 0$）接近零時的極限，跨於電阻器 R_1 的電壓是 v_1 。

例題7.3

　　假使在圖7.4中，$V = 6V$ 和 $v_c(0^-) = 4V$ 。在開關動作（$t = 0^-$）前，$v_1(0^-) = V - v_c(0^-) = 2V$ ，在開關打開後，$v_1(0^+) = 0$ ，因沒有電流流過 R_1 。無論如何，因爲 v_c 是連續的，所以

$$v_C(0^+) = v_C(0^-) = 4\ V$$

因而在電阻器上電壓能立即改變，但在電容器上的電壓則不能。在 R_2 上的電壓與電容器上的電壓相同，所以它亦未改變。

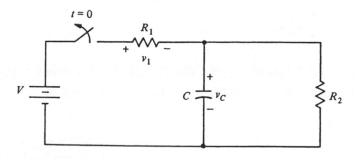

圖7.4 描述電容器電壓連續性的電路

　　很明顯的，在理論上所考慮的電路，其電容器上的電壓被強迫立即改變；例如有兩個不同電壓的電容器，由於開關動作突然並聯連接，它們最終的共同電壓和它們先前各自不同的電壓是不相同的。在7.10節討論的奇異電路（singular circuit），

它的儲存能量能做立即的改變，這明顯的改變在集中電路模式中是不能解釋的，但值得注意的事實是，集中模式在開關動作前和後（不在它們之間）是很有價值的。無論如何，有電阻連接電容器的實電路（像在導線和電介質內），它阻止了必須伴隨不連續的電容器電壓所產生的無窮大電流，而這些就是我們將討論的典型電路。

___練___習___

7.2.1 一 $0.2\,\mu F$ 電容器上有 $20\,\mu C$ 電荷，求電壓和能量。

　　答：$100\,V$，$1\,mJ$。

7.2.2 若儲存在 $0.5\,F$ 電容器內的能量為 $25\,J$，求電壓和電荷。

　　答：$10\,V$，$5\,C$。

7.2.3 在圖 7.4，令 $C = \dfrac{1}{4}\,F$，$R_1 = R_2 = 4\,\Omega$，$V = 20\,V$，若 R_2 上電流在

　　　　$t = 0^-$ 時，是 $2\,A$ 朝下，求在 $t = 0^-$ 和 $t = 0^+$ 時，(a)電容器上的電荷

　　　　；(b)R_1 上的電流方向朝右；(c)在 C 上的電流方向朝下；(d)$\dfrac{d\,v_C}{d\,t}$。

　　答：(a)2，$2\,C$；(b)3，$0\,A$；(c)1，$-2\,A$；(d)4，$-8\,V/s$。

7.3　電容器的串聯和並聯
（SERIES AND PARALLEL CAPACITORS）

在本節我們將決定電容器串聯和並聯的等效電容，亦可看到等效電容的求法類似於等效電導的求法。

讓我們先討論圖 7.5(a)所示 N 個電容器的串聯，應用 KVL 定律，得知

$$v = v_1 + v_2 + \ldots + v_N \tag{7.6}$$

從 (7.3) 式知方程式可重寫為

$$v(t) = \frac{1}{C_1} \int_{t_0}^{t} i\,dt + v_1(t_0) + \frac{1}{C_2} \int_{t_0}^{t} i\,dt + v_2(t_0) + \ldots + \frac{1}{C_N} \int_{t_0}^{t} i\,dt + v_N(t_0)$$

$$= \left(\frac{1}{C_1} + \frac{1}{C_2} + \ldots + \frac{1}{C_N} \right) \int_{t_0}^{t} i\,dt + v_1(t_0) + v_2(t_0) + \ldots + v_N(t_0)$$

或由（7.6）式，得知

$$v(t) = \left(\sum_{n=1}^{N} \frac{1}{C_n} \right) \int_{t_0}^{t} i \, dt + v(t_0)$$

在圖 7.5 (b)中，我們看見

$$v(t) = \frac{1}{C_s} \int_{t_0}^{t} i \, dt + v(t_0)$$

這裡 $v(t_0)$ 是在時間 $t = t^0$ 時，C_s 上的電壓。

若想要圖 7.5 (b)電路是圖 7.5 (a)的等效電路，比較最後兩個方程式，我們得知

$$\frac{1}{C_s} = \frac{1}{C_1} + \frac{1}{C_2} + \ldots + \frac{1}{C_N} = \sum_{n=1}^{N} \frac{1}{C_n} \tag{7.7}$$

從這裡我們可以發現等效電容 C_s。

在兩個串聯電容器 C_1 和 C_2 情形時，（7.7）式可簡化爲

$$C_s = \frac{C_1 C_2}{C_1 + C_2}$$

換句話說，等效電容是兩個電容的乘積除以它們的和，這和兩個並聯電阻的等效求法相類似。

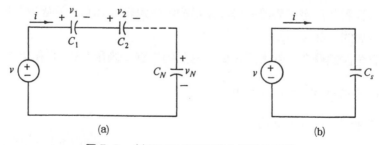

圖 7.5　(a)N個電容器串聯；(b)等效電路

例題 7.4

試舉一例說明（7.6）式和（7.7）式的用法，考慮 1 和 $\frac{1}{3}$ F 電容器串聯連接的等效電容，它們的初始電壓分別是 4 和 6 V，則

$$\frac{1}{C_s} = 1 + 3$$

或

$$C_s = 0.25 \text{ F}$$

和

$$v(t_0) = 4 + 6 = 10 \text{ V}$$

現在考慮圖 7.6 (a)N 個電容器的並聯連接，應用 KCL 定律，得知

$$i = i_1 + i_2 + \ldots + i_N$$

由 (7.2) 式得知，

$$i = C_1 \frac{dv}{dt} + C_2 \frac{dv}{dt} + \ldots + C_N \frac{dv}{dt}$$

$$= \left(C_1 + C_2 + \ldots + C_N \right) \frac{dv}{dt} = \left(\sum_{n=1}^{N} C_n \right) \frac{dv}{dt}$$

在圖 7.6 (b) 電路上，電流是

$$i = C_p \frac{dv}{dt}$$

若圖 7.6 (b) 是圖 7.6 (a) 的等效電路，則由上列方程式得知

$$C_p = C_1 + C_2 + \ldots + C_N = \sum_{n=1}^{N} C_n \tag{7.8}$$

因而 N 個並聯電容器的等效電路可簡化為個別的電容器和，初始電壓當然等於跨在並聯上的電壓。

很值得注意的一點是，電容器串聯和並聯的等效電容，是類似電導串聯和並聯的等效電導。

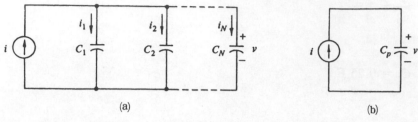

圖 7.6　(a)N個電容器並聯連接；(b)等效電路

練　習

7.3.1　求 10 個 1 μF 電容器所能組成的最大和最小等效電容。

答：10μF，01μF 。

7.3.2　求等效電容。

答：10μF 。

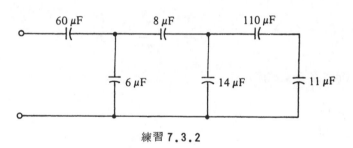

練習 7.3.2

7.3.3　藉求 i_1 和 i_2 來導出兩並聯電容器間的分流。

答：$\dfrac{C_1}{C_1+C_2}\,i$ ，$\dfrac{C_2}{C_1+C_2}\,i$

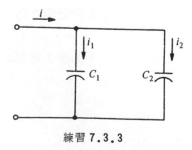

練習 7.3.3

7.3.4 藉求 v_1 和 v_2 來導出兩充電串聯電容器間的分壓。

答：$\dfrac{C_2}{C_1 + C_2}\ v$, $\dfrac{C_1}{C_1 + C_2}\ v$

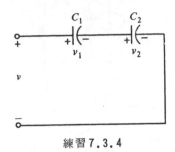

練習 7.3.4

7.4　電感器（INDUCTORS）

在前面幾節，我們發現了電容器的電氣特性（electrical characteristics）和存在電荷間力的結果。當靜電荷（static charge）彼此有作用力時，所產生的移動電荷或電流彼此也有影響。安培在 19 世紀初做實驗發現了兩條帶電導線間的作用力，這些力具有存在磁場（magnetic field）的特性，磁場是磁通沿著電流形成一個封閉的廻路，當然磁通的源點是電流。磁場的研究和電場一樣，將在以後電磁理論課程中讀到。

一個電感器是一個兩端點的裝置，由一個導線線圈組成，流經這裝置的電流產生一個磁通 ϕ ，去形成圍繞線圈的封閉路徑，圖 7.7 是一個簡單的模型。假使線圈有 N 匝且磁通 ϕ 通過每一匝，在這情形下，N 匝線圈所鏈到的全部通量是

$$\lambda = N\phi$$

這全部通量通常稱通量鏈或磁通鏈（flux linkage）。磁通量單位是韋伯（Wb）（weber）為紀念德國物理學家Wilhelm Weber（1804-1891）而命名的。

在一個線性電感器（linear inductor）內，通量鏈是正比於通過這裝置的電流，因此有

$$\lambda = Li \tag{7.9}$$

這裡比例常數 L 是電感，單位是韋伯/安培。1 Wb/A單位是亨利〔Henry（H）〕，為紀念美國物理學家 Joseph Henry（1797-1878）而命名的。

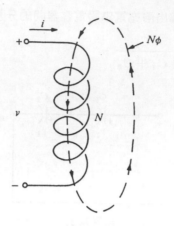

圖 7.7　一個電感器的簡單模型

　　(7.9)式指出，i 的增加使 λ 亦相對增加，而 λ 的增加在 N 匝電感器上產生了一個電壓，電壓隨著磁通變化而產生，這事實是由 Henry 最早發現，然而 Henry 却重複了 Cavendish 的錯誤，害怕公開他的發現，這結果使 Faraday 享有發現電磁感應定律的榮譽。這定律說明電壓是等於全部磁通量改變的速率，數學型式是

$$v = \frac{d\lambda}{dt}$$

由 (7.9) 式，得

$$v = L\frac{di}{dt} \tag{7.10}$$

　　很明顯的，當 i 增加時，跨在電感器上的端電壓也產生，它的極性如圖 7.7 所示。這電壓是阻止 i 的增加，若不是這情形，卽極性相反，則感應電壓將幫助電流產生；這在物理上是不正確的，因爲電流不可能無限制增加。

　　圖 7.8 是電感器的電路符號和電流－電壓規則，電感和電阻器、電容器情況一樣，若電流方向和電壓標定不同時反相時，則一個負號必須在 (7.10) 式的右邊使用。

　　由 (7.10) 式知若 i 是常數，則電壓是零，因此電感器對 dc 電流作用像短路；換句話說，i 改變愈快，跨在電感器上的端電壓就愈大。

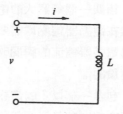

圖7.8　電感器的電路符號

例題7.5

例如，一個電流在 b^{-1} 秒內線性的從 1 降至 0 A，即

$$i = 1, \qquad t \leq 0$$
$$= 1 - bt, \qquad 0 \leq t \leq b^{-1}$$
$$= 0, \qquad t \geq b^{-1}$$

1 H 電感器有這端電流時，它的端電壓為

$$v = 0, \qquad t < 0$$
$$= -b, \qquad 0 < t < b^{-1}$$
$$= 0, \qquad t > b^{-1}$$

圖 7.9 是這情形下，i 和 v 的圖面表示，我們可以看見當 i 是常數時，v 是零；i 線性衰減時，v 是 $-b$。假使 b 愈大，則 i 改變得愈快，v 也愈負。很清楚的，若 $b^{-1} = 0$（b 無窮大），則 i 從 1 立即變到 0 A，且 v 變得負無窮大。

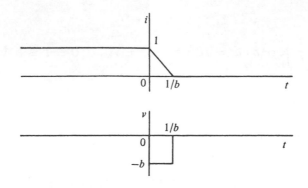

圖7.9　1 H 電感器的電壓電流波形

通常在電流做立即改變時，需要一個無窮大的電壓出現在電感器端點上，這和電容器描述的情形是一樣的，然在電感器端點處需要存在一個無窮大的功率，這在物理學上是不可能的，因而通過電感器電流的瞬間改變亦是不可能的；我們也觀察到電流連續時，電壓可以是不連續的。

另一個有關於在一個電路（包含一個以上的電感器）內流動的電流，做立即改變的敘述是全部磁通鏈不能瞬間改變，即是對一個包含 L_1，L_2，$\cdots$，L_N 電感器的電路，其 $\lambda_1 + \lambda_2 + \cdots + \lambda_N$ 的和不能瞬間改變。我們比較（7.1）式和（7.9）式，得知在電感上的磁通鏈類似於電容器上的電荷，因而磁通鏈的和（磁通鏈守恒）是類似於電荷不滅，7.10 節有一例題會應用到磁通鏈守恒。

從時間 t_0 到 t，積分（7.10）式，得

$$i(t) = \frac{1}{L} \int_{t_0}^{t} v(t) \, dt + i(t_0) \tag{7.11}$$

在這方程式內，積分項表示從時間 t_0 到 t 所產生的電流，而 $i(t_0)$ 是在 t_0 時的電流，很明顯的 $i(t_0)$ 是從 $t = -\infty$ 到 t_0 所累積的電流，這裡 $i(-\infty) = 0$，因而另一表示式是

$$i(t) = \frac{1}{L} \int_{-\infty}^{t} v(t) \, dt$$

例題 7.6

因為 $i(t_0)$ 表示從 $-\infty$ 到 t_0 時，v 圖形以下的純面積，所以（7.11）式可從時間 $-\infty$ 到 t 時，v 圖形以下的純面積獲得。例如在圖 7.9，若 $L = 1\,\mathrm{H}$，$i(0) = 1$，則得

$$i(t) = \frac{1}{L} \int_{0}^{t} (-b) \, dt + i(0) = -bt + 1, \qquad 0 \leq t \leq b^{-1}$$

因而 $i(1/b) = 0$，及

$$i(t) = \frac{1}{L} \int_{1/b}^{t} (0) \, dt + i\left(\frac{1}{b}\right) = 0, \qquad b^{-1} \leq t$$

從上面這例子可看出，v 和 i 並不需要有相同的時間變化；觀察圖 7.9 可看見電壓是不連續的，雖然 i 是連續的。

練 習

7.4.1 一個 10 mH 電感器有端電流 50 cos 1000*t* mA，求它的電壓和磁通鏈。

答：$-0.5 \sin 1000t$ V，$0.5 \cos 1000t$ mWb。

7.4.2 一個 20 mH 電感器的端電壓為 $-5 \sin 50t$ V，且 $i(0) = 5$ A，求 $t >$ 0 時的電流 $i(t)$。

答：$5 \cos 5t$ A。

7.4.3 一個 0.5 H 電感器的端電壓如圖示，且 $i(0) = 0$，求 $0 \le t \le 2s$ 內的電感器電流。

答：$10t$ A，$0 \le t \le 1$

$10(2-t)$ A，$1 \le t \le 2$。

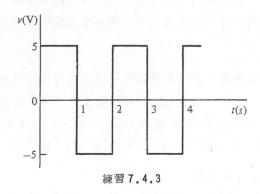

練習 7.4.3

7.5 儲存在電感器內的能量 （ENERGY STORAGE IN INDUCTORS）

流經一個電感器的電流 i，將引起全部磁通鏈 λ 通過線圈，如同電容器板間電荷移動需要作功一樣，在電感器內也需要對磁通 ϕ 作功，在這情形下，所需要的功和能量被稱為存在磁場內。

使用（1.6）式和（7.10）式，得知儲存在電感器的能量是

$$w_L(t) = \int_{-\infty}^{t} vi\, dt = \int_{-\infty}^{t} \left(L\frac{di}{dt} \right) i\, dt$$

$$= L \int_{-\infty}^{t} i\, di = \frac{1}{2}Li^2(t)\bigg|_{t=-\infty}^{t}$$

回想 $i(-\infty)=0$ ，所以得

$$w_L(t) = \frac{1}{2}Li^2(t) \text{ J} \tag{7.12}$$

觀察這方程式，顯示 $w_L(t) \geq 0$ ，因此從 (1.7) 式得知電感器是一個被動電路元件。

理想的電感器像理想的電容器一樣，不消耗任何功率，因此儲存在電感器的能量能夠被釋回；例如在一個 2 H 電感器上流有 5 A 的電流，那儲存的能量是

$$w_L = \frac{1}{2}Li^2 = 25 \text{ J}$$

假使電感器現和一個電阻器並聯連接，則電流流經電感器-電阻器的組合電路，直到所有的能量被電阻吸收且電流爲零，而這型式的電路解將在下一章討論。

例題7.7

因電感器電流是連續的，所以儲存在電感器的能量也是連續的；爲了說明這情形，讓我們考慮圖7.10電路，它包含一個開關，在 $t=0$ 時關閉；若 $i_L(0^-)=$ 2A 及 I = 3A ，則應用 KCL 定律得知 $i_1(0^-)=3-2=1$A。在開關關上以後（ $t=0^+$ ），有 $i_1(0^+)=0$ ，原因是 R_1 被短路掉。但，我們有

$$i_L(0^+) = i_L(0^-) = 2 \text{ A}$$

因而電阻器電流可立卽改變，但電感器電流則不行。

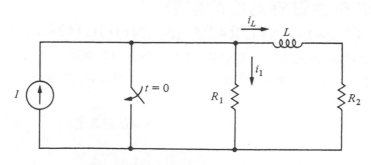

圖7.10 說明電感器電流連續性的電路

在7.10節中，給予一個電感器電流不連續的奇異電路，它和奇異的電容性電路一樣，在電感器內儲存能量的不連續現象不能使用集中電路模型來說明。然而集中電路理論在開關動作前和後（不在開關動作時）是很有價值的。包含電感器和電阻器的實電路，是不允許隨著電感器電流立即改變時，所產生的一個無窮大的電感器電壓存在。

練　　習

7.5.1 使用磁通鏈 λ 和電感 L ，導出儲存在電感器內的能量表示式。

答：$\lambda^2/2L$

7.5.2 一個 40 mH 電感器的端電流 $i = 100 \cos 10 \pi t$ mA ，求 $t = \dfrac{1}{30} s$ 時它的磁通鏈和能量。

答：2 mWb ，50μJ 。

7.5.3 一個 2 mH 電感器的端電壓 $v = 2 \cos 1000 t$ V ，且 $i(0) = 1.5$ A ，求 $t = \dfrac{\pi}{6}$ m s 時儲存在電感器內的能量。

答：4 mJ 。

7.5.4 在圖 7.10 令 $I = 5$ A ，$R_1 = 6 \Omega$ ，$R_2 = 4 \Omega$ ，$L = 2$ H ，$i_1(0^-) = 2$ A 。若開關在 $t = 0^-$ 時打開，求 $i_L(0^-)$ ，$i_L(0^+)$ ，$i_1(0^+)$ ，$d i_L(0^+)/d t$ 。

答：3 A ，3 A ，0 ，-6 A/s 。

7.6 電感器的串聯和並聯
（SERIES AND PARALLEL INDUCTORS）

在本節我們將決定電感器串聯和並聯連接的等效電感。首先讓我們考慮 N 個電感器的串聯連接，如圖 7.11 (a)所示運用 KVL 定律，得

$$v = v_1 + v_2 + \ldots + v_N$$

我們可重寫為

$$v = L_1 \frac{di}{dt} + L_2 \frac{di}{dt} + \ldots + L_N \frac{di}{dt}$$

$$= (L_1 + L_2 + \ldots + L_N) \frac{di}{dt}$$

$$= \left(\sum_{n=1}^{N} L_n \right) \frac{di}{dt}$$

在圖 7.11 (b)電路上，電壓是

$$v = L_s \frac{di}{dt}$$

假使需要圖 7.11 (b)是圖 7.11 (a)的等效電路，則從上述方程式，得

$$L_s = L_1 + L_2 + \ldots + L_N = \sum_{n=1}^{N} L_n \tag{7.13}$$

因此 N 個串聯電感器的等效電感，可簡化爲個別的電感和，它的初始電流也等於流入 N 個串聯電感器的電流。

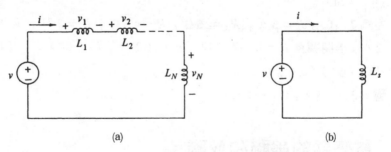

(a)   (b)

圖 7.11　(a)N 個電感器的串聯；(b)等效電路

現在考慮 N 個電感器的並聯，如圖 7.12 (a)應用 KCL 定律，得知

$$i = i_1 + i_2 + \cdots + i_N \tag{7.14}$$

將 (7.11) 式代入 (7.14) 式，得

$$i(t) = \frac{1}{L_1} \int_{t_0}^{t} v \, dt + i_1(t_0) + \frac{1}{L_2} \int_{t_0}^{t} v \, dt + i_2(t_0) + \cdots + \frac{1}{L_N} \int_{t_0}^{t} v \, dt + i_N(t_0)$$

$$= \left(\frac{1}{L_1} + \frac{1}{L_2} + \cdots + \frac{1}{L_N}\right)\int_{t_0}^{t} v\, dt + i_1(t_0) + i_2(t_0) + \cdots + i_N(t_0)$$

或

$$i(t) = \left(\sum_{n=1}^{N}\frac{1}{L_n}\right)\int_{t_0}^{t} v\, dt + i(t_0)$$

在圖 7.12 (b)，得知

$$i(t) = \frac{1}{L_p}\int_{t_0}^{t} v\, dt + i(t_0)$$

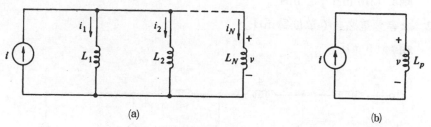

圖 7.12　(a)N個電感器的並聯；(b)等效電路

這裡 $i(t_0)$ 是 $t = t_0$ 時，在 L_p 上的電流。若圖 7.12 (b)為圖 7.12 (a)的等效電路，則需

$$\frac{1}{L_p} = \frac{1}{L_1} + \frac{1}{L_2} + \cdots + \frac{1}{L_N} = \sum_{n=1}^{N}\frac{1}{L_n} \tag{7.15}$$

在兩個電感器 L_1 和 L_2 並聯情形下，（7.15）式可簡化為

$$L_p = \frac{L_1 L_2}{L_1 + L_2}$$

這是直接類似於兩個並聯電阻的等效電阻。

例題 7.8

　　舉一個例題說明，若有兩個並聯電感器各為 6 H 和 3 H，初始電流為 2 和 1 A，其等效電感為

$$L_p = \frac{6 \times 3}{6 + 3} = 2 \text{ H}$$

載有初始電流爲

$$i(t_0) = 2 + 1 = 3 \text{ A}$$

在電感器情形可觀察到串聯和並聯電感器的等效電感，是類似於串聯和並聯電阻的等效電阻。

練 習

7.6.1 求 10 個 10 mH 電感器所能組成的最大和最小等效電感。

答：100 mH，1 mH。

7.6.2 求等效電感。（單位爲 mH）

答：10 mH。

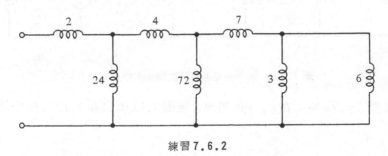

練習 7.6.2

7.6.3 導出兩個串聯電感器間的分壓方程式，利用這方程式求 v_1 和 v_2。

答：$\dfrac{L_1}{L_1 + L_2}\, v$，$\dfrac{L_2}{L_1 + L_2}\, v$

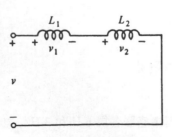

練習 7.6.3

7.6.4 導出兩個並聯電感器的分流方程式，這裏電感器均無初始電流，利用
這方程式求 i_1 和 i_2 。

答：$\dfrac{L_2}{L_1+L_2}\,i$ ，$\dfrac{L_1}{L_1+L_2}\,i$

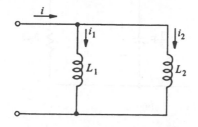

練習 7.6.4

7.7 直流穩態（DC STEADY STATE）

當電路內的獨立電源只有直流（常數）電源（像電池或常數電流源）時，隨著
時間過去電路內的所有電流和電壓都會趨向於常數值；這是因爲常數電源會連續且
冷靜地使用它的穩態特性，使得電路上其它先前佔優勢的力逐漸失去它們的影響力
。當所有的電流和電壓都達到常數值時，我們稱這電路爲直流穩態。在8.4節我們
將看到：當電路存在直流電源時，開關開啓或關上一段長時間後電路達到直流穩態
的情形；我們也會看到典型的長時間約爲 n 秒鐘。

基本上在直流穩態時，電容器像開路（它們的電流爲零），電感器像短路（它
們的電壓爲零）。因此，解直流穩態電路問題就像解有常數電源的電阻性電路一樣
。在第 8 章可看到：要分析 $t>0$ 時的電路需要某些初始條件〔（ initial con-
ditions）某些電壓、電流或它們的微分在 $t=0^+$ 時的值〕，而這些初始條件可
從直流穩態電路中求出。

例題 7.9

圖7.13(a)的RLC電路在 $t=0$ 開關被打開時，是在直流穩態情況下。圖
7.13(b)表示開關動作之前（即 $t=0^-$）的電路狀態，其中電容器開路，電感器短
路。根據圖7.13(b)可求得 $i(0^-)=10/5=2A$ ，$v(0^-)=3i(0^-)=6V$
。圖7.13(c)表示 $t=0^+$（即開關打開後的瞬間）時的電路，其中

$$v(0^+) = v(0^-) = 6 \text{ V}$$
$$i(0^+) = i(0^-) = 2 \text{ A}$$

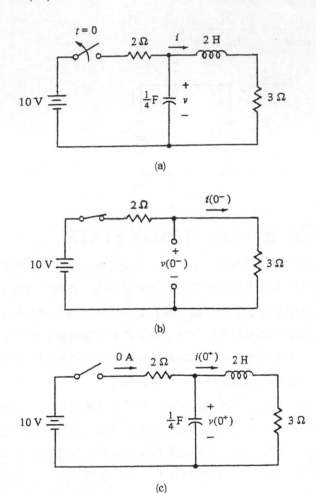

(a)

(b)

(c)

圖 7.13　(a)RLC電路；(b)在 $t = 0^-$ 時的電路；(c)在 $t = 0^+$ 時的電路

若我們需要電感器電流和電容器電壓在 $t = 0^+$ 時的微分值，則可根據圖 7.13(c)
電路寫出廻路方程式

$$2\frac{di(0^+)}{dt} + 3i(0^+) - v(0^+) = 0$$

和節點方程式

$$\frac{1}{4}\frac{dv(0^+)}{dt} + i(0^+) - 0 = 0$$

兩式求得

$$\frac{di(0^+)}{dt} = \frac{1}{2}[-3(2) + 6] = 0$$

和

$$\frac{dv(0^+)}{dt} = -4(2) = -8 \text{ V/s}$$

練　習

7.7.1 若電路在 $t = 0^-$ 為直流穩態，求 $t = 0^-$ 和 0^+ 時的(a) i_1 ; (b) i_2 ; (c) i_3
; (d) i_c 和(e) v_c 。

答 : (a) 2 , 8 A ; (b) 2 , -4 A ; (c) 2 , 2 A ; (d) 0 , -6 A ; (e) 12 , 12 V 。

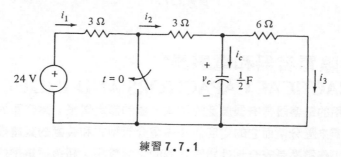

練習 7.7.1

7.7.2 若電路在 $t = 0^-$ 時為直流穩態，求 $t = 0^-$ 和 0^+ 時的(a) i_1 ; (b) i_L 和(c)
v_L 。

答 : (a) 4 , -2 A ; (b) 2 , 2 A ; (c) 0 , -36 V 。

7.7.3 若電路在 $t = 0^-$ 時為直流穩態，求 $t = 0^-$ 和 0^+ 時的(a) v_c ; (b) i_L ; (c)
i 和(d) i_R 。

答 : (a) 8 , 8 V ; (b) 4 , 4 A ; (c) 4 , 4 A ; (d) 1 , -4 A 。

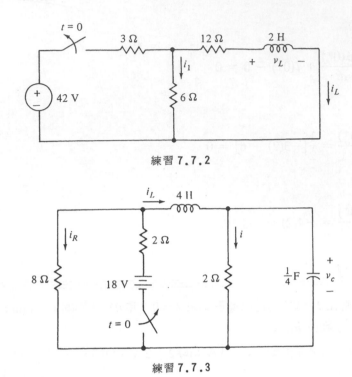

練習 7.7.2

練習 7.7.3

7.8 實際電容器和電感器*
(PRACTICAL CAPACITORS AND INDUCTORS*)

　　商業上適用的電容器常有很廣泛的型式、值和額定電壓。電容器的型式通常是由使用的電介質來區分，而它的電容值是由電介質型式和裝置的實體幾何學來決定。額定電壓或工作電壓是安全地供給電容器的最大電壓，超過這電壓將永久的破壞這裝置或打穿電介質。

　　簡單電容器的構造常是兩層薄的金屬片（箔），它被電介質物質隔離，金屬片（箔）和電介質被壓成一個薄板狀，然後捲入或折入一個簡潔的包裝中，電導體連接每一個金屬箔層，形成電容器的端點。

　　實際電容器通常消耗一小量的功率，這主要是裝置內電介質有漏電流產生，實際的電介質有一個非零的電導，它允許電容器板間有歐姆電流（ohmic current）流動，這電流很容易包含在裝置的等效電路內。圖 7.14 表示實際電容器的等效電路，它為一個理想電容器並聯一個電阻所構成，圖上的 R_c 表示電介質的電阻損失（ohmic losses），而 C 是電容，漏電阻 R_c（leakage resistance）是反比於電容 C ，因此製造廠常會給予一個漏電阻和電容的乘積 R_cC 量，這量在指定電容器損失是很有用的。

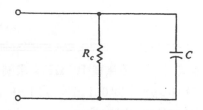

圖7.14　實際電容器的簡單等效電路

一般的電容器型式包含陶瓷（鈦酸鍶）、美拉、鐵弗龍、聚苯乙烯等等，這些型式適合額定電容值在 $100\,\mathrm{pF}$ 到 $1\,\mu\mathrm{F}$ 之間，它的容許誤差是 3、10 和 20 % ，而電阻 - 電容乘積範圍在 $10^3\,\Omega\text{-}\mathrm{F}$（陶瓷）到 $2\times10^6\,\Omega\text{-}\mathrm{F}$（鐵弗龍）。

另一種較大電容 C 的電容器是電解質電容器（electrolytic capacitor）。這電容器的構造是極化的氧化鉛或氧化鉭層，它的電容值從 1 到 $100,000\,\mu\mathrm{F}$ ，電阻 - 電容乘積範圍在 10 到 $10^3\,\Omega\mathrm{F}$ 之間，這指出電解質的損失比非電解質型式大，而電解質電容器是被極化的，故它們必須和有適當電壓極性的電路連接；若不正確的極性被使用，則氧化會減化，而板間將很難傳導。

實際電感器如同實際電容器一樣，會消耗小量的功率，這消耗是製造線圈的導線電阻損失和鐵心上感應電流引起的鐵損（core loss）。圖7.15是一個電感器的等效電路，它是由一個電阻串聯一個理想電感器而成，這裡 R_L 表示歐姆損失及 L 表電感。

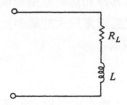

圖7.15　一個實際電感器的等效電路

可用的電感器它的電感值範圍從 $1\,\mu\mathrm{H}$ 到 $100\mathrm{H}$ ，而大的電感值靠使用更多匝線圈和含鐵的（鐵）鐵心材料來獲得，因此電感值增加，串聯電阻也增加。

　　如電阻器和運算放大器一樣，電容器能以積體電路方式製造，而製造積體電路式的電感是不會很成功的，原因是幾何學的限制和半導體不能建立所需要的磁性質。為這理由，在大部份的應用上，電路只設計使用電阻器、電容器和電子裝置（像運算放大器）。

___練____習_____

7.8.1 美拉電容器有一個電阻－電容乘積 10^5 ΩF 。求圖 7.14 中並聯的等效電阻器，若電容器是(a) 100 pF ，(b) 0.1 μF ，(c) 1 μF 。

習：(a) 10^{15} Ω ，(b) 10^{12} Ω ，(c) 10^{11} Ω

7.9 對偶性和線性（DUALITY AND LINEARITY）

　　現在讓我們決定電容器和電感器的對偶關係，這考慮（7.2）式和（7.10）式的電流－電壓關係很容易做到，為了方便我們重複這些方程式

$$i = C\frac{dv}{dt} \tag{7.16}$$

和

$$v = L\frac{di}{dt} \tag{7.17}$$

比較方程式，在第一個方程式中，以 v 取代 i 、i 取代 v 和 L 取代 C ，可得到第二個方程式，因此它很清楚的說明電容器和電感器是對偶元件 ，L 和 C 是對偶量 。（7.1）式電荷方程式和（7.9）式磁通方程式的類似比較，也證明它們是對偶量，表 7.1 摘要了本書所考慮的對偶量 。

例題 7.10

　　現在我們有能力對包含表 7.1 所列對偶量的網路 ，畫出它的對偶圖 ；例如考慮圖 7.16(a) 兩個網目的網路 ，用 4.7 節幾何法 ，它的對偶圖為圖 7.16(a) 的虛線部份 ，而重畫在圖 7.16 (b) 。在包含電阻器、電容器和電感器的網路上 ，電流和電壓的解將在下一章討論 。

表7.1

對偶量	
電　壓	電　流
電　荷	磁　通
電　阻	電　導
電　感	電　容
短　路	開　路
阻抗（Impedance）	導納*（Adimittance）
非參考節點	網　目
參考節點	外網目
樹分枝	鏈*
串　聯	並　聯
KCL	KVL

*樹分枝和鏈在第六章已討論過，而阻抗和導納將在第
十一章討論。

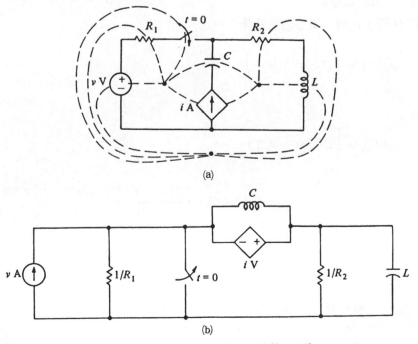

(a)

(b)

圖7.16　(a)兩個網目的網路；(b)對偶網路

現在讓我們考慮（7.16）式定義的電容器和（7.17）式定義的電感器的線性性質，比較這些方程式和（5.2）式得知這些元件滿足比例性質，因此它們是線性元件；所以包含獨立電源、相依電源、電阻器、電容器和電感器的任何組合電路都是線性的，且重疊原理和戴維寧或諾頓定理都可應用，這些概論我們將在以後的章節再予以討論。

___練___習___

7.9.1 畫出(a)圖7.4；(b)圖7.10；(c)圖7.12；(d)圖7.15 網路的對偶網路。

7.10 奇異電路* (SINGULAR CIRCUITS*)

在電路上，若一個開關動作使電容器電壓或電感器電流不連續的話，這電路有時叫做奇異電路。本節將討論兩個這種電路，一個包含電容器，另一個包含電感器。

例題 7.11

首先考慮圖7.17，這裡 1F 電容器 C_1 和 C_2 在開關閉上以前，各有電壓 1 和 0V，即 $v_1(0^-) = 1V$ ， $v_2(0^-) = 0V$ ，現在決定在 $t = 0^+$ 時，存在 C_1 和 C_2 的能量 $w_1(0^+)$ 和 $w_2(0^+)$ 。

在開關關上以前，儲存的能量是

$$w_1(0^-) = \frac{1}{2}C_1 v_1^2(0^-) = \frac{1}{2} \text{ J}$$

和

$$w_2(0^-) = \frac{1}{2}C_2 v_2^2(0^-) = 0 \text{ J}$$

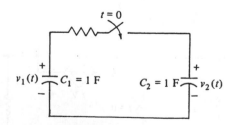

圖 7.17 包含兩個電容器的電路，這裏開關在 $t = 0$ 時關上

使得在電路上全部儲存能量是

$$w(0^-) = w_1(0^-) + w_2(0^-) = \frac{1}{2}\,\mathrm{J} \tag{7.18}$$

而流出包含開關的上廣義節點電流是

$$C_1\frac{dv_1}{dt} + C_2\frac{dv_2}{dt} = 0$$

從 $t = 0^-$ 到 0^+ 積分上式，得

$$\int_{0^-}^{0^+} (C_1 dv_1 + C_2 dv_2) = C_1[v_1(0^+) - v_1(0^-)] + C_2[v_2(0^+) - v_2(0^-)] = 0 \tag{7.19}$$

代入 C_1，C_2 和 $v_1(0^-)$，$v_2(0^-)$，得

$$v_1(0^+) + v_2(0^+) = 1 \tag{7.20}$$

對 $t > 0$ 時，$v_1 = v_2$，因而

$$v_1(0^+) = v_2(0^+)$$

代入 (7.20) 式，知

$$v_1(0^+) = v_2(0^+) = \frac{1}{2}\,\mathrm{V}$$

因而在 $t = 0^+$ 時，全部儲存能量是

$$w(0^+) = \frac{1}{2}C_1 v_1^2(0^+) + \frac{1}{2}C_2 v_2^2(0^+) = \frac{1}{8} + \frac{1}{8} = \frac{1}{4}\,\mathrm{J}$$

這與 (7.18) 式比較顯然有差異。

　　我們知道電容器是不能消耗功率的，那麼從 $t = 0^-$ 到 0^+ 對 $\frac{1}{4}$ J 發生了什麼事？回顧我們的推導過程，得知 v_1 在 $t = 0$ 時立即從 1 變至 $\frac{1}{2}$ V，這在 7.1 節已指出電壓的瞬間改變是不可能的，因此在 $t = 0^-$ 到 $t = 0^+$ 無限小的時間內，我們的數學模式是不合理的。事實上在開關關上時，電荷從 C_1 移至 C_2 產生一個很大的電流，

而這立即改變的電流也產生了一個輻射 $\frac{1}{4}$ J 能量的電磁波。電壓 v_1 在一個很短但非零的時間，從 1 改變至 $\frac{1}{2}$ V，在這段時間內，我們的網路不能當做一個集中參數的電路，但從電磁理論觀念中，可發現我們所需要的解答。

雖然我們的電路模式在開關關上的瞬間是無價值的，但在開關關上的前和後，有關電壓和能量的解都是正確的，這完全根據在這段時間內，全部電荷不會改變這事實。這可以從 (7.19) 式看到

$$C_1 v_1(0^-) + C_2 v_2(0^-) = C_1 v_1(0^+) + C_2 v_2(0^+)$$

或等於

$$q_1(0^-) + q_2(0^-) = q_1(0^+) + q_2(0^+)$$

這當然也是電荷不滅的敘述。（在開關瞬間，全部電荷保持常數。）

早先曾指出，大部份電路模式不允許在電容器上有一個無窮大的電流，正常的實電路有電阻和電感來限制這種電流，由於這結果，使得電容器電壓和能量是連續函數；例如圖 7.17 串聯一個電阻，則在每一個電容器上電壓是連續的，即

$$v_1(0^-) = v_1(0^+)$$

和

$$v_2(0^-) = v_2(0^+)$$

在第 8 章中將討論這種電路的分析。

例題 7.12

第二個例題考慮圖 7.18，在開關關上以前 2H 電感器 L_1 有 1A 電流，1H 電感器 L_2 有 0A 電流，即 $i_1(0^-)=1A$，$i_2(0^-)=0A$。現在決定在 $t=0^+$ 時，電感器內的儲存能量 $w_1(0^+)$ 和 $w_2(0^+)$。

關上開關以前，電感器儲存能量是

$$w_1(0^-) = \frac{1}{2} L_1 i_1^2(0^-) = 1 \text{ J}$$

$$w_2(0^-) = \frac{1}{2}L_2 i_2^2(0^-) = 0 \text{ J}$$

所以全部能量是

$$w(0^-) = w_1(0^-) + w_2(0^-) = 1 \text{ J}$$

而在這時間時，每一個電感器的磁通鏈是

$$\lambda_1(0^-) = L_1 i_1(0^-) = 2 \text{ Wb}$$

和

$$\lambda_2(0^-) = L_2 i_2(0^-) = 0 \text{ Wb}$$

所以全部磁通鏈是

$$\lambda(0^-) = L_1 i_1(0^-) + L_2 i_2(0^-) = 2 \text{ Wb}$$

〔因為磁通鏈 Li 是電壓 $L(di/dt)$ 的積分，所以在全部磁通鏈的項符號是相同於沿廻路寫出KVL方程式中電壓的符號。〕

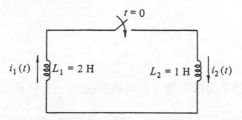

圖 7.18　開關在 $t=0$ 時關上，且含有兩個電感器的電路

開關關上以後，由於一個電容器電荷不滅的對偶性，得知

$$i_1(0^+) = i_2(0^+)$$

同時，磁通鏈守恆需要全部磁通鏈維持常數，因此

$$L_1 i_1(0^-) + L_2 i_2(0^-) = L_1 i_1(0^+) + L_2 i_2(0^+)$$
$$= (L_1 + L_2)i_1(0^+)$$

或

$$2(1) + 1(0) = 3i_1(0^+)$$

所以

$$i_1(0^+) = i_2(0^+) = \frac{2}{3} \text{A}$$

因而，在 $t = 0^+$ 時，儲存在每一個電感器的能量是

$$w_1(0^+) = \frac{1}{2} L_1 i_1^2(0^+) = \frac{4}{9} \text{J}$$

和

$$w_2(0^+) = \frac{1}{2} L_2 i_2^2(0^+) = \frac{2}{9} \text{J}$$

若現在比較在網路上儲存的全部能量，可見 $t = 0^-$ 時

$$w_1(0^-) + w_2(0^-) = 1 \cdot \text{J}$$

而 $t = 0^+$ 時，

$$w_1(0^+) + w_2(0^+) = \frac{2}{3} \text{J}$$

這指出雖然理想電感器不消耗功率，但電路已損失 $\frac{1}{3}$ J 能量。

回顧整個問題，可知 $i_1(t)$ 在 $t = 0$ 時，立即從 1 變至 $\frac{2}{3}$ A。無論如何，我們已知在電流上立即的改變是不可能的，因此在 $t = 0^-$ 到 0^+ 這無限小的時間內，我們的數學模式再一次的不適用。先前指出一個立即改變的電流，將產生輻射能量的電磁波，在這情形下，電流在一個很短但非零的時間內，從 1 變至 $\frac{2}{3}$ A，輻射掉 $\frac{1}{3}$ J 的能量，當然我們的電路在這期間不再像集中參數網路的行為。

如同一個有無窮大電流的電容性電路一樣，大多數電感性電路模式不允許突然改變的電流所產生的無窮大電壓跨在電感器上。如討論電容器情形一樣，含有電感

器的實電路必有電阻和電容來限制這種電壓，在這種電路上的電流和能量都是連續
函數；例如在圖7.18包括一個並聯電阻時，電流在 $t=0$ 時是連續的，像這種電
路在第八章將予以討論。

練　習

7.10.1 在圖7.17中令 $C_1=\dfrac{1}{2}\text{F}$ ，$C_2=1\,\text{F}$ ，$v_1(0^-)=10\,\text{V}$ ，$v_2(0^-)$
$=4\,\text{V}$ ，求 $v_1(0^+)$ ，$v_2(0^+)$ 和在 $t=0^-$ ，$t=0^+$ 時，電路儲存的
全部能量。

答：$6\,\text{V}$ ，$6\,\text{V}$ ，$33\,\text{J}$ ，$27\,\text{J}$ 。

7.10.2 在圖7.18中令 $L_1=4\text{H}$ ，$L_2=2\text{H}$ ，$i_1(0^-)=3\,\text{A}$ ，$i_2(0^-)=$
$6\,\text{A}$ ，求 $i_1(0^+)$ ，$i_2(0^+)$ 和在 $t=0^-$ ，$t=0^+$ 時，電路上儲存的
全部能量。

答：$4\,\text{A}$ ，$4\,\text{A}$ ，$54\,\text{J}$ ，$48\,\text{J}$ 。

習　題

7.1 若跨在 $0.2\,\mu\text{F}$ 電容器上的電壓為圖示的三角波，求 $0 < t < 3\,s$ 時的電
流和功率。

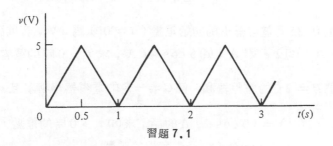

習題 **7.1**

7.2 一個 $20\,\text{mA}$ 的常數電流源釋放 $80\,\mu\text{C}$ 電荷到一個 $1\,\mu\text{F}$ 電容器上的時間
要多久？

7.3 若 $v=10e^{-20t}\,\text{V}$ ，求 i_g 。

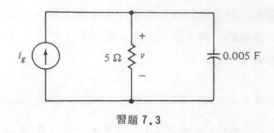

習題 7.3

7.4 一個 $10\,\mu\mathrm{F}$ 電容器被充電到 $10\,\mathrm{V}$，求每一極板上存在多少電荷。

7.5 若一個 $10\,\Omega$ 電阻器和一個 $20\,\mathrm{mF}$ 電容器串聯，且 $v_C(0)=-25\,\mathrm{V}$，
$i_C(t)=5\,e^{-10t}\,\mathrm{A}$，求 $t>0$ 時跨於此串聯組合上的電壓。

7.6 流經一個 $0.01\,\mathrm{F}$ 電容器的電流如圖所示，若 $v(0)=0$，求 $t=$
$10\,\mathrm{ms}$ 時的電壓 v 和功率。

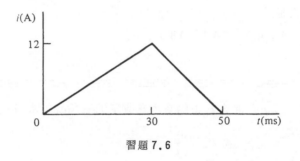

習題 7.6

7.7 在一個 $0.25\,\mathrm{F}$ 電容器上的初始電壓（$t=0$）為 $5\,\mathrm{V}$，若電流為(a) $2\,\mathrm{A}$；
(b) $4t\,\mathrm{A}$；(c) $2\,e^{-2t}$；(d) $5\cos 4t\,\mathrm{A}$，求 $t>0$ 時的電容器電壓。

7.8 若一個 $R=2\,\Omega$ 的電阻器和一個 $C=\dfrac{1}{4}\,\mathrm{F}$ 的電容器串聯，且 $v_C(0)=$
$0\,\mathrm{V}$，$i_R(t)=10\cos 2t\,\mathrm{A}$ 的話，求(a) $t>0$ 時的電壓 $v=v_R+v_C$
；(b) v 的最大值；(c)最大值最先發生的時間。

7.9 若一個 $2\,\Omega$ 電阻器和一個 $\dfrac{1}{8}\,\mathrm{F}$ 電容器並聯，且跨於此並聯組合上的電壓為
$8\,e^{-2t}\,\mathrm{V}$，求此並聯組合吸收的功率。

7.10 一個 $0.25\,\mathrm{F}$ 電容器上的電流 $i=4\sin 2t\,\mathrm{A}$，初始電壓為 $4\,\mathrm{V}$，求最大
和最小的儲存能量及它們最先發生的時間。

7.11 一個 0.25 F 電容器上的電流 $i = 2t - 4$ V，初始電壓 $v(0) = 20$ V，
(a)求最小儲存能量及它最先發生的時間；(b)決定初始電壓使得最小儲存能量爲零。

7.12 若 $i(0^-) = 2$ A，求 $w_c(0^-)$，$w_c(0^+)$ 和 $i_c(0^+)$。

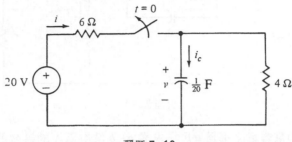

習題 **7.12**

7.13 若 $i_2(0^-) = i_3(0^-) = \dfrac{1}{2}$ A，求 $t = 0^-$ 和 0^+ 時的(a) i_1；(b) v_C；(c)
i_C 和(d) $\dfrac{dv_C}{dt}$。

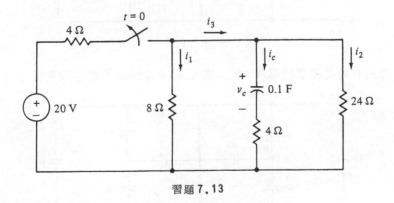

習題 **7.13**

7.14 若 $v(0^-) = 72$ V，$t = 0^-$ 和 0^+ 時的 i_1，i_2，i_C，v_C 和 v。

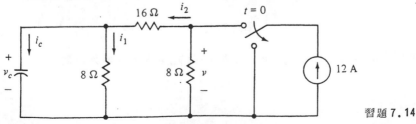

習題 **7.14**

7.15 若 $i_1(0^-) = \dfrac{15}{4}$A ，求 $t = 0^+$ 時的 i_1 , i_2 , i_C 和 v_C 。

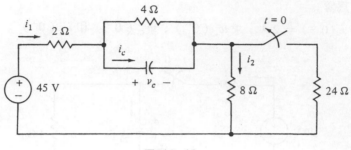

習題 7.15

7.16 若所有的電容單位都爲 μF ，求從 a-b 端點看入的等效電容。

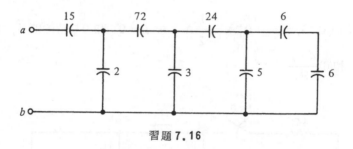

習題 7.16

7.17 若所有的電容單位都爲 μF ，求從 a-b 端點看入的等效電容。

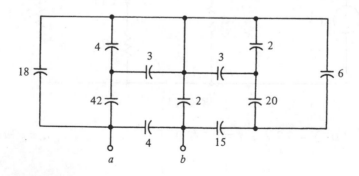

習題 7.17

7.18 若所有的電容單位都爲 μF ，求從 a-b 端點看入的等效電容。

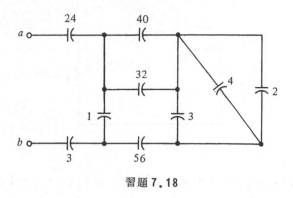

習題 **7.18**

7.19 若電流 i（A）如圖所示，求 $t=10\,\mathrm{ms}$, $30\,\mathrm{ms}$ 和 $60\,\mathrm{ms}$ 時跨於 $10\,\mathrm{mH}$ 電感器上的電壓。

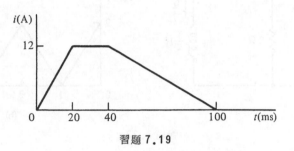

習題 **7.19**

7.20 若跨於 $1\,\mathrm{mH}$ 電感器上的電壓如圖所示兩種狀況，且它的初始電流 $i(0)$ $=0$ ，求 $t>0$ 時的 i 。

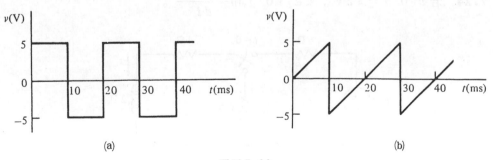

習題 **7.20**

7.21 若電流 $i=5\,e^{-20t}\,\mathrm{A}$ ，求電壓 v_g 。

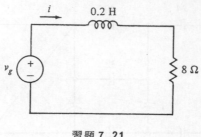

習題 7.21

7.22 就圖(a)和圖(b)所示的電路和電源電壓，若 $i_L(0) = -1\,\mathrm{A}$ ，求(a) $0 < t <$
1 s 和(b) $1 < t < 2\,s$ 時的電流 i 。

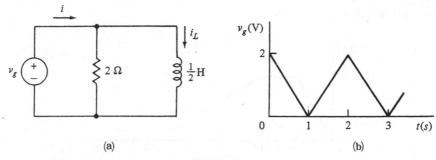

(a)   (b)

習題 7.22

7.23 若流經 $0.1\,\mathrm{H}$ 電感器的電流 $i = 10\cos 10t\,\mathrm{mA}$ ，求(a)端電壓；(b)功率
；(c)儲存能量及(d)最大吸收功率。

7.24 若 $v(0^-) = 12\,\mathrm{V}$ ，求 $w_L(0^+)$ 和 $\dfrac{d\,i(0^+)}{d\,t}$ 。

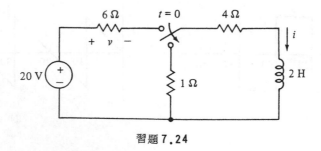

習題 7.24

7.25 若 $v(0^-) = 10\,\mathrm{V}$ ，求 $w_L(0^+)$ 和 $\dfrac{d\,i(0^+)}{d\,t}$ 。

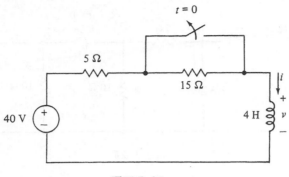

習題 7.25

7.26 若 $v(0^-) = 50\,\text{V}$ ，求 $i(0^+)$ 和 $v(0^+)$ 。

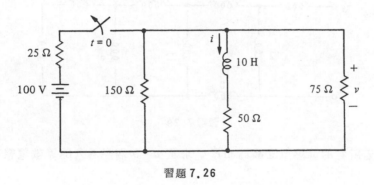

習題 7.26

7.27 若 $v(0^-) = 2.5\,\text{V}$ ，求 $i(0^+)$ 和 $\dfrac{d\,i(0^+)}{d\,t}$ 。

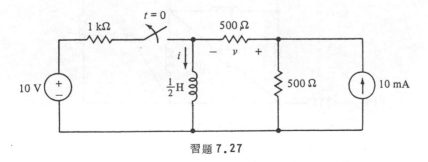

習題 7.27

7.28 若 $v(0^-) = 0$ ，求 $i(0^+)$ 和 $v(0^+)$ 。

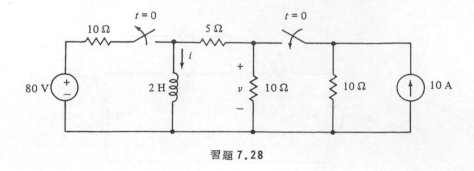

習題 7.28

7.29 若所有的電感單位都為 mH ，求從 *a* - *b* 端點看入的等效電感。

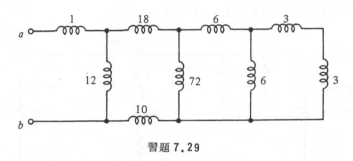

習題 7.29

7.30 若所有的電感單位都為 mH ，求從 *a* - *b* 端點看入的等效電感。

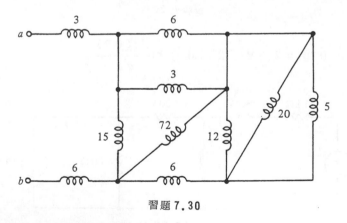

習題 7.30

7.31 若所有的電感單位都為 mH ，求 L_{eg} 。

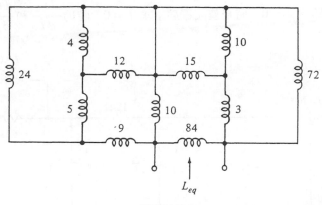

習題 7.31

7.32 若電路在 $t = 0^-$ 時爲直流穩態，求 $t = 0^+$ 時的 v，i_1，i_2，$\dfrac{d\,i_1}{d\,t}$ 和

$\dfrac{d\,i_2}{d\,t}$。

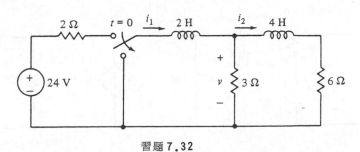

習題 7.32

7.33 若電路在 $t = 0^-$ 時爲直流穩態，求 $t = 0^-$ 和 0^+ 時的 v_1 和 v_2。

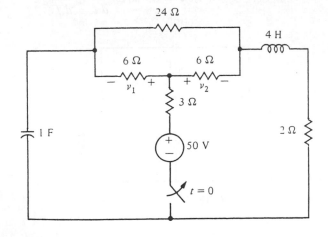

習題 7.33

7.34 若電路在 $t = 0^-$ 時為直流穩態，求 $t = 0^+$ 時的 $\dfrac{dv_1}{dt}$ 和 $\dfrac{dv_2}{dt}$。

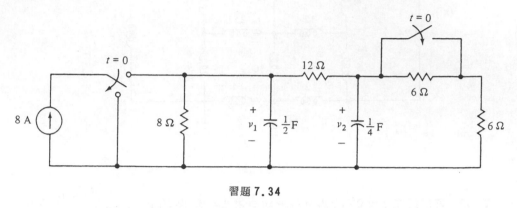

習題 7.34

7.35 若電路在 $t = 0^-$ 時為直流穩態，求 $t = 0^+$ 時的 $\dfrac{dv}{dt}$ 和 $\dfrac{di}{dt}$。

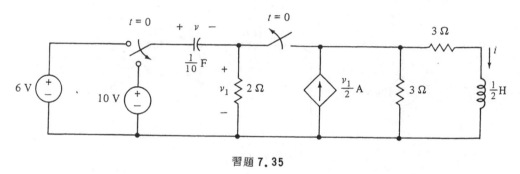

習題 7.35

7.36 若電路在 $t = 0^-$ 時為直流穩態，求 $t = 0^+$ 時的 $\dfrac{dv}{dt}$ 和 $\dfrac{di}{dt}$。

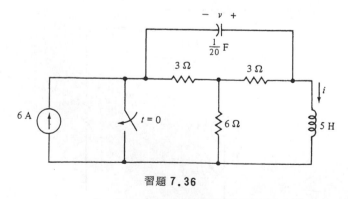

習題 7.36

7.37　一個 $400\,pF$ 和一個 $600\,pF$ 陶瓷電容器並聯，且陶瓷電容器的電阻－電容乘積為 $10^3\,\Omega F$，求此並聯組合的等效電容和並聯電阻。

7.38　決定(a)圖 7.14；(b)習題 7.17 圖；(c)習題 7.30 圖的對偶圖。

*7.39　在圖 7.17 電路上，若 $v_1(0^-)=6\,V$ 及開關動作時輻射掉 $4\,J$ 能量，求 $v_2(0^-)$。

*7.40　若在圖 7.18 上，i_2 是反相，$i_1(0^-)=9\,A$，$i_2(0^-)=3\,A$，$L_1=2\,H$，$L_2=4\,H$，求 $i_1(0^+)$，$i_2(0^+)$ 及開關動作時輻射掉的能量。

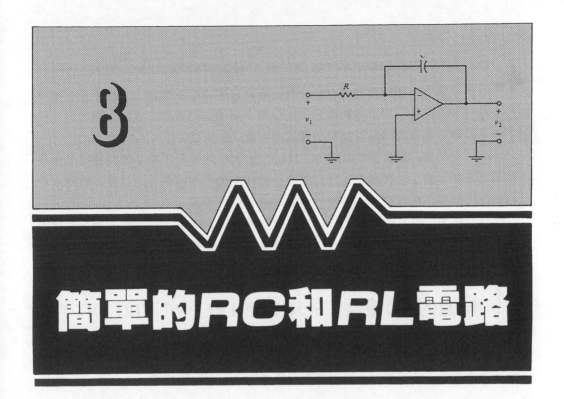

簡單的RC和RL電路

若沒有 Joseph Henry 和Michael Faraday 兩人，今日的文明將變得不可能。

H. S. Carhart

在1831年Faraday 發表他的偉大發現"電磁感應"的同時，美國物理學家Henry 亦獨立地發現此現象，但由於Faraday 先正式發表論文，所以稱電磁感應為Faraday 發現。無論如何，Henry 也相當有名，他是線圈電感（自感）的發現者，也是電磁鐵（能舉起數仟磅的重物）的發明者。Henry 是19世紀第一流的美國物理學家，且是Smithsonian 新學院的第一任秘書。

Henry 出生於紐約市的Albany 區，他的童年生活相當貧困。他希望成為一個演員，直到 16 歲那年接觸到科學叢書後，才吸引他投入吸收知識的領域。他在Albany 專科學校就讀，畢業後也在那任教。1832 年他轉往New Jersey 學院任教，1846 年前往 Smithsonian 學院任教。在他死後12 年，人們為了推崇他的貢獻將電感的單位命名為Henry（亨利）。

本章將討論包含電阻器和電容器或電阻器和電感器的簡單電路，這裡我們將簡稱為 RC 或 RL 電路。對這些網路應用克西荷夫定律得到微分方程式，通常這比代數方程式難解，而本章亦將討論幾個解這些方程式的方法。

首先，我們要討論無源（source-free）的 RC 和 RL 電路，如此稱呼是因為電路不包含獨立源。我們將看到無源響應是儲存在動態電路元件的能量和電路本身自然特性的結果，為這理由，響應也叫做電路的自然響應。

隨後，也將討論推動 RL 和 RC 電路的激勵（forcing）或推動函數是常數獨立源，它被突然的提供到網路上，我們將發現這些網路響應包含兩個部份，一個是類似無源情形的自然響應，另一個是激勵響應，它具有激勵函數的特徵。

8.1 無源的 *RC* 電路（SOURCE-FREE *RC* CIRCUIT）

我們將從圖 8.1 所示，一個串聯連接電容器和電阻器的無源網路開始，在這電路，電容器在 $t = 0$ 時，被充電至 V_0 電壓，因為在網路內沒有電流或電壓源，所以電路響應是完全根據儲存在電容器內的能量而定；在這情形下，$t = 0$ 時的能量是

$$w(0) = \frac{1}{2} CV_0^2 \tag{8.1}$$

現在讓我們決定 $t \geq 0$ 時的 $v(t)$ 和 $i(t)$，在上節點寫下 KCL 方程式，得

$$C\frac{dv}{dt} + \frac{v}{R} = 0$$

或

$$\frac{dv}{dt} + \frac{1}{RC}v = 0 \tag{8.2}$$

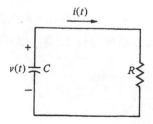

圖 8.1　無源的 RC 電路

這是一階微分方程式。（ 一個微分方程式的階是這方程式的最高階微分的階 。）

解（8.2）式微分方程式有很多適用的方法，一個直接的方法是重排（8.2）式，使得變數 v 和 t 分開，則簡單的積分這結果可導出解。在（8.2）式分離變數的第一步可寫為

$$\frac{dv}{dt} = -\frac{1}{RC} v$$

從這可得

$$\frac{dv}{v} = -\frac{1}{RC} dt \qquad (8.3)$$

而（8.3）式兩邊的不定積分為

$$\int \frac{dv}{v} = -\frac{1}{RC} \int dt$$

或

$$\ln v = -\frac{t}{RC} + K$$

這裡 K 是積分常數 。

這解只在 $t \geq 0$ 時是有效的，而 K 必須被選擇滿足 $v(0) = V_0$ 的初始條件，因此在 $t = 0$ 時 ，得

$$\ln v(0) = \ln V_0 = K$$

將 K 代入解中 ，得

$$\ln v - \ln V_0 = \ln \frac{v}{V_0} = -\frac{t}{RC}$$

若我們回想關係式

$$e^{\ln x} = x$$

很明顯的

$$v(t) = V_0 e^{-t/RC} \tag{8.4}$$

在圖8.1可見這是跨在R上的電壓；因此R內電流是

$$i(t) = \frac{v(t)}{R} = \frac{V_0}{R} e^{-t/RC}$$

　　另一個解(8.3)分離方程式的方法，是在適當的極限間積分方程式的每一邊；在此情形，v在時間0時有V_0值，因而有

$$\int_{V_0}^{v} \frac{dv}{v} = -\frac{1}{RC} \int_0^t dt \tag{8.5}$$

這裡方程式的積分是定積分，完成這積分得

$$\ln v - \ln V_0 = -\frac{t}{RC}$$

這和(8.4)式相同。

　　圖8.2是(8.4)式的圖形，可見電壓初始值是V_0，而在t增加時，它成指數衰減至零，而衰減的速率僅由網路上的電阻和電容乘積來決定。因為響應是被電路元件所特定，而不是被外在電壓或電流源特定，所以這響應也叫做電路的自然響應（natural response）。

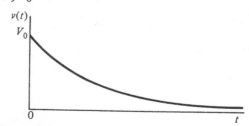

圖8.2　圖8.1簡單RC電路的電壓響應圖形

　　(8.1)式是$t = 0$時所儲存的能量，當時間增加時，跨在電容器上的電壓和電容器內儲存的能量都衰減。從一個實際的觀點，很明顯的在$t = 0$時，儲存在電容

器內的所有能量必須在 t 變成無窮大時，被電阻消耗光，而電阻的瞬時吸收功率是

$$p_R(t) = \frac{v^2(t)}{R} = \frac{V_0^2}{R} e^{-2t/RC} \text{ W}$$

因此，當時間變成無窮大時，被電阻吸收的能量是

$$
\begin{aligned}
w_R(\infty) &= \int_0^\infty p_R(t)\, dt \\
&= \int_0^\infty \frac{V_0^2}{R} e^{-2t/RC}\, dt \\
&= -\frac{1}{2} CV_0^2 e^{-2t/RC}\Big|_0^\infty \\
&= \frac{1}{2} CV_0^2
\end{aligned}
$$

事實上，這是在網路內初始的儲存能量。

例題 8.1

茲舉一例，在圖 8.1 電路內，$R = 100\,\text{k}\Omega$，$C = 0.01\,\mu\text{F}$，$v(0) = 6\,\text{V}$，求 $t > 0$ 時電壓 v；我們注意在這情形時， $RC = (10^5)(10^{-8}) = 10^{-3}$，因此

$$v = 6e^{-t/10^{-3}} = 6e^{-1000t} \text{ V}$$

最後要注意：若初始時間 t 不是 0 而是 t_0 時〔即 $v(t_0) = V_0$〕，(8.5)式右手邊的下限應修正為 t_0。讀者可自行證明這可獲得更一般的結果，

$$v(t) = V_0 e^{-(t-t_0)/RC}, \qquad t \geq t_0 \tag{8.6}$$

練 習

8.1.1 在圖 8.1 上，令 $t_0 = 0$，$V_0 = 10\,\text{V}$，$R = 1\,\text{k}\Omega$，$C = 1\,\mu\text{F}$，求在 $t = 1$ ms 時 v，i 和 w_C。

答：$3.68\,\text{V}$，$3.68\,\text{mA}$，$6.8\,\mu\text{J}$

8.1.2 若電路在 $t = 0^-$ 時為直流穩態，求 $t > 0$ 時的 v 。

答：$25\,e^{-2t}$ V 。

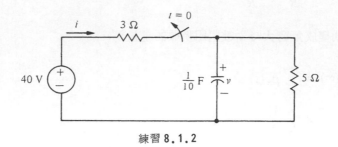

練習 **8.1.2**

8.1.3 若電路在 $t = 0^-$ 時為直流穩態，求 $t > 0$ 時的 i 。（建議：求從電容器看入的等效電阻。）

答：$2\,e^{-2t}$ V 。

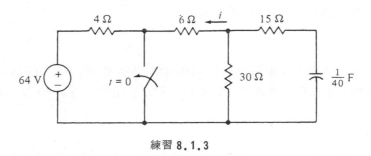

練習 **8.1.3**

8.2 時間常數（TIME CONSTANTS）

包含儲能元件的網路，常使用一個表示自然響應衰減速度的單一值來特性化，為了描述這數目，讓我們考慮圖 8.1 及電壓響應

$$v = V_0 e^{-t/RC}$$

這裡 V_0 是在 $t = 0$ 時的電壓。

圖 8.3 表示 $RC = k =$ 常數，$RC = 2\,k$，$RC = 3\,k$ 的 v 圖形，我們看見 RC 乘積愈小，指數函數 $v(t)$ 衰減的愈快；事實上 $RC = k$ 時電壓衰減至一個特定值所需的時間，是 $RC = 2\,k$ 的一半，$RC = 3\,k$ 的三分之一。若 R 增加和 C 減小，則很清楚

的電壓響應維持不變，反之亦然，這裡 RC 乘積相同；例如 R 雙倍而 C 減半，電壓響應是不變的。

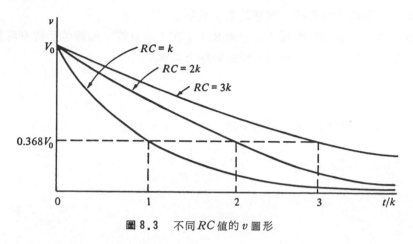

圖 8.3　不同 RC 值的 v 圖形

在圖 8.1 網路內，電流是

$$i = \frac{V_0}{R} e^{-t/RC}$$

很明顯的，電流和電壓一樣以相同方式衰減。注意在維持 RC 常數不變的情形下，R 和 C 的改變將引起初始電流 V_0/R 的改變，而電流仍以相同的方式衰減，因為 $e^{-t/RC}$ 未變。

自然響應 v 衰減到 v/e 時，所需要的時間定義為一個電路的時間常數（time constanst）τ。在此情形，這需要

$$V_0 e^{-(t+\tau)/RC} = \frac{V_0}{e} e^{-t/RC} = V_0 e^{-(t+RC)/RC}$$

可得

$$\tau = RC$$

τ 的單位是 Ω - F＝（V／A）（C／V）＝C／A＝s，以時間常數 τ 表示，電壓響應是

$$v = V_0 e^{-t/\tau} \tag{8.7}$$

　　在一個時間常數後，響應減少到 $1/e$ 倍初始值，在兩個時間常數後，它等於 $e^{-2} = 0.135$ 倍初始值，而在五個時間常數後，它變成 $e^{-5} = 0.0067$ 倍初始值；因此在四個或五個時間常數後，響應基本上是零。

　　一個有趣的指數函數性質表示在圖 8.4，在 $t = 0$ 時，曲線的切線交時間軸在 $t = \tau$，這很容易由在 $t = 0$ 時曲線的切線方程式

$$v_1 = mt + V_0$$

來證明，這裡 m 是線的斜率。微分 v 得

$$\frac{dv}{dt} = -\frac{V_0}{\tau} e^{-t/\tau}$$

因此

$$m = \frac{dv}{dt}\bigg|_{t=0} = -\frac{V_0}{\tau}$$

和

$$v_1 = -\frac{V_0}{\tau} t + V_0$$

在 $v_1 = 0$ 時，切線交時間軸於 $t = \tau$，在時間 t_1 的曲線切線方程式交時間軸於 $t = t_1 + \tau$，這也能被證明（看習題 8.9），而這事實在畫指數函數時是很有用的。

　　從圖 8.4 知時間常數的另一個定義是，若自然響應以定速率衰減，且此速率等於衰減的初速率，則自然響應降至零所需要的時間稱爲時間常數。

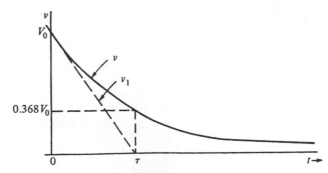

圖 8.4　說明 v 的一條切線在 $t = 0$ 和 τ 間關係的圖形

時間常數的觀念能允許我們預期響應的一般型式 (8.7)，但要得全解就必須先求出初始電壓 $v(0^+) = V_0$。對一個電容器而言，$v(0^+) = v(0^-)$，所以我們可從 $t = 0^-$ 時的電路求出 V_0；若此時電路為直流穩態，則更是相對容易的。

例題 8.2

為了描述求 V_0 的步驟，讓我們求圖 8.5 (a)內的電容器電壓 $v(t)$，其中電路在開關打開之前為直流穩態。由於 $t = 0^-$ 時開關仍就是閉合的，所以電容器對直流穩態是等效於開路，這如圖 8.5 (b)所示。從電容器端點向左看入的等效電阻為

$$R_{eq} = 8 + \frac{3(2+4)}{3+(2+4)} = 10 \ \Omega$$

根據圖 8.5 (b)和分壓原理可得

$$V_0 = v(0^+) = v(0^-) = 40 \text{ V}.$$

於是 $V_0 = v(0^+) = v(0^-) = 40 \text{V}$。

對 $t > 0$ 時，電池被隔離開電路，如圖 8.5 (c)所示，這裡電容器左邊的電阻已被等效電阻 R_{eq} 取代，因而圖 8.5 (c)電路的時間常數簡化為電容和等效電阻的乘積，即

$$\tau = R_{eq}C = 10 \text{ s}$$

因此，由 (8.7) 式得知電壓是

$$v(t) = 40e^{-t/10} \text{ V}$$

若我們想求圖 8.5 (a)上電壓 v_1，我們可利用分壓原理從 v 中求得，因為 v_1 是跨在 $(6)(3)/(6+3) = 2\Omega$ 的等效電阻上，所以

$$v_1 = \frac{2}{2+8}v = 8e^{-t/10} \text{ V}$$

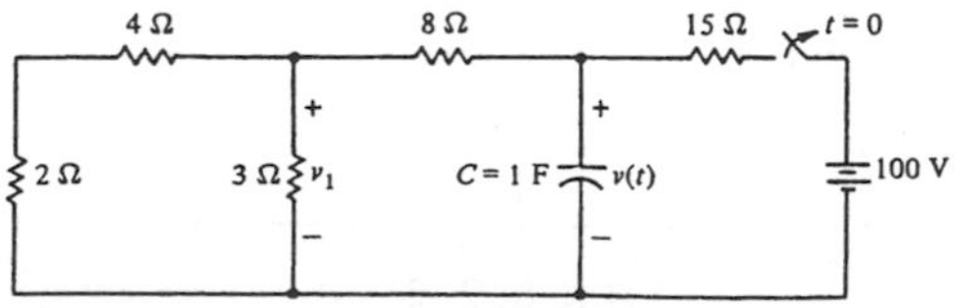

圖 8.5　(a)更一般化的 RC 電路；(b)在 $t = 0^-$ 時的等效電路；(c) $t > 0$ 時的等效電路

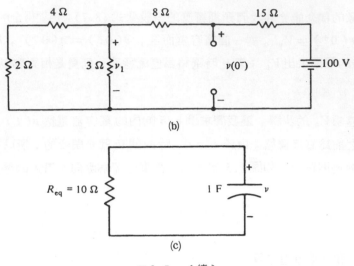

(b)

(c)

圖 8.5 （續）

練 習

8.2.1 在一個串聯 RC 電路，決定(a)$R = 2\,k\Omega$ 和 $C = 10\,\mu F$ 的 τ ；(b) $\tau = 20\,\mu s$ 和 $R = 10\,k\Omega$ 的 C ；(c)在一個 $2\,\mu F$ 電容器上，$v(t)$ 每 $20\,ms$ 衰減一半的 R 。

   答：(a) $20\,ms$ ；(b) $2\,nF$ ；(c) $14.43\,k\Omega$ 。

8.2.2 一個由 $20\,k\Omega$ 電阻器和 $0.05\,\mu F$ 電容器串聯的 RC 電路，若想要在網路內降低電流到原來的 $1/5$ ，但不改變電容器電壓，求所需要的 R 和 C 值。

   答：$100\,k\Omega$ ，$0.01\,\mu F$ 。

8.2.3 在 $t = 0^-$ 時，電路在穩態狀況且 $t = 0$ 時，開關從位置 1 移到位置 2，求 $t > 0$ 時的 v 。

   答：$16\,e^{-4t}\,V$

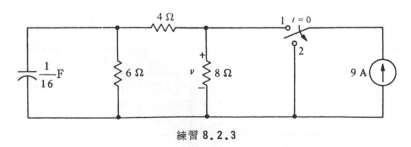

練習 8.2.3

8.2.4 若在 $t = 0^-$ 時，電路是在穩態狀況下，求 $t > 0$ 時的 i 。

    答：$0.25\,e^{-2t}$ A

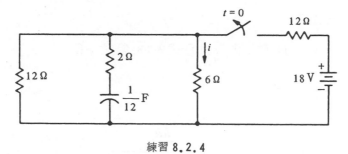

練習 8.2.4

8.3 無源的 *RL* 電路（SOURCE-FREE *RL* CIRCUIT）

　　本節將討論圖 8.6 所示，一個電感器和一個電阻器的串聯電路，此時電感器在 $t = 0$ 時，帶有電流 I_0。無源的 RL 電路內，沒有電流或電壓源，它的電流和電壓響應完全根據電感器內儲存的能量而定。在 $t = 0$ 時，儲存的能量是

$$w_L(0) = \frac{1}{2}LI_0^2 \tag{8.8}$$

沿電路總和各元件電壓，得

$$L\frac{di}{dt} + Ri = 0$$

或

$$\frac{di}{dt} + \frac{R}{L}i = 0 \tag{8.9}$$

　　這方程式和描述 RC 電路的 (8.2) 式有相同的型式，因此我們可用分離變數法來解它。現在讓我們討論第二種非常有用的方法，它在下一章會有很廣泛的運用，這方法即是觀察被解的方程式，去假設或試探解的型式（一個完全正統的數學技巧），在試探解內，包含幾個未知的常數去決定這些值，使得假設解滿足微分方程式和網路的初始條件。

（8.9）式完整的觀察說明，i 必須是一個微分後也不改變它的型式的函數，即 di/dt 是 i 的倍數，這只有 t 的指數函數能滿足要求，即

$$i(t) = Ae^{st} \tag{8.10}$$

這裡 A 和 s 是待決定的常數，代（8.10）式入（8.9）式，得

$$\left(s + \frac{R}{L} \right) Ae^{st} = 0$$

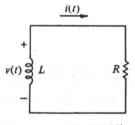

圖8.6 無源的 RL 電路

從這結果得知，若 $Ae^{st} = 0$ 或 $s = -R/L$ 時，解是有效的，那第一種情形不合理，因為這結果說明在任何時間，$i = 0$ 且它不能滿足初始條件 $i(0) = I_0$，因而我們取 $s = -R/L$，則（8.10）式變為

$$i(t) = Ae^{-Rt/L}$$

常數 A 可從初始條件 $i(0) = I_0$ 求出，這狀況需要

$$i(0) = I_0 = A$$

因此解變為

$$i(t) = I_0 e^{-Rt/L} \tag{8.11}$$

因為解是一個指數函數，如同 RC 情形，它也有一個時間常數 τ，用 τ 項我們可以寫出一般型式的電流為

$$i(t) = I_0 e^{-t/\tau}$$

比較（8.11）式得知 $\tau = L/R$。很明確的，τ 的單位是 H/Ω＝(V－s/A)/(V/A)＝s；L 增加如同在 RC 電路上 C 增加一樣，會增大時間常數；但 R 增加不同於 RC

電路，因爲它會使時間常數減小。圖 8.7 是一個典型的電流響應圖形。

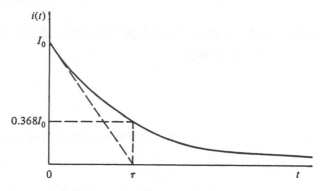

圖 8.7 一個簡單的 RL 電路的電流響應

在圖 8.6 釋放到電阻器的瞬時功率是

$$p(t) = Ri^2(t) = RI_0^2 e^{-2Rt/L}$$

因此在時間變成無窮大時，電阻器吸收的能量是

$$w(\infty) = \int_0^\infty p(t)\, dt$$

$$= \int_0^\infty RI_0^2 e^{-2Rt/L}\, dt$$

$$= \tfrac{1}{2} LI_0^2$$

這結果和 (8.8) 式比較，得知電感器內最初所儲存的能量被電阻器消耗光。

若想求電路內電感器電壓 v，則應用 KCL 定律，可得

$$\frac{v}{R} + \frac{1}{L} \int_0^t v\, dt + i(0) = 0$$

這是一個積分方程式，對時間微分這方程式，得

$$\frac{1}{R} \frac{dv}{dt} + \frac{1}{L} v = 0$$

或

$$\frac{dv}{dt} + \frac{R}{L}v = 0$$

這方程式是一個微分方程式，我們可用先前討論方法中的一個來解它。我們很有趣的注意到用 iR 取代 v，則方程式變爲

$$\frac{di}{dt} + \frac{R}{L}i = 0$$

這和應用 KVL 定律寫出的（8.9）式相同；從最後兩個結果得知，v 和 i 滿足相同的方程式，因而它們有相同的型式。

例題 8.3

　　現在讓我們求圖 8.8 更一般化的 RL 電路的 i 和 v，這裡假設在 $t = 0^-$ 時，電路在一個 dc 穩態狀況下；因此回想電感器對 dc 相等於短路，故有

$$i(0^-) = \frac{100}{50} = 2 \text{ A}$$

因爲在 $t = 0$ 時，在電感器內的電流是連續的，所以有

$$i(0^+) = i(0^-) = 2 \text{ A}$$

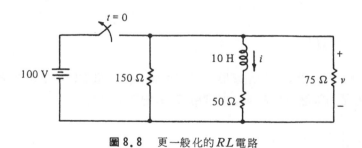

圖 8.8　更一般化的 RL 電路

　　對 $t > 0$ 時，網路的時間常數很明顯的是，從電感器端點看入的等效電阻和電感的比，那等效電阻是

$$R_{\text{eq}} = 50 + \frac{(75)(150)}{75 + 150} = 100 \text{ } \Omega$$

因此時間常數是

$$\tau = \frac{L}{R_{eq}} = 0.1 \text{ s}$$

因此若 $I_0 = i(0^+) = 2\text{A}$，我們有

$$i(t) = 2e^{-10t} \text{ A}$$

總和電感器和 $50\,\Omega$ 電阻器的電壓，得 $v(t)$ 為

$$v(t) = 10\frac{di}{dt} + 50i$$
$$= -100e^{-10t} \text{ V}$$

例題 8.4

現舉最後一個例題，考慮圖 8.9 包含一個相依電壓源的網路，其初始電流 $i(0) = I_0$，沿著廻路總和各元件電壓，得

$$L\frac{di}{dt} + Ri + ki = 0$$

或

$$\frac{di}{dt} + \left(\frac{R+k}{L}\right)i = 0$$

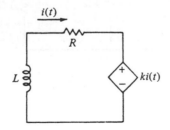

圖 8.9 包含一個相依電壓源的 RL 電路

這結果和 (8.9) 式比較，得知在 (8.9) 式中以 $R+k$ 取代 R 的話，這兩個方程式是相同的，因而從 (8.11) 式知

$$i(t) = I_0 e^{-(R+k)t/L}$$

在這情形下的時間常數，由於相依電源的存在，被修正爲

$$\tau = \frac{L}{R+k}$$

這不必訝異，因爲此時相依電源的行爲像一個 kΩ 電阻器。

練 習

8.3.1 就一個 RL 串聯電路，決定(a)$R = 200\,\Omega$，$L = 40\,\text{mH}$ 和 $I_0 = 10\,\text{mA}$ 時的電感器電壓；(b)$R = 10\,\text{k}\Omega$ 和 $\tau = 10\,\mu\text{s}$ 時的 L；(c)在一個 $0.01\,\text{H}$ 電感器內的電流每 $100\,\mu\text{s}$ 衰減一半時的 R。

答：(a) $2\,e^{-5000\,t}$ V；(b)$0.1\,\text{H}$；(c)$69.3\,\Omega$。

8.3.2 一串聯 RL 電路有一個 $1\,\text{H}$ 電感器，決定 R 值使得儲存能量每 $10\,\text{ms}$ 衰減一半。

答：$50\ln 2 = 34.66\,\Omega$。

8.3.3 在 $t = 0^-$ 時電路爲穩態，求 $t > 0$ 時的 i 和 v。

答：$4\,e^{-2t}$ A，$-12\,e^{-2t}$ V。

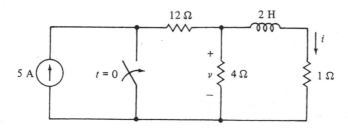

練習 8.3.3

8.3.4 在 $t = 0^-$ 時電路爲穩態，求 $t > 0$ 時的 v。

答：$-6\,e^{-3t/2}$ V。

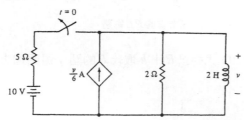

練習 8.3.4

8.4 對一個定激勵函數的響應（RESPONSE TO A CONSTANT FORCING FUNCTION）

在前面幾節已討論過無源電路，它的響應是原先儲存在電容器和電感器內能量的結果，而求自然響應前，所有的獨立電流或電壓源已被移開電路或用開關和電路分離；它也證明對包含一個單一的電容器或電感器和一個等效電阻的電路，它的響應將隨著時間增加而消失（趨近零）。

本節將討論的電路，除了初始儲存能量外，它被獨立定電流或電壓源，或激勵函數推動。對這些電路，它的解將是在網路內導入電源的結果；而這些響應不像無源電路的響應，它包含兩部份，其中之一總是一個常數。

讓我們從考慮圖 8.10 開始，這網路是一個定電流源和一個電阻器的並聯，它在 $t = 0$ 時跨接一個電容器，而電容器的初始電壓 $v(0^-) = V_0$；在 $t > 0$ 時，開關已關上，而上節點的節點方程式為

$$C \frac{dv}{dt} + \frac{v}{R} = I_0$$

或

$$\frac{dv}{dt} + \frac{1}{RC} v = \frac{I_0}{C} \tag{8.12}$$

這含有定激勵函數型式的方程式（在這情形是 I_0）能使用分離變數法來解，我們可以先寫（8.12）式為

$$\frac{dv}{dt} = - \frac{v - RI_0}{RC}$$

在兩邊乘以 $dt/v - RI_0$，且形成不定積分，得

$$\int \frac{dv}{v - RI_0} = - \frac{1}{RC} \int dt$$

或

$$\ln(v - RI_0) = - \frac{t}{RC} + K$$

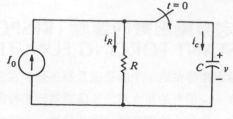

圖 8.10 被激勵的 RL 電路

這裏 K 是積分常數。這結果能被寫成

$$v - RI_0 = e^{-(t/RC)+K}$$

或解 v ，得

$$v = Ae^{-t/RC} + RI_0 \qquad\qquad (8.13)$$

這裡我們取 $A = e^k$ ，這常數是被電路的初始條件所決定的。

從（8.13）式得知，電壓響應的通解包含兩個部份，一個是指數函數，另一個是常數函數；指數函數和無源 RC 電路的自然響應有相同的型式，因此解的這部份是完全被 RC 時間常數所特性化，我們將它解釋為被激勵電路的自然響應 v_n ，且和無源電路一樣，當時間增加時，響應趨近於零。

解的第二部份是 RI_0 ，它完全類似激勵函數 I_0 ；事實上，當時間增加時，自然響應消失，而解可簡化為 RI_0 ；這分量完全由激勵函數引起，因而我們叫它為被激勵電路的激勵響應（forced response） v_f 。

當然，讀者在微分方程式課程中，將瞭解自然響應 v_n 和激勵響應 v_f ，分別為齊次響應 v_n 和特別響應 v_p 。

現讓我們計算（8.13）式的 A 值，如同無源電路一樣，A 值必須滿足電路的初始條件，在 $t = 0^+$ 時，有

$$v(0^+) = v(0^-) = V_0$$

因此，在 $t = 0^+$ 時，（8.13）式需要

$$V_0 = A + RI_0$$

或

$$A = V_0 - RI_0$$

代這 A 值回到我們的解，得

$$v(t) = RI_0 + (V_0 - RI_0)e^{-t/RC} \tag{8.14}$$

我們可觀察到 A 值的決定，不僅和電容器上的初始電壓（或能量）有關，且和激勵函數 I_0 有關。

圖 8.11 (a)和(b)表示 v_n、v_f 和 v 的圖形。在(a)圖所示是 $V_0 - RI_0 > 0$ 時，v 的自然響應 v_n 及激勵響應 v_f。(b)圖是完整的響應。

對 $t > 0$ 時，在電容器內的電流為

$$i_C = C\frac{dv}{dt} = -\frac{V_0 - RI_0}{R}e^{-t/RC}$$

而在電阻器內的電流為

$$i_R = I_0 - i_C = I_0 + \frac{V_0 - RI_0}{R}e^{-t/RC}$$

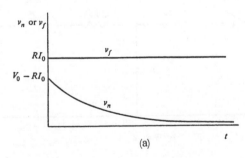

(a)

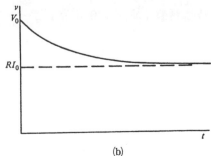

(b)

圖 8.11 　圖 8.10 被激勵 RC 電路的電壓響應圖形(a)自然和激勵響應；(b)完全響應

值得注意的是，電阻器電壓從在 $t=0^-$ 時的 RI_0 ，立即變至在 $t=0^+$ 時的 V_0 ，而電容器電壓則如前指出是一直連續的。

在本章所遇到的解常以其他的描述項來表示，像暫態響應和穩態響應就是非常適當的。暫態響應（transient response）是全解的暫態部份，當時間增加時它會趨近零；穩態響應（steady-state response）是全解的另一部份，它在暫態響應變成零仍然存在。對直流電源，穩態響應是常數且是7.7節所討論的直流穩態。

從我們的例題內，得知暫態響應和自然響應是相同的，而穩態響應也同於激勵響應。就目前的例題，這些響應為 $v=RI_0$ ， $i_C=0$ 和 $i_R=I_0$ 直流值，並為一個直流穩態情形。

但以上的討論並不能說明自然和激勵響應總是暫態和穩態響應；例如激勵函數是一個暫態函數，那穩態響應是零，在這情形下，全解是暫態響應。

___練____習___

8.4.1 若電路在 $t=0^-$ 時為穩態，求 $t>0$ 時的 v 。

答： $10-6\,e^{-50t}$ V 。

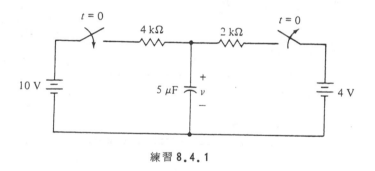

練習 8.4.1

8.4.2 若電路在 $t=0^-$ 時為穩態，求 $t>0$ 時的 i 。

答： $6-4\,e^{-2t}$ A 。

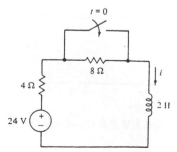

練習 8.4.2

8.4.3 若電路在 $t = 0^-$ 時為穩態，求 $t > 0$ 時的 v 。

答：$24 - 8\,e^{-3t}$ V 。

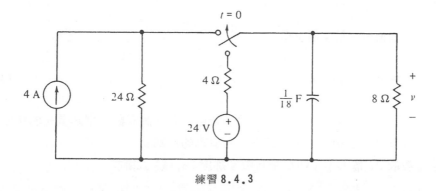

練習 8.4.3

8.5 一般情形（THE GENERAL CASE）

在前面幾節中，描述網路的方程式，全部是通式

$$\frac{dy}{dt} + Py = Q \tag{8.15}$$

的特殊情形，這裡 y 是未知元像 v 或 i ，而 P 和 Q 是常數。例如比較（8.15）式和（8.2）式，得知 $y = v$ ， $P = 1/RC$ ， $Q = 0$ ，而對 8.4 節的被激勵 RC 電路，相同的關係式是有效的，除了 $Q = I_0/C$ 。

（8.15）式能使用分離變數法求解。現在讓我們介紹積分因子方法（integrating factor method）來解（8.15）式，即在方程式兩邊乘以一個因子，使得左邊為一個全微分，再簡單的積分兩邊。

讓我們考慮一個乘積的微分

$$\frac{d}{dt}(ye^{Pt}) = \frac{dy}{dt}e^{Pt} + Pye^{Pt}$$

$$= \left(\frac{dy}{dt} + Py\right)e^{Pt}$$

開始，從這結果得知在（8.15）式兩邊乘以 e^{Pt} ，得

$$\frac{d}{dt}(ye^{Pt}) = Qe^{Pt}$$

積分方程式的兩邊，得

$$ye^{Pt} = \int Qe^{Pt}\, dt + A$$

這裡 A 是一個積分常數，解 y 得

$$y = e^{-Pt} \int Qe^{Pt}\, dt + Ae^{-Pt} \qquad (8.16)$$

若 Q 是時間函數或常數，則它是有效的；若 Q 不是一個常數，則必須完成積分才能求得 y，練習 8.5.2 和 8.5.4 就提供了這型式的例題。

在重要的 dc 情形下，即 Q 是常數，那麼 (8.16) 式變成

$$y = Ae^{-Pt} + \frac{Q}{P}$$
$$= y_n + y_f \qquad (8.17)$$

這裡 $y_n = Ae^{-Pt}$ 和 $y_f = Q/P$ 是自然和激勵響應。我們可觀察到 y_n 和無源自然響應有相同的數學模式，而 y_f 總是常數且比例於 Q，另外自然響應的時間常數是 $1/P$。

例題 8.5

為了說明這方法，讓我們求圖 8.12 中，$t > 0$ 時的 i_2，這裡 $i_2(0) = 1A$；雖然電路某些地方是複雜的元件組合，但只要網路包含一個定激勵函數和一個單一的儲能元件（電感器），則 (8.17) 式仍是有效的，對這電路的廻路方程式是

$$8i_1 - 4i_2 = 10$$

$$-4i_1 + 12i_2 + \frac{di_2}{dt} = 0$$

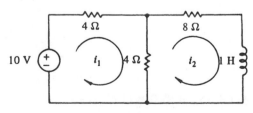

圖 8.12　被激勵的 RL 電路

從這些方程式中，消去 i 得

$$\frac{di_2}{dt} + 10i_2 = 5$$

比較這方程式和（8.15）式，得知 $P = 10$ 和 $Q = 5$，因此從（8.17）式得

$$i_2 = Ae^{-10t} + \frac{1}{2}$$

　使用初始條件，得

$$i_2(0) = A + \frac{1}{2} = 1$$

因此 $A = 1/2$，而解是

$$i_2 = \frac{1}{2}e^{-10t} + \frac{1}{2} \text{ A}$$

　對 Q 是常數的情形，我們觀察（8.15）式和（8.16）式，也可以獲得（8.17）式。在（8.16）式中，令 $Q = 0$ 則得自然響應 $y = y_n = Ae^{-Pt}$，這必須是當 $Q = 0$ 時，（8.15）式的解，即自然響應滿足

$$\frac{dy}{dt} + Py = 0$$

而由 8.3 節的嘗試法，可以發現

$$y_n = Ae^{st}$$

從這結果得知

$$s + P = 0$$

因而我們有 $s = -P$，即得 $y_n = Ae^{-Pt}$ 如前所解，而激勵響應 y_f 也可以在（8.15）式內，嘗試代入一個像 Q 的函數來解；例如 Q 是常數，則試探解也是一個常數，即

$$y_f = K$$

這代入（8.15）式，得

$$0 + PK = Q$$

或

$$y_f = K = \frac{Q}{P}$$

如前所解 。

___練___習___

8.5.1 若 $i(0) = 1\,A$ ， $v_g = 50\,V$ ，求 $t > 0$ 時的 v 。

答： $20 + 15\,e^{-5t}\,V$ 。

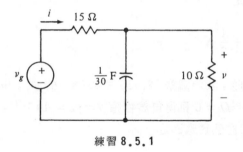

練習 8.5.1

8.5.2 解練習8.5.1 ，其中 $v_g = 50\,e^{-3t}\,V$ 。

答： $50\,e^{-3t} - 15\,e^{-5t}\,V$ 。

8.5.3 若 $i(0) = 4\,A$ ， $i_g = 8\,A$ ，求 $t > 0$ 時的 i 。

答： $2 + 2\,e^{-8t}\,A$ 。

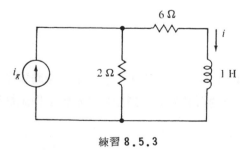

練習 8.5.3

8.5.4　解練習 8.5.3，其中 $i_g = 13\cos t$ A。

答：$0.4\,(\,8\cos t + \sin t + 2\,e^{-8t}\,)$ A

8.6 短截程序（A SHORTCUT PROCEDURE）

　　短截程序在大多數電路（特別是無相依電源的電路）中，用來求電壓和電流是很有用的方法，這技巧只需由觀察電路來表示解的型式。

例題 8.6

　　例如從前一節（圖 8.12）的例題，得知

$$i_2 = i_{2n} + i_{2f}$$

這裡 i_{2n} 和 i_{2f} 分別是自然和激勵響應，因為 i_{2n} 和無源響應有相同的型式，所以我們能看網路為缺少激勵函數（相當於 10V 電源被短路），這如圖 8.13(a)所示，則自然響應是 $i_{2n} = Ae^{-10t}$。

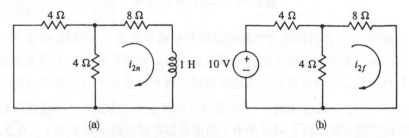

圖 8.13　為了發現圖 8.12 響應的電路(a)求 i_{2n} 的電路；(b)求 i_{2f} 的電路

　　激勵函數是常數，因此在任何時間看這網路，激勵響應仍是常數；那我們可以選擇 i_{2n} 是零時，即在穩態狀況下看電路，此時電感器是短路，這如圖 8.13(b)所示，而

$$i_{2f} = \frac{1}{2}$$

因此

$$i_2 = Ae^{-10t} + \frac{1}{2}$$

而常數 A 可從初始條件 $i_2(0)=1$ 決定。

這裡在計算常數 A 時要特別小心，學生應該總是將初始條件應用在完全響應上——而不單獨應用在自然響應上——原因是初始條件總是給予電流 i，而不是 i 的一部份。

例題 8.7

茲再舉一例，讓我們求圖 8.14 中 $t > 0$ 時的 i，這裡 $v(0)=24\mathrm{V}$，那電流為

$$i = i_n + i_f$$

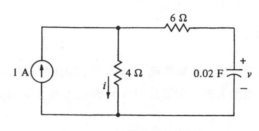

圖 8.14 被激勵的 RC 電路

為了獲得 i_n，我們注意它和電容器電壓的自然響應 v_n 有相同的型式。事實上，在電路內每一個電流或電壓的自然響應均和 v_n 有相同的型式；這是真實的，其原因在於無源電路內所有其他的電流和電壓，都可以使用一次或更多次的加減（在 KCL 和 KVL 內），微分和積分 v_n 的操作，且不改變指數 $e^{-t/\tau}$ 的特性而獲得。檢查無源電路（電流源開路）可以知道，對電容器電壓的時間常數是 $\tau=0.2\mathrm{s}$，因此

$$i_n = Ae^{-5t}$$

在穩態狀況下，電容器是開路，而激勵響應由觀察知

$$i_f = 1\ \mathrm{A}$$

因此

$$i(t) = Ae^{-5t} + 1$$

為了計算 A，必須知道 $i(0^+)$ 值，因為 $v(0)=v(0^+)=24\,\mathrm{V}$，所以在 $t=0^+$ 時沿右邊網目總和各元件電壓，為

$$-4i(0^+) + 6[1 - i(0^+)] + 24 = 0$$

或

$$i(0^+) = 3$$

代這初始條件入我們的解，得

$$3 = A + 1$$

因此 $A = 2$ ，而

$$i = 1 + 2e^{-5t} \text{ A}$$

例題 8.8

舉最後一個例題，讓我們決定在圖 8.15(a)電路內的 i 和 v ，網路在 $t = 0^-$ 時，是在一個 dc 穩態狀況下且開關是打開的，因此電感器和電容器分別是短路和開

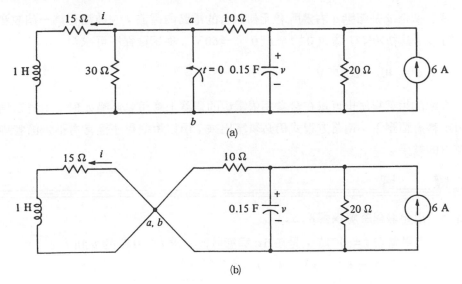

圖 8.15　(a)包含一個電感和一個電容的電路；(b) $t > 0$ 時的等效電路

路；電容器電壓等於跨在 20Ω 電阻器上電壓，電感器電流等於在 15Ω 電阻器內的電流。使用分流原理，在 15Ω 和 20Ω 電阻器內的電流，很容易的證明是 2 和 3A ，因而

$$i(0^-) = 2 \text{ A}$$

和

$$v(0^-) = 60 \text{ V}$$

當開關在 $t = 0$ 關上時，節點 a 和 b 被短路連接，我們可重畫電路在圖 8.15 (b)，注意 30Ω 電阻器不再包含於這電路內，因為開關將它的兩個端點短路掉；這組合相當於一個 30Ω 電阻器和一個 0Ω 電阻器並聯，當然這是 0Ω 或一個短路。

下一個考慮的是在圖 8.15 (b)內離開節點 a，通過 15Ω 電阻器的電流 i；從 KCL 定律知，同一電流必須通過 1H 電感器而進入節點 a，因此在節點 a 左邊電路內流動的電流，不能進入節點 a 右邊的電路；反之亦然，因此在開關關上以後，網路簡化成兩個獨立的電路，它們都能單獨的被解析。

第一個電流是 1H 電感器和 15Ω 電阻器組合電路內的電流，這電路被簡化為無源的 RL 電路，其初始條件為 $i(0^+)=i(0^-)=2$A，因此

$$i = 2e^{-15t} \text{ A}$$

第二個電流是節點 a 右邊所有元件組合的電路內電流，它被簡化為一個被激勵 RC 網路，其初始條件為 $v(0^+)=v(0^-)=60$V。從短截程序可求得

$$v = 40 + 20e^{-t} \text{ V}$$

本節的短截程序也可以在含有相依電源的電路上應用。無論如何，由於在無源和 dc 穩態情形下，電路方程式仍必須寫出來，所以短截程序經常有不能節省時間或無效的結果。

練　習

8.6.1 用短截程序解練習 8.5.1。

8.6.2 若電路在 $t = 0^-$ 時，是在 dc 穩態狀況，求 $t > 0$ 時的 v 和 i。
答：$2(1 - e^{-10^5 t})$V，$4(1 + e^{-10^5 t})$A

練習 8.6.2

8.6.3 若電路在 $t = 0^-$ 時，是在 dc 穩態狀況，求 $t > 0$ 時的 i 和 v 。

答：$\dfrac{8}{5} e^{-3t} - 3 e^{-2t} + 5$ A

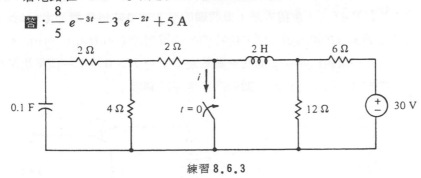

練習 8.6.3

8.6.4 若練習 8.6.2 電路內的兩個開關都在 $t = 0$ 時閉合且 $i(0) = 0$ ，求 $t > 0$ 時的 i 。（建議：如前一樣解 i_n ，並注意 i_f 是兩個電源的響應。）

答：$12 - 12 e^{-50,000t}$ mA 。

8.7 單位步級函數（THE UNIT STEP FUNCTION）

在前面幾節已經分析過的電路中，它的能源都是突然間導入網路，且在這瞬間，這些源所供給的電壓或電流是立即改變的，倘若激勵函數，它的值也是以此方式來改變，那麼它就被叫做奇異函數（singularity function）。有很多奇異函數在電路分析內是很有用的，最重要的奇異函數之一是單位步級函數（unit step function）。

單位步級函數是一個無因次函數，若它的引數是負值則它是零，若它的引數是正值則它是 1 。假使我們以 $u(t)$ 表示單位步級函數，則它數學描述是

$$
\begin{aligned}
u(t) &= 0, & t < 0 \\
&= 1, & t > 0
\end{aligned}
\tag{8.18}
$$

圖 8.16 是 (8.18) 式的圖形，我們可以看見在 $t = 0$ 時，$u(t)$ 立即從 0 變到 1 ；也有人定義 $u(0)$ 是 1 ，但我們在 $t = 0$ 時，不定義 $u(t)$ 。

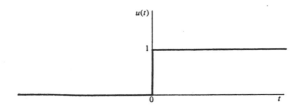

圖 8.16 單位步級函數 $u(t)$ 的圖形

　　單位步級函數可用來表示有有限個不連續點的電壓或電流；譬如，一個 V 伏特的步級電壓能以 V u (t) 乘積表示；很明顯的，t < 0 時這電壓是零，t > 0 時電壓是 V 伏特。圖 8.17 (a)表示一個 V 伏特的步級電壓源（voltage step source）。對 t < 0 時一個短路存在，而電壓當然是零；對 t > 0 時，一個電壓 V 出現在端點，在我們的模式內，已假設開關動作發生在時間零。

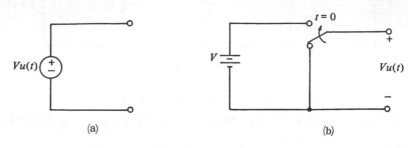

圖 8.17　(a) V 伏特的步級電壓源；(b)等效電路

　　圖 8.18 表示 I 安培步級電流源的等效電路，t < 0 時一個開路存在，且電流是零；t > 0 時，開關動作引起一個 I 安培端電流流動。

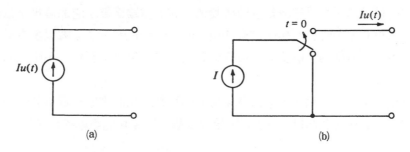

圖 8.18　(a) I 安培步級電流源；(b)等效電路

　　圖 8.17 的開關動作在實際電路內只能接近它的動作，但在大多數情形，電壓源在 t < 0 時是一個短路這要求是不需要的。若一個網路的端點連接電源後，在 t < 0 時仍維持 0 V，則一個電源 V 和一個開關的串聯等效於步級電壓的發電機，如圖 8.19 所示。

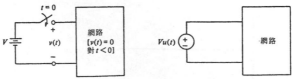

圖 8.19　(a)在 t = 0 時，有 V 供給的網路；(b)等效電路

圖 8.20 表示在網路內一個步級電流發電機的等效電路，在每一種情形下，對 $t < 0$ 時網路端電流必須是零。

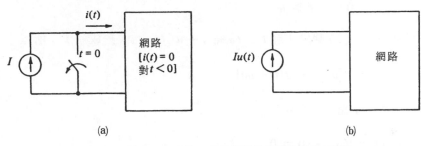

(a)   (b)

圖 8.20 (a)在 $t = 0$ 時，有 I 供給的網路；(b)等效電路

讓我們回到（8.18）式單位步級函數的定義，我們可以用 $t - t_0$ 取代 t 來推廣這定義，其結果是

$$u(t - t_0) = 0, \qquad t < t_0$$
$$\qquad\quad = 1, \qquad t > t_0 \tag{8.19}$$

$u(t - t_0)$ 函數是 $u(t)$ 函數延遲 t_0 秒，如圖 8.21 所示。

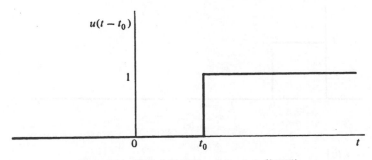

圖 8.21 單位步級函數 $u(t - t_0)$ 的圖形

（8.19）式乘以 V 或 I 提供我們一個步級電壓源或電流源，它的值在 $t = t_0$ 時立即改變，對這些電源的等效網路如圖 8.17-8.20，而圖中所有開關動作發生在 $t = t_0$ 時。

例題 8.9

在表示更複雜的電路時，單位步級函數是很有用的，例如圖 8.22 (a)長方形電壓脈衝，從這圖形可知

$$v_1(t) = 0, \qquad t < 0$$
$$\quad\quad\;\; = V, \qquad 0 < t < t_0$$
$$\quad\quad\;\; = 0, \qquad t > t_0$$

因為 $t > 0$ 時，$u(t)$ 變成 1 和 $t > t_0$ 時，$-u(t - t_0)$ 變成 -1，所以

$$v_1(t) = V[u(t) - u(t - t_0)] \qquad\qquad (8.20)$$

我們檢查這結果，知 $t < 0$ 時

$$v_1(t) = V(0 - 0) = 0$$

$0 < t < t_0$ 時

$$v_1(t) = V(1 - 0) = V$$

和 $t > t_0$ 時

$$v_1(t) = V(1 - 1) = 0$$

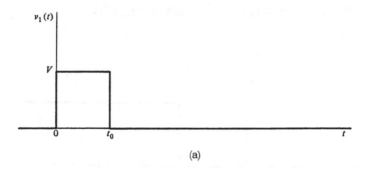

(a)

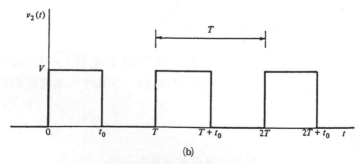

(b)

圖 8.22　(a)長方形脈衝；(b)方塊波

　　現在我們想製造一列這種脈衝，它們每 T 秒發生一次脈衝，這裡 $T > t_0$，圖形如圖 8.22(b)所示，像這種波被叫做方塊波（square wave）。第一個脈衝是（8.20）式所給，第二個脈衝是第一個脈衝延遲 T 秒，因此在（8.20）式以 $t - T$ 代替 t，得

$$脈衝\ 2 = V\{u(t - T) - u[t - (T + t_0)]\}$$

那麼在脈衝列第（$n+1$）項脈衝，是第一個脈衝延遲 nT 秒，因此

$$脈衝\ n + 1 = V\{u(t - nT) - u[t - (nT + t_0)]\}$$

對所有 $t > 0$ 時，方塊波的表示式是上述表示式相加，而得到

$$v_2(t) = V \sum_{n=0}^{\infty} \{u(t - nT) - u[t - (nT + t_0)]\} \qquad (8.21)$$

　　在數位電路（像數位電腦）內，圖 8.22 的波形是非常普通的。

練　習

8.7.1 利用單位步級函數寫出電流 $i(t)$ 的一個表示式，它能滿足

(a) $i(t) = 0,$ $t < 0$
       $= -10$ mA, $t > 0.$

(b) $i(t) = 0,$ $t < 1$ s
       $= 2$ A, $1 < t < 5$ s
       $= 0,$ $t > 5$ s

(c) $i(t) = 0$ $t < 10$ ms
       $= -2$ A, $10 < t < 20$ ms
       $= 4$ A, $20 < t < 40$ ms
       $= 0,$ $t > 40$ ms

(d) $i(t) = 4\ \mu$A, $t < 1$ s
       $= 0,$ $t > 1$ s

答：(a)$-10\,u(t)$ mA；(b)$2[u(t-1)-u(t-5)]$ A；(c)$-2\,u(t-0.01)+6u(t-0.002)-4u(t-0.04)$ A；(d)$4u(-t+1)\,\mu$A。

8.7.2 畫出電壓圖形，電壓為

$$v(t) = tu(t) - 2(t - 1)u(t - 1) + (t - 2)u(t - 2) \text{ V}$$

8.7.3 對 $-\infty < t < \infty$，使用單位步級函數寫出一個 $v(t)$ 的表示式。

答：$10 \sin 2\pi t \left[u(t) - u(t-1) \right]$

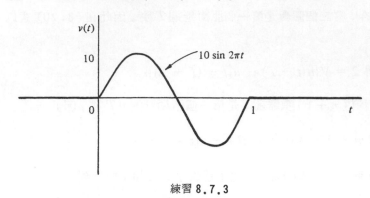

練習 8.7.3

8.8 步級響應（THE STEP RESPONSE）

步級響應是一個電路只有一個單位步級函數輸入的響應，響應和步級輸入可以是一個電流或一個電壓。步級響應完全是由步級輸入引起的，因為沒有初始能量存在動態電路元件內，這情形是在 $t = 0^-$ 時，網路內所有的電流和電壓是零，原因是在 $-\infty < t < 0$ 之間，步級函數是零；因而步級響應是在電路內沒有初始儲存能量，且輸入為一個單位步級函數的響應。

例題 8.10

舉一個例題，讓我們求圖 8.23 (a) 簡單的 RC 電路，有一個 $v_g = u(t)$ V輸入的步級響應 v，應用 KCL 定律知

$$C \frac{dv}{dt} + \frac{v - u(t)}{R} = 0$$

或

$$\frac{dv}{dt} + \frac{v}{RC} = \frac{1}{RC} u(t)$$

對 $t < 0$，這方程式變成

$$\frac{dv}{dt} + \frac{v}{RC} = 0$$

這方程式解是

$$v = Ae^{-t/RC}$$

使用初始條件 $v(0^-)=0$ ，知 $A=0$ ，因此

$$v(t) = 0, \quad t < 0$$

這結果符合我們的主張，在輸入改變前的響應是零。

對 $t > 0$ ，微分方程式是

$$\frac{dv}{dt} + \frac{v}{RC} = \frac{1}{RC}$$

我們知

$$v = v_n + v_f$$

這裡

$$v_n = Ae^{-t/RC}$$

而由觀察電路得知

$$v_f = 1$$

因此

$$v = 1 + Ae^{-t/RC}$$

因初始條件是 $v(0^+)=v(0^-)=0$ ，所以 $A=-1$ ，因此對所有 t 我們的解爲

$$v(t) = 0, \qquad t < 0$$
$$= 1 - e^{-t/RC}, \quad t > 0$$

這可使用單位步級函數，更簡潔的寫成

$$v(t) = (1 - e^{-t/RC})u(t)$$

對 $t < 0$ ，跨在電阻器和電容器上的電壓是零，因此網路的等效電路可被圖 8.23 (b)中特定 $v(0^-)=0$ 的電路表示。

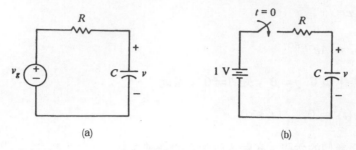

圖 8.23　(a)有步級電壓輸入的 RC 電路；(b)等效電路

例題 8.11

第二個例題是求圖 8.24 電路內的 $v_2(t)$，此電路是由一個電阻器、一個電容器和一個運算放大器組成，在運算放大器反相端的節點方程式爲

$$\frac{v_1}{R} + C\frac{dv_2}{dt} = 0$$

因爲節點電壓和反相端電流是零，所以

$$\frac{dv_2}{dt} = -\frac{1}{RC}v_1$$

在 0^+ 極限和 t 之間，積分方程式的兩邊，得

$$v_2(t) = -\frac{1}{RC}\int_{0^+}^{t} v_1\,dt + v_2(0^+)$$

若 $v_2(0^+)=0$ ，則 $v_2(t)$ 響應是比例於輸入電壓 v_1 的積分，因而這電路叫做積分器（integrator）。

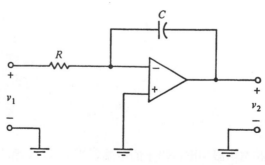

圖 8.24　積分器

例題 8.13

若 $v_1 = V u(t)$ ，求網路響應。此時因 $v_2(0^-) = 0$ 且 v_2 是電容器電壓，所以 $v(0^+) = 0$ ，即

$$v_2(t) = -\frac{V}{RC} \int_{0^+}^{t} u(t)\ dt$$

若 $t < 0$ ，則 $u(t) = 0$ 且 $v_2(t) = 0$ 。若 $t > 0$ ，則 $u(t) = 1$ 且

$$v_2 = -\frac{V}{RC} t u(t)$$

圖 8.25 是 v_2 的圖形，這函數被叫做斜坡函數（ramp function），它有一個斜率是 $-V/RC$ 。

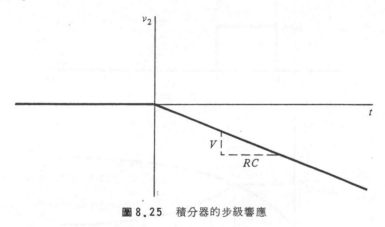

圖 8.25　積分器的步級響應

最後一個例題，讓我們求圖 8.26 網路內的電壓 v ，它有 $i(0^-) = 0$ 的初始條件，對電路的激勵函數是電流脈衝

$$i_g(t) = 10[u(t) - u(t-1)]\ \text{A}$$

如圖 8.27 (a)所示。由於 $t < 0$ 時 $i_g = 0$ ，所以 $i(0^-) = 0$ ；且在 $t = 0$ 時，有一個 10A 步級電流被供給到電路上，因而網路響應是相當於步級響應直到 $t = 1\ \text{s}$ 時，激勵函數變成零，而響應變成簡單的無源響應，此時的響應是由電流脈衝存在

期間，儲存到電感器內的能量所引起，因此網路響應包含 $t < 1\,\mathrm{s}$ 時的步級響應，和 $t > 1\,\mathrm{s}$ 時的無源響應。

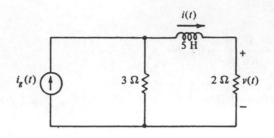

圖 8.26　被 $i_g(t)$ 推動的 RL 電路

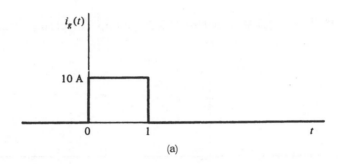

(a)

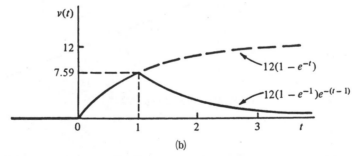

(b)

圖 8.27　(a)激勵函數 $i_g(t)$；(b)一個 RL 電路對 $i_g(t)$ 的響應

我們知步級響應的型式是

$$v = v_n + v_f$$

這裡

$$v_n = A e^{-R_{eq}t/L} = A e^{-5t/5} = A e^{-t}$$

，且使用分流原理和歐姆定律，得知激勵響應是穩態值

$$v_f = 2 \left[\frac{(3)(10)}{2+3} \right] = 12$$

組合這些方程式，得

$$v = Ae^{-t} + 12$$

因為 $i(0^+) = i(0^-) = 0$，則 $v(0^+) = v(0^-) = 0$ 和 $A = -12$；因此

$$v = 0, \qquad\qquad t < 0$$
$$= 12(1 - e^{-t}), \qquad 0 < t < 1$$

對 $t > 1$ 時，我們知道 v 的型式是

$$v = Be^{-t}$$

在 $t = 1^-$（$t = 1$ 前的瞬間）時，步級響應為

$$v(1^-) = 12(1 - e^{-1})$$

因為電感器電流是連續的，所以 $v(1^-) = v(1^+)$，這裡 1^+ 是 $t = 1$ 以後的瞬間；因此

$$v(1^+) = Be^{-1} = 12(1 - e^{-1})$$

或

$$B = 12(1 - e^{-1})e$$

所以解變成

$$v = 12(1 - e^{-1})e^{-(t-1)}, \qquad t > 1$$

對所有時間 t，我們的解能寫成

$$v(t) = 12(1 - e^{-t})[u(t) - u(t-1)] + 12(1 - e^{-1})e^{-(t-1)}u(t-1) \quad (8.22)$$

而圖 8.27 (b) 是這響應的圖形。

練　　習

8.8.1 求步級響應 i 和 v〔$i_g = u(t)$ A〕。

答：$(1 - 0.5 e^{-10t}) u(t)$ A，$5(1 - e^{-10t}) u(t)$ V。

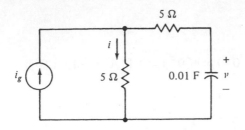

練習 8.8.1

8.8.2 對 $v_g = 42 u(t)$ V，求響應 i。

答：$2(1 - e^{-7t}) u(t)$ A。

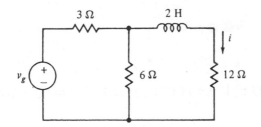

練習 8.8.2

8.8.3 在練習 8.8.1 中若 $i_g = 10〔u(t) - u(t-1)〕$ A，求 i。

答：$10〔(1 - 0.5 e^{-10t}) u(t) - (1 - 0.5 e^{-10(t-1)}) u(t-1)〕$ A。

8.8.4 若 $v_g = 5 e^{-t} u(t)$ V 且沒有初始儲存能量，求 v。（這電路像圖 8.24 的積分器，除了電容器有一個電阻並聯外，這是一個實際的或耗損電容器，因而電路被叫做耗損積分器（lossy integrator））。

答：$5(e^{-2t} - e^{-t}) u(t)$ V

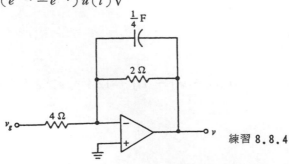

練習 8.8.4

8.9　重疊原理的應用 （APPLICATION OF SUPERPOSITION）

本節將討論使用重疊原理，去獲得包含二個或更多個獨立電源的 RC 和 RL 電路的解。

例題 8.14

第一個例題讓我們考慮圖 8.26 的電路，它的獨立電流源的值是

$$i_g = 10u(t) - 10u(t - 1)$$

這電源等效於一對獨立電流源並聯連接，因而令

$$i_g = i_1 + i_2$$

這裡 $i_1 = 10u(t)$，$i_2 = -10u(t-1)$；圖 8.28 的電路是圖 8.26 的重畫電路。從重疊定理，我們可以寫輸出電壓為

$$v = v_1 + v_2$$

這裡 v_1 和 v_2 分別是 i_1 和 i_2 的響應。在上一節，我們已求出步級電流 i_1 的響應是

$$v_1 = 12(1 - e^{-t})u(t)$$

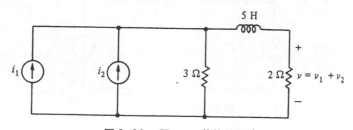

圖 8.28　圖 8.26 的等效電路

其次，我們需要電流 i_2 的響應 v_2，我們注意到 i_2 是 i_1 延遲 1 s 的負數，因此 v_2 可由 v_1 乘以 -1，且以 $t-1$ 代替 t 獲得，那結果是

$$v_2 = -12(1 - e^{-(t-1)})u(t - 1)$$

現在我們的解是

$$v = 12(1 - e^{-t})u(t) - 12(1 - e^{-(t-1)})u(t - 1) \tag{8.23}$$

這和(8.22)式是相同的（看練習8.9.1）。

例題 8.15

第二個例題是考慮圖8.29的 RC 網路，它包含兩個獨立源和一個初始的電容器電壓 $v(0) = V_0$；我們沿著左邊網目寫出KVL方程式爲

$$(R_1 + R_2)i + \frac{1}{C}\int_0^t i\ dt + V_0 = V_1 - R_2 I_1$$

在這方程式內，每一項都乘以一個常數 K，得

$$(R_1 + R_2)(Ki) + \frac{1}{C}\int_0^t (Ki)\ dt + KV_0 = KV_1 - R_2(KI_1)$$

很明顯的，電流響應變成 Ki，當獨立電源和初始的電容器電壓都被乘以因數 K 時，這說明了一個線性網路的比例性質，這結果很容易的推廣到任何含有一個或更多個電容器的線性電路上；因而初始的電容器電壓能被當做一個獨立電壓源，用相似的方法，也很容易證明初始的電感器電流能被當做一個獨立的電流源。

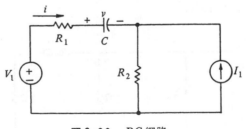

圖8.29　RC 網路

例題 8.16

現在我們先求 V_1，I_1 和 V_0 所引起的響應 v_1，v_2 和 v_3，再利用重疊原理決定網路響應 v。圖8.30(a)是求 v_1 的電路，這是一個簡單的被激勵 RC 電路，它的初始電容器電壓爲零，對此電路的解爲

$$v_1 = V_1(1 - e^{-t/(R_1+R_2)C})$$

圖 8.30 (b)是求 v_2 的電路，這也是一個簡單的被激勵電路，它的初始電容器電壓也爲零，對此電路的解爲

$$v_2 = -R_2 I_1(1 - e^{-t/(R_1+R_2)C})$$

在圖 8.30 (c)內，電壓 v_3 是簡單的無源響應，它是由初始電容器電壓所引起的，因爲 $v_3(0) = V_0$，所以

$$v_3 = V_0 e^{-t/(R_1+R_2)C}$$

因此完全響應是

$$v = v_1 + v_2 + v_3$$
$$= V_1 - R_2 I_1 + (R_2 I_1 - V_1 + V_0)e^{-t/(R_1+R_2)C} \qquad (8.24)$$

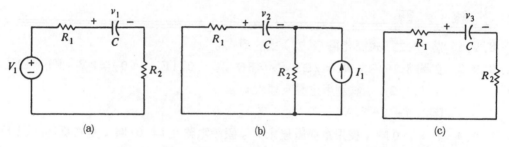

圖 8.30　對一個 RC 網路求 (a) v_1 , (b) v_2 , (c) v_3 的電路

檢查我們的解，可見它包含了一個激勵響應 v_f 和一個自然響應 v_n。而求 v_n 和 v_f 也是求解的另一個方法；當然重疊原理也能用來求 v_f，在上一例題的情形，得知

$$v_f = v_{1f} + v_{2f}$$

觀察圖 8.30 (a)和(b)，得知

$$v_{1f} = V_1$$

和

$$v_{2f} = -R_2 I_1$$

因此激勵響應是

$$v_f = V_1 - R_2 I_1$$

自然響應可從無源電路（圖 8.30 (c)）獲得，爲

$$v_n = A e^{-t/(R_1 + R_2)C}$$

因此

$$v = V_1 - R_2 I_1 + A e^{-t/(R_1 + R_2)C} \qquad (8.25)$$

因爲 $v(0) = V_0$，所以有

$$A = R_2 I_1 - V_1 + V_0$$

將 A 代入（8.25）式，可得（8.24）式。

___ 練 ___ 習 ___

8.9.1 將（8.22）式簡化爲（8.23）式的型式。

8.9.2 在圖 8.29 內，$R_1 = 2\,\Omega$，$R_2 = 3\,\Omega$，$C = 0.1\,\mathrm{F}$，$v(0) = 8\,\mathrm{V}$，$V_1 = 12\,\mathrm{V}$，$I_1 = 2\,\mathrm{A}$，試利用重疊原理求 v。

答：$6 + 2e^{-2t}\,\mathrm{V}$

8.9.3 對 $t > 0$ 時，使用重疊原理求 i。假設電路在 $t = 0^-$ 時，是在穩態狀況下

答：$5 + 10(1 - e^{-500t})\,\mathrm{mA}$

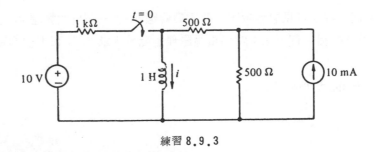

練習 8.9.3

8.10 SPICE和暫態響應
（SPICE AND THE TRANSIENT RESPONSE）

　　ＳＰＩＣＥ對求含有儲能元件（像電容器和電感器）和激勵源（像 ｄｃ、指數、脈衝、正弦和片斷式線性）網路的暫態響應是一個非常有用的工具。如前章解簡單 RC 和 RL 電路一樣，求解必須先決定暫態響應發生那一瞬間，所有儲能裝置的初

始條件。若暫態響應發生前電路是在穩態情況下，則可用SPICE內的直流分析來決定初始條件，這現象就像前章所描述的開關動作。SPICE可模擬開關動作後那一瞬間的響應。在描述暫態響應模擬程序之前，先提醒讀者回顧附錄E內的C和L敍述及 .PLOT和 .TRAN指令。

例題8.17

若圖8.31(a)電路內的開關在 $t = 0$ 時動作，求並畫出開關動作後 75 ms 內的電容器電壓。在開關動作之前，讓我們假設電路是在直流穩態情況下，如圖8.31(b)所示。決定初始電容器電壓的SPICE電路檔案為

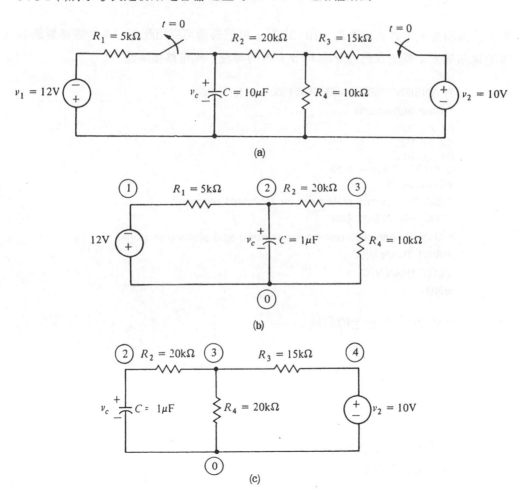

圖8.31　(a)RC電路；(b) $t = 0^-$ 時的直流穩態電路；(c) $t = 0^+$ 時的暫態電路

```
INITIAL CONDITIONS FOR FIG. 8.31(b)
* Data Statements
V1 1 0   DC −12
R1 1 2 5K
R2 2 3 20K
R4 3 0 10K
C 2 0 1E−6
* Solution control statement
.DC V1 −12 −12 1
* Output control statement
.PRINT DC V(C)
.END
```

輸出檔案說初始電容器電壓為 −10.29 V 。用這初值可寫出圖 8.31 (c)電路暫態響應的電路檔案，假使我們想看前 10 ms 內的響應，則電路檔案為

```
TRANSIENT RESPONSE FOR FIG. 8.31(c)
* Data Statements
R2 2 3 20K
R3 3 4 15K
R4 3 0 10K
C 2 0 1E−6 IC=−10.29
V2 4 0 DC 10
* Solution control statement for transient response
.TRAN 5MS 75MS UIC
* Output control statement for printing and plotting response
.PRINT TRAN V(C)
.PLOT TRAN V(C)
.END
```

圖 8.32 表示這程式所產生的圖形。

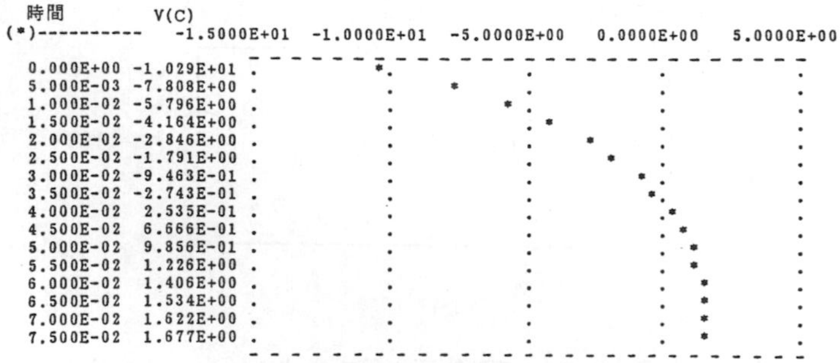

```
  時間        V(C)
(*)---------   -1.5000E+01  -1.0000E+01  -5.0000E+00   0.0000E+00   5.0000E+00
0.000E+00 -1.029E+01 .            *        .            .            .
5.000E-03 -7.808E+00 .                 *   .            .            .
1.000E-02 -5.796E+00 .                     *            .            .
1.500E-02 -4.164E+00 .                     .      *     .            .
2.000E-02 -2.846E+00 .                     .          * .            .
2.500E-02 -1.791E+00 .                     .            *            .
3.000E-02 -9.463E-01 .                     .            .  *         .
3.500E-02 -2.743E-01 .                     .            .     *      .
4.000E-02  2.535E-01 .                     .            .       *    .
4.500E-02  6.666E-01 .                     .            .         *  .
5.000E-02  9.856E-01 .                     .            .          * .
5.500E-02  1.226E+00 .                     .            .           *.
6.000E-02  1.406E+00 .                     .            .            *
6.500E-02  1.534E+00 .                     .            .            *
7.000E-02  1.622E+00 .                     .            .            *
7.500E-02  1.677E+00 .                     .            .            *
```

圖 8.32   圖 8.31 電路的暫態響應

例題 8.17 中，電壓源 $v_2 = 10\text{V}$ 。SPICE可模擬各種激勵的暫態響應，這如表 8.1 所示。

表 8.1 在 $0 < t < 0.1S$ 內，圖 8.31 內各種 v_2 激勵的例題

v_2	SPICE 敘述
$10e^{-10t}$ V	V2 4 0 EXP(10V 0V 0S 0.1S 1S)
$10[u(t) - u(t - 0.02)]$ V	V2 4 0 PULSE(10V 0V 0.02S 0S 0.1S)
$100t$ V	V2 4 0 PWL(0S 0V 0.1S 10V)
$10 \sin[2\pi(2.5t)]$ V	V2 4 0 SIN(0V 10V 2.5HZ)

練 習

8.10.1 用 SPICE 求(a) $i_L(0^-)$ ；(b) $0 < t < 30\mu\text{s}$ 內的 $i_L(t)$ 圖形。
答：-2.475 mA 。

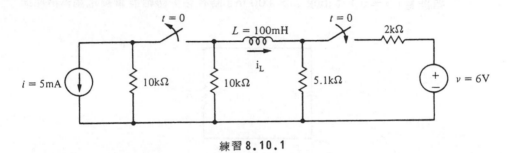

練習 8.10.1

8.10.2 重做練習 8.10.1 ，其中 $v = 5 * 10^5 t$ V 。

8.10.3 若 $v(0) = 10\text{V}$ ，畫出 $0 < t < 10\text{ms}$ 內的 v 。

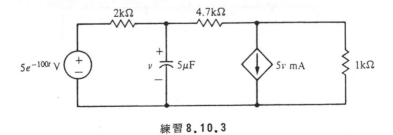

練習 8.10.3

習 題

8.1 若 $v(0^-) = 10 \text{V}$，求 $t > 0$ 時的 $v(t)$ 。

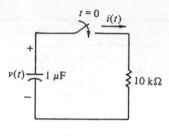

習題 8.1

8.2 若習題 8.1 內的初始儲存能量 $w_c(0) = 8 \mu \text{J}$ ，求 $t > 0$ 時的 $i(t)$ 。

8.3 (a)若串聯 RC 電路內的 $v = 8 e^{-5t} \text{V}$ ， $i = 20 e^{-5t} \mu \text{A}$ ，求 R、C 和初始能量（ $t = 0$ ）；(b)求 $t > 100 \text{ms}$ 時有多少初始能量被電阻器消耗掉 。

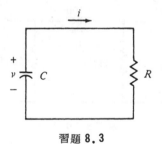

習題 8.3

8.4 若 $t = 0^-$ 時電路為穩態，求 $t > 0$ 時的 v 。

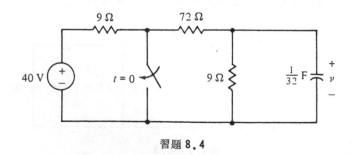

習題 8.4

8.5 若 $i(0) = 1 \text{A}$ ，求 $t > 0$ 時的 v 和 i 。

8.6 若 $t = 0^-$ 時電路為穩態，求 $t > 0$ 時的 v 。

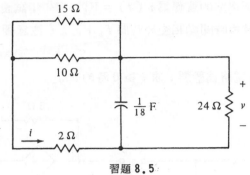

習題 **8.5**

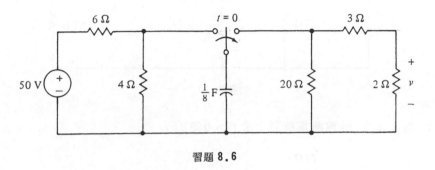

習題 **8.6**

8.7 若 $t = 0^-$ 時電路爲穩態，求 $t > 0$ 時的 i 。

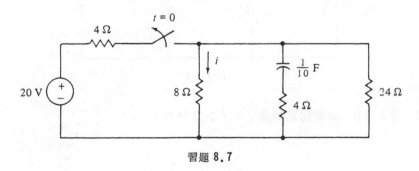

習題 **8.7**

8.8 若 $v(0) = 6\text{V}$ ，求 $t > 0$ 時的 i 。

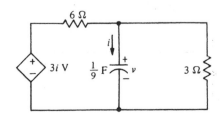

習題 **8.8**

8.9 考慮一個無源電路的響應為 $v(t)=V_0 e^{-t/\tau}$ ，試證明在時間 t_1 切這響應圖形的直線與時間軸相交於時間 $t_1+\tau$ 。（注意圖 8.7 是 $t_1=0$ 的情形。）

8.10 若 $t=0^-$ 時電路為穩態，求 $t>0$ 時的 v 。

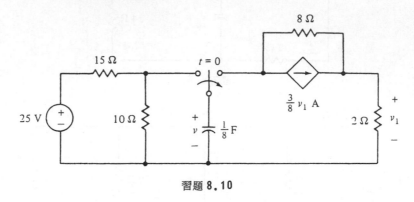

習題 **8.10**

8.11 若 $t=0^-$ 時電路為穩態，求 $t>0$ 時的 i 。

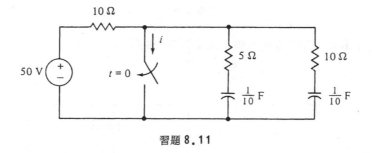

習題 **8.11**

8.12 若 $t=0^-$ 時電路為穩態，求 $t>0$ 時的 i 。

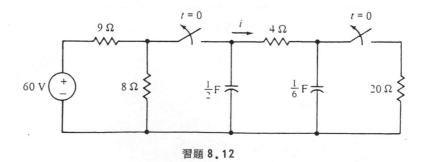

習題 **8.12**

8.13 (a)若 $t=0^-$ 時電路爲穩態，求 $t>0$ 時的 v ；(b)重做(a)部份，其中電阻器 R_1 與電源 V_0 串聯。

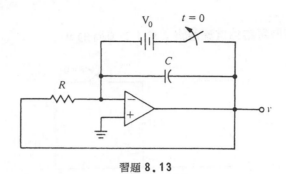

習題 **8.13**

8.14 若 $t=0^-$ 時電路爲穩態，求 $t>0$ 時的 v 。

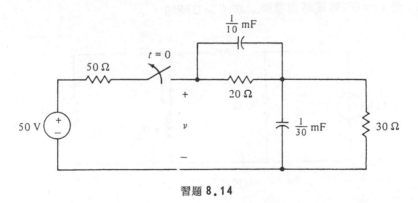

習題 **8.14**

8.15 若 $t=0^-$ 時電路爲穩態，求 $t>0$ 時的 i 。

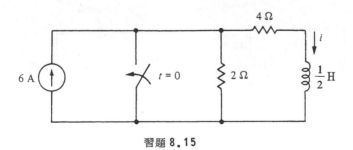

習題 **8.15**

8.16 在一個無源 RL 串聯電路內的電流 $i = 8 e^{-5t}$ A，且跨在電阻器上的電壓 $v = 32 e^{-5t}$ V。若電流流入電壓的正端點，求 R、L 和初始能量（在 $t = 0$ 時）。

8.17 在 $t = 0$ 時電路為直流穩態，求 $t > 0$ 時的 v。

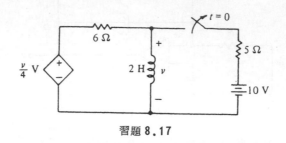

習題 8.17

8.18 若 $t = 0^-$ 時電路為穩態，求 $t > 0$ 時的 i。

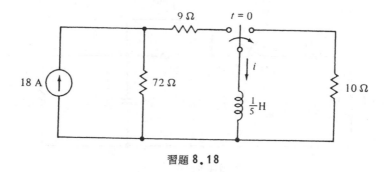

習題 8.18

8.19 若 $t = 0^-$ 時電路為穩態，求 $t > 0$ 時的 v 和 i。

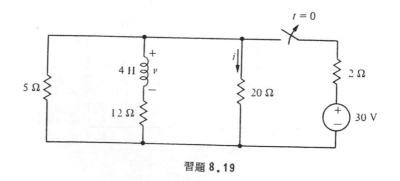

習題 8.19

8.20 若 $t = 0^-$ 時電路為穩態，求 $t > 0$ 時的 i 。

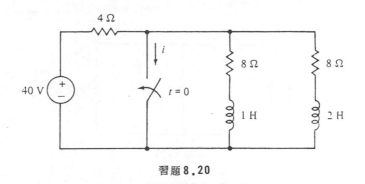

習題 8.20

8.21 若 $t = 0^-$ 時電路為穩態，求 $t > 0$ 時的 i 。

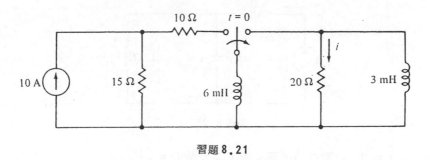

習題 8.21

8.22 若 $t = 0^-$ 時電路為穩態，求 $t > 0$ 時的 v 。

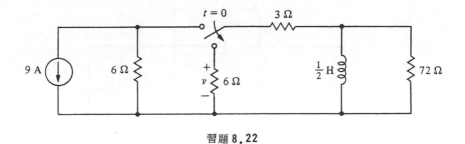

習題 8.22

8.23 若 $i(0) = 2A$ ，求 $t > 0$ 時的 i 。

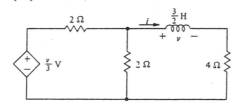

習題 8.23

8.24 若 $i(0) = 5\,\mathrm{A}$ ，求 $t > 0$ 時的 i 。

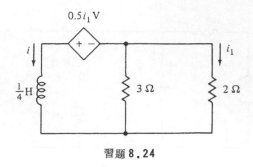

習題 8.24

8.25 若 $v(0) = -6\,\mathrm{V}$ ，求 $t > 0$ 時的 i 和 v 。

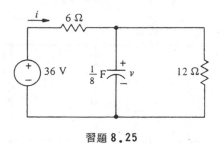

習題 8.25

8.26 若 $t = 0^-$ 時電路爲穩態，求 $t > 0$ 時的 v 。

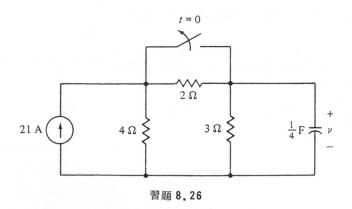

習題 8.26

8.27 若 $t = 0^-$ 時電路爲穩態，求 $t > 0$ 時的 v 。

8.28 若 $t = 0^-$ 時電路爲穩態，求 $t > 0$ 時的 v 。

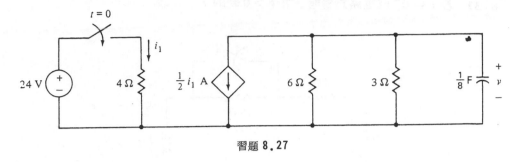

習題 8.27

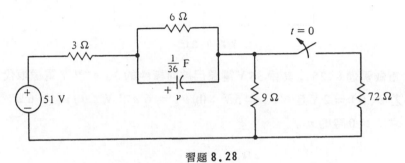

習題 8.28

8.29 若 $t = 0^-$ 時電路爲穩態，求 $t > 0$ 時的 i 。

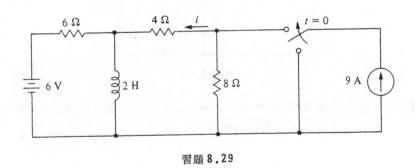

習題 8.29

8.30 若無初始儲存能量，求 $t > 0$ 時的 v_1 。

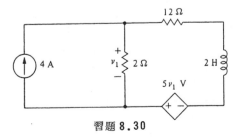

習題 8.30

8.31 若 $t = 0^-$ 時電路爲穩態，求 $t > 0$ 時的 i 。

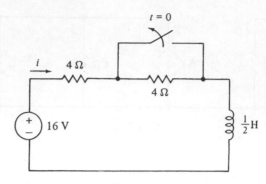

習題 8.31

8.32 重做習題 8.25 ，其中 36 V 電源已被同極性的 $36\,e^{-3t}$ V 電源取代。

8.33 若 $v(0) = 2$ V 且 (a) $v_g = 6$ V ；(b) $v_g = 6\,e^{-t}$ V ；(c) $v_g = 6\,e^{-3t}$ V ，
求 $t > 0$ 時的 v 。

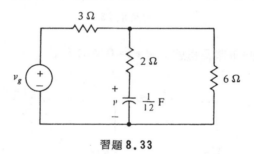

習題 8.33

8.34 若 $v(0) = 0$ 且 (a) $v_g = 4$ V ；(b) $v_g = 2\,e^{-2t}$ V ；(c) $v_g = 2\cos 2t$ V
，求 $t > 0$ 時流入電容器的電流 。

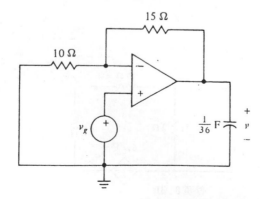

習題 8.34

8.35 若 $t = 0^-$ 時電路爲穩態，求 $t > 0$ 時的 v 和 i 。

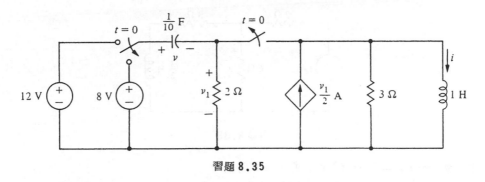

習題 8.35

8.36 若 $v_g = 2\,e^{-3t}$ V ， $v_c(0) = 0$ ，求 $t > 0$ 時的 v 。

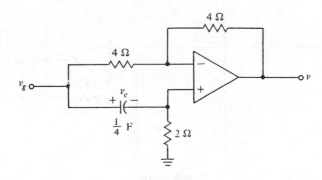

習題 8.36

8.37 若 $v_g = 2\,e^{-3t}\,u(t)$ V ，求 v 。

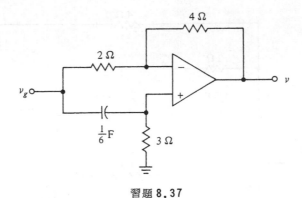

習題 8.37

8.38 若(a) $v_g = 12 u(t) V$;(b) $v_g = 12 [u(t) - u(t-1)] V$,求 v 。

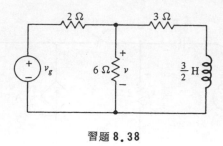

習題 8.38

8.39 若 $v_g = 3 u(t) V$,求 $t > 0$ 時的 v 。

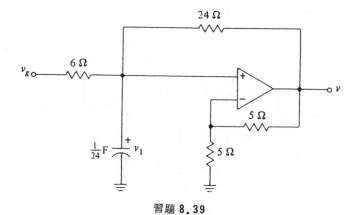

習題 8.39

8.40 若 $v_1(0) = 0$, $v_g = 12 u(t) V$,求 $t > 0$ 時的 v 。

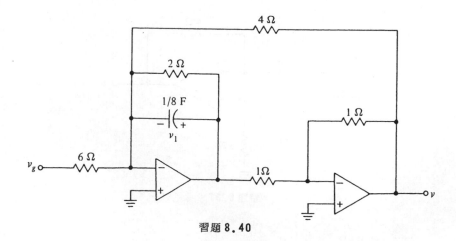

習題 8.40

電腦應用習題

8.41 用 SPICE 解 (a) 習題 8.19；(b) 習題 8.28；(c) 習題 8.35。

8.42 若 $v_g = 10 \sin 1000\, t\; u(t)\,\text{V}$，$v_1(0) = 4\,\text{V}$，用 SPICE 畫出 $0 < t < 0.01\,\text{ms}$ 內的輸出電壓 v。

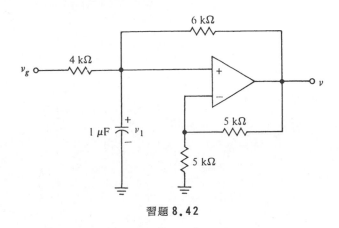

習題 8.42

8.43 若習題 8.40 內的 v_g 如圖所示，用 SPICE 畫出 $0 < t < 4\,\text{s}$ 內的輸出電壓。（提示：應用 SPICE 時，對 v_g 以 $t+1$ 來取代 t。）

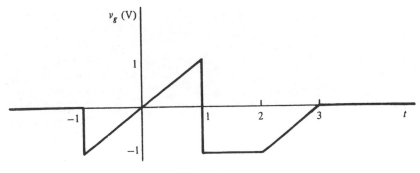

習題 8.43

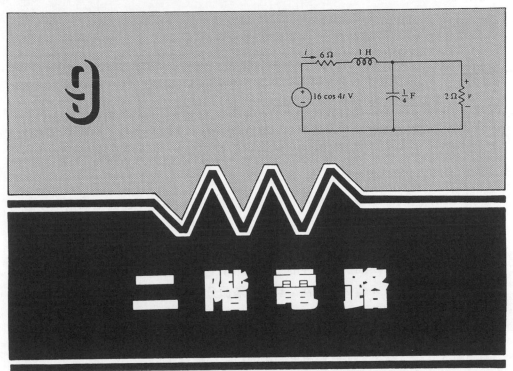

9

二 階 電 路

上帝！我已完成甚麼！（在第一封電報內所記錄的著名句子。）

Samuel F. B. Morse

　　大多數人都認為電報是第一個電的實用例子。電報是一位美國肖像畫家和發明家Morse所發明的，他根據美國物理學家Joesph Henry的觀念，用電驛的啟斷來產生短、長音（或Morse碼）以表示文字和數字。

　　Morse出生於Massachusetts的Charlestown市，他是一位牧師和作家的兒子。他曾在倫敦的皇家藝術學會和Yale大學進修以便成為一位藝術家，但在1815年他希望他能適度地成功。1826年，Morse協助籌組國家設計協會，並成為首任會長。然而在前一年他失去了他的妻子，在1826年他父親逝世，在1828年他母親去世。1828年後的幾年，傷心的Morse前往歐洲尋求恢復並進一步深造。1832年，他乘坐客輪Sully回國的途中遇見一位不平凡的發明家，隨後Morse即有發明電報的興趣。Morse在1836年成立工作室，1837年找到一位研究夥伴Alfred Vail，並供給整個計畫的研究費用。1844年，他們的努力終於獲得了結果，並於3月24日由Morse發出第一封電報，即著名的信函"上帝！我已完成甚麼！"。

描 述含有儲能元件的線性電路方程式（輸出對輸入的關係），可以被一個線性微分方程式表示，原因是在迴路或節點方程式內，元件的端點關係是微分、積分或未知元和源變數的乘積。很明顯的，一個方程式的一次單一微分，可消去它所包含的任何積分，所以對一個已知電路的迴路或節點方程式，通常被考慮爲微分方程式。

描述方程式則可由這些方程式求得。

若電路只包含一個儲能元件或是一個開關動作時，轉換電路爲兩個或更多個獨立電路，且它們都不含有超過一個儲能元件時，則此電路可被一階微分方程式描述，也稱此電路爲一階電路。

本章將討論含有兩個儲能元件的二階電路，它的描述方程式是二階微分方程式。通常 n 階電路包含 n 個儲能元件，且被 n 階微分方程式描述。對一階和二階（ $n=1$ 和 $n=2$ ）電路的結果，可以很容易的推廣到一般情形，但我們在這裡將不討論。至於在習題 9.39 的描繪是三階微分方程式的解，它可用來解習題 9.40 的三階電路，在第十四章中，我們將更詳細的討論高階電路。

另一個解高階電路非常好的方法是第十八章的拉普拉斯轉換法，有興趣的讀者可以直接先讀這章，但這對以後的章節並非必需的。

9.1 有兩個儲能元件的電路
（CIRCUITS WITH TWO STORAGE ELEMENTS）

爲了說明二階電路的主題，讓我們從圖 9.1 開始，這裡輸出是網目電流 i_2 ，而我們將看到 i_2 滿足二階微分方程式，本章後幾節將討論解這些方程式的方法。

圖 9.1 電路的網目方程式爲

$$2\frac{di_1}{dt} + 12i_1 - 4i_2 = v_g$$

$$-4i_1 + \frac{di_2}{dt} + 4i_2 = 0$$

(9.1)

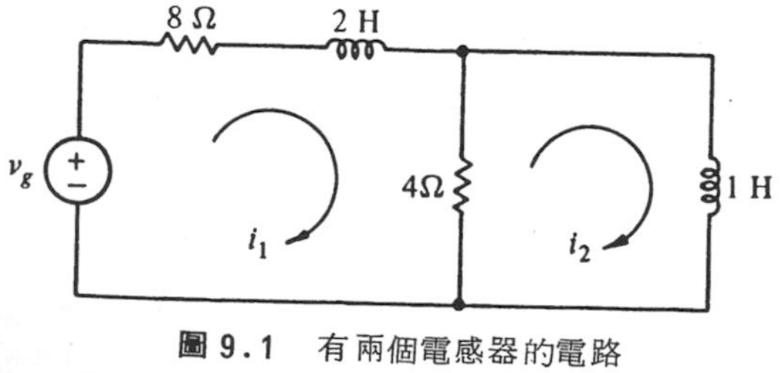

圖 9.1　有兩個電感器的電路

從第二個方程式，得知

$$i_1 = \frac{1}{4}\left(\frac{di_2}{dt} + 4i_2\right) \tag{9.2}$$

微分 (9.2) 式，得

$$\frac{di_1}{dt} = \frac{1}{4}\left(\frac{d^2 i_2}{dt^2} + 4\frac{di_2}{dt}\right) \tag{9.3}$$

將 (9.2) 式和 (9.3) 式代回 (9.1) 式，消去 i_1 且將最終方程式乘以 2，得

$$\frac{d^2 i_2}{dt^2} + 10\frac{di_2}{dt} + 16i_2 = 2v_g \tag{9.4}$$

因而對輸出 i_2 的描述方程式是一個二階微分方程式，即一個微分方程式最高次微分是二階，對這理由我們說圖 9.1 是一個二階電路，且應注意到，典型的二階電路包含兩個儲能元件。

　　然而有些電路，對包含兩個儲能元件的電路有二階描述方程式這規則是例外的，例如圖 9.2 的電路，它有兩個電容器，參考節點如圖所示，則在節點 v_1 和 v_2 的節點方程式為

$$\frac{dv_1}{dt} + v_1 = v_g$$

$$\tag{9.5}$$

$$\frac{dv_2}{dt} + 2v_2 = 2v_g$$

　　選擇節點電壓 v_1 和 v_2 為未知元的結果，是導出兩個一階微分方程式，每一個方程式只包含一個未知元；當這情形發生時，我們說方程式是非耦合的（uncoupled），因而不需要消去程序來分開變數。從 (9.1) 式導出 (9.4) 式二階微分方程式的方法就是消去程序。(9.5) 式方程式能利用前一章的方法分別求解。

　　很明顯的，圖 9.2 雖然包含兩個儲能元件，但它不是一個二階電路，且跨在每一個 RC 組合上，是相同的電壓 v_g，因而這電路可以重畫為兩個一階電路。若電源是一個實際電源，而不是一個理想電源，則電路將是一個二階電路。（參閱習題 9.1）。

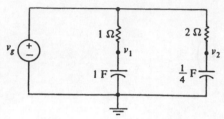

圖 9.2　有兩個電容器的電路

練習

9.1.1 求被網目電流 i_2 滿足的方程式。

答：$\dfrac{d^2 i_2}{dt^2} + 7\dfrac{di_2}{dt} + 6i_2 = \dfrac{dv_g}{dt}$

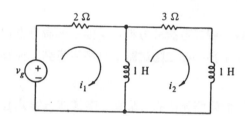

練習 9.1.1

9.1.2 在練習 9.1.1 中，$v_g = 14e^{-2t}$ V，$i_1(0^+) = 6$ A，$i_2(0^+) = 2$ A，求 $di_2(0^+)/dt$（di_2/dt 在 $t = 0^+$ 時的值）。

答：-4 A/s

9.1.3 對練習 9.1.2 所給的 $i_2(0^+)$，$di_2(0^+)/dt$ 和 v_g，證明練習 9.1.1 的 i_2 為

$$i_2 = -4e^{-t} + 7e^{-2t} - e^{-6t} \text{ A}$$

（建議：將答案代回微分方程式）

9.2 二階方程式（SECOND-ORDER EQUATIONS）

在第八章中，我們詳細的討論一階電路，且看到它們的描述方程式是一階微分方程式

$$\frac{dx}{dt} + a_0 x = f(t) \tag{9.6}$$

在 9.1 節我們定義二階電路，它含有兩個儲存元件，且描述方程式是二階微分方程式，其一般型式是

$$\frac{d^2x}{dt^2} + a_1\frac{dx}{dt} + a_0 x = f(t) \tag{9.7}$$

在 (9.6) 式和 (9.7) 式內 a's 是常數，x 可以是一個電壓或一個電流，而 $f(t)$ 是一個已知獨立源的函數。

　　舉一個例題，對圖 9.1 的電路，它的描述方程式是 (9.4) 式，比較 (9.4) 式和 (9.7) 式，得知 $a_1 = 10$，$a_0 = 16$，$f(t) = 2v_g$，$x = i_2$。

　　從第八章得知，滿足 (9.6) 式的完全響應是

$$x = x_n + x_f \tag{9.8}$$

這裡 x_n 是當 $f(t) = 0$ 時所得的自然響應，x_f 是滿足 (9.6) 式的激勵響應，激勵響應和自然響應之不同處在於不包含任意常數。

　　假使這相同的程序應用在二階微分方程式 (9.7) 式上，則 (9.7) 式的解意謂著一個 x 函數能滿足 (9.7) 式；即當 x 代入 (9.7) 式時，左邊項相等於 $f(t)$。我們也需要 x 包含兩個任意常數，因為我們必須能夠滿足兩個條件，而這兩個條件被兩個儲能元件內初始儲存能量所限制著。

　　若 x_n 的自然響應相當於 $f(t) = 0$ 時的響應，則它必須滿足方程式

$$\frac{d^2x_n}{dt^2} + a_1\frac{dx_n}{dt} + a_0 x_n = 0 \tag{9.9}$$

因為它每一項包含同次的 x_n（右邊項可想成 $0 = 0x_n$。），所以這方程式有時叫做齊次方程式（homogeneous equation）。

　　若 x_f 滿足原始方程式，而它也是一階情形，則 (9.7) 式可改寫為

$$\frac{d^2x_f}{dt^2} + a_1\frac{dx_f}{dt} + a_0 x_f = f(t) \tag{9.10}$$

將 (9.9) 式和 (9.10) 式相加，且重新整理項，得

$$\frac{d^2}{dt^2}(x_n + x_f) + a_1\frac{d}{dt}(x_n + x_f) + a_0(x_n + x_f) = f(t) \tag{9.11}$$

這重新安排是可能的，當然這緣由於這些方程式是線性的。

　　比較 (9.7) 式和 (9.11) 式，我們知道 (9.8) 式是方程式的解，即滿足 (9.7)

式的 x 包含兩個部份，一個自然響應 x_n 滿足齊次方程式（9.9）式，和一個激勵響應 x_f 滿足原始方程式（9.10）式或（9.7）式。我們可看到自然響應包含兩個任意常數，而激勵響應則沒有任意常數，在下面三節裏，我們將討論求自然和激勵響應的方法。

當然，若在（9.7）式內推動或激勵函數為零，則激勵響應亦為零，且微分方程式的解簡化為自然響應。

讀者修微分方程課程時會發覺自然響應和激勵響應也分別稱為輔助解（complementary solutions）和特別解（particular solutions）。輔助解含有任意常數，但特別解則沒有。

___練____習_____

9.2.1 證明

$$x_1 = A_1 e^{-2t}$$

和 $x_2 = A_2 e^{-3t}$

是方程式

$$\frac{d^2x}{dt^2} + 5\frac{dx}{dt} + 6x = 0$$

的各自解，且和常數 A_1 和 A_2 的值無關。

9.2.2 證明

$$x = x_1 + x_2 = A_1 e^{-2t} + A_2 e^{-3t}$$

也是練習 9.2.1 微分方程式的一個解。

9.2.3 若練習 9.2.1 微分方程式右邊項改為 12，則證明

$$x = A_1 e^{-2t} + A_2 e^{-3t} + 2$$

是一個解。自然響應為 $A_1 e^{-2t} + A_2 e^{-3t}$，激勵響應為 2。

9.3 自然響應（THE NATURAL RESPONSE）

（9.7）式的通解

$$x = x_n + x_f$$

其中 x_n 必須滿足齊次方程式，這裡我們重寫為

$$\frac{d^2x}{dt^2} + a_1\frac{dx}{dt} + a_0x = 0 \tag{9.12}$$

很明顯的 $x = x_n$ 解必須是一個當它微分時，不會改變它的形式的函數；即函數它的一階微分和二階微分都必須有相同的形式，不然方程式左邊項的組合對所有時間 t 都不等於 0 。

因此我們首先嘗試

$$x_n = Ae^{st} \tag{9.13}$$

因為這是唯一重複微分它而不會改變形式的函數，它當然也和我們在第八章討論一階情形所用的函數相同，而 A 和 s 是待決定的常數。

在（9.12）式內 x 以（9.13）式代入，得

$$As^2 e^{st} + Asa_1 e^{st} + Aa_0 e^{st} = 0$$

或 $\qquad Ae^{st}(s^2 + a_1 s + a_0) = 0$

因為 Ae^{st} 不能是零〔若（9.13）式 $x_n = 0$ ，則它不能滿足任何儲存能量的初始條件〕，所以有

$$s^2 + a_1 s + a_0 = 0 \tag{9.14}$$

這方程式叫做特性方程式（characteristic equation）且是簡單的將（9.12）式內的微分，以 s 的次方取代的結果；即零次微分 x 以 s^0 代替，一階微分以 s^1 代替，而二階微分以 s^2 代替。

因為（9.14）式是一個二次方程式，我們沒有如同一階情形時的一個解，但從二次公式

$$s_{1,2} = \frac{-a_1 \pm \sqrt{a_1^2 - 4a_0}}{2} \tag{9.15}$$

可得 s_1、s_2 兩個解。因此，我們有兩個（9.13）式形式的自然分量，表示為

$$x_{n1} = A_1 e^{s_1 t}$$
$$x_{n2} = A_2 e^{s_2 t} \tag{9.16}$$

係數 A_1 和 A_2 當然是任意的。（9.16）式任一個解都滿足齊次方程式，原因是將任一個解代入（9.12）式，都能減化成（9.14）式。

現在提出一個重要的事實，由於（9.12）式是一個線性方程式，所以（9.16）式兩個解的和

$$x_n = x_{n1} + x_{n2} \tag{9.17}$$

也是（9.12）式的一個解。爲了瞭解這事實，我們只需要將 x_n 代入（9.12）式，這結果是

$$\frac{d^2}{dt^2}(x_{n1} + x_{n2}) + a_1\frac{d}{dt}(x_{n1} + x_{n2}) + a_0(x_{n1} + x_{n2})$$

$$= \left(\frac{d^2x_{n1}}{dt^2} + a_1\frac{dx_{n1}}{dt} + a_0x_{n1}\right) + \left(\frac{d^2x_{n2}}{dt^2} + a_1\frac{dx_{n2}}{dt} + a_0x_{n2}\right)$$

$$= 0 + 0 = 0$$

這是因爲 x_{n1} 和 x_{n2} 都滿足（9.12）式。

由（9.16）式和（9.17）式，得知

$$x_n = A_1e^{s_1t} + A_2e^{s_2t} \tag{9.18}$$

這是比（9.16）式中任一方程式更一般化的方程式（除了 $s_1 = s_2$）；事實上，若 s_1 和 s_2 是特性方程式（9.14）式的不同根（即不相等），則（9.18）式叫做齊次方程式的通解（general solutions）。

例題 9.1

舉一個例題，若齊次方程式爲

$$\frac{d^2i_2}{dt^2} + 10\frac{di_2}{dt} + 16i_2 = 0 \tag{9.19}$$

則它的特性方程式爲

$$s^2 + 10s + 16 = 0$$

那麼特性方程式的根爲 $s = -2$ 和 $s = -8$，所以通解爲

$$i_2 = A_1e^{-2t} + A_2e^{-8t} \tag{9.20}$$

大家可以直接將（9.20）式代回（9.19）式得證，這裡和任意常數值是無關的。

由於（9.18）式是自然響應，所以 s_1 和 s_2 有時叫做電路的自然頻率（natural frequence）。很明顯的，它們能扮演著相同的角色，如第八章討論的時間常數的倒數的負值；當然在二階情形下有兩個時間常數，例如圖9.1電路的自然頻率是 $s = -2$，-8，如（9.20）式所示，則兩個時間常數分別是½和⅛。

自然頻率的單位是時間常數單位的倒數，即爲秒的倒數（一個無因次量除以秒），因此 st 是無因次的。

練 習

9.3.1 給予一個線性微分方程式

$$(t-1)\frac{d^2x}{dt^2} + (t-2)\frac{dx}{dt} = 0$$

證明 $x_1 = te^{-t}$，$x_2 = 1$，和 $x_1 + x_2$ 都是它的解。

9.3.2 給予一個非線性微分方程式

$$x\frac{d^2x}{dt^2} - t\frac{dx}{dt} = 0$$

證明 $x_1 = t^2$，$x_2 = 1$ 是它的解，但 $x_1 + x_2$ 不是一個解。

9.3.3 給予

$$\text{(a)} \quad \frac{d^2x}{dt^2} + 7\frac{dx}{dt} + 10x = 0$$

$$\text{(b)} \quad \frac{d^2x}{dt^2} + 4\frac{dx}{dt} + 4x = 0$$

求特性方程式和自然頻率。

答：(a) -2，-5；(b) -2，-2

9.4 自然頻率的類型
(TYPES OF NATURAL FREQUENCIES)

因為一個二階電路的自然頻率是一個二次特性方程式的根，所以它們可以是實數、虛數或複數。根的特性是被（9.15）式的判別式 $a_1^2 - 4a_0$ 所決定，它可以是正的（相當不同的實數根）、負的（複數根）或零（相同的實數根）。

例題 9.2

例如圖 9.3 的電路，這裡的響應是電壓 v。為了多元化，我們將混合 KCL 和 KVL 定律。在節點 a 的節點方程式是

$$\frac{v-v_g}{4} + i + \frac{1}{4}\frac{dv}{dt} = 0$$

且右邊網目方程式是

$$Ri + \frac{di}{dt} = v$$

（我們已避免使用積分項。練習 9.4.4 將要求讀者只使用節點分析。）

從第一個方程式求出 i 後，代入第二個方程式得

$$-R\left[\frac{1}{4}\left(\frac{dv}{dt} + v - v_g\right)\right] + \frac{d}{dt}\left[-\frac{1}{4}\left(\frac{dv}{dt} + v - v_g\right)\right] = v$$

微分和簡化這結果，得

$$\frac{d^2v}{dt^2} + (R + 1)\frac{dv}{dt} + (R + 4)v = Rv_g + \frac{dv_g}{dt}$$

而自然分量 v_n 滿足齊次方程式

$$\frac{d^2v_n}{dt^2} + (R + 1)\frac{dv_n}{dt} + (R + 4)v_n = 0$$

從這得知特性方程式是

$$s^2 + (R + 1)s + R + 4 = 0$$

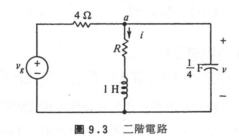

圖 9.3　二階電路

使用二次公式，得知自然頻率

$$s_{1,2} = \frac{-(R + 1) \pm \sqrt{R^2 - 2R - 15}}{2} \tag{9.21}$$

若在 (9.21) 式內，$R = 6\,\Omega$，則自然頻率

$$s_{1,2} = -2, -5 \tag{9.22}$$

是實數且不同；若 $R = 5\,\Omega$，則自然頻率

$$s_{1,2} = -3, -3 \tag{9.23}$$

是實數且相同；若 $R = 1\Omega$ ，則自然頻率

$$s_{1,2} = -1 \pm j2 \tag{9.24}$$

是複數，這裡 $j = \sqrt{-1}$ 。（在電機工程內，我們不能使用數學的虛數單位 i ，因為這會和電流 i 混淆不清。在附錄C內討論的複數是讀者必須去複習的主題。）

不同的實數根：過阻尼情形（Overdamped Case）

若自然頻率 s_1 ，$_2$ 是實數且不同值，則自然響應是（9.18）式，這情形叫做過阻尼情形；由於對一個實電路，s_1 和 s_2 是負數，使得響應隨時間衰減或減少。舉一例說明，在（9.22）式的情形，有

$$v_n = A_1 e^{-2t} + A_2 e^{-5t}$$

複數根：欠阻尼情形（Underdamped Case）

若自然頻率是複數，則通常有

$$s_{1,2} = \alpha \pm j\beta$$

這裡 α 和 β 是實數。由（9.18）式得知自然響應的一般形式為

$$x_n = A_1 e^{(\alpha+j\beta)t} + A_2 e^{(\alpha-j\beta)t} \tag{9.25}$$

這裡出現了一個複數，且對一個實際電流或電壓並不是一個適合的解；但由於 A_1 和 A_2 是複數，所以（9.25）式在數學上是正確的，雖然這表示法有些不方便。

為了使自然響應（9.25）式有最佳的形式，讓我們考慮奧衣勒公式（Euler's formula）

$$e^{j\theta} = \cos\theta + j\sin\theta \tag{9.26}$$

且它的可變形式，可以 $-j$ 代替 j 獲得為

$$e^{-j\theta} = \cos\theta - j\sin\theta \tag{9.27}$$

這些結果在附錄D內推導出。

使用（9.26）式和（9.27）式，可以寫（9.25）式為

$$
\begin{aligned}
x_n &= e^{\alpha t}(A_1 e^{j\beta t} + A_2 e^{-j\beta t}) \\
&= e^{\alpha t}[A_1(\cos\beta t + j\sin\beta t) + A_2(\cos\beta t - j\sin\beta t)] \\
&= e^{\alpha t}[(A_1 + A_2)\cos\beta t + (jA_1 - jA_2)\sin\beta t]
\end{aligned}
$$

因為 A_1 和 A_2 是任意的，讓我們重令常數為

$$A_1 + A_2 = B_1$$
$$jA_1 - jA_2 = B_2$$

使得　　　$x_n = e^{\alpha t}(B_1 \cos \beta t + B_2 \sin \beta t)$　　　　　　　　　　　　(9.28)

　　複數根的情形叫做欠阻尼情形。對一個實電路，α 是負數使得響應（9.28）式隨著時間減少，但由於正弦項之故，阻尼伴隨著振盪，這是和過阻尼情形不同之處。

例題 9.3

　　玆舉一例，在（9.24）式，$\alpha = -1$ 和 $\beta = 2$，使得

$$v_n = e^{-t}(B_1 \cos 2t + B_2 \sin 2t)$$

這裡 B_1 和 B_2 當然是任意的。

等實根：臨界阻尼情形（Critically Damped Case）

　　自然頻率的最後型式是實數且相等，即

$$s_1 = s_2 = k \tag{9.29}$$

這顯示了臨界阻尼的特徵，它是過阻尼和欠阻尼間的分歧線。在臨界阻尼情形下，（9.18）式不再是通解，因爲 x_{n1} 和 x_{n2} 都有 Ae^{kt} 的形式，因而它們只有一個獨立的任意常數。對（9.29）式是自然頻率，那特性方程式必須是

$$(s - k)^2 = s^2 - 2ks + k^2 = 0$$

因此，齊次方程式必須是

$$\frac{d^2 x_n}{dt^2} - 2k\frac{dx_n}{dt} + k^2 x_n = 0 \tag{9.30}$$

　　因爲我們知道 Ae^{kt} 是 A 爲任意數的一個解，因此我們嘗試

$$x_n = h(t)e^{kt}$$

將這表示式代入（9.30）式且簡化它，得

$$\frac{d^2 h}{dt^2} e^{kt} = 0$$

因此 $h(t)$ 必須是對所有 t 它的二次微分是零，這是眞實的；若 $h(t)$ 是一次多項式，或

$$h(t) = A_1 + A_2 t$$

這裡 A_1 和 A_2 是任意常數。在重複根 $s_{1,2} = k$ 的情形下，通解是

$$x_n = (A_1 + A_2 t)e^{kt} \tag{9.31}$$

這可直接將（9.31）式代入（9.30）式得證。

例題 9.4

現舉一例，在（9.23）式情形下，有 $s_{1,2} = -3$，-3，因而

$$v_n = (A_1 + A_2 t)e^{-3t}$$

___練___習___

9.4.1 一個電路的描述方程式為

$$\frac{d^2 x}{dt^2} + a_1 \frac{dx}{dt} + a_0 x = 0$$

其中若(a) $a_1 = 5$，$a_0 = 4$；(b) $a_1 = 4$，$a_0 = 13$；(c) $a_1 = 8$，$a_0 = 16$，求此電路的自然頻率。

啓：(a)-1，-4；(b)$-2 \pm j3$；(c)-4，-4

9.4.2 在練習 9.4.1 內，待定的任意常數使得 $x(0) = 3$ 和 $dx(0)/dt = 6$，求 x。

啓：(a) $6e^{-t} - 3e^{-4t}$；(b) e^{-2t}（$3\cos 3t + 4\sin 3t$）；(c)（$3 + 18t$）e^{-4t}。

9.4.3 求 x，若

$$\frac{d^2 x}{dt^2} + 25x = 0$$

啓：$x = A_1 \cos 5t + A_2 \sin 5t$

9.4.4 若圖 9.3 內節點 b 的電壓為 v_1，證明兩節點方程式為

$$\frac{v - v_g}{4} + \frac{v - v_1}{R} + \frac{1}{4}\frac{dv}{dt} = 0$$

和 $\quad \dfrac{v_1 - v}{R} + \displaystyle\int_0^t v_1 dt + i(0) = 0$

微分第二個方程式，並將第一個方程式所導出的 v_1 值代入即可求得圖 9.3 的下降方程式（descending equation）。

9.5 激勵響應（THE FORCED RESPONSE）

一般二階電路的激勵響應 x_f 必須滿足（9.10）式，且不包含任意常數。有很多求 x_f 的方法，但為達到我們的目的，我們將用試探解的程序，如同先前的方法一樣。我們從一階電路得知，激勵響應有推動函數的形式，而一個定電源有一個常數的激勵響應，但響應必須滿足（9.10）式，即 x_f；x_f 的一次和二次微分均在（9.10）式左邊出現，因而我們可以嘗試 x_f 是（9.10）式右邊項和它的微分的組合。

例題 9.5

茲舉一例，讓我們考慮在圖 9.1 內 $v_g = 16\,V$ 的情形，則（9.4）式內，$i_2 = x$，得

$$\frac{d^2x}{dt^2} + 10\frac{dx}{dt} + 16x = 32 \tag{9.32}$$

先前在（9.20）式給予自然響應為

$$x_n = A_1e^{-2t} + A_2e^{-8t} \tag{9.33}$$

因為（9.32）式右邊是一個常數，且所有它的微分都是零，因而我們嘗試

$$x_f = A$$

這裡 A 是待決定的常數，注意到 A 不是任意的，而是一個滿足（9.32）式 x_f 解的特別值，將 x_f 代入（9.32）式，得

$$16A = 32$$

或 　　　$x_f = A = 2$

因此（9.32）式的全解是

$$x(t) = A_1e^{-2t} + A_2e^{-8t} + 2$$

在電感器內已知的初始儲存能量能用來計算 A_1 和 A_2。

在定激勵函數情形下，常可從電路本身得到 x_f，像上一個例題，在圖 9.1 內 $v_g = 16\,V$ 時 i_2 的穩態值就是 x_f。在穩態時，電感器看起來像短路，所以從圖得知

$$x_f = i_2 = 2\,A$$

例題 9.6

另一個例題，若在圖 9.1 內，有

$$v_g = 20 \cos 4t \text{ V}$$

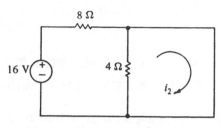

圖 9.4 圖 9.1 在穩態時的電路

則（9.4）式內，$i_2 = x$，得

$$\frac{d^2x}{dt^2} + 10\frac{dx}{dt} + 16x = 40 \cos 4t \tag{9.34}$$

自然響應如（9.33）式所給。爲了求激勵響應 x_f，我們需要找一個解，它包含（9.34）式右邊所有的項和它們可能的微分項，但這些項的待定係數必需使 x_f 滿足微分方程式。在我們考慮的情形，只有一個 $\cos 4t$ 項，因此試用

$$x_f = A \cos 4t + B \sin 4t \tag{9.35}$$

包含這項和所有它可能的微分（這裡是 $\cos 4t$ 和 $\sin 4t$ 乘以常數）。

從（9.35）式，得

$$\frac{dx_f}{dt} = -4A \sin 4t + 4B \cos 4t$$

$$\frac{d^2x_f}{dt^2} = -16A \cos 4t - 16B \sin 4t$$

將這些值和（9.35）式代入（9.34）式，且簡化爲

$$40B \cos 4t - 40A \sin 4t = 40 \cos 4t$$

因爲這必須相等，所以方程式兩邊類似項的係數必須一樣，對 $\cos 4t$ 項，得

$$40B = 40$$

對 $\sin 4t$ 項，得

$$-40A = 0$$

因而 $A = 0$ 且 $B = 1$ ，則

$$x_f = \sin 4t \tag{9.36}$$

從（9.33）式和（9.36）式，得知（9.34）式的全解爲

$$i_2 = x = A_1 e^{-2t} + A_2 e^{-8t} + \sin 4t \tag{9.37}$$

這可用直接代入法求證。

在表9.1內第一行是（9.7）式內某些常用的激勵函數 $f(t)$ ，第二行是相對的激勵響應的一般形式，它們常用來構成試探解（trial solution）x_f 。

表9.1　試探的激勵響應（trial forced response）

$f(t)$	x_f
k	A
t	$At + B$
t^2	$At^2 + Bt + C$
e^{at}	Ae^{at}
$\sin bt,\ \cos bt$	$A \sin bt + B \cos bt$
$e^{at} \sin bt,\ e^{at} \cos bt$	$e^{at}(A \sin bt + B \cos bt)$

練　習

9.5.1 求激勵響應，若

$$\frac{d^2x}{dt^2} + 4\frac{dx}{dt} + 3x = f(t)$$

這裡 $f(t)$ 爲(a) 6 ；(b) $8e^{-2t}$ ；(c) $6t + 14$ 。

答：(a) 2 ；(b) $-8e^{-2t}$ ；(c) $2t + 2$

9.5.2 若 $x(0) = 4$ 和 $dx(0)/dt = -2$ ，求在練習9.5.1的全解（complete solution）。

答：(a) $2e^{-t} + 2$ ；(b) $9e^{-t} - 8e^{-2t} + 3e^{-3t}$ ；(c) $e^{-t} + e^{-3t} + 2t + 2$

9.6　激勵含有一個自然頻率時的響應 （EXCITATION AT A NATURAL FREQUENCY）

假設電路方程式爲

$$\frac{d^2x}{dt^2} - (a + b)\frac{dx}{dt} + abx = f(t) \tag{9.38}$$

這裡的 a 和 $b \neq a$ 都是已知常數，在這情形下，它的特性方程式為

$$s^2 - (a + b)s + ab = 0$$

從這可知自然頻率為

$$s_1 = a, \qquad s_2 = b$$

因此自然響應為

$$x_n = A_1 e^{at} + A_2 e^{bt} \tag{9.39}$$

這裡 A_1 和 A_2 是任意的。

若現在的激勵函數包含一個自然頻率，即

$$f(t) = e^{at} \tag{9.40}$$

那麼以常用的程序，求得激勵響應為

$$x_f = Ae^{at} \tag{9.41}$$

且決定 A 使 x_f 滿足

$$\frac{d^2 x}{dt^2} - (a + b)\frac{dx}{dt} + abx = e^{at} \tag{9.42}$$

而將 x_f 代入（9.42）式，得

$$0 = e^{at}$$

這是一個不可能的狀況。

這情形我們很難從（9.41）式 x_f 有（9.39）式 x_n 的一個分量形式觀察出，且 x_f 將滿足相當於（9.38）式的齊次方程式；即以 x_f 代入（9.38）式，使得它的左邊項為零，那麼我們嘗試這種激勵響應如（9.41）式，就沒有效果了。

若我們將 x_f 的部份乘以 t ，即

$$x_f = Ate^{at} \tag{9.43}$$

來代替（9.41）式，則有

$$\frac{dx_f}{dt} = A(at + 1)e^{at}$$

$$\frac{d^2 x_f}{dt^2} = A(a^2 t + 2a)e^{at}$$

將這些值和（9.43）式代入（9.42）式，得

$$Ae^{at}[a^2 t + 2a - (a + b)(at + 1) + abt] = e^{at}$$

簡化爲　　$A(a - b)e^{at} = e^{at}$

因爲這式對所有時間 t 必須相等，所以

$$A = \frac{1}{a - b}$$

組合（9.39）式和（9.43）式，得（9.38）式全解爲

$$x = A_1 e^{at} + A_2 e^{bt} + \frac{te^{at}}{a - b}$$

例題 9.7

　　舉一例說明，若在圖 9.1 內，激勵爲

$$v_g = 6e^{-2t} + 32$$

則 $i_2 = x$ 時，由（9.4）式得知

$$\frac{d^2x}{dt^2} + 10\frac{dx}{dt} + 16x = 12e^{-2t} + 64 \tag{9.44}$$

自然響應是

$$x_n = A_1 e^{-2t} + A_2 e^{-8t}$$

注意微分方程式右邊項有 e^{-2t} 與 x_n 相同，我們試探

$$x_f = Ate^{-2t} + B$$

t 因數已被導入 x_f 的試探解，目的是避免 e^{-2t} 項的重疊，將 x_f 代入（9.44）式且簡化爲

$$6Ae^{-2t} + 16B = 12e^{-2t} + 64$$

因此，有 $A = 2$ 和 $B = 4$，使得

$$x_f = 2te^{-2t} + 4$$

則全解爲

$$i_2 = x = x_n + x_f$$

最後考慮（9.38）式，這裡 $b = a$ 且 $f(t)$ 是（9.40）式所給，即自然頻率與激勵頻率一樣，此時

$$\frac{d^2x}{dt^2} - 2a\frac{dx}{dt} + a^2x = e^{at} \tag{9.45}$$

特性方程式爲

$$s^2 - 2as + a^2 = 0$$

因此自然頻率是

$$s_1 = s_2 = a$$

則自然響應爲

$$x_n = (A_1 + A_2t)e^{at}$$

我們知道試探（9.41）式 x_f 是沒有用的，因爲它和自然響應重疊；在（9.43）式也是它和自然響應重疊而沒有用，然使 x_f 不和自然響應重疊的 t 最低次方是 2，因而我們嘗試

$$x_f = At^2e^{at}$$

將這 x_f 代入（9.45）式，得

$$2Ae^{at} = e^{at}$$

使得 $A = 1/2$ ，隨後求得的激勵和完全響應如前。

解決自然頻率與激勵頻率重複 n 次的經驗法則，是將 x_f 內的同頻率項乘以 t 的 $n-1$ 次方來消去重複的情形。

練　習

9.6.1 求激勵響應，若

$$\frac{d^2x}{dt^2} + 4\frac{dx}{dt} + 3x = f(t)$$

這裡 $f(t)$ 是 (a) $2e^{-3t} + 6e^{-4t}$ 和 (b) $4e^{-t} + 2e^{-3t}$.

答：(a) $2e^{-4t} - te^{-3t}$ ；(b) $t(2e^{-t} - e^{-3t})$

9.6.2 求激勵響應，若

$$\frac{d^2x}{dt^2} + 4\frac{dx}{dt} + 4x = f(t)$$

這裡 $f(t)$ 是(a) $6e^{-2t}$ 和(b) $6te^{-2t}$。〔建議：在(b)，試 $x_f = At^3e^{-2t}$〕

答：(a) $3t^2e^{-2t}$；(b) t^3e^{-2t}

9.6.3 求完全響應，若

$$\frac{d^2x}{dt^2} + 9x = 18\sin 3t$$

和 $x(0) = dx(0)/dt = 0$。〔建議：試 $x_f = t(A\cos 2t + B\sin 2t)$。〕

答：$\sin 3t - 3t\cos 3t$

9.7 完全響應（THE COMPLETE RESPONSE）

在前幾節裏我們注意到，一個電路的完全響應（complete response）是一個自然響應和一個激勵響應相加而成的，它包含任意常數，這些常數的決定要滿足特定的初始能量儲存條件。

例題9.8

爲了描述這程序，讓我們求 $t > 0$ 時的 $x(t)$，它能滿足系統方程式

$$\frac{dx}{dt} + 2x + 5\int_0^t x\, dt = 16e^{-3t}$$

$$x(0) = 2$$

(9.46)

我們先微分（9.46）式一次去消去積分項，得

$$\frac{d^2x}{dt^2} + 2\frac{dx}{dt} + 5x = -48e^{-3t}$$

它的特性方程式是

$$s^2 + 2s + 5 = 0$$

它的根爲

$$s_{1,2} = -1 \pm j2$$

因此自然響應是

$$x_n = e^{-t}(A_1\cos 2t + A_2\sin 2t)$$

試探激勵響應為

$$x_f = Ae^{-3t}$$

將 x_f 代入微分方程式，得

$$8Ae^{-3t} = -48e^{-3t}$$

使得 $A = -6$ ，因此完全響應為

$$x(t) = e^{-t}(A_1 \cos 2t + A_2 \sin 2t) - 6e^{-3t} \tag{9.47}$$

為了決定任意常數，我們需要兩個初始條件，一個是（9.46）式所給 $x(0) = 2$ ；為了獲得另一個，我們可以於 $t = 0$ 時計算（9.46）式的第一個方程式，結果為

$$\frac{dx(0)}{dt} + 2x(0) + 5 \int_0^0 x \, dt = 16$$

注意 $x(0)$ 的值和積分項是零，故

$$\frac{dx(0)}{dt} = 12 \tag{9.48}$$

對 $x(0) = 2$ 情形，（9.47）式變為

$$x(0) = A_1 - 6 = 2$$

或 $A_1 = 8$ 。對 $dx(0)/dt = 12$ 情形，將（9.47）式微分後，得

$$\frac{dx}{dt} = e^{-t}(-2A_1 \sin 2t + 2A_2 \cos 2t) - e^{-t}(A_1 \cos 2t + A_2 \sin 2t) + 18e^{-3t}$$

從這得

$$\frac{dx(0)}{dt} = 2A_2 - A_1 + 18 = 12 \tag{9.49}$$

由於 $A_1 = 8$ ，所以 $A_2 = 1$ 。

在這裡讓我們離開主題一下，去注意得到（9.49）式的一個非常容易的方法；我們可以微分 $x(t)$ 且立即以 0 代替 t ，即在（9.47）式內，在 $t = 0$ 時的 x 微分是在 $t = 0$ 時，e^{-t}（這裡是 1）乘以（$A_1 \cos 2t + A_2 \sin 2t$）的微分（這裡是 $2A_2$）加上（$A_1 \cos 2t + A_2 \sin 2t$）（這裡是 A_1）乘以 e^{-t} 的微分（這裡是 -1）加上 $-6e^{-3t}$ 的微分（這裡是 18）。這些過程都寫在（9.49）式內，它能立刻做到

且省略中間的步驟。

回到我們的問題，現在我們已求得任意常數值，使得（9.47）式的最後答案爲

$$x = e^{-t}(8 \cos 2t + \sin 2t) - 6e^{-3t}$$

例題 9.9

舉最後一個例題，在圖 9.5 電路內，若 $v_1(0)=v(0)=0$ ，$v_g=5\cos 2000\,t$ V ，求 $t>0$ 時的 v 。在節點 v_1 的節點方程式是

$$2 \times 10^{-3}v_1 - 10^{-3}v_g - \frac{1}{2} \times 10^{-3}v + 10^{-6}\frac{dv_1}{dt} = 0$$

或　　　　$4v_1 - v + 2 \times 10^{-3}\frac{dv_1}{dt} = 2v_g = 10 \cos 2000t$　　　　　　(9.50)

在運算放大器反相輸入端的節點方程式是

$$\frac{1}{2} \times 10^{-3}v_1 + \frac{1}{8} \times 10^{-6}\frac{dv}{dt} = 0$$

或　　　　$v_1 = -\frac{1}{4} \times 10^{-3}\frac{dv}{dt}$　　　　　　　　　　　　　　(9.51)

將（9.51）式代入（9.50）式且簡化爲

$$\frac{d^2v}{dt^2} + 2 \times 10^3\frac{dv}{dt} + 2 \times 10^6v = -2 \times 10^7 \cos 2000t$$

這微分方程式的特性方程式爲

$$s^2 + 2 \times 10^3s + 2 \times 10^6 = 0$$

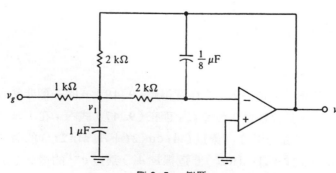

圖 9.5　例題

所以它的自然頻率為 $s_{1,2} = 1000(-1 \pm j1)$，因此自然響應是

$$v_n = e^{-1000t}(A_1 \cos 1000t + A_2 \sin 1000t)$$

對激勵響應，我們試探

$$v_f = A \cos 2000t + B \sin 2000t$$

將 v_f 代入微分方程式，得

$$(-2A + 4B) \cos 2000t + (-4A - 2B) \sin 2000t = -20 \cos 2000t$$

由於相似項係數相等，所以

$$-2A + 4B = -20$$
$$-4A - 2B = 0$$

從這得知 $A = 2$ 和 $B = -4$，因而完全響應是

$$v = e^{-1000t}(A_1 \cos 1000t + A_2 \sin 1000t) + 2 \cos 2000t - 4 \sin 2000t \quad (9.52)$$

對 $t = 0^+$ 時，從（9.51）式知

$$v_1(0^+) = -\frac{1}{4} \times 10^{-3} \frac{dv(0^+)}{dt}$$

且因 $v_1(0^+) = v_1(0^-) = 0$，所以有

$$\frac{dv(0^+)}{dt} = 0 \quad (9.53)$$

像 v_1 一樣，v 也是一個電容器電壓$\left(\text{跨在} \dfrac{1}{8} \mu\text{F 電容器上}\right)$，故

$$v(0^+) = v(0^-) = 0 \quad (9.54)$$

從（9.52）式和（9.54）式，得知

$$A_1 + 2 = 0$$

或 $A_1 = -2$，且由（9.52）式和（9.53）式得知

$$1000A_2 - 1000A_1 - 8000 = 0$$

因此知道 $A_2 = 6$，而完全響應則為

$$v = e^{-1000t}(-2 \cos 1000t + 6 \sin 1000t) + 2 \cos 2000t - 4 \sin 2000t \text{ V}$$

___練___習___

9.7.1 求 $t > 0$ 時的 x，這裡

$$\frac{dx}{dt} + 2x + \int_0^t x\, dt = f(t)$$

$$x(0) = -1$$

且 (a) $f(t) = 1$，(b) $f(t) = t^2$。

答：(a) $(-1 + 2t) e^{-t}$；(b) $3(1 + t) e^{-t} + 2t - 4$

9.7.2 在 $t = 0^+$ 時，求 i，v，di/dt 和 dv/dt。

答：0，0，$2\,A/s$，$40\,V/s$

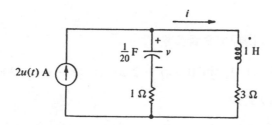

練習 9.7.2

9.7.3 在練習 9.7.2，求 $t > 0$ 時的 (a) v 和 (b) i。（建議：由克西荷夫定律和電路元件的端點關係得知，i 和 v 有相同的自然頻率，因而 v_n 很容易從 i_n 獲得；它的激勵響應可觀察電路而明確的獲得。）

答：(a) $e^{-2t}(-6\cos 4t + 7\sin 4t) + 6V$；(b) $e^{-2t}\left(-2\cos 4t - \frac{1}{2}\sin 4t\right) + 2\,A$。

9.8 並聯的 RLC 電路（THE PARALLEL RLC CIRCUIT）

圖 9.6 (a) 的並聯 RLC 電路是最重要的二階電路之一，我們假設 $t = 0$ 時，它有一個初始電感器電流

$$i(0) = I_0 \tag{9.55}$$

和一個初始電容器電壓

$$v(0) = V_0 \tag{9.56}$$

且分析電路去求 $t > 0$ 時的 v。

這需要一個單一節點方程式為

$$\frac{v}{R} + \frac{1}{L} \int_0^t v \, dt + I_0 + C\frac{dv}{dt} = i_g \qquad (9.57)$$

且是一個積微分方程式；將它微分一次，得

$$C\frac{d^2v}{dt^2} + \frac{1}{R}\frac{dv}{dt} + \frac{1}{L}v = \frac{di_g}{dt}$$

為了求自然響應，讓右邊項為零，結果為

$$C\frac{d^2v}{dt^2} + \frac{1}{R}\frac{dv}{dt} + \frac{1}{L}v = 0 \qquad (9.58)$$

這結果相當於在電路上去掉電流源，如圖 9.6 (b)所示，且寫下節點方程式 ，且從（9.58）式得知特性方程式是

$$Cs^2 + \frac{1}{R}s + \frac{1}{L} = 0$$

自然頻率是

$$s_{1,2} = \frac{-\dfrac{1}{R} \pm \sqrt{\dfrac{1}{R^2} - \dfrac{4C}{L}}}{2C} = -\frac{1}{2RC} \pm \sqrt{\left(\frac{1}{2RC}\right)^2 - \frac{1}{LC}} \qquad (9.59)$$

一般的二階電路有三種類型的響應，它與（9.59）式內 $1/R^2 - 4C/L$ 有關，我們現在來看這三種情形；為了簡單起見，我們令 $i_g = 0$ 且考慮圖 9.6 (b)的無源情形，因而此時激勵響應是零，而自然響應是完全響應。

過阻尼情形

若行列式是正的，即

$$\frac{1}{R^2} - \frac{4C}{L} > 0$$

或相當於

$$L > 4R^2C \qquad (9.60)$$

則（9.59）式的自然頻率是不同的負實數，且

$$v = A_1 e^{s_1 t} + A_2 e^{s_2 t} \qquad (9.61)$$

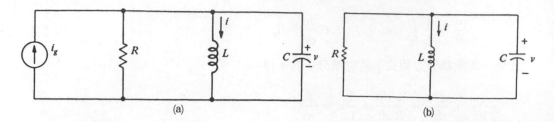

圖 9.6　(a)並聯的 RLC 電路；(b)去掉電源

在過阻尼情形下，從初始條件及在 $t = 0^+$ 時計算（9.57）式，得

$$\frac{dv(0^+)}{dt} = -\frac{V_0 + RI_0}{RC}$$

(9.62)

這和（9.56）式皆能被用來決定任意常數值。

例題 9.10

茲舉一例，若 $R = 1\,\Omega$ ，$L = \frac{4}{3}\mathrm{H}$ ，$C = \frac{1}{4}\mathrm{F}$ ，$V_0 = 2\,\mathrm{V}$ 和 $I_0 = -3\,\mathrm{A}$，則（9.59）式有 $s_{1,2} = -1$ ， -3 ，因此

$$v = A_1 e^{-t} + A_2 e^{-3t}$$

也從（9.56）式和（9.62）式得

$$v(0) = 2\ \mathrm{V}$$

$$\frac{dv(0^+)}{dt} = 4\ \mathrm{V/s}$$

這可用來決定 $A_1 = 5$ 和 $A_2 = -3$ ，因而

$$v = 5e^{-t} - 3e^{-3t}$$

這過阻尼情形是很容易繪圖的，如圖 9.7 實線部份爲兩個分量的圖形和。

　　說明過阻尼可從缺少振盪（軌跡上下變動）看出，而元件值使它們有消去任何振盪的趨勢，當然響應軌跡的改變只與初始條件有關。

欠阻尼情形

　　若在（9.59）式內，行列式是負數，即

$$L < 4R^2C$$

(9.63)

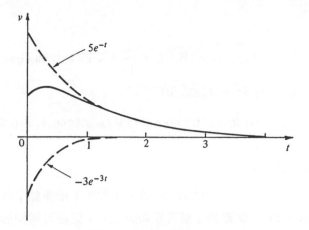

圖 9.7　一個過阻尼響應的圖形

則爲欠阻尼情形，這裡自然頻率是複數，且響應包含正弦和餘弦，它們當然是振盪形式的函數。在這情形我們很方便的定義共振頻率（resonant frequency）爲

$$\omega_0 = \frac{1}{\sqrt{LC}} \tag{9.64}$$

一個阻尼係數（damping coefficient）爲

$$\alpha = \frac{1}{2RC} \tag{9.65}$$

一個阻尼頻率（damped frequency）爲

$$\omega_d = \sqrt{\omega_0^2 - \alpha^2} \tag{9.66}$$

它們每一個都是一個無因次量"每秒"（"per second"）。共振和阻尼頻率定義爲每秒弧度（rad/s），阻尼係數是每秒納（neper）（Np/s）。

用這些定義，（9.59）式的自然頻率可寫爲

$$s_{1,2} = -\alpha \pm j\omega_d$$

因此響應是

$$v = e^{-\alpha t}(A_1 \cos \omega_d t + A_2 \sin \omega_d t) \tag{9.67}$$

這方程式如我們所預料的，必然是振盪情形。

例題 9.11

茲舉一例，若 $R=5\,\Omega$ ，$L=1\text{H}$ ，$C=\dfrac{1}{10}\text{F}$ ，$V_0=0$ 和 $I_0=-\dfrac{3}{2}\text{A}$ ，則有

$$v = e^{-t}(A_1 \cos 3t + A_2 \sin 3t)$$

從初始條件 $v(0)=0$ 和 $dv(0^+)/dt=15\,\text{V/s}$ ，得知 $A_1=0$ 和 $A_2=5$ ，因此欠阻尼響應是

$$v = 5e^{-t} \sin 3t$$

這響應很容易畫出圖形，因為 $\sin 3t$ 在 $+1$ 和 -1 間變動，所以 v 必須是正弦曲線且在 $5e^{-t}$ 和 $-5e^{-t}$ 間變動，這響應如圖 9.8 ，這裡可明顯的看出它是一個振盪曲線；而在正弦曲線上，零的點是由阻尼頻率決定，且響應在這些點處趨近於零。

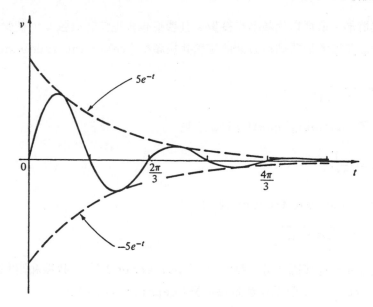

圖 9.8　一個欠阻尼響應的圖形

臨界阻尼情形

當 (9.59) 式內行列式是零時，我們有臨界阻尼情形，在這情形時

$$L = 4R^2C \tag{9.68}$$

自然頻率是實數且相等，它為

$$s_{1,2} = -\alpha, \ -\alpha$$

這裡 α 是在 (9.65) 式所給的，則響應是

$$v = (A_1 + A_2t)e^{-\alpha t} \tag{9.69}$$

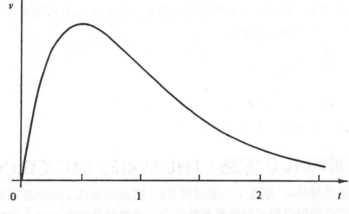

圖 9.9 一個臨界阻尼響應的圖形

例題 9.12

茲舉一例，$R = 1\,\Omega$，$L = 1\,\mathrm{H}$，$C = \dfrac{1}{4}\,\mathrm{F}$，$V_0 = 0$ 和 $I_0 = -1\,\mathrm{A}$。則 $\alpha = 2$，

$A_1 = 0$ 和 $A_2 = 4$，因而響應是

$$v = 4te^{-2t}$$

這 v 圖形很容易分別畫出 $4t$ 和 e^{-2t} 的圖形，再相乘此兩圖形獲得，這結果表示在圖 9.9。

對並聯 RLC 電路的每一種情形，自然響應的穩態值是零，原因是在響應內每一項均包含一個因數 e^{at}，這裡 $a < 0$。

練　習

9.8.1 在一個無源 RLC 電路內，$R = 1\,\mathrm{k}\Omega$，$C = 1\,\mu\mathrm{F}$。求 L 使得電路是在(a)過阻尼且 $s_{1,2} = -250$，$-750\,s^{-1}$；(b)次阻尼且 $w_d = 250\,\mathrm{rad/s}$；(c)臨界阻尼。

答：(a) $\dfrac{16}{3}\,\mathrm{H}$；(b) $\dfrac{16}{5}\,\mathrm{H}$；(c) $4\,\mathrm{H}$

9.8.2 (a)求圖 9.6 中被 i 滿足的微分方程式；(b)用這結果求 $t > 0$ 時的 i，若 $R = 10\,\Omega$，$L = 2\,\mathrm{H}$，$C = 0.05\,\mathrm{F}$，$v(0) = 0$，$i(0) = 6\,\mathrm{A}$。

答：(a) $\dfrac{d^2 i}{dt^2} + \dfrac{1}{RC}\dfrac{di}{dt} + \dfrac{1}{LC}i = 0$ ；(b) $e^{-t}(6\cos 3t + 2\sin 3t)$

9.8.3 在並聯 RLC 電路欠阻尼情形時，R 愈大阻尼愈小（因為 $\alpha = 1/2RC$），令 $R = \infty$（開路）且證明

$$\dfrac{d^2 v}{dt^2} + \omega_0^2 v = 0$$

對這情形，求 v 的通解。

答：$A_1 \cos w_0 t + A_2 \sin w_0 t$

9.9 串聯的RLC電路（THE SERIES *RLC* CIRCUIT）

圖9.10是串聯RLC電路，它是並聯RLC電路的對偶，因此並聯電路的所有結果都有串聯電路的對偶對，它能靠觀察寫出。本節將使用對偶性簡單的列出它們的結果，而將慣例的證明留給讀者。

參考圖9.10，初始條件可取為

$$v(0) = V_0$$
$$i(0) = I_0$$

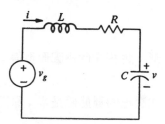

圖9.10 串聯的RLC電路

在分析所需要的單一廻路方程式是

$$L\dfrac{di}{dt} + Ri + \dfrac{1}{C}\int_0^t i\, dt + V_0 = v_g \tag{9.70}$$

這方程式對 $t > 0$ 時才有效，最終的特性方程式是

$$Ls^2 + Rs + \dfrac{1}{C} = 0 \tag{9.71}$$

則自然頻率為

$$s_{1,2} = -\dfrac{R}{2L} \pm \sqrt{\left(\dfrac{R}{2L}\right)^2 - \dfrac{1}{LC}} \tag{9.72}$$

若串聯的 RLC 電路是過阻尼，則

$$C > \frac{4L}{R^2}$$ (9.73)

且響應是

$$i = A_1 e^{s_1 t} + A_2 e^{s_2 t}$$ (9.74)

若串聯的 RLC 電路是臨界阻尼，則

$$C = \frac{4L}{R^2}$$ (9.75)

在這情形時 $s_1 = s_2 = -R/2L$ ，且響應爲

$$i = (A_1 + A_2 t)e^{s_1 t}$$ (9.76)

最後若電路是欠阻尼則

$$C < \frac{4L}{R^2}$$ (9.77)

在這情形時，共振頻率爲

$$\omega_0 = \frac{1}{\sqrt{LC}}$$ (9.78)

阻尼係數爲

$$\alpha = \frac{R}{2L}$$ (9.79)

阻尼頻率爲

$$\omega_d = \sqrt{\omega_0^2 - \alpha^2}$$ (9.80)

而欠阻尼響應是

$$i = e^{-\alpha t}(A_1 \cos \omega_d t + A_2 \sin \omega_d t)$$ (9.81)

例題 9.13

舉一個例題，在圖 9.11 內給予

$$v(0) = 6 \text{ V}, \qquad i(0) = 2 \text{ A}$$

求 $t > 0$ 時的 v 。我們知

$$v = v_n + v_f$$

這裡自然響應 v_n 包含了自然頻率；電流 i 的自然頻率和 v 相同，原因是我們只需要克西荷夫定律及經加、減、乘以常數、積分和微分的運算，就可從 v 求得 i 或從 i 求得 v ；而這些運算都不能改變自然頻率，因此 i 的自然頻率很容易求得（只需要一個廻路方程式），沿著廻路寫出 KVL 方程式得

$$\frac{di}{dt} + 2i + 5 \int_0^t i\, dt + 6 = 10 \tag{9.82}$$

微分（9.82）式後，可得特性方程式為

$$s^2 + 2s + 5 = 0$$

它的根為

$$s_{1,2} = -1 \pm j2$$

因而有響應

$$v_n = e^{-t}(A_1 \cos 2t + A_2 \sin 2t)$$

在這情形下，激勵響應 v_f 是一個常數且可以從穩態電路觀察得到；因為在穩態時，電容器是一個開路且電感器是一個短路，即 $i_f = 0$ 及 $v_f = 10$ 。因此完全響應是

$$v = e^{-t}(A_1 \cos 2t + A_2 \sin 2t) + 10$$

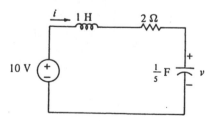

圖 9.11　被激勵 RLC 串聯電路

從初始電壓得知

$$v(0) = 6 = A_1 + 10$$

或 $A_1 = -4$ ，我們也有

$$\frac{1}{5}\frac{dv(0^+)}{dt} = i(0) = 2$$

$$\frac{dv(0^+)}{dt} = 10 = 2A_2 - A_1$$

因此 $A_2 = 3$ ，所以響應為

$$v = e^{-t}(-4 \cos 2t + 3 \sin 2t) + 10 \text{ V}$$

例題 9.14

最後一個例題在圖 9.11 中，電源是

$$v_g = 4 \cos t \text{ V}$$

，求 v 。此時，我們需要 v 的微分方程式，這可從（9.82）式獲得，且

$$i = \frac{1}{5}\frac{dv}{dt} \tag{9.83}$$

我們也可以直接從圖形中獲得，因為跨在電感器和電阻器上電壓分別為

$$\frac{di}{dt} = \frac{1}{5}\frac{d^2v}{dt^2}$$

和　　　　　$$2i = \frac{2}{5}\frac{dv}{dt}$$

，而跨在電容器上電壓是 v ，當然在任何一種情形寫出 KVL 方程式，都是

$$\frac{d^2v}{dt^2} + 2\frac{dv}{dt} + 5v = 20 \cos t$$

而自然響應與上一個例題是相同的。為了獲得激勵響應，我們試探

$$v_f = A \cos t + B \sin t$$

這代入微分方程式，得

$$(4A + 2B) \cos t + (4B - 2A) \sin t = 20 \cos t$$

因為類似項係數要相等，且解 A 和 B 得

$$A = 4, \qquad B = 2$$

因此全解是

$$v = e^{-t}(A_1 \cos 2t + A_2 \sin 2t) + 4 \cos t + 2 \sin t$$

從初始電壓得知

$$v(0) = 6 = A_1 + 4$$

或 $A_1 = 2$ 。從初始電流和（9.83）式，得知

$$\frac{dv(0^+)}{dt} = 10 = 2A_2 - A_1 + 2$$

或 $A_2 = 5$ 。

因此完全響應是

$$v = e^{-t}(2 \cos 2t + 5 \sin 2t) + 4 \cos t + 2 \sin t$$

練 習

9.9.1 在圖 9.10 內令 $R = 6\Omega$ ，$L = 1 H$ ，$v_g = 0$ ，$v(0) = 8 V$ 和 $i(0) = 4 A$ ；若 C 是 (a) $\frac{1}{5}$ F ，(b) $\frac{1}{34}$ F ，(c) $\frac{1}{9}$ F ，求 $t > 0$ 時的 i 。

答：(a) $7e^{-5t} - 3e^{-t}$ A ；(b) $4e^{-3t}$ ($\cos 5t - \sin 5t$) A ；(c) $(4 - 20t)$ e^{-3t} A

9.9.2 若 $R = 40\Omega$ ，$L = 10 mH$ 和 $C = 5\mu F$ ，求 $t > 0$ 時的 v 。

答：e^{-2000t} ($4 \cos 4000t - 3 \sin 4000t$) V

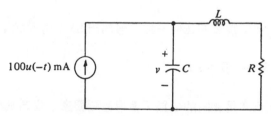

練習 9.9.2

9.9.3 若 $t = 0$ 時電路為穩態，求 $t > 0$ 時的 v 。

答：$8 - e^{-2t}$ ($8 \cos 4t - 6 \sin 4t$) V

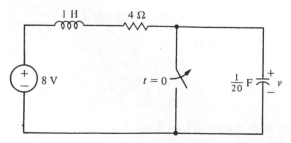

練習 9.9.3

9.9.4 若(a)$C=\dfrac{1}{5}$F，(b)$C=\dfrac{1}{9}$F，求 $t>0$ 時的 v。

答：(a)$-25e^{-t}+e^{-5t}+24$V；(b)$24-(24+36t)e^{-3t}$V

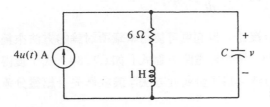

練習 9.9.4

9.10 獲得描述方程式的其他方法 （ALTERNATIVE METHODS FOR OBTAINING THE DESCRIBING EQUATIONS）

本節將討論獲得電路描述方程式的兩個簡便方法。在並聯和串聯 RLC 電路情形下，需要一個單一方程式，微分此方程式的結果就是電路的描述方程式。在大多數二階電路都有兩個同時存在的電路方程式，而描述方程式就是從這二方程式經由冗長的消去過程而獲得的。

例題 9.15

茲舉一例，讓我們考慮 $t>0$ 時圖 9.12 的電路。取節點 b 爲參考節點，且於 a 和 v_1 節點寫下節點方程式，得

$$\frac{v-v_g}{4}+\frac{v-v_1}{6}+\frac{1}{4}\frac{dv}{dt}=0$$

$$\frac{v_1-v}{6}+\int_0^t v_1\,dt+i(0)=0 \tag{9.84}$$

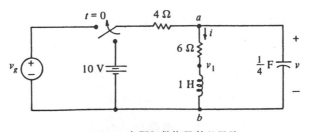

圖 9.12　有兩個儲能元件的電路

若我們有興趣求 v ，則必須消去 v_1 及獲得 v 的描述方程式，這結果是（讀者可自行求證）

$$\frac{d^2v}{dt^2} + 7\frac{dv}{dt} + 10v = \frac{dv_g}{dt} + 6v_g \qquad (9.85)$$

在這情形的過程並不是很複雜，但它更可使用本章所討論的方法來縮短過程。

我們將討論的第一個方法是從電路方程式〔如（9.84）式〕獲得描述方程式〔如（9.85）式〕的系統方法，為了發展此方法，讓我們先介紹微分運算子 D ，定義為

$$D = \frac{d}{dt}$$

即 $Dx = dx/dt$ ，$D(Dx) = D^2x = d^2x/dt^2$ 等。例如

$$a\frac{dx}{dt} + bx = aDx + bx = (aD + b)x$$

這裡值得注意的是 x 是中間部份的因數且位於運算子後面，這表示了運算是在 x 上完成的；反之，那意義是完全不同的。

在心裏有了這些觀念後，讓我們先微分（9.84）式的第二個方程式後，再以運算子形式重寫（9.84）式為

$$\left(\frac{1}{4}D + \frac{5}{12}\right)v - \frac{1}{6}v_1 = \frac{1}{4}v_g$$

$$-\frac{1}{6}Dv + \left(\frac{1}{6}D + 1\right)v_1 = 0$$

通分後得

$$(3D + 5)v - 2v_1 = 3v_g$$

$$-Dv + (D + 6)v_1 = 0 \qquad (9.86)$$

為了消去 v_1 ，我們將（9.86）式第一個方程式乘以（ $D + 6$ ），第二個方程式乘以 2 ，得

$$(D + 6)(3D + 5)v - 2(D + 6)v_1 = 3(D + 6)v_g$$

$$-2Dv + 2(D + 6)v_1 = 0$$

將上面兩個方程式相加，消去 v_1 其結果為

$$[(D + 6)(3D + 5) - 2D]v = 3(D + 6)v_g \qquad (9.87)$$

將運算子以多項式的方式相乘、組合及除以共同因數 3 ，得

$$(D^2 + 7D + 10)v = (D + 6)v_g$$

這和（9.85）式相同。

　　這程序可利用行列式更直接的導出，例如使用克拉莫規則，從（9.86）式去獲得 v 的表示式，為

$$v = \frac{\Delta_1}{\Delta} \qquad (9.88)$$

這裡 Δ 是係數行列式，

$$\Delta = \begin{vmatrix} 3D + 5 & -2 \\ -D & D + 6 \end{vmatrix} \qquad (9.89)$$

而 Δ_1 是

$$\Delta_1 = \begin{vmatrix} 3v_g & -2 \\ 0 & D + 6 \end{vmatrix} = 3(D + 6)v_g \qquad (9.90)$$

我們注意到（9.90）式內，v_g 必須小心的寫在運算子後面。

重寫（9.88）式為

$$\Delta v = \Delta_1$$

則從（9.89）式和（9.90）式可得（9.87）式描述方程式。

　　第二個方法是混合廻路和節點方法，這裡我們選擇電感器電流和電容器電壓為未知元，而不是廻路電流或節點電壓；其次我們沿著僅包含一個單一電感器的廻路寫出 KVL 方程式，以及在只有一個單一電容器連接的節點或廣義節點處寫出 KCL 方程式。使用這方法，每一個方程式僅包含一個電感器電流或電容器電壓的微分，且沒有積分存在；其次這些方程式在比較上，較容易運算而獲得描述方程式。

例題 9.16

　　再舉圖 9.12 為例題，令電感器電流 i 和電容器電壓 v 為未知元，〔這些未知元有時叫做電路的狀態變數（state variable）〕。$t > 0$ 時在節點 a 的節點方程式是

$$\frac{v - v_g}{4} + i + \frac{1}{4}\frac{dv}{dt} = 0 \qquad (9.91)$$

沿右網目的廻路方程式是

$$v = 6i + \frac{di}{dt} \tag{9.92}$$

在(9.91)式解 i 是相當容易的，將 i 值代入(9.92)式且簡化即可得(9.85)式。讀者可注意到：我們已應用此法來求9.4節圖9.3電路的描述方程式。

這方法的優點是沒有積分出現（因而不需要微分去求二階微分方程式），一個未知元很容易以另一個未知元表示，在通解內的任意常數很容易由一階微分的初始

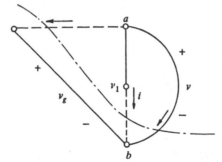

圖9.13　圖9.12的圖形

條件來決定，例如圖9.12中，$i(0)=1\,\mathrm{A}$，$v(0)=6\,\mathrm{V}$，因而從(9.91)式和 $v_g(0^+)$ 的值，可得

$$\frac{dv(0^+)}{dt} = v_g(0^+) - 10$$

這最後的方法是最容易使用的，尤其對使用圖形理論的複雜電路更適宜；我們回想一下第六章中，選擇電感器電流和電容器電壓的原因是在鏈上的電感器，它的電流構成一個獨立組，以及在樹上的電容，它的樹分枝電壓構成一個獨立組，因而較容易寫出解析電路所需的獨立方程式組。（若可能的話，樹也應包含電壓源，鏈包含電流源。）

其次每一個電感器 L 是一個帶有電流 i 的鏈，它形成一個廻路，這廻路的其他元件都是樹分枝，因此沿這廻路的 KVL 方程式，將只含有一個微分項 $L(di/dt)$，且沒有積分項。這廻路很容易獲得，因爲它是圖形上僅有的廻路，即加到樹上的鏈只有 L 才可形成廻路。

例如圖9.12電路的圖形表示在圖9.13，它以實線表示樹分枝，虛線表示鏈。包含1H電感器的廻路是 a、v_1、b、a，且經過樹分枝 v，則沿此廻路的 KVL 方程式就是(9.92)式。

每一個電容器都是一個樹分枝，它的電流和鏈電流將構成一組流出一個節點或廣義節點的 KCL 方程式，理由是從電路上移掉電容器後，樹將分隔爲僅靠鏈連接的兩個部份。在圖 9.13 的例題中，虛線畫過電容器 v 和兩個鏈，而它們的電流可由 KCL 定律得知相加會等於零，這也正是（9.91）式所敍述的。

___練____習_____

9.10.1 在練習 9.9.4 中，由使用(a)本節第一個方法（利用節點方程式），(b)本節第二個方法，來求 $t > 0$ 時 v 的描述方程式。

　　　答：$C(d^2v/dt^2) + 6C(dv/dt) + v = 24$

9.10.2 (a)將本節第一個方法應用於網目方程式，(b)使用本節第二個方法，來解練習 9.1.1。

9.10.3 用本節第二個方法解練習 9.7.3 (a)。

9.11 用SPICE解高階電路的暫態響應
（SPICE FOR TRANSIENT RESPONSES OF HIGHER-ORDER CIRCUITS）

當描述微分方程式的階數增加時，用 SPICE 或其它任何類似的電腦程式來解電路是非常有用的。對高階電路應用 SPICE 的步驟與前章分析一階電路的步驟一樣。

例題9.17

若圖 9.6 (a)電路內的 $R = 200\Omega$，$L = 10\mathrm{mH}$，$C = 1\mu\mathrm{F}$，$v(0) = 1\mathrm{V}$，且 $i(0) = 0\mathrm{A}$，求 $0 < t < 1\mathrm{ms}$ 時段內的 i 和 v。畫出 i 和 v 圖形的電路檔案爲

```
PARALLEL RLC CIRCUIT OF FIG. 9.6(B) [underdamped case]
* DATA STATEMENTS
R 1 0 200OHM
L 1 0 10MH
C 1 0  1UF
* SET V(1) = 1 V and I(C) = 0 AT T = 0 USING .IC STATEMENT
.IC V(1) 1
.TRAN 0.05MS 1MS UIC
.PLOT TRAN V(1) I(L)
.END
```

在這程式中,.IC指令（初始條件）令$V(1) = v$,即電容器電壓的初值為 1V 。由於L內並無 IC 敍述,所以電感器電流為零。圖 9.14 表示 PSpice 解。

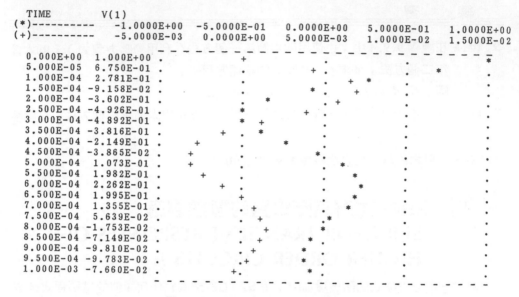

LEGEND:

```
*:  V(1)
+:  I(L)
```

```
TIME         V(1)
(*)----------    -1.0000E+00   -5.0000E-01   0.0000E+00   5.0000E-01   1.0000E+00
(+)----------    -5.0000E-03   0.0000E+00   5.0000E-03   1.0000E-02   1.5000E-02

0.000E+00   1.000E+00  .                        +                                    *
5.000E-05   6.750E-01  .                             +      .               *
1.000E-04   2.781E-01  .                                    .  +      +
1.500E-04  -9.158E-02  .                               *     +
2.000E-04  -3.602E-01  .                      *     *    .  +
2.500E-04  -4.926E-01  .                   *        +
3.000E-04  -4.892E-01  .                   *     +
3.500E-04  -3.816E-01  .             +     +
4.000E-04  -2.149E-01  .        +        .         *
4.500E-04  -3.865E-02  .      +
5.000E-04   1.073E-01  .                .
5.500E-04   1.982E-01  .      +
6.000E-04   2.262E-01  .       +        .
6.500E-04   1.995E-01  .               +              .          *
7.000E-04   1.355E-01  .            +                      *
7.500E-04   5.639E-02  .          +                   *
8.000E-04  -1.753E-02  .             +              *
8.500E-04  -7.149E-02  .              +           *
9.000E-04  -9.810E-02  .              +         *
9.500E-04  -9.783E-02  .              +         *
1.000E-03  -7.660E-02  .            +           *
```

圖 9.14　圖 9.6 (b)電路的暫態響應

例題 9.18

就圖 9.15 (a)的三階電路,求$0 < t < 15\,\text{ms}$ 時段內的v_0。在$t = 0^-$ 時,$v_g = 10\text{V}$且開關閉合使得$i_x = 0$（即令 CCCS 有一個零電流,相當於開路）。圖 9.15 (b)是描述這些狀況的重繪電路。求初始值$v_{c_1}(0^-)$ 和$i_L(0^-)$的電路檔案為

```
INITIAL CONDITIONS FOR CIRCUIT OF FIG. 9.15(b).
* DATA STATEMENTS
VG 10 0 DC 10
R1 10 1 1K
R2 1 2 2K
C1 2 0 1UF
L 1 4 0.1H
R3 4 0 1K
* SOLUTION CONTROL STATEMENT
.DC VG 10 10 1
* OUTPUT CONTROL STATEMENT
.PRINT DC V(C1) I(L)
.END
```

最終初始值爲

VG	$V(C1)$	$I(L)$
$1.000E + 1$	$5.000E + 00$	$5.000E - 03$

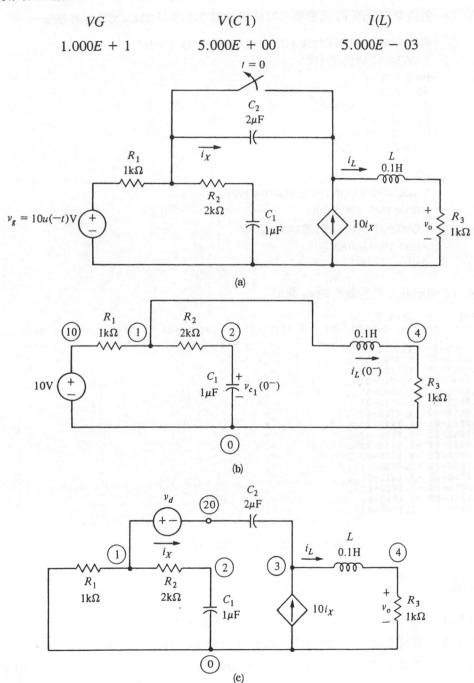

圖 9.15　(a)三階電路；(b) $t = 0$ 時的重繪電路；(c) $t > 0$ 時的重繪電路

現在我們可用這些值寫出求 $v_o = V(4)$ 的電路檔案〔即圖 9.15(c)的電路檔案〕。

注意：一個虛擬電壓源 v_d 已被植入以使得節點 0 和 3 間的 CCCS 可存在。

```
TRANSIENT RESPONSE FOR CIRCUIT OF FIG. 9.15(c).
* DATA STATEMENTS
R1 0 1 1K
R2 1 2 2K
C1 2 0 1UF IC=5V
VD 1 20 DC 0
C2 20 3 2UF 1C=0
L 3 4 0.1H IC=5M
R 4 0 1K
FIX 0 3 VC 10
* SOLUTION CONTROL STATEMENT
.TRAN 1MS 15MS UIC
* OUTPUT CONTROL STATEMENT
.PLOT TRAN V(R3)
.END
```

圖 9.16 表示此程式所繪出的 v_o 圖形。

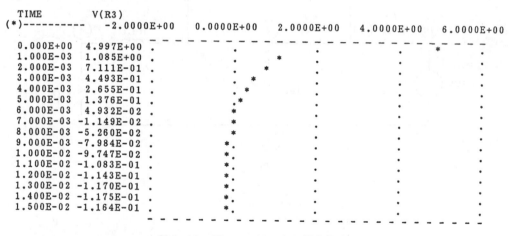

圖 9.16　圖 9.15 (a)電路的暫態響應

練　習

9.11.1　重做圖 9.6 (b)的並聯 RLC 例題，這裡(a) $R = 50\Omega$；(b) $R = 25\Omega$。

9.11.2　就圖 9.11，用 SPICE 畫出 $0 < t < 5$s 時段內的 i 圖形。

9.11.3　就圖 9.5，若 $0 < t < 2$ms 時段內 $v_g = 5 [u(t) - u(t - 10^{-3})]$ V，用 SPICE 畫出 v 和 v_g。

9.11.4 就圖 9.14,若 $0 < t < 0.01\,\mathrm{s}$ 時段內 $v_g = -12\,u\,(-t) + 10{,}000\,t$
〔$u\,(\,t - 0.001\,)$〕V,用 SPICE 畫出 v_0 和 v_g。

習　　題

9.1 將一個 $1\,\Omega$ 電阻器與圖 9.2 內的 v_g 串聯,可使其成為一個實際電壓源。證明此時的 v_2 滿足二階方程式

$$5\frac{d^2v_2}{dt^2} + 11\frac{dv_2}{dt} + 4v_2 = 4\frac{dv_g}{dt} + 4v_g$$

9.2 若 $i_1(0) = 9\mathrm{A}$, $i\,(0) = 3\mathrm{A}$,求 $t > 0$ 時的 i 。

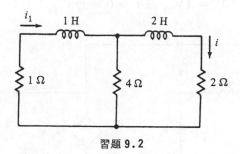

習題 9.2

9.3 若 $t = 0^-$ 時電路為穩態,求 $t > 0$ 時的 i 。

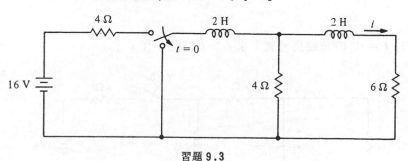

習題 9.3

9.4 若 $i\,(0) = 4\mathrm{A}$, $v\,(0) = 8\mathrm{V}$,求 $t > 0$ 時的 i 。

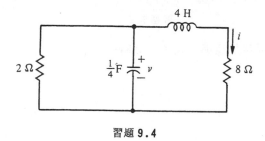

習題 9.4

9.5 若習題9.4內的 $i(0) = 2A$ ，求 v 。

9.6 若 $t = 0^-$ 時電路為穩態，求 $t > 0$ 時的 v 。

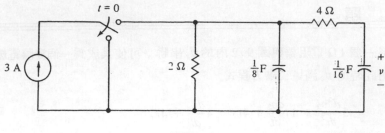

習題 9.6

9.7 若 $v_1(0) = v_2(0) = 4V$ ，求 $t > 0$ 時的 i 。

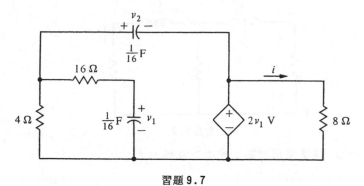

習題 9.7

9.8 若 $t = 0^-$ 時電路為穩態，求 $t > 0$ 時的 v 和 i 。

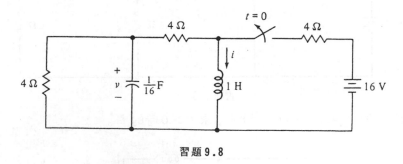

習題 9.8

9.9 若 $t = 0^-$ 時電路為穩態，求 $t > 0$ 時的 v 。

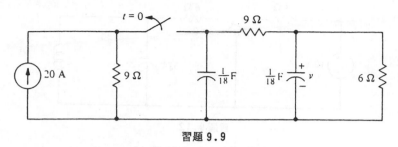

習題 9.9

9.10 若 $t = 0^-$ 時電路爲穩態，求 $t > 0$ 時的 i 。

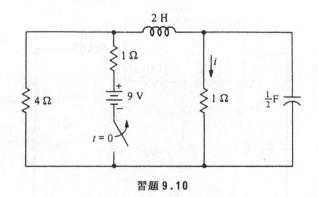

習題 9.10

9.11 若 $t = 0^-$ 時電路爲穩態，求 $t > 0$ 時的 i 。

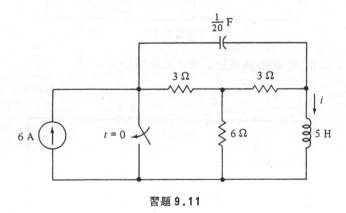

習題 9.11

9.12 若 $t = 0^-$ 時電路爲穩態且 L 爲 (a) 8H，(b) 6H，(c) 4.8H，求 $t > 0$ 時的 v 。

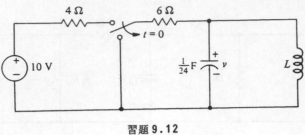

習題 **9.12**

9.13 若 $t = 0^-$ 時電路爲穩態，求 $t > 0$ 時的 i 。

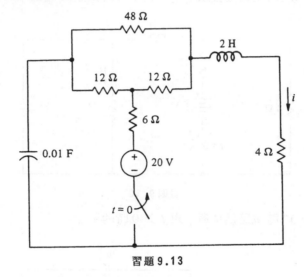

習題 **9.13**

9.14 若 $t = 0^-$ 時電路爲穩態，求 $t > 0$ 時的 v 。

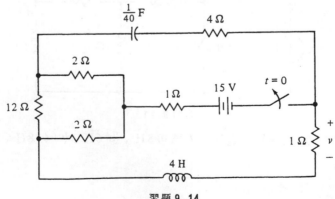

習題 **9.14**

9.15 若 $v(0) = 2V$，$i(10) = 1A$ 且 (a) $L = 1H$，$R = 1\Omega$，(b) $L = 1H$，$R = 3\Omega$，(c) $L = 2H$，$R = 5\Omega$，求 $t > 0$ 時的 i。

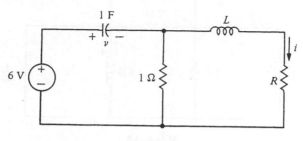

習題 9.15

9.16 若 $i_1(0) = 3A$，$i_2(0) = -1A$ 且 (a) $v_g = 15V$，(b) $v_g = 10e^{-2t}V$，(c) $v_g = 5e^{-t}V$，求 $t > 0$ 時的 i_2。

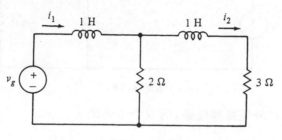

習題 9.16

9.17 若 $t = 0^-$ 時電路為穩態，求 $t > 0$ 時的 i。

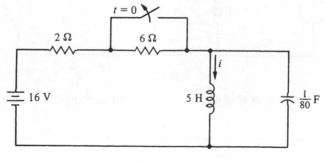

習題 9.17

9.18 在 $t = 0$ 開關打開時電路為穩態，求 $t > 0$ 時的 i。

9.19 若 $v_g = 12u(t)V$，求 $t > 0$ 時 i。

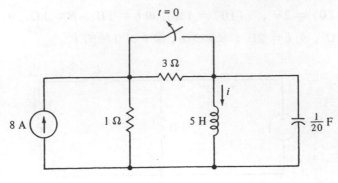

習題 9.18

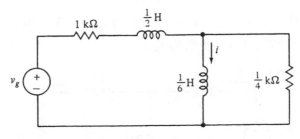

習題 9.19

9.20 若 $t = 0^-$ 時電路爲穩態，求 $t > 0$ 時的 v 。

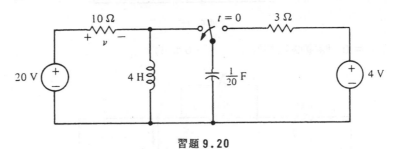

習題 9.20

9.21 若 $t = 0^-$ 時電路爲穩態，求 $t > 0$ 時的 v_1 和 v_2 。

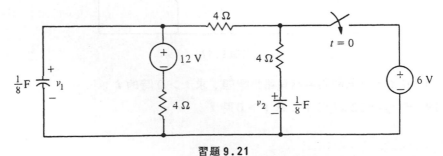

習題 9.21

9.22 若 $t = 0^-$ 時電路爲穩態，求 $t > 0$ 時的 v 。

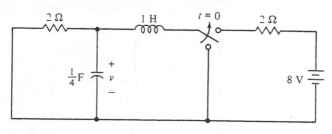

習題 9.22

9.23 若無初始儲存能量且(a) $R = \dfrac{1}{2}\Omega$ ， $\mu = 2$ ；(b) $R = \dfrac{1}{2}\Omega$ ， $\mu = 1$ ；(c) $R = \dfrac{1}{4}\Omega$ ， $\mu = 2$ ，求 $t > 0$ 時的 i 。

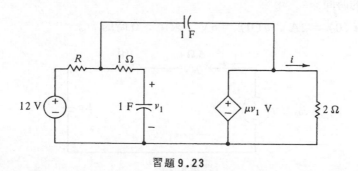

習題 9.23

9.24 若無初始儲存能量且(a) $C = \dfrac{1}{12}$ F ，(b) $C = \dfrac{1}{16}$ F ，(c) $C = \dfrac{1}{32}$ F ，求 $t > 0$ 時的 i 。

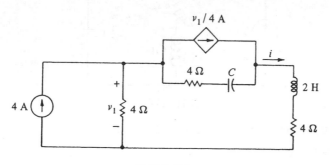

習題 9.24

9.25 若 $t = 0^-$ 時的電路爲穩態且 $i_g = 10A$，求 $t > 0$ 時的 i 。

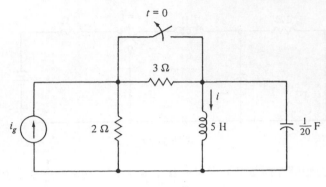

習題 9.25

9.26 若習題 9.25 內的 $i_g = 10\,u(-t)\,A$，求臨界阻尼響應 i 的最大值及它發生的時間 。

9.27 若 $i(0) = 2A$ ， $v(0) = 6V$ ，求 $t > 0$ 時的 i 。

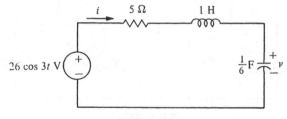

習題 9.27

9.28 若(a) $i_g = 2u(t)A$ ，(b) $i_g = 2e^{-t}u(t)A$ ，求 $t > 0$ 時的 v 。

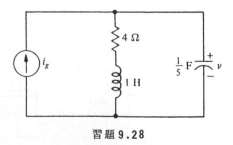

習題 9.28

9.29 若 $v(0) = 6V$ ， $i(0) = 2A$ ，求 $t > 0$ 時的 i 。

9.30 求 $t > 0$ 時的 v 。

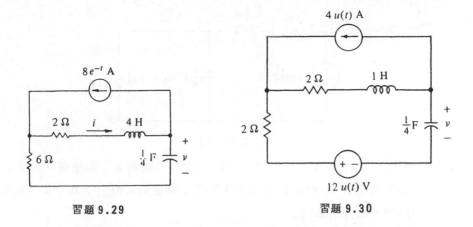

習題 9.29　　　　　　　　習題 9.30

9.31 (a)求 $t > 0$ 時的 v 。(b)若無初始儲存能量且電流源和電壓源分別被 $2 \cos 2t$ A 和 $6 \cos 2t$ V 所取代，求 $t > 0$ 時的 v 。

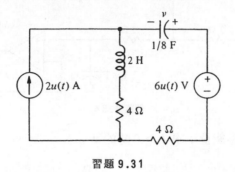

習題 9.31

9.32 若 $t = 0^-$ 時電路爲穩態，求 $t > 0$ 時的 v 。（注意這是圖9.12電路）

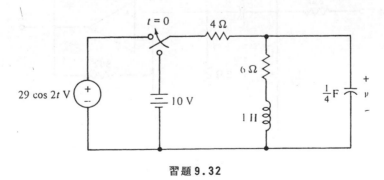

習題 9.32

9.33 若 $v(0) = 4$V，$i(0) = 3$A，求 $t > 0$ 時的 v 。

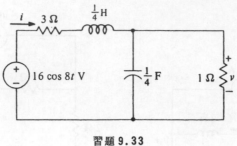

習題 9.33

9.34 (a)若 $v_a(0)=0$ ， $v_b(0)=2V$ ，求 $t>0$ 時的 v 。(b)重做(a)部份，其中 4-V 電源被 $26\cos 2t\,V$ 電源所取代。(c)重做(a)部份，其中 4-V 電源被 $2e^{-t}\,V$ 電源所取代。

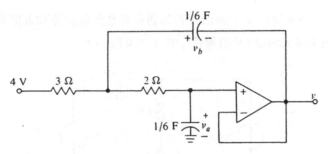

習題 9.34

9.35 若無初始儲存能量，求 $t>0$ 時的 v 。

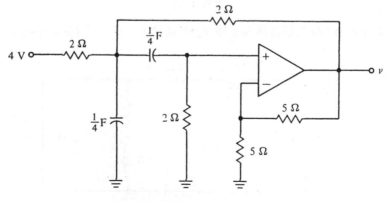

習題 9.35

9.36 求使電路為(a)過阻尼，(b)欠阻尼，(c)臨界阻尼所需的 $\mu = 1 + R \geq 1$ 之範圍。（注意：輸出是 v 且 $\mu \leq 3$ 以確保自然響應是隨時間衰減。）

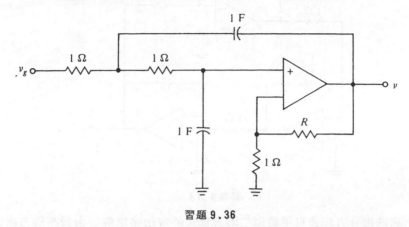

習題 9.36

9.37 若無初始儲存能量且 $v_g = 5V$，求 $t > 0$ 時的 v。

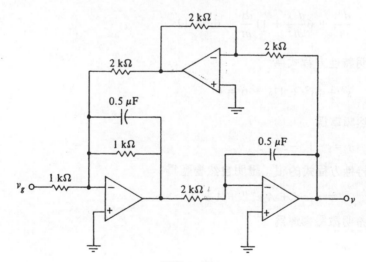

習題 9.37

9.38 若(a) $v_1(0) = 4V$，$v(0) = 0$；(b) $v_1(0) = 0$，$v(0) = 2V$；(c) $v_1(0) = 4V$，$v(0) = 2V$，求 $t > 0$ 時的 v。〔注意：響應是一個無激勵正弦響應。像這種電路稱為諧波共振器（harmonic oscillator）〕

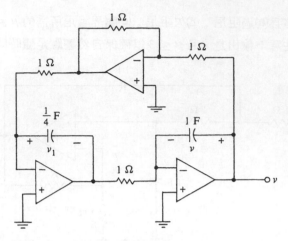

習題9.38

9.39 高階微分方程式可用類似二階方程式的解法來求解。由於高階方程式的自然頻率較多，所以自然響應內的項數也較多。譬如，若

$$\frac{d^3x}{dt^3} + 6\frac{d^2x}{dt^2} + 11\frac{dx}{dt} + 6x = 12$$

證明特性方程式為

$$s^3 + 6s^2 + 11s + 6 = 0$$

自然頻率為

$$s = -1, -2, -3$$

為特性方程式的根。證明自然響應為

$$x_n = A_1e^{-t} + A_2e^{-2t} + A_3e^{-3t}$$

也證明激勵響應為

$$x_f = 2$$

全解為

$$x = x_n + x_f$$

9.40 若無初始儲存能量，用習題9.39的結論求 $t > 0$ 時的 i 。

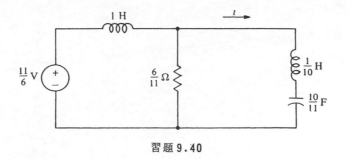

習題 9.40

電腦應用習題

9.41 就習題 9.10，用 SPICE 畫出 $0 < t < 1$ s 時段內的 i 。

9.42 就習題 9.27，用 SPICE 畫出 $0 < t < 1$ s 時段內的 i 。

9.43 就習題 9.37，若 $v_g = 12 \left[u(t) - u(t-0.001) \right]$ V ，則用 SPICE 畫出 $0 < t < 0.01$ s 時段內的 v 和 v_g 。

9.44 就習題 9.38，用 SPICE 畫出 $0 < t < 5$ s 時段內的 v 。

9.45 就習題 9.40，若 11/6 V 電源被圖示之 v_g 所取代，則用 SPICE 畫出 i 。

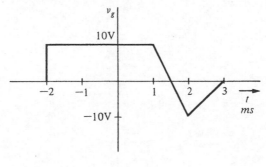

習題 9.45

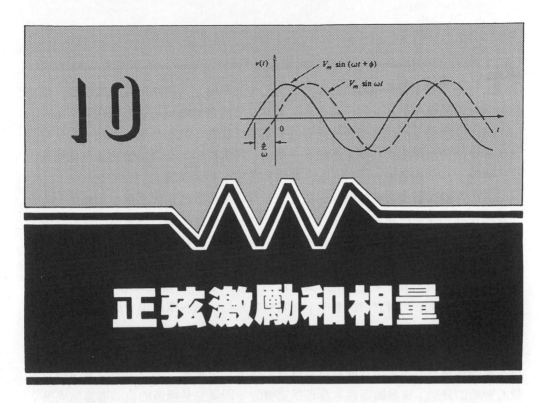

正弦激勵和相量

我已經發現能用交流方式輸電至幾仟里外的方程式，並能化簡成一個簡單的代數問題。

Charles Proteus Steinmetz

1893年德裔奧地利數學家及工程師 Steinmetz 發表一篇利用複數求解交流電路問題的論文——即本章要介紹的相量法。同時他也在人造雷擊試驗中發現磁滯定律。

Steinmetz 出生於德國 Breslau 市，他是一位鐵路工人的兒子。雖然 Steinmetz 天生殘疾且在一歲時即失去他的母親，但這些都不能打擊他成為一位科學家的決心。就如同他從事磁滯研究會引起科學團體的興趣，以及他在 Breslau 大學從事政治活動會引起政治家注意一樣。他在完成博士學業的同時就被強迫離開德國，以致於他從未取得博士證書。在美國他與 GE 公司合作繼續研電。雖然當時無人了解他的複數論文能改革交流電路的分析，但他卻深信不疑。1897年，Steinmetz 出版第一本簡化交流計算的書。

在 上兩章裏，我們已分析過含有動態元件的電路，且電路的完全響應是一個自然響應和激勵響應的和。對一個已知的電路，它的自然響應可從無電電路（dead circuit）獲得，因此自然響應是獨立於電源或激勵。換句話說，激勵響應是直接與供給電路的激勵形式有關，例如在一個 dc 電源情形下，激勵響應是一個穩態的 dc 響應，一個指數輸入導出一個指數激勵響應，依此類推。

正弦激勵函數是重要的激勵函數之一，有很多自然的正弦曲線，像鐘擺的運動，球的反彈和彈簧與薄膜的振動等等都是。在一個欠阻尼的二階電路的自然響應，也是一個阻尼的正弦曲線，且在無阻尼時是一個純正弦曲線。

在電機而言，有很多理由說明正弦函數是極端重要的。舉兩個例子，像對通訊目的所產生的載波信號是正弦的，而在電力工業中，主信號也是正弦曲線。事實上，我們在以後研究傅立葉級數時，將看到幾乎每一個在電機中有用的信號，都能重解為正弦分量和。

由於正弦函數的重要性，在本章將詳細討論有一個正弦激勵函數的電路；因為自然響應是獨立於電源，且能利用前幾章節的方法來求解，所以這裏將集中心力於激勵響應的發現，這激勵響應本身是很重要的，因為它是極短的自然響應消失後，所留下的穩態的 ac 響應。

在這裏，我們只對穩態的 ac 響應有興趣，所以將不限制只在一階和二階電路中討論。事實上，在討論穩態的 ac 響應範圍內，高階的 RLC 電路可視為電阻性電路來求解。

10.1 正弦曲線的性質
（**PROPERTIES OF SINUSOIDS**）

由於正弦函數的重要性，我們將在這節中複習它們的某些性質，讓我們從正弦波

$$v(t) = V_m \sin \omega t \tag{10.1}$$

開始，這圖形表示在圖 10.1 。正弦曲線的波幅是 V_m ，也是函數能達到的最大值，弧度頻率（radian frequency）或角頻率（angular frequency）是 ω ，單位為每秒弧度（rad/s）。

正弦曲線是一個週期函數，通常定義為

$$v(t + T) = v(t) \tag{10.2}$$

這裏 T 是週期，卽函數每 T 秒鐘完成一個完整的循環過程或週期。在正弦曲線的週期是

$$T = \frac{2\pi}{\omega} \tag{10.3}$$

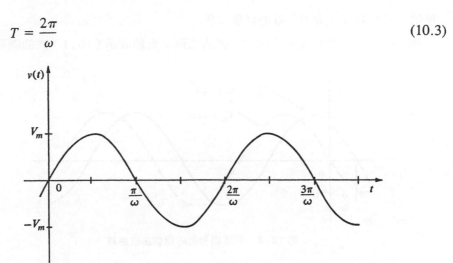

圖 10.1 正弦函數

這可從（10.1）式和（10.2）式看出來。因而在 1 秒鐘內，函數完成 $1/T$ 個循環或週期，所以它的頻率是

$$f = \frac{1}{T} = \frac{\omega}{2\pi} \tag{10.4}$$

單位是每秒週或赫芝（hertz，簡寫爲 Hz）。從（10.4）式得知頻率和角頻率的關係是

$$\omega = 2\pi f \tag{10.5}$$

一個更一般化的正弦表示式是

$$v(t) = V_m \sin(\omega t + \phi) \tag{10.6}$$

這裏 ϕ 是相角（phase angle）或簡稱相位，爲了和 ωt 一致起見，ϕ 也用弧度來表示，在電機工程中，以度表示 ϕ 是很方便的；例如，我們可以交互寫

$$v = V_m \sin\left(2t + \frac{\pi}{4}\right)$$

或 $\qquad v = V_m \sin(2t + 45°)$

即使第二式在數學上有不一致的現象亦然。

圖10.2中，實線表示(10.6)式的圖形，虛線表示(10.1)式的圖形，實線

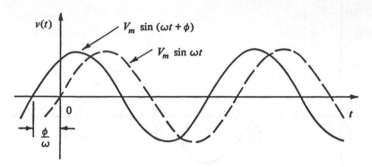

圖10.2 有不同相位的兩個正弦曲線

曲線是虛線曲線向左移動ϕ/ω秒或ϕ弧度，因此實線上的點比虛線上相對的點早ϕ弧度或ϕ/ω秒出現。根據這，我們定義$V_m \sin(\omega t + \phi)$領先$V_m \sin \omega t$ ϕ弧度（或度）。通常說正弦曲線

$$v_1 = V_{m1} \sin(\omega t + \alpha)$$

領先正弦曲線

$$v_2 = V_{m2} \sin(\omega t + \beta)$$

$(\alpha - \beta)$；另一種說法是v_2落後v_1 $(\alpha - \beta)$。

現舉一例，考慮

$$v_1 = 4 \sin(2t + 30°)$$

和 $\qquad v_2 = 6 \sin(2t - 12°)$

則v_1領先v_2（或v_2落後v_1）$30 - (-12) = 42°$。

在定義正弦曲線時，我們爲何只考慮正弦函數而不考慮餘弦函數呢？事實上這是沒有什麼問題的，因爲

$$\cos\left(\omega t - \frac{\pi}{2}\right) = \sin \omega t \tag{10.7}$$

或 $$\sin\left(\omega t + \frac{\pi}{2}\right) = \cos \omega t \tag{10.8}$$

所以在正弦和餘弦之間的不同只是相角而已；例如我們可以寫（10.6）式爲

$$v(t) = V_m \cos\left(\omega t + \phi - \frac{\pi}{2}\right)$$

例題 10.1

如何決定一個正弦曲線是領先或落後另一個有相同頻率的正弦曲線呢？這必須先表示兩個曲線爲正波幅的正弦波或餘弦波；例如

$$v_1 = 4 \cos (2t + 30°)$$

和 $$v_2 = -2 \sin (2t + 18°)$$

因爲 $$-\sin \omega t = \sin (\omega t + 180°)$$

所以 $$v_2 = 2 \sin (2t + 18° + 180°)$$

$$= 2 \cos (2t + 18° + 180° - 90°)$$

$$= 2 \cos (2t + 108°)$$

這最後的 v_2 表示式和 v_1 比較，得知 v_1 領先 v_2 $30° - 108° = -78°$，這相同於說 v_1 落後 v_2 $78°$。

同頻率的一個正弦波和一個餘弦波的和，是同頻率的另一個正弦曲線，爲了證明這，我們考慮

$$A \cos \omega t + B \sin \omega t = \sqrt{A^2 + B^2}\left[\frac{A}{\sqrt{A^2 + B^2}} \cos \omega t + \frac{B}{\sqrt{A^2 + B^2}} \sin \omega t\right]$$

從圖10.3，這可以寫爲

$$A \cos \omega t + B \sin \omega t = \sqrt{A^2 + B^2}\,(\cos \omega t \cos \theta + \sin \omega t \sin \theta)$$

由三角公式得知

$$A \cos \omega t + B \sin \omega t = \sqrt{A^2 + B^2} \cos (\omega t - \theta) \tag{10.9}$$

這裏 $\qquad \theta = \tan^{-1} \dfrac{B}{A}$ $\hspace{4cm}$ (10.10)

若相角不是零的正弦波和餘弦波的和，亦能得到相似的結果，即說明一個已知頻率的兩個正弦曲線和，是同頻率的另一個正弦曲線。

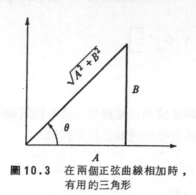

圖 10.3 　在兩個正弦曲線相加時，
　　　　　有用的三角形

　　我們必須明確地瞭解（10.10）式的含義，因為某些數學課本將此式表示為反正切的主值，且將角 θ 放在某一特定的現象；但在此，（10.10）式意謂著角 θ 的終端邊是位於點 (A, B) 所在的象限。

例題 10.2

　　舉一個例題說明

$$-5 \cos 3t + 12 \sin 3t = \sqrt{5^2 + 12^2} \cos \left[3t - \tan^{-1} \left(\frac{12}{-5} \right) \right]$$
$$= 13 \cos (3t - 112.6°)$$

這裏 $\tan^{-1}(12/-5)$ 在第二象限，因為 $A = -5 < 0$ 和 $B = 12 > 0$。

練　習

10.1.1 　求下列正弦曲線的週期：

(a) $4 \cos (5t + 33°)$.

(b) $\cos \left(2t + \dfrac{\pi}{4} \right) + 3 \sin \left(2t - \dfrac{\pi}{6} \right)$.

(c) $6 \cos 2\pi t$.

答：(a) $2\pi/5$ ；(b) π ；(c) 1

10.1.2 求下列正弦曲線的波幅和相位

(a) $3 \cos 2t + 4 \sin 2t$.
(b) $(4\sqrt{3} - 3) \cos (2t + 30°) + (3\sqrt{3} - 4) \cos (2t + 60°)$.

〔建議：在(b)中，展開兩個函數及使用（10.9）式。〕

答：(a) 5 ，$-53.1°$ ；(b) 5 ，$36.9°$

10.1.3 求下列正弦曲線的頻率：

(a) $3 \cos (6\pi t - 10°)$.
(b) $4 \sin 377t$.

答：(a) 3 ；(b) 60Hz

10.2 一個 *RL* 電路例題 （AN *RL* CIRCUIT EXAMPLE）

現在舉一個有正弦激勵的電路例題，讓我們求圖 10.4 中電流 i 的激勵分量 i_f ， i 的描述方程式是

$$L\frac{di}{dt} + Ri = V_m \cos \omega t \tag{10.11}$$

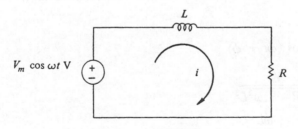

圖 10.4 *RL* 電路

且令試探解為

$$i_f = A \cos \omega t + B \sin \omega t$$

將試探解代入（10.11）式，得

$$L(-\omega A \sin \omega t + \omega B \cos \omega t) + R(A \cos \omega t + B \sin \omega t) = V_m \cos \omega t$$

因爲方程式兩邊相同項的係數相等，所以

$$RA + \omega LB = V_m$$

$$-\omega LA + RB = 0$$

從這得知

$$A = \frac{RV_m}{R^2 + \omega^2 L^2}$$

$$B = \frac{\omega L V_m}{R^2 + \omega^2 L^2}$$

則激勵響應是

$$i_f = \frac{RV_m}{R^2 + \omega^2 L^2} \cos \omega t + \frac{\omega L V_m}{R^2 + \omega^2 L^2} \sin \omega t$$

從（10.9）式和（10.10）式，得知 i_f 可以重寫爲

$$i_f = \frac{V_m}{\sqrt{R^2 + \omega^2 L^2}} \cos \left(\omega t - \tan^{-1} \frac{\omega L}{R} \right) \tag{10.12}$$

因此激勵響應是一個類似激勵的正弦曲線，如同我們選擇試探解時的預料，我們可以寫 i_f 爲

$$i_f = I_m \cos (\omega t + \phi) \tag{10.13}$$

這裏 $\quad I_m = \dfrac{V_m}{\sqrt{R^2 + \omega^2 L^2}}$

和 $\quad \phi = -\tan^{-1} \dfrac{\omega L}{R} \tag{10.14}$

因爲自然響應是

$$i_n = A_1 e^{-Rt/L}$$

很明顯的在一個短時間後，$i_n \to 0$，且電流安定在（10.12）式，它的穩態ac值。

我們討論過的方法是直接且習慣性的，但讀者也必須同意這方法對簡單的問題是較費勁的，對二階電路更是沉悶的，如（9.34）式所描述的例題；而對更高階的電

路而言，這程序當然更是複雜的。很明顯的，我們需要一個更好的方法，這將在本章後半部加以討論，且它的使用允許我們看有儲能元件的電路為電阻性電路（在第二、四、五章討論過）。

練　習

10.2.1 在圖 10.4 中，$L = 60\text{mH}$，$R = 8\text{k}\Omega$，$V_m = 4\text{V}$，$\omega = 100,000 \text{ rad/}$
s，求激勵響應 i_f。

答：$0.4\cos(100,000t - 36.9°)\text{mA}$

10.2.2 求 v 的激勵分量。

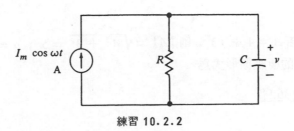

練習 10.2.2

答：$(RI_m / \sqrt{1 + \omega^2 R^2 C^2})\cos(\omega t - \tan^{-1}\omega RC)\text{V}$

10.3 複數的使用方法
（ALTERNATIVE METHOD USING COMPLEX NUMBERS）

另一個分析正弦激勵電路的方法，將在本章的後半部討論，這方法非常依賴複數的觀念，讀者若不熟悉複數或需要複習這學科，可參考附錄 C 和 D 中，有關複數和它們性質的討論；為了方便，我們將列出有助於其他分析方法發展的某些性質。

複數 A 的直角座標形式是

$$A = a + jb \tag{10.15}$$

這裏 $j = \sqrt{-1}$，且實數 a 和 b 分別是 A 的實數部份和虛數部份，我們也可以寫為

$$a = \text{Re } A, \qquad b = \text{Im } A$$

這裏 Re 和 Im 說明 " 實數部份 " 和 " 虛數部份 " 。

複數 A 的極座標形式是

$$A = |A|e^{j\alpha} = |A|\underline{/\alpha} \tag{10.16}$$

這裏 $|A|$ 是

$$|A| = \sqrt{a^2 + b^2}$$

爲複數 A 的量（magnitnde），而 α 是

$$\alpha = \tan^{-1}\frac{b}{a}$$

爲複數 A 的角度或引數（argument）。圖 10.5 說明直角座標和極座標間的關係。

例題 10.3

茲舉一例，若 $A = 4 + j3$，則 $|A| = \sqrt{4^2 + 3^2} = 5$，$\alpha = \tan^{-1} 4/3 = 36.9°$；因此 A 的極座標形式爲

$$A = 5\underline{/36.9°}$$

例題 10.4

另一個例題則考慮 $A = -5 - j12$，因爲 a 和 b 都是負數，所以表示 A 的線段在第三象限內，如圖 10.6 表示，從這可知

$$|A| = \sqrt{5^2 + 12^2} = 13$$

和 $\qquad \alpha = 180° + \tan^{-1}\frac{12}{5} = 247.4°$

因而 $A = 13\underline{/247.4°}$。

其他有用的結果包括

$$j = 1\underline{/90°}$$
$$j^2 = -1 = 1\underline{/180°}$$

等等。

由奧衣勒公式，得知

$$V_m \cos \omega t + jV_m \sin \omega t = V_m e^{j\omega t}$$

因此，我們可以寫

$$V_m \cos \omega t = \mathrm{Re}(V_m e^{j\omega t}) \tag{10.17}$$

和　　$$V_m \sin \omega t = \mathrm{Im}(V_m e^{j\omega t})$$

　　回到圖 10.4 RL 電路例題，我們知道指數激勵比正弦激勵更容易求激勵響應，因此讓我們看看這情形，若我們供給複激勵（complex excitation）

$$v_1 = V_m e^{j\omega t} \tag{10.18}$$

來取代實激勵（real excitation）

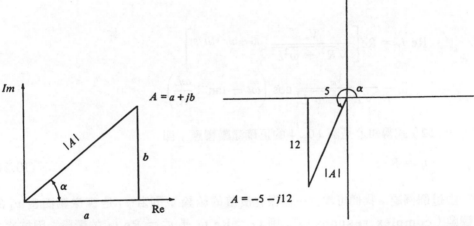

圖 10.5　一個複數 A 的幾何表示　　圖 10.6　一個複數，它的實數部份和虛數部份均為負數

$$v_g = V_m \cos \omega t = \mathrm{Re}\, v_1 \tag{10.19}$$

我們在實驗室裏不能複製這複激勵，但沒有理由不能抽象的考慮它；在這情形下，電流的激勵分量 i_1 要滿足方程式

$$L\frac{di_1}{dt} + Ri_1 = v_1 = V_m e^{j\omega t} \tag{10.20}$$

　　為了解這方程式，我們試探

$$i_1 = Ae^{j\omega t}$$

代 i_1 進入（10.20）式，得

$$(j\omega L + R)Ae^{j\omega t} = V_m e^{j\omega t}$$

從這得知

$$A = \frac{V_m}{R + j\omega L}$$

$$= \frac{V_m}{\sqrt{R^2 + \omega^2 L^2}} e^{-j\tan^{-1} \omega L/R}$$

因此 $\qquad i_1 = \dfrac{V_m}{\sqrt{R^2 + \omega^2 L^2}} e^{j(\omega t - \tan^{-1} \omega L/R)}$

現在讓我們觀察

$$\mathrm{Re}\, i_1 = \mathrm{Re}\left[\frac{V_m}{\sqrt{R^2 + \omega^2 L^2}} e^{j(\omega t - \tan^{-1} \omega L/R)} \right]$$

$$= \frac{V_m}{\sqrt{R^2 + \omega^2 L^2}} \cos\left(\omega t - \tan^{-1} \frac{\omega L}{R}\right)$$

從（10.12）式得知這是圖 10.4 的正確激勵響應，即

$$i_f = \mathrm{Re}\, i_1 \tag{10.21}$$

由這個例題，我們可建立一個很有價值的結論，即若 i_1 是複激勵函數 v_1 的複響應（complex response），則 $i_f = \mathrm{Re}\, i_1$ 是 $v_g = \mathrm{Re}\, v_1$ 的響應；因描述方程式（10.20）式只含有實數的係數。從（10.20）式得

$$\mathrm{Re}\left(L \frac{di_1}{dt} + Ri_1\right) = \mathrm{Re}\, v_1$$

或 $\qquad L\dfrac{d}{dt}(\mathrm{Re}\, i_1) + R(\mathrm{Re}\, i_1) = V_m \cos \omega t$

且由（10.11）式得知

$$i = i_f = \mathrm{Re}\, i_1 \tag{10.22}$$

因而我們知道使用複激勵函數 v_1 ，去求複響應 i_1 是很容易的。其次，若實激勵

函數是 Re v_1 ，則實響應（real response）是 Re i_1 ；這原理對所有電路分析均成立，原因是電路的描述方程式是線性，且係數爲實數之故。

練 習

10.3.1 在練習 10.2.2 中，以複激勵函數 $I_m e^{j\omega t}$ 取代實激勵函數 $I_m \cos \omega t$ ，求複響應 v_1 ，且證明實響應 $v = \text{Re} \, v_1$ 。

10.3.2 若 a 是實數，證明

$$\text{Re}\left(a\frac{dx}{dt}\right) = a\frac{d}{dt}(\text{Re} \, x)$$

且使用這結果建立（10.22）式。〔建議：令 $x = f + jg$ ，這裏 f 和 g 都是實數〕

10.3.3 在練習 10.2.2中，以 $i_1 = I_m e^{j\omega t}$ 取代電流源，證明響應 $v_1 = R_e v$ ，其中 v 是原來的響應。

10.4 複激勵（COMPLEX EXCITATIONS）

現在讓我們來推廣上一節複激勵函數的結論，激勵和激勵響應可以是一個正弦電壓或電流。但現在讓我們特定輸入是一個電壓源，而輸出是流過某些元件的電流，來考慮複激勵的電路。（其他的情形也可以利用類似的方法來考慮。）

我們知道，激勵若爲

$$v_g = V_m \cos(\omega t + \theta) \tag{10.23}$$

則激勵響應的形式是

$$i = I_m \cos(\omega t + \phi) \tag{10.24}$$

如圖 10.7 中一般電路所示。因此，若能求出 I_m 和 ϕ ，則由已知道 $\omega_1 \theta$ 和 V_m 可求出解。

$$v_g = V_m \cos(\omega t + \theta) \qquad 一般電路 \qquad i = I_m \cos(\omega t + \phi)$$

圖 10.7 有輸入和輸出的一般電路

爲了解圖 10.7 的 i ，讓我們供給複激勵

$$v_1 = V_m e^{j(\omega t + \theta)}$$ (10.25)

且解複響應 i_1 ，如圖 10.8 所示；則從上節結論得知，圖 10.7 的實響應是

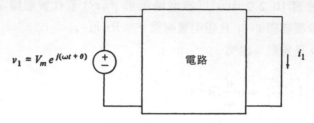

圖 10.8 有複激勵的一般電路

$$i = \mathrm{Re}\, i_1$$ (10.26)

這是一個在描述方程式內的係數爲實數的結論，正如同上節所說明的。

描述方程式可使用第九章的方法來解激勵響應，即激勵可寫爲

$$v_1 = V_m e^{j\theta} e^{j\omega t}$$ (10.27)

這是一個常數乘以 $e^{j\omega t}$ ，則試探解是

$$i_1 = A e^{j\omega t}$$

比較（10.24）式和（10.26）式，我們必須有

$$I_m \cos (\omega t + \phi) = \mathrm{Re}[A e^{j\omega t}]$$

這需要　$A = I_m e^{j\phi}$

因此　　$i_1 = I_m e^{j\phi} e^{j\omega t}$ (10.28)

取 i_1 的實數部份，我們有（10.24）式的解。

例題 10.5

玆舉一例，讓我們求方程式

$$\frac{d^2 i}{dt^2} + 2 \frac{di}{dt} + 8i = 12\sqrt{2} \cos (2t + 15°)$$

的激勵響應 i_f。首先我們以複激勵

$$v_1 = 12\sqrt{2}\, e^{j(2t+15°)}$$

取代實激勵，這裏為方便起見，相位以度表示。（這當然是一個不合理的數學表示式，但只要我們正確的瞭解它，那將沒有困難存在。）複響應 i_1 滿足

$$\frac{d^2 i_1}{dt^2} + 2\frac{di_1}{dt} + 8i_1 = 12\sqrt{2}\, e^{j(2t+15°)}$$

且它必須有一般形式

$$i_1 = Ae^{j2t}$$

因此我們必須有

$$(-4 + j4 + 8)Ae^{j2t} = 12\sqrt{2}\, e^{j2t}e^{j15°}$$

或 $$A = \frac{12\sqrt{2}\, e^{j15°}}{4 + j4} = \frac{12\sqrt{2}\,\underline{/15°}}{4\sqrt{2}\,\underline{/45°}} = 3\,\underline{/-30°}$$

從這，得

$$i_1 = (3\,\underline{/-30°})e^{j2t}$$
$$= 3e^{j(2t-30°)}$$

因而實響應是

$$i_f = \text{Re}\, i_1 = 3\cos(2t - 30°)$$

練 習

10.4.1 (a)若 $v_g = 10e^{j8t}$ V，則從時域方程式求激勵響應 v。(b)若 $v_g = 10\cos 8t$ V，則用(a)的結果求激勵響應 v。

　　答： (a) $2e^{j(8t-53.1°)}$ V ; (b) $2\cos(8t-53.1°)$ V

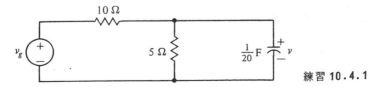

練習 **10.4.1**

10.4.2 若練習 10.4.1 中的 $v_g = 10 \sin 8t$ V，求激勵響應 v 。（建議：$\sin 8t = I_m e^{j8t}$）

答：$2 \sin (8t - 53.1°)$ V

10.4.3 若 $v_g = 20 \cos 2t$ V，則用複激勵法求激勵響應 i 。

答：$2 \cos (2t + 36.9°)$ A

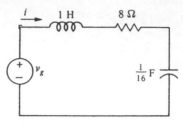

練習 **10.4.3**

10.4.4 重複練習 10.4.3，其中 $v_g = 16 \cos 4t$ V 。

答：$2 \cos 4t$ A

10.5 相量（PHASORS）

在上節所獲得的結論，我們可使用相量（phasor）來做更簡潔的表示形式，現在回想一下，一般的正弦電壓是

$$v = V_m \cos (\omega t + \theta) \tag{10.29}$$

當然，這也是上節的電源電壓 v_g 。若頻率 ω 是已知，則 v 完全被它的波幅 V_m 和相位 θ 特定，這些數量能以一個有關的複數表示爲

$$\mathbf{V} = V_m e^{j\theta} = V_m \underline{/\theta} \tag{10.30}$$

這被定義爲相量或相量表示式，爲了區別相量和複數，相量將被印成粗體字形式。

對相量定義的動機，我們可從由奧衣勒公式導出的等效式

$$V_m \cos (\omega t + \theta) = \text{Re}(V_m e^{j\theta} e^{j\omega t}) \tag{10.31}$$

看出。因此，由（10.29）式和（10.31）式得知

$$v = \text{Re}(\mathbf{V} e^{j\omega t}) \tag{10.32}$$

例題 10.6

茲舉一例，若

$$v = 10 \cos (4t + 30°) \text{ V}$$

則它的相量表示式是

$$\mathbf{V} = 10 \underline{/30°} \text{ V}$$

因為 $V_m = 10$，$\theta = 30°$。

相反的，若 $\omega = 4 \text{ rad/s}$ 是已知，則 v 很容易從 $\mathbf{V}$ 求得。

用相同的形式來定義時域電流

$$i = I_m \cos (\omega t + \phi) \tag{10.33}$$

的相量表示為

$$\mathbf{I} = I_m e^{j\phi} = I_m \underline{/\phi} \tag{10.34}$$

因此，若我們有 $\omega = 6 \text{ rad/s}$ 和 $\mathbf{I} = 2\underline{/15°} \text{ A}$，則

$$i = 2 \cos (6t + 15°) \text{ A}$$

我們已選擇以餘弦函數為基礎來表示正弦曲線和它們有關的相量，因此若一個函數為

$$v = 8 \sin (3t + 30°)$$

而我們可以將它改為

$$v = 8 \cos (3t + 30° - 90°)$$
$$= 8 \cos (3t - 60°)$$

則它的相量表示式是

$$\mathbf{V} = 8\underline{/-60°}$$

若我們選擇正弦函數為相量的基礎，則 v 的相量為 $8\underline{/30°}$，當然這就表示時域中的 $8 \sin (3t + 30°)$。

例題 **10.7**

為了瞭解相量的使用，何以能大大的減化分析的工作，讓我們將圖 10.4 和它的描述方程式 (10.11) 式重寫為

$$L\frac{di}{dt} + Ri \doteq V_m \cos \omega t \tag{10.35}$$

根據我們的方法，我們以複激勵函數

$$v_1 = V_m e^{j\omega t}$$

取代 $V_m \cos \omega t$ 激勵，則這複激勵函數可以寫為

$$v_1 = \mathbf{V} e^{j\omega t}$$

因為 $\theta = 0$，所以 $\mathbf{V} = V_m \underline{/0} = V_m$。代這值和 $i = i_1$ 入 (10.35) 式，得

$$L\frac{di_1}{dt} + Ri_1 = \mathbf{V} e^{j\omega t}$$

這 i_1 解和實數解 (real solution) i 的關係是

$$i = \text{Re } i_1$$

其次，嘗試

$$i_1 = \mathbf{I} e^{j\omega t}$$

為一個解，則有

$$j\omega L \mathbf{I} e^{j\omega t} + R \mathbf{I} e^{j\omega t} = \mathbf{V} e^{j\omega t}$$

除掉因數 $e^{j\omega t}$，我們得到相量方程式 (phasor equation)

$$j\omega L \mathbf{I} + R \mathbf{I} = \mathbf{V} \tag{10.36}$$

因此　　$\mathbf{I} = \dfrac{\mathbf{V}}{R + j\omega L} = \dfrac{V_m}{\sqrt{R^2 + \omega^2 L^2}} \Bigg/ -\tan^{-1}\dfrac{\omega L}{R}$

代這值入 i_1 的表示式，得知

$$i_1 = \frac{V_m}{\sqrt{R^2 + \omega^2 L^2}} e^{j(\omega t - \tan^{-1} \omega L/R)}$$

取 i_1 的實數部份，獲得（10.12）式的結果。

我們特別注意，若能從（10.35）式直接寫爲（10.36）式，則可省下很多演算時間，也能將微分方程式轉成一個代數方程式，此代數方程式有些像電阻性電路的方程式；事實上，它們的差別只是這裏爲複數，而在電阻性電路是實數而已。隨著計算機的日益普及，解數字複雜的電路問題亦不是相當困難的。

在本章剩餘章節，我們將看到如何由電路元件的相量關係，及考慮克西荷夫定律對相量的適用性，來省略（10.35）式和（10.36）式間的所有步驟。事實上，我們甚至可以省略寫出微分方程式的步驟，而直接從電路寫出（10.36）式。

通常實數解是時域函數，且它們相量是頻域函數；即它們是頻率 ω 的函數，這可從最後一個例題相量 I 看出。因而解時域問題，我們可以轉換成相量去解相當的頻域問題，這種解析通常是更容易的。最後我們將解的相量表示式，轉回時域函數即可。

練 習

10.5.1 求(a) $6\cos(2t+45°)$，(b) $4\cos 2t + 3\sin 2t$，(c) $-6\sin(5t-65°)$ 的相量表示式。

答：(a) $6\underline{/45°}$，(b) $5\underline{/-36.9°}$，(c) $6\underline{/25°}$

10.5.2 若函數相量爲(a) $10\underline{/-17°}$，(b) $6+j8$，(c) $-j6$，求時域函數爲何？在所有情形下，$\omega = 3$。

答：(a) $10\cos(3t-17°)$，(b) $10\cos(3t+53.1°)$，(c) $6\cos(3t-90°)$

10.6 電壓—電流的相量關係
（VOLTAGE-CURRENT RELATIONSHIPS FOR PHASORS）

本節將證明電阻器、電感器、電容器的電壓相量，以及電流相量的關係是非常類似於對電阻器的歐姆定律。事實上，電壓相量是比例於電流相量，而比例因數是一個常數或一個頻率 ω 的函數。

我們從電阻器的電壓-電流關係

$$v = Ri \tag{10.37}$$

開始討論，這裏

$$v = V_m \cos(\omega t + \theta)$$
$$i = I_m \cos(\omega t + \phi) \tag{10.38}$$

若我們供給複電壓（complex voltage）$V_m e^{j(\omega t+\theta)}$，那複電流（complex current）是 $I_m e^{j(\omega t+\phi)}$，將這些量代入（10.37）式，得

$$V_m e^{j(\omega t+\theta)} = R I_m e^{j(\omega t+\phi)}$$

除掉因數 $e^{j\omega t}$ 的結果是

$$V_m e^{j\theta} = R I_m e^{j\phi} \tag{10.39}$$

這裏，因為 $V_m e^{j\theta}$ 和 $I_m e^{j\phi}$ 分別是相量 **V** 和 **I**，所以（10.39）式可減化為

$$\mathbf{V} = R\mathbf{I} \tag{10.40}$$

因而對電阻器的相量或頻域關係完全類似時域關係。圖 10.9 在於說明電阻器的電壓 - 電流關係。

從（10.39）式得知，$V_m = R I_m$ 和 $\theta = \phi$，因而電阻器的正弦電壓和電流有相同的相角，即同相（in phase）。圖 10.10 表示這相位關係，這裏的實線表示電壓，虛線表示電流。

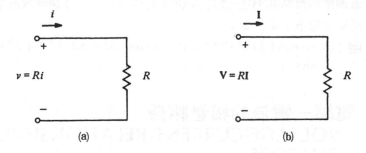

圖 10.9　在(a)時域和(b)頻域時，電阻器的電壓－電流關係

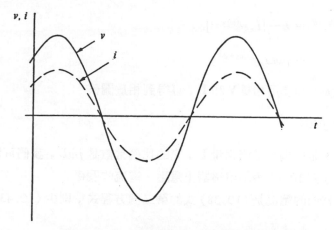

圖10.10 一個電阻器上的電壓和電流波形

例題10.8

舉一例說明，若電壓

$$v = 10 \cos (100t + 30°) \text{ V} \tag{10.41}$$

是供給一個 5 Ω 電阻器，它的極性如圖10.9(a)所示，則電壓相量是

$$\mathbf{V} = 10 \underline{/30°} \text{ V}$$

電流相量是

$$\mathbf{I} = \frac{\mathbf{V}}{R} = \frac{10 \underline{/30°}}{5} = 2 \underline{/30°} \text{ A}$$

因此在時域中，電流為

$$i = 2 \cos (100t + 30°) \text{ A} \tag{10.42}$$

這當然是我們使用歐姆定律所獲得的結果。

在電感器的情形，是代複電流和複電壓進入時域關係

$$v = L \frac{di}{dt}$$

而得到複數關係

$$V_m e^{j(\omega t + \theta)} = L\frac{d}{dt}[I_m e^{j(\omega t + \phi)}]$$

$$= j\omega L I_m e^{j(\omega t + \phi)}$$

其次除掉因數 $e^{j\omega t}$ 和使用相量 **V** 和 **I**，可得到相量關係

$$\mathbf{V} = j\omega L\,\mathbf{I} \tag{10.43}$$

因而電壓相量 **V** 是比例於電流相量 **I**，它的比例常數是 $j\omega L$，我們可看到這關係式如同歐姆定律。圖 10.11 表示電感器上電壓－電流的關係。

　　若在電感器內的電流是 (10.38) 式的第二個方程式，則由 (10.43) 式得知電壓相量為

$$\mathbf{V} = (j\omega L)(I_m\underline{/\phi})$$

$$= \omega L I_m\underline{/\phi + 90°}$$

因為 $j = 1\underline{/90°}$，因此在時域內有

$$v = \omega L I_m \cos(\omega t + \phi + 90°)$$

這結果和 (10.38) 式的第二個方程式做比較，得知電感器的電流落後電壓 90°，另一個常用的說法是電壓和電流異相 90°，圖 10.12 是電感器電壓和電流的波形。

　　最後，讓我們考慮電容器，代複電流和電壓入時域關係式

$$i = C\frac{dv}{dt}$$

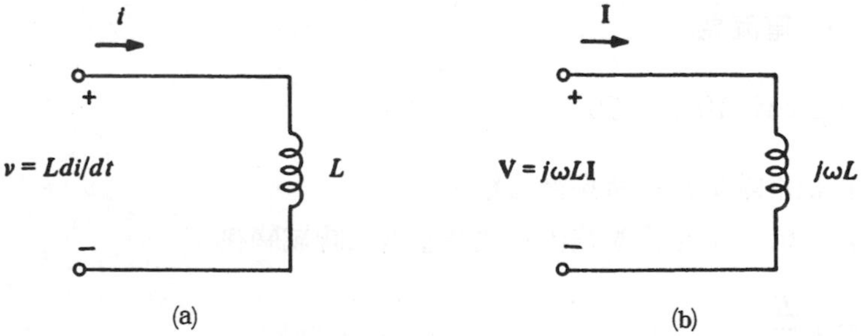

圖 10.11　在(a)時域和(b)頻域時，電感器的電壓－電流關係

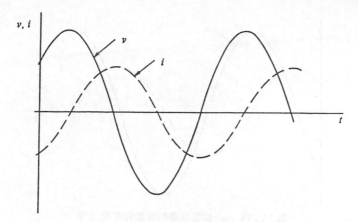

圖10.12 電感器的電壓和電流波形

得到複數關係

$$I_m e^{j(\omega t + \phi)} = C \frac{d}{dt}[V_m e^{j(\omega t + \theta)}]$$

$$= j\omega C V_m e^{j(\omega t + \theta)}$$

其次除掉因數 $e^{j\omega t}$ 和使用相量 $\mathbf{V}$ 和 $\mathbf{I}$，得到相量關係

$$\mathbf{I} = j\omega C \mathbf{V} \tag{10.44}$$

或 $$\mathbf{V} = \frac{\mathbf{I}}{j\omega C} \tag{10.45}$$

因而電壓相量 $\mathbf{V}$ 是比例於電流相量 $\mathbf{I}$，而它的比例常數是 $1/j\omega C$ 。圖 10.13 表示一個電容器在時域和頻域時的電壓－電流關係。

在一般情形下，若電容器電壓是 (10.38) 式的第一個方程式，則由 (10.44) 式得知電流相量是

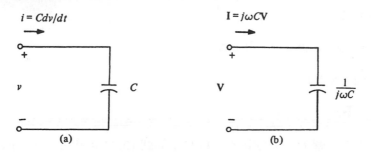

圖10.13 在(a)時域和(b)頻域時，電容器的電壓－電流關係

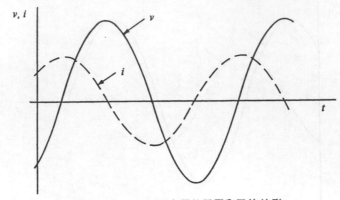

圖 10.14 一個電容器的電壓和電流波形

$$I = (j\omega C)(V_m\underline{/\theta})$$
$$= \omega C V_m\underline{/\theta + 90°}$$

因此在時域中，有

$$i = \omega C V_m \cos(\omega t + \theta + 90°)$$

這和 (10.38) 式第一個方程式比較得知，電容器的電流和電壓是異相的，即電流領先電壓 90°，它的圖形表示在圖 10.14 。

例題 10.9

舉一個例題，若 (10.41) 式的電壓供給在一個 $1\ \mu F$ 電容器上，則由 (10.44) 式得知電流相量是

$$\mathbf{I} = j(100)(10^{-6})(10\underline{/30°})\ \text{A}$$
$$= 1\underline{/120°}\ \text{mA}$$

那麼時域電流是

$$i = \cos(100t + 120°)\ \text{mA}$$

因此電流領先電壓 90°。

練　　習

10.6.1 若在 (a) 圖 10.9 (a) 中 $R = 4\ \text{k}\Omega$ ，(b) 圖 10.11 (a) 中 $L = 15\ \text{mH}$ ，(c) 圖

10.13 (a)中 $C = \frac{1}{2}\mu F$ ，及 $v = 12\cos(1000t + 30°)$ ，則使用相量求穩態的 ac 電流 i 。

答：(a) $3\cos(1000t + 30°)$ mA ；(b) $0.8\cos(1000t - 60°)$ A ；

(c) $6\cos(1000t + 120°)$ mA

10.6.2 在練習 10.6.1 中，求 $t = 1$ ms 時的電流 i 。

答：(a) 0.142 mA ，(b) 0.799 A ；(c)$- 5.993$ mA

10.7 阻抗和導納 (IMPEDANCE AND ADMITTANCE)

現在讓我們考慮圖 10.15 所示，有兩個外接端點的一般化相量電路。若在端點的時域電壓和電流是 (10.38) 式所給，則在端點的量相量是

$$\mathbf{V} = V_m \underline{/\theta}$$
$$\mathbf{I} = I_m \underline{/\phi} \tag{10.46}$$

我們定義電路的阻抗 $\mathbf{Z}$ 為電壓相量和電流相量的比值，即

$$\mathbf{Z} = \frac{\mathbf{V}}{\mathbf{I}} \tag{10.47}$$

由 (10.46) 式知

$$\mathbf{Z} = |\mathbf{Z}| \underline{/\theta_Z} = \frac{V_m}{I_m} \underline{/\theta - \phi} \tag{10.48}$$

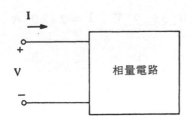

圖 10.15 一般的相量電路

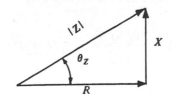

圖 10.16 阻抗的圖形表示

這裏 $|\mathbf{Z}|$ 是 $\mathbf{Z}$ 的量，而 θ_Z 是 $\mathbf{Z}$ 的角度，很明顯的

$$|\mathbf{Z}| = \frac{V_m}{I_m}, \qquad \theta_Z = \theta - \phi$$

從 (10.47) 式看到的阻抗，在一般電路上所扮演的角色，如同電阻性電路的電阻一樣。事實上，(10.47) 式看起來非常像歐姆定律，而阻抗的單位也是歐姆，爲伏特和安培的比值。

在此要特別強調的是阻抗是一個複數，是兩個複數的比值，而不是一個相量；即它沒有相對的含有物理意義的正弦時域函數，但電壓和電流相量則有。

(10.48) 式是阻抗 $\mathbf{Z}$ 的極座標寫法；在直角座標形式上，它通常爲

$$\mathbf{Z} = R + jX \tag{10.49}$$

這裏 $R = \operatorname{Re} \mathbf{Z}$ 是電阻分量或簡稱電阻，$X = I_m \mathbf{Z}$ 是無功分量（reactive component）或電抗（reactance）；通常 $\mathbf{Z} = \mathbf{Z}(j\omega)$ 是一個 $j\omega$ 的複函數，但 $R = R(\omega)$ 和 $X = X(\omega)$ 是 ω 的實函數。R，X 和 $\mathbf{Z}$ 的單位都爲歐姆。我們比較 (10.48) 式和 (10.49) 式，可以很明確的寫出

$$|\mathbf{Z}| = \sqrt{R^2 + X^2}$$

$$\theta_Z = \tan^{-1}\frac{X}{R}$$

和

$$R = |\mathbf{Z}| \cos \theta_Z$$

$$X = |\mathbf{Z}| \sin \theta_Z$$

這些關係表示在圖 10.16 上。

例題 10.10

玆舉一例，若在圖 10.15 內，$\mathbf{V} = 10\underline{/56.9°}\text{V}$，$\mathbf{I} = 2\underline{/20°}\text{A}$，則有

$$\mathbf{Z} = \frac{10\underline{/56.9°}}{2\underline{/20°}} = 5\underline{/36.9°}\ \Omega$$

在直角座標，則爲

$$\mathbf{Z} = 5(\cos 36.9° + j \sin 36.9°)$$

$$= 4 + j3\ \Omega$$

而電阻器、電感器，和電容器的阻抗很容易從 (10.40) 式，(10.43) 式，和 (10.45) 式它們的 $\mathbf{V}$-$\mathbf{I}$ 關係式中獲得，且以 R、L、C 分別表示它們的阻抗；從這些方程式和 (10.47) 式，得

$$\mathbf{Z}_R = R$$

$$\mathbf{Z}_L = j\omega L = \omega L \underline{/90°}$$

$$\mathbf{Z}_C = \frac{1}{j\omega C} = -j\frac{1}{\omega C} = \frac{1}{\omega C}\underline{/-90°}$$

(10.50)

在一個電阻器情形下,阻抗是純電阻,它的電抗是零;而電感器和電容器的阻抗是純電抗,且沒有電阻分量。因此我們表示電感性電抗為

$$X_L = \omega L$$

(10.51)

使得　　$\mathbf{Z}_L = jX_L$

且電容性電抗為

$$X_C = -\frac{1}{\omega C}$$

(10.52)

因而　　$\mathbf{Z}_C = jX_C$

(10.53)

因為 R、L 和 C 都是正的,所以我們可以看見電感性電抗是正的,電容性電抗則是負的。即在 (10.49) 式的一般情形下,$X = 0$ 時,電路是電阻性;$X > 0$ 時,電路的電抗是電感性;$X < 0$ 時,電路的電抗是電容性;當電阻、電感和電容都存在電路內時,這些情形都有可能存在。茲舉一例,電路有阻抗 $\mathbf{Z} = 4 + j3$,若我們只考慮電抗 $X = 3$,則這電路是電感性類型。十二章將看到:在所有被動電路中,R 是非負值。

阻抗的倒數表示為

$$\mathbf{Y} = \frac{1}{\mathbf{Z}}$$

(10.54)

這被叫做導納且類似於電阻性電路的電導(電阻的倒數),很明顯的,因為 $\mathbf{Z}$ 是一個複數,所以 $\mathbf{Y}$ 也是;Y 的標準表示式為

$$\mathbf{Y} = G + jB$$

(10.55)

$G = \mathrm{Re}\,\mathbf{Y}$ 和 $B = I_m\,\mathbf{Y}$ 分別叫做電導和電納(susceptance),且它們與阻抗分量的關係是

$$\mathbf{Y} = G + jB = \frac{1}{\mathbf{Z}} = \frac{1}{R + jX} \tag{10.56}$$

而 **Y** 和 G ， B 的單位都是姆歐，因爲 **Y** 通常是一個電流和一個電壓相量的比值。

爲了獲得 **Y** 和 **Z** 分量間的關係式，我們可以有理化 (10.56) 式的最後項，這結果爲

$$G + jB = \frac{1}{R + jX} \cdot \frac{R - jX}{R - jX}$$

$$= \frac{R - jX}{R^2 + X^2}$$

實部和虛部分別相等的結果得

$$G = \frac{R}{R^2 + X^2}$$

$$B = -\frac{X}{R^2 + X^2} \tag{10.57}$$

因此我們注意到 R 和 G 不是倒數，但在純電阻情形時（ $X = 0$ ）則例外，類似的 X 和 B 也不是倒數，但在純電抗情形時（ $R = 0$ ），它們是負倒數。

例題 10.11

茲舉一例，若

$$\mathbf{Z} = 4 + j3$$

則

$$\mathbf{Y} = \frac{1}{4 + j3} = \frac{4 - j3}{4^2 + 3^2} = \frac{4}{25} - j\frac{3}{25}$$

因此 $G = \dfrac{4}{25}$ 和 $B = -\dfrac{3}{25}$

其它的例子爲

$$\mathbf{Y}_R = G$$

$$\mathbf{Y}_L = \frac{1}{j\omega L}$$

$$Y_C = j\omega C$$

它們分別是電阻器（ $R = 1/G$ ），電感器和電容器的導納。

10.7.1 求在圖10.4電路內，從電源端看入的阻抗，且分別以直角座標和極座標形式表示。

答： $R + j\omega L$ ， $\sqrt{R^2 + \omega^2 L^2}\ \underline{/\tan^{-1}\omega L/R}$

10.7.2 在圖10.4電路內，求從電源端看入的導納，且分別以直角座標和極座標形式表示。

答： $\dfrac{R}{R^2 + \omega^2 L^2} - j\,\dfrac{\omega L}{R^2 + \omega^2 L^2}$ ， $\dfrac{1}{\sqrt{R^2 + \omega^2 L^2}}\ \underline{\left/-\tan^{-1}\dfrac{\omega L}{R}\right.}$

10.7.3 若 $\mathbf{Z}$ 是(a) $3 + j4$ ，(b) $0.4 + j0.3$ ，(c) $\sqrt{2}/2\ \underline{/45°}$ ，求電導和電納。

答：(a) 0.12 ， -0.16 ；(b) 1.6 ， -1.2 ；(c) 1 ， -1

10.8 克西荷夫定律和阻抗組合
（KIRCHHOFF'S LAWS AND IMPEDANCE COMBINATIONS）

　　克西荷夫定律對相量，以及相量相對的時域電壓和電流一樣有效，這敍述我們是可以瞭解的，就是靠觀察一個電路有一個複激勵 $V_m e^{j(\omega t + \theta)}$ ，則複電壓像 $V_1 e^{j(\omega t + \theta_1)}, V_2 e^{j(\omega t + \theta_2)}$ 等，將出現在電路內的元件上。因爲克西荷夫定律在時域中是有效的，所以沿著一個典型廻路的KVL方程式是

$$V_1 e^{j(\omega t + \theta_1)} + V_2 e^{j(\omega t + \theta_2)} + \ldots + V_N e^{j(\omega t + \theta_N)} = 0$$

除掉共同的因數 $e^{j\omega t}$ ，有

$$\mathbf{V}_1 + \mathbf{V}_2 + \ldots + \mathbf{V}_N = 0$$

這裏 　　 $\mathbf{V}_n = V_n\underline{/\theta_n},\qquad n = 1, 2, \ldots, N$

是沿著廻路的電壓相量，因而KVL對相量亦適用，一個類似的發展也將在KCL內建立。

　　在電路內有一個共同頻率 ω 的正弦激勵，若我們只對激勵或穩態的 a c 響應有興趣，則我們可發現每一個元件的電壓或電流相量，且可使用克西荷夫定律去完成

電路分析。因此 ac 穩態分析同於第 2，4，5 章的電阻性電路分析，只要以阻抗取代電阻，相量取代時域量，一旦我們發現相量後，就能立卽轉成時域的正弦答案。

例題 10.12

　　玆舉一例，圖 10.17 電路包含 N 個阻抗串聯，由 KCL 定律得知，只有一個單一電流相量 **I** 流過每一元件，因此跨在每一元件上的電壓是

$$V_1 = Z_1 I$$
$$V_2 = Z_2 I$$
$$\cdot$$
$$\cdot$$
$$V_N = Z_N I$$

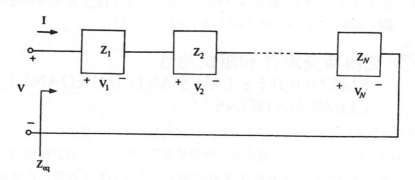

圖 10,17　N 個阻抗串聯連接

沿此電路，寫下 KVL 方程式爲

$$V = V_1 + V_2 + \ldots + V_N$$
$$= (Z_1 + Z_2 + \ldots + Z_N) I$$

從圖 10.17 ，也知電壓爲

$$V = Z_{eq} I$$

這裏 Z_{eq} 是從端點處看入的等效阻抗，所以

$$Z_{eq} = Z_1 + Z_2 + \ldots + Z_N \tag{10.58}$$

這如同串聯電阻器的情形。

類似的，如第 2 章並聯電導情形，N 個並聯導納的等效導納 $\mathbf{Y}_{eq}$ 是

$$\mathbf{Y}_{eq} = \mathbf{Y}_1 + \mathbf{Y}_2 + \ldots + \mathbf{Y}_N \tag{10.59}$$

在兩個並聯元件（ $N = 2$ ）的情形，有

$$\mathbf{Z}_{eq} = \frac{1}{\mathbf{Y}_{eq}} = \frac{1}{\mathbf{Y}_1 + \mathbf{Y}_2} = \frac{\mathbf{Z}_1\mathbf{Z}_2}{\mathbf{Z}_1 + \mathbf{Z}_2} \tag{10.60}$$

同樣地，分壓和分流原理，對含有阻抗和頻域量的相量電路是有效的，這如同對電阻和時域量的電阻性電路有效是一樣的，讀者將在練習10.8.2 時，被要求建立這些原理。

例題 10.13

例如考慮圖 10.18 (a)的 RL 電路，它的相量電路在圖 10.18 (b)。對相量電路，應用 KVL 定律得

$$\mathbf{Z}_L \mathbf{I} + R\mathbf{I} = V_m \underline{/0}$$

或　　$(j\omega L + R)\mathbf{I} = V_m \underline{/0}$

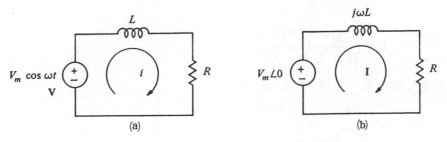

圖 10.18　(a)時域電路；(b)等效相量電路

從這得知，電流相量是

$$\mathbf{I} = \frac{V_m \underline{/0}}{R + j\omega L}$$

$$= \frac{V_m}{\sqrt{R^2 + \omega^2 L^2}} \underline{\left/ -\tan^{-1}\frac{\omega L}{R}\right.}$$

因此,在時域中,有電流

$$i = \frac{V_m}{\sqrt{R^2 + \omega^2 L^2}} \cos\left(\omega t - \tan^{-1}\frac{\omega L}{R}\right)$$

解題的另一個方法是,從電源端看入的阻抗 $\mathbf{Z}$,是電感器的阻抗 $j\omega L$ 和電阻器 R 串聯連接的;因此

$$\mathbf{Z} = j\omega L + R$$

而 $$\mathbf{I} = \frac{\mathbf{V}}{\mathbf{Z}} = \frac{V_m\underline{/0}}{R + j\omega L}$$

如同前所得。

練   習

10.8.1   推導 (10.59) 式。

10.8.2   證明(a)分壓規則

$$\mathbf{V} = \frac{\mathbf{Z}_2}{\mathbf{Z}_1 + \mathbf{Z}_2}\mathbf{V}_g$$

(b)分流規則

$$\mathbf{I} = \frac{\mathbf{Y}_2}{\mathbf{Y}_1 + \mathbf{Y}_2}\mathbf{I}_g = \frac{\mathbf{Z}_1}{\mathbf{Z}_1 + \mathbf{Z}_2}\mathbf{I}_g$$

是成立的,這裏 $\mathbf{Z}_1 = 1/\mathbf{Y}_1$ 和 $\mathbf{Z}_2 = 1/\mathbf{Y}_2$。

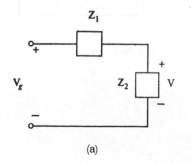

(a)

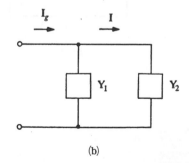

(b)

練習 10.8.2

10.8.3 用相量求穩態電流 i 。

    答：$2\cos(8t-36.9°)$ A

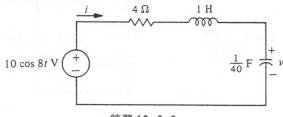

練習 10.8.3

10.8.4 用相量和分壓規則求練習 10.8.3 中的穩態電壓 v 。

    答：$10\cos(8t-126.9°)$ V

10.9 相量電路（PHASOR CIRCUITS）

    在前幾節的討論裏，建議我們可以在時域電路中，利用複激勵函數取代激勵和響應，來省略求描述方程式的步驟，且將最終方程式除以 $e^{j\omega t}$，而獲得相量方程式。我們也可以簡單的從相量電路開始，相量電路的正式定義是在時域電路中，電壓和電流以它們的相量取代，且元件以它們的阻抗取代，這如同先前圖 10.18 (b)的說明，那麼從這電路獲得的描述方程式就是相量方程式，解這方程式能得到解的相量，而這解可轉成時域解。

    從相量電路獲得相量解的程序，如同早先在電阻性電路使用的程序一樣，它們的差別只在相量電路內的數目是複數而已。

例題 10.14

    玆舉一例讓我們求圖 10.19 (a)中的穩態電流 i，圖 10.19 (b)表示它的相量電路，其中電壓源和電流被它們的相量取代，並標示元件的阻抗值，因而在相量電路中，從電源端看入的阻抗是

$$\mathbf{Z} = 1 + \frac{(3+j3)(-j3)}{3+j3-j3}$$

$$= 4 - j3 \ \Omega$$

因此有 $\mathbf{I}_1 = \dfrac{5\underline{/0}}{4-j3} = \dfrac{5\underline{/0}}{5\underline{/-36.9°}} = 1\underline{/36.9°}$

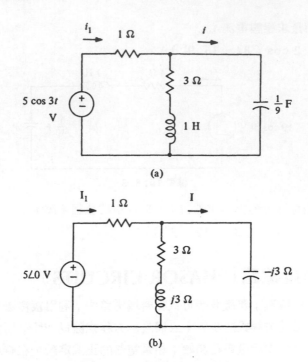

圖 10.19 *RLC* 時域和相量電路

且由分流原理，得知

$$\mathbf{I} = \left(\frac{3 + j3}{3 + j3 - j3} \right) \mathbf{I}_1 = \sqrt{2} \underline{/81.9°} \text{ A}$$

在時域中，那答案是

$$i = \sqrt{2} \cos (3t + 81.9°) \text{ A}$$

在有一個相依電源的情形下，例如一個 kv_x 伏特電源被一個電壓 v_x 控制，那麼它在相量電路中，將以 $k\mathbf{V}_x$ 出現，這裏 $\mathbf{V}_x$ 是 v_x 的相量，理由是在時域內 $v_x = V_m \cos(\omega t + \phi)$ 將在頻域內變成 $V_m e^{j(\omega t + \phi)}$，此時在頻域描述方程式中，除掉 $e^{j\omega t}$，則留下的 v_x 被它的相量 $V_m e^{j\phi}$ 表示；以相同的方法，則知 $kv_x = kv_m \cos(\omega t + \phi)$ 被它的相量 $kv_m e^{j\phi}$ 表示。

例題 10.15

　　茲舉一例，讓我們考慮圖 10.20 (a)中包含一個相依電源的電路，在這裏我們需

要求 i 的穩態值。圖 10.20 (b)表示對應的相量電路，因為相量電路的分析實際上相似於電阻性電路，所以我們可以在圖 10.20 (b)中節點 a 處，寫出 K C L 方程式

$$\mathbf{I} + \frac{\mathbf{V_1} - \frac{1}{2}\mathbf{V_1}}{-j2} = 3\underline{/0} \tag{10.61}$$

由歐姆定律得知，$\mathbf{V_1} = 4\,\mathbf{I}$，這代入 (10.61) 式，得

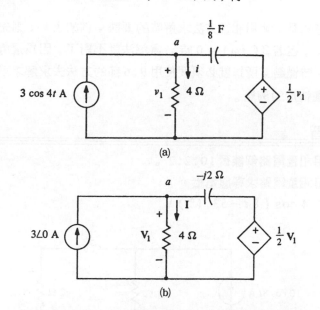

圖 10.20　(a)包含一個相依電源的電路；(b)對應的相量電路

$$-j2\mathbf{I} + \frac{1}{2}(4\mathbf{I}) = -j6$$

或　　$\mathbf{I} = \dfrac{-j6}{2-j2} = \dfrac{6\underline{/-90}}{2\sqrt{2}\underline{/-45}} = \dfrac{3}{\sqrt{2}}\underline{/-45°}$ A

因此我們有

$$i = \frac{3}{\sqrt{2}} \cos(4t - 45°) \text{ A}$$

在一個運算放大器的情形下，相量電路和時域電路是相同的；即在時域電路內

一個理想的運算放大器，在相量電路內亦是理想的運算放大器，原因是運算放大器的時域方程式為

$$i = 0, \quad v = 0$$

這特定了進入輸入端的電流，和跨在輸入端上的電壓，在相量方程式中保有相同的形式

$$\mathbf{I} = 0, \quad \mathbf{V} = 0$$

最後要注意的是，使用相量方法求解時的要訣，例如求 i ，則先要求 $\mathbf{I} = \mathbf{V}/\mathbf{Z}$ ，再將 $\mathbf{I}$ 轉成 i ，但若 $Z(j\omega) = 0$ 時，這解法就不對了，因為這情形是電路於一個自然頻率 $j\omega$ 時激勵，所以就必須要使用 9.6 節的方法去求解才可以。習題 10.38 即是此種情形的例題。

___練___習___

10.9.1 利用相量電路解練習 10.2.2 。

10.9.2 利用相量電路求穩態電壓 v 。

答：$4\cos(8t - 53.1°)$ V

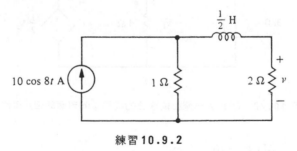

練習 10.9.2

10.9.3 在練習 10.4.1 (b)中，利用相量電路求穩態電壓 V 。

10.9.4 若 $v_g = 4\cos 10t$ V ，則用相量電路求穩態電壓 v 。

答：$\sqrt{2}\cos(10t + 135°)$ V

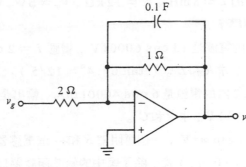

練習 10.9.4

習　題

10.1 已知電壓 $v = 100 \cos (400\pi t + 45°)$ V，求(a)它的波幅，(b)它的相角，單位為度，(c)它的相角，單位為弧度，(d)它的週期，單位為 ms ，(e)它的頻率，單位為 rad/s，(f)它的頻率，單位為 Hz ，(g)它領先或落後電流 $i = 2 \cos (400\pi t - 17°)$A 多少度。

10.2 以正波幅的方式將下列函數轉換成餘弦函數：

(a) $6 \sin (2t + 15°)$；(b) $-2 \cos (4t + 10°)$；(c) $8 \cos 5t - 15 \sin 5t$。

10.3 決定 v_1 領先或落後 v_2 多少度：

(a) $v_1 = 3 \cos (4t - 30°)$, $v_2 = 5 \sin 4t$,
(b) $v_1 = 10 \cos 4t$, $v_2 = 5 \cos 4t + 12 \sin 4t$,
(c) $v_1 = 20 (\cos 4t + \sqrt{3} \sin 4t)$,
　　$v_2 = 3 \cos 4t + 4 \sin 4t$.

10.4 若(a) $i_1 = 6 \cos 3t$ A ， $i_2 = 4 \cos (3t - 30°)$ A ， $i_3 = -4\sqrt{3} \cos (3t + 60°)$ A ；(b) $i_1 = 5 \cos (3t + 30°)$ A ， $i_2 = 5 \sin 3t$ A ， $i_3 = 5 \cos (3t + 150°)$ A ；(c) $i_1 = 25 \cos (3t - 53.1°)$ A ， $i_2 = 2 \sin 3t$ A ， $i_3 = 13 \cos (3t - 22.6°)$ A ；則僅使用正弦曲線性質來求 i_4 。（提示：$\cos 22.6° = 12/13$）

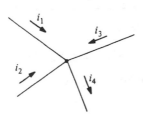

習題 10.4

10.5 若圖 10.4 內的 $L=8\,\mathrm{mH}$，$R=12\,\mathrm{k\Omega}$，$V_m=5\,\mathrm{V}$，$\omega=2\times10^6\,\mathrm{rad/s}$，則求激勵響應 i 。

10.6 若圖 10.4 內的電源是 $13\cos 6000t\,\mathrm{V}$，響應 $i=2\cos(6000t-67.4°)\,\mathrm{mA}$，求 R 和 L 。（ $\tan 67.4°=12/5$ ）

10.7 若練習 10.2.2 內的電源是 $6\cos 4000t\,\mathrm{mA}$，輸出是 $v=18\cos(4000t-53.1°)\,\mathrm{V}$，求 R 和 C 。

10.8 一個電壓源 $V_m\sin\omega t\,\mathrm{V}$，一個電阻器 R 和一個電感器 L 串聯連接。證明激勵響應 i 為（10.12）式，除了式中的餘弦函數要以正弦函數取代外。獲得上述結論的兩個方法分別為(a)因 $V_m\sin\omega t=V_m\cos(\omega t-90°)$，所以用複激勵 $V_m\,e^{j(\omega t-90°)}$ 並取電流響應的實數部份；(b)因 $V_m\sin\omega t=I_m(V_m\,e^{j\omega t})$，所以用複激勵 $V_m\,e^{j\omega t}$ 並取電流響應的虛數部份。

10.9 根據微分方程式來求 v_1，並用此結果來找出輸入電壓為 $34\cos 4t\,\mathrm{V}$ 的激勵響應 v 。

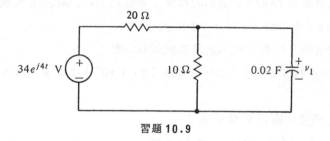

習題 **10.9**

10.10 若電源為 $4e^{j8t}\,\mathrm{A}$，求響應 v_1。並用此結果來求輸入電源為(a) $4\cos 8t$ A；(b) $4\sin 8t\,\mathrm{A}$ 的響應 v 。

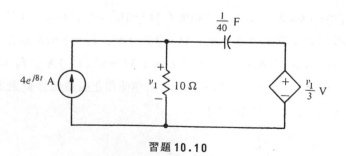

習題 **10.10**

10.11 一個複電壓輸入 $10e^{j(2t+25°)}\,\mathrm{V}$ 產生一個 $5e^{j(2t-20°)}\,\mathrm{A}$ 電流輸出。若輸入電壓為(a) $40\,e^{j(2t+60°)}\mathrm{V}$；(b) $20\cos 2t\,\mathrm{V}$；(c) $4\sin(2t-15°)\mathrm{V}$，求輸出電流。

10.12 求時域函數(a) $10 \cos (5t + 18°)$ ；(b) $-8 \cos 5t + 6 \sin 5t$ ；(c) $18 \sin 5t$ ；(d) $-2 \sin (5t - 10°)$ 的相量表示。

10.13 若 $\omega = 10 \, \text{rad/s}$ ，求相量(a) $-5 + j5$ ；(b) $-5 + j12$ ；(c) $4 - j3$ ；(d) -10 ；(e) $-j5$ 的時域函數。

10.14 用相量解習題 10.4 。

10.15 求圖 10.15 電路的阻抗，若時域函數被相量 **V** 和 **I** 取代。這裡 **V** 和 **I** 分別為

    (a) $v = -30 \cos 2t + 16 \sin 2t$ V,
         $i = 1.7 \cos (2t + 20°)$ A.
    (b) $v = \text{Re}[je^{j2t}]$ V,
         $i = \text{Re}[(1 + j)e^{j(2t+30°)}]$ mA.
    (c) $v = aV_m \cos (\omega t + \theta)$ V,
         $i = V_m \cos (\omega t + \theta - \alpha)$ A.

10.16 若 $\text{Re} \, \mathbf{Z} = R$ 是正的，則證明 $\text{Re} \, \mathbf{Y} = \text{Re}[1/\mathbf{Z}] = G$ 也是正的。

10.17 一個電路有一個阻抗

$$\mathbf{Z} = \frac{4(1 + j\omega)(4 + j\omega)}{j\omega(2 + j\omega)} \, \Omega$$

求在 $\omega = 2 \, \text{rad/s}$ 時的電阻、電抗、電導和電納；若供給電路的時域電壓是 $10 \cos 2t$ V ，則求穩態電流。

10.18 一個電路有一個阻抗

$$\mathbf{Z} = \frac{16(2 + j\omega)(8 - \omega^2 - j2\omega)}{\omega^4 - 15\omega^2 + 64} \, \Omega$$

求在 $\omega = 1$, 2 , $3 \, \text{rad/s}$ 時的電阻和電抗。若供給電路的時域電壓為 $64 \cos \omega t$ V ，求 $\omega = 1$, 2 , 3 時的穩態電流。

10.19 用相量，阻抗和分壓原理求習題 10.9 內的 v 。

10.20 若(a) $\omega = 1 \, \text{rad/s}$ 和(b) $\omega = 2 \, \text{rad/s}$ ，求穩態電流 i 。注意在(b)中，從電源端看入的阻抗是純電阻。

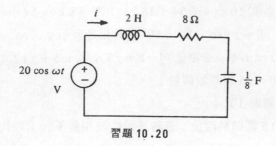

習題 10.20

10.21 就圖示相量電路求 $\mathbf{Z}_{eq}$，並用此結果求相量電流 $\mathbf{I}$。若 $\omega = 2$ rad/s，求對應於 $\mathbf{I}$ 的激勵響應 i。

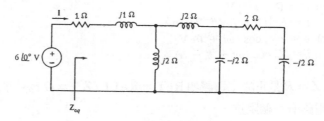

習題 10.21

10.22 求電抗 X 使得從電源端看入的阻抗為實數。就此情形，求對應於 $\mathbf{I}$ 的穩態電流 $i(t)$，其中 $\omega = 10$ rad/s。

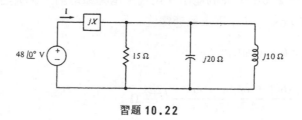

習題 10.22

10.23 求穩態電流 i 和電壓 v。

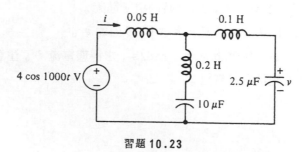

習題 10.23

10.24 求 C 使得電源端看入的阻抗為實數。就此情形，求 12Ω 電阻器所吸收的功率。

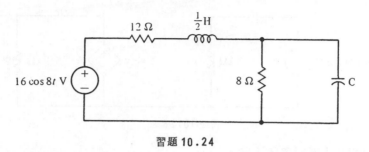

習題 10.24

10.25 求穩態電流 i 。

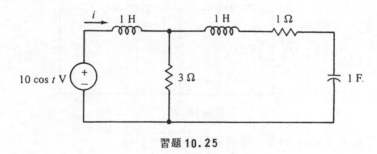

習題 10.25

10.26 求穩態電壓 v 。

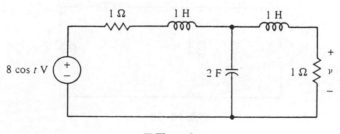

習題 10.26

10.27 求穩態電流 i 。

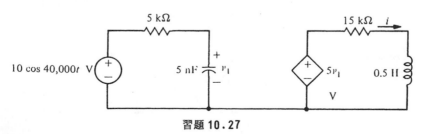

習題 10.27

10.28 求穩態電壓 v。

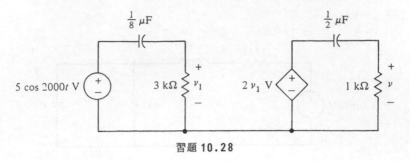

習題 10.28

10.29 用相量求穩態電流 i 和 i_1。

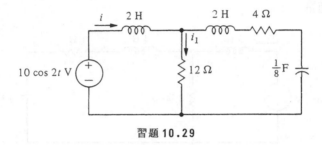

習題 10.29

10.30 若 $v_g = 5 \cos 2t$ V，求穩態電壓 v。

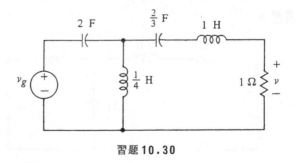

習題 10.30

10.31 求穩態電壓 v。

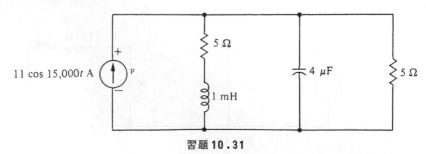

習題 10.31

10.32 求穩態電壓 v 和 v_1 。

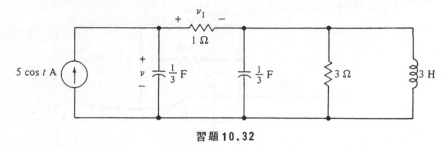

習題 **10.32**

10.33 當(a) $\omega = 1$ rad/s ; (b) $\omega = 2$ rad/s ; (c) $\omega = 4$ rad/s 時，求穩態電流 i 。〔注意(b)為共振情形〕

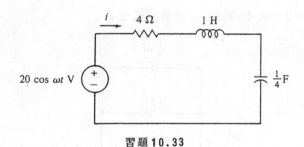

習題 **10.33**

10.34 求穩態電壓 v 。

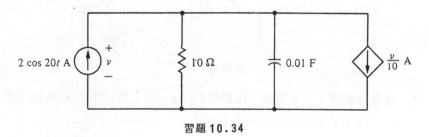

習題 **10.34**

10.35 求穩態電流 i 。

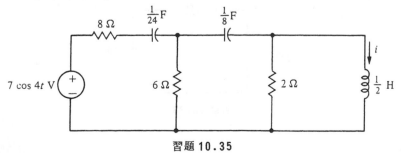

習題 **10.35**

10.36 若 $v_g = 10 \cos 1000t$ V，求穩態電壓 v。

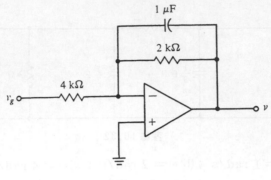

習題 **10.36**

10.37 若 $v_g = 2 \cos 4000t$ V，求穩態電流 i。

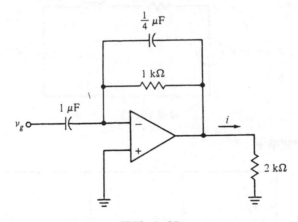

習題 **10.37**

10.38 求激勵響應 i。〔建議：由於 $\mathbf{Z}(j1) = 0$，所以 $\mathbf{I} = \mathbf{V}/\mathbf{Z}$ 的求法是不對的。用 9.6 節的方法解描述方程式〕

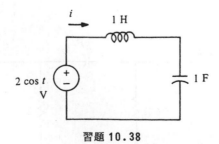

習題 **10.38**

10.39 若 $i(0) = 2\,\mathrm{A}$，$v(0) = 6\,\mathrm{V}$，求完全響應 i 。（建議：用相量解 i_f，微分方程式解 i_n ）

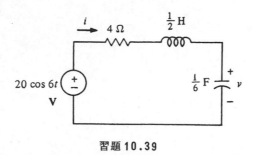

習題 10.39

10.40 決定習題 10.39 內的 $i(0)$ 和 $v(0)$，使得自然響應消失僅留激勵響應 i 。

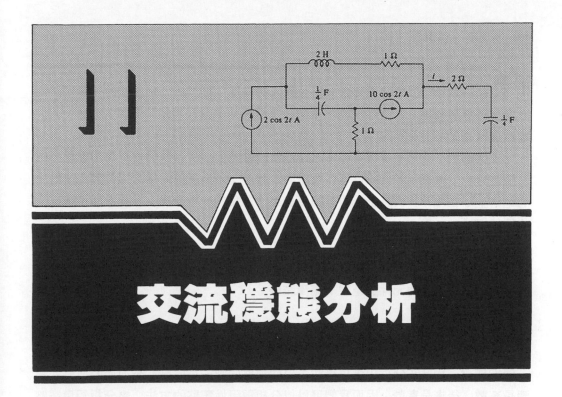

交流穩態分析

成功是百分之一的靈感和百分之九十九的努力。

Thomas A. Edison

　　Edison 是最偉大的美國發明家，或許也是有歷史以來最偉大的發明家。他的發明像電燈、留聲機等改變了人類的生活。他擁有 1100 項發明並改良許多其他人的發明，像電話、打字機、發電機和活動電影等。在他發明中最重要的或許是他組合衆人從事研究，他曾同一時間僱用三百人協助他研究。

　　Edison 出生於俄亥州的 Milan 市，他是家中最年輕的小孩。由於他母親親自教育他，所以他只接受了 3 個月的正規教育。他向老師問了太多問題，以致於和老師處不來。由於他聽力不佳使他免於兵役。在大戰期間他不斷地在城市間遷徙，並以電報操作員爲生。在這段時間裡他也改良了股票自動收報機，且賣出專利獲得美金四萬元。1876 年他遷往新澤西州的 Menlo Park 市，並開始他一系列的穩定發明。電燈是他最偉大的發明，爲了推廣電燈的使用，他也設計了第一座發電廠。Edison 效應是指在燈管內眞空中的電子移動，這也開創了電子時代的新紀元。

在 前一章中，我們已看到含有正弦輸入的電路，可以由分析適當的相量電路而獲得交流穩態響應。若電路只需用電壓－電流關係及分流和分壓原理來分析，則此電路通常都是相當簡單的。

很明顯的，由於相量電路和電阻性電路相當類似，所以我們可以使用節點分析、廻路分析，戴維寧和諾頓定理以及重疊原理等，來推廣第十章的方法到更一般化的電路上。在本章我們將正式的討論這些更一般化的分析程序，且只討論激勵或交流穩態響應。

11.1 節點分析（NODAL ANALYSIS）

我們已知對被動元件的電壓－電流關係

$$V = ZI$$

相同於歐姆定律的形式，以及KVL和KCL定律在相量電路內，和在電阻性電路內一樣均成立。因此在分析相量電路和電阻性電路的唯一不同點，是前者的激勵和響應是複數，後者是實數。因而我們可以以分析電阻性電路的方法，來分析相量電路，尤其是節點及網目或廻路分析方法。我們將在本節內討論節點分析，在下節中討論廻路分析。

例題 11.1

為了說明節點分析，讓我們求圖11.1的交流穩態電壓 v_1 和 v_2。首先我們將以元件阻抗（$\omega = 2\,\text{rad/s}$）取代元件值，而電源和節點電壓被它們的相量取代，以便獲得相量電路，圖 11.2 (a)電路即是相量電路；因為我們只有興趣求節點電壓相量 V_1 和 V_2，所以可將二組並聯阻抗以它們的等效阻抗取代，這結果變為圖11.2 (b)的簡單等效電路。

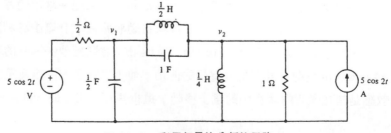

圖11.1 利用相量法分析的電路

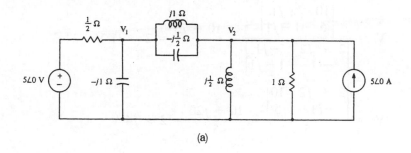

(a)

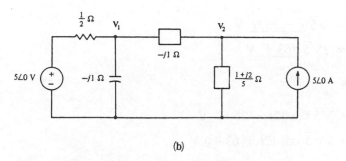

(b)

圖 11.2 相當於圖 11.1 的兩種相量電路版本

從圖 11-2 (b)，得知節點方程式為

$$2(V_1 - 5\underline{/0}) + \frac{V_1}{-j1} + \frac{V_1 - V_2}{-j1} = 0$$

$$\frac{V_2 - V_1}{-j1} + \frac{V_2}{(1+j2)/5} = 5\underline{/0}$$

簡化方程式為

$$(2 + j2)V_1 - j1V_2 = 10$$

$$-j1V_1 + (1 - j1)V_2 = 5$$

利用行列式解這些方程式，得

$$V_1 = \frac{\begin{vmatrix} 10 & -j1 \\ 5 & 1-j1 \end{vmatrix}}{\begin{vmatrix} 2+j2 & -j1 \\ -j1 & 1-j1 \end{vmatrix}} = \frac{10-j5}{5} = 2-j1 \text{ V}$$

$$V_2 = \frac{\begin{vmatrix} 2+j2 & 10 \\ -j1 & 5 \end{vmatrix}}{5} = \frac{10+j20}{5} = 2+j4 \text{ V}$$

而 V_1 和 V_2 的極座標形式為

$$V_1 = \sqrt{5} \ \underline{/-26.6°} \text{ V}$$
$$V_2 = 2\sqrt{5} \ \underline{/63.4°} \text{ V}$$

因此時域解是

$$v_1 = \sqrt{5} \cos(2t - 26.6°) \text{ V}$$
$$v_2 = 2\sqrt{5} \cos(2t + 63.4°) \text{ V}$$

例題 11.2

舉一個含有相依電源的例題，讓我們求圖 11.3 電路內的激勵響應 i。如圖所示，我們已選擇好接地節點，和兩個未知的節點電壓 v 和 $v + 3000i$，它的相量電路表示在圖 11.4；從這我們可以觀察到只有一個節點方程式被需要，因此我們於廣義節點處，寫出 KCL 方程式為

$$\frac{V-4}{\frac{1}{2}(10^3)} + \frac{V}{\frac{2}{5}(1-j2)(10^3)} + \frac{V+3000I}{(2-j1)(10^3)} = 0$$

從相量電路中，也知

$$I = \frac{4-V}{\frac{1}{2}(10^3)}$$

在這兩個方程式中，消去 V，且解 I，得

$$I = 24 \times 10^{-3} \ \underline{/53.1°} \text{ A}$$
$$= 24 \ \underline{/53.1°} \text{ mA}$$

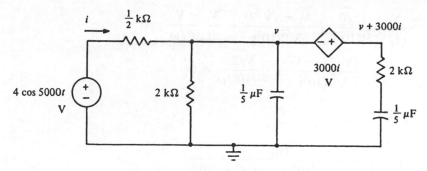

圖 11.3 含有一個相依電源的電路

因此電流的時域解為

$$i = 24 \cos (5000t + 53.1°) \text{ mA}$$

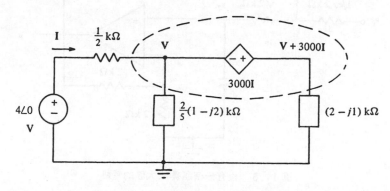

圖 11.4 圖 11.3 的相量電路

例題 11.3

最後一個例題，是讓我們求圖 11.5 中的激勵響應 v，這裏

$$v_g = V_m \cos \omega t \text{ V}$$

我們先注意到運算放大器和兩個 2kΩ 電阻器構成一個 VCVS，且它的增益是 1 + 2000/2000 = 2（看 3.4 節），因此 $v = 2 v_2$，或 $v_2 = v/2$，如同圖 11.6 的相量電路所示。

在節點 $\mathbf{V}_1$ 和 $\mathbf{V}/2$ 處，寫出節點方程式

$$\frac{\mathbf{V}_1 - V_m/\underline{0}}{(1/\sqrt{2})(10^3)} + \frac{\mathbf{V}_1 - (\mathbf{V}/2)}{\sqrt{2}(10^3)} + \frac{\mathbf{V}_1 - \mathbf{V}}{-j\,10^6/\omega} = 0$$

$$\frac{(\mathbf{V}/2) - \mathbf{V}_1}{\sqrt{2}(10^3)} + \frac{\mathbf{V}/2}{-j\,10^6/\omega} = 0$$

消去 $\mathbf{V}_1$ 且解 $\mathbf{V}$ ，得

$$\mathbf{V} = \frac{2V_m}{[1 - (\omega^2/10^6)] + j(\sqrt{2}\omega/10^3)}$$

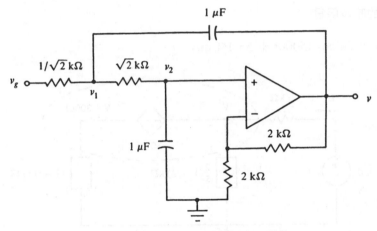

圖 11.5　含有一個運算放大器的電路

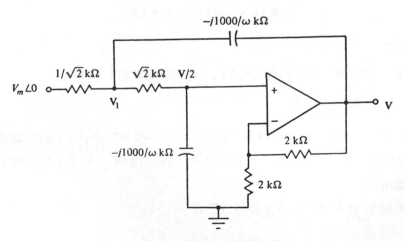

圖 11.6　圖 11.5 的相量電路

而 **V** 的極座標形式是

$$\mathbf{V} = \frac{2V_m\underline{/\theta}}{\sqrt{1 + (\omega/1000)^4}} \tag{11.1}$$

這裏

$$\theta = -\tan^{-1}\left[\frac{\sqrt{2}\,\omega/1000}{1 - (\omega/1000)^2}\right] \tag{11.2}$$

因此 v 的時域解是

$$v = \frac{2V_m}{\sqrt{1 + (\omega/1000)^4}}\cos(\omega t + \theta) \tag{11.3}$$

在這例題中，我們可以注意到在低頻時，例如 $0 < \omega < 1000$，輸出電壓 v 的波幅比較大，而在高頻時，它的波幅比較小；因而圖 11.5 的電路是濾掉高頻而讓低頻通過，像這種電路叫做濾波器（filters），在第 15 章中我們有更詳細的討論。

練　習

11.1.1 用節點分析求激勵響應 v 。

答：$10\sin 3t$ V

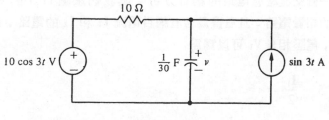

練習 11.1.1

11.1.2 用節點分析求 v 的穩態值 。

答：$25\sqrt{2}\cos(2t - 81.9°)$ V

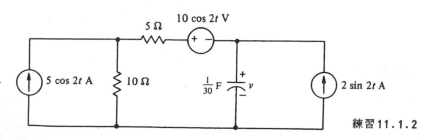

練習 11.1.2

11.1.3 若 $V_m = 10\,\mathrm{V}$ 且(a)$\omega = 0$,(b)$\omega = 1000\,\mathrm{rad/s}$,(c)$\omega = 10,000\,\mathrm{rad/s}$,(d)$\omega = 100,000\,\mathrm{rad/s}$,求在(11.3)式中 v 的波幅。

   答:(a)20,(b)14.14,(c)0.2,(d)$0.002\,\mathrm{V}$

11.1.4 用節點分析求 v 的穩態值。

   答:$3\sqrt{2}\cos(2t - 135°)\,\mathrm{V}$

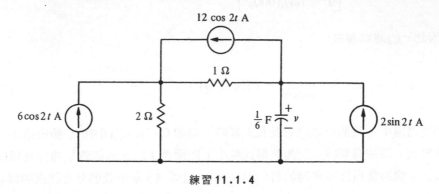

練習 11.1.4

11.2 網目分析(MESH ANALYSIS)

例題 11.4

  為了說明一個交流穩態電路的網目分析,讓我們求圖11.1的 v_1。我們將使用圖11.2(b)的相量電路,且重畫為含有網目電流 $\mathbf{I}_1$ 和 $\mathbf{I}_2$ 的電路,如圖11.7所示。很明顯的,電壓相量 $\mathbf{V}_1$ 可以寫為

$$\mathbf{V}_1 = 5 - \frac{\mathbf{I}_1}{2} \tag{11.4}$$

而兩個網目方程式是

$$\frac{1}{2}\mathbf{I}_1 - j1(\mathbf{I}_1 - \mathbf{I}_2) = 5$$

$$-j1(\mathbf{I}_2 - \mathbf{I}_1) - j1\mathbf{I}_2 + \left(\frac{1 + j2}{5}\right)(\mathbf{I}_2 + 5) = 0 \tag{11.5}$$

對 $\mathbf{I}_1$ 解這些方程式,得

$$\mathbf{I}_1 = 6 + j2\,\mathrm{A}$$

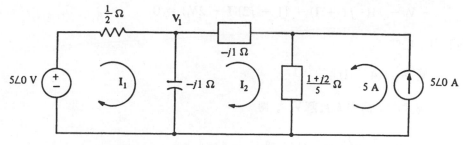

圖 11.7 爲了說明網路分析，重畫圖 11.2 的電路

將 I_1 代入 (11.4) 式，得

$$V_1 = 2 - j1 \ V$$

這和上節所獲得的結果是相同的，且可以被用來獲得時域電壓 v_1 。

在 4.1 節和 4.5 節曾討論過的，對電阻性電路寫出其廻路和節點方程式的短截程序，亦能在相量電路內適用。例如，在圖 11.7 中，若 $I_3 = -5$ 是在右網目內沿順時針方向的網目電流，則由觀察法可以寫出兩個網目方程式爲

$$\left(\frac{1}{2} - j1\right)I_1 - (-j1)I_2 = 5$$

$$-(-j1)I_1 + \left(-j1 - j1 + \frac{1+j2}{5}\right)I_2 - \left(\frac{1+j2}{5}\right)I_3 = 0$$

這些是相等於 (11.5) 式，且其形成的方法同於電阻性電路的方法，即在第一個方程式中，第一個變數的係數是沿著第一個網目的所有阻抗和；其他的係數，例如第 n 項，是第一個網目和第 n 個網目，共有阻抗和的負值；而右邊項是在網目內電壓源的和，且電壓源的極性和網目電流方向一致。對下一個方程式，我們將上面敍述中 " 第一個 " 以 " 第二個 " 取代即可，剩下的可以依此類推。4.1 節描述的對偶性對節點方程式亦可成立。

例題 11.5

最後一個例題，讓我們考慮圖 11.8 (a) 電路內，v_1 的穩態響應。圖 11.8 (b) 表示相量電路及廻路電流。

沿廻路 I 的 KVL 方程式是

$$-\mathbf{V}_1 - j1(-j1 + \mathbf{I}) + (1 + j2)(\mathbf{I} + 2\mathbf{V}_1) = 0$$

從圖形中，也知

$$\mathbf{V}_1 = j1(4 - \mathbf{I})$$

從這些方程式中，消去 $\mathbf{I}$ 且解 $\mathbf{V}_1$ ，得

$$\mathbf{V}_1 = \frac{-4 + j3}{5} = 1\underline{/143.1°}\ \text{V}$$

因此，時域電壓是

$$v_1 = \cos(2t + 143.1°)\ \text{V}$$

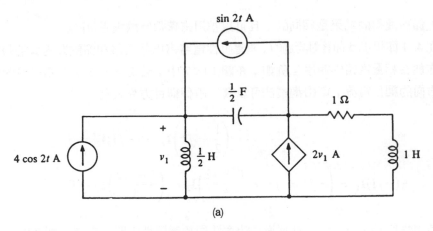

(a)

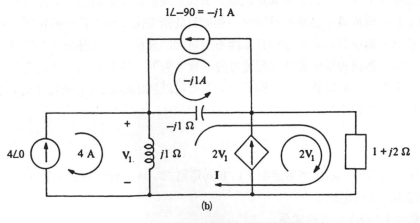

(b)

圖 11.8 (a)時域電路；(b)相量電路

練　習

11.2.1　用網目分析求圖 11.3 內的激勵響應 i 。

11.2.2　用迴路分析解練習 11.1.4 。

11.2.3　用迴路分析求穩態電流 i 。

　　　　答：$\sqrt{2}\cos\left(2t-45°\right)$ A

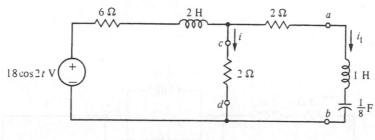

練習 11.2.3

11.3 網路定理（NETWORK THEOREMS）

　　由於相量電路除了電流，電壓和阻抗本性外，完全像電阻性電路，所以在第 5 章討論的所有網路定理也適用於相量電路。在這節，我們將說明應用於相量電路的重疊原理，戴維寧定理，諾頓定理和比例原理。

　　在重疊情形下，若一個相量電路有兩個或更多個輸入，我們可以發現每一輸入單獨作用時的輸出電流或電壓相量，且將個別的時域響應相加可獲得完全響應。像圖 11.1 的電路情形，我們可以解圖 11.2 的相量電路，靠使用網目或節點分析，或重疊原理（因為電源都在同頻率下操作）而得。若電源有不同的頻率，則必須使用重疊原理；原因是 $\mathbf{Z}(j\omega)$ 的定義只允許我們一次使用一個頻率，因而我們不能只建立一個相量電路。

例題 11.6

　　為了說明重疊原理，讓我們求圖 11.9 內的激勵響應 i 。此電路有兩個電源，一個是 $\omega = 2$ rad/s 的交流電源，一個是 $\omega = 0$ 的直流電源；因此

　　　　$i = i_1 + i_2$

這裏 i_1 是電壓源單獨作用時的響應，而 i_2 是電流源單獨作用的響應。使用相量可以發現 i_1 和 i_2 的相量，$\mathbf{I}_1$ 和 $\mathbf{I}_2$ 分別表示在圖 11.10 (a) 和 11.10 (b)。圖 11.10

(a)是一個相量電路，它相當於表示一個電流源去掉且 $\omega \doteq 2 \, rad/s$ 的時域電路；圖 11.10 (b)也是一個相量電路，它相當於表示一個電壓源去掉且 $\omega = 0$ 的時域電路。

在 $\omega = 0$ 時，電感器短路（ $Z_L = j0 = 0$ ）且電容器開路（ $Z_C = 1/j\omega C$ ，當 $\omega \to 0$ 時，Z_C 變成無窮大 ），而電流源也是

$$i_g = 4 \cos (0t + 0) \text{ A}$$

所以它的相量為

$$\mathbf{I}_g = 4 \underline{/0^\circ} \text{ A}$$

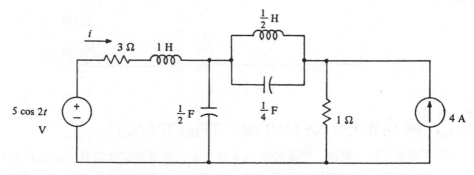

圖 11.9　有一個直流和一個交流電源的電路

簡單的說這就是先前所考慮的直流狀況。

從圖 11.10 (a)，得知

$$\mathbf{I}_1 = \frac{5 \underline{/0^\circ}}{3 + j2 + [(1 + j2)(-j1)/(1 + j2 - j1)]}$$
$$= \sqrt{2} \underline{/-8.1^\circ}$$

從這，得

$$i_1 = \sqrt{2} \cos (2t - 8.1^\circ) \text{ A}$$

在圖 11.10 (b)中，利用分流原理得

$$\mathbf{I}_2 = -\left(\frac{1}{1 + 3} \right)(4) = -1 \underline{/0^\circ} \text{ A}$$

從這，得

$$i_2 = -1 \text{ A}$$

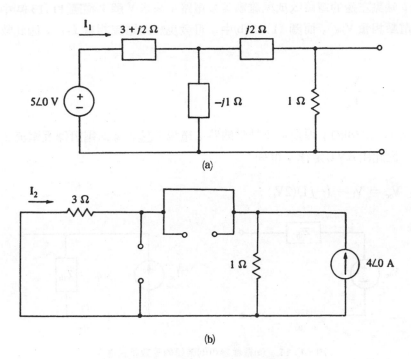

(a)

(b)

圖 11.10　圖 11.9 的相量電路

因此，全部的激勵響應是

$$i = i_1 + i_2$$
$$= \sqrt{2} \cos (2t - 8.1°) - 1 \text{ A}$$

　　練習 11.3.1 是一個含有兩個非零頻率正弦電源的電路例題，其解題過程與例題 11.6 相同。

　　在戴維寧和諾頓定理應用於相量電路時，它的程序相同於電阻性電路，僅有的不同是時域開路電壓 v_{oc}，短路電流 i_{sc}，和戴維寧電阻 R_{th} 被它們的相量 $\mathbf{V}_{oc}$ 和 $\mathbf{I}_{sc}$，及戴維寧阻抗 $\mathbf{Z}_{th}$ 取代。當然這必須僅有一個頻率存在時，否則我們必須使用重疊原理將問題分成幾個單一頻率問題，再分別對每一情形應用戴維寧和諾頓定理。

　　圖 11.11 表示一般的戴維寧和諾頓的頻域等效電路，這當然相似於電阻性電路。

例題 **11.7**

茲舉一例，讓我們利用戴維寧定理去求圖 11.12 的激勵響應 v 。我們將相量電路內 a-b 端點左邊的電路改成戴維寧等效電路，來求 **V** 解；從圖 11.13 (a) 中，可發現開路電壓相量 $\mathbf{V}_{oc}$ ，而圖 11.13 (b) 中，可發現短路電流相量 $\mathbf{I}_{sc}$ ，因此戴維寧阻抗是

$$Z_{th} = \frac{\mathbf{V}_{oc}}{\mathbf{I}_{sc}} \tag{11.6}$$

在圖 11.13 (a) 內，因為 a-b 端點開路，電流 $2\underline{/0°}$ 流進電阻器及電流 $2\mathbf{V}_1$ 流進電容器，因此由 KVL 定律，得知

$$\mathbf{V}_{oc} = \mathbf{V}_1 - (-j1)(2\mathbf{V}_1)$$

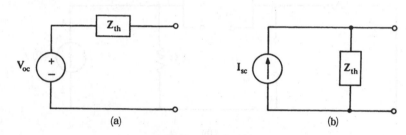

圖 11.11　(a)戴維寧和(b)諾頓的等效相量電路

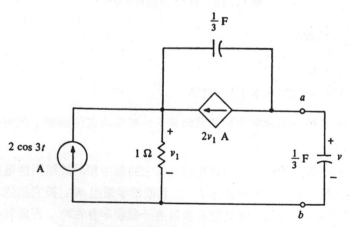

圖 11.12　含有一個相依電源的電路

這裏　　$\mathbf{V}_1 = 2(1) = 2 \text{ V}$

因而我們得

$$\mathbf{V}_{oc} = 2 + j4 \text{ V}$$

在圖 11.13 (b)內，需要的兩個節點方程式是

$$\frac{\mathbf{V}_1}{1} + \frac{\mathbf{V}_1}{-j1} - 2\mathbf{V}_1 = 2$$

和 $$\mathbf{I}_{sc} = -\mathbf{V}_1 + 2$$

從這，可發現

$$\mathbf{I}_{sc} = 3 + j1 \text{ A}$$

因此由（11.6）式得知戴維寧阻抗是

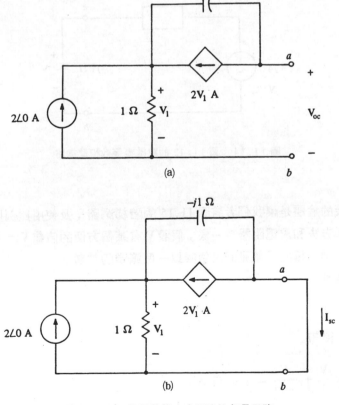

圖 11.13   使用戴維寧定理時的相量電路

$$\mathbf{Z}_{th} = \frac{2 + j4}{3 + j1} = 1 + j1 \; \Omega$$

圖 11.14 表示戴維寧等效電路，在 a-b 端點連接一個 $1/3$ F 相當於 $-j1\Omega$ 的電容器。

現在使用分壓原理，得知

$$\mathbf{V} = \left[\frac{-j1}{(1 + j1) + (-j1)}\right](2 + j4)$$
$$= 4 - j2$$
$$= 2\sqrt{5}\underline{/-26.6°} \; \text{V}$$

因此在時域時，電壓

$$v = 2\sqrt{5} \cos (3t - 26.6°) \; \text{V}$$

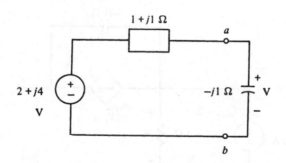

圖 11.14　圖 11.12 的戴維寧等效相量電路

例題 11.8

本節最後的論題是讓我們考慮圖 11.15 的階梯網路，及使用比例原理去獲得穩態響應 $\mathbf{V}$。這方法和求電阻器時一樣，假設 $\mathbf{V}$ 有某個方便的值像 $\mathbf{V} = 1$，且去發現相對應的 $\mathbf{V}_g$，則正確的 $\mathbf{V}$ 值是假設值乘以一個適當的常數。

讓我們假設

$$\mathbf{V} = 1 \; \text{V}$$

則從電路中，得知

$$\mathbf{I}_1 = \frac{\mathbf{V}}{1} + \frac{\mathbf{V}}{-j1} = 1 + j1 \; \text{A}$$

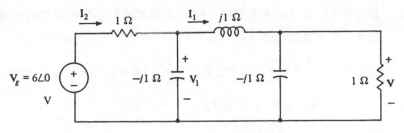

圖 11.15 階梯的相量網路

繼續向電源處分析，可得

$$\mathbf{V}_1 = j1\mathbf{I}_1 + \mathbf{V} = j1(1 + j1) + 1 = j1 \text{ V}$$

$$\mathbf{I}_2 = \frac{\mathbf{V}_1}{-j1} + \mathbf{I}_1 = -1 + (1 + j1) = j1 \text{ A}$$

$$\mathbf{V}_g = 1\mathbf{I}_2 + \mathbf{V}_1 = j1 + j1 = j2 \text{ V}$$

因此 $\mathbf{V} = 1$ 是 $\mathbf{V}_g = j2$ 的響應；若我們將 $\mathbf{V}_g$ 這值乘以 $6/j2$ ，可得到正確的 $\mathbf{V}_g$ 值，則由比例原理，我們必須將假設響應 1 乘以同一因數 $6/j2$ ，去得到正確的 $\mathbf{V}$ 值；因此，我們有

$$\mathbf{V} = \left(\frac{6}{j2}\right)(1) = -j3 \text{ V}$$

練　習

11.3.1 求穩態電流 i 。

答：$2\cos(2t - 36.9°) + 3\cos(t + 73.8°)$ A

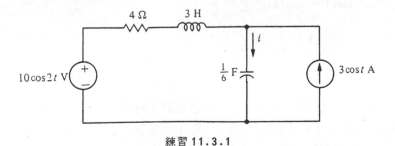

練習 11.3.1

11.3.2 對練習 11.2.3 的相量電路，將 a-b 端點的左邊部份以它的戴維寧等效取代，並求穩態電流 i_1 。

答：$V_{oc} = \dfrac{9}{5}(2 - j1)$ V，$Z_{th} = \dfrac{1}{5}(18 + j1)$ Ω，$i_1 = \cos 2t$ A

11.3.3 求圖 11.15 內的 V_1、I_1 和 I_2 。

答：3 V，$3 - j3$ A，3 A

11.4 相量圖（PHASOR DIAGRAMS）

因為相量是複數，所以它們可以以平面上的向量（vector）來表示，這時的運算像相量的加法，可以用幾何學來完成，像這種幾何圖形叫做相量圖，它們在分析交流穩態電路時，的確有相當的幫助。

例題 11.9

為了說明，讓我們考慮圖 11.16 的相量電路，這裏我們將在相量圖上畫出所有的電壓和電流。開始時，我們觀察電流 I 是所有元件共有的，因此我們取它為參考相量（reference phasor），且定義它為

$$I = |I|\underline{/0°}$$

因為我們希望 I 是參考相量，所以取 I 的角度為零。我們也可以利用比例原理，調整這假設值到真正的值。

而電路的電壓相量是

$$V_R = RI = R|I|$$

$$V_L = j\omega L I = \omega L|I|\underline{/90°}$$

$$V_C = -j\frac{1}{\omega C}I = \frac{1}{\omega C}|I|\underline{/-90°}$$

及　　　$$V_g = V_R + V_L + V_C$$

這些量表示在圖 11.17 (a)的相量圖內，這裏假設 $|V_L| > |V_C|$ ；而圖 11.17 (b)和 (c)分別表示 $|V_L| < |V_C|$ 和 $|V_L| = |V_C|$ 的情形。在所有情形內，表示電流和電壓的單位長度並不需要相同，所以圖上很清楚的顯示 I 長於 V_R 。

在(a)情形，純電抗是電感性的，且電流落後電壓源 θ 角度；在(b)情形，電路是純電容性電抗，且電流領先電壓；最後在(c)情形，因為電容性和電感性電抗彼此抵

消，所以電流和電壓同相，這些結論也可以由方程式

$$\mathbf{I} = \frac{\mathbf{V}_g}{\mathbf{Z}} = \frac{\mathbf{V}_g}{R + j[\omega L - (1/\omega C)]} \tag{11.7}$$

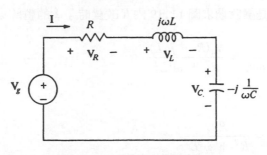

圖 11.16　RLC 串聯相量電路

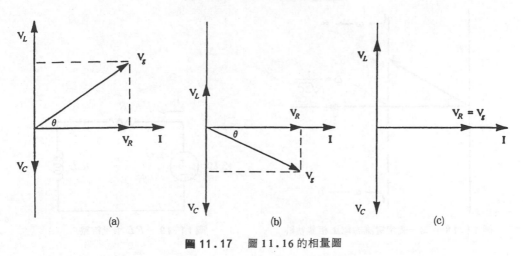

圖 11.17　圖 11.16 的相量圖

得到。在(c)情形，是

$$\omega L - \frac{1}{\omega C} = 0$$

或　　　　$\omega = \dfrac{1}{\sqrt{LC}}$ （11.8）

　　若圖 11.16 中，電流是固定的，則電壓 $\mathbf{V}_g$ 的實數部份 $R|\mathbf{I}|$ 是固定的，此時相量 $\mathbf{V}_g$ 的軌跡（locus）表示在圖 11.18 上的虛線（電壓在相量圖上的可能位置）。當 ω 在零和無窮之間改變時，電壓相量也沿此虛線做上下的改變，從圖上可看

到當 $\omega = 1/\sqrt{LC}$ 時，產生最小的電壓波幅，而對任何其他頻率，若想要獲得相同的電流，則需要較大的電壓波幅。

例題 11.10

最後一個例題是讓我們求圖11.19內 R 改變時，$\mathbf{I}$ 的軌跡。由圖得知電流

$$\mathbf{I} = \frac{V_m}{R + j\omega L} = \frac{V_m(R - j\omega L)}{R^2 + \omega^2 L^2}$$

若　　　$\mathbf{I} = x + jy$ (11.9)

則　　　$x = \mathrm{Re}\,\mathbf{I} = \dfrac{RV_m}{R^2 + \omega^2 L^2}$ (11.10)

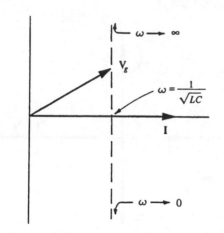

圖11.18　對一個定電流的電壓相量軌跡

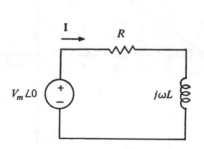

圖11.19　RL 相量電路

$$y = \mathrm{Im}\,\mathbf{I} = \frac{-\omega L V_m}{R^2 + \omega^2 L^2} \tag{11.11}$$

軌跡方程式是 R 改變時，被 x 和 y 滿足的方程式，因而我們必須消去（11.10）式和（11.11）式中的 R。

若我們將（11.10）式除以（11.11）式，得

$$\frac{x}{y} = -\frac{R}{\omega L}$$

從這得知

$$R = -\frac{\omega L x}{y}$$

代這 R 值入(11.11)式，且簡化方程式，得

$$x^2 + y^2 = -\frac{V_m y}{\omega L}$$

這結果可以重寫為

$$x^2 + \left(y + \frac{V_m}{2\omega L}\right)^2 = \left(\frac{V_m}{2\omega L}\right)^2 \tag{11.12}$$

這是一個圓的方程式，圓心在〔0，−($V_m/2\omega L$)〕及半徑為 $V_m/2\omega L$ 。

(11.12)式的圓表示 R 改變時，相量 **I** = $x + jy$ 的軌跡，但因為(11.10)式的 $x \geq 0$ ，因而軌跡實際上是半圓，如圖 11.20 相量圖上的虛線所示；圖 11.20 也表示電壓 $V_m \underline{/0}$ 是參考電壓及相量 **I** 。從(11.10)式和(11.11)式得知，若 R =

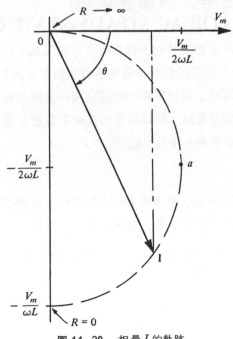

圖 11.20　相量 I 的軌跡

0 則 $x = 0$ 和 $y = -V_m/\omega L$,若 $R \rightarrow \infty$ 則 $x \rightarrow 0$ 和 $y \rightarrow 0$;因而當 R 從 0 改變至∞ 時,電流相量沿著圓做反時針方向的移動。

若 I 如圖 11.20 中所示,則電流相量可以重解為兩個分量,一個和電壓同相且 波幅為 $I_m \cos\theta$,一個和電壓異相90° 且波幅為 $I_m \sin\theta$,這結構在圖上,以垂直 的點虛線表示。在下一章中我們將看見,電流的同相部份對計算電源平均的釋放功 率是很重要的,而相量圖能使我們立即看出最大的電流同相分量。很明顯的,這將 發生在 a 點即 $\theta = 45°$ 時,此時 $x = -y$ 或 $R = \omega L$ 。

練　習

11.4.1 在 (11.10) 式和 (11.11) 式中,消去 ωL 且證明當 ωL 改變時,相量 I $= x + iy$ 的軌跡是半圓。

答: $\left(x - \dfrac{V_m}{2R} \right)^2 + y^2 = \left(\dfrac{V_m}{2R} \right)^2$, $y \le 0$

11.4.2 在練習 11.4.1 中,求 ωL 使得 I_m I 有最大的負值,也求此時的 I 。
答: R , $(V_m/\sqrt{2}R) \underline{/-45°}$

11.5 用SPICE解交流穩態電路 （SPICE FOR AC STEADY-STATE CIRCUITS）

ＳＰＩＣＥ是分析交流穩態電路的一個強而有力的工具,特別是對求繁鎖複雜的 複數解有用 。 .AC解控制敍述的使用與直流情形相類似 。由於ＳＰＩＣＥ是分析相量 電路以求出相量電流和電壓,所以電路中的獨立和相依電源都必須以相量表示 。又 由於ＳＰＩＣＥ是解頻域相量電路,所以所有的交流電源都必須有相同的頻率 。讀者 在閱讀本節前,可先回顧附錄Ｅ中的 .AC敍述 。

例題 11.11

為了描述 SPICE 的應用,考慮圖 11 . 1 的電路 。讓我們以極座標形式求節點 1 的電壓,以直角座標形式求 1Ω 電阻器上的電流 。計算這些值的電路檔案為

```
AC STEADY-STATE SOLUTION FOR CIRCUIT OF FIG. 11.1.
* DATA STATEMENTS
V1 100 0 AC 5 0
R1 100 1 .5
C1 1 0 .5
C2 1 2 1
```

第十一章 交流穩態分析 423

```
L1 1 2 .5
L2 2 0 .25
R2 2 0 1
I1 0 2 AC 5 0
* SOLUTION CONTROL STATEMENT FOR AC ANALYSIS (f = 2/2*PI Hz)
.AC LIN 1 .3183 .3183
* OUTPUT CONTROL STATEMENT FOR V(1) & I(R2)
.PRINT AC VM(1) VP(1) IR(R2) II(R2)
.END
```

解為

FREQ	VM(1)	VP(1)	IR(R2)	II(R2)
3.183E−01	2.263E+00	−2.657E+01	2.000E+00	4.000E+00

例題 11.12

第二個例題是求圖 11.3 電路內的相量電流 **I** 。電路檔案內的節點編號以順時針方向依序編列，並令正弦電源的正端為節點 1 開始。電路檔案為

```
AC STEADY-STATE SOLUTION FOR FIG. 11.3.
* DATA STATEMENTS
V 1 0 AC 4 0
R1 1 2 0.5K
R2 2 0 2K
C1 2 0 0.2UF
H 3 2 V −3000
R3 3 4 2K
C2 4 0 0.2UF
* SOLUTION CONTROL STATEMENT FOR f = 5000/(2*3.1416)
.AC LIN 1 795.77 795.77
.PRINT AC IM(R1) IP(R1)
.END
```

解為

FREQ	IM(R1)	IP(R1)
7.958E+02	2.400E−02	5.313E+01

例題 11.13

最後一個 SPICE 應用例題是求圖 11.5 運算放大器電路的相量輸出電壓，這裡輸入電壓 $v_g = 10 \cos（1000t + 30°）$V 。運算放大器反相輸入端、輸出端及輸

入電源的節點編號分別爲 3、4 和 10；節點 1 和 2 如圖示。電路檔案爲

```
AC STEADY-STATE SOLUTION OF FIG. 11.5.
* DATA STATEMENTS USING OPAMP.CKT OF CHAPTER 4
.LIB OPAMP.CKT
VG 10 0 AC 10 30
R1 10 1 0.707K
R2 1 2 1.414K
C1 1 4 1UF
C2 2 0 1UF
R3 3 0 2K
R4 3 4 2K
XOPAMP 3 2 4 OPAMP
* SOLUTION CONTROL STATEMENT [f = 1000/(2*3.1416) Hz]
.AC LIN 1 159.15 159.15
.PRINT AC VM(4) VP(4)
.END
```

解爲

FREQ	VM(4)	VP(4)
1.592E+02	1.414E+01	−5.999E+01

練 習

11.5.1 用 SPICE 求練習 11.1.4 內的相量電壓 v，這裡 $\omega = 5$ rad/s。
答：$2.224\underline{/-158.2°}$ V

11.5.2 用 SPICE 求圖 11.8(a) 內 1H 電感器上的相量電流，這裡 $\omega = 6.283$ rad/s。
答：$0.331\underline{/47.8°}$ A

習 題

11.1 用節點分析求穩態電壓 v。

11.2 若 $v_g = V_m \cos \omega t$，用節點分析求 v 的穩態值，並用此結果求 $\omega =$ (a) 0，(b) 1000，(c) 10^6 rad/s 時 v 的波幅。將上述結果與圖 11.6 做比較。

11.3 用節點分析求穩態電流 i。

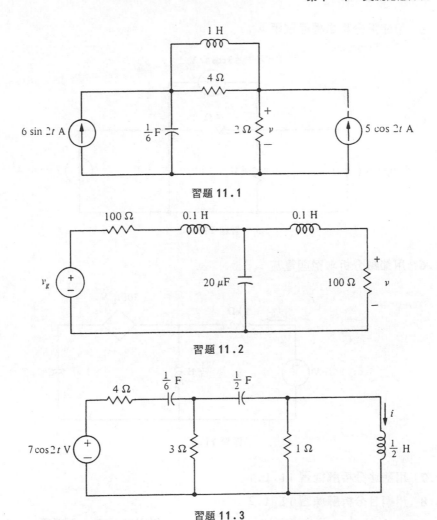

習題 **11.1**

習題 **11.2**

習題 **11.3**

11.4 用節點分析求穩態電壓 v 。

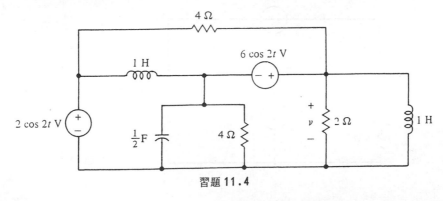

習題 **11.4**

11.5 用節點分析求穩態電壓 v 。

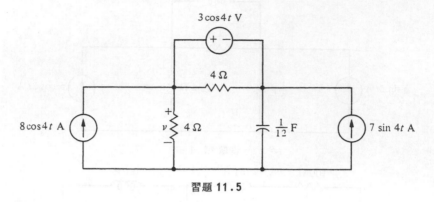

習題 **11.5**

11.6 用節點分析求穩態電流 i_1 。

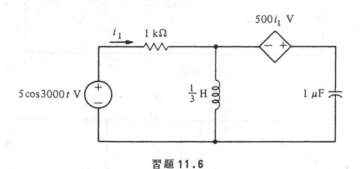

習題 **11.6**

11.7 用廻路分析解練習 $11.1.1$ 。

11.8 用網目分析解練習 $11.1.2$ 。

11.9 若 $i_{g1} = 6\cos 4t$ A，$i_{g2} = 2\cos 4t$ A，用廻路分析求穩態電壓 v 。

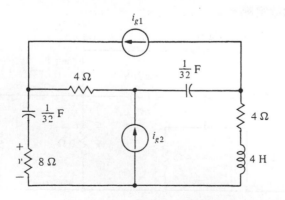

習題 **11.9**

11.10 求穩態電壓 v 。

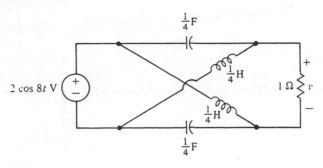

習題 11.10

11.11 求穩態電流 i 。

11.12 求穩態電流 i 。

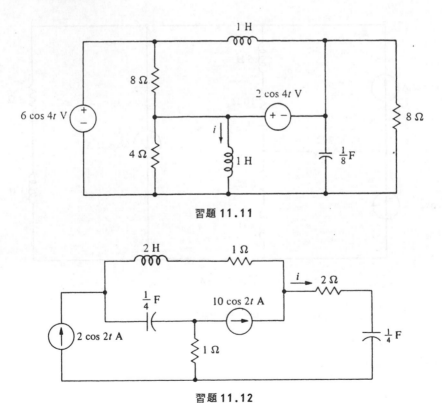

習題 11.11

習題 11.12

11.13 求穩態電壓 v 。

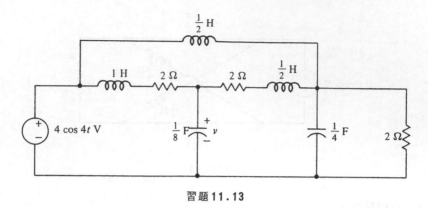

習題 **11.13**

11.14 求穩態電壓 v 。

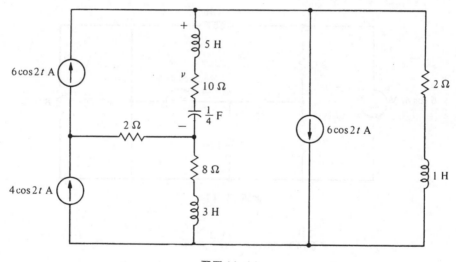

習題 **11.14**

11.15 若 $v_g = 4\cos 1000t$ V，求激勵響應 i 。

11.16 求穩態電壓 v 。

11.17 求穩態電壓 v 。

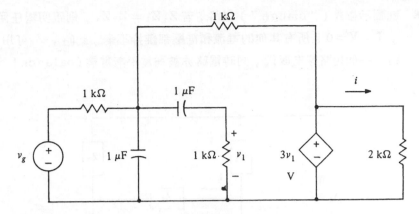

習題 **11.15**

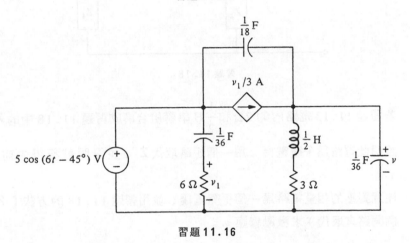

習題 **11.16**

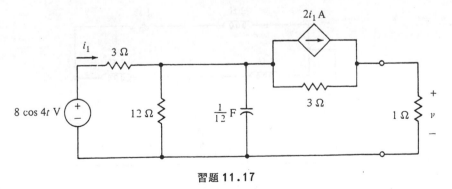

習題 **11.17**

11.18 就圖示橋式（" bridge "）電路，若 $Z_1 Z_4 = Z_2 Z_3$ ，則證明對任何 Z_5 值，$I = V = 0$ 且所有其他的電流和電壓都維持不變。此時，Z_5 可用一個開路、一個短路等來取代，同時電路亦被稱爲平衡電橋（balanced bridge）。

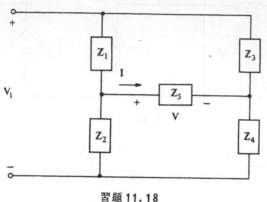

習題 **11.18**

11.19 若習題 11.13 電路內的 2Ω 和 $\dfrac{1}{2}$H 串聯組合構成習題 11.18 中的 Z_5 ，則證明此電路爲平衡電橋。用一個短路取代 Z_5 ，並證明可獲得先前相同的 v 。

11.20 注意對應的相量電路爲一個平衡電橋，並用習題 11.18 的方法（ Z_5 以一個開路來取代）求激勵響應 v 。

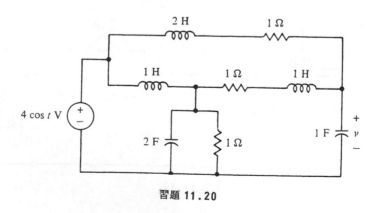

習題 **11.20**

11.21　若 $v_g = 4 \cos 3000t$ V，求穩態電流 i 。

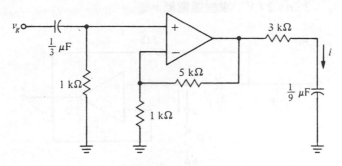

習題 11.21

11.22　若 $v_g = 2 \cos t$ V，求穩態電壓 v 。

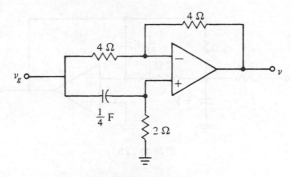

習題 11.22

11.23　若 $v_g = 2 \cos t$ V，求激勵響應 v 。

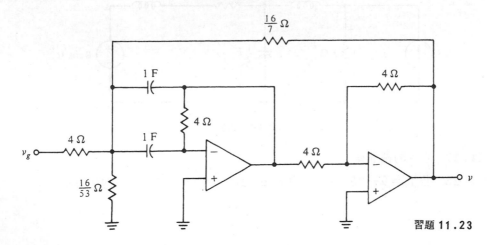

習題 11.23

11.24 若 $v_g = 5 \cos 3t$ V，求穩態電壓 v 。

11.25 若 $v_g = 3 \cos 2t$ V，求穩態電壓 v 。

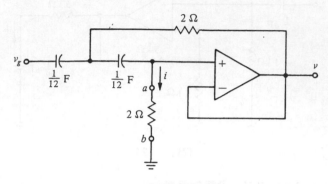

習題 11.24

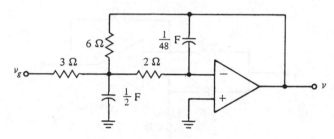

習題 11.25

11.26 求穩態電壓 v 。

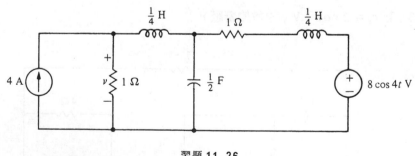

習題 11.26

11.27 求 v 的穩態值。

11.28 若 $i_g = 9 - 20 \cos t - 39 \cos 2t + 18 \cos 3t$ A，求穩態電流 i 。

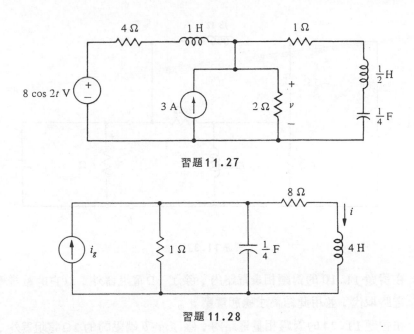

習題11.27

習題11.28

11.29 求穩態電壓 v 。

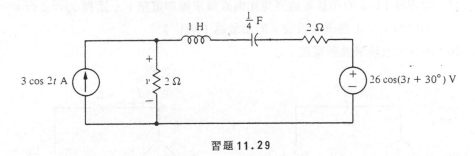

習題11.29

11.30 在練習11.2.3的對應相量電路內，除了 c-d 端點間的 2Ω 電阻器外，以它的戴維寧等效電路取代，並求穩態電流 i 。

11.31 在練習11.2.3的對應相量電路內，將 a-b 端點左邊電路以它的諾頓等效電路取代，並求穩態電流 i_1 。

11.32 將 a-b 端點左邊的電路以它的諾頓等效電路取代，並求 **V** 。

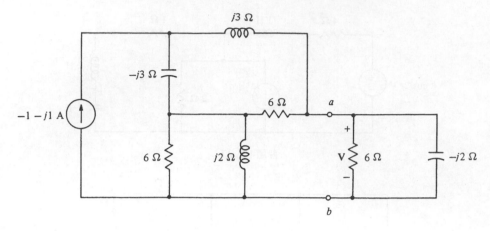

習題 11.32

11.33 在習題 11.10 的對應相量電路內，除了 1Ω 電阻器外，以它的戴維寧等效電路取代，並用此結果求穩態電壓 v 。

11.34 在習題 11.24 的對應相量電路內，除了 a-b 端點間的 2Ω 電阻器外，以它的戴維寧等效電路取代，並用此結果求穩態電流 i 。

11.35 對習題 11.2 的相量電路應用比例原理求穩態電壓 v ，這裡 $v_g = 2\cos 1000t$ V 。（建議：假設 v 的相量為 100V ）

11.36 用比例原理求穩態電流 i 。

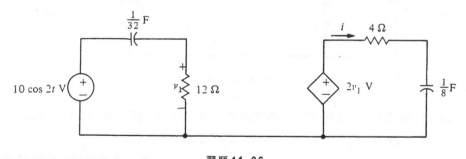

習題 11.36

11.37 用比例原理求習題 11.24 內的穩態電流 i 。

11.38 用一個相量圖求 i 的相量表示 $\mathbf{I}$ 。用電源電壓的相量為參考來表示 i_R ，i_C 和 i_L 的相量。

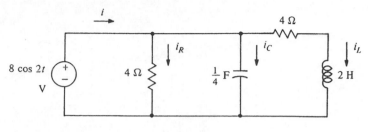

習題 11.38

11.39 在圖 11.16 中，若 $R = 2\,\Omega$，$C = 1/4\,\mathrm{F}$，$\mathbf{V}_g = 1\underline{/0°}\,\mathrm{V}$，$\omega = 2\,\mathrm{rad/}$
s，L 從 0 變至 ∞，則求 $\mathbf{V}_c$ 的軌跡；且選擇 L 值使得時域電壓 v_c 有最
大的波幅，並求此時的 v_c。

11.40 在習題 11.39 中，若 $L = 1\,\mathrm{H}$，$C = 1/2\,\mathrm{F}$，$\mathbf{V}_g = 2\underline{/0°}\,\mathrm{V}$，$\omega = 2$
rad/s，R 從 0 變至 ∞，則求 $\mathbf{V}_c$ 的軌跡；且選擇 R 值使得 $I_m\mathbf{V}_c$ 有最大
的負值，並求此時的 v_c。

電腦應用習題

11.41 用 SPICE 求習題 11.13 內的 v。

11.42 用 SPICE 求習題 11.16 內 $\dfrac{1}{36}\,\mathrm{F}$ 電容器左邊網路的戴維寧等效電路。（

提示：求 $\mathbf{V}_{oc}$ 和 $\mathbf{I}_{sc}$。）

11.43 用 SPICE 求習題 11.25 內的 v，這裡輸入的 v_g 是由習題 11.22 電路的
輸出 v 所提供。

11.44 若 $v_g = 12\cos(10^4 t + 45°)\,\mathrm{V}$，求 v。

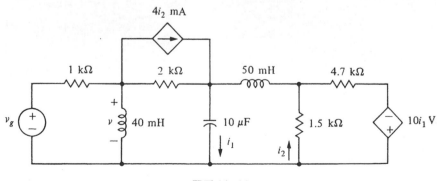

習題 11.44

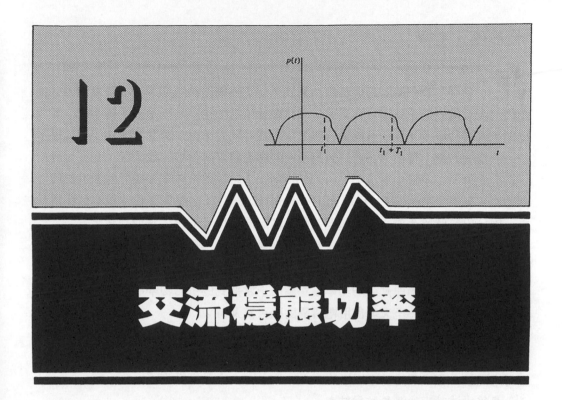

導體的熱效應是與它的電阻及通過它的電流平方有關。

James P. Joule

人類所熟悉的 I^2R 公式（電阻所消耗的功率）是由英國物理學家 Joule 所發現，並於 1841 年發表，後人命名爲焦耳定律。他同時也是能量不滅定律的發現者之一。

　Joule 出生於英國的 Salford 市，他是一位富有的釀酒商人五個孩子中的老二。他年輕時自習電學和磁學，並於 Manchester 大學接受正規教育。他在家中的實驗室內進行熱的相關實驗，且爲了保證他的量測準確度，他發展出一套他專用的單位系統。他最偉大的貢獻就是他比其他人更早提出熱是能量的一種型式這觀念。在他的一生中，Joule 是一位孤立的業餘科學家，但他臨退休前亦獲得 Dublin 和 Oxford 的榮譽博士學位。爲了紀念他的貢獻，後人將能量的單位命名爲 Joule。

在本章中，我們將討論網路的功率關係，這裏網路被週期電流或電壓激勵，而我們主要討論的是正弦電流和電壓，因爲幾乎所有的電力均以這形式產生的。我們也知道瞬間功率是元件吸收能量的速率，且爲時間的函數，瞬間功率在工程應用上是一個重要的量，理由是我們必須對所有的物理裝置限制它的最大值，爲了這理由，最大的瞬間功率或尖峯功率（peak power）常被用來做電機裝置的設計規範。例如在一個電子放大器（electronic amplifier），若輸入超出它規定的尖峯功率，則輸出訊號將失眞，而遠超過這輸入額定時，則可能永久破壞這放大器。

平均功率（average power）是一個更重要的功率量度，尤其對週期電流和電壓，而它的定義是一個元件吸放能量的平均速率，且和時間無關，例如電力公司計算電費所記錄的功率即是平均功率。在應用上常遇到的平均功率範圍，可從衞星通訊所需的幾微微瓦特至大城市用電所需的幾百萬瓦特。

我們的討論將從平均功率的研究開始，其次討論重疊原理的應用，以及介紹有效值或均方根值（rms values），它們是一個週期電流或電壓的數學量度；再來則考慮連接一個負載的功率因數（power factor）及複功率（complex power），最後描述功率的測量做爲結束。

12.1 平均功率（AVERAGE POWER）

在線性網路內，若輸入是時間的週期函數，則穩態電流和電壓輸出也是週期函數，且所有週期函數均有相同的週期。現在考慮一個瞬間功率

$$p = vi \tag{12.1}$$

這裏 v 和 i 的週期是 T，即 $v(t+T) = v(t)$ 和 $i(t+T) = i(t)$，在這情形時，

$$\begin{aligned} p(t + T) &= v(t + T)i(t + T) \\ &= v(t)i(t) \\ &= p(t) \end{aligned} \tag{12.2}$$

因此瞬間功率也是週期 T 的函數，即 P 每 T 秒鐘重複它本身一次。

雖然 p 的基本週期 T_1（p 重複本身的最少時間）不需要等於 T，但 T 必須是 T_1 的整數倍，即

$$T = nT_1 \qquad\qquad (12.3)$$

這裏 n 是正整數。

例題 12.1

茲舉一例，若一個電阻器 R 帶有一個電流 $i = I_m \cos \omega t$ ，它的週期 $T = 2\pi/\omega$ ，則

$$
\begin{aligned}
p &= Ri^2 \\
&= RI_m^2 \cos^2 \omega t \\
&= \frac{RI_m^2}{2}(1 + \cos 2\omega t)
\end{aligned}
$$

很明顯的，$T_1 = \pi/\omega$ ，$T = 2T_1$ 。即此時，(12.3) 式內的 $n=2$ 。圖 12.1 (a) p 和 i 的圖形說明此例題。

若現在我們取 $i = I_m(1 + \cos \omega t)$ ，則

$$p = RI_m^2(1 + \cos \omega t)^2$$

這時 $T_1 = T = 2\pi/\omega$ ，且在 (12.3) 式內 $n = 1$ ，也可從圖 12.1 (b) 函數的圖形看出這結果。

在數學上，一個週期函數的平均值定義爲，函數對一個完整週期做時間積分後

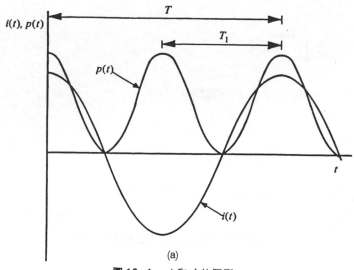

(a)

圖 12.1 p 和 i 的圖形

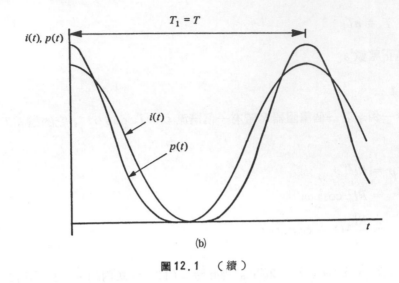

圖 12.1 （續）

除以週期，因此一個週期的瞬間功率 p 的平均功率 P 是

$$P = \frac{1}{T_1} \int_{t_1}^{t_1+T_1} p\ dt \tag{12.4}$$

這裏 t_1 是任意的。

圖 12.2 表示一個週期的瞬間功率 p，若我們對一個整數倍的週期，譬如 mT_1 積分，則很清楚的可看見全部的面積是 m 倍的 (12.4) 式積分值。因而我們可以寫出

$$P = \frac{1}{mT_1} \int_{t_1}^{t_1+mT_1} p\ dt \tag{12.5}$$

若選擇 m 使得 $T = mT_1$（ v 或 i 的週期），則

$$P = \frac{1}{T} \int_{t_1}^{t_1+T} p\ dt \tag{12.6}$$

因此我們可以對 v 或 i 的週期積分，來獲得平均功率。

現在讓我們考慮幾個連接正弦電流和電壓的平均功率例題。表 12.1 列出一些經常使用的重要積分式，而這些積分的證明留在練習中再討論。（看練習 12.1.1）

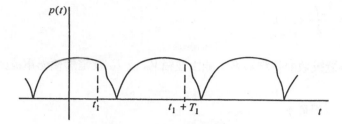

圖 12.2 週期性的瞬間功率

表 12.1 正弦函數和它們乘積的積分

$f(t)$	$\int_0^{2\pi/\omega} f(t)\, dt,\ \omega \neq 0$
1. $\sin(\omega t + \alpha),\ \cos(\omega t + \alpha)$	0
2. $\sin(n\omega t + \alpha),\ \cos(n\omega t + \alpha)*$	0
3. $\sin^2(\omega t + \alpha),\ \cos^2(\omega t + \alpha)$	π/ω
4. $\sin(m\omega t + \alpha)\cos(n\omega t + \alpha)*$	0
5. $\cos(m\omega t + \alpha)\cos(n\omega t + \beta)*$	$0,\ m \neq n$
	$\pi\cos(\alpha - \beta)/\omega,\ m = n$

　　首先，讓我們考慮圖 12.3 一般的兩端點裝置，這裏假設在交流穩態狀況下，若在頻域內，

$$\mathbf{Z} = |\mathbf{Z}|\underline{/\theta}$$

是裝置的輸入阻抗，則對

$$v = V_m \cos(\omega t + \phi) \tag{12.7}$$

有　　$$i = I_m \cos(\omega t + \phi - \theta) \tag{12.8}$$

這裏　　$$I_m = \frac{V_m}{|\mathbf{Z}|}$$

　　在（12.6）式內，令 $t_1 = 0$ 則釋放到裝置的平均功率是

$$P = \frac{\omega V_m I_m}{2\pi} \int_0^{2\pi/\omega} \cos(\omega t + \phi) \cos(\omega t + \phi - \theta)\, dt$$

參考表 12.1 中第 5 列，得知 $m = n = 1$，$\alpha = \phi$，和 $\beta = \phi - \theta$ 時，

$$P = \frac{V_m I_m}{2} \cos \theta \tag{12.9}$$

因而兩端點裝置吸收的平均功率，能由波幅 V_m 及 I_m 及電壓領先電流的角度 θ 來決定。

而 v 和 i 的相量是

$$\mathbf{V} = V_m \underline{/\phi} = |\mathbf{V}| \underline{/\phi}$$
$$\mathbf{I} = I_m \underline{/\phi - \theta} = |\mathbf{I}| \underline{/\phi - \theta}$$

從（12.9）式，得知

$$P = \frac{1}{2} |\mathbf{V}| |\mathbf{I}| \cos (\text{ang } \mathbf{V} - \text{ang } \mathbf{I}) \tag{12.10}$$

這裏　　$\text{ang } \mathbf{V} = \phi, \qquad \text{ang } \mathbf{I} = \phi - \theta$

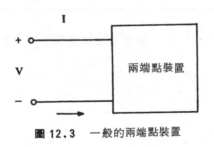

圖 12.3　一般的兩端點裝置

是相量 $\mathbf{V}$ 和 $\mathbf{I}$ 的角度。

若兩端點裝置是一個電阻器 R，則 $\theta = 0$ 和 $V_m = R_m I_m$，這使得（12.9）式變成

$$P_R = \frac{1}{2} R I_m^2$$

在這裏值得注意的是，若 $i = I_{dc}$ 定電流，則 $\omega = \phi = \theta = 0$，以及（12.8）式內的 $I_m = I_{dc}$，此時表 12.1 不能適用，但由（12.6）式，可知

$$P_R = R I_{dc}^2$$

由（12.9）式得知，在一個電感器情形時，$\theta = 90°$，或在一個電容器情形時

$\theta = -90°$，$p = 0$；因此一個電感器或一個電容器，或一個完全由理想電感器和電容器以任何方式組合的網路，所消耗的平均功率是零。因為這理由，理想電感器和電容器有時叫做無損耗元件（lossless element）；無損耗元件的物理解釋，是在部份週期內儲存能量，而在其他部份週期內釋放能量，所以平均的釋放功率是零。

我們回想

$$\mathbf{Z} = \text{Re } \mathbf{Z} + j \text{ Im } \mathbf{Z} = |\mathbf{Z}| \underline{/\theta}$$

因此　　　$\cos \theta = \dfrac{\text{Re } \mathbf{Z}}{|\mathbf{Z}|}$

代這值入（12.9）式且注意 $V_m = |\mathbf{Z}| I_m$，則有

$$P = \frac{1}{2} I_m^2 \text{ Re } \mathbf{Z} \tag{12.11}$$

這是（12.9）式另一個非常有用的形式。

若裝置是一個被動負載，則考慮（12.11）式這結果。我們從（1.7）式被動的定義得知，釋放到一個被動負載的淨能量是非負的，而平均功率是能量釋放到一個負載的平均速率，因此平均功率也是非負的，即 $p \geq 0$；這結果由（12.11）式得知，需要

$$\text{Re } \mathbf{Z}(j\omega) \geq 0$$

或相當於

$$-\frac{\pi}{2} \leq \theta \leq \frac{\pi}{2}$$

若 $\theta = 0$，則裝置相當於一個電阻；若 $\theta = \pi/2$（或 $-\pi/2$），則裝置相當於一個電感器（或電容器）。對 $-\pi/2 < \theta < 0$，裝置相當於 RC 的組合，而對 $0 < \theta < \pi/2$，裝置相當於 RL 的組合。

最後，若 $|\theta| > \pi/2$，則 $p < 0$，且裝置是主動元件而不是被動元件，此時裝置作用像一個電源一樣，它從端點釋放功率到外界。

例題 12.2

　　兹舉一例讓我們求圖 12.4 電源的釋放功率，跨在電源的阻抗是

$$\mathbf{Z} = 100 + j100$$
$$= 100\sqrt{2}\underline{/45°}\ \Omega$$

最大電流是

$$I_m = \frac{V_m}{|\mathbf{Z}|} = \frac{1}{\sqrt{2}}\ \mathrm{A}$$

因此，從 (12.9) 式得知釋放到 $\mathbf{Z}$ 的功率是

$$P = \frac{100}{2\sqrt{2}}\cos 45° = 25\ \mathrm{W}$$

從 (12.11) 式這方法，也可以得到

$$P = \frac{1}{2}\left(\frac{1}{\sqrt{2}}\right)^2 (100) = 25\ \mathrm{W}$$

　　我們也注意到 100Ω 電阻器吸收的功率是

$$P_R = \frac{RI_m^2}{2} = \frac{(100)(1/\sqrt{2})^2}{2} = 25\ \mathrm{W}$$

當然這功率是等於釋放到 $\mathbf{Z}$ 的功率，因為電感器是不吸收功率的。

　　電源所吸收的功率是

$$P_g = -\frac{V_m I_m}{2}\cos\theta = -25\ \mathrm{W}$$

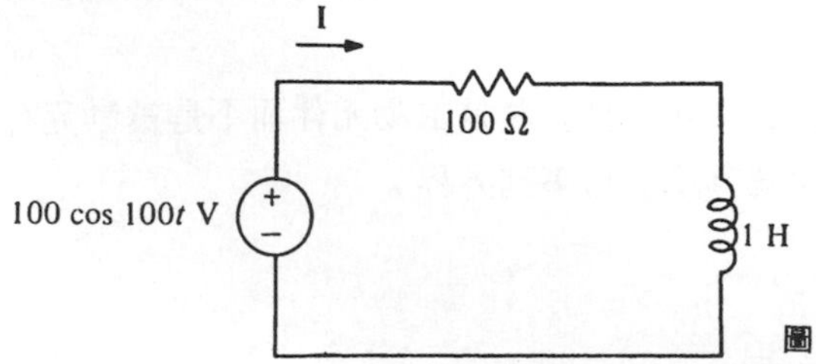

圖 12.4　交流穩態的 RL 電路

這裏使用負號是因為電流流出電源的正端點，因此電源釋放25W到 **Z**。我們可注意到，從電源流出的功率等於負載吸收的功率，這說明了功率守恆定理（the prin-ciple of conservation of power）。

練 習

12.1.1 證明表12.1的積分。

12.1.2 對一個 C 法拉的電容器，若它有一個電流 $i = I_m \cos \omega t$，則從（12.6）式證明它的平均功率是零；對一個 L 亨利的電感器重複這問題。

12.1.3 求釋放到 10Ω 電阻器的平均功率，這裏電阻器電流為

    (a) $i = 5|\sin 10t|$ mA,
    (b) $i = 10 \sin 10t$ mA, $0 \leq t < \pi/10$ s
         $= 0, \pi/10 \leq t < \pi/5$ s; $T = \pi/5$ s
    (c) $i = 5$ mA, $0 \leq t < 10$ ms
         $= -5$ mA, $10 \leq t < 20$ ms; $T = 20$ ms
    (d) $i = 2t, 0 \leq t < 2$ s; $T = 2$ s

    答：(a) $125\,\mu\text{W}$；(b) $0.25\,\text{mW}$；(c) $0.25\,\text{mW}$；(d) $\dfrac{160}{3}$ W

12.1.4 求電容器、兩電阻器和電源所個別吸收的平均功率。
    答：0，$10/3$，$2/3$，-4W

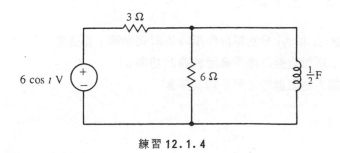

練習 **12.1.4**

12.1.5 若 $f_1(t)$ 是週期 T_1 的函數，$f_2(t)$ 是週期 T_2 的函數，則證明 $f_1(t) + f_2(t)$ 是週期 T 的函數，這裏假設正整數 m 和 n 存在，使得

$$T = mT_1 = nT_2$$

對函數 $(1+\cos\omega t)^2$ 使用這結果，且求它的週期 $T = 2\pi/\omega$。

12.2 重疊原理和功率
(SUPERPOSITION AND POWER)

本節將考慮含有兩個或更多個電源的電路，像圖12.5簡單電路內的功率。

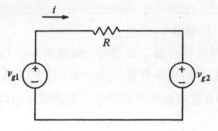

圖 12.5 有二個電源的簡單電路

由重疊原理知

$$i = i_1 + i_2$$

這裏 i_1 和 i_2 是分別由 v_{g1} 和 v_{g2} 在 R 上產生的電流，瞬間功率是

$$
\begin{aligned}
p &= R(i_1 + i_2)^2 \\
&= Ri_1^2 + Ri_2^2 + 2Ri_1i_2 \\
&= p_1 + p_2 + 2Ri_1i_2
\end{aligned}
$$

這裏 p_1 和 p_2 是 v_{g1} 和 v_{g2} 分別獨自作用時的瞬間功率，而通常 $2Ri_1i_2 \neq 0$，因而 $p \neq p_1 + p_2$，所以重疊原理不適用於瞬間功率。

在 p 是週期 T 的函數時，那平均功率是

$$
\begin{aligned}
P &= \frac{1}{T}\int_0^T p\,dt \\
&= \frac{1}{T}\int_0^T (p_1 + p_2 + 2Ri_1i_2)\,dt \\
&= P_1 + P_2 + \frac{2R}{T}\int_0^T i_1i_2\,dt
\end{aligned}
$$

這裏 P_1 和 P_2 是 v_{g1} 和 v_{g2} 分別獨自作用時的平均功率（我們當然假設 p 的每一分量是週期 T 的函數），對平均功率應用重疊原理，得知

$$P = P_1 + P_2 \tag{12.12}$$

很清楚的，這狀況

$$\int_0^T i_1 i_2 \, dt = 0 \tag{12.13}$$

必須被滿足。

一個最重要的情形是當 $i(t)$ 是由不同頻率的正弦分量所組成時，這 (12.13) 式之方程式將被滿足，例如

$$i_1 = I_{m1} \cos(\omega_1 t + \phi_1)$$

和　　　$$i_2 = I_{m2} \cos(\omega_2 t + \phi_2)$$

因為我們假設 $i = i_1 + i_2$ 是週期 T 的函數，所以必須有

$$I_{m1} \cos[\omega_1(t + T) + \phi_1] + I_{m2} \cos[\omega_2(t + T) + \phi_2]$$
$$= I_{m1} \cos(\omega_1 t + \phi_1) + I_{m2} \cos(\omega_2 t + \phi_2)$$

這需要　　$\omega_1 T = 2\pi m, \qquad \omega_2 T = 2\pi n$

這裏 m 和 n 是正整數，因此若 ω 是一個使得 $T = 2\pi/\omega$ 的數目，則 $\omega_1 = m\omega$，$\omega_2 = n\omega$，此時，由表 12.1 得知 (12.13) 式變成

$$\int_0^T i_1 i_2 \, dt = I_{m1} I_{m2} \int_0^{2\pi/\omega} \cos(m\omega t + \phi_1) \cos(n\omega t + \phi_2) \, dt$$

$$= \frac{I_{m1} I_{m2} \pi \cos(\phi_1 - \phi_2)}{\omega}, \qquad m = n$$

$$= 0, \qquad\qquad\qquad m \neq n$$

因而若 $m = n$（$\omega_1 = \omega_2$）時，重疊原理不適用，我們可以推廣這結果到一個正弦函數，它含有任意多個不同頻率的正弦分量，即根據分量和的平均功率，是每一分量單獨作用時的平均功率和。

倘若我們歸納平均功率的定義爲

$$P = \lim_{\tau \to \infty} \frac{1}{\tau} \int_0^\tau p \, dt$$

那麼對正弦曲線，它們的頻率不是某個頻率 ω 的整數倍時，利用重疊原理計算平均功率仍是成立的，這個定義適用於剛才考慮的週期情形和 $i = i_1 + i_2$ 的情形，這裏

$$i_1 = \cos t$$

$$i_2 = \cos \pi t$$

此時 i 並不是同一週期（因 ω_1/ω_2 的比 $= 1/\pi$ 不是一個有理數 m/n），但

$$\lim_{\tau \to \infty} \frac{1}{\tau} \int_0^\tau i_1 i_2 \, dt = 0$$

例題 12.3

茲舉一例，假設在圖 12.5 內，$v_{g1} = 100 \cos(377t + 60°)$ V ，$v_{g2} = 50 \cos 377t$ V 和 $R = 100\Omega$ 。因爲 $\omega_1 = \omega_2$ ，所以重疊原理不適於求功率，但我們可以使用重疊原理先求電流後，再求功率。對各個電源，R 的電流相量是

$$\mathbf{I}_1 = 1\underline{/60°} \text{ A}$$

$$\mathbf{I}_2 = -0.5 \text{ A}$$

因此　　$\mathbf{I} = \mathbf{I}_1 + \mathbf{I}_2 = j0.866$ A

使得 $I_m = 0.866$ A 。從（12.11）式，得知

$$P = \frac{1}{2}(100)(0.866)^2 = 37.5 \text{ W}$$

例題 12.4

現在若 $v_{g2} = 50 V_{dc}$ 時，讓我們重複上面的例題，因爲 v_{g1} 和 v_{g2} 分別是 $\omega_1 = 377$ 和 $\omega_2 = 0$ rad／s 的正弦曲線，因此重疊原理適用於求平均功率，我們發現電流相量是

$$\mathbf{I}_1 = 1\underline{/60°} \quad 這裡 \omega = 377$$

$$\mathbf{I}_2 = -0.5 \quad 這裡 \omega = 0$$

這裏 $\mathbf{I}_2$ 是一個直流電流，因此

$$P_1 = \frac{RI_{m1}^2}{2} = 50 \text{ W}$$

$$P_2 = RI_{m2}^2 = 25 \text{ W}$$

而平均功率是

$$P = P_1 + P_2 = 75 \text{ W}$$

這例題說明了電子放大器有正弦輸入時，一個非常重要的情形，即這些放大器含有 dc 電源所產生的 dc 電流，而這些電流提供交流訊號放大所需的能量，此時重疊原理在求每一頻率包含 $\omega = 0$ 的平均功率和時，是非常有用的。

推廣上面的程序到一個週期電流，此電流是 $N+1$ 個不同頻率的正弦曲線和，即

$$\begin{aligned} i = I_{dc} &+ I_{m1} \cos (\omega_1 t + \phi_1) + I_{m2} \cos (\omega_2 t + \phi_2) \\ &+ \ldots + I_{mN} \cos (\omega_N t + \phi_N) \end{aligned} \tag{12.14}$$

我們發現釋放到一個電阻 R 上的平均功率是

$$P = RI_{dc}^2 + \frac{R}{2}(I_{m1}^2 + I_{m2}^2 + \ldots + I_{mN}^2) \tag{12.15}$$

在第一項 RI_{dc}^2 內，沒有因數 $1/2$，這是零頻率的特殊狀況，且必須與其他項分開討論，即由（12.6）式，得知

$$\frac{1}{T} \int_0^T RI_{dc}I_{mi} \cos (\omega_i t + \phi_i) \, dt = 0, \quad i = 1, 2, 3, \ldots, N$$

和 $\quad \dfrac{1}{T} \displaystyle\int_0^T RI_{dc}^2 \, dt = RI_{dc}^2$

上式是由 I_{dc} 所釋放的平均功率 P_{dc}。若我們以 P_1（由 i_1 產生），P_2（由 i_2 產生

）等來定義（12.15）式內的其他項，則功率的重疊形式爲

$$P = P_{dc} + P_1 + P_2 + \ldots + P_N$$

練 習

12.2.1 在圖12.5內，求釋放到電阻器的平均功率，此時 $R = 10\Omega$ 和

(a) $v_{g1} = 10 \cos 100t$ and $v_{g2} = 20 \cos (100t + 60°)$ V.
(b) $v_{g1} = 100 \cos (t + 60°)$ and $v_{g2} = 50 \sin (2t - 30°)$ V.
(c) $v_{g1} = 50 \cos (t + 30°)$ and $v_{g2} = 100 \sin (t + 30°)$ V.
(d) $v_{g1} = 20 \cos (t + 25°)$ and $v_{g2} = 30 \sin (5t - 35°)$ V.

答：(a) 15 W；(b) 625 W；(c) 625 W；65 W

12.2.2 求每一電阻器和每一電源吸收的平均功率。

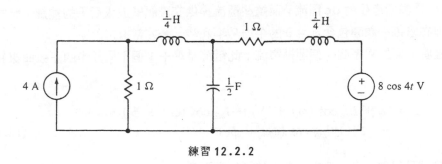

練習 12.2.2

答：8W，24W，−8W，−24W

12.2.3 求電阻器和每一電源吸收的平均功率。

答：8W，−4W，−4W

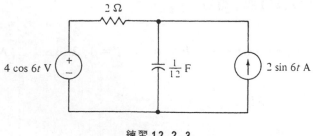

練習 12.2.3

12.3 均方根值（RMS VALUES）

在上節我們已知週期性電流和電壓釋放平均功率到電阻性負載；而釋放功率的量是和特殊波形的特性有關，因此比較不同波形釋放功率的方法是非常有用的；而對週期性電流和電壓使用均方根（rms）或有效（effective）值是很好的方法。

一個週期性電流（電壓）的均方根值是一個常數，相當於釋放相同的平均功率到一個電阻 R 上所需的 dc 電流（電壓），因此 i 的均方根值是 I_{rms} 時，我們可以寫

$$P = RI_{rms}^2 = \frac{1}{T}\int_0^T Ri^2 \, dt$$

從這得知電流的均方根值（rms current）是

$$I_{rms} = \sqrt{\frac{1}{T}\int_0^T i^2 \, dt} \tag{12.16}$$

使用相同的方法，很容易求出電壓的均方根值（rms voltage）是

$$V_{rms} = \sqrt{\frac{1}{T}\int_0^T v^2 \, dt}$$

均方根（rms）是根-均-平方（root-mean-square）的簡寫。觀察（12.16）式了解，事實上我們取電流的均方根值為電流平方的積分值的平均值的平方根。

從我們的定義得知，一個常數（dc）的 rms 值就是常數本身，而 dc 狀況是最重要的正弦電流或電壓波形的一個特殊狀況（$\omega = 0$）。

現在讓我們考慮正弦電流 $i = I_m\cos(\omega t + \phi)$，則從（12.16）式和表 12.1，得知

$$I_{rms} = \sqrt{\frac{\omega I_m^2}{2\pi}\int_0^{2\pi/\omega}\cos^2(\omega t + \phi)\, dt}$$

$$= \frac{I_m}{\sqrt{2}}$$

因而一個波幅 I_m 的正弦電流，和一個 $I_m/\sqrt{2}$ 的 dc 電流，釋放到一個電阻 R 上的平均功率是一樣的；我們也可以看到電流的均方根值與頻率 ω 或電流的相角 ϕ 都無關。類似的，在正弦電壓情形，我們可發現

$$V_{\text{rms}} = \frac{V_m}{\sqrt{2}}$$

代這些值進入兩端點網路中重要的功率關係式（12.9）式和（12.11）式，得

$$P = V_{\text{rms}} I_{\text{rms}} \cos\theta \tag{12.17}$$

和　　　$$P = I_{\text{rms}}^2 \operatorname{Re} \mathbf{Z} \tag{12.18}$$

實際上，均方根值經常用在電力產生和分配的方面，例如對家庭使用的 115 V 交流電力就是一個均方根值，因而供給家用的電力是一個 60 Hz 的電壓，它的最大值是 $115\sqrt{2} \approx 163\,\text{V}$；換句話說，最大值是常用在電子和通訊方面。

最後，讓我們考慮（12.14）式不同頻率組合的正弦電流的均方根值。在（12.15）式內以電流的均方根值表示時，它變成

$$P = R(I_{\text{dc}}^2 + I_{1\text{rms}}^2 + I_{2\text{rms}}^2 + \ldots + I_{N\text{rms}}^2) \tag{12.19}$$

因為 $P = R I_{\text{rms}}^2$，所以一個包含不同頻率的正弦電流的均方根值是

$$I_{\text{rms}} = \sqrt{I_{dc}^2 + I_{1\text{rms}}^2 + I_{2\text{rms}}^2 + \ldots + I_{N\text{rms}}^2} \tag{12.20}$$

類似的　$$V_{\text{rms}} = \sqrt{V_{\text{dc}}^2 + V_{1\text{rms}}^2 + V_{2\text{rms}}^2 + \ldots + V_{N\text{rms}}^2}$$

這些結果在研究電路的雜訊（noise）時特別重要。

＿＿練＿＿習＿＿

12.3.1 求一個週期電流的均方根值，這裏一個週期是

(a) $i = I,$ 　　　　　$0 \le t < 2\,\text{s}$
　　$= -I,$ 　　　　$2 \le t < 4\,\text{s}$
(b) $i = 2t,$ 　　　　$0 \le t < T$
(c) $i = I_m \sin\omega t,$ 　$0 \le t \le \pi/\omega$
　　$= 0,$ 　　　　　$\pi/\omega \le t \le 2\pi/\omega\ (T = 2\pi/\omega).$

答：(a) I；(b) $2T/\sqrt{3}$；(c) $I_m/2$

12.3.2 求(a) $i = 10 \sin \omega t + 20 \cos (\omega t + 30°)$，(b) $i = 8 \sin \omega t + 6 \cos (2\omega t + 10°)$，和(c) $i = I (1 + \cos 377 t)$ 的均方根值。

答：(a) $12.25 \mathrm{A}$，(b) $7.07 \mathrm{A}$，(c) $I \sqrt{\dfrac{3}{2}} \mathrm{A}$

12.3.3 求 V_{rms}。

答：4V

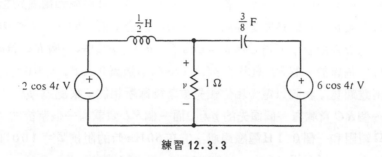

練習 12.3.3

12.4 功率因數（POWER FACTOR）

在交流穩態狀況時，釋放到一個負載的平均功率是

$$P = V_{\mathrm{rms}} I_{\mathrm{rms}} \cos \theta$$

這功率等於電壓的均方根值，電流的均方根值，以及電壓和電流相量間角度的餘弦值，相乘而得。實際電流和電壓的均方根值很容易測量，而它們的乘積 $V_{\mathrm{rms}} I_{\mathrm{rms}}$ 叫做視在功率（apparent power），視在功率常用的單位是伏安（VA）或仟伏安（KVA），這是為了避免和平均功率的單位瓦特相混淆不清；很明顯的平均功率從不大於視在功率。

功率因數的定義是平均功率和視在功率的比，若我們以 pf 表示功率因數，則在正弦狀況時

$$pf = \frac{P}{V_{\mathrm{rms}} I_{\mathrm{rms}}} = \cos \theta \tag{12.21}$$

當然 pf 是無因次的，此時角 θ 常稱爲功率因數角（pf angle），也是負載阻抗 Z 的角度。

　　在純電阻的情形時，電壓和電流同相，因此 $\theta = 0$，$pf = 1$，而平均功率等於視在功率。一個單位功率因數（$pf = 1$）也能存在含有電感器和電容器的負載上，只要這些元件的電抗彼此抵消即可。在電力系統上，調整負載電抗，使接近 $pf = 1$ 的狀況是非常重要的。

　　在一個純電抗負載中，$\theta = \pm 90°$，$pf = 0$，且平均功率爲零，此時等效負載是一個電感（$\theta = 90°$）或一個電容（$\theta = -90°$），且電流和電壓異相 $90°$。

　　對 $-90° < \theta < 0$ 的負載是等效於一個 RC 組合，而一個 $0 < \theta < 90°$ 的負載是等效於一個 RL 組合，因爲 $\cos \theta = \cos (-\theta)$，所以對一個 RC 負載的 $pf = \cos (-\theta_1)$ 是等於一個 RL 負載的 $pf = \cos\theta_1$，這裏 $0 < \theta_1 < 90°$。爲了避免區分負載困難起見，我們以電流相位領先或落後電壓相位，來記述 pf 是領先或落後；因此一個 RC 負載有一個領先的 pf，而一個 RL 負載有一個落後的 pf；例如一個 $100\,\Omega$ 電阻和一個 $0.1\,H$ 電感串聯，它在 $60\,Hz$ 時的阻抗 $Z = 100 + j37.7 = 106.9\underline{/20.66°}\,\Omega$ 及 pf 爲 $\cos 20.66° = 0.936$ 落後。

例題 12.5

　　實際上，一個負載的功率因數是很重要的，例如在工業應用上，負載可能需要幾仟瓦特去操作，而功率因數就大大影響到電費的支出。譬如一個製造廠從一條 $220V$ rms 的電線上消耗 $100\,kW$，則在 $pf = 0.85$ 落後時，進入製造廠的電流均方根值是

$$I_{rms} = \frac{P}{V_{rms}pf} = \frac{10^5}{(220)(0.85)} = 534.8 \text{ A}$$

這表示供電的視在功率是

$$V_{rms}I_{rms} = (220)(534.8) \text{ VA} = 117.66 \text{ kVA}$$

　　現在假設 pf 由於某些方法改進到 0.95 落後，則

$$I_{rms} = \frac{10^5}{(220)(0.95)} = 478.5 \text{ A}$$

而視在功率減爲

$$V_{\text{rms}}I_{\text{rms}} = 105.3 \text{ kVA}$$

比較這兩個結果得知，I_{rms} 減少了 56.3A（10.5%），因此在低功率因數時，發電廠必須產生一個大電流；又因爲供給電力的輸送線有電阻，所以發電機必須產生一個更大的平均功率，才能供給負載 100 kW。例如電阻是 0.1Ω，則電源產生的電力必須是

$$P_g = 10^5 + 0.1I_{\text{rms}}^2$$

因此我們發現

$$P_g = 128.6 \text{ kW}, \qquad pf = 0.85$$
$$= 122.9 \text{ kW}, \qquad pf = 0.95$$

這表示發電廠供給低 pf 負載時，必須多產生 5.7 kW（6.4%）的電力，爲了這理由，電力公司要求客戶用電要超過某一個 pf，譬如 0.9，否則就要罰鍰。

　　現在讓我們考慮改進功率因數的方法，若有一個負載阻抗是

$$\mathbf{Z} = R + jX$$

我們可以並聯一個阻抗 $\mathbf{Z}_1$ 去改進功率因數，這如圖 12.6 所示，對這連接，很明顯的負載電壓不會改變，又因爲 $\mathbf{Z}$ 是固定的，所以 $\mathbf{I}$ 不會改變，因此釋放到負載的功率不受影響，但由發電機供給的電流 $\mathbf{I}_1$ 將改變。

　　讓我們表示並聯阻抗爲

$$Z_T = \frac{\mathbf{Z}\mathbf{Z}_1}{\mathbf{Z} + \mathbf{Z}_1}$$

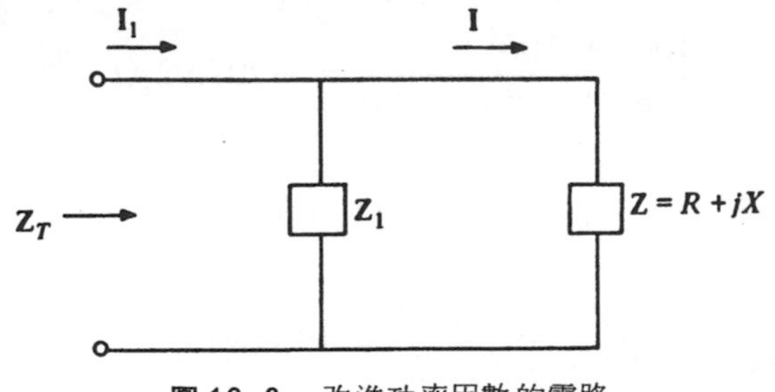

圖 12.6　改進功率因數的電路

通常我們選擇 $\mathbf{Z}_1$ 使得(1) $\mathbf{Z}_1$ 不吸收平均功率 , (2) $\mathbf{Z}_T$ 滿足想要的功率因數 $pf = \text{PF}$ 。第一個狀況需要 $\mathbf{Z}_1$ 是純電抗 , 即

$$\mathbf{Z}_1 = jX_1$$

第二個狀況需要

$$\cos\left[\tan^{-1}\left(\frac{\text{Im } \mathbf{Z}_T}{\text{Re } \mathbf{Z}_T}\right)\right] = PF$$

將這方程式中的 $\mathbf{Z}_T$ 以 R , X , 和 X_1 代入 , 得知 (看習題 12.25)

$$X_1 = \frac{R^2 + X^2}{R \tan (\cos^{-1} PF) - X} \tag{12.22}$$

這裏要注意 $\tan(\cos^{-1}PF)$ 爲正的若 PF 是落後 , 及負的若 PF 是領先。

例題 12.6

　　舉一個應用（12.22）式的例題 , 讓我們將圖 12.4 的功率因數改爲 0.95 落後 , 由於

$$\mathbf{Z} = 100 + j100 = 141.4\underline{/45°}$$

因此 , 在並聯電抗跨接 $\mathbf{Z}$ 以前的功率因數是

$$pf = \cos \theta = \cos 45° = 0.707 \text{ 落後}$$

因爲我們想要的功率因數是 0.95 落後 , 所以 $\tan(\cos^{-1}PF)$ 是正的 , 且由（12.22）式得知

$$X_1 = \frac{100^2 + 100^2}{100 \tan (\cos^{-1} 0.95) - 100} = -297.92 \ \Omega$$

因爲 $X_1 < 0$, 所以電抗是一個電容 $C = -1/\omega X_1 = 33.6 \mu\text{F}$ 。現在負載阻抗變成

$$\mathbf{Z}_T = \frac{(100 + j100)(-j297.92)}{100 + j100 - j297.92} = 190.0\underline{/18.2°}$$

因此釋放到 $\mathbf{Z}_T$ 的功率是

$$P = \frac{100^2}{2(190.0)} \cos (18.2°) = 25 \text{ W}$$

這和釋放到圖 12.4 內 $\mathbf{Z}$ 的功率相同，而電流是

$$I_{\text{rms}} = \frac{100}{190\sqrt{2}} = 0.372 \text{ A}$$

這和圖 12.4 的電流

$$I_{\text{rms}} = \frac{I_m}{\sqrt{2}} = 0.5 \text{ A}$$

比較，得知電流已減少 0.128A 或 25.6 ％ 。

___練____習_____

12.4.1 求視在功率，若(a)一個負載從一條 115V rms 電線上吸收 20 A rms 時，和(b)一個 100 Ω 電阻並聯 25 μF 電容的負載，它和 120V rms，60 Hz 的電源連接時 。
答：(a) 2.3 KVA，(b) 197.9 VA

12.4.2 求功率因數，若(a)負載是一個 100 Ω 電阻和一個 10mH 電感的串聯組合，且在 60Hz 頻率工作，(b)負載是電容性，且於 230 V rms 供電時，需要 25Arms 和 5 kW，(c)負載是一個 *pf* = 0.9 領先的 5 kW 負載，和一個 *pf*=0.95 落後的 10kW 負載並聯組合的 。
答：(a) 0.936 落後，(b) 0.87 領先，(c) 0.998 落後

12.3.4 用 (12.22) 式去修正圖 12.4 內電源端看入的功率因數為(a) 0.9 領先，(b) 0.9 落後 。
答：(a) $C = 74.22 \mu$F，(b) $C = 25.78 \mu$F

12.5 複功率（COMPLEX POWER）

現在我們將介紹複功率，它在交流穩態時對改進功率因數是很有用的。現在讓我們從定義一般的正弦電壓和電流的 rms 相量開始，在對 (12.7) 式和 (12.8) 式的相量表示式為

$$\mathbf{V} = V_m e^{j\phi}$$

$$\mathbf{I} = I_m e^{j(\phi - \theta)}$$

而對這些量的 rms 相量定義爲

$$\mathbf{V}_{\text{rms}} = \frac{\mathbf{V}}{\sqrt{2}} = V_{\text{rms}} e^{j\phi}$$

$$\mathbf{I}_{\text{rms}} = \frac{\mathbf{I}}{\sqrt{2}} = I_{\text{rms}} e^{j(\phi - \theta)}$$

(12.23)

現在我們考慮 (12.17) 式的平均功率，利用奧衣勒公式可以將 (12.17) 式寫爲

$$P = V_{\text{rms}} I_{\text{rms}} \cos \theta = \text{Re}(V_{\text{rms}} I_{\text{rms}} e^{j\theta})$$

再觀察 (12.23) 式，得知

$$\mathbf{V}_{\text{rms}} \mathbf{I}_{\text{rms}}^* = V_{\text{rms}} I_{\text{rms}} e^{j\theta}$$

這裏 $\mathbf{I}_{\text{rms}}^*$ 是 $\mathbf{I}_{\text{rms}}$ 的共軛複數，因而

$$P = \text{Re}(\mathbf{V}_{\text{rms}} \mathbf{I}_{\text{rms}}^*)$$

(12.24)

且 $\mathbf{V}_{\text{rms}} \mathbf{I}_{\text{rms}}^*$ 乘積是一個複功率，而它的實數部份是平均功率，若以 $\mathbf{S}$ 表示複功率，得

$$\mathbf{S} = \mathbf{V}_{\text{rms}} \mathbf{I}_{\text{rms}}^* = P + jQ$$

(12.25)

這裏 Q 是無效功率（ reactive power ）。在因次上，P 和 Q 有相同的單位，但我們定義 Q 的單位爲乏（VAR）〔無效伏安（voltampere reactive）〕，目的是和瓦特辨別。複功率的量是

$$|\mathbf{S}| = |\mathbf{V}_{\text{rms}} \mathbf{I}_{\text{rms}}^*| = |\mathbf{V}_{\text{rms}}| |\mathbf{I}_{\text{rms}}^*| = V_{\text{rms}} I_{\text{rms}}$$

當然這等於視在功率。

從 (12.25) 式，得知

$$Q = \text{Im} \, \mathbf{S} = V_{\text{rms}} I_{\text{rms}} \sin \theta$$

(12.26)

對一個阻抗 $\mathbf{Z}$ ，我們知道 $\sin\theta = (I_m\mathbf{Z})/|\mathbf{Z}|$ ，所以

$$Q = V_{\rm rms} I_{\rm rms} \frac{{\rm Im}\,\mathbf{Z}}{|\mathbf{Z}|}$$

又因為 $V_{\rm rms}/|\mathbf{Z}| = I_{\rm rms}$ ，所以

$$\begin{aligned} Q &= I_{\rm rms}^2\,{\rm Im}\,\mathbf{Z} \\ &= V_{\rm rms}^2 \frac{{\rm Im}\,\mathbf{Z}}{|\mathbf{Z}|^2} \end{aligned} \qquad (12.27)$$

圖 12.7 是 $\mathbf{V}_{\rm rms}$ 和 $\mathbf{I}_{\rm rms}$ 的相量圖，我們看到電流相量可以重解為 $I_{\rm rms}\cos\theta$ 和 $I_{\rm rms}\sin\theta$ 這兩個分量，而 $I_{\rm rms}\cos\theta$ 和 $\mathbf{V}_{\rm rms}$ 同相，且產生實功率 P；相反的，$I_{\rm rms}\sin\theta$ 和 $\mathbf{V}_{\rm rms}$ 異相 $90°$，且產生無效功率 Q。因為 $I_{\rm rms}\sin\theta$ 與 $\mathbf{V}_{\rm rms}$ 異相 $90°$，所以它被叫做 $\mathbf{I}_{\rm rms}$ 的正交分量（quadrature component），而無效功率有時叫做正交功率（quadrature power）。

我們常以一個圖形例如圖 12.8 來看複功率。很明顯的對一個電感性負載（落後的 pf），$0 < \theta \le 90°$，Q 是正的，且 $\mathbf{S}$ 位於第一象限內；對一個電容性負載（領先的 pf），$-90° \le \theta < 0$，Q 是負的，且 $\mathbf{S}$ 位於第四象限內。而一個功率因數為 1 的負載需要 $Q=0$，即 $\theta=0$。從圖 12.8，可知

$$\theta = \tan^{-1}\left(\frac{Q}{P}\right) \qquad (12.28)$$

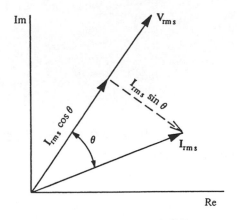

圖 12.7　$\mathbf{V}_{\rm rms}$ 和 $\mathbf{I}_{\rm rms}$ 的相量圖

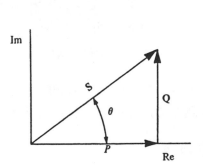

圖 12.8　複功率圖形

現在讓我們考慮由兩個阻抗 $\mathbf{Z}_1$ 和 $\mathbf{Z}_2$ 並聯組成的負載複功率（如圖 12.9 所示），由於釋放到並聯阻抗的複功率是

$$\mathbf{S} = \mathbf{V}_{rms}\mathbf{I}_{rms}^* = \mathbf{V}_{rms}(\mathbf{I}_{1rms} + \mathbf{I}_{2rms})^*$$
$$= \mathbf{V}_{rms}\mathbf{I}_{1rms}^* + \mathbf{V}_{rms}\mathbf{I}_{2rms}^*$$

因此電源釋放到並聯負載的複功率，等於釋放到每一個負載的複功率和，因而複功率是守恆的。這敘述不管多少各個負載以任何方式互接，都是真確的，原因是它僅與克西荷夫定律和複功率的定義有關；而此敘述也叫做複功率守恆原理。

複功率守恆原理是改進功率因數的一種直接的方法，讓我們再一次考慮圖 12.6 的電路，對無修正的負載 $\mathbf{Z}$ 的複功率是

$$\mathbf{S} = P + jQ$$

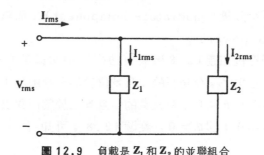

圖 12.9　負載是 $\mathbf{Z}_1$ 和 $\mathbf{Z}_2$ 的並聯組合

將一個純電抗 $\mathbf{Z}_1$ 與 $\mathbf{Z}$ 並聯連接時，釋放到 $\mathbf{Z}_1$ 的複功率是

$$\mathbf{S}_1 = jQ_1$$

從複功率守恆原理得知，對組合負載有

$$\mathbf{S}_T = \mathbf{S} + \mathbf{S}_1$$
$$= P + j(Q + Q_1)$$

很明確的，$\mathbf{Z}_1$ 的加入不影響釋放到負載的平均功率，但影響淨無效功率，因此我們能選擇 Q_1 去獲得想要的功率因數，這也減少產生 P 所需的電流。

例題 12.7

現讓我們再考慮圖 12.4 的電路，且改變功率因數到 $PF = 0.95$ 落後。無修正負載的複功率是

$$\mathbf{S} = \mathbf{V}_{rms}\mathbf{I}_{rms}^* = P + jQ = 25 + j25$$

這裡　　$\mathbf{V}_{rms} = 70.7$ V

$$\mathbf{I}_{rms} = \frac{\mathbf{V}_{rms}}{\mathbf{Z}} = 0.3535(1 - j1)$ A$$

從 (12.28) 式得知，$Q_T = Q + Q_1$ 必須滿足

$$\theta = \tan^{-1}\left(\frac{Q_T}{P}\right)$$

因此　　$\cos\theta = PF = \cos\left(\tan^{-1}\frac{Q_T}{P}\right)$

和　　$Q_T = P\tan(\cos^{-1}PF)$
$$= 25\tan 18.2° = 8.22 \text{ 乏}$$

需要的 Q_1 是

$$Q_1 = Q_T - Q = 8.22 - 25 = -16.78 \text{ 乏}$$

因為 $Q_1 = V_{rms}(I_m\mathbf{Z}_1)/|\mathbf{Z}_1|^2$ 和 $\mathbf{Z}_1 = jX_1$，所以

$$Q_1 = \frac{V_{rms}^2}{X_1}$$

解 X_1，得

$$X_1 = \frac{(70.7)^2}{-16.78} = -297.9 \ \Omega$$

這表示一個電容 $C = -1/\omega X_1 = 33.6\mu$F，這和 12.4 節所得結果相同。

例題 12.8

最後一個例題讓我們求圖 12.9 所示的兩個負載並聯時的功率因數，假設 $\mathbf{Z}_1$ 表示 10 kW 負載，功率因數 $pf_1 = 0.9$ 落後；$\mathbf{Z}_2$ 表示 5 kW 負載，$pf_2 = 0.95$ 領

先，對 Z_1 而言，我們有

$$S_1 = P_1 + jQ_1$$

這裏 $P_1 = 10^4 \text{W}$ ，$\theta_1 = \cos^{-1} pf_1 = 25.84°$ ，且從（12.28）式得知

$$Q_1 = P_1 \tan \theta_1 = 4843 \text{ 乏}$$

類似的，對 Z_2 而言，

$$S_2 = P_2 + jQ_2$$

這裏 $P_2 = 5 \times 10^3 \text{W}$ ，$\theta_2 = -\cos^{-1} pf_2 = -18.2°$ ，且

$$Q_2 = 5 \times 10^3 \tan \theta_2 = -1643 \text{ 乏}$$

則全部的複功率是

$$S_T = P_1 + P_2 + j(Q_1 + Q_2)$$
$$= 1.5 \times 10^4 + j3200$$

因此，對組合負載

$$\theta = \tan^{-1}\left(\frac{3200}{1.5 \times 10^4}\right) = 12.04°$$

和　　　$pf = 0.978$ 落後

＿＿練＿＿習＿＿

12.5.1 求釋放到一個負載的複功率，這裡負載功率因數為 0.85 領先且吸收(a) 10 kW ，(b) 10 kvar ，(c) 1 kVA

答：(a) $11.76\underline{/-31.8°}$ ；(b) $18.98\underline{/-31.8°}$ ；(c) $1\underline{/-31.8°}$ kVA

12.5.2 若 $V_{\text{rms}} = 240$V ，求練習 12.5.1 內的負載阻抗。

答：(a) $4.90\underline{/-31.8°}$ ；(b) $3.03\underline{/-31.8°}$ ；(c) $57.6\underline{/-31.8°}$ Ω

12.5.3 用複功率觀念重做練習 12.4.2 。

12.5.4 用複功率觀念重做練習 12.4.3 。

12.6 功率測量 (POWER MEASUREMENT)

瓦特計是測量釋放到負載平均功率的裝置，它包含一個可迴轉的高電阻電壓或電位線圈，它和負載並聯連接，以及一個固定的低電阻電流線圈，它和負載串聯連接，這裝置有四個端點，每一線圈有一對端點。圖 12.10 是一個典型的連接方式，我們可以看到電流線圈反應負載電流，且電壓線圈反應負載電壓，而在幾個 Hz 頻

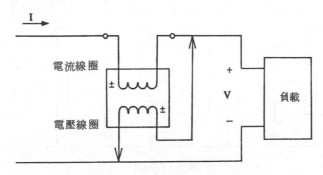

圖 12.10 一個瓦特計 的典型連接方法

率後，動圈電流計 (meter movement) 反應平均功率。在理想情形時，跨在電流線圈上的電壓和進入電壓線圈的電流均為零，使得瓦特計的存在不會影響所測量的功率。

在線圈上的每一端點均有±號，使得電流進入電流線圈的±端點，且電壓線圈的±端點電位高於另一端點時，瓦特計測量讀值是正的或在刻度上的 (upscale)。在圖 12.10 情形相當於負載吸收功率，若電流線圈或電壓線圈任一個端點反接時，一個負的或刻度下的 (downscale) 讀值被指示。大部份的瓦特計都不能讀到刻度下，因為指針停在刻度的零位置處。因而像這種讀值，需要反接其中一個線圈時，通常是電壓線圈，而兩個線圈同時反接時，不會影響讀值。

圖 12.10 的瓦特計，以一個方塊和兩個線圈表示，而這接線方式，讀到

$$P = |\mathbf{V}| \cdot |\mathbf{I}| \cos \theta$$

這裏 V 和 I 如圖所示，而 θ 是 V 和 I 間的夾角 (或等於負載阻抗的角度)，當然 P 是釋放到負載的功率。

另外有適用於測量視在功率和無效功率的功率計。一個視在功率或 VA 計，是簡單的測量電流的均方根值，和電壓的均方根值的乘積，乏計 (varmeter) 則是測量無效功率的。

練　習

12.6.1 在對一個正讀值設定瓦特計所需要的端點符號後，求每一瓦特計的功率讀值。

答：87.5W，9.375W，0W

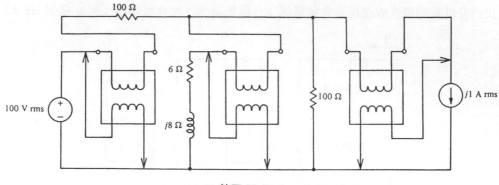

練習 12.6.1

12.6.2 就圖示之電路重做練習 12.6.1。

答：10，30mW

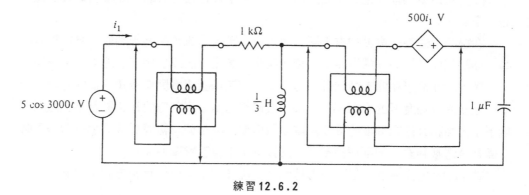

練習 12.6.2

習　題

12.1 一個週期電流的一個循環如下：

$$i = 10 \text{ A}, \qquad 0 \leq t < 1 \text{ ms}$$
$$= 0, \qquad 1 \leq t < 4 \text{ ms}$$

　　若電流流過一個 20Ω 電阻器，求消耗的平均功率。

12.2 一個週期電流的一個循環如圖所示。若電流流過一個 20Ω 電阻器，求消耗
的平均功率。

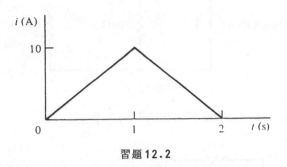

習題 **12.2**

12.3 若電流 $i = I_m$ ($1 + \cos \omega t$)，求電阻器 R 消耗的平均功率。

12.4 求電阻器，電感器和電源吸收的平均功率。

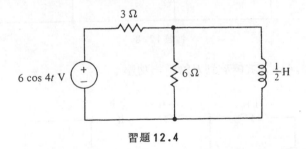

習題 **12.4**

12.5 供給一個 RL 串聯電路的電壓源 $v = 4 \cos 4t$ V，這裡 $R = 4\Omega$，$L = 0.5$
H，求電源供給的功率。

12.6 求 6Ω 電阻器吸收的平均功率。

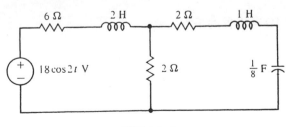

習題 **12.6**

12.7 求電阻器和電源吸收的平均功率。

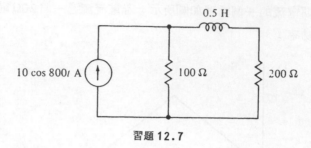

習題 **12.7**

12.8 求 3 kΩ 電阻器和相依電源吸收的平均功率。

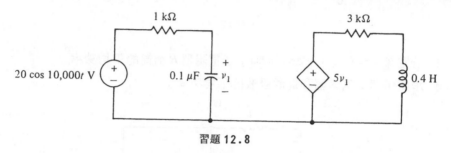

習題 **12.8**

12.9 若 $R = 0.4\Omega$ ，求釋放到 R 的平均功率。

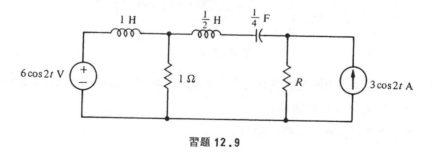

習題 **12.9**

12.10 求釋放到 4Ω 電阻器的平均功率。

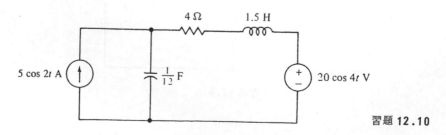

習題 **12.10**

12.11 求釋放到 R 的平均功率。

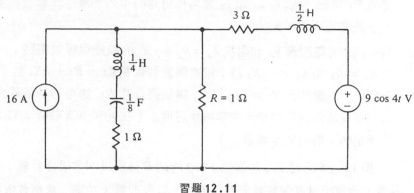

習題 12.11

12.12 若 $i_g = 18 - 10 \cos t - 39 \cos 2t + 9 \cos 3t$ A，求釋放到 $8\,\Omega$ 電阻器的功率。

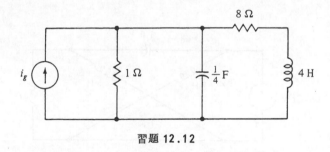

習題 12.12

12.13 我們已經定義一個瞬間功率 $P(t)$ 的平均功率爲

$$P = \lim_{\tau \to \infty} \frac{1}{\tau} \int_0^\tau p(t)\,dt$$

這裏 $P(t)$ 不需要是週期函數，證明對 $(12.7) - (12.8)$ 的 v 和 i ，這定義能得到和 (12.6) 式相同的結果

12.14 給予 $i = i_1 + i_2$ ，這裏

$$i_1 = I_{1m} \cos \omega_1 t$$

$$i_2 = I_{2m} \cos \omega_2 t$$

是在電阻器 R 內流動的電流。利用習題 12.13 的定義，證明 $\omega_1 \neq \omega_2$ 時

$$P = P_1 + P_2$$

這裏 P_1 和 P_2 分別是 i_1 和 i_2 單獨作用時的平均功率，注意這包含 $P($ t)是非週期性函數的情形。

12.15 對一個含有電壓源 $\mathbf{V}_g$ 和阻抗 $\mathbf{Z}_g = R_g + jX_g$ 的戴維寧等效電路，(a)證明當 $R_L = R_g$ 和 $X_L = -X_g$ 時，電路釋放到負載 $\mathbf{Z}_L = R_L + jX_L$ 的平均功率最大，(b)證明當 $R_L = |\mathbf{Z}_g|$ 時，釋放到負載 R_L 的平均功率最大。這敘述是交流電路內的最大功率轉移定理。（在(a)和(b)情形時，$\mathbf{V}_g$ 和 $\mathbf{Z}_g$ 是固定的，而負載是變數。）

12.16 用習題12.15的結果，將習題12.9內的 R 分別以(a)電阻性負載，(b)一般負載（含電阻性和電抗性元件）取代，以吸收最大功率。求兩種情況下的最終功率。

12.17 (a)若 $R = 1\Omega$，求 R 吸收的功率。(b)求能釋放到 R 的最大功率，及此時的 R 值。

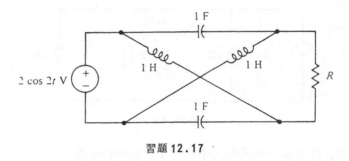

習題 **12.17**

12.18 (a)求 R 使得它能吸收最大功率，也求最大功率值。(b)若 $R = 2\Omega$，求 R 吸收的功率。

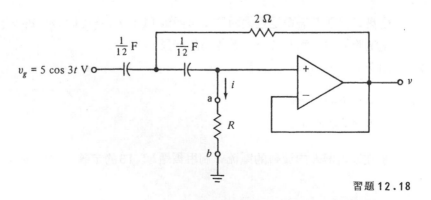

習題 **12.18**

12.19　求下列電壓的均方根值：

(a) $v = 8 + 6\sqrt{2} \cos t$ V,

(b) $v = 4 \cos 3t + \sqrt{2} \cos 6t + 12 \cos (8t - 60°)$ V,

(c) $v = 4 \cos 2t - 8 \cos 5t + 6\sqrt{2} \cos(3t - 45°)$ V.

12.20　求一個週期電流的均方根值，這裏週期是

(a) $i = 3t$ A, $\quad\quad 0 \le t \le 2$ s
$\quad = 0,$ $\quad\quad\quad 2 < t \le 4$ s.

(b) $i = 6$ A, $\quad\quad\quad 0 < t < 2$ s
$\quad = 0,$ $\quad\quad\quad 2 < t < 8$ s.

(c) $i = I_m \sin \dfrac{2\pi t}{T}$ A, $\quad 0 < t < \dfrac{T}{2}$ s
$\quad = 0,$ $\quad\quad\quad\quad \dfrac{T}{2} < t < T$ s.

(d) $i = I_m \sin \dfrac{\pi t}{T}$ A, $\quad 0 < t < T$ s.

12.21　求穩態電壓 v 的均方根值。

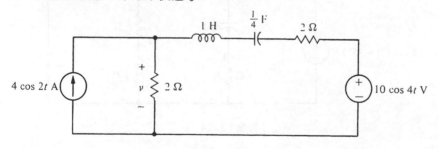

習題 **12.21**

12.22　求 R 上穩態電流的均方根值。

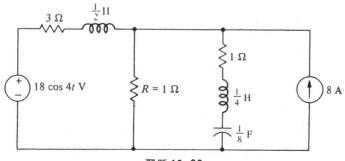

習題 **12.22**

12.23 若 $v_g = 3 \cos t$ V，求流經 2Ω 電阻器的穩態電流的均方根值。

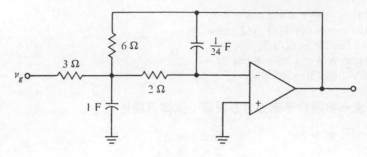

習題 **12.23**

12.24 求流經 $\frac{1}{2}\Omega$ 電阻器的穩態電流的均方根值。

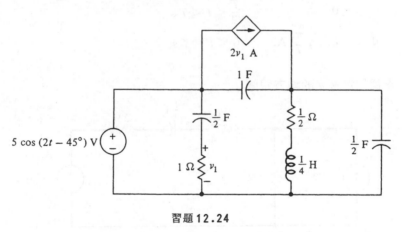

習題 **12.24**

12.25 推導 (12.22) 式。

12.26 求穩態電流 i 的均方根值，以及從電源端看入的功率因數。什麼元件和電源並聯，可以修正功率因數至 0.8 落後？

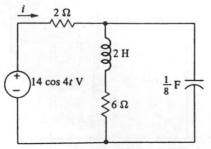

習題 **12.26**

12.27 求從電源端看入的功率因數。什麼電抗與電源並聯連接，將改變功率因數至 1 ？

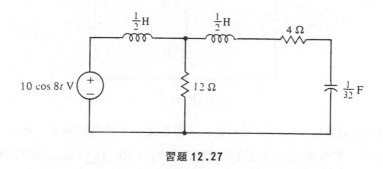

習題 12.27

12.28 求從獨立電源端看入的功率因數。什麼電抗與獨立電源連接，將改變功率因數至 0.8 落後。

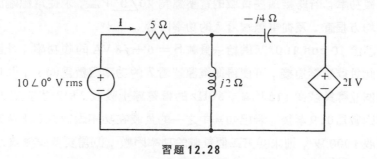

習題 12.28

12.29 求獨立電源釋放的有效功率，無效功率和複功率。也求無效功率元件。它與電源並聯連接時，能將電源端看入的功率因數修正至 0.8 領先。

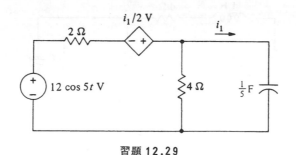

習題 12.29

12.30 求電源釋放的有效功率、無效功率和複功率。也求無效元件。它與電源並聯連接時，能將電源端看入的功率因數修正為(a)0.9 領先，(b)0.8 落後。

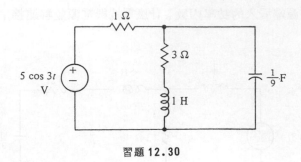

習題 12.30

12.31 兩個並聯負載分別在功率因數 0.6 領先和 0.8 落後情況下，吸收 210W 和 40W。若跨接此並聯組合的電壓源為 $\mathbf{V}_g = 50 \underline{/15°}\, V_{\text{rms}}$，求電源釋出的電流 $\mathbf{I}$。

12.32 三個並聯被動負載 $\mathbf{Z}_1$、$\mathbf{Z}_2$ 和 $\mathbf{Z}_3$ 分別吸收 $3-j4$、$2+j5$ 和 $3+j5$ VA 的複功率。若跨接這些負載的電壓源為 $20 \underline{/0°}\, V_{\text{rms}}$，求從電源端流出的電流均方根值，及從電源端看入的功率因數。

12.33 電壓源 $10 \cos 100t$ V 供給一負載 $\mathbf{S} = 6+j8$ VA 的複功率。什麼電容值與此負載並聯連接，可使得從電源端看入的功率因數為 (a) 1，(b) 0.8 落後。

12.34 兩個並聯負載從 $115\, V_{\text{rms}}$，60 Hz 的輸電線上吸收 3 kW 的有效功率，且功率因數為 0.9 落後。若已知其中之一的負載在功率因數為 0.8 落後情況下吸收 1000 W，則求 (a) 第二個負載的功率因數，(b) 需要多少無效元件才能將組合負載的功率因數修正為 0.95 落後。

12.35 求電源釋放的有效功率、無效功率和複功率。

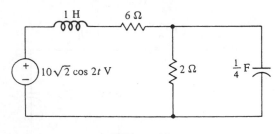

習題 12.35

12.36 求瓦特計讀值。

12.37 求瓦特計讀值。

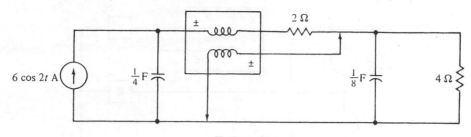

習題 12.36

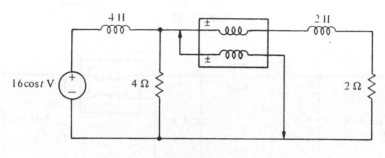

習題 12.37

12.38 若 $v_g = 4 \cos 1000t$ V，求瓦特計讀值。

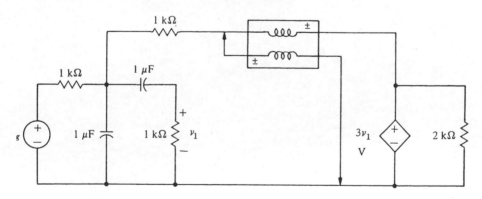

習題 12.38

12.39 若 $Z = 10 \underline{/30°}$ Ω，求瓦特計讀值。

12.40 求瓦特計讀值。

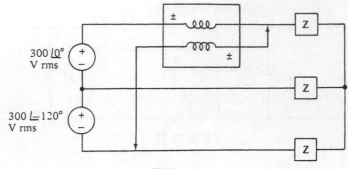

習題 12.39

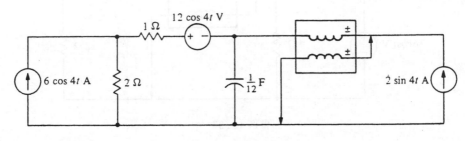

習題 12.40

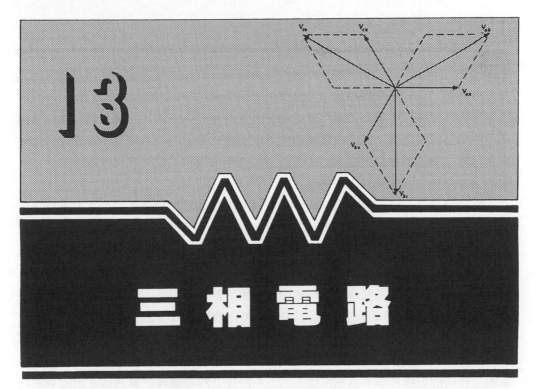

三相電路

Tesla 在電機工程的領域內是最偉大的發明家。

W. H. Eccles

若 Edison 不是世界上最偉大的發明家的話，克羅埃西亞裔美國工程師 Nikola Tesla 將當仁不讓。1844 年高大修長的 Tesla 抵達美國時，美國正處在是採用 Edison 主張的 DC 電源還是 George Westinghouse 主張的 AC 電源之關鍵。Tesla 很快地就發現 AC 的優點，並有眾多的發明，像多相 AC 電力系統、感應馬達、Tesla 線圈及螢光燈等。

Tesla 出生於奧利地 Hungary（現為 Yugoslavia）省的 Smiljan 市。他是一位希臘正教會牧師的兒子。Tesla 小時即展現他的數學天份，他擁有過人的記憶能力，他能默背整本書及詩集。他在奧地利的 Graz 綜合技術學院研究 2 年，並在此發現感應馬達的原理──旋轉磁場。在他父親逝世那年，他決定離開學校加入法國的 Edison 公司，二年後他移民美國。在他輝煌的生命中，他有 700 件以上的發明，平息了 DC 和 AC 的爭論，且決定採用 60Hz 做為美國境內的標準 AC 頻率；60Hz 也廣泛地被他國使用。他去世後，人們命名磁通密度的單位為 tesla 以紀念他卓越的貢獻。

我們已經注意到，交流穩態分析對電力系統是一個非常重要的應用，這是因為大部分的電力系統是交流系統，而對使用交流系統的一個主要理由，是在長距離輸送電力時，使用非常高的電壓較符合經濟上的可行性，而在交流系統內比在直流系統內較易昇降電壓；交流電壓能夠使用變壓器在輸送時提高電壓，在電力分配時降低電壓。變壓器本身沒有移動的部份且構造相當簡單，然而在現今的科技中，旋轉機通常需要提高和降低直流電壓。

也因為經濟和效率的原因，幾乎所有電力都以多相方式產生（產生的電壓多於一相）。在單相電路內，釋放到負載的瞬間功率是脈動形式，甚至電流和電壓同相時亦是；換句話說，在多相系統內就像多汽缸自動引擎一樣有規律的釋放功率，因此使旋轉機有較少的振動，較高的效率。在經濟利益上，多相系統所需的導體重量和連接部份，比單相系統釋放相同電力時所需的材料少很多，而在地球上，實際產生的電力都是 50 或 60 Hz 的多相電力，在美國則以 60 Hz 為標準頻率。

在本章中，我們將先討論單相三線式系統，而後集中心力討論多相系統中最常用的三相電路。在三相系統中，電源是三相發電機，它產生一組平衡電壓，而這些電壓有相同的波幅和頻率且相位差 120°；因而三相電源等效於三個互接的單相電源，每一單相電源產生不同相位的電壓，若從電源流出的三相電流也是一組平衡電流，則此系統叫做三相平衡系統，這也是我們主要討論的部份。

13.1 單相三線式系統
（SINGLE-PHASE, THREE-WIRE SYSTEMS）

在討論三相情形前，讓我們離開本節主題去建立我們的記憶，和考慮一個家用單相電力系統的例題，這例題將幫助我們熟悉單相系統的某些實用性，以及為三相系統做一個介紹。

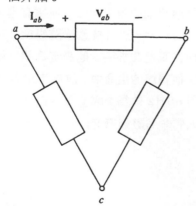

圖 13.1　雙重底註記號法的說明

在本章中,將可發現在第一章時所介紹的雙重底註記號法的實用性。例如在相量中,V_{ab} 表示點 a 對點 b 的電壓,I_{ab} 表示從點 a 直接流向點 b 的電流,這些量表示在圖 13.1,這裏從點 a 到點 b 的直接路徑,和從點 a 經 c 到 b 是不同的。

由於平均功率表示式相當簡單,所以本章中,都將使用電壓和電流的均方根值(這些也是大部份電表的讀值)。卽相量

$$V = |V|\underline{/0°} \text{ V rms}$$
$$I = |I|\underline{/-\theta} \text{ A rms} \tag{13.1}$$

連接一個元件,它的阻抗是

$$Z = |Z|\underline{/\theta} \ \Omega \tag{13.2}$$

則釋放到元件的平均功率是

$$P = |V| \cdot |I| \cos \theta$$
$$= |I|^2 \operatorname{Re} Z \text{ W} \tag{13.3}$$

在時域內,電壓和電流是

$$v = \sqrt{2}|V| \cos \omega t \text{ V}$$
$$i = \sqrt{2}|I| \cos (\omega t - \theta) \text{ A}$$

例題 13.1

雙重底註的使用,使得相量在解析上和幾何上都容易處理,例如在圖 13.2 (a) 中,電壓 V_{ab} 是

$$V_{ab} = V_{an} + V_{nb}$$

很明確的,我們不需要參考電路,因爲由 KVL 定律得知,在點 a 和點 b 間的電壓不論沿何路徑運算,它們的結果都是相同的;在這裏我們採用 a、n、b 路徑,又因爲 $V_{nb} = -V_{bn}$,所以

$$V_{ab} = V_{an} - V_{bn}$$
$$= 100 - 100\underline{/-120°}$$

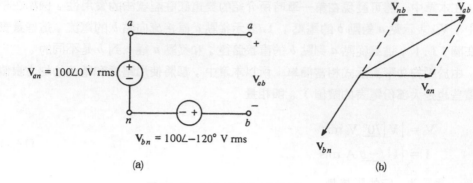

$V_{an} = 100\angle0$ V rms

$V_{bn} = 100\angle-120°$ V rms

(a)

(b)

圖 13.2 (a)相量電路；(b)對應的相量圖

這可簡化爲

$$V_{ab} = 100\sqrt{3}\underline{/30°} \text{ V rms}$$

這些步驟表示在圖 13.2 (b)的圖形上。

圖 13.3 表示一個單相三線電源，它有三個輸出端點 a ， b 和中線端點 n ，且

$$V_{an} = V_{nb} = V_1 \tag{13.4}$$

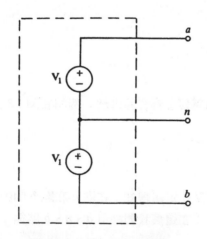

圖 13.3 單相三線式電源

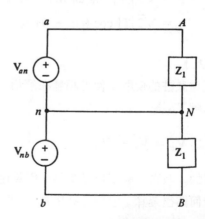

圖 13.4 單相三線式電源有兩個相同的負載

而這是供給家用電力 115V 和 230V rms 的一個共通的表示法，即若 $|\mathbf{V}_{an}| = |\mathbf{V}_1| = 115\mathrm{V}$，則 $|\mathbf{V}_{ab}| = |2\mathbf{V}_1| = 230\mathrm{V}$。

現在考慮圖 13.4，有兩個相同的負載 $\mathbf{Z}_1$ 連接到電源處，則 aA 和 bB 的電流是

$$\mathbf{I}_{aA} = \frac{\mathbf{V}_{an}}{\mathbf{Z}_1} = \frac{\mathbf{V}_1}{\mathbf{Z}_1}$$

和

$$\mathbf{I}_{bB} = \frac{\mathbf{V}_{bn}}{\mathbf{Z}_1} = -\frac{\mathbf{V}_1}{\mathbf{Z}_1} = -\mathbf{I}_{aA}$$

因此由 KCL 知在中性線 nN 內的電流是

$$\mathbf{I}_{nN} = -(\mathbf{I}_{aA} + \mathbf{I}_{bB}) = 0$$

因而中性線能夠被移開，而不改變系統內的任何電流或電壓。

若在 aA 和 bB 線不是良好導體，但有相同的阻抗 $\mathbf{Z}_2$，則 $\mathbf{I}_{nN}$ 仍是零，因為我們可以簡單的將 $\mathbf{Z}_1$ 和 $\mathbf{Z}_2$ 相加，而形成如圖 13.4 一樣的狀況。事實上在更普通的情形如圖 13.5 所示，中線電流 $\mathbf{I}_{nN}$ 仍是零，這可以重寫出兩個網目方程式

$$(\mathbf{Z}_1 + \mathbf{Z}_2 + \mathbf{Z}_3)\mathbf{I}_{aA} + \mathbf{Z}_3\mathbf{I}_{bB} - \mathbf{Z}_1\mathbf{I}_3 = \mathbf{V}_1$$

$$\mathbf{Z}_3\mathbf{I}_{aA} + (\mathbf{Z}_1 + \mathbf{Z}_2 + \mathbf{Z}_3)\mathbf{I}_{bB} + \mathbf{Z}_1\mathbf{I}_3 = -\mathbf{V}_1$$

且相加這些方程式，得

$$(\mathbf{Z}_1 + \mathbf{Z}_2 + \mathbf{Z}_3)(\mathbf{I}_{aA} + \mathbf{I}_{bB}) + \mathbf{Z}_3(\mathbf{I}_{aA} + \mathbf{I}_{bB}) = 0$$

或 $\qquad \mathbf{I}_{aA} + \mathbf{I}_{bB} = 0$ (13.5)

看出。再由 KCL 定律得知，（13.5）式的左邊項是 $-\mathbf{I}_{nN}$，即中線電流等於零，而這結果當然是因為圖 13.5 中的電路是對稱的。

若圖 13.5 的對稱性被端點 A-N 和 N-B 不同的負載，或 aA 和 bB 線阻抗不同所破壞，則有中線電流。

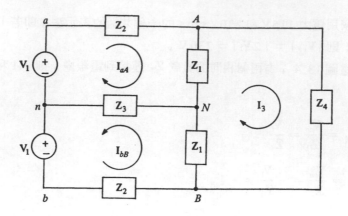

圖13.5 對稱的單相三線式系統

例題13.2

例如,考慮圖13.6中,有兩個負載在接近115 V電壓處工作,及一個負載於230 V電壓附近工作,此時網目方程式為

$$43\mathbf{I}_1 - 2\mathbf{I}_2 - 40\mathbf{I}_3 = 115$$
$$-2\mathbf{I}_1 + 63\mathbf{I}_2 - 60\mathbf{I}_3 = 115$$
$$-40\mathbf{I}_1 - 60\mathbf{I}_2 + (110 + j10)\mathbf{I}_3 = 0$$

解電流,得

$$\mathbf{I}_1 = 16.32\underline{/-33.7°} \text{ A rms}$$
$$\mathbf{I}_2 = 15.73\underline{/-35.4°} \text{ A rms}$$
$$\mathbf{I}_3 = 14.46\underline{/-39.9°} \text{ A rms}$$

因此中線電流是

$$\mathbf{I}_{nN} = \mathbf{I}_2 - \mathbf{I}_1 = 0.76\underline{/184.3°} \text{ A rms}$$

當然這是非零的。

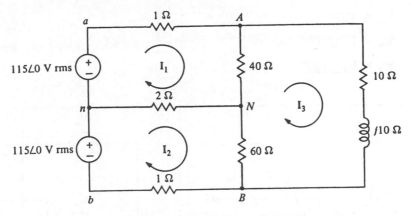

圖13.6 不對稱的單相三線式系統

練 習

13.1.1 對圖13.5，使用重疊原理推導（13.5）式。

13.1.2 求圖13.6中釋放到負載40Ω，60Ω和10＋j10Ω的功率P_{40}，P_{60}，
$P_{10＋j10}$。
答：249，181，2091W。

13.1.3 在圖13.6中，求在線上損失的功率P_{aA}，P_{bB}，和P_{nN}。
答：266.3，247.4，1.2W。

13.1.4 在圖13.6中，求兩個電源釋放的功率P_{an}和P_{nb}，且和練習13.1.2
和13.1.3比較，是否滿足功率守恒定律。
答：1561.4，1474.5W。

13.2 三相Y-Y系統（THREE-PHASE Y-Y SYSTEMS）

現讓我們考慮圖13.7(a)的三相電源，它有線端點a，b，c，和一個中線端點
n，在這情形時，電源被叫做Y接，而圖13.7(b)是圖13.7(a)的等效圖。

在線端點和中線端點間的電壓$\mathbf{V}_{an}$，$\mathbf{V}_{bn}$，$\mathbf{V}_{cn}$叫做相電壓（phase voltage）
，且在大部份的情形，我們考慮

$$\mathbf{V}_{an} = V_p\underline{/0°}$$
$$\mathbf{V}_{bn} = V_p\underline{/-120°} \qquad (13.6)$$
$$\mathbf{V}_{cn} = V_p\underline{/120°}$$

或
$$\mathbf{V}_{an} = V_p\underline{/0°}$$
$$\mathbf{V}_{bn} = V_p\underline{/120°}$$
$$\mathbf{V}_{cn} = V_p\underline{/-120°}$$

(13.7)

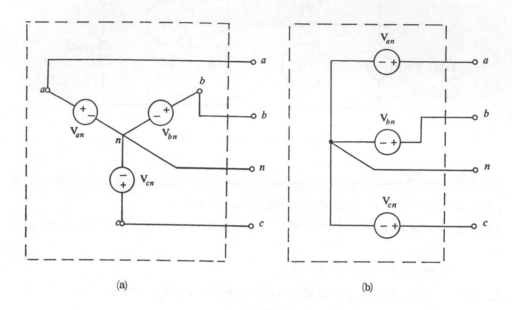

(a)

(b)

圖 13.7　一個 **Y** 接電源的兩種表示法

在這兩種狀況下，每一相電壓有相同的 rms 量 V_p 和相位差 120°，且選擇 $\mathbf{V}_{an}$ 爲參考相量，像這一組電壓被叫做一個平衡組且具有

$$\mathbf{V}_{an} + \mathbf{V}_{bn} + \mathbf{V}_{cn} = 0$$

(13.8)

的特性，這可從（13.6）式或（13.7）式看出。

　　在（13.6）式的電壓順序叫做正相序（positive sequence）或 abc 相序，而（13.7）式叫做負或 acb 相序。圖 13.8 表示兩個相序的相量圖，這圖可以觀察出（13.8）式。很清楚的，正負相序間的差別只在端點 a、b、c 的任意選擇，因此對一般原則兩相序都成立，而這裏我們將只討論正相序。

　　由（13.6）式得知，abc 相序的每一電壓對 $\mathbf{V}_{an}$ 的關係是

$$\mathbf{V}_{bn} = \mathbf{V}_{an}\underline{/-120°}$$
$$\mathbf{V}_{cn} = \mathbf{V}_{an}\underline{/120°}$$

(13.9)

線對線電壓或簡稱線電壓（line voltage），在圖13.7中，線電壓是$\mathbf{V}_{ab}$，$\mathbf{V}_{bc}$，$\mathbf{V}_{ca}$，這可以由相電壓求得，例如

$$\mathbf{V}_{ab} = \mathbf{V}_{an} + \mathbf{V}_{nb}$$
$$= V_p\underline{/0°} - V_p\underline{/-120°}$$
$$= \sqrt{3}\ V_p\underline{/30°}$$

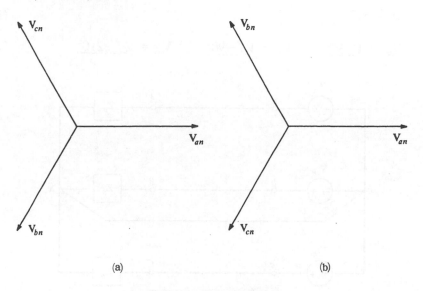

(a)   (b)

圖13.8　(a)正和(b)負相序

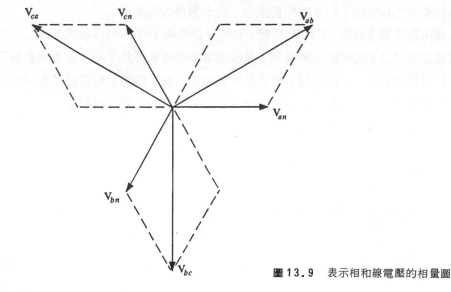

圖13.9　表示相和線電壓的相量圖

使用類似的方法,得

$$\mathbf{V}_{bc} = \sqrt{3}\ V_p\underline{/-90°}$$

$$\mathbf{V}_{ca} = \sqrt{3}\ V_p\underline{/-210°}$$

若我們表示線電壓的量爲V_L,則

$$V_L = \sqrt{3}\ V_p \tag{13.10}$$

因此　　$\mathbf{V}_{ab} = V_L\underline{/30°},$　　$\mathbf{V}_{bc} = V_L\underline{/-90°},$　　$\mathbf{V}_{ca} = V_L\underline{/-210°}$ \hfill (13.11)

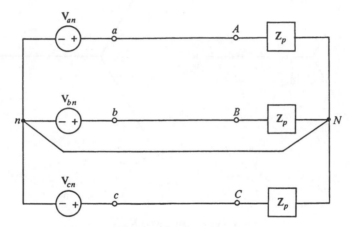

圖 13.10　平衡的 **Y-Y** 系統

這些結果也可以在圖 13.9 的相量圖中,利用幾何方法求得。

　　現在讓我們考慮圖 13.10 的系統,它是一個平衡 **Y-Y** 三相四線式系統,假設電源電壓如(13.6)式所給,使用 **Y-Y** 是因爲電源和負載都是 **Y** 接;而系統被稱爲平衡,是因爲電源電壓構成一個平衡組且負載也是平衡(即每一相阻抗是相同的 $\mathbf{Z}_p$)。第四條線是中性線 $n\text{-}N$,這可以省略去形成一個三相三線式系統。

　　圖 13.10 的線電流是

$$\mathbf{I}_{aA} = \frac{\mathbf{V}_{an}}{\mathbf{Z}_p}$$

$$\mathbf{I}_{bB} = \frac{\mathbf{V}_{bn}}{\mathbf{Z}_p} = \frac{\mathbf{V}_{an}\underline{/-120°}}{\mathbf{Z}_p} = \mathbf{I}_{aA}\underline{/-120°} \tag{13.12}$$

$$\mathbf{I}_{cC} = \frac{\mathbf{V}_{cn}}{\mathbf{Z}_p} = \frac{\mathbf{V}_{an}\underline{/120°}}{\mathbf{Z}_p} = \mathbf{I}_{aA}\underline{/120°}$$

而（13.12）式的後兩個結果是由（13.9）式導出，且證明線電流也是一個平衡組，因此它們的和是

$$-\mathbf{I}_{nN} = \mathbf{I}_{aA} + \mathbf{I}_{bB} + \mathbf{I}_{cC} = 0$$

因而在一個平衡的 **Y-Y** 四線系統內，中線不載有電流。

在 **Y** 接負載的情形時，線 aA，bB 和 cC 上的電流也是相電流（相阻抗載有的電流）；若相和線電流的量是 I_P 和 I_L，則 $I_P = I_L$，且（13.12）式變成

$$\mathbf{I}_{aA} = I_L\underline{/-\theta} = I_p\underline{/-\theta}$$
$$\mathbf{I}_{bB} = I_L\underline{/-\theta - 120°} = I_p\underline{/-\theta - 120°} \tag{13.13}$$
$$\mathbf{I}_{cC} = I_L\underline{/-\theta + 120°} = I_p\underline{/-\theta + 120°}$$

這裏 θ 是 $\mathbf{Z}_p$ 的角度。

而釋放到圖 13.10 中的每一相的平均功率是

$$P_p = V_p I_p \cos \theta$$
$$= I_p^2 \operatorname{Re} \mathbf{Z}_p \tag{13.14}$$

而釋放到負載的全部功率是

$$P = 3P_p$$

因而相阻抗的角度也是三相負載的功率因數角。

現在假設有一個阻抗 $\mathbf{Z}_L$ 被分別插入線 aA，bB 和 cC 內，且另一個阻抗 $\mathbf{Z}_N$ 不需要等於 $\mathbf{Z}_L$，被插入線 nN 內；換句話說，線不再是良好導體而有一個阻抗存在。很明確的，除了 $\mathbf{Z}_N$ 外，線阻抗和相阻抗串聯連接，且兩組阻抗可以組合形成良好導線 aA，bB 和 cC，以及每一相阻抗為 $\mathbf{Z}_p + \mathbf{Z}_L$。因此除了 $\mathbf{Z}_N$ 在中性線內，等效系統有良好導線和一個平衡負載；若阻抗 $\mathbf{Z}_N$ 不存在於中性線，則系統如圖 13.10 一樣是平衡的，此時點 n 和點 N 具有相同電位，且沒有中線電流。因而在中性線內是什麼並不重要，它可以是短路或開路或包含一個阻抗 $\mathbf{Z}_N$，且仍然沒有中線電流流過，也沒有電壓跨在 nN 上。很明顯的，存在 aA，bB 和 cC 內的線阻抗相同，且在中性線內的阻抗並不能改變線電流形成一個平衡電流。

例題13.3

效舉一例，讓我們求圖13.11內的線電流。我們可以組合 1Ω 的線阻抗和（3 + j3）Ω 的相阻抗，而獲得

$$\mathbf{Z}_p = 4 + j3 = 5\underline{/36.9°}\ \Omega$$

當做有效的相負載。由先前的討論得知沒有中線電流，所以有

$$\mathbf{I}_{aA} = \frac{100\underline{/0°}}{5\underline{/36.9°}} = 20\underline{/-36.9°}\ \text{A rms}$$

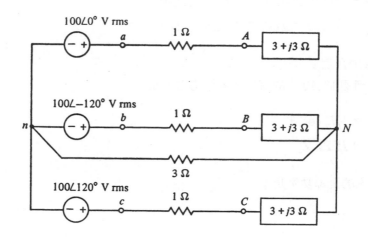

圖13.11 有線阻抗的平衡系統

又因爲電流形成一個平衡的正相序組，所以

$$\mathbf{I}_{bB} = 20\underline{/-156.9°}\ \text{A rms}, \qquad \mathbf{I}_{cC} = 20\underline{/-276.9°}\ \text{A rms}$$

這例題是在一個“每相”（“per-phase”）的基礎上解題，由於在一個平衡 Y-Y系統內，中性線的阻抗是不重要的，所以我們可以想像中性線是一個短路。若中性線有一個阻抗或中性線不存在（一個三線系統），我們仍可以在“每相”的基礎上解題；我們可以只看一相，譬如 A 相，它由電源 $\mathbf{V}_{an}$ 串聯 $\mathbf{Z}_L$ 和 $\mathbf{Z}_P$ 所組成，這如圖13.12所示，（ nN 線以短路取代）則線電流 $\mathbf{I}_{aA}$，相電壓 $\mathbf{I}_{aA}\ \mathbf{Z}_P$，和在線上的電壓降 $\mathbf{I}_{aA}\mathbf{Z}_L$ 都可以從單相分析中求得。在系統內的其他電壓和電流也可以用類似法求得，或從先前的結果去獲得（因爲系統是平衡的）。

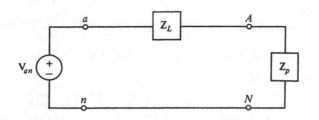

圖13.12 對一個"每相"分析法所用的單相電路

例題 13.4

另外一個例題是一個平衡Y接電源有線電壓 $V_L = 200\,\mathrm{V}$ rms，它供給一個平衡Y接負載的功率 $P = 900\,\mathrm{W}$， $pf = 0.9$ 落後，求線電流 I_L 和相阻抗 $\mathbf{Z}_p$ 。因為供給負載的功率是 $900\,\mathrm{W}$，所以每相消耗功率是 $P_P = 900/3 = 300\,\mathrm{W}$，且從

$$P_p = V_p I_p \cos\theta$$

得

$$300 = \left(\frac{200}{\sqrt{3}}\right) I_p(0.9)$$

因為對一個Y接負載，相電流也是線電流，所以

$$I_L = I_p = \frac{3\sqrt{3}}{2(0.9)} = 2.89 \text{ A rms}$$

而 $\mathbf{Z}_p$ 的量是

$$|\mathbf{Z}_p| = \frac{V_p}{I_p} = \frac{200/\sqrt{3}}{3\sqrt{3}/(2)(0.9)} = 40\ \Omega$$

且 $\mathbf{Z}_p$ 的角度 $\theta = \cos^{-1} 0.9 = 25.84°$，所以

$$\mathbf{Z}_p = 40\underline{/25.84°}\ \Omega$$

若負載是不平衡的，但中性線是良好導體時，我們仍可以使用"每相"的解法去求解，但若不是這情形時，這短截法便不適用。有一個非常有用的方法叫做對稱分量（symmetrical components），它能適用於不平衡系統，讀者將在電力系統這門課中讀到。值得注意的是不管三相電路是平衡或不平衡，它仍是一個電路，且能以一般的電路分析程序來解析它。

練　習

13.2.1 給予一個平衡 Y 接三相電源，其線電壓 $V_{ab} = 100\underline{/0°}$ Vrms ，若相序是 abc ，求相電壓。

答：$57.7\underline{/-30°}$ ，$57.7\underline{/-150°}$ ，$57.7\underline{/-270°}$ Vrms

13.2.2 在圖 13.10 中電源電壓如練習 13.2.1 ，且每相負載是一個 30Ω 電阻 ，一個 $500\mu F$ 電容 ，和一個 0.25H 電感的串聯組合 ，若頻率是 $\omega = 200$ rad/s ，求線電流及釋放到負載的功率。

答：$1.15\underline{/-83.1°}$ ，$1.15\underline{/-203.1°}$ ，$1.15\underline{/36.9°}$ Arms ，120 W 。

13.2.3 若一個平衡三相三線式系統 ，有兩個平衡的三相負載並聯連接 ，則證明等效於圖 13.10 的負載是。

$$Z_p = \frac{Z_1 Z_2}{Z_1 + Z_2}$$

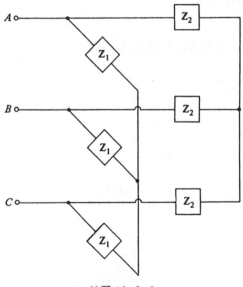

練習 13.2.3

13.2.4 若在練習 13.2.3 內 ，$Z_1 = 4 + j3\Omega$ ，$Z_2 = 4 - j3\Omega$ ，及線電壓 $V_L = 200\sqrt{3}$ Vrms ，求線電流 I_L 。

答：64Arms

13.3 △接法（THE DELTA CONNECTION）

另一個連接三相負載和電源線的方式是△接法。一個平衡的△接負載表示在圖 13.13(a)，一個相似△的表示圖在圖 13.13(b)，若電源是**Y**或△接，則系統是一個 **Y**-△或△-△系統。

△接負載比**Y**接負載好的一點是，在△的每一相上，可以很容易的加上或去掉負載，因爲負載是直接加在線間的，而這在**Y**接法是不容易做到的，因爲中性線不易接近。其次對釋放到負載的功率相同時，△接的相電流小於**Y**接的相電流，換句話說，△接相電壓高於**Y**接相電壓。電源很少是△接的，因爲電壓不是完全平衡時，將有一個淨電壓（net voltage）在△內產生一個環流（circulating current），這當然使得發電機產生不必要的熱效應；而在**Y**接發電機內，相電壓較小，因而絕緣強度的要求也較少。很明顯的，系統有△接負載時，它必是三線系統，因爲沒有中線連接所致。

從圖 13.13 中得知，△接負載的線電壓等於相電壓，因此線電壓如（13.11）式所給，則相電壓是

$$\mathbf{V}_{AB} = V_L \underline{/30°}, \qquad \mathbf{V}_{BC} = V_L \underline{/-90°}, \qquad \mathbf{V}_{CA} = V_L \underline{/-210°} \qquad (13.15)$$

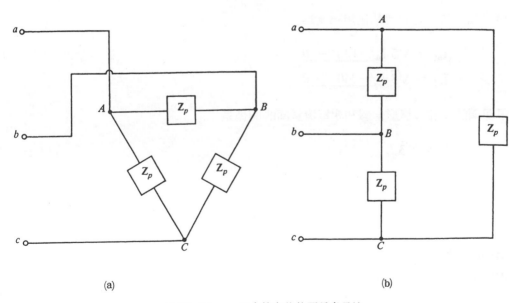

(a)   (b)

圖 13.13 一個△接負載的兩種表示法

這裏　　$V_L = V_p$　　　　　　　　　　　　　　　　　　　　　　　　(13.16)

若 $\mathbf{Z}_P = |\mathbf{Z}_P|\ \underline{/\theta}$ ，則相電流是

$$\mathbf{I}_{AB} = \frac{\mathbf{V}_{AB}}{\mathbf{Z}_p} = I_p\underline{/30° - \theta}$$

$$\mathbf{I}_{BC} = \frac{\mathbf{V}_{BC}}{\mathbf{Z}_p} = I_p\underline{/-90° - \theta} \tag{13.17}$$

$$\mathbf{I}_{CA} = \frac{\mathbf{V}_{CA}}{\mathbf{Z}_p} = I_p\underline{/-210° - \theta}$$

這裏　　$I_p = \dfrac{V_L}{|\mathbf{Z}_p|}$　　　　　　　　　　　　　　　　　　(13.18)

在線 aA 內的電流是

$$\mathbf{I}_{aA} = \mathbf{I}_{AB} - \mathbf{I}_{CA}$$

這可簡化爲

$$\mathbf{I}_{aA} = \sqrt{3}\ I_p\underline{/-\theta}$$

用類似方法，可得到其他線電流爲

$$\mathbf{I}_{bB} = \sqrt{3}\ I_p\underline{/-120° - \theta}$$
$$\mathbf{I}_{cC} = \sqrt{3}\ I_p\underline{/-240° - \theta}$$

很明顯的，在 Δ 情形，線和相電流量間的關係是

$$I_L = \sqrt{3}\ I_p \tag{13.19}$$

因而線電流是

$$\mathbf{I}_{aA} = I_L\underline{/-\theta}, \qquad \mathbf{I}_{bB} = I_L\underline{/-120° - \theta}, \qquad \mathbf{I}_{cC} = I_L\underline{/-240° - \theta} \tag{13.20}$$

這如同我們所期望的，電流和電壓都是平衡組，對 Δ 接負載的線和相電流關係，可由圖 13.14 的相量圖總計起來而得。

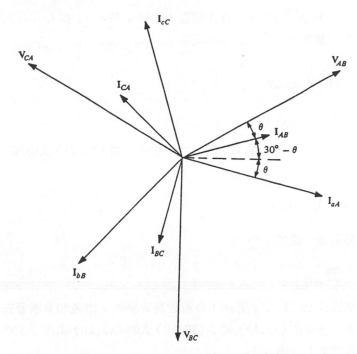

圖 13.14　對一個 Δ 接負載的相量圖

例題 13.5

　　兹舉一個 Δ 接負載的三相電路例題，若在圖 13.13 內，線電壓是 $250\mathrm{Vrms}$ 及負載吸收 $1.5\,\mathrm{kW}$，$pf = 0.8$ 落後，求線電流。對一相而言 $\mathbf{P}_P = 1500/3 = 500\,\mathrm{W}$，因此

$$500 = 250 I_p (0.8)$$

或　　　$I_p = 2.5\ \mathrm{A\ rms}$

從 (13.19) 式得知

$$I_L = \sqrt{3}\ I_p = 4.33\ \mathrm{A\ rms}$$

　　最後，讓我們推導釋放到一個平衡三相負載的功率公式，這裏負載功率因數角是 θ，因此無論負載是 Y 接或 Δ 接，我們有

$$P = 3P_p = 3V_p I_p \cos \theta$$

在 Y 接時，$V_P = V_L/\sqrt{3}$ 和 $I_P = I_L$；而在 Δ 接時，$V_P = V_L$ 和 $I_P = I_L/\sqrt{3}$，所以無論在何情況下，都有

$$P = 3\frac{V_L I_L}{\sqrt{3}}\cos\theta$$

或　　　$$P = \sqrt{3}\,V_L I_L \cos\theta \tag{13.21}$$

我們由檢查上一例題的結果來說明功率公式，由（13.21）式得知

$$1500 = \sqrt{3}(250)I_L(0.8)$$

或　　　$$I_L = 4.33 \text{ A rms}$$

這和先前的答案是一樣的。

＿＿練＿＿習＿＿

13.3.1　解練習 13.2.2，若除了負載改爲 Δ 接外，電源和負載都未變動。〔建議：注意在（13.15）式，（13.17）式和（13.20）式內，30° 必須從每一個角度中減掉。〕

　　答：$2\sqrt{3}\,\underline{/-83.1°}$，$2\sqrt{3}\,\underline{/-203.1°}$，$2\sqrt{3}\,\underline{/36.9°}$ Arms，360W。

13.3.2　一個平衡 Δ 接負載有 $Z_P = 4 + j3\,\Omega$，而在負載端的線電壓 $V_L = 200$ V rms，求釋放到負載的全部功率。

　　答：19.2 kW

13.3.3　一個平衡 Δ 接負載吸收 4.8 kW 的全部功率，而在負載端的線電壓 $V_L = 100$ V rms，若負載功率因數是 0.8 領先，則求相阻抗。

　　答：$4 - j3\,\Omega$

13.4　Y-△轉換（Y-Δ TRANSFORMATIONS）

在大部份電力系統應用上，從 Y 接負載轉換至等效的 Δ 接負載或相反，是很重要的。例如圖 13.15 所示，一個 Y 接負載和一個 Δ 接負載並聯時，想要求等效三相負載時就需要這轉換方法。若負載都是 Δ 接時，這很容易求出等效負載，因爲相阻抗都是並聯的。在練習 13.2.3 中，我們也看見負載都是 Y 接且平衡時，相阻抗也可以組合爲並聯阻抗。

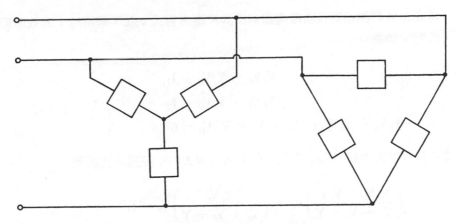

圖 13.15 並聯的 Y 接和 Δ 接負載

　　爲了獲得 Y 對 Δ 或 Δ 對 Y 的轉換公式，讓我們考慮圖 13.16 的 Y 和 Δ 接。對 Y - Δ 轉換，我們需要以 Y 中的 Y_a、Y_b 和 Y_c 來表示 Δ 中的 Y_{ab}、Y_{bc} 和 Y_{ca}，使得 Δ 接在端點 A、B、C 處等效於 Y 接；即 Y 被 Δ 取代時，有相同的節點電壓 V_A，V_B 和 V_C，且有相同的電流 I_1 和 I_2；相反的，一個 Δ - Y 轉換是以 Δ 參數表示 Y 參數。

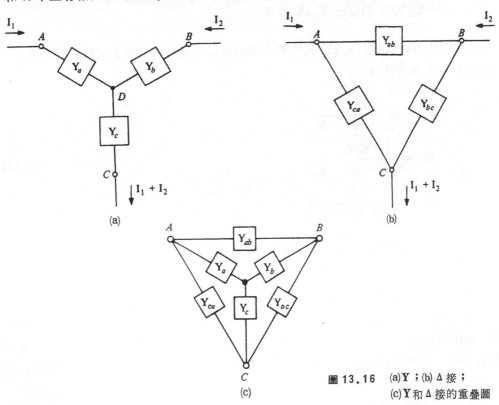

圖 13.16 (a) Y；(b) Δ 接；
(c) Y 和 Δ 接的重疊圖

現在讓我們開始對這兩種電路寫出其節點方程式，在 Y 網路時，若取節點 C 做參考節點，則有

$$Y_a V_A - Y_a V_D = I_1$$
$$Y_b V_B - Y_b V_D = I_2$$
$$-Y_a V_A - Y_b V_B + (Y_a + Y_b + Y_c)V_D = 0$$

在第三個方程式中解出 V_D，且代入前兩個方程式內，經過簡化得到

$$\left(\frac{Y_a Y_b + Y_a Y_c}{Y_a + Y_b + Y_c}\right)V_A - \left(\frac{Y_a Y_b}{Y_a + Y_b + Y_c}\right)V_B = I_1$$
$$-\left(\frac{Y_a Y_b}{Y_a + Y_b + Y_c}\right)V_A + \left(\frac{Y_a Y_b + Y_b Y_c}{Y_a + Y_b + Y_c}\right)V_B = I_2 \tag{13.22}$$

對 Δ 電路的節點方程式是

$$(Y_{ab} + Y_{ca})V_A - Y_{ab} V_B = I_1$$
$$-Y_{ab} V_A + (Y_{ab} + Y_{bc})V_B = I_2$$

由於在這些方程式和（13.22）式內相似項的係數要相等，且對 Δ 電路的導納求解，則知 Y-Δ 轉換公式為

$$Y_{ab} = \frac{Y_a Y_b}{Y_a + Y_b + Y_c}$$
$$Y_{bc} = \frac{Y_b Y_c}{Y_a + Y_b + Y_c} \tag{13.23}$$
$$Y_{ca} = \frac{Y_c Y_a}{Y_a + Y_b + Y_c}$$

若我們想像 Y 和 Δ 電路在同一圖〔圖13.16 (c)〕上時，則 Y_a 和 Y_b 鄰接 Y_{ab}，Y_b 和 Y_c 鄰接 Y_{bc} 及其他，因而我們可以敍述（13.23）式如下：

Δ 的一臂導納等於 Y 鄰接臂的導納乘積，除以 Y 的導納和。

為了獲得 Δ-Y 轉換公式，我們可以對 Y 導納解（13.23）式，或者對 Y 和 Δ 電路寫出兩個廻路方程式求解，在後者的情形是推導（13.23）式程序的對偶。然無論在何種情形，我們都將這證明留給讀者（見習題 13.28）去練習。而 Δ-Y 轉換公式是

$$Z_a = \frac{Z_{ab}Z_{ca}}{Z_{ab} + Z_{bc} + Z_{ca}}$$

$$Z_b = \frac{Z_{bc}Z_{ab}}{Z_{ab} + Z_{bc} + Z_{ca}} \tag{13.24}$$

$$Z_c = \frac{Z_{ca}Z_{bc}}{Z_{ab} + Z_{bc} + Z_{ca}}$$

這裏 $Z's$ 是圖 13.16 中 $Y's$ 的倒數，這規則可敍述如下：

Y 的一臂阻抗等於 Δ 鄰接臂的阻抗乘積，除以 Δ 的阻抗和。

（這裏鄰接的意思是每一阻抗均有一端點在同一節點上，例如在 Y 和 Δ 的重疊圖上，Z_a 是位於 Z_{ab} 和 Z_{ca} 之間，且它們三個有一個共同端點 A，因而 Z_{ab} 和 Z_{ca} 是鄰接 Z_a 臂的。）

例題 13.6

茲舉一例，讓我們求圖 13.17 (a)的輸入阻抗 Z。這問題在過去時，我們必須寫出廻路或節點方程式，原因是我們不能由阻抗的串並聯來簡化電路。圖 13.17 (b)表示 Y 接的 6Ω，3Ω，2Ω 電阻被它們的等效 Δ 取代，這使我們很容易解決問題。

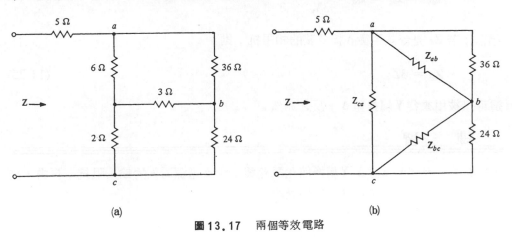

(a)　　　　　　　　　　(b)

圖 13.17 兩個等效電路

比較圖 13.17 (a)和 13.16 (a)得知 $Y_a = 1/6$ ℧，$Y_b = 1/3$ ℧ 和 $Y_c = 1/2$℧，因此從 (13.23) 式得知

$$Y_{ab} = \frac{\frac{1}{6}(\frac{1}{3})}{\frac{1}{6} + \frac{1}{3} + \frac{1}{2}} = \frac{1}{18}$$

$$Y_{bc} = \frac{\frac{1}{3}(\frac{1}{2})}{\frac{1}{6} + \frac{1}{3} + \frac{1}{2}} = \frac{1}{6}$$

$$Y_{ca} = \frac{\frac{1}{2}(\frac{1}{6})}{\frac{1}{6} + \frac{1}{3} + \frac{1}{2}} = \frac{1}{12}$$

因此在圖 13.17 (b)內，有

$$\mathbf{Z}_{ab} = 18 \ \Omega, \qquad \mathbf{Z}_{bc} = 6 \ \Omega, \qquad \mathbf{Z}_{ca} = 12 \ \Omega$$

則圖 13.17 (b)可以被串並聯電阻，簡化爲

$$\mathbf{Z} = 12 \ \Omega$$

例題 13.7

舉另一個例題，若我們有一個平衡 Y 接負載，它的相阻抗是 $\mathbf{Z}_y$ ，則由（13.23）式轉換至 Δ 接負載時，因爲 $\mathbf{Y}_a$ ， $\mathbf{Y}_b$ 和 $\mathbf{Y}_c$ 全等於 $\mathbf{Z}_y$ 的倒數 $\mathbf{Y}_y$ ，所以等效的 Δ 接負載變成

$$\mathbf{Y}_{ab} = \mathbf{Y}_{bc} = \mathbf{Y}_{ca} = \frac{\mathbf{Y}_y^2}{3\mathbf{Y}_y} = \frac{\mathbf{Y}_y}{3}$$

因而，若 $\mathbf{Z}_d$ 是等效平衡 Δ 接負載的相阻抗，則

$$\mathbf{Z}_d = 3\mathbf{Z}_y \tag{13.25}$$

這可以被用來從 Y 轉換至 Δ ，反之亦然。

練 習

13.4.1 利用 Y-Δ 或 Δ-Y 轉換簡化電路後，求從電源看入的輸入阻抗，再由這結果，求電源釋放的平均功率。

答： $(1+j2)/5\Omega$ ，8 W 。

13.4.2 若一個平衡三相電源的電壓爲 $V_L = 100 \text{ V rms}$ ，且供給一個平衡負載電力，這負載是由一個相阻抗 $\mathbf{Z}_1 = 8 + j6\Omega$ 的平衡 Y 接負載，和一個相阻抗 $\mathbf{Z}_2 = 12 + j9\Omega$ 的平衡 Δ 接負載並聯組合的；則求電源釋放的功率。

答： 2.4 kW

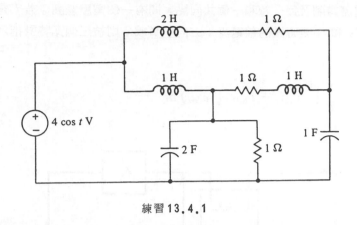

練習 13.4.1

13.4.3 證明 (13.23) 式的 Y - Δ 轉換是等效於

$$Z_{ab} = \frac{Z_a Z_b + Z_b Z_c + Z_c Z_a}{Z_c}$$

$$Z_{bc} = \frac{Z_a Z_b + Z_b Z_c + Z_c Z_a}{Z_a}$$

$$Z_{ca} = \frac{Z_a Z_b + Z_b Z_c + Z_c Z_a}{Z_b}$$

或敍述爲

Δ 的一臂阻抗等於一次取兩個 Y 阻抗的乘積和,除以 Y 的相對臂阻抗。

13.4.4 在練習 13.3.2 中,若每一線有 0.1 Ω 電阻,則求在線內的功率損失。
答:1.44 kW

13.5 功率測量 (POWER MEASUREMENT)

簡單的測量釋放到三相負載功率的方法,是對每一相使用一個瓦特計,這可由圖 13.18 測量一個三線 Y 接負載的接線圖來說明,其中每一瓦特計的電流線圈串聯負載的一相且它的電壓線圈也跨在負載的一相上。這種接法理論上是正確的但不實用,原因是中性點 N 不容易連接(例如對一個 Δ 接負載時),通常較佳的測量方法是只連接線 a,b,c;而在本節我們將討論只需要兩個瓦特計的方法,且能適用於不平衡系統。

讓我們考慮圖 13.19 的三線 Y 接負載,這裏有三個瓦特計被連接,使得每一線串聯一個電流線圈及每一線和一個共同點 x 間有一個電壓線圈。若 T 是電壓源的週期，i_a，i_b 和 i_c 是時域的線電流，方向朝負載，則被三個瓦特計指示的全部功率 $\mathbf{P}_x$ 是

$$P_x = \frac{1}{T} \int_0^T (v_{ax}i_a + v_{bx}i_b + v_{cx}i_c)\, dt \tag{13.26}$$

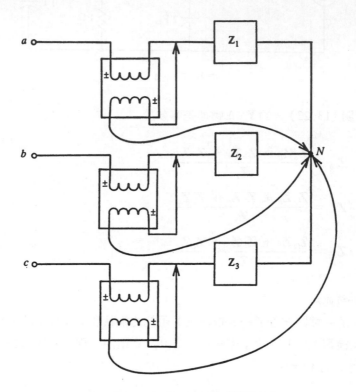

圖 13.18 使用三個瓦特計測量功率

因爲點 x 是完全任意選擇的，所以

$$v_{ax} = v_{aN} + v_{Nx}$$
$$v_{bx} = v_{bN} + v_{Nx}$$
$$v_{cx} = v_{cN} + v_{Nx}$$

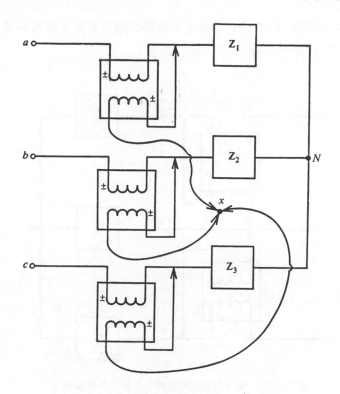

圖 13.19　三個瓦特計連接到一個共通點

代這些值入 (13.26) 式且重新排列，得

$$P_x = \frac{1}{T} \int_0^T (v_{aN}i_a + v_{bN}i_b + v_{cN}i_c)\, dt + \frac{1}{T} \int_0^T v_{Nx}(i_a + i_b + i_c)\, dt$$

再由 KCL 定律得知

$$i_a + i_b + i_c = 0$$

使得

$$P_x = \frac{1}{T} \int_0^T (v_{aN}i_a + v_{bN}i_b + v_{cN}i_c)\, dt \tag{13.27}$$

因而三個瓦特計的讀值和是釋放到三相負載的全部功率，因爲在 (13.27) 式的積分內，三項都是瞬間相功率 (instantaneous phase powers)。

　　正因爲在圖 13.19 內的點 X 是任意的，所以我們可以將它放在某一線上，則電流線圈串聯此線的瓦特計讀值將爲零，原因是跨在它的電壓線圈上的電壓是零，因此釋放到負載的全部功率是被另外兩個瓦特計所測量，而讀值爲零的瓦特計是不需

要的。例如點 x 放在圖 13.20 內的線 b 上，則釋放到負載的全部功率是

$$P = P_A + P_C$$

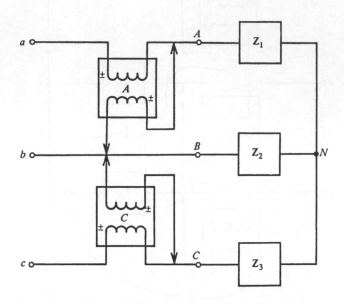

圖 13.20　使用兩個瓦特計讀出全部的負載功率

這裏 $\mathbf{P}_A$ 和 $\mathbf{P}_C$ 是瓦特計 A 和 C 的讀值。值得注意的是兩個瓦特計中的一個或另一個，可以指示一個負讀值，因而全部的讀值和是一個代數和（algebraic sum）。

　　對一個 **Y** 接負載，使用兩個瓦特計測量全部的三相功率的方法，已經證明它是正確的，而對一個 Δ 接負載也是正確的，這證明將留待習題 13.30 中，由讀者自行去練習。

例題 13.8

　　兹舉一例，在圖 13.20 內，若線電壓是平衡的 abc 相序，且

$$\mathbf{V}_{ab} = 100\sqrt{3}\underline{/0°}\ \text{V rms}$$

而相阻抗是

$$\mathbf{Z}_1 = \mathbf{Z}_2 = \mathbf{Z}_3 = 10 + j10\ \Omega$$

則我們有

$$\mathbf{V}_{cb} = -\mathbf{V}_{bc} = -100\sqrt{3}\underline{/-120°} = 100\sqrt{3}\underline{/60°} \text{ V rms}$$

$$\mathbf{I}_{aA} = \frac{\mathbf{V}_{AN}}{\mathbf{Z}_1} = \frac{(100\sqrt{3}/\sqrt{3})\underline{/-30°}}{10\sqrt{2}\underline{/45°}} = 5\sqrt{2}\underline{/-75°} \text{ A rms}$$

$$\mathbf{I}_{cC} = 5\sqrt{2}\underline{/-315°} \text{ A rms}$$

因而瓦特計的讀值是

$$\begin{aligned}
P_A &= |\mathbf{V}_{ab}||\mathbf{I}_{aA}| \cos (\text{ang } \mathbf{V}_{ab} - \text{ang } \mathbf{I}_{aA}) \\
&= (100\sqrt{3})(5\sqrt{2}) \cos (0° + 75°) \\
&= 317 \text{ W}
\end{aligned}$$

和

$$\begin{aligned}
P_C &= |\mathbf{V}_{cb}||\mathbf{I}_{cC}| \cos (\text{ang } \mathbf{V}_{cb} - \text{ang } \mathbf{I}_{cC}) \\
&= (100\sqrt{3})(5\sqrt{2}) \cos (60° + 315°) \\
&= 1183 \text{ W}
\end{aligned}$$

則全部功率是

$$P = 1500 \text{ W}$$

對這結果做一次查驗，因釋放到 A 相的功率是

$$\begin{aligned}
P_p &= |\mathbf{V}_{AN}||\mathbf{I}_{aA}| \cos (\text{ang } \mathbf{V}_{AN} - \text{ang } \mathbf{I}_{aA}) \\
&= \left(\frac{100\sqrt{3}}{\sqrt{3}}\right)(5\sqrt{2}) \cos (-30° + 75°) \\
&= 500 \text{ W}
\end{aligned}$$

又因為系統是平衡的，所以全部功率是

$$P = 3P_p = 1500 \text{ W}$$

這結果符合我們先前所得的結果。

練 習

13.5.1 在圖 13.18 中，令 $\mathbf{Z}_1 = \mathbf{Z}_2 = \mathbf{Z}_3 = 20\underline{/30°}\ \Omega$ ，而線電壓是一個平衡的 abc 相序組且 $\mathbf{V}_{ab} = 100\underline{/0°}$ V r m s ，求每一瓦特計的讀值。

答：$250/\sqrt{3}$ W

13.5.2　若釋放到練習 13.5.1 的功率是被二個瓦特計 A 和 C（如圖 13.20 的接法）所測量，則求瓦特計的讀值，且和練習 13.5.1 的答案查對是否一致。

答：$250/\sqrt{3}$，$500/\sqrt{3}$ W。

13.5.3　若線電壓如練習 13.5.1 所給，且 $\mathbf{Z}_1 = \mathbf{Z}_2 = \mathbf{Z}_3 = 10\underline{/75°}\ \Omega$，求瓦特計讀值 P_A 和 P_C 及全部功率 P，並使用 $P = 3P_P$ 來查驗這答案。

答：-149.4，408.2，258.8W。

13.6 用SPICE分析三相電路
(SPICE FOR THREE-PHASE CIRCUIT ANALYSIS)

前幾節所談的三相網路分析都已假設網路為一個平衡系統，因而它的解能以單相的項來表示。對平衡或不平衡系統，SPICE 都能應用。用 SPICE 所需要的原理都已在前面的章節中討論過。

例題13.9

第一個例題讓我們求圖 13.21 平衡 Y - Y 系統中 A 相負載的線電壓和相電流。連接發電機和負載的線路損失已用一個 2Ω 電阻器來表示。這網路的電路檔案為

```
3-PHASE Y-Y SYSTEM WITH TRANSMISSION LINE LOSSES
* DATA STATEMENTS VOLTAGES EXPRESSED IN RMS
VAN 1 0 AC 120 0
VBN 2 0 AC 120 −120
VCN 3 0 AC 120 120
RLOSSA 1 4 2
RLOSSB 2 5 2
RLOSSC 3 6 2
RLOSSN 10 0 2
RA 4 7 10
LA 7 10 0.1
RB 5 8 10
LB 8 10 0.1
RC 6 9 10
LC 9 10 0.1
```

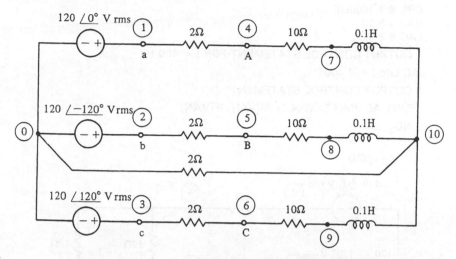

$f = 60\ \text{Hz}$

圖 13.21　用 SPICE 分析的平衡 **Y-Y** 系統

```
* SOLUTION CONTROL STATEMENT FOR f = 60 Hz
.AC LIN 1 60 60
* OUTPUT CONTROL STATEMENT
.PRINT AC VM(4,5) VP(4,5) IM(VAN) IP(VAN)
.END
```

電腦解為

FREQ	VM(4,5)	VP(4,5)	IM(VAN)	IP(VAN)
6.000E+01	2.049E+02	3.280E+01	3.033E+00	1.077E+02

例題 13.10

第二個例題讓我們求圖 13.22 不平衡 **Y** - Δ 系統的線電壓和線電流。輸電線損失分別以 1- , 2- , 3- Ω 電阻器來表示。電路檔案為

```
3-PHASE Y-D UNBALANCED SYSTEM WITH T-LINE LOSSES
* DATA STATEMENTS WITH VOLTAGES IN RMS VALUES
VAN 1 0 AC 120 0
VBN 2 0 AC 120 −120
VCN 3 0 AC 120 120
RLOSSA 1 4 1
RLOSSB 2 5 2
RLOSSC 3 6 3
RAB 4 5 12
```

RBC 5 7 8
CBC 6 7 1000UF
RAC 4 8 10
LAC 6 8 0.05
* OUTPUT CONTROL STATEMENT FOR f = 400 Hz
.AC LIN 1 400 400
* OUTPUT CONTROL STATEMENT
.PRINT AC VM(4.5) VP(4,5) IM(VAN) IP(VAN)
.END

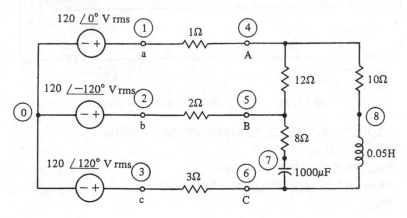

f = 400Hz

圖 13.22 不平衡 **Y - Δ** 系統

電腦解爲

FREQ	VM(4,5)	VP(4,5)	IM(VAN)	IP(VAN)
4.000E+02	1.601E+02	2.219E+01	1.255E+01	−1.627E+02

練　習

13.6.1 若圖 13.21 系統內的 C 相負載短路（稱爲相故障），求 A 相負載的線電壓和相電流。

答：$204.9 \underline{/32.8°}$ V，$4.07 \underline{/90.54°}$ A

13.6.2 重做練習 13.6.1，其中節點 0 和 10 間的 2Ω 中性線已被去掉。

答：$204.9 \underline{/32.8°}$ V，$5.33 \underline{/82.41°}$ A

習　題

13.1 在圖 13.4 中，若 $V_{an} = V_{nb} = 100\,\underline{/0°}\,\text{Vrms}$ ，及端點 A-N 間的阻抗是 $10\,\underline{/60°}\,\Omega$ ，端點 N-B 間阻抗是 $10\,\underline{/-60°}\,\Omega$ ，求中線電流 I_{nN} 。

13.2 在圖 13.5 中，令 $V_1 = 100\,\underline{/0°}\,\text{Vrms}$ ， $Z_1 = 5 + j5\,\Omega$ ， $Z_2 = 0.5\,\Omega$ ， $Z_3 = 1\,\Omega$ ， $Z_4 = 10 - j5\,\Omega$ 。求負載吸收的平均功率，線路損失以及電源釋放的功率。

13.3 一個平衡 Y-Y 三線正相序系統有 $V_{ab} = 200\,\underline{/0°}\,\text{Vrms}$ ，頻率 200rad/ s 。若每相負載為一個 40Ω 電阻器、一個 0.1H 電感器和一個 100μF 電容器的串聯組合，求線電流及釋放到負載的功率。

13.4 在圖 13.10 中，一個平衡的正相序電源 $I_{aA} = 10\,\underline{/-60°}\,\text{Arms}$ 及 $V_{ab} = 120\,\underline{/0°}\,\text{Vrms}$ ，則求 Z_P 和釋放到三相負載的功率。

13.5 一個平衡 Y 接三相負載於功率因數 0.6 領先時吸收 1.2kW 。若線電壓是一個平衡的 200Vrms 組，求線電流 I_L 。

13.6 一個平衡 Y-Y 系統有相負載 $Z_p = 3\sqrt{3}\,\underline{/30°}\,\Omega$ ，且釋放 9.6kW 的功率至負載，求線電壓 V_L 和線電流 I_L 。

13.7 在圖 13.10 中，電源是平衡的正相序且 $V_{an} = 100\,\underline{/0°}\,\text{Vrms}$ ，此時若電源於 $pf = 0.6$ 領先時，供給 3.6kW 功率，求 Z_P 。

13.8 一個平衡的 Y-Y 三線正相序系統有 $V_{an} = 200\,\underline{/0°}\,\text{Vrms}$ 和 $Z_P = 3 + j4\,\Omega$ ，若每線有一個阻抗 1Ω ，則求線電流和釋放到負載的全部功率及線路損失。

13.9 一個平衡 Y 接正相序電源， $V_{an} = 200\,\underline{/0°}\,\text{Vrms}$ ，它被四條良好導線（零阻抗）連接到一個不平衡 Y 接負載， $Z_{AN} = 8 + j6\,\Omega$ ， $Z_{BN} = j20\,\Omega$ 和 $Z_{CN} = 10\,\Omega$ ，求中性線電流。

13.10 若習題 13.9 系統內的中性線開路，求線電流。

13.11 一個平衡 Y 接正相序電源， $V_{an} = 240\,\underline{/0°}\,\text{Vrms}$ ，它被四條良好導線連接到一個不平衡 Y 接負載， $Z_{AN} = 10\,\Omega$ ， $Z_{BN} = 10 - j5\,\Omega$ 和 $Z_{CN} = j20\,\Omega$ ，求四個線電流。

13.12 若習題 13.11 系統內的中性線開路，求線電流。

13.13 若練習 13.2.3 中 $Z_1 = 3 - j4\,\Omega$ ， $Z_2 = 3 + j4\,\Omega$ 且線電壓 $V_L = 100\sqrt{3}$ V ，求每一線上的電流 I_L 。

13.14 一個平衡的三相 Y 接負載於 $pf = 0.8$ 落後時吸收 3kW ，而一個平衡 Y 接電容器並聯負載後，使得功率因數變爲 0.85 落後；此時若頻率是 60Hz 且線電壓是一個平衡的 200Vrms 組，則求所需電容值。

13.15 在圖 13.13 中，電源是平衡的正相序且 $V_{an} = 100 \underline{/\,0^\circ}\, \text{Vrms}$ ，若相阻抗爲 $3\sqrt{3}\underline{/\,30^\circ}\,\Omega$ ，求線電流和釋放到負載的功率。

13.16 在圖 13.13 正相序系統中，$V_{an} = 200\underline{/\,0^\circ}\, \text{Vrms}$ 且電源於功率因數 0.8 落後時釋放 2.4kW ，求 Z_P 。

13.17 在圖示 Y-Δ 系統中，電源是正相序且 $V_{an} = 100\underline{/\,0^\circ}\, \text{V}$ 。若相阻抗 $Z_P = 3 - j4\,\Omega$ ，求線電壓 V_L 、線電流 I_L 和釋放到負載的功率。

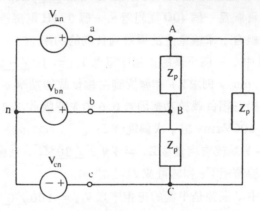

習題 13.17

13.18 若習題 13.17 Y-Δ 系統中，$Z_P = 4 + j3\,\Omega$ 且釋放到負載的功率爲 19.2 kW，求線電流 I_L 和電源相電壓，這裏參考相量爲 V_{an} 。

13.19 在平衡 Y-Δ 系統中，負載於功率因數爲 0.8 落後時吸收 3kW 。若每相負載都與電容器並聯以提昇負載功率因數至 0.9 落後，求所需的電容值，這裏頻率爲 60Hz ，線電壓爲 200Vrms 。

13.20 若習題 13.17 Y-Δ 系統內的電源電壓 $V_{an} = 100\underline{/\,0^\circ}\, \text{Vrms}$ ，$Z_P = 10\underline{/\,60^\circ}\,\Omega$ ，求線電壓、線電流、負載電流量和釋放到負載的功率。

13.21 求線電流 I_L 。

13.22 若習題 13.21 內的電源電壓量爲 120Vrms ，$Z_P = 6 + j9\,\Omega$ ，求釋放到負載的功率。

13.23 一個平衡三相正相序電源有 $V_{ab} = 200\underline{/\,0^\circ}\, \text{Vrms}$ ，它正供給一個 Δ 接負載，這裏 $Z_{AB} = 20\,\Omega$ ，$Z_{BC} = 20\underline{/\,60^\circ}\,\Omega$ ，$Z_{CA} = 50\underline{/\,30^\circ}\,\Omega$ 。求線電流

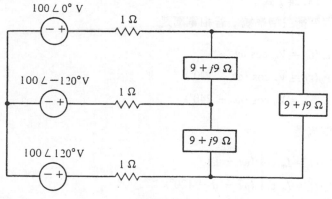

習題 13.21

相量（假設有良好導線）。

13.24 一個平衡三相正相序電源有 $V_{ab} = 200\underline{/0^\circ}$ Vrms ，它正供給一個 Δ 接負載，這裡 $Z_{AB} = 50\Omega$ ， $Z_{BC} = 20 + j20\Omega$ ， $Z_{CA} = 30 - j40\Omega$ 。求線電流。

13.25 一個平衡三相正相序電源有 $V_{ab} = 240\underline{/0^\circ}$ Vrms 供給一個 Δ 接負載和 Y 接負載的並聯組合；若 Y 和 Δ 接負載是平衡的，且分別有相阻抗 $8 - j8\Omega$ 和 $24 + j24\Omega$ ，求線電流和電源供給的功率（假設有良好導線）。

13.26 一個平衡三相正相序電源有 $V_{ab} = 240\underline{/0^\circ}$ Vrms ，它於功率因數為 1 時供給一個 Y 接負載和 Δ 接負載的並聯組合 43.2 kW ，這裡 Y 接負載的每相阻抗為 $4 + j4\Omega$ 。求 Δ 接負載的相阻抗。

13.27 求線電流 I_{aA} ， I_{bB} ， I_{cC} 。

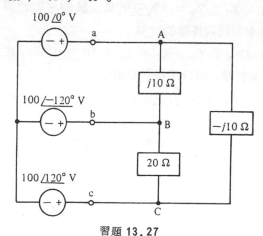

習題 13.27

13.28 推導（13.24）式。

13.29 對一個平衡三相系統，若相電壓是

$$v_a(t) = V_m \cos \omega t$$
$$v_b(t) = V_m \cos (\omega t - 120°)$$
$$v_c(t) = V_m \cos (\omega t - 240°)$$

則相電流是

$$i_a(t) = I_m \cos (\omega t - \theta)$$
$$i_b(t) = I_m \cos (\omega t - \theta - 120°)$$
$$i_c(t) = I_m \cos (\omega t - \theta - 240°)$$

證明全部的瞬間功率

$$p(t) = v_a i_a + v_b i_b + v_c i_c$$

是一個常數

$$p(t) = \frac{3}{2} V_m I_m \cos \theta$$

這也是全部的平均功率。〔建議：回想 $\cos \alpha + \cos (\alpha - 120°) + \cos (\alpha - 240°) = 0$。〕

13.30 證明（13.26）式的 P_x 是等於釋放到一個 Δ 接負載的總平均功率。

13.31 在圖 13.20 的系統中，線電壓是一個平衡的正相序組，$\mathbf{V}_{ab} = 200 \underline{/0°}$ Vrms 及 $\mathbf{Z}_1 = \mathbf{Z}_2 = \mathbf{Z}_3 = 10 \underline{/30°} \, \Omega$，試利用 (a)兩個瓦特計的讀值和(b) $P = 3P_P$ 來求釋放到負載的功率。

13.32 重複習題 13.31，若 $\mathbf{Z}_1 = \mathbf{Z}_2 = \mathbf{Z}_3 = 10 \underline{/60°} \, \Omega$，注意在這情形時，因為瓦特計 A 讀到零，所以瓦特計 C 讀到總功率。

13.33 在圖 13.20 內，若 $\mathbf{V}_{ab} = V_L \underline{/\alpha}$，$\mathbf{V}_{bc} = V_L \underline{/\alpha - 120°}$，$\mathbf{V}_{ca} = V_L \underline{/\alpha - 240°}$ Vrms，且 $\mathbf{Z}_1 = \mathbf{Z}_2 = \mathbf{Z}_3 = |\mathbf{Z}| \underline{/60°}$，則證明瓦特計 A 讀值為零，瓦特計 C 讀值為釋放到負載的總平均功率

$$P = \frac{V_L^2}{2|\mathbf{Z}|}$$

這是習題 13.32 的一般化結果。

13.34 若電源是一個平衡的 **Y** 接 abc 相序，且 $\mathbf{V}_{an} = 100\,\underline{/0°}$ Vrms，而每一相阻抗 $\mathbf{Z}_P = 30\,\underline{/30°}\,\Omega$，則求瓦特計的讀值 P_A 和 P_B 及釋放到負載的總功率。

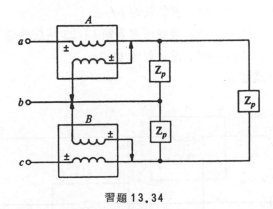

習題 13.34

13.35 對所示系統，若線電壓是一個平衡的正相序組，$\mathbf{V}_{ab} = 300\,\underline{/0°}$ Vrms 及 $\mathbf{Z}_P = 10\,\underline{/30°}\,\Omega$，則求瓦特計讀值 P_A 和 P_B 及釋放到負載的總功率。

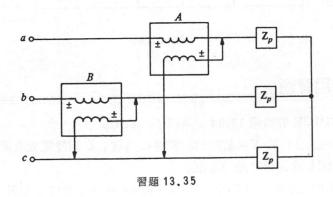

習題 13.35

13.36 若一個平衡的正相序電源，被三條良好導線連接到一個平衡的負載，而負載的相阻抗 $\mathbf{Z}_P = |\,\mathbf{Z}_P\,|\,\underline{/\theta}$，則如圖 13.20 所接的兩個瓦特計讀值分別是 P_A 和 P_C，這裏

$$\frac{P_A}{P_C} = \frac{\cos\,(30° + \theta)}{\cos\,(30° - \theta)}$$

從這結果證明

$$\tan \theta = \sqrt{3}\,\frac{P_C - P_A}{P_C + P_A}$$

因而我們可以從兩個瓦特計的讀值發現負載的功率因數 cos θ 。

13.37 在習題 13.25 內，若(a) $P_A = P_C$ ，(b) $P_A = -P_C$ ，(c) $P_A = 0$ ，(d) $P_C = 0$ 和(e) $P_A = 2P_C$ 時，求負載的 pf 。

13.38 用習題 13.34 的瓦特計接線法求習題 13.23 系統的總平均功率 。

13.39 就習題 13.27 的系統，重做習題 13.38 。

13.40 求瓦特計讀值 。

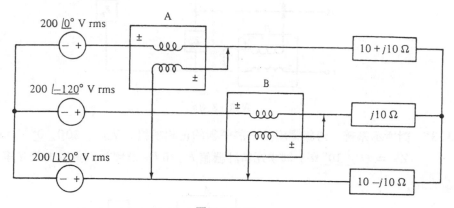

習題 **13.40**

＿＿電腦應用習題＿＿

13.41 用 SPICE 解習題 13.24 ，這裡 $f = 60\text{Hz}$ 。

13.42 若圖 13.21 Y-Y 系統內的相電壓 C 為零（ C 相發電機故障），則用 SPICE 求 A 相電源的電流 。

13.43 若圖 13.22 內的 BC 相負載（ 8Ω 和 $1000\mu\text{F}$ ）短路，則用 SPICE 求 12Ω 電阻器上的電流 。

13.44 就圖 13.22 系統，重做習題 13.42 。

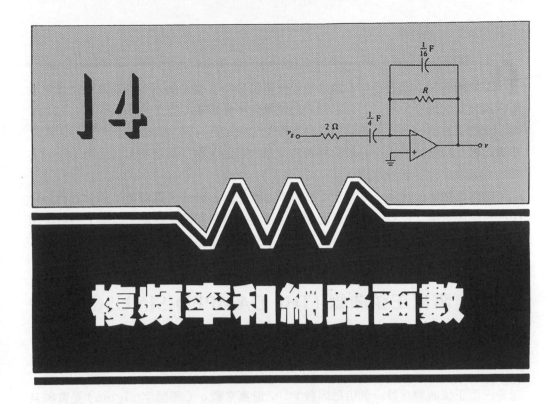

證明Maxwell's 定理是一項不平凡的工作。

Heinrich Hertz

　　1886～1888年德國物理學家Hertz 發現電磁波後，就開啓了無線電、電視和雷達等的發展之路。Hertz 的主要貢獻是在證明 1864 年英國物理學家 James Clerk Maxwell 所發表的理論 " 電磁波存在 "。

　　Hertz 出生於漢堡，他是一個著名家族中的大兒子。他高中畢業後，在 Frankfurt 的一家工程公司工作一年，在 Berlin 服兵役一年，在Munich大學工作一年，最後他進入柏林大學成為Helmholtz 的學生。Hertz 獲得博士學位後進入Karlsruhe 大學任教，並在此遇見了他特別教授之一的女兒Elizabeth Doll，三個月後他們即結婚。Hertz 在發表著名文獻後幾年，即因骨癌死於 1894 年的元旦，享年 37 歲。他的研究開啓了現代通訊紀元，後來人們為了紀念他的貢獻將頻率的單位命名為Hertz 。

在前面幾章，我們已經討論過電阻性電路分析，包含儲能元件電路的自然和激勵響應及交流穩態分析，而已討論過的激勵大多是常數，指數和正弦函數。在本章中，我們將討論一個阻尼正弦曲線的激勵，它包含所有這些當做特殊激勵的函數，從這函數，我們將發展出一般的相量和一般的網路函數，而這些包含了第 10～13 章的相量和阻抗等特殊狀況。

網路函數將以複頻率來表示，複頻率的觀念和一般的網路函數，將使我們組合先前討論的結果，成為一個共通的程序。電路的自然和激勵響應可以從它的激勵和網路函數來求得；另外，網路函數可以被用來決定電路的頻率性質，這也將是第 15 章的主題。

14.1 阻尼正弦曲線（THE DAMPED SINUSOID）

在本節內，我們將討論阻尼正弦曲線（damped sinusoid），

$$v = V_m e^{\sigma t} \cos (\omega t + \phi) \tag{14.1}$$

這是一個正弦曲線乘以一個阻尼因數 $e^{\sigma t}$ ，這裏常數 σ（希臘字 sigma）是實數且通常是負數或零，它說明了阻尼因數這項的意義。

阻尼正弦曲線包含了我們已考慮過的大部份函數，例如，假設 $\sigma = 0$ ，則有純正弦曲線

$$v = V_m \cos (\omega t + \phi) \tag{14.2}$$

若 $\omega = 0$ ，則為指數函數

$$v = V_0 e^{\sigma t} \tag{14.3}$$

若 $\sigma = \omega = 0$ ，則為常數（dc）情形

$$v = V_0 \tag{14.4}$$

而在（14.3）式和（14.4）式內，$V_0 = V_m \cos \phi$ 。圖 14.1 表示不同的 σ 和 ω 時方程式的圖形

從圖 14.1 ，可看見 $\sigma > 0$ 時，表示增大的振盪〔growing oscillations (b)〕或一個增大的指數〔growing exponential (e)〕，而 $\sigma < 0$ 時，表示衰減的振盪〔decaying oscillations (a)〕或一個衰減的指數〔decaying exponential (d)〕，最後 $\sigma = 0$ 時表示交流穩態 (c) 或直流穩態 (f) 。

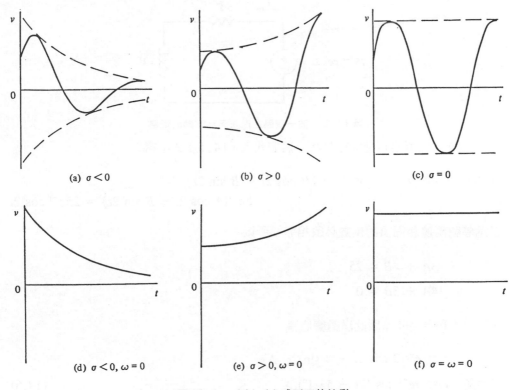

圖14.1 （14.1）式不同的情形

ω 的單位是每秒弧度，而 ϕ 的單位是弧度或度。因為 σt 是無因次的，所以 σ 單位是每秒 1 （1/s），這單位在第九章討論自然頻率時已遇到過，當時我們使用納單位表示 σt ，因而 σ 稱為納頻率（neper frequency），單位是每秒納（N_P/S）。

例題 14.1

茲舉一例，在圖 14.2 內，為一個有阻尼正弦激勵的電路，求其激勵響應 i 。由於廻路方程式是

$$2\frac{di}{dt} + 5i = 25e^{-t}\cos 2t \tag{14.5}$$

所以我們嘗試激勵響應為

$$i = e^{-t}(A\cos 2t + B\sin 2t)$$

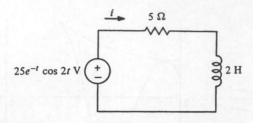

圖 14.2 被一個阻尼正弦函數激勵的電路

這是激勵和它所有可能的微分和，將它代入（14.5）式，得

$$2e^{-t}(-2A \sin 2t - A \cos 2t + 2B \cos 2t - B \sin 2t)$$
$$+ 5e^{-t}(A \cos 2t + B \sin 2t) = 25e^{-t} \cos 2t$$

因為等號兩邊相同項的係數必須相等，所以

$$3A + 4B = 25$$
$$-4A + 3B = 0$$

或 $A = 3$ 和 $B = 4$ ，因此激勵響應是

$$i = e^{-t}(3 \cos 2t + 4 \sin 2t) \text{ A}$$

或等於 $i = 5e^{-t} \cos (2t - 53.1°) \text{ A}$ \hfill (14.6)

這如我們所期望的，激勵響應像激勵一樣，是一個阻尼正弦曲線。

練　習

14.1.1   使用複函數

$$v_1 = 25e^{-t}e^{j2t}$$
$$= 25e^{(-1+j2)t}$$

激勵圖 14.2 的電路，和證明激勵響應是

$$i_1 = (5\underline{/-53.1°})e^{(-1+j2)t}$$

14.1.2   若 i_1 是

$$2\frac{di_1}{dt} + 5i_1 = v_1$$

的響應，則證明 Re i_1 是 Re v_1 的響應，利用這結果於練習 14.1.1 中的函數，去獲得（14.6）式的 i 。

14.1.3 若

$$\frac{d^2v}{dt^2} + 2\frac{dv}{dt} + v = 8e^{-t}\cos 2t$$

則用練習 14.1.1 和 14.1.2 的方法求激勵響應 v 。

答：$-2e^{-t}\cos 2t$ 。

14.1.4 若

$$\frac{d^3v}{dt^3} + 6\frac{d^2v}{dt^2} + 11\frac{dv}{dt} + 6v = i$$

這裏

$$i = 4e^{-2t}\cos(t - 60°)$$

則利用練習 14.1.3 的方法，求激勵響應 v 。

答：$2e^{-2t}\cos(t + 30°)$

14.2 複頻率和廣義相量（COMPLEX FREQUENCY AND GENERALIZED PHASORS）

在第十章中，我們考慮的正弦激勵函數是

$$v_1 = V_m \cos(\omega t + \phi) \tag{14.7}$$

這也可以用等效的形式

$$v_1 = \text{Re}(V_m e^{j\phi} e^{j\omega t})$$

來寫出，使用 v_1 的相量表示式

$$\mathbf{V} = V_m e^{j\phi} = V_m \underline{/\phi} \tag{14.8}$$

我們也可以寫

$$v_1 = \text{Re}(\mathbf{V}e^{j\omega t}) \tag{14.9}$$

而在解交流穩態電路時，若電路內電壓和電流是（14.7）式的正弦曲線形式，則相量表示式對解題是非常有用的。

在本章中,我們要討論的激勵和激勵響應是阻尼正弦函數

$$v = V_m e^{\sigma t} \cos (\omega t + \phi) \tag{14.10}$$

這裏有一個很好的問題是,我們能定義阻尼正弦函數的相量表示式如同非阻尼正弦函數一樣適用於我們的分析嗎?這是能做得到的,因爲正弦函數的相量性質也能適用於阻尼正弦函數,即兩個阻尼正弦函數的和或差是一個阻尼正弦函數,而一個阻尼正弦函數的微分、積分和常數倍仍是一個阻尼正弦函數。而在所有這些運算中,只有V_m和ϕ可以改變,這和非阻尼正弦函數的情形是一樣的。

若我們以(14.9)的類似形式寫(14.10)式,得

$$v = V_m e^{\sigma t} \cos (\omega t + \phi)$$
$$= \mathrm{Re}[V_m e^{\sigma t} e^{j(\omega t + \phi)}]$$
$$= \mathrm{Re}[V_m e^{j\phi} e^{(\sigma + j\omega)t}]$$

若我們定義量

$$s = \sigma + j\omega \tag{14.11}$$

則有 $\quad v = \mathrm{Re}(\mathbf{V}e^{st}) \tag{14.12}$

這裏$\mathbf{V}$是(14.8)式的相量

很明確的,$\mathbf{V}$對(14.9)式和(14.12)式的形式是相同的,它們的僅有差別是在(14.9)式用$j\omega$,(14.12)式用s。因此只要以s取代$j\omega$,則在非阻尼正弦函數內所做的任何事,均適用於阻尼正弦函數。我們可以定義(14.8)式的相量$\mathbf{V}$是(14.10)式v的相量表示式,且對阻尼正弦電路的問題,可以如同對正弦問題一樣的,利用相量方法分析。在阻尼正弦情形,我們寫相量$\mathbf{V}(s)$來區分非阻尼情形時的$\mathbf{V}(j\omega)$。

例題 14.2

茲舉一例,若圖14.2內的阻尼正弦函數是

$$v = 25e^{-t} \cos 2t \text{ V} \tag{14.13}$$

則它的相量是

$$\mathbf{V} = \mathbf{V}(s) = 25\underline{/0^\circ} \tag{14.14}$$

這裏 $s = -1 + j2$ ；相反的，若 **V** 是（14.14）式且 s 是特定時，則 v 是（14.13）式。

　　有些人認爲 **V**(s) 是一個廣義相量（ generalized phasor ），甚至它同於正弦函數的相量時，亦如此，但無論如何，它是如同（14.11）式所給的一個廣義頻率（ generalized frequency ）s 的函數，又由於 s 是一個複數，所以它經常被稱爲一個複頻率（ complex frequency ），其分量是

$$\sigma = \text{Re } s \text{ Np/s}$$

$$\omega = \text{Im } s \text{ rad/s}$$

且它有頻率單位，事實上，s 是在指數函數內 t 的係數，這如同在第九章內，一個電路的自然頻率一樣。s 的單位是 1/sec，而有時候叫做每秒複納（ complex neper ）或每秒複弧度（ complex radians ）。

　　這裏值得注意的是，一個函數可以寫成

$$f(t) = K_1 e^{s_1 t} + K_2 e^{s_2 t} + \ldots + K_n e^{s_n t}$$

的形式，這裏 K_i 和 s_i 是獨立於 t，且可以說是被複頻率 s_1 , s_2 , …… , s_n 所特定的，例如（14.10）式可以寫成

$$v = V_m e^{\sigma t} \left(\frac{e^{j(\omega t + \phi)} + e^{-j(\omega t + \phi)}}{2} \right)$$

終歸於　　　$v = K_1 e^{(\sigma + j\omega)t} + K_2 e^{(\sigma - j\omega)t}$

這裏 $K_1 = V_m e^{j\phi}/2$ 和 $K_2 = V_m e^{-j\phi}/2 = K_1^*$ （ 共軛複數 ），因而 v 不是持有一個複頻率，而是兩個複頻率 $s_1 = \sigma_1 + j\omega$ 和 $s_2 = s_1^* = \sigma - j\omega$ ；這複頻率的概念符合第九章討論的自然頻率觀念。

練　　習

14.2.1　求(a) $5 + 3e^{-4t}$ ，(b) $\cos \omega t$ ，(c) $\sin(\omega t + \theta)$ ，(d) $6 e^{-3t} \sin(4t + 10°)$ ，(e) $e^{-t}(1 + \cos 2t)$ 的複頻率。

　　答：(a) 0 ，-4 ；(b)$\pm j\omega$ ；(c)$\pm j\omega$ ；(d)$-3 \pm j4$ ；(e)-1 ，$-1 \pm j2$

14.2.2　若 i 是一個阻尼正弦函數

$$i = I_m e^{\sigma t} \cos(\omega t + \phi)$$

且 v 被 $v = L\dfrac{di}{dt} + Ri$

定義，則證明 v 也是一個相同複頻率的阻尼正弦函數。

答： $v = I_m\sqrt{(R+\sigma L)^2+\omega^2 L^2}\ e^{\sigma t}\cos(\omega t+\phi+\tan^{-1}\dfrac{\omega L}{R+\sigma L})$

14.2.3 若 $v(t)$ 是(a) 6 ，(b) $6e^{-2t}$ ，(c) $6e^{-2t}\cos(4t+10°)$ ，和(d) 6 cos $(2t+10°)$ 則求 s 和 $\mathbf{V}(s)$ 。

答： (a) 0 ， $6\underline{/0°}$ ，(b) -2 ， $6\underline{/0°}$ ；(c) $-3+j4$ ， $6\underline{/10°}$ ；(d) $j2$ ， $6\underline{/10°}$ 。

14.2.4 若(a) $\mathbf{V} = 4\underline{/0°}$ ， $s = -3$ ；(b) $\mathbf{V} = 5\underline{/15°}$ ， $s = j2$ 和(c) $\mathbf{V} = 5\underline{/+30°}$ ， $s = -3+j2$ ，求 $v(t)$ 。

答： (a) $4e^{-3t}$ ；(b) 5 cos $(2t+15°)$ ；(c) $5e^{-3t}$ cos $(2t-30°)$

14.3 阻抗和導納 (IMPEDANCE AND ADMITTANCE)

由於正弦函數和阻尼正弦函數有相同形式的相量表示式，所以我們可以正確的使用相量，求出阻尼正弦激勵的激勵響應，而同前幾章的討論一樣。且我們只需要以 $s = \sigma + j\omega$ 取代 $j\omega$ ，就能使所有的概念和原理，諸如阻抗，導納，KCL，KVL、戴維寧定理、諾頓定理、重疊原理等，均適用於阻尼正弦狀況。

若一個兩端點的裝置在 s 定義域內時，它的電流相量 $\mathbf{I}(s)$ 和電壓相量 $\mathbf{V}(s)$ 的關係是

$$\mathbf{V}(s) = \mathbf{Z}(s)\mathbf{I}(s)$$

這裏 $\mathbf{Z}(s)$ 是廣義阻抗（ generalized impedance ）或簡稱阻抗，而我們也可以從交流穩態阻抗 $\mathbf{Z}(j\omega)$ 中，以 s 取代 $j\omega$ 來獲得 $\mathbf{Z}(s)$ 。

對一個電阻 R 的阻抗是

$$\mathbf{Z}_R(s) = R$$

在一個電感 L 的阻抗是

$$\mathbf{Z}_L(s) = sL$$

及一個電容 C 的阻抗是

$$\mathbf{Z}_C(s) = \frac{1}{sC}$$

使用類似的方法，可知導納分別是

$$\mathbf{Y}_R(s) = \frac{1}{R} = G, \qquad \mathbf{Y}_L(s) = \frac{1}{sL}, \qquad \mathbf{Y}_C(s) = sC$$

例題14.3

　　阻抗的串並聯組合實際上和交流穩態情形一樣，因為我們只以 s 取代 $j\omega$ 而已。例如，讓我們重新考慮圖14.2的電路，它的相量電路表示在圖14.3，這裏 s $= -1 + j2$。那麼從電源端看入的阻抗是阻抗 $2s$ 和 5 的串聯，因而

$$\mathbf{Z}(s) = 2s + 5 \ \Omega$$

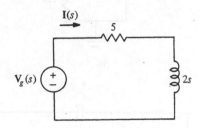

圖14.3　圖14.2的相量電路

又因為輸入電壓相量是

$$\mathbf{V}_g(s) = 25\underline{/0°} \ \text{V}$$

所以　　$$\mathbf{I}(s) = \frac{\mathbf{V}_g(s)}{2s + 5} = \frac{25\underline{/0°}}{2(-1 + j2) + 5} = 5\underline{/-53.1°} \ \text{A}$$

因而在時域內的激勵響應是

$$i(t) = 5e^{-t}\cos(2t - 53.1°) \ \text{A}$$

例題14.4

　　舉另一個例題，讓我考慮圖14.4(a)的時域電路，這裏我們需要求對已知阻尼正弦輸入 $V_g(t)$ 的激勵響應 $v_o(t)$，圖14.4(b)是它的相量電路，從這可知節點方程式為

$$\left(\frac{1}{2} + 1 + \frac{1}{4}s\right)\mathbf{V}_1 - \frac{1}{2}\mathbf{V}_g - \mathbf{V}_2 - \frac{1}{4}s\mathbf{V}_o = 0$$

$$\left(1 + \frac{1}{4}s\right)\mathbf{V}_2 - \mathbf{V}_1 = 0$$

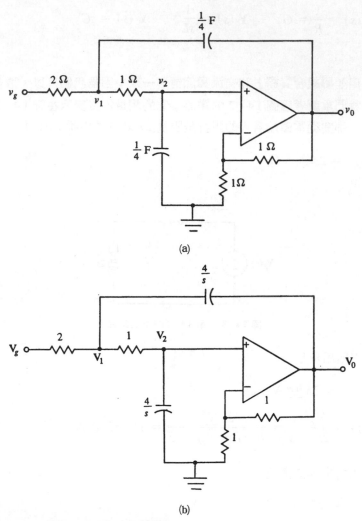

(a)

(b)

圖 14.4 (a)時域電路，(b)它的相量電路

我們注意到 $\mathbf{V}_2 = \mathbf{V}_o/2$ ，因為運算放大器和它連接的兩個電阻器構成一個增益 2 的 VCVS ，從這些方程式中消去 $\mathbf{V}_1$ 和 $\mathbf{V}_2$ ，得

$$\mathbf{V}_o(s) = \frac{16}{s^2 + 2s + 8}\mathbf{V}_g(s) \tag{14.15}$$

若我們有

$$v_g(t) = e^{-2t} \cos 4t \text{ V}$$

則 $s = -2 + j4$ 和 $\mathbf{V}_g(s) = 1\underline{/0°}$ ，因而從（14.15）式得知

$$\mathbf{V}_o(s) = \sqrt{2}\underline{/135°} \text{ V}$$

因此　　$v_o(t) = \sqrt{2} \, e^{-2t} \cos (4t + 135°) \text{ V}$

例題 14.5

本節的最後一個例題是求圖14.5中的激勵響應 i ，這裏

$$v_{g1} = 8e^{-t} \cos t \text{ V}$$

和　　　$i_{g2} = 2e^{-5t} \text{ A}$

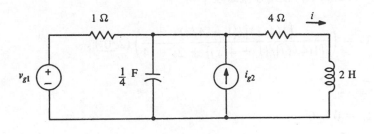

圖 14.5　有兩個電源的電路

因為 v_{g1} 和 i_{g2} 的複頻率不同，所以必須使用重疊原理，即

$$i = i_1 + i_2$$

這裏 i_1 是 v_{g1} 單獨作用的響應，i_2 是 i_{g2} 單獨作用時的響應。

圖14.6 (a)和(b)分別表示 $i_{g2} = 0$ 和 $v_{g1} = 0$ 的相量電路，在圖14.6 (a)內，使用分流原理得知

$$\mathbf{I}_1 = \frac{8\underline{/0°}}{1 + \{[(2s + 4)(4/s)]/(2s + 4 + 4/s)\}} \times \frac{4/s}{2s + 4 + 4/s}$$

這裏，因為 $s = -1 + j1$ ，所以

$$\mathbf{I}_1 = 2\sqrt{2}\underline{/-45°} \text{ A}$$

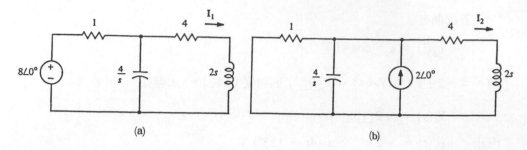

圖14.6 圖14.5的相量電路

因此由 v_{g1} 單獨作用的激勵響應分量是

$$i_1 = 2\sqrt{2}\ e^{-t} \cos (t - 45°)\ \text{A}$$

在圖14.6(b)，再使用分流原理，得

$$\mathbf{I}_2 = \left(\frac{[1(4/s)]/(1 + 4/s)}{\{[1(4/s)]/(1 + 4/s)\} + 2s + 4} \right) (2\underline{/0°})$$

這裏 $s = -5$ ，故

$$\mathbf{I}_2 = 0.8\underline{/0°}\ \text{A}$$

因此由 i_{g2} 單獨作用的激勵響應分量是

$$i_2 = 0.8e^{-5t}\ \text{A}$$

故圖4.15的完全激勵響應是

$$i = 2\sqrt{2}\ e^{-t} \cos (t - 45°) + 0.8e^{-5t}\ \text{A}$$

練　　習

14.3.1　若 $v_g = 4e^{-t} \cos t$ V ，求激勵響應 i 。
　　　　答：$2\sqrt{2}e^{-t} \cos (t - 45°)$ A 。

14.3.2　若 $v_{g1} = 4e^{-2t} \cos (t - 45°)$ V ， $i_{g2} = 2e^{-t}$ A ，求激勵響應 v 。
　　　　答：$2\sqrt{2}e^{-2t} \cos (t + 90°) + 4e^{-t}$ V 。

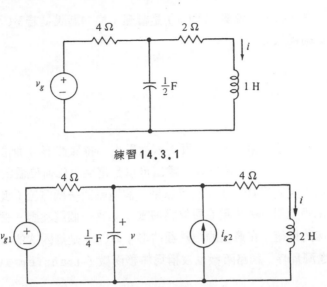

練習 14.3.1

練習 14.3.2

14.3.3 若練習 14.3.2 內的 $i_{g2} = e^{-2t} \cos (t + 45°)$ A，則用(a)重疊原理；
(b)單一節點方程式，(c)電源轉換法求 v 。

答：$4e^{-2t} \cos (t + 135°)$ V 。

14.3.4 若練習 14.3.2 內的 $i_{g2} = 0$，則將電容器以外的電路以戴維寧等效電路
取代，並用這結果求 v 的相量 $\mathbf{V}(s)$ 。注意這結果可導出練習 14.3.2
內 v 的首項。

答：$\mathbf{V}_{\text{oc}}(s) = \dfrac{s+2}{s+4} \mathbf{V}_g(s)$，$\mathbf{Z}_{\text{th}}(s) = \dfrac{4(s+2)}{s+4}$ Ω

$$\mathbf{V}(s) = \frac{s+2}{s^2 + 3s + 4} \mathbf{V}_g(s)$$

14.4 網路函數 (NETWORK FUNCTIONS)

一個阻抗和導納的通式叫做網路函數（network function），這在單一激勵
和響應時，定義為響應相量對激勵相量的比值。例如，$\mathbf{V}(s)$ 和 $\mathbf{I}(s)$ 是一個兩端
點網路的電壓和電流相量，則輸入阻抗

$$\mathbf{Z}(s) = \frac{\mathbf{V}(s)}{\mathbf{I}(s)}$$

是網路函數,若 $\mathbf{I}(s)$ 是激勵和 $\mathbf{V}(s)$ 是響應;換句話說,若 $\mathbf{V}(s)$ 是輸入和 $\mathbf{I}(s)$ 是輸出,則輸入導納

$$\mathbf{Y}(s) = \frac{\mathbf{I}(s)}{\mathbf{V}(s)}$$

是網路函數。

上面這例題是輸入和輸出均在同一對端點上的特殊情形。通常,在一個特定對端點上給予一個輸入電流或電壓時,輸出可以是電路內任何位置的電流或電壓;因而網路函數通常定義爲 $\mathbf{H}(s)$,它可以是一個電壓對一個電流(此時它的單位是歐姆),或一個電流對一個電壓(單位爲姆歐),或一個電壓對一個電壓,或一個電流對一個電流的比值。在最後的這兩種情形,$\mathbf{H}(s)$ 是無因次的。若輸入和輸出是在不同端點處測量時,網路函數也被稱爲轉移函數(transfer function)。

例題 14.6

茲舉一例,讓我們考慮圖 14.4 (b) ,若 $\mathbf{V}_o(s)$ 是輸出相量 ,$\mathbf{V}_g(s)$ 是輸入相量 ,則由 (14.15) 式得知網路函數

$$\mathbf{H}(s) = \frac{\mathbf{V}_o(s)}{\mathbf{V}_g(s)} = \frac{16}{s^2 + 2s + 8}$$

例題 14.7

另一個例題是在圖 14.6 (a) 內,輸入爲 $\mathbf{V}_g = 8\underline{/0°}$ V 電源和 $\mathbf{I}_1$ 是輸出,則

$$\mathbf{H}(s) = \frac{\mathbf{I}_1(s)}{\mathbf{V}_g(s)} = \frac{2}{s^2 + 6s + 10} \tag{14.16}$$

而在這兩個例題中,前一個例題的 $\mathbf{H}(s)$ 單位是無因次的,而後一個例題的 $\mathbf{H}(s)$ 單位是姆歐。

網路函數 $\mathbf{H}(s)$ 是獨立於輸入,而它只是網路元件和它們互接的函數,當然,特定輸入決定運算中所用的 s 值。由網路函數和輸入函數,我們可以發現輸出相量及時域輸出;爲了更明確的說明,我們設 $\mathbf{V}_i(s)$ 是輸入及 $\mathbf{V}_o(s)$ 是輸出,則

$$\mathbf{H}(s) = \frac{\mathbf{V}_o(s)}{\mathbf{V}_i(s)} \tag{14.17}$$

從這得知

$$\mathbf{V}_o(s) = \mathbf{H}(s)\mathbf{V}_i(s) \tag{14.18}$$

通常 s 是複數，所以 $\mathbf{H}(s)$ 也是複數，因此我們可以使用極座標表示式

$$\mathbf{H}(s) = |\mathbf{H}(s)| \underline{/\theta} \tag{14.19}$$

這裏 $|\mathbf{H}(s)|$ 是量，而 θ 是 $\mathbf{H}(s)$ 的角度，因此若

$$\mathbf{V}_i(s) = V_m \underline{/\phi} \tag{14.20}$$

則
$$\mathbf{V}_o(s) = V_m|\mathbf{H}(s)| \underline{/\phi + \theta} \tag{14.21}$$

因而 $\mathbf{V}_o$ 的量是 $V_m|\mathbf{H}(s)|$ ，它的相位是 $\phi+\theta$ ；即輸出的量是輸入的量乘以網路函數的量，而輸出的相位是輸入的相位加上網路函數的相位。

例題14.8

茲舉一例，在 (14.16) 式的 $\mathbf{I}_1(s)$ 是

$$\mathbf{I}_1(s) = \mathbf{H}(s)\mathbf{V}_g(s)$$

這裏 $\mathbf{V}_g(s) = 8\underline{/0°}\,\mathrm{V}$ 和 $s = -1 + j1$ ，因此

$$\mathbf{H}(-1 + j1) = \frac{2}{(-1 + j1)^2 + 6(-1 + j1) + 10}$$

$$= \frac{\sqrt{2}}{4}\underline{/-45°}$$

和
$$\mathbf{I}_1 = \left(\frac{\sqrt{2}}{4}\right)(8)\underline{/0 - 45°}$$

$$= 2\sqrt{2}\underline{/-45°}\,\mathrm{A}$$

例題14.9

最後要注意的是，若有兩個或更多個輸入時，我們可以使用重疊原理，去定義一個網路函數爲輸出對每一個各別輸入的關係。例如，在圖14.5的電路內，我們可以從圖14.6(a)($\mathbf{I}_{g2} = 0$)得知網路函數爲

$$\mathbf{H}_1(s) = \frac{\mathbf{I}_1}{\mathbf{V}_{g1}}$$

這裏 $s = -1 + j1$ 和 $\mathbf{V}_{g1} = 8\underline{/0°}\,\text{V}$ 。而從圖 14.6 (b) $(\mathbf{V}_{g1} = 0)$ 得知網路函數為

$$\mathbf{H}_2(s) = \frac{\mathbf{I}_2}{\mathbf{I}_{g2}}$$

這裏 $s = -5$ 和 $\mathbf{I}_{g2} = 2\underline{/0°}\,\text{A}$ ，則我們可發現 $\mathbf{I}_1$ 和 $\mathbf{I}_2$ ，以及對應的時域函數 i_1 和 i_2 ，再利用重疊原理，就可得 i 解。

練　習

14.4.1　已知網路函數

$$\mathbf{H}(s) = \frac{4(s + 5)}{s^2 + 4s + 5}$$

和輸入

$$\mathbf{V}_i(s) = 2\underline{/0°}$$

若(a) $s = -2 + j3$ ，(b) $s = -4 + j1$ 和(c) $s = -2$ ，則求激勵響應 $v_0(t)$ 。

答：(a) $3\sqrt{2}\,e^{-t}\cos(3t - 135°)$ ；(b) $-2e^{-4t}\sin t$ ；(c) $24e^{-2t}$

14.4.2　若響應是(a) $\mathbf{I}_1(s)$ ，(b) $\mathbf{I}_o(s)$ 和(c) $\mathbf{V}_o(s)$ ，則求 $\mathbf{H}(s)$ 。

答：(a) $\dfrac{s^2 + 3s + 1}{(s+1)(s+2)(s+3)}$ ；(b) $\dfrac{1}{(s+1)(s+2)(s+3)}$

(c) $\dfrac{1}{(s+1)(s+2)}$

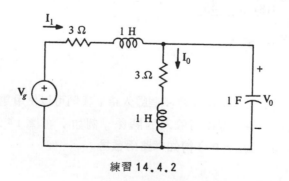

練習 14.4.2

14.4.3　若響應是 v ，則求 $\mathbf{H}(s)$ ；此時若 $v_g = 5\cos t$ V時，則利用這結果求激勵響應。

答：$\dfrac{-8s}{s^2+4s+4}$ ，$8\cos(t-143.1°)$V

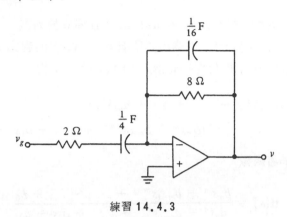

練習 14.4.3

14.5 極點和零點 (POLES AND ZEROS)

通常網路函數是 s 的多項式比，且 s 的係數均爲實數，及網路函數獨立於激勵。爲了說明這，讓我們考慮圖 14.2 這例題，它的描述方程式爲

$$2\frac{di}{dt} + 5i = v$$

這裏 i 是輸出。v 是輸入，使用在第十章內求複激勵函數的相同技巧，我們可以知道，若 $v = \mathbf{V}e^{st}$ 則輸出必有相同的形式，即 $i = \mathbf{I}e^{st}$ ，這裏 $\mathbf{V} = \mathbf{V}(s)$ 和 $\mathbf{I} = \mathbf{I}(s)$ 當然是 v 和 i 的相量。代這些值進入微分方程式，得

$$(2s + 5)\mathbf{I}e^{st} = \mathbf{V}e^{st}$$

從這得知網路函數是

$$\frac{\mathbf{I}}{\mathbf{V}} = \frac{1}{2s + 5}$$

在一般的情形，若電路的輸入和輸出分別是 $v_i(t)$ 和 $v_o(t)$ ，則描述方程式是

$$a_n \frac{d^n v_o}{dt^n} + a_{n-1} \frac{d^{n-1} v_o}{dt^{n-1}} + \ldots + a_1 \frac{dv_o}{dt} + a_0 v_o$$

$$= b_m \frac{d^m v_i}{dt^m} + b_{m-1} \frac{d^{m-1} v_i}{dt^{m-1}} + \ldots + b_1 \frac{dv_i}{dt} + b_0 v_i \quad (14.22)$$

這 a's 和 b's 當然是實常數（ real constant ）且獨立於 v_i 。

如前所言，若 $v_i = \mathbf{V}_i e^{st}$ ，則輸出必須有 $v_o = \mathbf{V}_o e^{st}$ 的程式，這裏 $\mathbf{V}_i(s)$ 和 $\mathbf{V}_o(s)$ 是 v_i 和 v_o 的相量，而代這些值進入（14.22）式，得

$$(a_n s^n + a_{n-1} s^{n-1} + \ldots + a_1 s + a_0) \mathbf{V}_o e^{st}$$

$$= (b_m s^m + b_{m-1} s^{m-1} + \ldots + b_1 s + b_0) \mathbf{V}_i e^{st} \quad (14.23)$$

從這，我們獲得網路函數

$$\frac{\mathbf{V}_o(s)}{\mathbf{V}_i(s)} = \mathbf{H}(s) = \frac{b_m s^m + b_{m-1} s^{m-1} + \ldots + b_1 s + b_0}{a_n s^n + a_{n-1} s^{n-1} + \ldots + a_1 s + a_0} \quad (14.24)$$

這是 s 的多項式比 。

我們也可以使用因數形式，來寫出（14.24）式的網路函數爲

$$\mathbf{H}(s) = \frac{b_m (s - z_1)(s - z_2) \ldots (s - z_m)}{a_n (s - p_1)(s - p_2) \ldots (s - p_n)} \quad (14.25)$$

此時，數 z_1 ， z_2 ，……， z_m 叫做網路函數的零點（ zeros ），原因爲它們是使得函數爲零的 s 值。數 p_1 ， p_2 ，……， p_n 是使得函數爲無窮大的 s 值，且稱爲網路函數的極點（ poles ），極點和零點的值及因數 a_n 和 b_n 的值均由網路函數決定。

例題 14.10

玆舉一例，若網路函數

$$\mathbf{H}(s) = \frac{6(s + 1)(s^2 + 2s + 2)}{s(s + 2)(s^2 + 4s + 13)}$$

$$= \frac{6(s + 1)(s + 1 + j1)(s + 1 - j1)}{s(s + 2)(s + 2 + j3)(s + 2 - j3)} \quad (14.26)$$

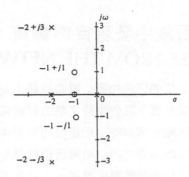

圖 14.7 極零圖

則有零點 -1 ， $-1+j1$ 和 $-1-j1$ 及極點 0 ， -2 ， $-2+j3$ 和 $-2-j3$ 。在通常的情形時，由於 (14.24) 式的 a's 和 b's 都是實數，所以複極點或零點總是以共軛複數形式出現。若網路函數是一個三階多項式對四階多項式的比，則當 s 變成無窮大時，它趨近於零，因而我們有一個零點在 $s=\infty$ ；若分子有高於分母的階數，則 $s=\infty$ 將是一個極點。

一個網路函數的極點和零點，可以畫成一幅極零圖（ploe-zero plot），這是將極點和零點放在由 σ 和 $j\omega$ 軸構成的 s 平面上的圖形，零點以小圓圈表示，極點以小叉表示。舉一個例題，圖 14.7 是（14.26）式的極零圖， σ 的值是在水平（ σ ）軸上，而 ω 值是在垂直（ $j\omega$ ）軸上。

到了第十五章時，極零圖對討論電路的頻域性質是非常有用的，千萬不可掉以輕心。

___練____習___

14.5.1 若 $H(s)$ 的零點是 $s=-1$ ， $-1\pm j1$ ，極點是 $s=-2$ ， $-1\pm j2$ ，且 $H(0)=4$ ，求 $H(s)$ 。

答：$20(s+1)(s^2+2s+2)/(s+2)(s^2+2s+5)$

14.5.2 繪出練習 14.5.1 網路函數的極零圖。

14.5.3 若電路的描述方程式爲

$$\frac{d^2 v_o}{dt^2}+4\frac{dv_o}{dt}+13v_0=2\frac{dv_i}{dt}+4v_i$$

求 $H(s)$ 及極點和零點。

答：$H(s)=\dfrac{2s+4}{s^2+4s+13}$ ；極點：$-2\pm j3$ ；零點：-2 ， ∞ 。

14.6 從網路函數中發現自然響應 (THE NATURAL RESPONSE FROM THE NETWORK FUNCTION)

　　從前面幾章的討論中，我們已經知道，電路的輸出是由一個自然響應和一個激勵響應所構成的，而在後幾章裏，我們也將完整的討論激勵響應的發現，並且知道在正弦、阻尼正弦和指數激勵的情形時，相量技巧可提供我們一個求激勵響應更容易且直接的方法。在電力系統的研究內，激勵響應當然是一個交流穩態響應且總是存在的，因此激勵響應經常比自然響應更重要。〔自然響應是暫態現象，經過一個非常短的時間後會消失。〕

　　換句話說，對阻尼正弦激勵，它的自然和激勵響應都是暫態的，（在一個實際電路內，自然響應必須是一個暫態，對沒有外在激勵時，其他的響應形式，可能是持續的或增大的響應。）因此此時自然響應和激勵響應的比較，比它在交流穩態時更形重要。在第 8、9 兩章內，我們僅對一階和二階電路，求它的自然響應，原因是我們應用於描述微分方程式的求解方法，使用在高階電路時會變得更困難，可是在本節我們會看到自然響應可以很容易的從相量描述中獲得。

　　前幾節的結果，說明網路函數可以很容易的從描述方程式中獲得，例如（14.22）式是描述方程式，則網路函數（14.24）式是

$$\mathbf{H}(s) = \frac{\mathbf{V}_o(s)}{\mathbf{V}_i(s)} = \frac{N(s)}{D(s)} \tag{14.27}$$

它有分子

$$N(s) = b_m s^m + b_{m-1} s^{m-1} + \ldots + b_1 s + b_0 \tag{14.28}$$

和分母　$D(s) = a_n s^n + a_{n-1} s^{n-1} + \ldots + a_1 s + a_0$ $\tag{14.29}$

最後兩個表示式分別是（14.22）式的右邊項和左邊項，其中微分以 s 的冪次取代。

例題 14.11

　　例如描述方程式是

$$\frac{d^2 v_o}{dt^2} + 4\frac{dv_o}{dt} + 3v_o = 2\frac{dv_i}{dt} + v_i \tag{14.30}$$

則網路方程式是

$$\mathbf{H}(s) = \frac{\mathbf{V}_o(s)}{\mathbf{V}_i(s)} = \frac{2s + 1}{s^2 + 4s + 3} \tag{14.31}$$

這過程是可逆的，若在網路方程式內，分子和分母沒有共同項被消去，例如已知（14.31）式，可以簡單的寫出（14.30）式。

通常，從（14.28）式和（14.29）式，我們可以重新建立描述方程式（14.22）式，在（14.29）式等於零的特殊情形，即

$$D(s) = 0 \tag{14.32}$$

我們以對應的 v_o 微分來取代 s 冪次的結果，是系統的齊次方程式

$$a_n \frac{d^n v_o}{dt^n} + a_{n-1} \frac{d^{n-1} v_o}{dt^{n-1}} + \ldots + a_1 \frac{dv_o}{dt} + a_0 v_o = 0$$

如同第九章所討論的，因此（14.32）式是特性方程式，且它的根是電路的自然頻率，也是網路函數的極點，所以電路的自然響應是

$$v_n = A_1 e^{p_1 t} + A_2 e^{p_2 t} + \ldots + A_n e^{p_n t} \tag{14.33}$$

這裏自然頻率 p_1，p_2，……，p_n 是網路函數的極點，A_1，A_2，……，A_n 是任意常數，若自然頻率有相同時，則必須修正響應，如同第九章描述的。

現在對求一個電路的完全響應，我們已有一個建立在相量上的簡單方法，而我們所必須求的只是網路函數，從這可以獲得輸出相量。而激勵響應可從相量響應中獲得，自然響應是（14.33）式所給，這裏自然頻率是網路函數的極點。

若輸入相量形式是

$$\mathbf{V}_i(s) = V_m \underline{/\phi}$$

這裏 V_m 和 ϕ 是常數，則從（14.27）式得知

$$\mathbf{V}_o(s) = (V_m \underline{/\phi}) \mathbf{H}(s)$$

因為 $\mathbf{V}_i(s)$ 沒有極點，所以 $\mathbf{H}(s)$ 的極點就是 $\mathbf{V}_o(s)$ 的極點，因而完全響應 $v_o(t)$ 可以從它的相量描述 $\mathbf{V}_o(s)$ 獲得。激勵響應求法如前，而自然頻率是 $\mathbf{V}_o(s)$ 的極點，從這可以求得自然響應。

例題14.12

茲舉一例，讓我們求圖14.8電路的完全響應 i 。利用分流原理得知 i 的相量 $\mathbf{I}(s)$ 是

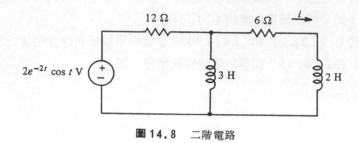

圖14.8　二階電路

$$\mathbf{I}(s) = \frac{\mathbf{V}_g(s)}{12 + \{[3s(2s + 6)]/(3s + 2s + 6)\}} \times \frac{3s}{3s + 2s + 6}$$

$$= \frac{s}{(s + 1)(s + 12)}$$

因爲 $\mathbf{V}_g = 2\underline{/0°}$ ，又因爲 $\mathbf{I}$ 的極點是 $s = -1$ ，-12 ，所以自然響應是

$$i_n(t) = A_1 e^{-t} + A_2 e^{-12t} \text{ A}$$

對 $s = -2 + j1$ ，相量描述是

$$\mathbf{I} = 0.16\underline{/12.7°}$$

使得激勵響應是

$$i_f(t) = 0.16e^{-2t} \cos(t + 12.7°) \text{ A}$$

因此完全響應是

$$i(t) = A_1 e^{-t} + A_2 e^{-12t} + 0.16e^{-2t} \cos(t + 12.7°) \text{ A}$$

若初始能量條件已知，則任意常數是可以被計算出的。

___練____習___

14.6.1　在練習14.4.1內，假定在網路函數內沒有對消，則求自然響應。
　　　　答：$e^{-t}(A_1 \cos t + A_2 \sin t)$V

14.6.2　求在練習14.4.1 (c)內的完全響應，若自然響應是練習14.6.1所給且

$$v_o(0^+) = \frac{dv_o(0^+)}{dt} = 0$$

答：$e^{-2t}\left[\,3\cos t - 9\sin t + 3\sqrt{2}\cos\left(\,3t - 135°\,\right)\right]$

14.6.3 若 $i_g = 10\cos 2t\,\mathrm{A}$，$i(0) = 0$ 和 $di(0^+)/dt = 8\mathrm{A/s}$，則求完全響應 i。

答：$2e^{-t} - 2e^{-4t} + \sin 2t\,\mathrm{A}$

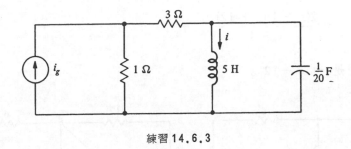

練習 14.6.3

14.7 自然頻率*（NATURAL FREQUENCIES）

我們已經知道，在網路函數內，若沒有共同的極點和零點對消，則自然頻率即是網路函數的極點。而在第九章內也討論過，自然頻率對已知電路的任何響應都是相同的，除非一部份電路和剩餘電路間是實際上分開的。因而我們只要求自然頻率時，則可以考慮任何響應，很明顯的較佳選擇是這響應容易被獲得。

例題 14.13

例如，考慮圖14.8的電路，其中電源被去掉（因爲自然響應對應於一個零電源）。自然頻率是任何網路函數的極點，因此我們可以對某些選擇的輸出，使用某些適當的方法來激勵電路，以便決定網路函數。圖14.9說明供給死電路的兩種適當的激勵，我們可以在圖14.9(a)的 xx' 間串聯一個電壓源，或在圖14.9(b)的 yy' 間跨接一個電流源。第一個侵入電路的方式有時叫做鉗入（plier entry），因爲我們切開一條導線且插入一個電壓源；第二侵入是焊入（soldering entry），因爲我們焊一個電源跨接兩個節點。其他任何的侵入方法都是不適當的，因爲去掉插入電源時，將出現一個不同的死電路。

在鉗入時，若 $\mathbf{V}_x(s)$ 是插入電壓源及 $\mathbf{I}_x(s)$ 是響應爲電源流入電路的電流，則網路函數是

$$\mathbf{Y}_x(s) = \frac{\mathbf{I}_x(s)}{\mathbf{V}_x(s)}$$

因而自然頻率是 $\mathbf{Y}_x(s)$ 的極點，或它的倒數 $\mathbf{Z}_x(s)$ 的零點。$\mathbf{Z}_x(s)$ 是於 xx' 處看入的輸入阻抗，在這情形時，有

$$\mathbf{Z}_x(s) = 2s + 6 + \frac{12(3s)}{12 + 3s}$$

$$= \frac{2(s + 1)(s + 12)}{s + 4}$$

因此自然頻率是 -1 ，-12 。

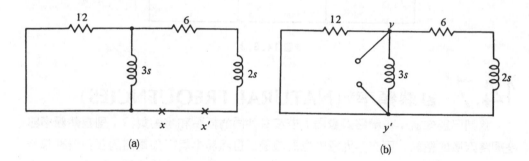

圖 14.9　兩種可能侵入的電路

在圖 14.9 (b)的情形，若一個電流源 $\mathbf{I}_y(s)$ 跨接 yy' ，且跨於電源上的電壓 $\mathbf{V}_y(s)$ 是輸出，則網路函數是

$$\mathbf{Z}_y(s) = \frac{\mathbf{V}_y(s)}{\mathbf{I}_y(s)}$$

因此自然頻率是 $\mathbf{Z}_y(s)$ 的極點，或它的倒數

$$\mathbf{Y}_y(s) = \frac{1}{12} + \frac{1}{3s} + \frac{1}{2s + 6}$$

$$= \frac{(s + 1)(s + 12)}{12s(s + 3)}$$

的零點，即可知自然頻率再一次為－1 ，－12 。

練　習

14.7.1 在圖14.5電路內，去掉電源及利用(a)串聯電容器的一個鉗入，(b)跨於電容器上的一個銲入，來求電路的自然頻率。

答：$-3 \pm j1$

14.7.2 在練習14.4.2電路內，去掉電源及利用(a)串聯電容器的一個鉗入，(b)跨於電容器上的一個銲入，來求電路的自然頻率。（注意：不要對消共同的極點 $S = -3$ ）。

答：-1 ，-2 ，-3 。

14.7.3 若有一個銲入跨接於圖14.9的6Ω電阻器上，求網路函數 $\mathbf{Z}(s)$ ，並用此結果求自然頻率。

答：$\dfrac{6s(s+10)}{(s+1)(s+12)}$ ；-1 ，-12

14.8 雙埠網路（TWO-PORT NETWORKS）

網路函數觀念的重要應用之一，是可在網路內不同對的端點處，測量輸入和輸出信號，而最簡單且最常碰到的這種電路是雙埠網路（ two-port network ），一個埠被定義為一個信號可以進入或離開的一對端點。圖14.10 (b)是一般的雙埠網路符號，相對的，圖14.10 (a)是單埠網路的符號。

通常，一個雙埠網路有4個端點，如圖14.10 (b)所見，當然其中可能有兩個端點是相同的，此時叫做三端點（ three-terminal ）或接地（ grounded ）網路，這種情形的一般網路表示在圖14.11 。

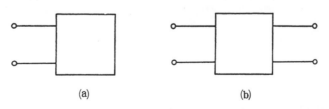

(a)　　　　　　　　　　　　(b)

圖14.10 (a)單埠和(b)雙埠網路

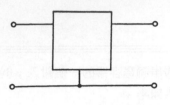

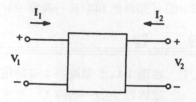

圖 14.11 三端點的雙埠網路　　　　**圖 14.12** 一般的雙埠網路

我們可以利用一個一般的雙埠網路，來結合兩對電流和電壓，這如圖 14.12 所示的頻域情形,其變數是 $V_1(s)$ ，$I_1(s)$ ，$V_2(s)$ 和 $I_2(s)$ 。在線性網路的情況下，這些變數可以有多種關係，例如 I_1 和 I_2 是輸入及 V_1 和 V_2 是輸出，則由重疊原理得知 V_1 和 V_2 都有比例於 I_1 和 I_2 的分量，即

$$V_1 = z_{11}I_1 + z_{12}I_2$$
$$V_2 = z_{21}I_1 + z_{22}I_2$$

(14.34)

這裏 $Z's$ 是比例因數，通常爲 s 的函數。

因爲 $Z's$ 乘以電流可得電壓，所以 $Z's$ 的單位是歐姆，因此它們是阻抗函數（impedance function）。我們可由開路網路內的埠 1（有變數 V_1 和 I_1 ）或埠 2（有 V_2 和 I_2 ）來求 $Z's$ ，例如埠 2 被開路（$I_2 = 0$ ），則從（14.34）式得知

$$z_{11} = \frac{V_1}{I_1}\bigg|_{I_2=0}$$
$$z_{21} = \frac{V_2}{I_1}\bigg|_{I_2=0}$$

(14.35)

類似的，若埠 1 被開路（$I_1 = 0$ ），則有

$$z_{12} = \frac{V_1}{I_2}\bigg|_{I_1=0}$$
$$z_{22} = \frac{V_2}{I_2}\bigg|_{I_1=0}$$

(14.36)

於是 $Z's$ 被叫做開路阻抗（open-circuit impedance），或開路參數（open-circuit parameter），或 Z 參數。無論何種情況，它們都是一種網路函數。

根據（14.35）和（14.36）兩式可知：z_{11} 是二次埠〔secondary port（埠

2）〕開路時從一次埠〔primary port（埠1）〕看入的阻抗，z_{22} 是一次埠開路時從二次埠看入的阻抗。參數 z_{12} 和 z_{21} 是轉移阻抗（transfer impedance），它們是某一埠電壓與另一埠電流的比值。

例題 14.14

　　茲舉一例，讓我們考慮圖 14.13 的三端點網路，由於它的形狀，所以有時稱它為 T 網路，很明顯的，它是第 13 章討論過的 Y 網路，為了求 z_{12} 和 z_{21}，我們開路埠 2 並用一個電流源 I_1 激勵埠 1。由於 $I_2 = 0$，所以

$$V_1 = (Z_1 + Z_3)I_1$$

和　　$$V_2 = Z_3 I_1$$

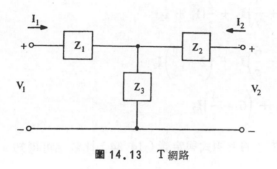

圖 14.13　T 網路

因此　　$$z_{11} = \frac{V_1}{I_1} = Z_1 + Z_3$$

$$z_{21} = \frac{V_2}{I_1} = Z_3$$

其他兩個參數可用類似的方法求出，即一次埠開路（$I_1 = 0$），二次埠被一個電源 I_2 所激勵。結果為

$$z_{11} = Z_1 + Z_3$$
$$z_{12} = z_{21} = Z_3 \tag{14.37}$$
$$z_{22} = Z_2 + Z_3$$

例題 14.15

　　另一個例題是求圖 14.14 相量電路的 z 參數。對這例題，我們將藉寫出兩個廻路方程式

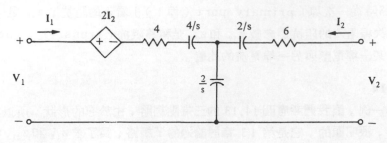

圖 14.14 雙埠網路

$$V_1 = 2I_2 + \left(4 + \frac{4}{s}\right)I_1 + \frac{2}{s}(I_1 + I_2)$$

$$V_2 = \left(6 + \frac{2}{s}\right)I_2 + \frac{2}{s}(I_1 + I_2)$$

或

$$V_1 = \left(4 + \frac{6}{s}\right)I_1 + \left(2 + \frac{2}{s}\right)I_2$$

$$V_2 = \frac{2}{s}I_1 + \left(6 + \frac{4}{s}\right)I_2$$

來描述 z 參數的求法。將上兩式與定義（14.34）比較，可得知 z 參數爲

$$z_{11} = 4 + \frac{6}{s}$$

$$z_{12} = 2 + \frac{2}{s}$$

$$z_{21} = \frac{2}{s}$$

$$z_{22} = 6 + \frac{4}{s}$$

若在圖 14.12 內，V_1 和 V_2 是輸入及 I_1 和 I_2 是輸出，則我們可用重疊原理獲得

$$I_1 = y_{11}V_1 + y_{12}V_2$$
$$I_2 = y_{21}V_1 + y_{22}V_2$$

(14.38)

很明顯的，這裡的比例因數爲導納，即

$$y_{11} = \frac{I_1}{V_1}\bigg|_{V_2=0}$$

$$y_{12} = \frac{I_1}{V_2}\bigg|_{V_1=0}$$

(14.39)

$$y_{21} = \frac{I_2}{V_1}\bigg|_{V_2=0}$$

$$y_{22} = \frac{I_2}{V_2}\bigg|_{V_1=0}$$

於是 $y's$ 是短路導納〔short-circuit admittance（$V_1 = 0$ 或 $V_2 = 0$）〕，或短路參數，或 y 參數。

　　參數 y_{11} 和 y_{22} 是一埠短路時從另一埠看入的導納，y_{12} 和 y_{21} 是在適當的短路情況下的轉移導納，或某一埠電流與另一埠電壓的比值。

例題14.16

　　玆舉一例，讓我們發現圖14.15三端點電路的 y- 參數，由於電路的形狀，所以有時叫它爲 π 網路；很明顯的，它是第 13 章討論過的 Δ 網路。若二次埠短路（$V_2 = 0$），即 Y_c 被短路掉使得 Y_a 和 Y_b 並聯。因此

$$y_{11} = Y_a + Y_b$$

同時一 I_2 經 Y_b 流向右方，即

$$-I_2 = Y_b V_1$$

或　　　　$$y_{21} = \frac{I_2}{V_1} = -Y_b$$

其他兩個參數亦可用類似的方法求得，即短路一次埠可得

$$y_{11} = Y_a + Y_b$$

$$y_{12} = y_{21} = -Y_b$$

(14.40)

$$y_{22} = Y_b + Y_c$$

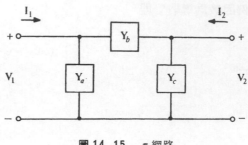

圖 14.15 π網路

　　若 $z_{12} = z_{21}$（或 $y_{12} = y_{21}$），則網路稱為互易網路（reciprocal network）。若圖 14.12 網路箱內的元件為電阻器、電感器和電容器，則網路總是互易的。譬如，從（14.37）和（14.40）兩式可看出圖 14.13 和 14.15 兩電路都是互易網路。圖 14.14 電路因含有相依電源使得 $z_{21} \neq z_{21}$，所以它是非互易的。

　　z 和 y 參數是兩組有關雙埠網路的參數。另兩組參數是混合參數（hybrid parameters）h_{11}，h_{12}，h_{21}，h_{22} 和 g_{11}，g_{12}，g_{21}，g_{22}，它們也非常重要，尤其是對電子電路更加重要。它們分別被定義為

$$V_1 = h_{11}I_1 + h_{12}V_2$$
$$I_2 = h_{21}I_1 + h_{22}V_2$$

和

$$I_1 = g_{11}V_1 + g_{12}I_2$$
$$V_2 = g_{21}V_1 + g_{22}I_2$$

(14.41)

(14.42)

　　它們被稱為混合參數的原因是它們表示一個電流和電壓與另一個電流和電壓的混合關係，而不是兩個電流和兩個電壓間的關係。根據（14.41）式和（14.42）兩式可知

$$h_{11} = \frac{V_1}{I_1}\bigg|_{V_2=0}$$

$$h_{12} = \frac{V_1}{V_2}\bigg|_{I_1=0}$$

$$h_{21} = \frac{I_2}{I_1}\bigg|_{V_2=0}$$

$$h_{22} = \frac{I_2}{V_2}\bigg|_{I_1=0}$$

(14.43)

和

$$\mathbf{g}_{11} = \left.\frac{\mathbf{I}_1}{\mathbf{V}_1}\right|_{\mathbf{I}_2=0}$$

$$\mathbf{g}_{12} = \left.\frac{\mathbf{I}_1}{\mathbf{I}_2}\right|_{\mathbf{V}_1=0}$$

(14.44)

$$\mathbf{g}_{21} = \left.\frac{\mathbf{V}_2}{\mathbf{V}_1}\right|_{\mathbf{I}_2=0}$$

$$\mathbf{g}_{22} = \left.\frac{\mathbf{V}_2}{\mathbf{I}_2}\right|_{\mathbf{V}_1=0}$$

因此 $\mathbf{h}_{11}$ 是二次埠短路時在一次埠的阻抗，$\mathbf{h}_{12}$ 是一次埠開路時的電壓比轉移函數，$\mathbf{h}_{21}$ 是二次埠短路時的電流比轉移函數，$\mathbf{h}_{22}$ 是一次埠開路時在二次埠的導納。當然，$\mathbf{g}'s$ 也能用相同的方法分析。

例題 14.17

　　求圖 14.13 電路的 h 參數。若 $\mathbf{Z}_1 = 6\Omega$，$\mathbf{Z}_2 = 8\Omega$，$\mathbf{Z}_3 = 10\Omega$，則從（14.37）式可推得

$$\mathbf{V}_1 = 16\mathbf{I}_1 + 10\mathbf{I}_2$$
$$\mathbf{V}_2 = 10\mathbf{I}_1 + 18\mathbf{I}_2$$

(14.45)

若將第二式所求出的 $\mathbf{I}_2$ 值代入第一式，可得

$$\mathbf{V}_1 = 16\mathbf{I}_1 + 10\left[\frac{\mathbf{V}_2 - 10\mathbf{I}_1}{18}\right]$$

簡化為　$\mathbf{V}_1 = \frac{94}{9}\mathbf{I}_1 + \frac{5}{9}\mathbf{V}_2$

若對（14.45）式中的第二式解 $\mathbf{I}_2$，可得

$$\mathbf{I}_2 = -\frac{5}{9}\mathbf{I}_1 + \frac{1}{18}\mathbf{V}_2$$

將上兩個結果與 $\mathbf{h}'s$ 的定義（14.41）式比較，可得

$$\mathbf{h}_{11} = \frac{94}{9}$$

$$\mathbf{h}_{12} = \frac{5}{9}$$

$$h_{21} = -\frac{5}{9} \tag{14.46}$$

$$h_{22} = \frac{1}{18}$$

另兩個雙埠參數是傳輸參數（transmission parameters）**A**、**B**、**C**和**D**，它們被定義為

$$V_1 = AV_2 - BI_2$$
$$I_1 = CV_2 - DI_2 \tag{14.47}$$

由於傳輸參數是用來表示一次變數（送出端）V_1 和 I_1 及二次變數（接受端）V_2 和 $-I_2$ 間的關係，所以它們對傳輸工程師們是相當重要的（$-I_2$ 是指電流流入接受端負載）。很明顯的，從（14.47）式可推得

$$A = \frac{V_1}{V_2}\bigg|_{I_2=0}$$

$$B = \frac{V_1}{-I_2}\bigg|_{V_2=0}$$

$$C = \frac{I_1}{V_2}\bigg|_{I_2=0} \tag{14.48}$$

$$D = \frac{I_1}{-I_2}\bigg|_{V_2=0}$$

因此**A**和**C**分別是二次埠開路時的電壓比和轉移導納，**B**和**D**分別是二次埠短路時的轉移阻抗和電流比。

第二組傳輸參數可用 V_1 和 $-I_1$ 項表示 V_2 和 I_2 來定義。讀者可參閱練習14.8.5。

（14.46）的 h 參數推導建議一種從一組參數獲得另一組參數的通用法則。譬如，解（14.38）式求 $V's$，可得

$$V_1 = \frac{y_{22}}{\Delta_Y}I_1 + \frac{-y_{12}}{\Delta_Y}I_2$$

$$V_2 = \frac{-y_{21}}{\Delta_Y}I_1 + \frac{y_{11}}{\Delta_Y}I_2 \tag{14.49}$$

其中 Δ_Y 是行列式，即

$$\Delta_Y = \mathbf{y}_{11}\mathbf{y}_{22} - \mathbf{y}_{12}\mathbf{y}_{21} \tag{14.50}$$

將上式與（14.34）式做比較，可推得

$$\mathbf{z}_{11} = \frac{\mathbf{y}_{22}}{\Delta_Y} \qquad \mathbf{z}_{12} = \frac{-\mathbf{y}_{12}}{\Delta_Y}$$

$$\tag{14.51}$$

$$\mathbf{z}_{21} = \frac{-\mathbf{y}_{21}}{\Delta_Y} \qquad \mathbf{z}_{22} = \frac{\mathbf{y}_{11}}{\Delta_Y}$$

　　表14.1列出四種重要雙埠參數間的轉換公式。參數均以矩陣形式表示，且表中的每一列都列出其它三種參數的轉換公式。譬如，（14.51）式表示第一列的第二個矩陣。比較第一個矩陣和第二個矩陣間的對應元件，可推得（14.51）式。行列式 Δ_Z、Δ_Y、Δ_H 和 Δ_T 分別是 z、y、h 和傳輸矩陣的行列式。

表 14.1　雙埠參數轉換公式

$$\begin{bmatrix} \mathbf{z}_{11} & \mathbf{z}_{12} \\ \mathbf{z}_{21} & \mathbf{z}_{22} \end{bmatrix} \quad \begin{bmatrix} \dfrac{\mathbf{y}_{22}}{\Delta_Y} & \dfrac{-\mathbf{y}_{12}}{\Delta_Y} \\ \dfrac{-\mathbf{y}_{21}}{\Delta_Y} & \dfrac{\mathbf{y}_{11}}{\Delta_Y} \end{bmatrix} \quad \begin{bmatrix} \dfrac{A}{C} & \dfrac{\Delta_T}{C} \\ \dfrac{1}{C} & \dfrac{D}{C} \end{bmatrix} \quad \begin{bmatrix} \dfrac{\Delta_H}{h_{22}} & \dfrac{h_{12}}{h_{22}} \\ \dfrac{-h_{21}}{h_{22}} & \dfrac{1}{h_{22}} \end{bmatrix}$$

$$\begin{bmatrix} \dfrac{\mathbf{z}_{22}}{\Delta_Z} & \dfrac{-\mathbf{z}_{12}}{\Delta_Z} \\ \dfrac{-\mathbf{z}_{21}}{\Delta_Z} & \dfrac{\mathbf{z}_{11}}{\Delta_Z} \end{bmatrix} \quad \begin{bmatrix} \mathbf{y}_{11} & \mathbf{y}_{12} \\ \mathbf{y}_{21} & \mathbf{y}_{22} \end{bmatrix} \quad \begin{bmatrix} \dfrac{D}{B} & \dfrac{-\Delta_T}{B} \\ -\dfrac{1}{B} & \dfrac{A}{B} \end{bmatrix} \quad \begin{bmatrix} \dfrac{1}{h_{11}} & \dfrac{-h_{12}}{h_{11}} \\ \dfrac{h_{21}}{h_{11}} & \dfrac{\Delta_H}{h_{11}} \end{bmatrix}$$

$$\begin{bmatrix} \dfrac{\mathbf{z}_{11}}{\mathbf{z}_{21}} & \dfrac{\Delta_Z}{\mathbf{z}_{21}} \\ \dfrac{1}{\mathbf{z}_{21}} & \dfrac{\mathbf{z}_{22}}{\mathbf{z}_{21}} \end{bmatrix} \quad \begin{bmatrix} \dfrac{-\mathbf{y}_{22}}{\mathbf{y}_{21}} & \dfrac{-1}{\mathbf{y}_{21}} \\ \dfrac{-\Delta_Y}{\mathbf{y}_{21}} & \dfrac{-\mathbf{y}_{11}}{\mathbf{y}_{21}} \end{bmatrix} \quad \begin{bmatrix} A & B \\ C & D \end{bmatrix} \quad \begin{bmatrix} \dfrac{-\Delta_H}{h_{21}} & \dfrac{-h_{11}}{h_{21}} \\ \dfrac{-h_{22}}{h_{21}} & \dfrac{-1}{h_{21}} \end{bmatrix}$$

$$\begin{bmatrix} \dfrac{\Delta_Z}{\mathbf{z}_{22}} & \dfrac{\mathbf{z}_{12}}{\mathbf{z}_{22}} \\ \dfrac{-\mathbf{z}_{21}}{\mathbf{z}_{22}} & \dfrac{1}{\mathbf{z}_{22}} \end{bmatrix} \quad \begin{bmatrix} \dfrac{1}{\mathbf{y}_{11}} & \dfrac{-\mathbf{y}_{12}}{\mathbf{y}_{11}} \\ \dfrac{\mathbf{y}_{21}}{\mathbf{y}_{11}} & \dfrac{\Delta_Y}{\mathbf{y}_{11}} \end{bmatrix} \quad \begin{bmatrix} \dfrac{B}{D} & \dfrac{\Delta_T}{D} \\ -\dfrac{1}{D} & \dfrac{C}{D} \end{bmatrix} \quad \begin{bmatrix} h_{11} & h_{12} \\ h_{21} & h_{22} \end{bmatrix}$$

練　習

14.8.1　求圖示電路的 z 參數和ABCD參數。

答：$\mathbf{z}_{11} = 6$，$\mathbf{z}_{12} = \mathbf{z}_{21} = 4$，$\mathbf{z}_{22} = 10\Omega$；$A = \dfrac{3}{2}$，$B = 11\Omega$，

$C = \dfrac{1}{4}\,\Omega$，$D = \dfrac{5}{2}$。

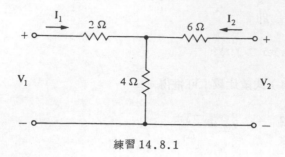

練習 14.8.1

14.8.2 證明 y 參數可以從

$$y_{11} = \frac{\mathbf{Z}_{22}}{\Delta_Z}, \qquad y_{12} = -\frac{\mathbf{Z}_{12}}{\Delta_Z}$$

$$y_{21} = -\frac{\mathbf{Z}_{21}}{\Delta_Z}, \qquad y_{22} = \frac{\mathbf{Z}_{11}}{\Delta_Z}$$

獲得，這裏 $\Delta = \mathbf{Z}_{11}\mathbf{Z}_{22} - \mathbf{Z}_{12}\mathbf{Z}_{21}$，利用這結果去求練習 14.8.1 電路的 y 參數。〔建議：對電壓解 (14.34) 式且比較 (14.38) 式〕

答：$y_{11} = \dfrac{5}{22}$ ，$y_{12} = y_{21} = -\dfrac{1}{11}$ ，$y_{22} = \dfrac{3}{22}$ S

14.8.3 求練習 14.8.1 網路的 h 參數和 g 參數。

答：h′s ：$\dfrac{44}{10}$ ，$\dfrac{4}{10}$ ，$-\dfrac{4}{10}$ ，$\dfrac{1}{10}$ ；g′s ：$\dfrac{1}{6}$ ，$-\dfrac{4}{6}$ ，$\dfrac{4}{6}$ ，$\dfrac{44}{6}$

14.8.4 用表 14.1 找出電路是互易時，(a) h 參數和 (b) 傳輸參數必須滿足的條件。

答：(a) $h_{12} = -h_{21}$ ；(b) $\Delta_T = 1$

14.8.5 第二組傳輸參數（以輸入變數項表示輸出變數）可以被定義為

$$V_2 = aV_1 - bI_1$$

$$I_2 = cV_1 - dI_1$$

試以另一組傳輸參數 A、B、C、D 來表示 a、b、c、d 。

答：$a = \dfrac{D}{\Delta_T}$ ，$b = \dfrac{B}{\Delta_T}$ ，$c = \dfrac{C}{\Delta_T}$ ，$d = \dfrac{A}{\Delta_T}$

14.9 雙埠參數的應用(APPLICATIONS OF TWO-PORT PARAMETERS)

本節將討論雙埠參數的應用。雙埠參數的第一個應用是可求出不同的網路函數。

例題 14.18

若埠 2 開路,則從(14.34)式可求得電壓比函數為

$$\frac{V_2}{V_1} = \frac{z_{21}}{z_{11}} \tag{14.52}$$

同樣地,若埠 2 短路($V_2 = 0$),則用(14.38)式可寫出

$$\frac{I_2}{I_1} = \frac{y_{21}}{y_{11}} \tag{14.53}$$

例題 14.19

舉另一個例題,讓我們求圖 14.16 雙埠網路的電流比函數,其中雙埠網路的負載為 1Ω 電阻器。很明顯的, $V_2 = -I_2$,將這代入(14.34)的第二個方程式,且經重新整理後可得

$$\frac{I_2}{I_1} = \frac{-z_{21}}{1 + z_{22}} \tag{14.54}$$

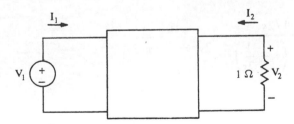

圖 14.16 雙埠網路,其負載為 1Ω 電阻器

若我們將 $V_2 = -I_2$ 代入(14.38)式,即可得電壓比函數為

$$\frac{V_2}{V_1} = \frac{-y_{21}}{1 + y_{22}} \tag{14.55}$$

例題 14.20

舉另一個例題，讓我們求圖 14.14 電路的轉移函數 I_2/I_1，其中埠 2 接有一個 1Ω 電阻器。先前我們已求出

$$z_{21} = \frac{2}{s}$$

$$z_{22} = 6 + \frac{4}{s}$$

所以根據（14.54）式可求出轉移函數為

$$\frac{I_2}{I_1} = \frac{-2/s}{1 + \left(6 + \dfrac{4}{s}\right)} = \frac{-2}{7s + 4}$$

例題 14.21

舉另一個例題，藉觀察法我們可以寫出圖 14.17 π 網路的參數為

$$y_{21} = -\frac{1}{2s}$$

$$y_{22} = s + \frac{1}{2s}$$

再根據（14.55）式可求出電壓比函數為

$$\frac{V_2}{V_1} = \frac{1/2s}{1 + \left(s + \dfrac{1}{2s}\right)} = \frac{1}{2s^2 + 2s + 1}$$

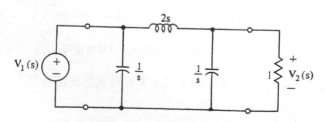

圖 14.17　LC 雙埠，埠 2 接有 1Ω 電阻器

接下來將討論圖 14.18 所示的雙端接雙埠網路（doubly terminated two-port network）。在輸出埠的負載阻抗為 Z_L，在輸入埠的 Z_g 是電源 V_g 的內阻抗。若 $Z_g = 0$ 且 $Z_L = 1$，則圖 14.18 電路就是圖 14.16 的情形。

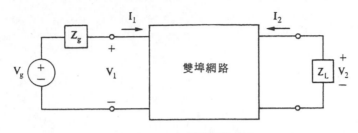

圖 14.18 雙端接雙埠網路

根據電路可寫出

$$I_2 = \frac{-V_2}{Z_L}$$

和　　　$$V_1 = V_g - Z_g I_1$$

代入（14.34）式可推得

$$V_g - Z_g I_1 = z_{11} I_1 - \frac{z_{12}}{Z_L} V_2$$

$$V_2 = z_{21} I_1 - \frac{z_{22}}{Z_L} V_2 \tag{14.56}$$

若我們解（14.56）式之一以求得

$$I_1 = \frac{V_g + (z_{12}/Z_L)V_2}{z_{11} + Z_g} = \frac{V_2 + (z_{22}/Z_L)V_2}{z_{21}}$$

則根據上式後兩項可解得電壓比函數為

$$\frac{V_2}{V_g} = \frac{z_{21} Z_L}{(z_{11} + Z_g)(z_{22} + Z_L) - z_{12} z_{21}} \tag{14.57}$$

若將（14.57）式的兩邊各除以 $-Z_L$，則可求得轉移導納函數為

$$\frac{I_2}{V_g} = \frac{-z_{21}}{(z_{11} + Z_g)(z_{22} + Z_L) - z_{12} z_{21}} \tag{14.58}$$

其他網路函數可立即由 z 參數求得，即電流比函數爲

$$\frac{I_2}{I_1} = \frac{-z_{21}}{z_{22} + Z_L} \tag{14.59}$$

轉移阻抗函數爲

$$\frac{V_2}{I_1} = \frac{z_{21} Z_L}{z_{22} + Z_L} \tag{14.60}$$

及輸入阻抗爲

$$Z_{in} = \frac{V_g}{I_1} = z_{11} + Z_g - \frac{z_{12} z_{21}}{z_{22} + Z_L} \tag{14.61}$$

這些相同的函數也可以由其他雙埠參數項來推得，我們將在練習和習題中討論這些推導。

例題14.22

爲了說明（14.57）式的使用，讓我們求圖 14.19 電路的電壓比函數。藉觀察法得知

$$z_{11} = s + \frac{2}{3s}$$

$$z_{12} = z_{21} = \frac{2}{3s}$$

$$z_{22} = 2s + \frac{2}{3s}$$

$$Z_g = 1$$

$$Z_L = 2$$

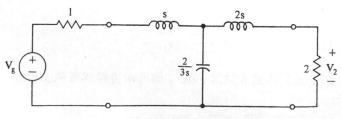

圖 14.19　雙埠網路，終端接有電阻器

代入（14.57）式得

$$\frac{V_2}{V_g} = \frac{2/3}{s^3 + 2s^2 + 2s + 1}$$

雙埠參數的其他用處是構成等效電路，例如在（14.34）式的第一個方程式內，V_1 是 $Z_{11} I_1$ 和 $Z_{12} I_2$ 的和，因而第一項的等效電路，可以由一個阻抗 Z_{11} 携有一個電流 I_1 來獲得，而第二項可由一個被 I_2 控制的相依電壓源來獲得。使用類似的方法，我們可以解析（14.34）式的第二個方程式，且繪出等效電路，這結果我們可由觀察圖 14.20 而證明。我們了解這電路是等效於（在端點處）圖 14.12 的電路，理由是它們都有相同的雙埠參數，因而對這兩個電路，若埠電流（port current）是相同的，則埠電壓也是相同的，反之亦然。

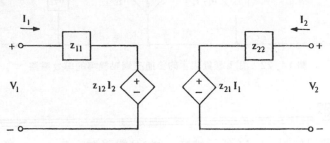

圖 14.20 圖 14.12 的等效電路

若圖 14.12 電路是一個互易網路（$z_{12} = z_{21}$），則解（14.57）式求得 Z_1、Z_2、Z_3 就可找出一個簡單的等效被動電路；結果為

$$Z_3 = z_{12}$$
$$Z_1 = z_{11} - Z_3 = z_{11} - z_{12}$$
$$Z_2 = z_{22} - Z_3 = z_{22} - z_{12}$$

代入圖 14.13 可獲得圖 14.21 的等效被動電路。它是一般互易三端點網路的等效電路。

從雙埠參數的定義方程式可推得其他一般雙埠網路的等效電路。譬如，圖 14.22 是用 h 參數表示的其他等效電路，讀者將在練習 14.9.4 中被要求證明這結論。圖 14.22 是一個相當普遍的等效電路，它常被用來表示一個電晶體。

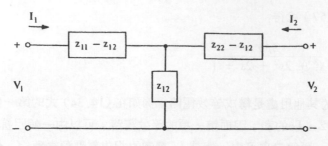

圖 14.21 一個普通互易三端點網路的等效電路

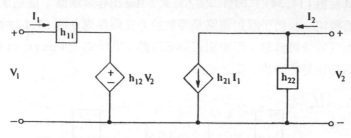

圖 14.22 用 h 參數表示的普通三端點雙埠的等效電路

練 習

14.9.1 若雙埠如圖 14.16 所示端接一個 1Ω 電阻器，且 $z_{11} = 6\Omega$，$z_{12} = z_{21} = 4\Omega$，$z_{22} = 10\Omega$，求電壓比轉移函數。

答：2/25

14.9.2 藉證明（14.38）式的成立來證明圖示電路為一般互易三端點網路的等效電路。

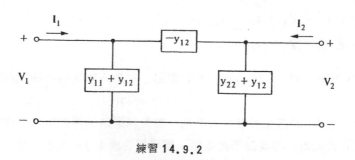

練習 **14.9.2**

14.9.3 證明圖示電路是一般雙埠網路的等效電路。

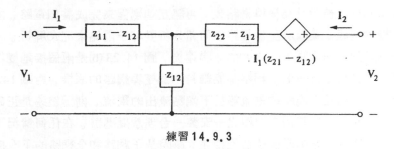

練習 14.9.3

14.9.4 藉證明（14.41）式的成立來證明圖14.22電路是一般三端點網路的等效電路。

14.10 雙埠網路的互連（INTERCONNECTIONS OF TWO-PORT NETWORKS）

前節所談論的雙埠網路可以視爲組成方塊，來設計更複雜的電路。換句話說，

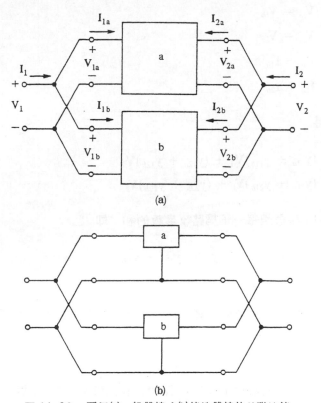

(a)

(b)

圖 14.23　兩個(a)一般雙埠；(b)接地雙埠的並聯連接

各個子電路均可以被設計爲雙埠網路後，再經互連過程來完成整個電路。本節將討論某些互接的型態，及瞭解整個電路如何藉分析雙埠子電路來完成解析。

第一個互連型態是圖 14.23 (a)的並聯連接，圖 14.23 (b)是兩個接地雙埠網路的並聯連接。我們希望每一個子網路都能維持一個雙埠網路的原樣，對圖 14.23 (a)而言，若流入每一網路上端點的電流等於下端點流出的電流，則這敍述是正確的。爲了確保這條件成立，有時需在四埠之一安裝一台理想變壓器。在任何情況下，圖 14.23 (b)接地雙埠網路的原樣總是維持住，原因是子網路和全網路的下（接地）端點是共通的。

根據圖 14.23 (a)可寫出

$$I_{1a} = y_{11a}V_{1a} + y_{12a}V_{2a}$$

$$I_{2a} = y_{21a}V_{1a} + y_{22a}V_{2a}$$

和

$$I_{1b} = y_{11b}V_{1b} + y_{12b}V_{2b}$$

$$I_{2b} = y_{21b}V_{1b} + y_{22b}V_{2b}$$

這裡

$$V_1 = V_{1a} = V_{1b}$$

$$V_2 = V_{2a} = V_{2b}$$

$$I_1 = I_{1a} + I_{1b}$$

$$I_2 = I_{2a} + I_{2b}$$

比較這些結果得

$$I_1 = (y_{11a} + y_{11b})V_1 + (y_{12a} + y_{12b})V_2$$

$$I_2 = (y_{21a} + y_{21b})V_1 + (y_{22a} + y_{22b})V_2$$

由此可見互連的 y 參數是每一子網路 y 參數的和，即

$$y_{11} = y_{11a} + y_{11b}, \qquad y_{12} = y_{12a} + y_{12b}$$

$$y_{21} = y_{21a} + y_{21b}, \qquad y_{22} = y_{22a} + y_{22b} \tag{14.62}$$

導納相加這事實（如同並聯電路元件一樣）也是稱此種互連型態爲並聯互連的原因。

例題 14.23

舉一個例題，讓我們求圖 14.24 電路的轉移函數 V_2/V_g ，圖 14.24 電路是兩個雙埠的並聯連接，其終端接有一個 1Ω 電阻器。根據觀察可推得

$$\mathbf{y}_{21} = \mathbf{y}_{21a} + \mathbf{y}_{21b} = -\frac{1}{s} - s$$

$$\mathbf{y}_{22} = \mathbf{y}_{22a} + \mathbf{y}_{22b} = s + \frac{1}{s} + 1 + s = 2s + 1 + \frac{1}{s}$$

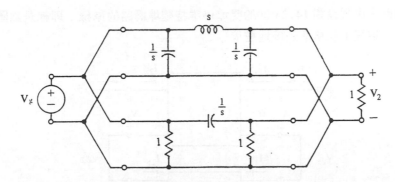

圖 14.24　並聯連接，終端接有一個 1Ω 電阻器

於是根據（14.55）式可求出

$$\frac{\mathbf{V}_2}{\mathbf{V}_g} = \frac{(1/s) + s}{1 + \left(2s + 1 + \dfrac{1}{s}\right)} = \frac{s^2 + 1}{2s^2 + 2s + 1}$$

　　圖 14.25 (a)的連接是兩個網路 a 和 b 的串聯連接，我們將看到串聯連接的 z 參數相加會類似於並聯連接的 y 參數相加。對網路 a 和 b 分別有

$$\mathbf{V}_{1a} = \mathbf{z}_{11a}\mathbf{I}_{1a} + \mathbf{z}_{12a}\mathbf{I}_{2a}$$

$$\mathbf{V}_{2a} = \mathbf{z}_{21a}\mathbf{I}_{1a} + \mathbf{z}_{22a}\mathbf{I}_{2a}$$

和　　$$\mathbf{V}_{1b} = \mathbf{z}_{11b}\mathbf{I}_{1b} + \mathbf{z}_{12b}\mathbf{I}_{2b}$$

$$\mathbf{V}_{2b} = \mathbf{z}_{21b}\mathbf{I}_{1b} + \mathbf{z}_{22b}\mathbf{I}_{2b}$$

同樣根據圖可推得

$$\mathbf{I}_1 = \mathbf{I}_{1a} = \mathbf{I}_{1b}$$

$$\mathbf{I}_2 = \mathbf{I}_{2a} = \mathbf{I}_{2b}$$

和　　$$\mathbf{V}_1 = \mathbf{V}_{1a} + \mathbf{V}_{1b} = (\mathbf{z}_{11a} + \mathbf{z}_{11b})\mathbf{I}_1 + (\mathbf{z}_{12a} + \mathbf{z}_{12b})\mathbf{I}_2$$

$$\mathbf{V}_2 = \mathbf{V}_{2a} + \mathbf{V}_{2b} = (\mathbf{z}_{21a} + \mathbf{z}_{21b})\mathbf{I}_1 + (\mathbf{z}_{22a} + \mathbf{z}_{22b})\mathbf{I}_2$$

因此全網路的 z 參數爲

$$\mathbf{z}_{11} = \mathbf{z}_{11a} + \mathbf{z}_{11b}, \qquad \mathbf{z}_{12} = \mathbf{z}_{12a} + \mathbf{z}_{12b}$$
$$\mathbf{z}_{21} = \mathbf{z}_{21a} + \mathbf{z}_{21b}, \qquad \mathbf{z}_{22} = \mathbf{z}_{22a} + \mathbf{z}_{22b}$$

$$(14.63)$$

我們再一次假設圖 14.25 (a)的雙埠仍維持雙埠網路的原樣，即總是爲圖 14.25 (b)的情形，這裡子網路都是接地雙埠。

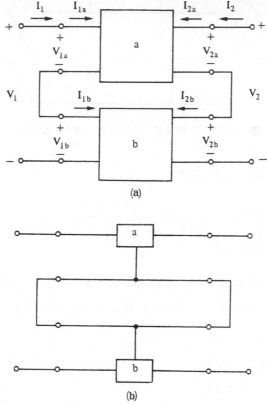

(a)

(b)

圖 14.25 兩個(a)一般雙埠，(b)接地雙埠的串聯連接

圖 14.26 的串級（cascade）連接是我們最後要討論的互連型態，在這裡網路 a 的輸出埠是網路 b 的輸入埠。根據圖形及傳輸參數的定義可推得

$$\mathbf{V}_1 = \mathbf{V}_{1a} = \mathbf{A}_a \mathbf{V}_{2a} - \mathbf{B}_a \mathbf{I}_{2a}$$
$$= \mathbf{A}_a \mathbf{V}_{1b} + \mathbf{B}_a \mathbf{I}_{1b}$$

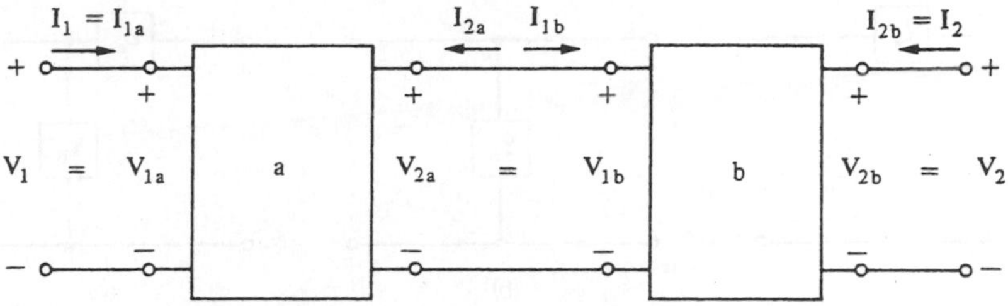

圖 14.26 兩個雙埠網路的串級連接

$$= A_a(A_b V_{2b} - B_b I_{2b}) + B_a(C_b V_{2b} - D_b I_{2b})$$

$$= (A_a A_b + B_a C_b)V_{2b} - (A_a B_b + B_a D_b)I_{2b}$$

或 $\quad V_1 = (A_a A_b + B_a C_b)V_2 - (A_a B_b + B_a D_b)I_2$

用類似的方法可求出 I_1 的傳輸參數方程式為

$$I_1 = (C_a A_b + D_a C_b)V_2 - (C_a B_b + D_a D_b)I_2$$

將上兩式與（14.47）式比較可推得串級連接的傳輸參數為

$$
\begin{aligned}
A &= A_a A_b + B_a C_b \\
B &= A_a B_b + B_a D_b \\
C &= C_a A_b + D_a C_b \\
D &= C_a B_b + D_a D_b
\end{aligned}
\tag{14.64}
$$

讀者若熟悉矩陣乘積，將發現（14.64）式說明了全網路的傳輸矩陣是網路 a 和 b 的傳輸矩陣的乘積，即

$$
\begin{bmatrix} A & B \\ C & D \end{bmatrix} = \begin{bmatrix} A_a & B_a \\ C_a & D_a \end{bmatrix} \begin{bmatrix} A_b & B_b \\ C_b & D_b \end{bmatrix}
\tag{14.65}
$$

例題 14.24

舉一個例題，我們可以分別表示圖 14.27 (a)和(b)的單一雙埠的傳輸參數為

$$
\begin{aligned}
A_a &= 1 & B_a &= Z_a \\
C_a &= 0 & D_a &= 1
\end{aligned}
\tag{14.66}
$$

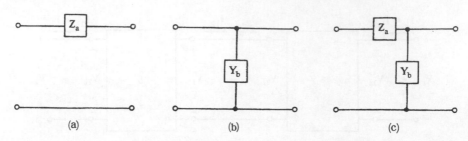

圖 14.27 兩個單一雙埠網路和它們的串級連接

和
$$\mathbf{A}_b = 1 \qquad \mathbf{B}_b = 0$$
$$\mathbf{C}_b = \mathbf{Y}_b \qquad \mathbf{D}_b = 1 \tag{14.67}$$

因此根據（14.64）式知它們的串級連接(c)的傳輸參數為

$$\mathbf{A} = 1 + \mathbf{Z}_a \mathbf{Y}_b, \qquad \mathbf{B} = \mathbf{Z}_a$$
$$\mathbf{C} = \mathbf{Y}_b, \qquad\quad \mathbf{D} = 1 \tag{14.68}$$

例題14.25

我們可以用（14.68）式來求圖 14.28 電路的電壓比轉移函數 $\mathbf{V}_2/\mathbf{V}_1$ 。讀者將在習題 14.33 中被要求證明：一般雙埠網路終端接有 1Ω 電阻器的電壓轉移函數為

$$\frac{\mathbf{V}_2}{\mathbf{V}_1} = \frac{1}{A + B} \tag{14.69}$$

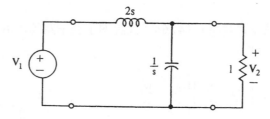

圖 14.28 雙埠網路，終端接有 1Ω 電阻器

此時的雙埠類似於圖 14.27 (c)的電路，其中 $\mathbf{Z}_a = 2s$ ， $\mathbf{Y}_b = s$ 。因此我們有

$$\mathbf{A} = 1 + 2s^2$$
$$\mathbf{B} = 2s$$

所以 $\quad \dfrac{\mathbf{V}_2}{\mathbf{V}_1} = \dfrac{1}{2s^2 + 2s + 1}$

雙埠網路的另兩個互連型態將只提及而不做深入的分析。第一個是串並聯連接，它的一次埠連接類似於圖 14.25 串聯連接的一次埠，但二次埠連接則類似於圖 14.23 並聯連接的二次埠。第二個是並串聯連接，它的一次埠為並聯連接，二次埠為串聯連接。若互連時每一雙埠網路的原樣仍維持住，則串並聯連接的 h 參數為每一雙埠網路的 h 參數相加，及並串聯連接的 g 參數為每一雙埠網路的 g 參數相加。

練　習

14.10.1 求圖示電路的 $\mathbf{V}_2 / \mathbf{V}_g$ 。

答：$\dfrac{4s^2 + 6s}{2s^4 + 15s^3 + 35s^2 + 28s + 3}$

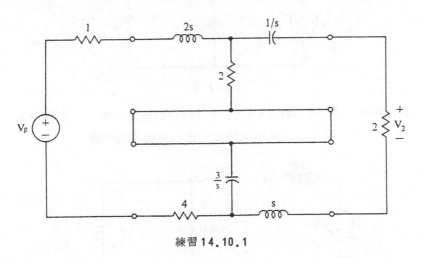

練習 14.10.1

14.10.2 若雙埠為圖 14.13 的 T 網路，且 $\mathbf{Z}_1 = \mathbf{Z}_2 = 2s$ ，$\mathbf{Z}_3 = 1/s$ ，則用 $ABCD$ 參數求雙埠網路終端接有 1Ω 電阻器時的 $\mathbf{V}_2 / \mathbf{V}_1$ 。（建議：注意圖 14.28 的雙埠，其在輸出端接有一 $2s$ 的阻抗。）

答：$\dfrac{1}{4s^3 + 2s^2 + 4s + 1}$

習 題

14.1 求(a)$v(t) = 5e^{-2t}\cos(10t - 30°)$；(b)$v(t) = e^{-t}\sin(5t + 45°)$；(c)$v(t) = 2e^{-3t}(3\cos 3t + 4\sin 3t)$；(d)$v(t) = 5e^{-8t}$的相量描述$\mathbf{V}(s)$和頻率$s$。

14.2 若(a)$\mathbf{V}(s) = 6\underline{/10°}$，$s = -2 + j8$；(b)$\mathbf{V}(s) = 5\underline{/0°}$，$s = -10$；(c)$\mathbf{V}(s) = 4 + j3$，$s = -1 + j2$；(d)$\mathbf{V}(s) = -j6$，$s = j4$，求$v(t)$。

14.3 求從電源端看入的導納$\mathbf{Y}(s)$，並找出它的極點和零點。若電源$v_g = 4e^{-t}\cos t$ V，求激勵響應i。

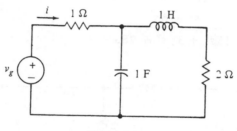

習題 14.3

14.4 求從電源端看入的阻抗$\mathbf{Z}(s)$，並找出它的極點和零點。若電源$v_g = 10e^{-2t}\cos 4t$ V，求從電源釋出的電流激勵響應分量。

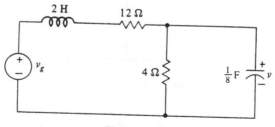

習題 14.4

14.5 在習題14.4中，若$v_g = 16e^{-4t}\cos 2t$ V，求v的激勵響應分量。

14.6 證明

$$\mathbf{Y} = \mathbf{Y}_1 + \cfrac{1}{\mathbf{Z}_2 + \cfrac{1}{\mathbf{Y}_3 + \cfrac{1}{\mathbf{Z}_4 + \cfrac{1}{\mathbf{Y}_5}}}}$$

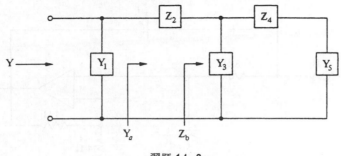

習題 14.6

（建議：注意 $Y = Y_1 + Y_a = Y_1 + 1/Z_a = Y_1 + 1/(Z_2 + Z_b) = \cdots$）

14.7 用習題 14.6 的方法求從電源端看入的阻抗，並用此結果求激勵響應 v。

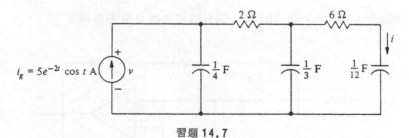

習題 14.7

14.8 在習題 14.7 內，利用比例原理求網路函數 $\mathbf{H}(s) = \mathbf{I}(s)/\mathbf{I}_g(s)$，且用這結果求 i 的激勵響應分量。

14.9 用比例原理求網路函數 $\mathbf{V}_2/\mathbf{V}_1$，且用這結果求激勵響應 $v_2(t)$，這裡 $v_1(t) = 4\cos t \, \text{V}$。

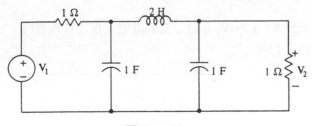

習題 14.9

14.10 在習題 9.18 內，若電壓源是 $v_g(t) = 6e^{-t}\cos 2t \, \text{V}$，求每一情形時的網路函數 $\mathbf{I}(s)/\mathbf{V}_g(s)$ 及 i 的激勵響應分量。

14.11 求 $\mathbf{H}(s) = \mathbf{V}(s)/\mathbf{V}_g(s)$，且利用這結果求 v 的激勵響應，這裏 $v_g = e^{-2t}\cos 2t \, \text{V}$。

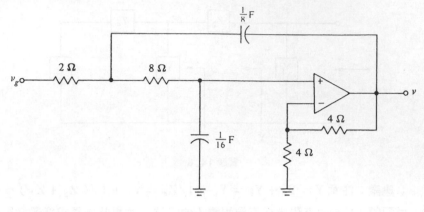

習題 14.11

14.12 若 $v_g = 5e^{-10t} \cos 20t$ V，則用轉移函數求激勵響應 v 。

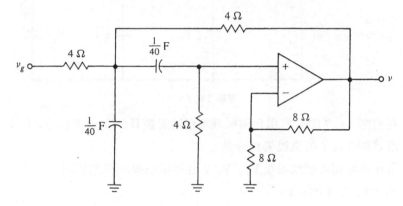

習題 14.12

14.13 求網路函數 $\mathbf{V}(s)/\mathbf{V}_g(s)$，且利用這結果求激勵響應，這裏 $v_g = 6e^{-2t} \cos 4t$ V 。

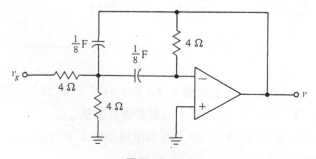

習題 14.13

14.14 求網路函數和激勵響應 $v(t)$，這裏 $v_g(t) = 6e^{-2t}$ V 。

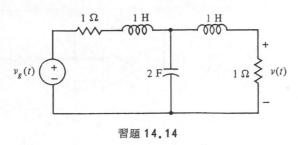

習題 **14.14**

14.15 若 $v_g = 2e^{-10t} \cos 5t$ V，求網路函數 $\mathbf{V}(s)/\mathbf{V}_g(s)$ 及激勵響應 v 。

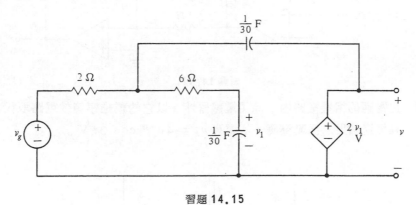

習題 **14.15**

14.16 若(a) $v_g = 6e^{-4t} \cos 2t$ V 和(b) $v_g = 6 \cos 2t$ V，求網路函數 $\mathbf{V}(s)/$ $\mathbf{V}_g(s)$ 和激勵響應 v 。

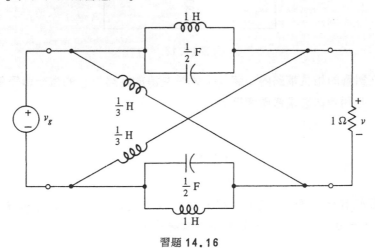

習題 **14.16**

14.17 若 $v_g = 6e^{-4t} \cos 2t$ V，求網路函數 $\mathbf{V}(s)/\mathbf{V}_g(s)$ 和激勵響應 v 。

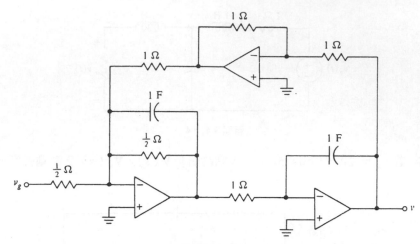

習題 **14.17**

14.18 在對應的相量電路內，除了電感器外，以它的戴維寧等效電路取代它，且利用這結果求激勵響應 i ，這裏 $v_g = 4e^{-3t} \cos 3t$ V 。

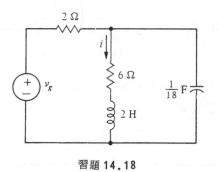

習題 **14.18**

14.19 在對應的相量電路內，將 a-b 端點左邊的電路以它的戴維寧等效電路取代，且用這結果求激勵響應 i 。

14.20 給予網路函數

$$\mathbf{H}(s) = \frac{\mathbf{V}_o(s)}{\mathbf{V}_i(s)} = \frac{4s(s+2)}{(s+1)(s+3)}$$

若沒有對消發生，且 $v_i(t) = 6e^{-t} \cos 2t$ V ， $v_0(0^+) = dv_0(0^+)/dt = 0$ ，則求 $t > 0$ 時的完全響應 $v_0(t)$ 。

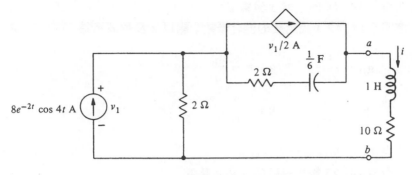

習題 14.19

14.21 重複習題 14.20，若 $v_i(t) = 6e^{-t}$ V（建議：觀察描述微分方程式）。

14.22 若 $v(0^+)$ 和 $dv(0^+)/dt$ 都是零，則利用網路函數求 $t > 0$ 時的完全響應 v。

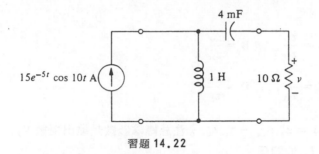

習題 14.22

14.23 利用網路函數和重疊原理，求完全響應 v，這裏 $v(0) = 0$。

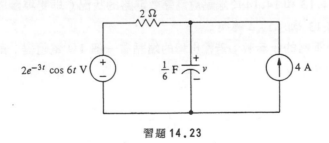

習題 14.23

14.24 在習題 14.22 內，去掉電源且利用(a)在電容器和電阻器間鉗入一個電壓源，(b)在電阻器對面銲入一個電流源，來求 v 內的自然頻率。

14.25 考慮習題 14.22 的圖形為一個雙埠網路，端點如圖所示；試以 s 的函數表示 z 和 y 參數。

14.26 在習題 14.16 內，求 y 參數。

14.27 證明（14.42）式定義的混合參數，能以 z 參數表示為

$$g_{11} = \frac{1}{z_{11}}, \qquad g_{12} = -\frac{z_{12}}{z_{11}}$$

$$g_{21} = \frac{z_{21}}{z_{11}}, \qquad g_{22} = \frac{\Delta_z}{z_{11}}$$

這裏 $\Delta_z = z_{11}z_{22} - z_{12}z_{21}$ 。

14.28 求習題 14.25 雙埠網路的 h 和 g 參數。

14.29 對圖 14.12 雙埠網路，定義一組傳輸參數 A、B、C、D 為

$$V_1 = AV_2 - BI_2$$

$$I_1 = CV_2 - DI_2$$

證明

$$A = \frac{z_{11}}{z_{21}}, \qquad B = \frac{\Delta_z}{z_{21}}$$

$$C = \frac{1}{z_{21}}, \qquad D = \frac{z_{22}}{z_{21}}$$

這裡 $\Delta = z_{11}z_{22} - z_{12}z_{21}$ 。注意傳輸參數是輸出變數 V_2 ， I_2 對輸入變數 V_1 、 I_1 的關係。

14.30 求習題 14.25 雙埠網路的傳輸參數。

14.31 由圖 14.13 和 14.14 於端點處為等效電路的狀況（即雙埠參數相等），來推導第 13 章的 Y- Δ 轉換。

14.32 求所示電路的 y 參數，若輸出埠的端點有一個 1Ω 電阻器，則求最終的網路函數 V_2 / V_1 。

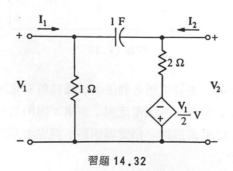

習題 **14.32**

14.33 使用傳輸參數，證明圖 14.16 有

$$\frac{V_2}{V_1} = \frac{1}{A + B}$$

的關係式，且利用這公式檢查習題 14.32 端點網路的 V_2 / V_1 的結果。

14.34 在圖 14.22 內，若 $h_{11} = 1k\Omega$，$h_{12} = 10^{-4}$，$h_{21} = 100$ 和 $h_{22} = 10^{-4}\,\mho$，且埠 2 開路，則求網路函數 V_2 / V_1。

14.35 證明圖 14.18 雙端接網路的電壓比轉移函數為

$$\frac{V_2}{V_g} = \frac{y_{21}Z_L}{y_{12}y_{21}Z_gZ_L - (1 + y_{11}Z_g)(1 + y_{22}Z_L)}$$

$$\frac{V_2}{V_g} = \frac{-h_{21}Z_L}{(h_{11} + Z_g)(1 + h_{22}Z_L) - h_{12}h_{21}Z_L}$$

和 $$\frac{V_2}{V_g} = \frac{Z_L}{(A + CZ_g)Z_L + B + DZ_g}$$

14.36 若雙端接網路的 $h_{11} = 1k\Omega$，$h_{12} = 10^{-4}$，$h_{21} = 100$，$h_{22} = 10^{-4}$ S，$Z_g = 360\Omega$，$Z_L = 1k\Omega$，則用習題 14.35 內的第二式求電壓比轉移函數。

14.37 證明所給電路是一般雙埠網路。注意：它為何與練習 14.9.3 的等效電路不同。

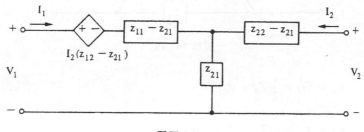

習題 14.37

14.38 證明所給電路是一般雙埠網路。注意：這兩電路為何不同。

14.39 圖示電路是一個串聯臂（series arms）都等於 Z_a，跨接臂（across arms）都等於 Z_b 的格子電路。由於串聯臂和跨接臂各自都相等，所以它又被稱為對稱格子電路。證明 z 和 y 參數為

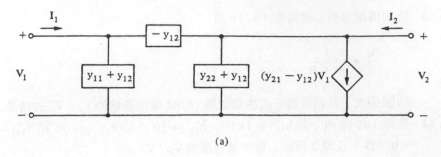

(a)

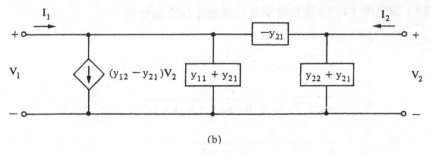

(b)

習題 14.38

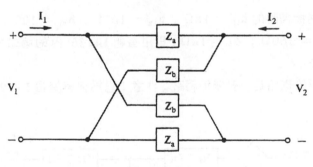

習題 14.39

$$\mathbf{z}_{11} = \mathbf{z}_{22} = \frac{1}{2}(\mathbf{Z}_b + \mathbf{Z}_a)$$

$$\mathbf{z}_{12} = \mathbf{z}_{21} = \frac{1}{2}(\mathbf{Z}_b - \mathbf{Z}_a)$$

和 $\quad \mathbf{y}_{11} = \mathbf{y}_{22} = \frac{1}{2}(\mathbf{Y}_b + \mathbf{Y}_a)$

$$\mathbf{y}_{12} = \mathbf{y}_{21} = \frac{1}{2}(\mathbf{Y}_b - \mathbf{Y}_a)$$

這裡 $\mathbf{Y}_a = 1/\mathbf{Z}_a$, $\mathbf{Y}_b = 1/\mathbf{Z}_b$ 。

14.40　圖示 14.39 對稱格子電路的終端接有 1Ω 電阻器，且 Z_a 和 Z_b 如圖示，求
　　　　電壓比轉移函數。

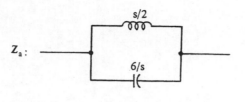

習題 14.40

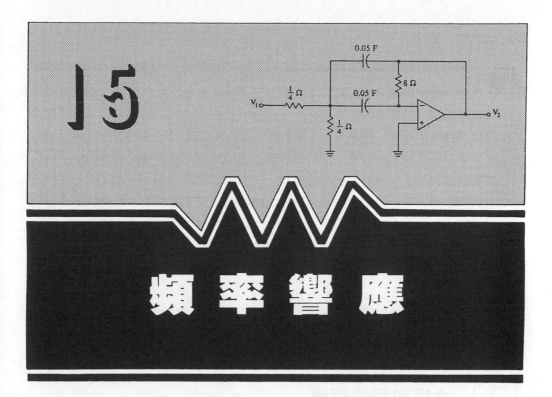

15

頻率響應

Watson 先生來這裡，我需要你。

Alexander Graham Bell

不可否認的，蘇格蘭裔美國科學家 Bell 所發明的電話是目前最通用的電產品。1875 年元月 2 日，Bell 和他的助理 Watson 傳送了一段音樂；1876 年 3 月 10 日 Bell 叫 Watson 去一個附近的房間幫他處理一些溢出的酸液時，Bell 說出第一句世人不可忘記的電話 " Watson 先生來這裡，我需要你 "。

Bell 出生於蘇格蘭的 Edinburgh 市，他的父親 Alexander Melville Bell 是一位著名的語言教師，他祖父 Alexander Bell 也是一位語言教師。Bell 在讀完 Edinburgh 大學和倫敦大學後亦成爲一位語言老師。直到 1866 年 Bell 讀過一本名爲 " 如何利用音叉發出母音 " 的書後，才開始對用電傳送語音發生興趣。隨後不久，Melville Bell 爲了兩個兒子死於肺結核的理由決定全家移民加拿大。1837 年，年輕的 Bell 成爲波士頓大學的教授，並開始他的電實驗。在那裡他遇到他的夥伴 Watson，並繼續他的偉大發明。至今電話仍是最有價值的電產品之一，它開啓了文化發展的新紀元。

我們已經看到在求時域函數時，它的對應頻域函數是非常有用的，而在本章中，我們也將看到一個電路的頻率響應的正確行為是很有用的。例如我們只有興趣求一個輸出信號的主頻率，譬如 $V(j\omega)$，則我們只需考慮 $|V(j\omega)|$ 的波幅。實際上，主頻率對應於較大的波幅，而對應於較小波幅的頻率是會被抹殺掉的。

頻率響應在很多的應用中是很重要的，例如電濾波器（electric filter）的設計，它的網路允許某些頻率的信號通過，而封鎖其他頻率的信號，即濾波器輸出信號的波幅為 $|V(j\omega)|$ 時，若 $|V(j\omega_1)|$ 大於 $|V(j\omega)|$ 則 ω_1 通過濾波器，否則 ω_1 不通過。在現代的社會裏，有很多電濾波器的例子，其中最平常的就是電視機內的濾波器，它能允許我們改變頻道，原因是它僅通過被選擇頻道的頻率而濾掉其他頻道的頻率。

在本章中，我們將討論頻率響應的波幅和相位，也定義共振和品質因數（quality factor），並說明它們和頻率響應的關係；最後則討論如何利用刻度網路（scaling network）的方法，去獲得含有實際電路元件值的頻率響應。

15.1 波幅和相位響應
（AMPLITUDE AND PHASE RESPONSES）

通常一個網路函數 $H(j\omega)$ 和任何相量一樣，是一個複數，它有一個實數部份和一個虛數部份，即

$$H(j\omega) = \text{Re } H(j\omega) + j \text{ Im } H(j\omega) \tag{15.1}$$

我們也能以極座標形式寫網路函數為

$$H(j\omega) = |H(j\omega)|e^{j\phi(\omega)} \tag{15.2}$$

這裏 $|H(j\omega)|$ 是波幅或量響應，$\phi(\omega)$ 是相位響應，而它們分別為

$$|H(j\omega)| = \sqrt{\text{Re}^2\, H(j\omega) + \text{Im}^2\, H(j\omega)} \tag{15.3}$$

和 $$\phi(\omega) = \tan^{-1}\frac{\text{Im } H(j\omega)}{\text{Re } H(j\omega)} \tag{15.4}$$

當然波幅和相位響應是頻率響應的特殊情形。

例題15.1

玆舉一例，假設圖15.1 RLC 並聯電路的網路函數是輸入阻抗

$$\mathbf{H}(s) = \frac{\mathbf{V}_2(s)}{\mathbf{I}_1(s)} = \mathbf{Z}(s) = \frac{1}{(1/R) + sC + (1/sL)} \tag{15.5}$$

或
$$\mathbf{H}(s) = \frac{(1/C)s}{s^2 + (1/RC)s + (1/LC)} \tag{15.6}$$

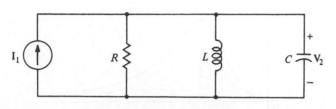

圖15.1 RLC 並聯電路

從（15.5）式得知 $s = j\omega$ 時，有

$$\mathbf{H}(j\omega) = \frac{1}{(1/R) + j[\omega C - (1/\omega L)]} \tag{15.7}$$

使得波幅和相位響應是

$$|\mathbf{H}(j\omega)| = \frac{1}{\sqrt{(1/R^2) + [\omega C - (1/\omega L)]^2}} \tag{15.8}$$

和
$$\phi(\omega) = -\tan^{-1} R\left(\omega C - \frac{1}{\omega L}\right) \tag{15.9}$$

因為 R , L , C 是常數，所以最大波幅發生於 $\omega = \omega_0$ 時，ω_0 亦使（15.8）式的分母最小。很明確的，這發生於

$$\omega C - \frac{1}{\omega L} = 0$$

或
$$\omega_0 = \frac{1}{\sqrt{LC}} \tag{15.10}$$

因而
$$|\mathbf{H}(j\omega)|_{\max} = |\mathbf{H}(j\omega_0)| = R$$

當 $\omega \to 0$ 和 $\omega \to \infty$ 時,也很清楚的看見 $|\mathbf{H}(j\omega)| \to 0$,因此波幅響應的圖形被表示在圖 15.2(a)。使用類似的方法,可知 $\omega \to 0$ 時, $\phi(\omega) \to \pi/2$ 及 $\omega \to \infty$ 時, $\phi(\omega) \to -\pi/2$,因此相位響應的圖形被表示在圖 15.2(b)。

若圖 15.1 的輸入是時域函數

$$i_1(t) = I_m \cos \omega t$$

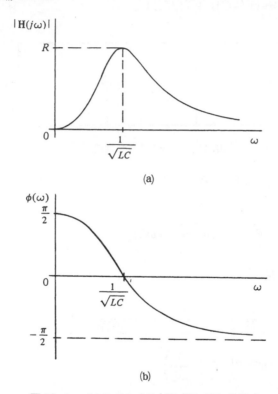

(a)

(b)

圖 15.2 (15.7)式的(a)波幅和(b)相位響應

則輸入相量是 $\mathbf{I}_1 = I_m \underline{/0°}$,輸出相量 $\mathbf{V}_2 = I_m \mathbf{Z} = I_m \mathbf{H}$,因而輸出的波幅是網路函數的波幅簡單的乘以一個常數。因此我們可以從網路函數響應中獲得更多的資料,如同從輸出響應去獲得一樣,對這理由以及網路函數只和網路有關,而和網路如何被激勵無關這理由,使我們將經常考慮網路函數的頻率響應。

練　習

15.1.1 在圖 15.1 內,若 $R = 4\Omega$, $L = 1/10\mathrm{H}$ 和 $C = 1/40\mathrm{F}$,則求最大波幅和它發生的點,並繪出波幅和相位響應。

答：$|\mathbf{H}|_{max} = 4$, $\omega_0 = 20$

15.1.2 對有一個電壓源 v_g 的 RLC 串聯電路，它的網路函數 $\mathbf{H} = \mathbf{I}/\mathbf{V}_g$ ，這裏 $\mathbf{I}$ 是電流相量，證明波幅和相位響應類似於圖15.2的響應，這裏 $|\mathbf{H}|_{max} = 1/R$ 和 $\omega_0 = 1/\sqrt{LC}$ 。

15.1.3 讓圖15.1的網路函數是 $\mathbf{H} = \mathbf{I}_L/\mathbf{I}_1$ ，這裏 $\mathbf{I}_L$ 是電感器的電流相量，方向朝下，證明

$$\mathbf{H}(s) = \frac{1/LC}{s^2 + (1/RC)s + (1/LC)}$$

和 $|\mathbf{H}|_{max} = 1$ 發生於 $\omega_0 = 0$ ，這裏

$$2R^2C \le L$$

15.2　濾波器（FILTERS）

參考圖15.2(a)，我們看見在 $\omega_0 = 1/\sqrt{LC}$ rad/s 或 $f_o = 1/(2\pi\sqrt{LC})$ Hz 附近的頻率對應較大的波幅，而接近零或大於 ω_0 的頻率對應較小的波幅，因而圖15.1是一個帶通濾波器（bandpass filter）的例題，它通過集中在 ω_0 附近的頻帶。而圖15.3是一般的波幅情形，此時我們說最大波幅發生時的頻率 ω_0 是中心頻率（center frequency），而通過的頻帶或通帶（passband）的定義為

$$\omega_{c_1} \le \omega \le \omega_{c_2}$$

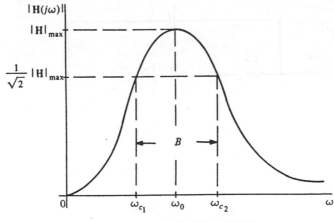

圖15.3　一般的帶通波幅響應

這裏 ω_{c1} 和 ω_{c2} 叫做截止點（cutoff points），且定義爲波幅爲最大波幅的 $1 \big/$ $\sqrt{2} = 0.707$ 倍時的頻率，而通帶的寬度爲

$$B = \omega_{c_2} - \omega_{c_1} \qquad\qquad (15.11)$$

我們稱它爲帶寬（bandwidth）。

我們將在 15.4 節看到圖 15.1 情形的帶寬爲 $1 / RC$ 。

例題15.2

效舉一例，讓我們考慮圖 15.4 的電路，我們很容易由分析這電路，來獲得電壓比函數

$$\mathbf{H}(s) = \frac{\mathbf{V}_2(s)}{\mathbf{V}_1(s)} = \frac{2}{s^2 + 2s + 2} \qquad\qquad (15.12)$$

讓 $s = j\omega$ 且計算它的波幅，得

$$|\mathbf{H}(j\omega)| = \frac{2}{\sqrt{(2 - \omega^2)^2 + 4\omega^2}}$$

或簡化爲

$$|\mathbf{H}(j\omega)| = \frac{1}{\sqrt{1 + (\omega^4/4)}}$$

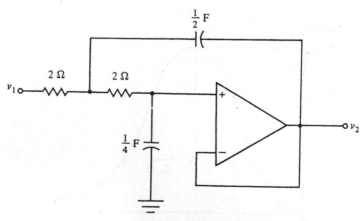

圖 15.4　低通濾波器

由於波幅函數的分子固定，且分母隨頻率增加而增加，故可知頻率增加時，波幅函數減小；因此波幅響應於 $\omega_0 = 0$ 時，獲得最大值 $|\mathbf{H}|_{max} = 1$，而有圖 15.5 (a)的形狀；從這我們可以看見圖 15.4 的電路是一個低通（low-pass）濾波器，即它通過低頻率（比較大的波幅）且封鎖高頻率（比較小的波幅）。

它僅有一個截止點，如圖所示，這可從定義

$$|\mathbf{H}(j\omega_c)| = \frac{1}{\sqrt{2}}|\mathbf{H}(j\omega)|_{max}$$

$$= \frac{1}{\sqrt{2}}(1)$$

$$= \frac{1}{\sqrt{1 + (\omega_c^4/4)}}$$

得知只有一個正實數解 $\omega_c = \sqrt{2}$，因而能通過的頻帶是低頻帶

$$0 \leq \omega \leq \sqrt{2}$$

圖 15.4 的相位響應也很容易的從 $\mathbf{H}(j\omega)$ 中得到

$$\phi(\omega) = -\tan^{-1}\frac{2\omega}{2 - \omega^2}$$

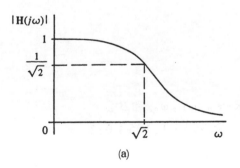

(a)

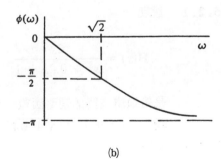

(b)

圖 15.5　低通濾波器的頻率響應

這繪在圖 15.5 (b)上。

圖 15.1 是一個被動的低通濾波器，這裏網路函數如練習 15.1.3 所定義；若電路內 $R = 1\Omega$，$L = 1\text{H}$ 和 $C = 1/2\text{F}$，則網路函數和圖 15.4 是相同的。

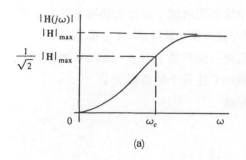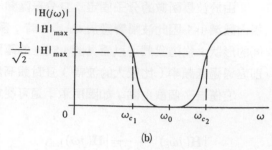

圖 15.6　(a)高通和(b)帶拒波幅響應

有很多濾波器不是低通和帶通的形式，最常見的另外兩種形式是高通（high-pass）濾波器，它通過高頻而封鎖低頻，及帶拒（band-reject）濾波器，且除了一個單一頻帶外它通過所有的頻率，其典型的波幅響應表示在圖15.6；在圖15.6 (a)內，ω_c 是截止點且通帶是 $\omega > \omega_c$；在圖15.6 (b)內，ω_0 是拒絕波段（reject-ed band）帶寬 $B = \omega_{c2} - \omega_{c1}$ 的中心頻率。

通常一個濾波器的階（order），是它的網路函數中分母多項式的次（degree），因而圖15.1 和15.4 是二階濾波器，這可從（15.6）式和（15.12）式看出。高階濾波器非常昂貴，但它們比低階濾波器有更好的頻率響應，我們將在習題15.11 內看到一個特殊型式的濾波器。

練 習

15.2.1　證明

$$\mathbf{H}(s) = \frac{2s}{s^2 + 0.2s + 1}$$

是帶通濾波器的網路函數，且求 ω_0，ω_{c1}，ω_{c2} 和 B。
答：1；$(\pm 0.2 + \sqrt{4.04})/2 = 0.905$；1.105；0.2

15.2.2　證明

$$\mathbf{H}(s) = \frac{2s^2}{s^2 + 4s + 8}$$

是高通濾波器的網路函數，且求 $|\mathbf{H}(j\omega)|_{max}$ 和 ω_c。
答：$|\mathbf{H}|_{max} = 2$，$\omega_c = 2\sqrt{2}$。

15.2.3 證明

$$\mathbf{H}(s) = \frac{3(s^2 + 25)}{s^2 + s + 25}$$

是帶拒濾波器的網路函數，並求 $|\mathbf{H}(j\omega)|_{max}$，$\omega_0$，$\omega_{c1}$，和 ω_{c2}。

答：$|\mathbf{H}|_{max} = 3$，$\omega_0 = 5$，$\omega_{c1,c2} = (\pm 1 + \sqrt{101})/2 = 4.525$，5.525。

15.2.4 一個全通（all pass）濾波器的波幅響應是常數，它能夠串接其他的濾波器，去保持想要的波幅響應且偏移一個相位。這裏，我們將由網路函數 $\mathbf{V}_2/\mathbf{V}_1$ 的波幅響應和相位響應，來證明所給電路是一階全通濾波器。

答：$\dfrac{s-2}{s+2}$，1，$180° - 2\tan^{-1}(\omega/2)$

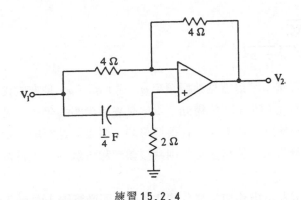

練習 15.2.4

15.3 共振（RESONANCE）

　　當一個實際系統在它的一個自然頻率或接近這自然頻率處激勵時，會有一個强而有力的正弦形式的自然響應，且有時是非常激烈的。有關這影響，讀者已在 9.6 節，特別是練習 9.6.3 中看到。此時的系統有點像人類，當人們被要求去做他原就想做的事時，他的反應是相當狂熱的。

　　這現象叫做共振（resonance），而它的邊際效應（side effect）可能是好的，也可能是壞的。舉一個例子說明，一個唱者可以單獨利用他的聲音撞擊透明的酒杯，而正確的製造一個精確頻率的曲調，一座橋樑也能因受到與它的自然頻率相同頻率的週期力而被破壞；這也是軍隊指揮官爲什麼在通過橋樑時，不下令齊步走的原因；換句話說，沒有共振就可以不要電濾波器。

　　我們將定義一個正弦激勵的網路是共振的，當它的網路函數的波幅達到一個明顯的最大或最小值時，此時的頻率叫做共振頻率（resonant frequency）。茲舉一例，在圖15.1的 RLC 並聯電路內，若它的推動函數頻率是 $\omega_0 = 1/\sqrt{LC}$ 時，則電路是在共振情形下，這在15.1節內已表示過，而這裏它被說明為最大的網路函數波幅發生於 $\omega = \omega_0$ 時。圖15.2 (a)是典型的波幅響應，而它相對最高峯發生於共振頻率處，因為 RLC 並聯電路非常重要，所以對它的共振狀況，我們保留了並聯共振（parallel resonance）這名詞。

　　讀者可以回想在9.8節內，第一次介紹共振頻率這名詞時，是在並聯 RLC 電路的欠阻尼情形下，而9.8節的頻率與這裏的頻率，實際上是相同的。

　　並聯 RLC 電路的自然頻率是網路函數的極點，這可從（15.6）式得到

$$s_{1,2} = -\alpha \pm j\omega_d \tag{15.13}$$

這裏　　$$\alpha = \frac{1}{2RC} \tag{15.14}$$

和　　$$\omega_d = \sqrt{\omega_0^2 - \alpha^2} \tag{15.15}$$

從圖15.7的極零圖，可以看見共振頻率 ω_0 或 $s = j\omega_0$ 是非常接近自然頻率 $s = -\alpha + j\omega_d$；其次從（15.15）式得知，ω_0 是虛線半圓的半徑。若 R 愈大，則 α 愈小，且共振頻率愈接近自然頻率；在這情形時，波峯更是明顯，這如圖15.2 (a)所示；當然若 R 是無窮大（開路）時，則共振頻率和自然頻率相符合，且波幅是無窮大。

　　在離開並聯 RLC 電路前，讓我們注意網路函數實際上是輸入阻抗，如同（15.5）式所述，共振頻率 $\omega = \omega_0 = 1/\sqrt{LC}$ 是輸入阻抗為純實數時的頻率，這可從（15.7）式看到。（事實上，大多數作者都在一個兩端點網路情形內，嚴謹的定義共振頻率。）而通常，最大波幅並不總是發生在實阻抗時的頻率，但它們經常只有非常小的差距。

　　在 RLC 串聯電路被一個電壓源 $\mathbf{V}_g$ 激勵時，若電流相量 $\mathbf{I}$ 是輸出，則

$$\mathbf{H}(j\omega) = \frac{\mathbf{I}(j\omega)}{\mathbf{V}_g(j\omega)} = \mathbf{Y}(j\omega) = \frac{1}{R + j[\omega L - (1/\omega C)]}$$

這裏 $\mathbf{Y}$ 是從電源看入的輸入導納。很明顯的，串聯共振發生於 $\omega_0 = 1/\sqrt{LC}$ 時，得到最大波幅 $1/R$；如同在並聯共振時，串聯共振頻率也是在實（real）輸入阻抗或

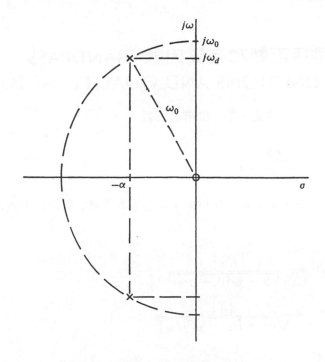

圖15.7 並聯 RLC 電路的極零圖

導納的頻率。而在共振時，儲存元件的影響，實際上是抵消的，且從電源看入的阻抗僅是電阻而已。

練 習

15.3.1 證明在練習15.2.1函數的共振頻率是這函數為實數時的頻率。

15.3.2 若並聯 RLC 電路內，(a) $R = 2\,\mathrm{k\Omega}$ ，$L = 4\,\mathrm{mH}$ ，$C = 0.1\mu\mathrm{F}$ ；(b) $\omega_d = 5\,\mathrm{rad/s}$ ，$\alpha = 12N_P/s$ 和(c) $\alpha = 1N_P/s$ ，$R = 4\Omega$ ，$L = 2\,\mathrm{H}$ ，則求共振頻率。

　　答：(a) $50,000$ ；(b) 13 ；(c) $2\,\mathrm{rad/s}$

15.3.3 在練習15.3.2 (a)內，若並聯電流源是 $i_g = \cos \omega t\ \mathrm{mA}$ ，而 ω 是(a) 10^4 ，(b) 5×10^4 ，和(c) $25 \times 10^4\,\mathrm{rad/s}$ ，則求電源的端電壓波幅。

　　答：(a) 0.0417 ；(b) 2 ；(c) $0.0417\mathrm{V}$

15.4 帶通函數和品質因數（BANDPASS FUNCTIONS AND QUALITY FACTOR）

網路函數（15.6）式是一般二階帶通函數

$$\mathbf{H}(s) = \frac{Ks}{s^2 + as + b} \tag{15.16}$$

的一個特殊情形，這裏 K，$a > 0$ 和 $b > 0$ 都是實常數。爲瞭解帶通函數，讓我們討論它的波幅

$$
\begin{aligned}
|\mathbf{H}(j\omega)| &= \frac{|K\omega|}{\sqrt{(b - \omega^2)^2 + a^2\omega^2}} \\
&= \frac{|K|}{\sqrt{a^2 + [(b - \omega^2)/\omega]^2}}
\end{aligned}
$$

最大值很明顯的是

$$|\mathbf{H}(j\omega)|_{\max} = \frac{|K|}{a}$$

其發生於中心或共振頻率 ω_0，且 ω_0 滿足

$$b = \omega_0^2 \tag{15.17}$$

在截止頻率 ω_c 時，我們必須有

$$|\mathbf{H}(j\omega_c)| = \frac{1}{\sqrt{2}}|\mathbf{H}(j\omega)|_{\max}$$

或 $$\frac{|K|}{\sqrt{a^2 + [(b - \omega_c^2)/\omega_c]^2}} = \frac{|K|}{\sqrt{2}\,a}$$

這很明顯的成立於

$$\frac{b - \omega_c^2}{\omega_c} = \pm a$$

因而有 $\quad \omega_c^2 \pm a\omega_c - b = 0$ $\qquad\qquad$ (15.18)

由於 (15.18) 式內有正負號的存在,所以會有 4 個解,這裏我們取正號且利用二次公式,得

$$\omega_{c_1} = \frac{-a + \sqrt{a^2 + 4b}}{2} \qquad\qquad (15.19)$$

我們將根號前的負號去掉,原因是它形成一個負的截止頻率。在 (15.18) 式,使用負號且再一次去掉負根,我們得到另一個截止頻率

$$\omega_{c_2} = \frac{a + \sqrt{a^2 + 4b}}{2} \qquad\qquad (15.20)$$

從 (15.19) 式和 (15.20) 式,我們很明顯的知道帶寬

$$B = \omega_{c_2} - \omega_{c_1} = a \qquad\qquad (15.21)$$

因而以 (15.17) 式和 (15.21) 式的觀點,我們可以重寫網路方程式為

$$\mathbf{H}(s) = \frac{Ks}{s^2 + Bs + \omega_0^2} \qquad\qquad (15.22)$$

這是一個二階帶通濾波器的一般網路函數,且它的中心頻率為 ω_0,帶寬為 B,而它的波幅響應當然如圖 15.3 所示。

從 (15.17) 式、(15.19) 式和 (15.20) 式中,另一個值得注意的結果是

$$\omega_0^2 = \omega_{c_1}\omega_{c_2} \qquad\qquad (15.23)$$

這說明中心頻率 ω_0 是截止點的幾何平均 $\sqrt{\omega_{c1}\omega_{c2}}$。

在共振電路內,一個尖峰的選擇性(selectivity)或銳度(sharpness)的良好量度叫做品質因數 Q,它被定義為共振頻率和帶寬的比,即

$$Q = \frac{\omega_0}{B} \qquad\qquad (15.24)$$

(讀者回想一下,字 Q 也表示無效電力,但這兩個量,無論如何也不會在相同領域中被使用,所以不會有混淆不清的現象。)很明顯的,由 $B = \omega_0 / Q$ 得知,一個低

的 Q 對應於一個較大的帶寬，而一個高的 Q 對應於一個較小的帶寬，或一個更優越的選擇電路。

由 Q 的定義，我們可以寫（15.22）式為

$$\mathbf{H}(s) = \frac{Ks}{s^2 + (\omega_0/Q)s + \omega_0^2}$$ (15.25)

這使得我們能一眼看見中心頻率，品質因數和帶寬。

例題 15.3

茲舉一例，在練習 15.2.1 內所描述的濾波器是一個帶通濾波器，它有 $\omega_0 = 1\ \mathrm{rad/s}$，$B = 0.2\ \mathrm{rad/s}$ 和 $Q = 5$。另一個例題是並聯的 RLC 電路，它的網路函數如同（15.6）式，此時 $\omega_0 = 1/\sqrt{LC}$，$B = 1/RC$ 及 $Q = \omega_0/B$，而 Q 有等效值為

$$\begin{aligned} Q &= \omega_0 RC \\ &= R\sqrt{\frac{C}{L}} \\ &= \frac{R}{\omega_0 L} \end{aligned}$$ (15.26)

有些作者將量 Q 定義為選擇性，而他們對 Q 所下的定義為

$$Q = 2\pi\frac{\text{共振時儲存的全部能量}}{\text{共振時，每週期消耗的能量}}$$ (15.27)

這兩個定義在我們已討論過的例題中是相同的，而讀者在練習 15.4.1 和 15.4.2 內，也將證明它們是相同的，但事實上，它們通常仍然有少許的不同存在。

最後，讓我們討論共振時的 Q 效應，我們結合（15.19）式和（15.20）式為一個方程式，且以（15.17）式和（15.18）式來取代 a 和 b，可得

$$\omega_{c_1, c_2} = \mp\frac{\omega_0}{2Q} + \sqrt{\omega_0^2 + \left(\frac{\omega_0}{2Q}\right)^2}$$

或 $$\omega_{c_1, c_2} = \left(\mp\frac{1}{2Q} + \sqrt{\left(\frac{1}{2Q}\right)^2 + 1}\right)\omega_0$$ (15.28)

很明顯的，若 Q 較大時，則 $(1/2\,Q)^2$ 和 1 比較是可以忽略的，所以

$$\omega_{c_1, c_2} \approx \mp \frac{\omega_0}{2Q} + \omega_0$$

而近似的公式爲

$$\omega_{c_1} = \omega_0 - \frac{B}{2}$$

$$\omega_{c_2} = \omega_0 + \frac{B}{2}$$

(15.29)

因而，當 Q 增加時，波幅響應接近算術對稱（arithmetic symmetry），即截止點是離中心頻率上下的一半帶寬。

在練習 15.2.1 內，$\omega_0 = 1$ 和 $Q = 5$，若考慮 Q 是較高值時，則由 (15.29) 式得知，近似的截止頻率是 $\omega_{c_1} = 0.9$ 和 $\omega_{c_2} = 1.1$ rad/s，而實際值是

$$\omega_{c_1, c_2} = 0.905, \qquad 1.105$$

___練___習___

15.4.1　若 RLC 並聯電路共振，則證明全部儲存能量是

$$w(t) = \frac{1}{2} R^2 C I_m^2 \cos^2 \omega_0 t + \frac{R^2 I_m^2}{2\omega_0^2 L} \sin^2 \omega_0 t$$

$$= \frac{1}{2} R^2 C I_m^2$$

這裏激勵是 $i = I_m \cos \omega_0 t$。

15.4.2　證明練習 15.4.1 電路的每週期消耗的能量是

$$\int_0^{2\pi/\omega_0} R I_m^2 \cos^2 \omega_0 t \, dt = \frac{\pi R I_m^2}{\omega_0}$$

因而由 (15.27) 定義和練習 15.4.1 的結果，得知

$$Q = \omega_0 RC$$

15.4.3 若 RLC 串聯電路的激勵 $v_g = V_m \cos \omega t$ V，響應爲廻路電流，則證明 $\omega_0 = 1/\sqrt{LC}$ 和 $Q = \omega_0 L/R$ 。

15.4.4 在練習 14.4.3 內，以 2Ω 取代 8Ω 電阻器，試證明電路是一個帶通濾波器，並求 ω_0 和 Q 。

答：4 rad/s ，0.4

15.5 極零圖的使用（USE OF POLE-ZERO PLOTS）

一個網路函數的極零圖，常被用來繪出網路的頻率響應，爲了瞭解繪圖的過程，讓我們考慮網路函數

$$\mathbf{H}(s) = \frac{K(s - z_1)(s - z_2) \ldots (s - z_m)}{(s - p_1)(s - p_2) \ldots (s - p_n)} \tag{15.30}$$

這裏 z's 和 p's 是零點和極點，而函數中每一因數都是一個 $s - s_1$ 形式的複數，且在 s 平面內，可以向量表示，這如圖 15.8 所示。這是正確的，由向量加法可很明確地瞭解向量 s 是向量 s_1 和 $s - s_1$ 的和。

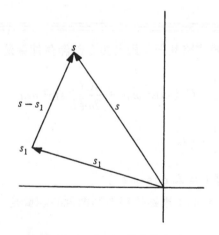

圖 15.8 $s - s_1$ 的向量表示

從 s_1 繪至 s 的典型向量 $s - s_1$ ，可以表示爲極座標形式，這裏它的量是它的長度，而它的相位是它和正實數軸的夾角。若 $s = j\omega$ ，則在圖 15.8 內的點 s 是在 $j\omega$ 軸上，且 (15.30) 式的因數可以寫爲

$$j\omega - z_i = N_i e^{j\alpha_i}, \qquad i = 1, 2, \ldots, m$$

$$j\omega - p_k = M_k e^{j\beta_k}, \qquad k = 1, 2, \ldots, n$$

因此網路函數是

$$\mathbf{H}(j\omega) = |\mathbf{H}(j\omega)| e^{j\phi(\omega)}$$

這裏，對 $K > 0$ 時，波幅是

$$|\mathbf{H}(j\omega)| = \frac{KN_1N_2 \ldots N_m}{M_1M_2 \ldots M_n} \tag{15.31}$$

相位是　$\phi(\omega) = (\alpha_1 + \alpha_2 + \ldots + \alpha_m) - (\beta_1 + \beta_2 + \ldots + \beta_n)$ (15.32)

對這兩個量均可以從極零圖中直接量得。若 $K < 0$ 時，則 $K = |K| \underline{/180°}$ ，這必須計算在波幅和相位內。

　　因而對任何 $j\omega$ 點，我們都可以簡單的繪出，從所有的極點和零點到 $j\omega$ 的向量，且量度它們的長度和角度，最後，從(15.31)式和(15.32)式計算波幅和相位。實際上，我們將看到通常只需要一些點，我們就能繪出響應。

例題 15.4

　　茲舉一例，假設

$$\mathbf{H}(s) = \frac{4s}{s^2 + 2s + 401}$$

這有一個零點 0 和極點 $-1 \pm j20$ ，這些點表示在圖 15.9 的極零圖上，那麼由(15.31)和(15.32)式得知

$$|\mathbf{H}(j\omega)| = \frac{4N}{M_1M_2}$$

$$\phi(\omega) = \alpha - (\beta_1 + \beta_2)$$

這些量相等於圖 15.9 (a)所示，首先我們注意到，若 ω 從 0^+ 變到 $+\infty$ 時，$\alpha = 90°$ ；對 $\omega = 0$ ，從圖 15.9 (b) ，我們有

$$|\mathbf{H}| = \frac{4(0)}{\sqrt{401}\sqrt{401}} = 0$$

$$\phi = 90° - (-\tan^{-1} 20 + \tan^{-1} 20) = 90°$$

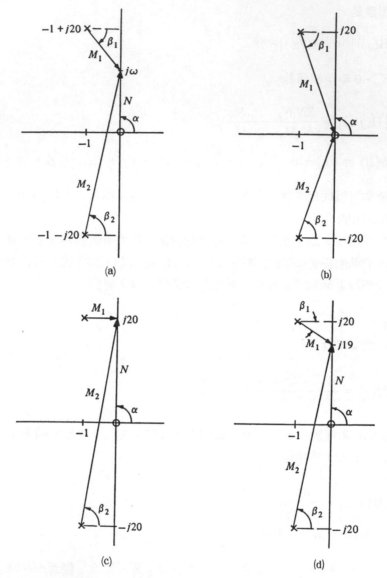

圖15.9 頻率響應構成的步驟（圖中並不繪出刻度）

對 $\omega = 20$ ，從圖15.9(c)，我們有

$$|\mathbf{H}| = \frac{4(20)}{(1)\sqrt{1601}} \approx 2$$

$$\phi = 90° - (0 + \tan^{-1} 40) \approx 0$$

這點是在波幅變化很快的範圍內，雖然 $M_1 = 1$ 是最小值，但它改變的百分比程度比 N 或 M_2 更快，因此波幅於接近此點時達到它的尖峰值，事實上，從前面的分析，我們知道 $\omega_0 = \sqrt{401}$ 時，得尖峰波幅 2 。

若 $\omega = \omega_h$ ，一個非常高的值，譬如 10^6 ，則所有三個向量基本上將是垂直的，所以

$$N \approx M_1 \approx M_2 \approx \omega_h$$

$$\alpha \approx \beta_1 \approx \beta_2 \approx 90°$$

因此有一個非常小的 $|\mathbf{H}| \approx 4/\omega_h$ 值及 $\phi = -90°$ 。

繪出此函數，有圖 15.2 的圖形，這裏 $\omega_0 = 20$ 和 $|\mathbf{H}|_{max} \approx 2$ 。

從圖 15.9(d) ，我們可以得到一個截止點的粗略概念。在這圖形內， $M_1 = \sqrt{2}$ ，這是 M_1 於接近尖峰時的值（圖 15.9(c)所示）乘以 $\sqrt{2}$ 。因為 M_2 和 N 改變的百分比很小，所以波幅接近於 $1/\sqrt{2}$ 乘以它的尖峰值，故 $\omega_{c1} \approx 19$ ；在 $\omega = 21$ 時，亦有相似的證明，所以 $\omega_{c2} = 21$ ，而實際值由（15.19）式和（15.20）式得知， $\omega_{c1,c2} = 19.05 , 20.05$ 。在這例題中，比較網路函數和（15.25）式得知 $Q = 10.01$ ，因而我們有一個高 Q 使得極點非常接近 $j\omega$ 軸；其次 ω_d 是非常接近 ω_0 ，且能使它非常接近實際值。

___練____習___

15.5.1 利用本節的方法繪出

$$\mathbf{H}(s) = \frac{16s}{s^2 + 4s + 2504}$$

的波幅和相位響應。

答： $\omega_0 = 50$ ， $Q \approx 12.5$ ， $B = 4$ ， $\omega_{c1,c2} \approx 48,52$

15.5.2 對練習 15.5.1 所給的答案，求它們的實際值。

答： 50.04 ， 12.51 ， 4 ， 48.08 ， 52.08

15.6 刻度網路函數
（SCALING THE NETWORK FUNCTION）

讀者可能已注意到在大部份的例題中，我們使用的網路元件像 1Ω、$1F$、$2H$、

等,對網路分析而言都是很漂亮的數字。例如在圖 15.4 內,有 2Ω,1/4 F 和 1/2 F 的元件,以及一個低通濾波器的網路,它的截止頻率是 $\sqrt{2}$ rad/s 或 0.23 Hz。但事實上,這些元件值是非常不實際的,至少我們很少要求濾波器只通過 0 和 0.23 Hz 間的頻率。(另一個說明,一個 1F 電容器,若是由兩個平行板間隔 1cm 所構成,其中電介質是空氣,則表面積是 $1.13 \times 10^9 m^2$,這實際上是不可能製造的。)

若我們分析或設計的電路,含有簡單的元件值像 1F 等,這是一個理想狀況;但事實上,我們設計的電路有實際的元件值像 $0.047 \mu F$,和有用的特性如 100Hz 的截止點等。在本節內,有兩種網路刻度(network scaling)將使我們較容易去設計實際的電路。

我們將討論兩種型式的網路刻度,即阻抗刻度(impeoance scaling)和頻率刻度(frequency scaling);為了說明阻抗刻度,讓我假設網路函數是一個阻抗

$$\mathbf{Z}'(s) = sL' + R' + \frac{1}{sC'}$$

此時若刻度網路的阻抗 $\mathbf{Z}(s) = K_i \mathbf{Z}'(s)$,則表示網路已被阻抗換算係數(impedance scale factor)K_i 刻度阻抗;換句話說,必須有

$$\mathbf{Z}(s) = k_i \left(sL' + R' + \frac{1}{sC'} \right)$$
$$= s(k_i L') + k_i R' + \frac{1}{s(C'/k_i)} \tag{15.33}$$

若刻度網路的阻抗是

$$\mathbf{Z}(s) = sL + R + \frac{1}{sC}$$

則比較(15.33)式得知

$$\begin{aligned} L &= k_i L' \\ R &= k_i R' \\ C &= \frac{C'}{k_i} \end{aligned} \tag{15.34}$$

總結，若一個網路被因數 K_i 刻度阻抗，則 $L's$ 和 $R's$ 乘以 K_i 及 $C's$ 除以 K_i 。我們已經對一個特殊情形說明過，但它也可以對一般情形證明它是成立的。若有相依電源時，刻度是增益常數乘以 K_i，單位是歐姆；或增益常數除以 K_i，單位是姆歐；或不變的增益常數是無因次的。因而刻度乘以 K_i，除以 K_i，或留下不變的網路函數，它們的單位分別是歐姆，姆歐，或無因次。

例題 15.5

為了說明，讓我們以 $K_i = 5$ 刻度圖 15.4 的網路阻抗，即 2 Ω 電阻器變成 2 × 5 = 10Ω，1/2 F 電容器變成 1/2 ÷ 5 = 0.1 F，和 1/4 F 電容器變成 1/4 ÷ 5 = 0.05 F。運算放大器是一個無窮增益的裝置，經刻度後仍是一個無窮大增益的裝置，因而它不變動，網路函數 $V_2(s)/V_1(s)$ 是無因次的，故也不變動。

對被一個頻率換算係數 K_f（frequency scale factor）刻度的網路函數頻率，可簡單的以 s/K_f 取代 S 獲得；即未刻度網路有網路函數 $\mathbf{H}'(S)$，則刻度網路函數 $\mathbf{H}(s)$ 是設定 $S = s/K_f$ 而獲得

$$\mathbf{H}(s) = \mathbf{H}'\left(\frac{s}{k_f}\right) \tag{15.35}$$

因而，若未刻度網路有一個性質，像中心頻率為 $S = j1$，則刻度網路於 $s = jK_f$ 有這性質。這很明顯的可從（15.35）式看到

$$\mathbf{H}(jk_f) = \mathbf{H}'(j1)$$

另一個討論頻率刻度方法是註解 $s = K_f S$，使得 $s = j\omega$ 對應 $S = j\Omega$，則 $\omega = K_f \Omega$，因而在頻率軸上的值已經乘以換算係數 K_f，而不影響在縱軸上的頻率響應值。

網路的刻度對 (15.35) 式轉換式的影響是很簡單的，若 $\mathbf{Z}'(s)$

$$\mathbf{Z}'(S) = SL' + R' + \frac{1}{SC'}$$

是未刻度網路的任何阻抗，則對應的刻度網路阻抗是

$$\mathbf{Z}(s) = sL + R + \frac{1}{sC}$$

$$= \mathbf{Z}'\left(\frac{s}{k_f}\right)$$

$$= s\left(\frac{L'}{k_f}\right) + R' + \frac{1}{s(C'/k_f)}$$

比較這些結果，得

$$L = \frac{L'}{k_f}$$

$$R = R'$$ (15.36)

$$C = \frac{C'}{k_f}$$

因此網路被係數 K_f 刻度頻率時，$L's$ 和 $C's$ 除以 K_f ，而 $R's$ 不變，若有定增益的相依電源，則它們也不會變動。

例題 15.6

　　爲了說明，讓我們考慮圖 15.4 的電路是一個低通濾波器，它的截止頻率是 ω_c $= \sqrt{2}$ rad/s ，若我們想頻率刻度網路，使得截止頻率是 2 rad/s ，則換算係數 K_f 是

$$\sqrt{2}\, k_f = 2$$

或 $K_f = \sqrt{2}$ ，因而圖 15.4 內的電容除以 K_f ，即得刻度網路，此時電容爲 $1/2 \sqrt{2}$ F 和 $1/4\sqrt{2}$ F ，剩餘的電路都維持不變。

　　當然，我們也可以在一個網路上完成阻抗和頻率刻度。爲了獲得一個有實際性質（像中心或截止頻率）的網路，我們首先以適當的係數 K_f 做頻率刻度，其次以係數 K_i 刻度阻抗，使得最終元件值更實際。

例題 15.7

　　例如圖 15.1 的 RLC 並聯網路包含一個 1Ω電阻器，一個 2H電感器，和一個 1/2 F 電容器，則對 (15.5) 式的網路函數，我們有如圖 15.2 (a) 的波幅響應，它的共振頻率爲 1 rad/s ，波峯爲 1 Ω 。若我們使用一個 1nF電容器來波幅和頻率-刻度網路，而獲得共振頻率 10^6 rad/s ，則我們有 $K_f = 10^6$ ，和新電容

$$C = 10^{-9} = \frac{1/2}{k_i k_f} = \frac{1}{2k_i \times 10^6}$$

因此 $K_i = 500$ ，而新電感和電阻為

$$L = \frac{2k_i}{k_f} = 10^{-3} \text{ H} = 1 \text{ mH}$$

$$R = 1k_i = 500 \ \Omega$$

這裡刻度網路繪在圖 15.10 (a) ，而它的波幅響應繪在圖 15.10 (b) 。

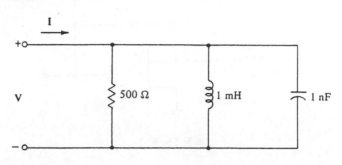

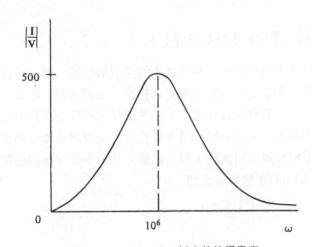

圖 15.10 (a)網路；(b)它的波幅響應

練 習

15.6.1 利用 0.01 和 0.005μF 電容器做頻率 - 或波幅 - 刻度圖 15.4 電路，去獲
得 $\omega_c = 2000\pi$ rad／s（ $f_c = 1000$Hz ） 。
答： $K_f = (1000\sqrt{2})\pi$ ， $K_i = 10^5/2\sqrt{2}\pi$ ， R's $= 22.5$ kΩ

15.6.2　證明圖示電路是一個 $\omega_o = 1\,\mathrm{rad/s}$ 的帶通濾波器，並用 $1\,\mu\mathrm{F}$ 和 $4\,\mu\mathrm{F}$
　　　　電容器來頻率－和阻抗－刻度電路以獲得 $1000\,\mathrm{rad/s}$ 的中心頻率。
　　　　答：$R's = 500\,\Omega$

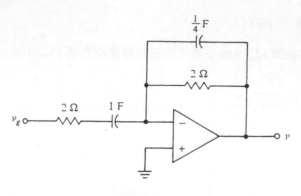

練習 15.6.2

15.7 分貝（THE DECIBEL）

　　假使一個網路的輸出是供給某些人類所能感覺的信號，則此函數可被人類以不
連續的方式所感覺。例如，一個產生聲音的網路，如電話機，聽者不能發現聲音強
度的連續變化。此外，若聲音強度是 1（在某些任意刻度上）且它必須在聽者發現
任何變化前，增加到 1.1，則對同一聽者而言，若原標準是 2，則直到它增加至
2.2 以前，聽者不能發現任何變化；換句話說；耳朵不是一個線性裝置，但非常像
一個對數（logarithmic）裝置，因而

$$\log 1.1 - \log 1 = \log 1.1$$

和　　　　$\log 2.2 - \log 2 = \log\left(\dfrac{2.2}{2}\right)$

在兩個情形內是相同的。

　　為這原因，波幅響應

$$|\mathbf{H}(j\omega)| = \left|\frac{\mathbf{V}_2(j\omega)}{\mathbf{V}_1(j\omega)}\right|$$

更共通的表示是分貝（decibels），簡寫為 dB 且定義為

$$\text{dB 數} = 20 \log_{10} |\mathbf{H}(j\omega)| \tag{15.37}$$

歷史上，對稱的單位是貝耳（ bel ），它原先是 Alexander Graham Bell（ 1847-1922 ）發明電話機時定義功率的單位為

$$\text{貝耳數} = \log_{10} \frac{P_2}{P_1}$$

它是一個大單位，使得單位分貝（ 1/10 貝耳）變得更通用，即

$$\text{dB 數} = 10 \log_{10} \frac{P_2}{P_1}$$

若兩個平均功率 P_1 和 P_2 是參考相同阻抗時，上式可以對應的電壓表示為

$$\text{dB 數} = 10 \log_{10} \left| \frac{\mathbf{V}_2(j\omega)}{\mathbf{V}_1(j\omega)} \right|^2$$

這當然是等效於 (15.37) 式，在任何情形，(15.37) 式都被當做標準的定義。

實際上，頻率在濾波的過程內，不是理想的封鎖或衰減，這可從圖 15.5 (a) 的低通響應看出。一個零波幅相等於絕對的或無窮大的衰減，而任何接近這種理想的情況，都很難在線性描述上認知。例如在圖 15.5 (a) 內 $|\mathbf{H}(j\omega)| = 0.001$，這相當於－ 60 dB（或在它的 0 dB 波峯值以下 60 dB），對一位電話工程師而言，後者的圖形比線性圖形更重要。

在實際上，我們更有興趣的是它的衰減或損失，它定義為

$$
\begin{aligned}
\alpha(\omega) &= -20 \log_{10} |\mathbf{H}(j\omega)| \\
&= -20 \log_{10} \left| \frac{\mathbf{V}_2(j\omega)}{\mathbf{V}_1(j\omega)} \right| \\
&= 20 \log_{10} \left| \frac{\mathbf{V}_1(j\omega)}{\mathbf{V}_2(j\omega)} \right| \text{ dB}
\end{aligned}
\tag{15.38}
$$

此時，若 $\alpha(\omega_1)$ 比較小則 ω_1 通過，而 $\alpha(\omega_1)$ 較大則 ω_1 被衰減，分貝單位能告訴我們頻率被衰減的某些標準的精確程度。

例題 15.8

　　兹舉一例，若

$$H(s) = \frac{1}{s^2 + \sqrt{2}s + 1}$$

則波幅響應是

$$|H(j\omega)| = \frac{1}{\sqrt{1 + \omega^4}}$$

這是一個 $\omega_c = 1\ \text{rad/s}$ 的低通濾波器，線性圖形看起來有點像圖 15.5 (a)，以分貝表示的衰減是

$$
\begin{aligned}
\alpha(\omega) &= 20\ \log_{10}\sqrt{1 + \omega^4} \\
&= 10\ \log_{10}(1 + \omega^4)
\end{aligned}
\tag{15.39}
$$

且對 $0 \leq \omega \leq 5$ 的衰減曲線表示在圖 15.11 。

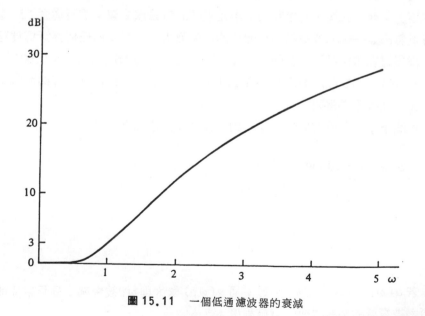

圖 15.11　一個低通濾波器的衰減

練 習

15.7.1 令波幅響應 $|\mathbf{H}(j\omega)|$ 的 $|\mathbf{H}(j\omega)|_{max} = |\mathbf{H}(j0)| = K$ ，使得截止點 $|\mathbf{H}(j\omega_c)| = K/\sqrt{2}$ 。則利用（15.38）求 $\omega = 0$ 和 $\omega = \omega_c$ 時的損失。注意 ω_c 相等於 " 3dB 點 " 即在 $\omega = \omega_c$ 的損失，比在 $\omega = 0$ 的最小損失多將近 3dB 。

答： $\alpha(0) = -20\log K$ ， $\alpha(\omega_c) = -20\log K + 3$

15.7.2 給予一個帶通濾波器的函數

$$\mathbf{H}(s) = \frac{0.2s}{s^2 + 0.2s + 1}$$

求於 $\omega = 0.0001$ ， 0.5 ， 0.905 ， 1.0 ， 1.105 ， 10 和 $100\,rad/s$ 時的損失。

答：94，18，3，0，3，34，54 dB 。

15.8 用SPICE求頻率響應 (FREQUENCY RESPONSE WITH SPICE)

在 .AC 解控制敍述內特定一個頻率範圍及範圍內所想要的點數，就能用 SPICE 來求得一個網路的頻率響應。求已知頻率響應的電路檔案產生過程，與前一章交流分析中所描述的過程幾乎相同。用 .PRINT 或 .PLOT 輸出控制敍述，可將輸出傳至終端機或印表機。

例題15.9

第一個例題是讓我們畫出圖 15.12 網路在 10 到 500kHz 線性頻率範圍內的頻率響應，這裡 v_g 的波幅為 1V 。電源 $v_d = 0$ （虛線表示）已被加到節點 5 和參考節點間，以求出 CCCS 的控制變數 i 。電路檔案為

```
FREQUENCY RESPONSE FOR FIGURE 15.12
* DATA STATEMENTS
VG 0 1 AC 1 0
R1 1 2 1K
L1 2 0 1UH
C1 2 3 0.1UF
F 2 3 VD 4
L2 3 0 1UH
```

```
C2  3 4 0.1UF
R2  4 5 1K
VD  5 0 AC  0 0
* SOLUTION CONTROL STATEMENT
.AC LIN 25 10K 500K
* OUTPUT CONTROL STATEMENT
.PLOT AC IM(R2) IP(R2)
.END
```

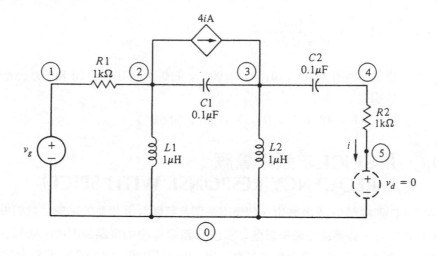

圖 15.12　有 CCCS 的 RLC 電路

圖 15.13 表示本例題的最終圖形 。

LEGEND:

*: IM(R2)
+: IP(R2)

```
  FREQ          IM(R2)

(*)----------   1.0000E-11   1.0000E-09   1.0000E-07   1.0000E-05   1.0000E-03
(+)----------  -2.0000E+02  -1.0000E+02   0.0000E+00   1.0000E+02   2.0000E+02

  1.000E+04  2.452E-11 .   *       .          .           +        .
  3.042E+04  7.022E-10 .           *          .          +.        .
  5.083E+04  3.324E-09 .           .    *     .          +.        .
  7.125E+04  9.344E-09 .           .       *  .          +.        .
  9.167E+04  2.046E-08 .           .          *          +.        .
  1.121E+05  3.877E-08 .           .          . *        +.        .
  1.325E+05  6.698E-08 .           .          .   *     +.         .
  1.529E+05  1.088E-07 .           .          .    *     +.        .
  1.733E+05  1.693E-07 .           .          .     *    +.        .
  1.938E+05  2.564E-07 .           .          .      *   +.        .
  2.142E+05  3.820E-07 .           .          .       *  +.        .
  2.346E+05  5.662E-07 .           .          .        * +.        .
  2.550E+05  8.452E-07 .           .          .         *+.        .
  2.754E+05  1.292E-06 .           .          .          +*        .
  2.958E+05  2.078E-06 .           .          .          +.*       .
  3.163E+05  3.728E-06 .           .          .          *+.       .
  3.367E+05  8.989E-06 .           .          .          +*        .
  3.571E+05  1.186E-04 .       +   .          .          .      *  .
  3.775E+05  1.065E-05 .          .+          .          .*        .
  3.979E+05  6.245E-06 .          .+          .          *.        .
  4.183E+05  4.756E-06 .          .+          .          *.        .
  4.388E+05  4.029E-06 .          .+          .         *.         .
  4.592E+05  3.613E-06 .          .+          .         *.         .
  4.796E+05  3.353E-06 .          .+          .        *.          .
  5.000E+05  3.184E-06 .          .+          .        *.          .
```

圖15.13 圖15.12 的頻率響應

例題15.10

　　最後一個例題是考慮圖15.4網路，這裡節點編號分別爲 1 在 v_1 ，2 在 2Ω 電阻器的共同節點，3 在運算放大器的非反相輸入端，4 在運算放大器的輸出端。試求 0.001 到 1Hz 線性範圍內的頻率響應，這裡 v 的波幅爲 1V 。利用第 4 章的子電路檔案OPAMP.CKT的電路檔案爲

```
FREQUENCY RESPONSE FOR LOW-PASS FILTER OF FIG. 15.4
* DATA STATEMENTS
V 1   1   0   A C   1   0
R 1   1   2   2
R 2   2   3   2
C 1   2   4   0.5
C 2   3   0   0.2 5
XO P AMP   4   3   4   O P AMP
```

```
* DEFINE SUBCIRCUIT FILE
.LIB OPAMP.CKT
* SOLUTION CONTROL STATEMENT
.AC LIN 25 0.001 1
* OUTPUT CONTROL STATEMENT
.PLOT AC VM(4) VP(4)
.END
```

這響應的圖形類似於圖 15.5 。

練　習

15.8.1　若圖 15.10 (a)電路內的電容器和電感器值分別為 $10\mu F$ 和 $0.1\mu H$ ，且電流源為 1mA ，則用 SPICE 求 10Hz 到 400kHz 內的頻率響應 **V** 。

15.8.2　就練習 15.2.4 網路，用 SPICE 求 0.001 到 1Hz 內的頻率響應。

習　題

15.1　對所示電路，$R = 2\Omega$ ，$L = 2H$ ，和 $C = 0.02F$ ，若輸入和輸出分別是 V_1 和 V_2 ，則求網路函數，並繪出波幅和相位響應，以及證明波峯和零相位發生於 $\omega = 5 rad/s$ 時。

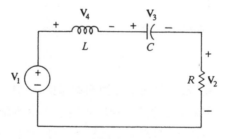

習題 **15.1**

15.2　若習題 15.1 電路的網路函數為 $H(s) = V_2/V_1$ ，且 $L = 1H$ ，則求 R 和 C 使得波峯發生在 $\omega = 10 rad/s$ 且 $|H(j6)| = 0.707$ 。

15.3　求 $H(s) = V_2(s)/V_1(s)$ 及繪出波幅和相位響應，且證明波峯和零相位發生於 $\omega = 4 rad/s$ 時。

15.4　證明轉移函數 V_2/V_1 為

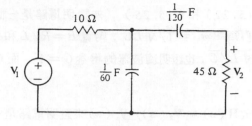

習題 **15.3**

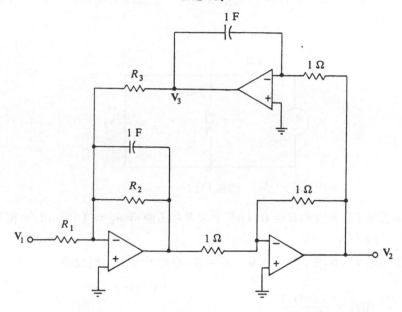

習題 **15.4**

$$\mathbf{H}(s) = \frac{\mathbf{V}_2(s)}{\mathbf{V}_1(s)} = \frac{\dfrac{1}{R_1}s}{s^2 + \dfrac{1}{R_2}s + \dfrac{1}{R_3}}$$

求 R_1、R_2 和 R_3 使得轉移函數與習題 15.1 的轉移函數相同。

15.5 若習題 15.4 內的 $R_1 = R_2 = 0.5\Omega$，$R_3 = 0.01\Omega$，求 $\mathbf{H}(s)$ 及波峯和零相位發生時的頻率 ω_0 和 $\mathbf{H}$ 在 ω_0 處的波幅。

15.6 證明，在習題 15.1 電路的一般網路函數是

$$\mathbf{H}(s) = \frac{\mathbf{V}_2(s)}{\mathbf{V}_1(s)} = \frac{(R/L)s}{s^2 + (R/L)s + (1/LC)}$$

再由比較（15.22）和（15.25），來證明電路是一個帶通濾波器，且它的共振或中心頻率 $\omega_0 = 1/\sqrt{LC}$，帶寬 $B = R/L$ 和品質因數 $Q = \omega_0/B = (1/R)\sqrt{L/C}$，也證明濾波器的增益 $G = 1$，而 G 的定義為網路函數的波峰值。

15.7 藉由網路函數 $\mathbf{H}(s) = \mathbf{V}_2(s)/\mathbf{V}_1(s)$ 來證明電路是一個帶通濾波器，且 $\omega_0^2 = 1/(LC)$，$B = 1/C$，增益 $= 1$。選擇 L 和 C 使得 $B = 0.2$，$\omega_0 = 1\,\mathrm{rad/s}$。

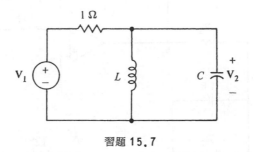

習題 15.7

15.8 令習題 15.6 內的 $C = 0.1\mu\mathrm{F}$，求 R 和 L 使得 $\omega_0 = 10^4\,\mathrm{rad/s}$ 和 $B = 10^4\,\mathrm{rad/s}$。

15.9 在習題 15.6 內，若 $L = Q$，$C = 1/Q$ 和 $R = 1$，則證明

$$\mathbf{H}(s) = \frac{(1/Q)s}{s^2 + (1/Q)s + 1}$$

這是一個帶通網路函數，它有品質因數 Q，中心頻率 $\omega_0 = 1\,\mathrm{rad/s}$，帶通 $B = 1/Q\,\mathrm{rad/s}$ 和增益 $G = 1$。

15.10 證明對習題 15.4 電路的一般情形是一個帶通濾波器，它有中心頻率 $1/\sqrt{R_3}\,\mathrm{rad/s}$，帶寬 $1/R_2\,\mathrm{rad/s}$，增益 R_2/R_1 和品質因數 $R_2/\sqrt{R_3}$。若 $R_1 = Q/G$，$R_2 = Q$ 和 $R_3 = 1$ 則網路函數為

$$\mathbf{H}(s) = \frac{\mathbf{V}_2(s)}{\mathbf{V}_1(s)} = \frac{(G/Q)s}{s^2 + (1/Q)s + 1}$$

15.11 對習題 15.4 的電路，利用習題 15.10 的結果，去獲得一個帶通濾波器，它有 $\omega_0 = 1\,\mathrm{rad/s}$，$Q = 10$ 和 $G = 2$，且求近似的截止點和帶寬。

15.12 藉求 $\mathbf{V}_2/\mathbf{V}_1$ 來證明電路是一個帶通濾波器，並求增益、帶寬和中心頻率。

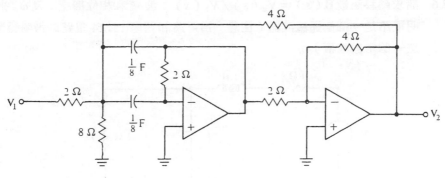

習題 15.12

15.13 對習題 15.1 的電路，證明網路函數 V_3/V_1 是

$$\frac{V_3}{V_1} = \frac{1/LC}{s^2 + (R/L)s + (1/LC)}$$

若 $R = 1\Omega$，$L = 1/\sqrt{2}\,\mathrm{H}$，$C = \sqrt{2}\,\mathrm{F}$，則由波幅響應來證明電路是一個低通濾波器，且截止頻率 $\omega_c = 1\,\mathrm{rad/s}$。

15.14 藉求轉移函數 $H(s) = V_2(s)/V_1(s)$，波幅和相位響應，及 ω_c 來證明電路是一個低通濾波器。

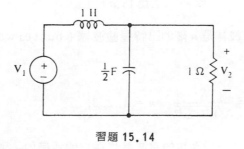

習題 15.14

15.15 就圖示電路，求網路函數 $H(s) = V_2(s)/V_1(s)$，並畫出波幅和相位響應。證明波峯和零相位發生於 $\omega = 0$ 時。

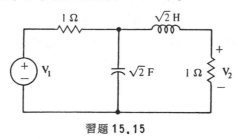

習題 15.15

15.16 藉求轉移函數 $\mathbf{H}(s) = \mathbf{V}_2(s)/\mathbf{V}_1(s)$，波幅和相位響應，及 ω_c 來證明電路是一個低通濾波器（注意：這電路和習題 15.14 電路的波幅響應只差一個常數乘積）。

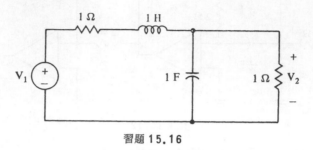

習題 15.16

15.17 藉求 $\mathbf{H}(s) = \mathbf{V}_2(s)/\mathbf{V}_1(s)$ 和波幅響應來證明圖示電路是一個低通濾波器。

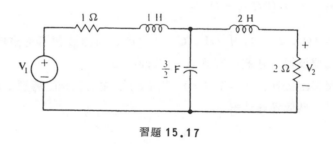

習題 15.17

15.18 有一種低通濾波器是 n 階的巴特握濾波器（butterworth filter），它的波幅響應是

$$|\mathbf{H}(j\omega)| = \frac{K}{\sqrt{1 + \omega^{2n}}}, \quad n = 1, 2, 3, \ldots$$

這裏 K 是常數。一個理想的濾波器將在它的通帶內，通過所有的頻率（ $|\mathbf{H}| > 0$ 的常數）並完全封鎖其他的頻率（ $|\mathbf{H}| = 0$ ）。而從附帶的圖中，可以看到階 n 增加時，巴特握濾波器將更接近理想狀況，這裏要證明對任何 n，$\omega_c = 1\text{rad}/\text{s}$ 及習題 15.13 和 15.17，分別是二階和三階的巴特握濾波器，最後繪出一個四階的巴特握響應，且和二、三、八階響應做比較。

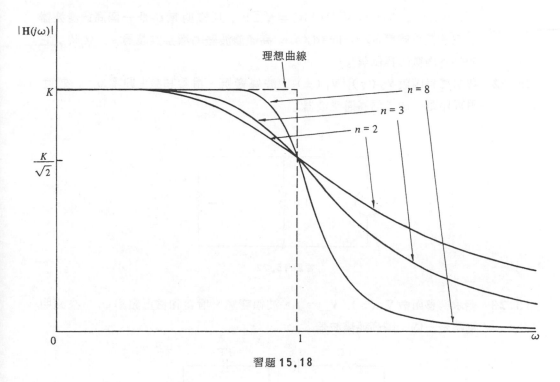

習題 **15.18**

15.19 對習題 15.4 證明

$$\mathbf{H}(s) = \frac{\mathbf{V}_3(s)}{\mathbf{V}_1(s)} = -\frac{1/R_1}{s^2 + (1/R_2)s + (1/R_3)}$$

再選擇電阻使得電路是一個低通的巴特握濾波器，它有 $\omega_c = 1\,\mathrm{rad/s}$ 和 $\mathbf{H}(0) = -2$〔建議：由習題 15.13 得知 $\mathbf{H}(s)$ 的分母必須是 $s^2 + \sqrt{2}\,s + 1$〕。

15.20 若一個網路函數 $\mathbf{H}(s)$ 的低通濾波器的增益定義為 $K = |\mathbf{H}(0)|$，將它分別和習題 15.13 的被動低通濾波器，及習題 15.19 的主動低通濾波器的增益做比較。注意增益高於 1 的，可能有 "主動元件" 存在，在低頻時這特色和缺少電感器並不符合要求，但它也是主動濾波器比被動濾波器較有利的地方。

15.21 對習題 15.1 的電路，證明

$$\frac{\mathbf{V}_4}{\mathbf{V}_1} = \frac{s^2}{s^2 + (R/L)s + (1/LC)}$$

讓 $R = 1\Omega$ ， $L = 1/\sqrt{2}\mathrm{H}$ 和 $C = \sqrt{2}\mathrm{F}$ ，且證明電路是一個高通濾波器 ，它的截止頻率 $\omega_c = 1\mathrm{rad/s}$ 。高通濾波器的增益定義爲 $s \to \infty$ 時，它 的轉移函數的極限值。

15.22 藉求轉移函數 $V_2(s)/V_1(s)$ ，波幅響應、增益和截止頻率 ω_c ，來證 明電路是一個二階高通濾波器。

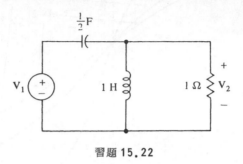

習題 15.22

15.23 藉求轉移函數 $V_2(s)/V_1(s)$ 、波幅響應、增益和截止頻率 ω_c ，來證明 電路是一個三階高通濾波器。

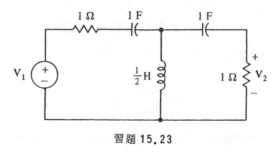

習題 15.23

15.24 證明所給電路的網路函數是

$$\mathbf{H}(s) = \frac{V_2}{V_1} = \frac{K(s^2 + 1)}{s^2 + (1/Q)s + 1}$$

習題 15.24

因而電路是一個帶拒濾波器，它的中心頻率〔斥拒（rejected）〕$\omega_0 =$ 1rad/s；也如同帶通情形，Q 是品質因數及帶寬 $B = \omega_0/Q = 1/Q$ 。

15.25 用習題 15.24 的結果來設計一個帶拒濾波器，這裡濾波器的規格爲 $\omega_0 =$ 1rad/s，$Q = 2$，增益＝ 1/2 。

15.26 若習題 15.1 電路內的 $R = 1\Omega$，$L = 0.5H$，$C = 0.02F$，則用阻抗 - 和頻率 - 刻度去獲得一個帶通濾波器，且它的 $f_0 = 10^5 Hz$，品質因數 Q ＝ 5 及使用一個 1nF 電容器（建議：參考習題 15.9）。

15.27 利用習題 15.4 的結構去設計一個主動帶通濾波器，且它的 $f_0 = 1000Hz$，$Q = 10$，$K = 2$ 及使用 $0.01\mu F$ 電容器。（建議：看習題 15.10）

15.28 由求 $H = V_2/V_1$ 來證明所給電路是一個帶通濾波器，且求中心頻率和帶寬。利用 $0.01\mu F$ 電容刻度電路使得中心頻率是 $20,000 rad/s$ 。

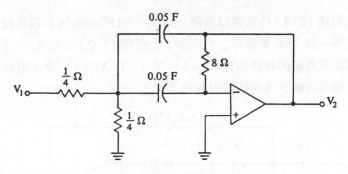

習題 15.28

15.29 決定 R_1 和 R_2 使得電路是一個 $\omega_c = 1 rad/s$，增益＝ 3 的一階低通濾波器（$H = V_2/V_1$）。刻度這結果來獲得 $\omega_c = 10^5 rad/s$，且這裡使用一個 1nF 電容器。

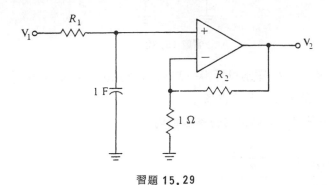

習題 15.29

15.30 證明所給電路是一個三階低通的巴特握濾波器，它的 $\omega_c = 1\,\mathrm{rad/s}$ 和增益 $G = 1$。刻度電路使得每一電容是 $0.01\mu\mathrm{F}$ 和 $\omega_c = 1000\,\mathrm{Hz}$。

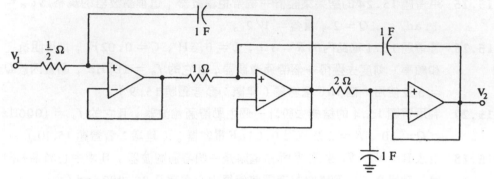

習題 15.30

15.31 刻度習題 15.23 的電路以獲得一個 $\omega_c = 10^5\,\mathrm{rad/s}$ 的高通濾波器，且這裡使用一個 $1\,\mathrm{nF}$ 電容器。（提示：在習題 15.23 內的 $\omega_c = 1\,\mathrm{rad/s}$）

15.32 證明圖示電路的轉移函數 $\mathbf{H}(s) = \mathbf{V}_2(s)/\mathbf{V}_1(s)$ 除了增益之外，與一個二階高通濾波器的轉移函數相同。

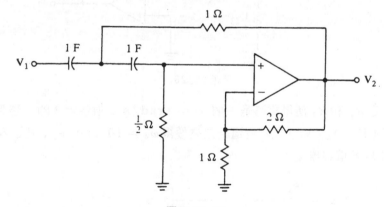

習題 15.32

15.33 刻度習題 15.32 電路以獲得一個 $\omega_c = 2000\,\mathrm{rad/s}$ 的高通濾波器，且這裡使用一個 $0.05\mu\mathrm{F}$ 電容器。

15.34 若 $R_1 = R_2 R_4$，則證明轉移函數為

$$\frac{\mathbf{V}_2(s)}{\mathbf{V}_1(s)} = \frac{-\dfrac{1}{R_4}s^2}{s^2 + \dfrac{1}{R_2}s + \dfrac{1}{R_3}}$$

及電路是一個二階高通濾波器。求 R_1、R_2、R_3 和 R_4 使得轉移函數為

$$\frac{V_2(s)}{V_1(s)} = \frac{-3s^2}{s^2 + 2s + 2}$$

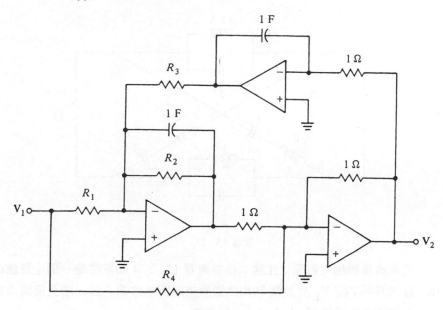

習題 15.34

15.35 刻度習題 15.24 的電路，使得 $\omega_0 = 10^5 \, \text{rad/s}$，$Q = 5$，$K = 0.5$，且電容值為 1nF。

15.36 證明所給電路是一個帶拒濾波器，它有增益 $G = 1$，$Q = 1$ 及一個中心頻率 $\omega_0 = 1 \, \text{rad/s}$，使用 1 和 2nF 電容刻度網路，使得中心頻率 $f_0 = 60$ Hz。

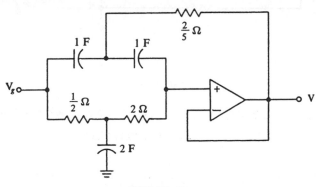

習題 15.36

15.37 證明轉移函數爲

$$\frac{V_2(s)}{V_1(s)} = \frac{s^2 - 2s + 2}{s^2 + 2s + 2}$$

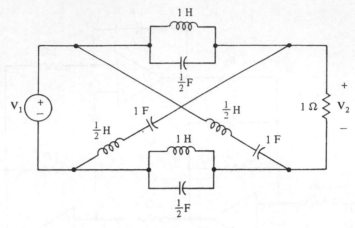

習題 **15.37**

並求波幅和相位響應。注意：根據練習 15.2.4 知電路是一個全通濾波器。

15.38 藉求 $\mathbf{H} = \mathbf{V_2}/\mathbf{V_1}$ 及波幅和相位響應來證明電路是一個二階全通濾波器。（建議：參考練習 15.2.4）

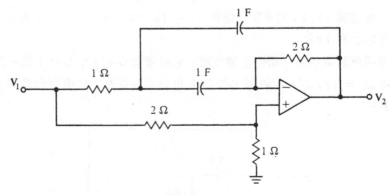

習題 **15.38**

15.39 所給電路是一個四階巴特握帶通濾波器（網路函數的分母是四次多項式），它有 $\omega_0 = \sqrt{2}\,\mathrm{rad/s}$ 和 $Q = 5$；現我們求

$$\mathbf{H}(s) = \frac{V_2}{V_1} = \frac{\frac{2}{25}s^2}{s^4 + \frac{2}{5}s^3 + \frac{102}{25}s^2 + \frac{4}{5}s + 4}$$

來證明上述所敍述的。〔建議：求波幅響應且證明於 $\omega_o = \sqrt{2}$ 時得到它的波峯值，並求 $\omega_{c1,c2} \approx \omega_0 \pm (\omega_0/10)$ 能滿足特有的方程式；因為 $|\mathbf{H}| \geq 0$ ，所以 $|\mathbf{H}|^2$ 最大值產生時，也是 $|\mathbf{H}|$ 產生最大值時，故 $|\mathbf{H}|$ 和 $|\mathbf{H}|^2$ 都是 ω^2 的函數，因而最大值發生於

$$\frac{d}{d\omega^2}|\mathbf{H}(j\omega)|^2 = 0$$

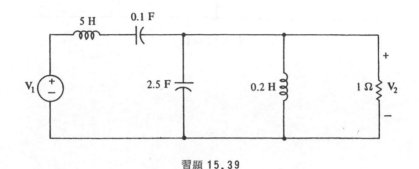

習題 15.39

又因為 $(d/d\omega)|\mathbf{H}|^2 = (d/d\omega^2)|\mathbf{H}|^2 (d\omega^2/d\omega) = 2\omega(d/d\omega^2)|\mathbf{H}|^2 = 0$ ，所以我們必須單獨檢查 $\omega = 0$ 時，最大值是否產生。〕

15.40 刻度習題 15.39 的電路，使得 $\omega_0 = \sqrt{2} * 10^6 \mathrm{rad/s}$ ，且使用 $0.01\mu\mathrm{F}$ 和 $0.25\mu\mathrm{F}$ 電容器。

___電腦應用習題___

15.41 對習題 15.17，用 SPICE 畫出 $0.001 < f < 0.05\mathrm{Hz}$ 範圍內的頻率響應 $\mathbf{V_2}$ 。

15.42 用 SPICE 重做習題 15.28，並從圖形直接求出中心頻率和帶寬。

15.43 對習題 15.39，用 SPICE 畫出 $0.001 < f < 0.5\mathrm{Hz}$ 範圍內的頻率響應。

15.44 用 SPICE 畫出圖示網路的頻率響應，並決定濾波器的型態（譬如帶通等）及它的特性（譬如，通過頻帶、截止頻率等）。

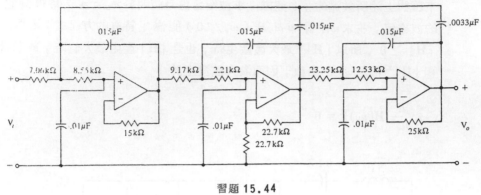

習題 15.44

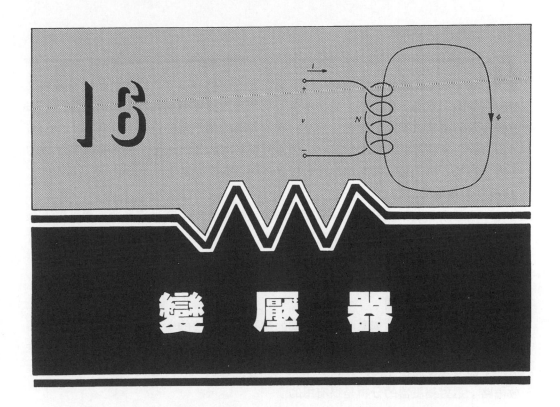

Westinghouse 是世界貴族之一，他使人們享有一個無限制的舒適生活。

Nikola Tesla

在1880年代，由於Tesla的著名發明"變壓器"（可昇降交流電壓）及Westinghouse 的天賦，促使 AC勝過DC成為標準的電源形式。1869年Westinghouse 即因發明鐵路火車的氣動刹車而著名。他也很妥善地應用他的財富僱用 Tesla 及購買 Lucien Gaulard 和 John D. Gibhs 的發明"實用變壓器"。

Westinghouse 出生於紐約市的 Central Bridge 區，他是一位著名電機工廠的少東。在世界大戰期間，他服務於 Union Army and Navy。在他擁有自己事業之前服務於聯合大學。40歲那年他成立西屋氣動刹車公司，主要是發展安全性的瓦斯管路系統及瓦斯計量計。1886年他籌組西屋電氣公司，也因此成功地提倡AC系統。Westinghouse 是美國偉大發明家之一，也是美國工業界的巨人之一。

在第 7 章，我們討論電感時，已發現電流的改變將產生磁通的改變，而磁通改變會在線圈上感應一個電壓。而在本章，我們將討論兩個或更多個不同的線圈，在它們共有的磁通改變時的影響。分享共有的磁通的鄰近線圈被叫做互耦（mutally coupled），在互耦電路內，若在一個線圈繞組內的電流改變，將會在與其互耦的繞組上感應一個電壓，而感應電壓是被存在鄰近線圈間的互感（mutual induct-ance）所特定的。

一個互耦線圈系統是繞在一個複合形式或鐵心上時，常叫這系統為變壓器，變壓器有很多不同的尺寸和形狀，且應用廣泛，而變壓器的結構可以和阿斯匹林藥片一樣小，例如在無線電，電視機，和連接不同放大級的立體音響內，均有此種變壓器，換句話說，對 60Hz 電力使用的變壓器，它的尺寸範圍可從小至一個乒乓球，到大於一部汽車的範圍。

我們將只討論線性變壓器（即組成的線圈都是線性的），且從討論自感和互感的性質開始；其次分析儲存能量和阻抗的性質，並介紹線性變壓器一個重要的特殊情形，即理想變壓器（ideal transformer）；我們也將討論表示線性變壓器的等效電路，這對變壓器的分析是很有用的。

本章內的電路分析將包含時域和頻域分析，但特別強調頻域分析，乃因大多數重要變壓器均在交流穩態下使用所致。

16.1 互感（MUTUAL INDUCTANCE）

在 7.4 節中，我們發現一個線性電感器（如圖 16.1 所示）的電感 L 和磁通鏈 λ 的關係式為

$$\lambda = N\phi = Li$$

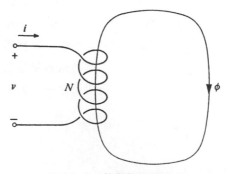

圖 16.1　簡單的電感器

從法拉第定理得知端電壓為

$$v = \frac{d\lambda}{dt} = L\frac{di}{dt}$$

　　從上式很明顯的知道，在一個線圈內感應的電壓含有一個時變的磁通，而和磁通的來源無關。因此讓我們假設在 $N = N_1$ 匝的線圈附近，有一個 N_2 匝的線圈，這如圖 16.2(a)所示，此時，我們已經構成一個含有兩對端點的簡單變壓器，在這裏線圈1被參考為一次繞組（primary winding），線圈2為二次繞組（secondary winding）。

　　為了介紹幾個重要的感應量，讓我們從圖 16.2(a)的二次繞組開路情形開始討論，電流 i_1 產生的磁通量 ϕ_{11} 是

$$\phi_{11} = \phi_{L1} + \phi_{21}$$

這裏 ϕ_{L1} 叫做漏磁通（leakage flux），是 i_1 的磁通交鏈線圈1而不交鏈線圈2，而 ϕ_{21} 叫做互通量（mutual flux），是 i_1 的磁通交鏈線圈2和1。

　　我們將假設每一線圈內的磁通交鏈線圈的所有匝，這如同線性電感器的情形，因為二次繞組開路，所以沒有電流流進線圈2，且這線圈的磁通鏈是

$$\lambda_2 = N_2\phi_{21}$$

因此電壓 v_2 是

$$v_2 = \frac{d\lambda_2}{dt} = N_2\frac{d\phi_{21}}{dt}$$

（以後我們將證明極點如圖所示。）

　　在一個線性變壓器內，磁通 ϕ_{21} 是比例於 i_1，因而

$$N_2\phi_{21} = M_{21}i_1 \tag{16.1}$$

這裏 M_{21} 是互感，單位為亨利（H），使用這互感，則二次繞組開路電壓可以寫為

$$v_2 = M_{21}\frac{di_1}{dt}$$

現在讓我們求一次電壓（primary voltage） v_1，我們知道

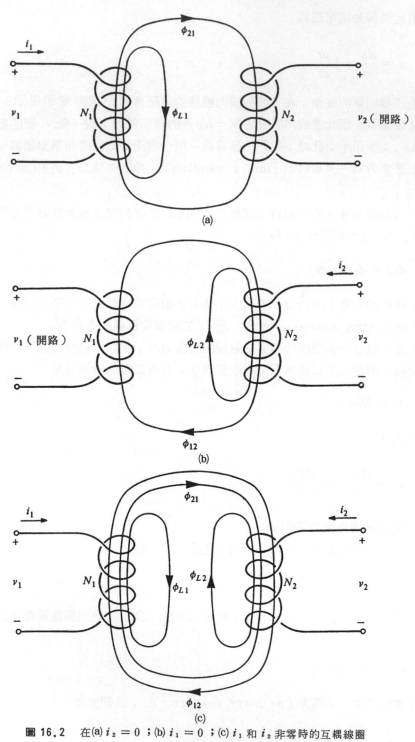

圖 16.2　在(a) $i_2 = 0$ ；(b) $i_1 = 0$ ；(c) i_1 和 i_2 非零時的互耦線圈

$$v_1 = \frac{d\lambda_1}{dt}$$

這裏線圈 1 的磁通鏈 λ_1 爲

$$\lambda_1 = N_1\phi_{11}$$

在一個單一的線性電感器時，一次繞組的電感 L_1 有時叫做它的自感，這是爲了和互感有所區分，這裏 L_1 定義爲

$$L_1 i_1 = N_1\phi_{11} \qquad (16.2)$$

因此 $\qquad v_1 = L_1\frac{di_1}{dt}$

其次，讓我們考慮圖 16.2 (b)，此時一次開路且電流 i_2 流進二次繞組，分析的程序如前，所以有

$$\phi_{22} = \phi_{L2} + \phi_{12}$$

這裏 ϕ_{L2} 是 i_2 交鏈線圈 2 的漏磁通，且 ϕ_{12} 是交鏈線圈 1 和 2 的互通量，因而線圈 1 的磁通鏈是

$$\lambda_1 = N_1\phi_{12}$$

一次電壓爲

$$v_1 = \frac{d\lambda_1}{dt} = N_1\frac{d\phi_{12}}{dt}$$

若我們定義

$$N_1\phi_{12} = M_{12}i_2 \qquad (16.3)$$

這裏 M_{12} 是一個互感，則一次開路電壓爲

$$v_1 = M_{12}\frac{di_2}{dt}$$

在下一節中，我們將證明 M_{12} 等於 M_{21}，於是我們將以 M 表示互感，卽

$$M = M_{12} = M_{21} \tag{16.4}$$

二次電壓是

$$v_2 = \frac{d\lambda_2}{dt}$$

這裏磁通鏈是

$$\lambda_2 = N_2\phi_{22}$$

現在我們定義

$$L_2 i_2 = N_2\phi_{22} \tag{16.5}$$

的關係式，這裏 L_2 是線圈 2 的自感，單位爲亨利（H），因此

$$v_2 = L_2\frac{di_2}{dt}$$

是一次開路情形時的二次電壓（secondary voltage）。

現在讓我們考慮圖 16.2 (c)的一般情形，這裏 i_1 和 i_2 都是非零的，因而在線圈 1 和 2 內的磁通分別是

$$\phi_1 = \phi_{L1} + \phi_{21} + \phi_{12} = \phi_{11} + \phi_{12}$$
$$\phi_2 = \phi_{L2} + \phi_{12} + \phi_{21} = \phi_{21} + \phi_{22}$$

因此一次和二次線圈的磁通鏈爲

$$\lambda_1 = N_1\phi_{11} + N_1\phi_{12}$$
$$\lambda_2 = N_2\phi_{21} + N_2\phi_{22}$$

將 (16.1)－(16.5) 代入上式，可以發現一次和二次電壓分別是

$$v_1 = L_1\frac{di_1}{dt} + M\frac{di_2}{dt}$$
$$\tag{16.6}$$
$$v_2 = M\frac{di_1}{dt} + L_2\frac{di_2}{dt}$$

很明顯的 ， v_1 和 v_2 電壓分別包含自感 L_1 和 L_2 所引起的自感電壓 ， 及互感 M 引起的互感電壓 。

在前面的討論中 ， 圖 16 . 2 線圈繞組的電壓 、 電流表示是爲了使互感電壓 M di_1/dt 和 $M\,di_2/dt$ 的代數符號都爲正 ； 事實上 ， 要詳細的描繪線圈繞組的電壓極性和電流方向是不合實際的 ， 因此我們使用一個點規則 （ dot convention ） 來表示互感電壓的極性 。 圖 16.3 表示圖 16.2 變壓器的等效電路 ， 而指定的正極性符號使得在一繞組內流入點 （ 無點 ） 端點的電流做正向增加時 ， 將在另一繞組的點 （ 無點 ） 端點處感應一個正電壓 。

爲了寫出變壓器的描述方程式 ， 我們可以下述規則來說明 ：

在一個繞組內 ， 電流 i 流入點 （ 無點 ） 端點時 ， 將於另一繞組的點 （ 無點 ） 端點處 ， 感應一個 Mdi/dt 正極性的電壓 。

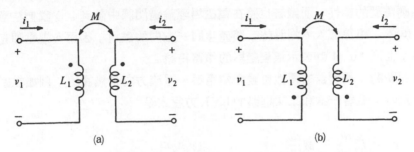

圖 16.3　　圖 16.2 變壓器的電路符號 ， (a)點在上端點 ； (b)點在下端點

我們注意這規則內 ， 電流 i 增加與否並不是很重要的 ， 因爲感應電壓的符號是由 di/dt 來決定的 ， 即 i 增加時感應電壓 $M\,di/dt$ 爲正 ； i 減小時 ， 感應電壓爲負 ， 若 i 是直流電流 ， 則感應電壓當然爲零 。

例題 16.1

　　玆舉一例 ， 讓我們寫出圖 16.3 (a)的廻路方程式 。 因爲 i_2 進入點端點 ， 所以在一次繞組的點端點處 ， 感應一個正極性的互感電壓 （ mutual voltage ） Mdi_2/dt ； 相似的 ， i_1 進入點端點 ， 所以在二次繞組的點端點處 ， 感應一個正極性的互感電壓 Mdi_1/dt ， 因此沿一次和二次電路的 KVL 方程式爲 (16.6) 式 。

　　使用類似的方法 ， 對圖 16.3 (b)無點 （ 記號 ） 端點的 KVL 方程式 ， 仍是 (16.6) 式 。

　　現在讓我們在變壓器上 ， 建立一個設定極性符號的方法 。 我們從任意設定一次繞組的點端點 （ 像圖 16.4 (a) ） 開始 ， 進入點端點電流所產生的磁通 ϕ 也表示在圖

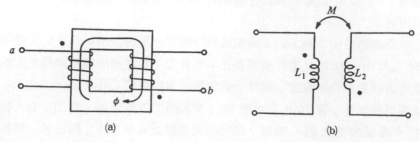

圖16.4 (a)決定極性符號的變壓器模式；(b)電路符號

上，（ϕ 的方向是由右手定則所決定的，而右手定則的敍述是：若右手手指指向線圈內電流方向時，大姆指所指的方向即爲 ϕ 的方向。）則二次繞組的點端點爲電流進入此端點時，能產生同一方向的磁通。（這敍述就是有名的楞次定理，它可以被用來求感應電壓的極性，而讀者也將在電磁場理論這門課中讀到。）我們注意到在圖16.4 (a)內，電流流入 b 端點時，將產生同一方向的磁通，因而 b 端點即是所要的極性點，而圖16.4 (b)表示這變壓器的電路符號。

很明顯的，變壓器的極性符號和端電壓、電流方向是無關的，例如在圖16.5 (a)的設定時，沿著一次和二次廻路的KVL方程式是

$$v_1 = L_1 \frac{di_1}{dt} - M \frac{di_2}{dt}$$

$$v_2 = -M \frac{di_1}{dt} + L_2 \frac{di_2}{dt}$$

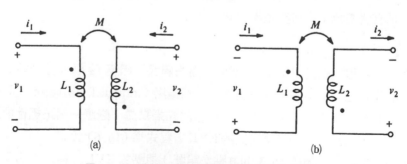

圖16.5 有不同的端電壓和電流設定的變壓器

在圖16.5 (b)內，電壓和電流的設定已經改變，此時的KVL方程式爲

$$v_1 = -L_1\frac{di_1}{dt} - M\frac{di_2}{dt}$$

$$v_2 = M\frac{di_1}{dt} + L_2\frac{di_2}{dt}$$

從上面的結果，我們可以獲得決定互感電壓符號的另一個方法，玆將其敘述如下：

若一次和二次電流同時流進（流出）點端點，則對每一端點的互感和自感電壓項都有同一符號，否則它們爲異號。

讀者能對圖 16.3 和 16.5 的情形，很容易證明上述方法的優點。

例題 16.2

玆舉一例，讓我們求圖 16.6 電路內的開路電壓 v_2 ，這裏 $i_1(0^-) = 0$ 。對 $t > 0$ 時，由於沒有電流在二次繞組內流動，所以只寫出一次繞組的 KVL 方程式

$$\frac{di_1}{dt} + 10i_1 = 20$$

這爲一階微分方程式，而它的通解是

$$i_1 = 2 + Ae^{-10t}$$

因爲 $i(0^+) = i(0^-) = 0$ ，所以 $A = -2$ 及

$$i_1 = 2(1 - e^{-10t})\ \text{A}$$

因此，二次電壓爲

$$v_2 = -0.25\frac{di_1}{dt}$$

$$= -5e^{-10t}\ \text{V}$$

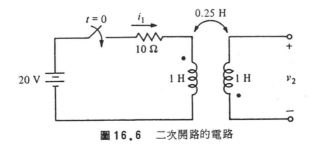

圖 16.6 二次開路的電路

現在讓我們考慮圖16.3(a)的變壓器，被一個複頻率 s 的電源所激勵，在這情形時，由於時域項的微分相等於它的頻率項乘以 s ，所以(16.6)式的相量方程式為

$$V_1(s) = sL_1 I_1(s) + sM I_2(s)$$
$$V_2(s) = sM I_1(s) + sL_2 I_2(s)$$

而對這網路的相量電路表示在圖16.7 ，若在一個純正弦激勵時，我們可以 $j\omega$ 取代 s 來表示方程式。

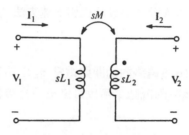

圖16.7 變壓器的相量電路

例題16.3

最後一個例題是，在圖16.8的網路內，若有複激勵函數 $V_1(s)$ 時，則電壓相量 $V_2(s)$ 為何？由於在一次和二次繞組的迴路方程式是

$$V_1 = (s + 2)I_1 + sI_2$$
$$0 = sI_1 + (2s + 3)I_2$$

因此

$$I_2 = \frac{\begin{vmatrix} s+2 & V_1 \\ s & 0 \end{vmatrix}}{\begin{vmatrix} s+2 & s \\ s & 2s+3 \end{vmatrix}}$$
$$= \frac{-sV_1}{s^2 + 7s + 6}$$

此時，若 $H(s)$ 表示電壓比函數，則

$$H(s) = \frac{V_2}{V_1} = \frac{3I_2}{V_1} = \frac{-3s}{s^2 + 7s + 6}$$

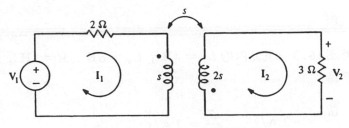

圖 16.8 含有一個複激勵的電路

$$= \frac{-3s}{(s + 1)(s + 6)}$$

而圖 16.9 表示 $|\mathbf{H}(j\omega)|$ 的圖形和 $\mathbf{H}(s)$ 的極零圖，且我們可以證明，最大的交流穩態響應發生於 $\omega = \sqrt{6}\,\text{rad/s}$。現在我們若假設 $v_1 = 100\cos 10t\,\text{V}$，則

$$\mathbf{V}_1 = 100\ \text{V}, \qquad s = j10\ \text{rad/s}$$

且

$$\mathbf{V}_2 = \mathbf{H}\mathbf{V}_1 = \frac{(-j30)(100)}{-100 + j70 + 6}$$

這可簡化爲

$$\mathbf{V}_2 = 25.6\underline{/126.7°}\ \text{V}$$

因而交流穩態響應是

$$v_2(t) = 25.6\cos(10t + 126.7°)\ \text{V}$$

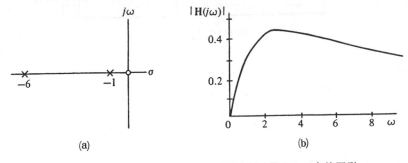

(a) (b)

圖 16.9 圖 16.8 網路的(a)極零圖；(b) $|\mathbf{H}(j\omega)|$ 的圖形

練 習

16.1.1 若圖 16.3 (a)電路內的 $L_1 = 4\text{H}$, $L_2 = 6\text{H}$, $M = 3\text{H}$, 且電流變化速率爲

$$\frac{di_1}{dt} = -2 \text{ A}/s, \qquad \frac{di_2}{dt} = 2 \text{ A}/s$$

求 v_1 和 v_2 。

答: -2 , 6V

16.1.2 在圖 16.3 (a)的電路內 , $L_1 = L_2 = 0.1\text{H}$ 和 $M = 10\text{mH}$ 。 若(a) $i_1 = 0.4 \sin t \text{A}$ 和 $i_2 = 0.2 \cos t \text{V}$, (b) $i_1 = 0$ 和 $i_2 = 10 \cos 100t \text{mA}$, 求 v_1 和 v_2 。

答: (a)$40 \cos t - 2 \sin t$, $4 \cos t - 20 \sin t \text{ mV}$;

(b)$-10 \sin 100t$, $-100 \sin 100t \text{ mV}$

16.1.3 證明圖 16.2 的線圈符合圖 16.3 的極性符號 。

16.1.4 求電流相量 $\mathbf{I}_1$ 和 $\mathbf{I}_2$ 。

答: $2 - j2$, $j2\text{A}$

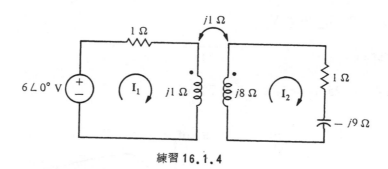

練習 16.1.4

16.2 能量儲存 (ENERGY STORAGE)

我們先前已經證明於時間 t 時 , 在電感器內的儲存能量是

$$w(t) = \frac{1}{2} L i^2(t)$$

很明顯的，對一個已知的電感 L，儲存能量完全被 $i(t)$ 項決定。現在讓我們決定儲存在一對互耦電感器內的能量，並證明 $M_{12} = M_{21} = M$，且為 M 量的極限。

在圖 16.3 內，儲存的能量是供給一次和二次繞組的能量和，從 (16.6) 式得知，釋放到這些繞組的瞬間功率為

$$p_1 = v_1 i_1 = \left(L_1 \frac{di_1}{dt} + M_{12} \frac{di_2}{dt} \right) i_1$$

$$p_2 = v_2 i_2 = \left(M_{21} \frac{di_1}{dt} + L_2 \frac{di_2}{dt} \right) i_2$$

(16.7)

這裏 M 已經被適當的 M_{12} 和 M_{21} 取代。

現在讓我們完成一個簡單的實驗，假使我們在 t_0 時，有 $i_1(t_0) = i_2(t_0) = 0$，此時由於沒有磁通，所以沒有能量儲存在磁場內，即 $\omega(t_0) = 0$；其次，假設從 t_0 開始至 t_1 間，i_2 仍保持零，i_1 增加至 $i_1(t_1) = I_1$，則在這段時間內，$i_2 = 0$，$di_2/dt = 0$，而累積的能量為

$$w_1 = \int_{t_0}^{t_1} (p_1 + p_2) \, dt = \int_{t_0}^{t_1} L_1 i_1 \frac{di_1}{dt} dt$$

$$= \int_0^{I_1} L_1 i_1 \, di_1 = \frac{1}{2} L_1 I_1^2$$

最後，讓我們維持 $i_1 = I_1$ 且增加 i_2 至 $i_2(t_2) = I_2$，則在這段時間內 $di_1/dt = 0$，累積的能量為

$$w_2 = \int_{t_1}^{t_2} \left(M_{12} I_1 \frac{di_2}{dt} + L_2 i_2 \frac{di_2}{dt} \right) dt$$

$$= \int_0^{I_2} (M_{12} I_1 + L_2 i_2) \, di_2$$

$$= M_{12} I_1 I_2 + \frac{1}{2} L_2 I_2^2$$

因而在時間 t_2 時，變壓器內的儲存能量為

$$w(t_2) = w(t_0) + w_1 + w_2$$

$$= \frac{1}{2}L_1 I_1^2 + M_{12} I_1 I_2 + \frac{1}{2}L_2 I_2^2$$

現在讓我們重複上述實驗，不過此時先增加 i_2 至 I_2 ，再增加 i_1 至 I_1 ；即在時間 t_0 和 t_1 間，增加 i_2 至 I_2 且維持 $i_1 = 0$ ，其次維持 $i_2 = I_2$ 且增加 i_1 至 $i_1(t_2) = I_1$ ，利用先前的步驟，我們發現

$$w(t_2) = \frac{1}{2}L_1 I_1^2 + M_{21} I_1 I_2 + \frac{1}{2}L_2 I_2^2$$

然而，在兩個實驗內，若 $i_1(t_2) = I_1$ 和 $i_2(t_2) = I_2$ ，則 $\omega(t_2)$ 都相同，所以比較兩個 $\omega(t_2)$ ，我們看見這需要

$$M_{12} = M_{21} = M$$

若我們在圖 16.4 內重複上述實驗，則知互感電壓爲負，且引起互感能量 $MI_1 I_2$ 也爲負的，因而在任何時間 t 時，能量的一般表示式是

$$w(t) = \frac{1}{2}L_1 i_1^2 \pm M i_1 i_2 + \frac{1}{2}L_2 i_2^2 \tag{16.8}$$

這裏互感項的符號於 i_1 和 i_2 同時流進點（無點）端點時，爲正；反之，它爲負。

在電感器間的耦合係數（ coefficient of coupling ）表示電感器耦合的量，它的定義爲

$$k = \frac{M}{\sqrt{L_1 L_2}} \tag{16.9}$$

很顯然的，在線圈間若沒有耦合，則 $M = 0$ 。而我們將（16.1）式─（16.5）式代入（16.9）式，可獲得 K 的上限爲

$$k = \frac{M}{\sqrt{L_1 L_2}} = \frac{\sqrt{M_{12} M_{21}}}{\sqrt{L_1 L_2}} = \sqrt{\frac{\phi_{12}}{\phi_{11}}} \sqrt{\frac{\phi_{21}}{\phi_{22}}} \leq 1$$

這是因爲 $\phi_{12}/\phi_{11} \leq 1$ 及 $\phi_{21}/\phi_{22} \leq 1$ ，所以我們必定有

$$0 \leq k \leq 1$$

或 $\qquad 0 \leq M \leq \sqrt{L_1 L_2}$

假使 $K = 1$ ，則所有磁通均交鏈兩個繞組的所有匝 ，而在此情形下的變壓器稱爲全耦合變壓器（unity-coupled transformer）。

　　而 K 值（或 M）是和實體尺寸，每一線圈的匝數，繞組的相對位置及鐵心的磁化性質（magnetic property）有關。假使 $K <.5$ ，則線圈稱爲鬆弛耦合（loose-ly coupled）；若 $K >.5$ ，則稱爲緊密耦合（tightly coupled）。而大部份的空氣心（air-core）變壓器是鬆弛耦合，相反的，鐵心（iron-core）變壓器的 K 值接近於 1 。

　　現在讓我們求 $\omega(t) = 0$ 時的 i_1 和 i_2 值，從二次公式得知

$$i_1 = \mp \frac{M i_2}{L_1} \pm \frac{i_2}{L_1} \sqrt{M^2 - L_1 L_2}$$

對實數值的 i_1 和 i_2 ，$\omega(t) = 0$ 必須

$$\begin{aligned} i_1 = i_2 = 0 &\qquad M < \sqrt{L_1 L_2} \\ i_1 = \pm \frac{M}{L_1} i_2, &\qquad M = \sqrt{L_1 L_2} \end{aligned}$$
(16.10)

這裏，若 i_1 和 i_2 同時進入點（無點）端點，則第二式符號爲負，否則爲正；（16.10）式的第二個方程式證明在一個全耦合（$K = 1$）變壓器內，雖然 i_1 和 i_2 非零，但 $\omega(t)$ 仍能爲零。

練　習

16.2.1　若 $L_1 = 0.02$H ，$L_2 = 0.125$H ，$M = 0.04$H ，求耦合係數 。
　　　　箮：0.8

16.2.2　若 $L_1 = 0.2$H ，$L_2 = 0.8$H 和(a)$K = 1$ ，(b)$K = 0.5$ ，(c)$K = 0.02$ ，求 M 。
　　　　箮：(a)0.4H；(b)0.2H；(c)8mH

16.2.3　決定練習 16.1.2 的每一情形在 $t = 0$ 時的儲存能量 。
　　　　箮：(a)2mJ；(b)5μJ

16.3 含有線性變壓器的電路 （CIRCUITS WITH LINEAR TRANSFORMERS）

一個兩繞組的變壓器，通常是一個四端點的裝置，在這裏一次繞組的參考電壓能夠不同於二次的，且不影響 v_1，v_2，i_1 和 i_2 值。

例題 16.4

例如，在圖 16.10 的電路內，沿一次和二次電路的 KVL 方程式是

$$v_1(t) = R_1 i_1 + L_1 \frac{di_1}{dt} - M \frac{di_2}{dt}$$

$$0 = -M \frac{di_1}{dt} + R_2 i_2 + L_2 \frac{di_2}{dt}$$

很明顯的，V_0 並不影響電壓和電流，對這理由，變壓器的二次側與一次側是直流絕緣（dc isolation）；而點 a 對地電壓當然是 $V_0 + i_2 R$ 的絕對電位（absolute potential）。現在，若 $V_0 = 0$，則變壓器的底端點被連接，且一次和二次電路有一個共通的參考點，此時的變壓器是一個三端點的裝置。

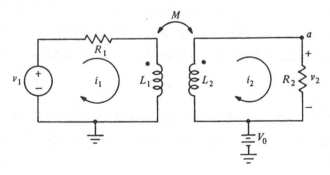

圖 16.10 在電路內，一次和二次參考電壓不相同

例題 16.5

第二個例題是求圖 16.11 內，對 $t > 0$ 時的完全響應 i_2，這裏 $M = 1/\sqrt{2}$ H 和 $i_1(0^-) = i_2(0^-) = 0$，因爲 i_1 的激勵響應是一個直流電流（由觀察法知），所以在二次電路沒有感應的穩態電壓產生，因而 $i_{2f} = 0$。爲了求自然響應，讓我們先求 $t > 0$ 時的網路函數，對一個複激勵 $V_1(s)$，可得 KVL 方程式爲

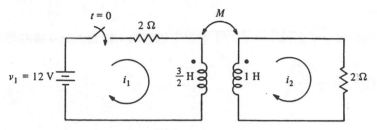

圖 16.11 含有一個變壓器的開關電路

$$V_1(s) = \left(\frac{3}{2}s + 2\right)I_1 - \frac{1}{\sqrt{2}}sI_2$$

$$0 = -\frac{1}{\sqrt{2}}sI_1 + (s + 2)I_2$$

從這，我們發現

$$\mathbf{H}(s) = \frac{\mathbf{I}_2}{\mathbf{V}_1} = \frac{1}{\sqrt{2}}\frac{s}{(s + 1)(s + 4)}$$

因為 $\mathbf{H}(s)$ 的極點是自然頻率，所以 -1，-4 是自然頻率，因而對 $t > 0$ 時

$$i_2 = i_{2f} + i_{2n} = 0 + A_1e^{-t} + A_2e^{-4t}$$

從 (16.8) 式得知 $\omega(0^-) = 0$，且在缺乏無窮大的激勵函數時，能量無法瞬時改變，所以 $\omega(t^+) = 0$。從 (16.10) 式得知，$M < \sqrt{L_1L_2}$ 時，$i_1(0^+) = i_2(0^+) = 0$。為了求 A_1 和 A_2 時所需的第二個初始條件，讓我們於 $t = 0^+$ 時，寫出一次和二次電路的 KVL 方程式

$$12 = \frac{3}{2}\frac{di_1(0^+)}{dt} - \frac{1}{\sqrt{2}}\frac{di_2(0^+)}{dt}$$

$$0 = -\frac{1}{\sqrt{2}}\frac{di_1(0^+)}{dt} + \frac{di_2(0^+)}{dt}$$

從這裏，可發現 $di_2(0^+)/dt = 6\sqrt{2}$ A/s，而利用 $i_2(0^+)$ 和 $di_2(0^+)/dt$，可算出 A_1 和 A_2，因此解變為

$$i_2 = 2\sqrt{2}(e^{-t} - e^{-4t}) \text{ A}$$

例題 16.6

現在若對 $M = \sqrt{L_1 L_2} = \sqrt{3/2}$ 重複上述例題，則對 $t > 0$ 時的網路函數為

$$\mathbf{H}(s) = \frac{\sqrt{3/2}\,s}{5s + 4}$$

而完全響應為

$$i_2 = A e^{-0.8t}$$

我們知道 $i_1(0^-) = i_2(0^-) = 0$ ，但若仍如前一樣取 $i_2(0^+) = i_2(0^-)$ ，則會得到一個不合理的解 $i_2 = 0$ ，而這可由 KVL 方程式證明，我們再一次寫出一次和二次電路的 KVL 方程式

$$12 = 2i_1 + \frac{3}{2}\frac{di_1}{dt} - \sqrt{\frac{3}{2}}\frac{di_2}{dt}$$

$$0 = -\sqrt{\frac{3}{2}}\frac{di_1}{dt} + 2i_2 + \frac{di_2}{dt}$$

我們將第二個方程式乘以 $\sqrt{3/2}$ ，且將結果和第一個方程式相加，得

$$12 = 2i_1 + \sqrt{6}\,i_2 \tag{16.11}$$

這結果和 $i_1(0^+) = i_2(0^+) = 0$ 矛盾。

　　回想（16.10）式得知，全耦合變壓器在

$$i_1(0^+) = \frac{M}{L_1}i_2(0^+) = \sqrt{\frac{2}{3}}\,i_2(0^+)$$

時，儲存能量為零，若比較上一個式子和（16.11）式，則知 $i_2(0^+) = 2.94\,\mathrm{A}$ ，因此

$$i_2 = 2.94 e^{-0.8t}\ \mathrm{A}$$

因而在一個有限激勵函數激勵的全耦合變壓器內的電流，能夠瞬間改變。

例題16.7

另一個例題是求圖16.12穩態響應 v_2 ，對一個複頻率 s ，應用KVL定律得

$$\mathbf{V_1} = \left(s + 3 + \frac{1}{s}\right)\mathbf{I_1} - \left(s + \frac{1}{s}\right)\mathbf{I_2}$$

$$0 = -\left(s + \frac{1}{s}\right)\mathbf{I_1} + \left(2s + 1 + \frac{1}{s}\right)\mathbf{I_2}$$

從這得知

$$\mathbf{H}(s) = \frac{\mathbf{V_2}}{\mathbf{V_1}} = \frac{\mathbf{I_2}}{\mathbf{V_1}} = \frac{s^2 + 1}{s^3 + 7s^2 + 4s + 4}$$

代 $s = j2\,\text{rad}/s$ 和 $\mathbf{V_1} = 16\text{V}$ 入上述方程式，得知 $\mathbf{V_2} = 2\underline{/0°}\,\text{V}$ ，因而

$$v_2 = 2\cos 2t\ \text{V}$$

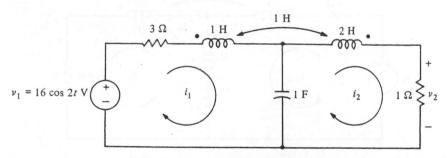

圖16.12 含有一個線性變壓器的電路

例題16.8

最後一個例題是求圖16.13相量電路的網路函數 $\mathbf{V_2}/\mathbf{V_1}$ 。我們先求在廻路1內，跨於A繞組上的電壓 $\mathbf{V_A}$ ，我們看到由 $\mathbf{I_1}$ 引起的 $\mathbf{V_A}$ 電壓分量為繞組A的自感電壓（ $2s\mathbf{I_1}$ ）和繞組C的互感電壓（ $2s\mathbf{I_1}$ ）；而 $\mathbf{I_2}$ 引起的 $\mathbf{V_A}$ 電壓分量為繞組B的互感電壓（ $-s\mathbf{I_2}$ ）和繞組C的互感電壓（ $-2s\mathbf{I_2}$ ），因而

$$\mathbf{V_A} = (2s + 2s)\mathbf{I_1} - (s + 2s)\mathbf{I_2}$$

利用類似的方法，我們可得

$$\mathbf{V}_B = -(s + 3s)\mathbf{I}_1 + (3s + 3s)\mathbf{I}_2$$
$$\mathbf{V}_C = (4s + 2s)\mathbf{I}_1 - (4s + 3s)\mathbf{I}_2$$

寫出廻路 1 和 2 的 KVL 方程式

$$\mathbf{V}_1 = 3\mathbf{I}_1 + \mathbf{V}_A + \mathbf{V}_C - 2\mathbf{I}_2$$
$$0 = -2\mathbf{I}_1 - \mathbf{V}_C + \mathbf{V}_B + 5\mathbf{I}_2$$

或
$$\mathbf{V}_1 = (10s + 3)\mathbf{I}_1 - (10s + 2)\mathbf{I}_2$$
$$0 = -(10s + 2)\mathbf{I}_1 + (13s + 5)\mathbf{I}_2$$

從這些方程式中，解得 $\mathbf{I}_2/\mathbf{V}_1$ 的比，而網路函數為

$$\mathbf{H}(s) = \frac{\mathbf{V}_2}{\mathbf{V}_1} = \frac{3\mathbf{I}_2}{\mathbf{V}_1} = \frac{3(10s + 2)}{30s^2 + 49s + 11}$$

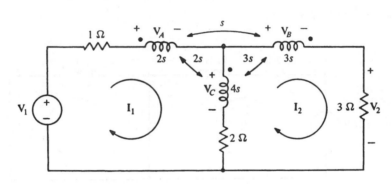

圖 16.13 含有一個三繞組變壓器的電路

練 習

16.3.1 在圖 16.11 網路內，若 $M = 1/\sqrt{2}$ H，則求 $t > 0$ 時的 i_1。假設電路於 $t = 0^-$ 時，在穩態狀況下。

答：$6 - 4e^{-t} - 2e^{-4t}$ A

16.3.2 若 $v_1 = 8e^{-2t}\cos t$ V，則求激勵響應 v_2。

答：$\sqrt{2}\ e^{-2t}\cos(t + 45°)$ V

16.3.3 若在圖 16.13 內，線圈 B 的極性點是位於另一端點，則求網路函數 $\mathbf{V}_2/\mathbf{V}_1$。

答：$6(s+1)/(6s^2 + 45s + 11)$

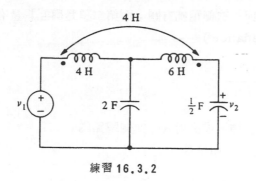

練習 16.3.2

16.4 反射阻抗 (REFLECTED IMPEDANCE)

　　在本節中，我們將對交流穩態情形，導出幾個重要的阻抗關係式。讓我們考慮圖 16.14 的相量電路，它有一個實際電源 V_g 及二次側連接一個阻抗 Z_2。

　　寫出變壓器一次側端點的 KVL 方程式，得

$$V_1 = j\omega L_1 I_1 - j\omega M I_2$$
$$0 = -j\omega M I_1 + (Z_2 + j\omega L_2)I_2 \qquad (16.12)$$

從這些方程式中消去 I_2 得

$$V_1 = \left[j\omega L_1 - \frac{j\omega M \,(j\omega M)}{Z_2 + j\omega L_2} \right] I_1$$

所以，從變壓器一次側端點看入的輸入阻抗爲

$$Z_1 = \frac{V_1}{I_1} = j\omega L_1 + \frac{\omega^2 M^2}{Z_2 + j\omega L_2} \qquad (16.13)$$

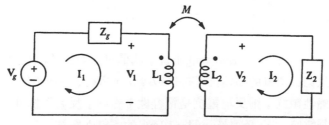

圖 16.14　用來推導阻抗關係式的電路

第一項 $j\omega L_1$ 是完全與一次側電抗有關,而第二項是與互耦量有關,也叫做反射阻抗(reflected impedance)

$$\mathbf{Z}_R = \frac{\omega^2 M^2}{\mathbf{Z}_2 + j\omega L_2}$$

它可以想成二次側阻抗插入或反射入一次側電路內。

從電源 $\mathbf{V}_g$ 看入的輸入阻抗為

$$\mathbf{Z}_{\text{in}} = \mathbf{Z}_g + \mathbf{Z}_1$$

其次,二次對一次的電流比 $\mathbf{I}_2/\mathbf{I}_1$,可以從 (16.12) 式的第二個方程式中獲得,且電壓比 $\mathbf{V}_2/\mathbf{V}_1$ 為

$$\frac{\mathbf{V}_2}{\mathbf{V}_1} = \frac{\mathbf{Z}_2 \mathbf{I}_2}{\mathbf{V}_1} = \mathbf{Z}_2\left(\frac{\mathbf{I}_2}{\mathbf{I}_1}\right)\left(\frac{\mathbf{I}_1}{\mathbf{V}_1}\right)$$

而結果是

$$\frac{\mathbf{I}_2}{\mathbf{I}_1} = \frac{j\omega M}{\mathbf{Z}_2 + j\omega L_2}$$
$$\frac{\mathbf{V}_2}{\mathbf{V}_1} = \frac{j\omega M \mathbf{Z}_2}{j\omega L_1(\mathbf{Z}_2 + j\omega L_2) + \omega^2 M^2} \tag{16.14}$$

值得注意的是,$\mathbf{Z}_R$ 是獨立於變壓器上的點位置。若在圖 16.14 內,任一點放在另一端點上,則在 (16.14) 式內每一方程式的互感項均要變號,即相當於以 $-M$ 取代 M;然而 $\mathbf{Z}_R$ 是隨 M^2 變化,所以 $\mathbf{Z}_R$ 的符號不改變。第二個重要性質,可由有理化 $\mathbf{Z}_R$ 來說明;

$$\mathbf{Z}_R = \frac{\omega^2 M^2}{R_2^2 + (X_2 + \omega L_2)^2}[R_2 - j(X_2 + \omega L_2)]$$

這裏,我們以 $\mathbf{Z}_2 = R_2 + jX_2$ 表示負載阻抗,我們可以看到 $\mathbf{Z}_R$ 虛數項的符號為負,即反射電抗是反射二次側的淨電抗 $X_2 + \omega L_2$;若 X_2 是一個小於 ωL_2 量的電容性電抗或一個電感性電抗,則反射電抗是電容性;否則,反射電抗可能是電感性或零。在反射電抗為零時,X_2 必須是一個 $-1/\omega C$ 的電容性電抗,且共振頻率 $f_0 =$

$\omega_0 / 2\pi = 1/2\pi\sqrt{L_2C}$ ，此時，對 $\omega = \omega_0$ ，有

$$Z_R = \frac{\omega_0^2 M^2}{R_2}$$

且反射阻抗爲純實數。

觀察 (16.13) 和 (16.14) ，得知在圖 16.14 內，任一繞組的極性點位於另一端點上時，電流和電壓比需要變號，然而阻抗關係式並不受影響。

練　習

16.4.1 在圖 16.14 內，若 $V_g = 100\underline{/0°}\,V$ ，$Z_g = 40\Omega$ ，$L_1 = 0.5\,H$ ，$L_2 = 0.1\,H$ ，$M = 0.1H$ 和 $\omega = 100\,rad/s$ ，$Z_2 = 10 - (j1000/\omega)\Omega$ ，則求 (a) Z_{in} ，(b) I_1 ，(c) I_2 ，(d) V_1 和 (e) V_2 。

答：(a) $50 + j50\,\Omega$ ，(b) $1 - j1\,A$ ，(c) $1 + j1\,A$ ，(d) $60 + j40\,V$ ，(e) $20V$

16.4.2 重複練習 16.4.1 ，若極性點位於二次側的下端點。

答：(a) $50 + j50\,\Omega$ ，(b) $1 - j1\,A$ ，(c) $-1 - j1\,A$ ，(d) $60 + j40\,V$ ，(e) $-20V$

16.4.3 若圖 16.14 內的 $L_2 = 2H$ ，Z_2 是一個 $6\,\Omega$ 電阻器和一個 $1/32\,F$ 電容器的串聯組合，求反射阻抗爲實數的頻率。

答：$4\,rad/s$

16.5 理想變壓器 (THE IDEAL TRANSFORMER)

理想變壓器是一個無損失的全耦變壓器，這裏一次和二次自感是無窮大，但它們的比是有限的。而接近理想狀況的實際變壓器是鐵心變壓器，它的一次和二次線圈繞在疊片鐵心上，使得所有磁通幾乎交鏈兩個線圈的所有匝。一次和二次自感內的電抗比適當的負載阻抗大得多，且耦合係數在變壓器設計的頻率範圍內，均接近於 1 ，因而理想變壓器對構造良好的鐵心變壓器而言，是一個近似的模式。

在描述理想變壓器特性時，一個必須的重要參數是匝數比（ turns ratio ）n

$$n = \frac{N_2}{N_1} \tag{16.15}$$

這裏 N_1 和 N_2 分別是一次和二次線圈的匝數。

在一個變壓器繞組內，由電流所產生的磁通是比例於電流和繞組匝數的乘積，因而在一次和二次繞組的

$$\phi_{11} = \alpha N_1 i_1$$

$$\phi_{22} = \alpha N_2 i_2$$

這裏 α 是比例常數，它是和變壓器的物理性質有關。（在每情形內的 α 均相同，理由是我們假設沒有漏磁通，因而兩個磁路是相同的。）將這些值代入（16.2）式和（16.5）式，我們了解

$$L_1 = \alpha N_1^2, \qquad L_2 = \alpha N_2^2$$

因此　　$$\frac{L_2}{L_1} = \left(\frac{N_2}{N_1}\right)^2 = n^2 \tag{16.16}$$

在全耦合時，$M = \sqrt{L_1 L_2}$ ，且（16.14）的第二個方程式變爲

$$\frac{\mathbf{V}_2}{\mathbf{V}_1} = \frac{j\omega \mathbf{Z}_2 \sqrt{L_1 L_2}}{j\omega L_1 (\mathbf{Z}_2 + j\omega L_2) + \omega^2 L_1 L_2}$$

$$= \sqrt{\frac{L_2}{L_1}}$$

$$= n$$

對理想變壓器且是全耦合情形時，電感 L_1 和 L_2 趨近無窮大，且（16.16）式的比是常數 n^2 ；而從（16.14）式的第一個方程式得知

$$\frac{\mathbf{I}_2}{\mathbf{I}_1} = \lim_{L_1, L_2 \to \infty} \frac{j\omega \sqrt{L_1 L_2}}{\mathbf{Z}_2 + j\omega L_2}$$

$$= \lim_{L_1, L_2 \to \infty} \frac{j\omega \sqrt{L_1/L_2}}{j\omega + (\mathbf{Z}_2/L_2)}$$

$$= \lim_{L_1, L_2 \to \infty} \frac{j\omega(1/n)}{j\omega + (\mathbf{Z}_2/L_2)}$$

$$= \frac{1}{n}$$

因而理想變壓器的一次和二次電壓，及一次和二次電流的關係可簡單的表示爲

$$\frac{\mathbf{V}_2}{\mathbf{V}_1} = n$$

$$\frac{\mathbf{I}_2}{\mathbf{I}_1} = \frac{1}{n}$$

(16.17)

以 N_2/N_1 取代 n，則

$$\frac{\mathbf{V}_2}{\mathbf{V}_1} = \frac{N_2}{N_1}$$

$$N_1 \mathbf{I}_1 = N_2 \mathbf{I}_2$$

因此，對一次和二次的電壓比爲匝數比，而一次和二次的安匝數（ampere turns）是相同的。

圖 16.15 (a)表示理想變壓器的符號，且它的極性使得 (16.17)式成立；而垂直線表示鐵心，1：n 表示匝數比，若其中一個極性點放在相反的端點上，則在（16.17）式內的 n 要被 $-n$ 取代。

圖 16.15 (b)表示一個理想變壓器，它的二次側連接一個負載 $\mathbf{Z}_2$，且一次側有一個內阻抗 $\mathbf{Z}_g$ 的電源 $\mathbf{V}_g$，在這情形下，（16.13）式的一次阻抗 $\mathbf{Z}_1$ 是

$$\mathbf{Z}_1 = \frac{\mathbf{V}_1}{\mathbf{I}_1} = \frac{\mathbf{V}_2/n}{n\mathbf{I}_2} = \frac{\mathbf{V}_2/\mathbf{I}_2}{n^2}$$

或

$$\mathbf{Z}_1 = \frac{\mathbf{Z}_2}{n^2}, \qquad \frac{\mathbf{Z}_2}{\mathbf{Z}_1} = n^2$$

(16.18)

因而從電壓源看入的輸入阻抗是

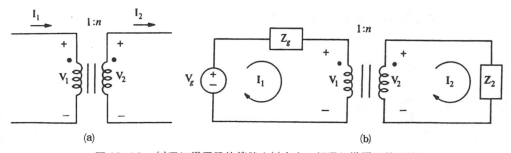

(a)　　　　　　　　　　　(b)

圖 16.15　(a)理想變壓器的符號；(b)含有一個理想變壓器的電路

$$Z_{in} = Z_g + Z_1 = Z_g + \frac{Z_2}{n^2} \tag{16.19}$$

一個理想變壓器的無損失性質，很容易的由(16.17)式來說明，我們取電流比的共軛複數，即

$$I_1^* = nI_2^*$$

而 $n = V_2/V_1$ ，所以

$$I_1^* = \frac{V_2 I_2^*}{V_1}$$

或 $$\frac{V_1 I_1^*}{2} = \frac{V_2 I_2^*}{2}$$

因而供給一次側的複功率等於二次側釋放到負載 Z_2 的功率，故變壓器不吸收功率。

在分析含有理想變壓器的網路之前，若以一個等效電路來取代變壓器，那麼分析網路會更方便。例如，讓我們求圖16.15(b)變壓器和負載阻抗 Z_2 的等效電路。很明顯的，從發電機 V_g 看入的輸入阻抗爲(16.19)式的 Z_{in} ，所以包含 V_g 的等效電路表示在圖16.16 ，而要求的電壓和電流能很容易的從這單一廻路中求得。

其次，讓我們考慮將圖16.15(b)的一次側電路，以它的戴維寧等效電路取代，由(16.17)式得知

$$I_1 = nI_2, \qquad V_2 = nV_1$$

對求 V_{oc} 而言，我們知道 $I_2 = 0$ 及 $I_1 = 0$ ，因此

$$V_{oc} = V_2 = nV_1 = nV_g$$

對求 I_{sc} 而言， $V_2 = 0$ 及 $V_1 = 0$ ，因此

$$I_{sc} = I_2 = \frac{I_1}{n} = \frac{V_g}{nZ_g}$$

和 $$Z_{th} = \frac{V_{oc}}{I_{sc}} = n^2 Z_g$$

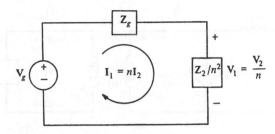

圖 16.16　圖 16.5(b)的等效電路，這裡二次側被取代

而最後的等效電路表示在圖 16.17 。

　　觀察圖 16.17 得知，當變壓器和它的一次側電路以戴維寧等效電路取代時，每一一次電壓均乘以 n ，每一一次電流均除以 n ，及每一一次阻抗均乘以 n^2。通常這敘述對不是戴維寧等效電路者，亦可以證明它是成立的；換句話說，若我們將變壓器和二次側電路以它的等效電路取代時（如圖 16.16 ），我們可以簡單的將二次電壓，電流和阻抗，分別乘以 $1/n$ ， n 和 $1/n^2$。若在變壓器上的極性點有一個反相，則 n 以 $-n$ 取代即可。

　　在運用上述程序時，讀者必須知道這技巧只對變壓器電路爲兩個部份時有效，而變壓器繞組間，若有外電路存在時，這方法通常是不能使用的。在下節中，討論的等效電路。對這形態的網路非常有效。

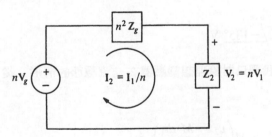

圖 16.17　圖 16.15(b)的戴維寧等效電路

例題 16.9

　　玆舉一例，讓我們求圖 16.18(a)電路內的 V_2，這裏包含一個理想變壓器和一個電壓控制電流源，圖 16.18(b)表示一次電路和變壓器被取代後的等效電路。我們注意到，爲了說明變壓器的極性點，在一次電壓和電流上均有一個負號出現，而對 V_2 的節點方程式爲

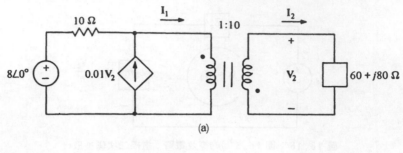

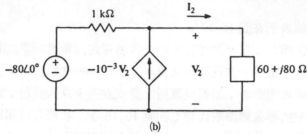

圖 16.18 (a)例題的電路，(b)等效電路

$$\frac{\mathbf{V}_2 + 80\underline{/0^\circ}}{10^3} + 10^{-3}\mathbf{V}_2 + \frac{\mathbf{V}_2}{60 + j80} = 0$$

從這得知

$$\mathbf{V}_2 = 5\sqrt{2}\underline{/-135^\circ} \text{ V}$$

到目前為止，我們只討論理想變壓器在交流穩態的情形，從（16.6）式可見一般情形是

$$v_1 = L_1\frac{di_1}{dt} + M\left(\frac{v_2}{L_2} - \frac{M}{L_2}\frac{di_1}{dt}\right)$$

$$= \left(L_1 - \frac{M^2}{L_2}\right)\frac{di_1}{dt} + \frac{M}{L_2}v_2$$

又因為$M^2 = L_1 L_2$和$\sqrt{L_2/L_1} = n$，所以

$$v_1 = \frac{v_2}{n}$$

其次，讓我們重新整理（16.6）式的第一個方程式爲

$$\frac{v_1}{L_1} = \frac{di_1}{dt} + \frac{M}{L_1}\frac{di_2}{dt}$$

$$= \frac{di_1}{dt} + n\frac{di_2}{dt}$$

取 L_1 趨近無窮大時的極限，得

$$\frac{di_1}{dt} = -n\frac{di_2}{dt}$$

再兩邊積分，得

$$i_1 = -ni_2 + C_1$$

這裏 C_1 是積分常數，然而 dc 電流不能產生時變的磁通，所以在理想變壓器內，它們不能產生感應電壓或電流；因此，若忽略常數 C_1，則

$$i_1 = -ni_2$$

這裏的負號是根據圖 16.3 (a) i_2 的方向而定的。因此，若我們忽略任何直流電流時，在時域內的電壓和電流關係式，如同在頻域內一樣有效。

練　習

16.5.1　求 V_1、V_2、I_1 和 I_2。

　　答：$10\,\underline{/-36.9°}\,$V，$50\,\underline{/143.1°}\,$V，$2\,\underline{/0°}\,$A，$0.4\,\underline{/180°}\,$A

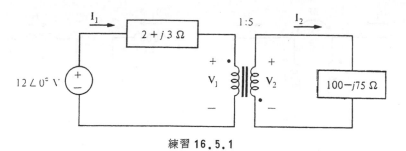

練習 16.5.1

16.5.2　在圖 16.15 (b)內，若 $V_g = 100\,\underline{/0°}\,$V，$Z_g = 20\Omega$ 和 $Z_2 = 2k\Omega$，則

求 n 使得 $\mathbf{Z}_1 = \mathbf{Z}_g$ 及釋放到 $\mathbf{Z}_2$ 的功率。

答： 10，125W

16.5.3 利用諾頓定理，證明圖 16.15 (b)的一次側電路和變壓器，是等效於一個定電流源 $\mathbf{V}_g / n\mathbf{Z}_g$，並聯一個阻抗 $n^2\,\mathbf{Z}_g\,\Omega$。

16.5.4 在圖 16.18 (a)內，先將變壓器和二次側電路以它的等效電路取代後，再求 $\mathbf{V}_2$。

16.6 等效電路 (EQUIVALENT CIRCUITS)

對線性變壓器的等效電路，能夠很容易的從一次和二次電壓、電流的方程式中導出，在圖 16.19 (a)內，我們有

$$v_1 = L_1\frac{di_1}{dt} + M\frac{di_2}{dt}$$

$$v_2 = M\frac{di_1}{dt} + L_2\frac{di_2}{dt}$$

很明顯的，圖 16.19 (b)的電路滿足這些方程式，而相依電壓源是被一次和二次電流的微分所控制。在頻域內，這些電源能夠被看做電流控制電壓源（CCVS）。

現在，我們重新安排方程式為

$$v_1 = (L_1 - M)\frac{di_1}{dt} + M\left(\frac{di_1}{dt} + \frac{di_2}{dt}\right)$$

$$v_2 = M\left(\frac{di_1}{dt} + \frac{di_2}{dt}\right) + (L_2 - M)\frac{di_2}{dt}$$

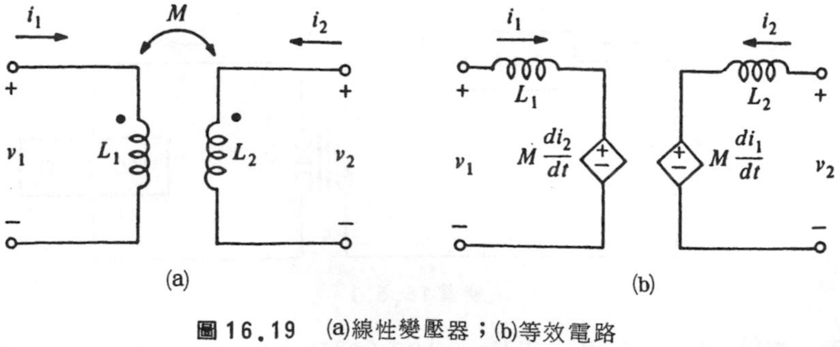

圖 16.19　(a)線性變壓器；(b)等效電路

的形式，則圖 16.20 (b)的 T 網路能滿足這些方程式，然而這電路是一個三端點網路，它也是圖 16.20 (a)變壓器的等效電路。若在變壓器上任一極性點改到另一端點時，則在等效電路內的 M 必須以一 M 取代。

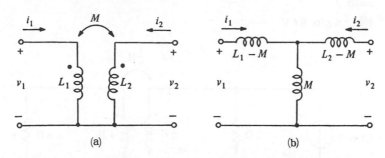

圖 16.20 (a)有共同端點的線性變壓器，(b)等效的 T 網路

在圖 16.21 (a)內表示的理想變壓器，它的電流、電壓關係式為

$$i_2 = \frac{-i_1}{n}, \qquad v_2 = nv_1$$

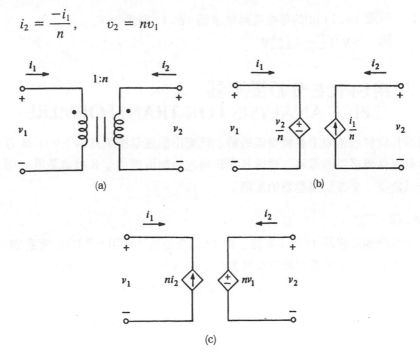

圖 16.21 (a)理想變壓器，(b)和(c)等效電路

很明顯的，圖 16.21 (b)和(c)的電路滿足這些關係式，若任一極性點反相，則在等效電路內的 n 必須以一 n 取代。

練　　習

16.6.1 用線性變壓器的 T 等效電路來決定 v 的穩態值。（注意電感 $L = 0$ 表示短路）

　　答： $6 \sin 8t$ V

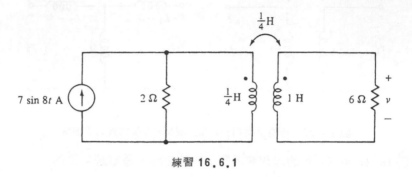

練習 16.6.1

16.6.2 用圖 16.21 (c)的等效電路來求圖 16.18 (a)內的 V_2 。

　　答： $5 \sqrt{2} \underline{/-135°}$ V

16.7 用SPICE分析變壓器
（SPICE ANALYSIS FOR TRANSFORMERS）

　　利用 K 資料敍述來定義變壓器的話，就能用前幾章所描述的 SPICE 方法，來分析含有線性變壓器的電路。附錄 E 有 K 敍述的使用描述。K 敍述是用（16.9）式的耦合係數項，來表示變壓器的互耦。

例題 16.10

　　第一個例題考慮圖 16.11 電路，圖 16.22 是為了應用 SPICE 所重畫的電路。注意一次側和二次側都已接到參考節點，以避免用 SPICE 分析時，二次側元件的節點有開路的情形。求 $0 < t < 1.5s$ 時段內暫態響應的電路檔案為

```
SOLUTION OF FIG. 16.11 USING EQ. 16.9 FOR FINDING k
* DATA STATEMENTS
VIN 1 0 DC 12V
R1 1 2 2
L1 2 0 1.5 IC=0
L2 3 0 1 IC=0
R2 3 0 2
```

```
K L1  L2 0.577
* SOLUTION CONTROL STATEMENT
.TRAN 0.1 1.5 UIC
* OUTPUT CONTROL STATEMENT
.PLOT TRAN I(R2)
.END
```

$$k = M/\sqrt{L_1 L_2}$$

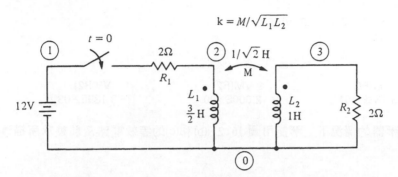

圖 16.22 應用 SPICE 所重畫的圖 16.11 電路

圖 16.23 是這程式的輸出圖形。

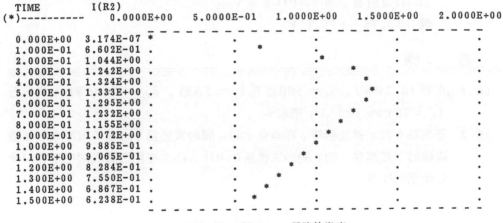

圖 16.23 圖 16.22 電路的響應

例題 16.11

第二個例題是求圖 16.12 網路的解,這裡耦合係數為 0.707 。電路檔案內的節點是以順時鐘方向依序編號的,且節點 1 為 v_1 的頂端。電路檔案為

```
SPICE SOLUTION FOR FIG. 16.12.
* DATA STATEMENTS
V1  1  0 AC 16V
R1  1  2 3
```

```
L1  2  3  1H
C  3  0  1
L2  4  3  2H

R2  4  0  1
K  L1  L2  0.707
* SOLUTION AND OUTPUT CONTROL STATEMENTS
.AC LIN 1 0.3183 0.3183
.PRINT AC VM(R2) VP(R2)
.END
```

解爲

FREQ	VM(R2)	VP(R2)
3.183E−01	2.000E+00	−3.139E−03

在理想變壓器的情況下，解能用圖 16.21 (b)和(c)的等效電路及前幾章所描述的步驟來求得。

___練___習___

16.7.1 若圖 16.13 內的 $V_1 = 120\underline{/0°}$ V，$f = 60$Hz，且 3Ω 電阻器改裝爲 300Ω 電阻器，則用 SPICE 求 V_2。

答：$30.75\underline{/-75.1°}$V

___習___題___

16.1 在圖 16.2 (a)內，$N_2 = 500$ 匝且 $i_1 = 2$A 時，$\phi_{21} = 200\mu$Wb，現在若 $i_1 = 10\cos 100t$ A，則求 v_2。

16.2 若端點 b 和 c 被連接時，在端點 a 和 d 間的電感爲 0.1H；端點 b 和 d 被連接時，在端點 a 和 c 間的電感爲 0.9H，則求在兩個線圈間的互感 M 及極性點的位置。

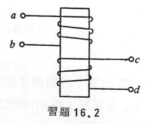

習題 16.2

16.3 若 $L_1 = 4$H，$L_2 = 3$H，$M = 2$H，且 i_1 和 i_2 的變率分別爲 -2A／s 和 10A／s，求 v_1 及(a)圖 16.3 (a)和(b)圖 16.3 (b)內的 v_2。

16.4 (a)若 $L_1 = 2H$，$L_2 = 5H$，$M = 3H$，$i_1 = 5\sin 2t\,A$ 和 $i_2 = -3\cos 4t\,A$，則求 v_1 和 v_2。(b)若二次側開路，求 v_2。

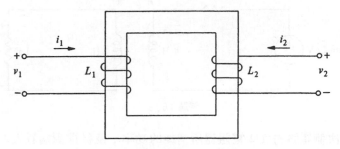

習題 16.4

16.5 若圖 16.5 (a)和(b)內的 $L_1 = 2H$，$L_2 = 5H$，$M = 3H$，且電流 i_1 和 i_2 的變率分別為 $10A/s$ 和 $-2A/s$，求 v_1 和 v_2。

16.6 若 $i_g = 8u(t)\,A$，求 $t > 0$ 時的二次開路電壓 v。

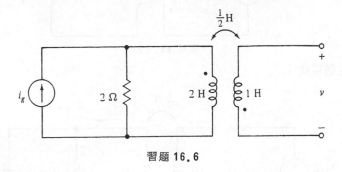

習題 16.6

16.7 重複習題 16.6，若 $i_g = 8e^{-2t}u(t)\,A$。

16.8 求穩態電流 i_1 和 i_2。

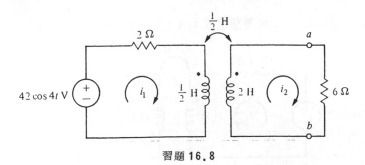

習題 16.8

16.9 求穩態電壓 v 。

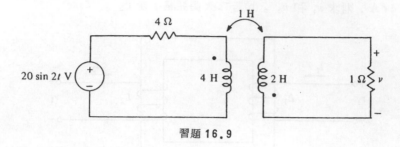

習題 **16.9**

16.10 求一次側電路內 1Ω 電阻器所消耗的功率，及從電源端看入的功率因數。

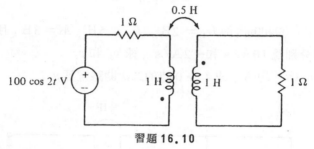

習題 **16.10**

16.11 求穩態電流 i_2 。

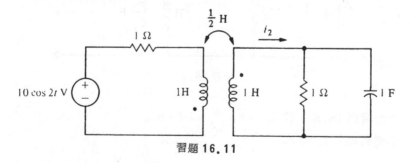

習題 **16.11**

16.12 若 $\omega = 2\,\mathrm{rad/s}$ ，求穩態電流 $i_1(t)$ 和 $i_2(t)$ 。

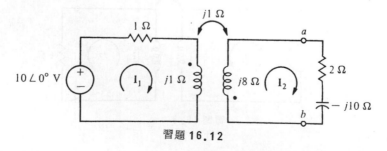

習題 **16.12**

16.13 求習題 16.12 內的變壓器，在 $t = 0$ 時的儲存能量（令暫態電流為零）。

16.14 (a)若圖 16.3 (a)內的 $i_1 = 2A$ ， $i_2 = 4A$ ， $L_1 = 2H$ ， $L_2 = 10H$ ， $M = 4H$ ，求此時儲存於變壓器內的能量。(b)重複(a)部份，若其中一個極性點移至另一端點時。

16.15 重複習題 16.13，其中 $\omega = 4\,\mathrm{rad/s}$ ， $t = \dfrac{\pi}{8}\,s$ 。

16.16 若 $L_1 = 0.02H$ ， $L_2 = 0.125H$ ， $M = 0.01H$ ，求耦合係數 k 。

16.17 若 $L_1 = 0.4H$ ， $L_2 = 0.9H$ ，及(a) $k = 1$ ， (b) $k = 0.5$ ， (c) $k = 0.01$ ，求 M 。

16.18 注意：耦合線圈可如圖 16.3 (a)一樣，令電流流進點端點，電壓正極性在點端點處（當然，這也可用一 i 取代 i ）。證明我們可解描述方程式（16.6）式以求得電流為

$$i_1(t) = \frac{L_2}{\Delta} \int_0^t v_1\,dt - \frac{M}{\Delta} \int_0^t v_2\,dt + i_1(0)$$

$$i_2(t) = -\frac{M}{\Delta} \int_0^t v_1\,dt + \frac{L_1}{\Delta} \int_0^t v_2\,dt + i_2(0)$$

這裡 Δ 是行列式，即

$$\Delta = L_1 L_2 - M^2$$

這結論告訴我們可用節點分析去解耦合電路。

16.19 如同習題 16.18 所描述的，用節點分析解習題 16.6 。

16.20 用(a)迴路分析，(b)節點分析求 $t > 0$ 時的 $v(t)$ 。

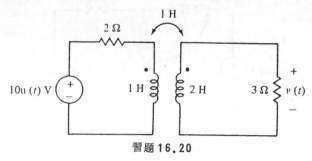

習題 16.20

16.21 從（16.8）式中，證明一個實際變壓器（ $0 \le M \le \sqrt{L_1 L_2}$ ）滿足被動條件 $\omega(t) \ge 0$ 。

16.22 (a)若 $v_g = 4u(t)$ V，求 $t > 0$ 時的 v 。(b)若 $v_g = 4\cos 8t$ V，且輸出端有一個 8Ω 負載電阻器，求穩態電壓 v 。

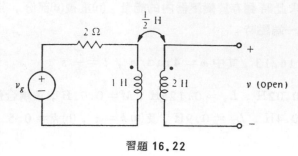

習題 16.22

16.23 若 $i(0) = 0$ ，$v(0) = 4$ V，求 $t > 0$ 時的 i 。

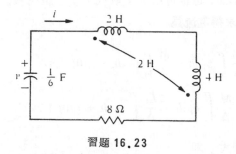

習題 16.23

16.24 用反射阻抗法求習題 16.8 內的穩態電流 i_1 。

16.25 在習題 16.8 的對應相量電路內，將 a-b 端點的左邊網路以它的戴維寧等效電路取代，並求穩態電流 i_2 。

16.26 求穩態電流 i 。

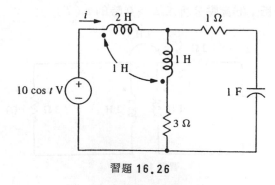

習題 16.26

16.27 用反射阻抗法求習題 16.12 內的穩態電流 i_1 。

16.28 在習題 16.12 電路內，將 a-b 端點的左邊網路以它的戴維寧等效電路取代，並求穩態電流 i_2。

16.29 求網路函數 $\mathbf{H}(s) = \mathbf{V}_2(s)/\mathbf{V}_1(s)$。

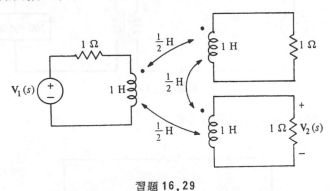

習題 16.29

16.30 求存在 $i(t)$ 內的自然頻率。

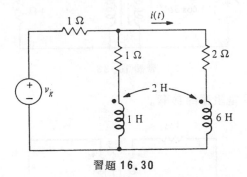

習題 16.30

16.31 若 $i(0^+) = 0$，求 $t > 0$ 時的 $i(t)$。

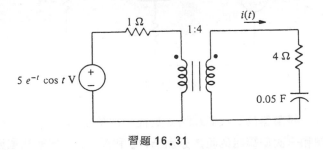

習題 16.31

16.32 用反射阻抗法求釋放到（ $300-j500$ ） Ω 負載的功率。

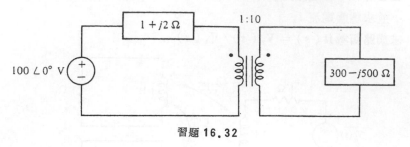

習題 16.32

16.33 求釋放到 $4\,\Omega$ 電阻器的平均功率。

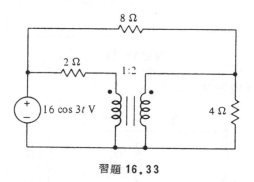

習題 16.33

16.34 求釋放到 $2\,\Omega$ 電阻器的功率。

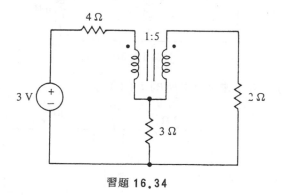

習題 16.34

16.35 步降自耦變壓器的二次側端點 2 是從一次側繞組的分接點 2 處接出。(a)若二次側和一次側繞組的匝數分別為 N_2 和 N_1 ，求電壓和電流比。(b)若 $\mathbf{V}_1 = 100\underline{/0^\circ}\,\mathrm{V}$ ， $\mathbf{I}_1 = 4\underline{/30^\circ}\,\mathrm{A}$ ， $N_1 = 1000\,$匝， $N_2 = 400\,$匝，求 $\mathbf{I}_2$ 和 $\mathbf{V}_2$ 。

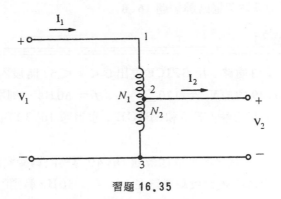

習題 16.35

16.36 求匝數比 n 使得釋放到 20Ω 電阻器的功率為最大。

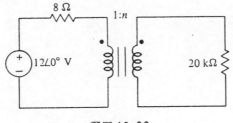

習題 16.36

16.37 用 s 項求圖 16.20 (a)變壓器的 z 和 y 參數。

16.38 用(a)圖 16.21 (b)，(b)圖 16.21 (c)的等效電路解習題 16.31 。

16.39 用(a)圖 16.21 (b)，(b)圖 16.21 (c)的等效電路解習題 16.32 。

16.40 用變壓器的等效 T 電路求穩態電壓 v 。

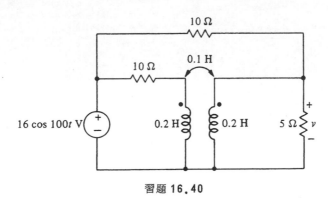

習題 16.40

16.41 用變壓器的等效 T 電路解習題 16.8 。

電腦應用習題

16.42 就習題 16.23 電路，用 SPICE 畫出 $0 < t < 5s$ 時段內的 i 。

16.43 若習題 16.29 內的 $V_1 = 120\underline{/0°}\,V$ ，$f = 60\,Hz$ ，則用 SPICE 求 V_2 。

16.44 用圖 16.21 (b)的等效電路和 SPICE，求習題 16.33 內 8Ω 電阻器上的電壓 。

16.45 若用一個 $0.1\,F$ 電容器來取代習題 16.40 電路內跨接變壓器的 10Ω 電阻器，則用 SPICE 畫出最終電路在 $1 < f < 50\,Hz$ 範圍內的頻率響應 。

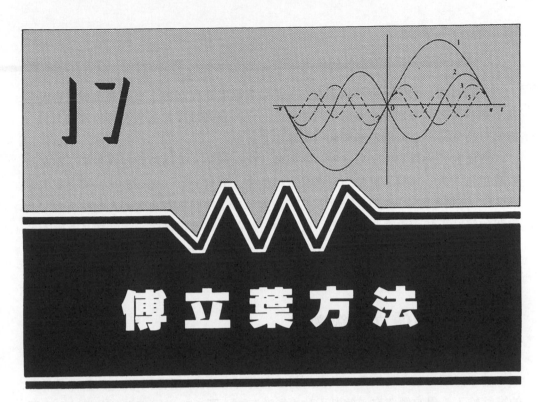

一個偉大的數學詩人。

1822年偉大的法國數學家、埃及古物學家、行政官 Jean Baptiste Joseph Fourier 發表了熱傳導的數學理論。他的重大貢獻不只在開啓熱傳導的新研究領域，還發展出正弦波的無窮級數，即著名的傅立葉級數。有了傅立葉級數後，電路研究將不再受限於輸入只能爲正弦波的情形。

Fourier 出生於法國的 Auxerre，他是一位鐵路工人的兒子。他在教團僧侶倡辦的社區軍事學校就讀，並展現他過人的數學天賦，因而不久後他就成爲學校的數學老師。Fourier 像當時大多數的法國人一樣，必須承受法國大革命及它的餘波衝擊，甚至爲此差點喪命。他是 Ecole 綜合技術學院的首批教師之一，不久後即成爲數學教授。30歲那年 Fourier 加入拿破崙主持的埃及科學探險隊，並做了4年古埃及協會的秘書，也因此他開始進行埃及古物研究。1801年～1814年，他是 1sere 部門的首長，在那裏他寫下著名的熱傳導文獻。他在1830年去世前才完成一本代數方程式的書。

　　直到目前，我們已經討論過指數、正弦或阻尼正弦激勵，且讀者也可很容易地運用這些函數。特別是相量和阻抗的觀念，允許我們將含有這些激勵的電路看爲一個電阻性電路來求他們的激勵和自然頻率。

　　然而我們知道，在工程上有很多函數，像矩形波、鋸齒波和三角波等，不是指數或正弦函數，且無法直接對它們應用相量法。事實上，一個函數可以被一組資料點表示，且這些點完全沒有解析的描述式。在本章中，我們將討論這些其他的函數，並說明如何以正弦函數來表示它們，以及如何對它們應用相量法。這技巧是由偉大的法蘭西數學家和物理學家 Jean Baptiste Joseph Fourier 在 1822 年首先發表的。

17.1 三角傅立葉級數
(THE TRIGONOMETRIC FOURIER SERIES)

　　藉考慮圖 17.1 的函數可以很戲劇性地看到相量法的限制，這些函數都是常用的電路輸入，但它們沒有一個是正弦或指數函數。圖 17.1 (a)鋸齒波是掃描產生器的輸出信號，它能控制陰極射線示波器的電子束，且每 T 秒快速地回歸本身，使得螢幕上的影像呈現穩定的狀態。圖 17.1 (b)和(c)分別是一個全波整流（full-wave rectified）正弦波和一個半波整流（half-wave rectified）正弦波，它們被用

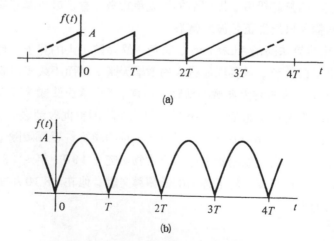

圖 17.1　(a)鋸齒波；(b)全波整流正弦波；(c)半波整流正弦波；(d)矩形波

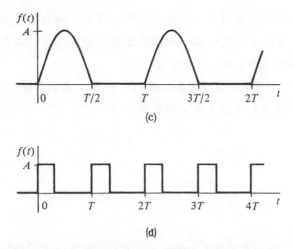

圖 17.1　（續）

在將交流轉換爲脈衝直流的過程中。全波整流正弦波是一個正弦波，只是它的負值被改成正值；半波整流正弦波也是一個正弦波，只是他的負值被改成零。圖 1 7 . 1 (d)的信號是一個矩形波，它能被用來做爲一個計時器，並週期性地在它爲正值的小時段內激勵電路。這些信號都相當普遍，但由於它們不是正弦或指數函數，所以當它們爲電路輸入時，相量法無法直接應用。

圖 1 7 . 1 內的波形有一個共同點，即它們都是週期爲 T 的週期函數

$$f(t) = f(t + T)$$

傅立葉證明 $f(t)$ 可以被正弦函數的無窮級數表示，即

$$f(t) = \frac{a_0}{2} + a_1 \cos \omega_0 t + a_2 \cos 2\omega_0 t + \cdots$$

$$+ b_1 \sin \omega_0 t + b_2 \sin 2\omega_0 t + \cdots$$

或簡化爲

$$f(t) = \frac{a_0}{2} + \sum_{n=1}^{\infty} (a_n \cos n\omega_0 t + b_n \sin n\omega_0 t) \tag{17.1}$$

這裏 $\omega_0 = 2\pi/T$，這級數叫做 $f(t)$ 的三角傅立葉級數（trigonometric fourier series），或簡稱傅立葉級數，而 a's 和 b's 叫做傅立葉係數（Fourier coefficients）且與 $f(t)$ 有關。

由此可知：一個沒有相量表示的非正弦波，可用一組有相量表示的正弦波來表示。同樣地，從（17.1）式可知：一個非正弦函數不像正弦函數一樣只有一個頻率，而是有無窮個頻率 0 ， ω_0 ， $2\omega_0$ ，……。

若利用表12.1，則係數可以更容易的獲得。現在，讓我們開始求 a_0 ，這可以從對一個完整週期 T 積分（17.1）式兩邊獲得，即

$$\int_0^T f(t)\ dt = \int_0^T \frac{a_0}{2}\ dt$$
$$+ \sum_{n=1}^{\infty} \int_0^T (a_n \cos n\omega_0 t + b_n \sin n\omega_0 t)\ dt$$

因為 $T = 2\pi/\omega_0$ ，所以在總和（summation）內的每一項都是零（這可看表12.1），且得

$$a_0 = \frac{2}{T} \int_0^T f(t)\ dt \tag{17.2}$$

其次，讓我們將（17.1）式乘以 $\cos m\omega_0 t$ ，這裏 m 是一個整數，再對一個週期 T ，積分最後結果，即

$$\int_0^T f(t) \cos m\omega_0 t\ dt = \int_0^T \frac{a_0}{2} \cos m\omega_0 t\ dt$$
$$+ \sum_{n=1}^{\infty} a_n \int_0^T \cos m\omega_0 t \cos n\omega_0 t\ dt$$
$$+ \sum_{n=1}^{\infty} b_n \int_0^T \cos m\omega_0 t \sin n\omega_0 t\ dt$$

由表 12.1 的 2 、 4 、 5 列（對 $\alpha = \beta = 0$ ）得知，在右邊除了第一個總和內 $m = n$ 外，每一項均為零，因此得

$$a_m \int_0^T \cos^2 m\omega_0 t\ dt = \frac{\pi}{\omega_0} a_m = \frac{T}{2} a_m$$

所以 $\qquad a_m = \frac{2}{T} \int_0^T f(t) \cos m\omega_0 t\ dt, \qquad m = 1, 2, 3, \ldots$ $\tag{17.3}$

最後，將（17.1）式乘以 $\sin m\omega_0 t$ 後，再積分及利用表 12.1 ，得知

$$b_m = \frac{2}{T} \int_0^T f(t) \sin m\omega_0 t \, dt, \qquad m = 1, 2, 3, \ldots \tag{17.4}$$

我們注意到（17.2）式是（17.3）式的特殊情形 $m = 0$（這是我們爲什麼以 $a_0 / 2$ 代替 a_0 的原因）。又由於 $f(t)$ 和 $\cos n\omega_0 t$ 都是週期爲 T 的函數，所以它們的乘積也是週期爲 T 的函數。類似地，$f(t)$ 和 $\sin n\omega_0 t$ 的乘積也是週期爲 T 的函數。於是我們可以對任一區間 T（譬如 t_0 到 $t_0 + T$）積分，並獲得相同的結果。因此我們總結傅立葉係數爲

$$
\begin{aligned}
a_n &= \frac{2}{T} \int_{t_0}^{t_0+T} f(t) \cos n\omega_0 t \, dt, \qquad n = 0, 1, 2, \ldots \\
b_n &= \frac{2}{T} \int_{t_0}^{t_0+T} f(t) \sin n\omega_0 t \, dt, \qquad n = 1, 2, 3, \ldots
\end{aligned} \tag{17.5}
$$

這裏，我們爲了對應（17.1）式的記號，故以 n 取代 m 。

在（17.1）式內的 $a_n \cos n\omega_0 t + b_n \sin n\omega_0 t$ 項，有時叫做 n 次諧波（harmonic），$n = 1$ 是一次諧波或基波（fundamental），基頻爲 ω_0，$n = 2$ 是頻率 $2\omega_0$ 的二次諧波；以此類推，$a_0 / 2$ 是常數或 dc 分量，且從（17.2）式可看出 $f(t)$ 對一週期的平均值。平均值也可藉觀察 $f(t)$ 的圖形來獲得。

（17.1）式表示 $f(t)$ 的傅立葉級數，這裏傅立葉係數如（17.5）式所給，而這些式子，對我們在工程上所使用的大多數函數均能滿足且告訴讀者一些訊息即狄瑞西雷條件（Dirichlet conditions）。

在任何有限區間，$f(t)$ 至多有有限數目的不連續點，和有限數目的極大值和極小值，及

$$\int_0^T |f(t) \, dt| < \infty \tag{17.6}$$

則級數收斂於 $\dfrac{1}{2} \left[f(t^+) + f(t^-) \right]$ ，且 $f(t)$ 在點 t^+ 和 t^- 處是連續的。

例題 17.1

茲舉一例，假設 $f(t)$ 是圖 17.2 的鋸齒波，卽

$$f(t) = t, \qquad -\pi < t < \pi$$

$$f(t + 2\pi) = f(t)$$

(17.7)

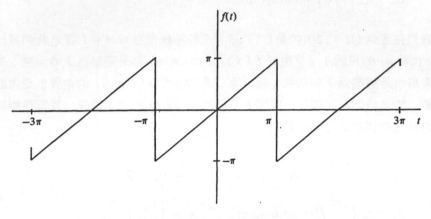

圖 17.2 鋸齒波

因為 $T = 2\pi$ ，所以 $\omega_0 = 2\pi/T = 1$ ；若我們選擇 $t_0 = -\pi$ ，則 (17.5) 式的第一個方程式對 $n = 0$ ，得

$$a_0 = \frac{1}{\pi} \int_{-\pi}^{\pi} t \, dt = 0$$

對 $n = 1$ 、 2 、 3 ，…… ，得

$$a_n = \frac{1}{\pi} \int_{-\pi}^{\pi} t \cos nt \, dt$$

$$= \frac{1}{n^2 \pi} (\cos nt + nt \sin nt) \bigg|_{-\pi}^{\pi}$$

$$= 0$$

和

$$b_n = \frac{1}{\pi} \int_{-\pi}^{\pi} t \sin nt \, dt$$

$$= \frac{1}{n^2 \pi} (\sin nt - nt \cos nt) \bigg|_{-\pi}^{\pi}$$

$$= -\frac{2 \cos n\pi}{n}$$

$$= \frac{2(-1)^{n+1}}{n}$$

對 $n = 0$ 的情形必須個別考慮，乃因 n^2 通常會出現在分母內之故。又由於 $\dfrac{a_0}{2}$ 是鋸齒波對一週期的平均值，所以藉觀察圖 17.2 可知 $a_0 = 0$ 。

　　從這結果得知，（17.7）式的傅立葉級數為

$$f(t) = 2\left(\frac{\sin t}{1} - \frac{\sin 2t}{2} + \frac{\sin 3t}{3} - \ldots \right) \tag{17.8}$$

圖 17.3 是對一個週期畫出基波、二次、三次和四次諧波，若在（17.8）式內取足夠多項，則級數能非常接近 $f(t)$ ；例如前 10 個諧波相加的圖形表示在圖 17.4 。

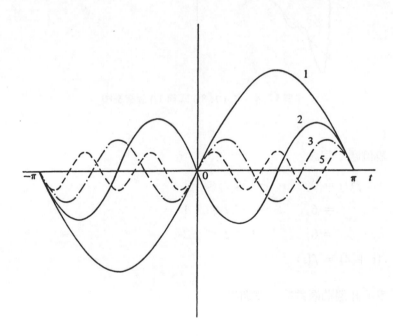

圖 17.3　（17.8）式的四個諧波

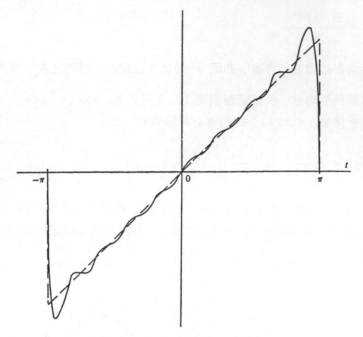

圖 17.4 （17.8）式前 10 個諧波和

例題17.2

另一個例題，假設

$$f(t) = 0, \qquad -2 < t < -1$$
$$ = 6, \qquad -1 < t < 1$$
$$ = 0, \qquad 1 < t < 2$$
$$f(t + 4) = f(t)$$

圖 17.5 表示此週期函數的一個週期。

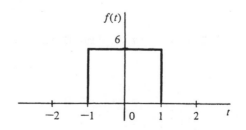

圖 17.5 一個週期函數的一週期（−2 < t < 2）

很明顯的，$T = 4$ 和 $\omega_0 = 2\pi/T = \pi/2$。若在（17.5）式內取 $t_0 = 0$，則可將每一積分分成三部份，乃因在 0 到 4 的區間內，$f(t)$ 有 0、6、0 的值；若 $t_0 = -1$，則只能將積分分為兩部份，原因是在 -1 到 1 間，$f(t) = 6$，而 1 到 3 間，$f(t) = 0$。因此，讓我們選擇 $t_0 = -1$，則得

$$a_0 = \frac{2}{4} \int_{-1}^{1} 6 \, dt + \frac{2}{4} \int_{1}^{3} 0 \, dt = 6$$

和
$$a_n = \frac{2}{4} \int_{-1}^{1} 6 \cos \frac{n\pi t}{2} dt + \frac{2}{4} \int_{1}^{3} 0 \cos \frac{n\pi t}{2} dt$$

$$= \frac{12}{n\pi} \sin \frac{n\pi}{2}$$

及
$$b_n = \frac{2}{4} \int_{-1}^{1} 6 \sin \frac{n\pi t}{2} dt + \frac{2}{4} \int_{1}^{3} 0 \sin \frac{n\pi t}{2} dt$$

$$= 0$$

因而 $f(t)$ 的傅立葉級數為

$$f(t) = 3 + \frac{12}{\pi} \left(\cos \frac{\pi t}{2} - \frac{1}{3} \cos \frac{3\pi t}{2} + \frac{1}{5} \cos \frac{5\pi t}{2} - \ldots \right)$$

因為沒有偶數諧波，所以我們可以更簡潔的表示 $f(t)$ 為

$$f(t) = 3 + \frac{12}{\pi} \sum_{n=1}^{\infty} \frac{(-1)^{n+1} \cos \{[(2n-1)\pi t]/2\}}{2n-1}$$

任何人都會懷疑在（17.5）式內選擇一個如 t_0 值的重要性；事實上，選擇 $t_0 = 0$ 或其他任何值都會獲得相同的結果，而不會影響整個結論。

___練___習_____

17.1.1 求矩形波的傅立葉級數。

$$f(t) = 4, \qquad 0 < t < 1$$
$$= -4, \qquad 1 < t < 2$$
$$f(t + 2) = f(t)$$

答：$\dfrac{16}{\pi}\displaystyle\sum_{n=1}^{\infty}\dfrac{\sin(2n-1)\pi t}{2n-1}$

17.1.2 求傅立葉係數，若

$$f(t) = 3, \qquad 0 < t < 1$$
$$= -1, \qquad 1 < t < 4$$
$$f(t + 4) = f(t)$$

答：$a_0 = 0$ ，$a_n \doteqdot \dfrac{4}{n\pi}\sin\dfrac{n\pi}{2}$ ，$b_n = \dfrac{4}{n\pi}\left(1 - \cos\dfrac{n\pi}{2}\right)$ ，$n = 1$
，2 ，3 ，……

17.1.3 求傅立葉級數，若

$$f(t) = 2, \qquad 0 < t < \dfrac{\pi}{2}$$
$$= 0, \qquad \dfrac{\pi}{2} < t < \pi$$
$$f(t + \pi) = f(t)$$

答：$1 + \dfrac{4}{\pi}\displaystyle\sum_{n=1}^{\infty}\dfrac{\sin 2(2n-1)t}{2n-1}$

17.1.4 求傅立葉級數，若

$$f(t) = 0, \qquad -1 < t < -\dfrac{1}{2}$$
$$= 4, \qquad -\dfrac{1}{2} < t < \dfrac{1}{2}$$
$$= 0, \qquad \dfrac{1}{2} < t < 1$$
$$f(t + 2) = f(t)$$

答：$2 + \dfrac{8}{\pi}\displaystyle\sum_{n=1}^{\infty}\dfrac{(-1)^{n+1}\cos(2n-1)\pi t}{2n-1}$

17.2 對稱性質（SYMMETRY PROPERTIES）

若一個函數對縱軸或原點對稱時，則傅立葉係數的計算可以大大的簡化，對縱軸對稱的函數 $f(t)$ 叫做偶函數，且對所有 t 有

$$f(t) = f(-t) \qquad (17.9)$$

的性質，即我們以 $-t$ 取代 t 時，不會改變函數。偶函數的例子有 t^2 和 $\cos t$ 等，而圖 17.6 (a)就是一個典型的偶函數；很明顯的，我們從縱軸觀察兩邊的圖形會是相同的。

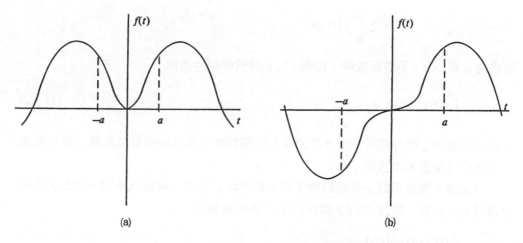

圖 17.6　(a)偶函數和(b)奇函數的波形圖例

奇函數 $f(t)$ 有

$$f(t) = -f(-t) \qquad (17.10)$$

的性質，換句話說，以 $-t$ 取代 t 時，函數只改變符號。一個典型的奇函數表示在圖 17.6 (b)，而其他的例子是 t 和 $\sin t$ 等；很明顯的，奇函數的右邊圖形對時間軸旋轉 $180°$ 時，會和左邊的圖形吻合。若有一線從點〔t，$f(t)$〕出發且經原點的話，它將與曲線相交於點〔$-t$，$-f(t)$〕。就這理由可說明：一個奇函數是與原點對稱的。

現在讓我們觀察對稱性質如何幫助我們發現傅立葉係數，在圖 17.6 (a)中，我們很清楚的看到，對偶函數有

$$\int_{-a}^{a} f(t)\, dt = 2 \int_{0}^{a} f(t)\, dt \tag{17.11}$$

這是正確的，因爲從 $-a$ 至 0 的面積與從 0 至 a 的面積相等。這結果也可以由分析

$$\int_{-a}^{a} f(t)\, dt = \int_{-a}^{0} f(t)\, dt + \int_{0}^{a} f(t)\, dt$$

$$= -\int_{a}^{0} f(-\tau)\, d\tau + \int_{0}^{a} f(t)\, dt$$

$$= \int_{0}^{a} f(\tau)\, d\tau + \int_{0}^{a} f(t)\, dt$$

$$= 2 \int_{0}^{a} f(t)\, dt$$

而成立。在 $f(t)$ 是奇函數時，由圖 17.6(b)很明顯的看出

$$\int_{-a}^{a} f(t)\, dt = 0 \tag{17.12}$$

這也是正確的，因爲從 $-a$ 至 0 的面積正好等於從 0 至 a 的面積的負值。這結果也可以由分析積分式而獲得。

兩個偶函數或兩個奇函數的乘積都是偶函數，然而一個偶函數和一個奇函數的乘積則是奇函數。假設 $G(t)$ 和 $H(t)$ 都是奇函數且

$$F(t) = G(t)H(t)$$

則有 $\quad F(-t) = G(-t)H(-t)$

$$= -G(t)[-H(t)]$$

$$= G(t)H(t)$$

$$= F(t)$$

即 $F(t)$ 是偶函數。其他的敍述也能用類似的方法證明。

在傅立葉係數方面，我們必須積分函數

$$g(t) = f(t) \cos n\omega_0 t \tag{17.13}$$

和 $\quad h(t) = f(t) \sin n\omega_0 t \tag{17.14}$

若 $f(t)$ 是偶函數，則由於 $\sin n\omega_0 t$ 是奇函數，$\cos n\omega_0 t$ 是偶函數，所以 $g(t)$ 是偶函數，$h(t)$ 是奇函數。因此在（17.5）式內，取 $t_0 = -T/2$，則對偶函數 $f(t)$，有

$$a_n = \frac{4}{T} \int_0^{T/2} f(t) \cos n\omega_0 t \, dt, \qquad n = 0, 1, 2, \ldots$$

$$b_n = 0, \qquad\qquad\qquad\qquad n = 1, 2, 3, \ldots \tag{17.15}$$

$f(t)$ 爲奇函數時，有

$$a_n = 0, \qquad\qquad\qquad\qquad n = 0, 1, 2, \ldots$$

$$b_n = \frac{4}{T} \int_0^{T/2} f(t) \sin n\omega_0 t \, dt \qquad n = 1, 2, 3, \ldots \tag{17.16}$$

（17.15）式和（17.16）式的描述，無論在何種情況下，都有一組係數完全是零，而另一組係數爲對半週期的積分式乘以 2。

　　總括的說，就是一個偶函數的傅立葉級數沒有正弦項，而奇函數沒有常數項和餘弦項。例如（17.7）式和練習 17.1.1 的函數均爲奇函數，且它們的傅立葉級數只有正弦項；而練習 17.1.4 的函數爲偶函數，所以它的傅立葉級數只含有餘弦項（包含 $n = 0$ 的 dc 情形），而練習 17.1.2 即不是偶函數也不是奇函數，所以它的傅立葉級數包含正弦和餘弦項。

例題 17.3

爲了說明這程序，讓我們求矩形波

$$f(t) = \quad 4, \qquad 0 < t < 1$$
$$= -4, \qquad 1 < t < 2$$
$$f(t + 2) = f(t)$$

的傅立葉係數，很明顯的，$T = 2$，$\omega_0 = \pi$，而 $f(t)$ 爲奇函數；因此由 (17.16) 式得知

$$a_n = 0, \qquad n = 0, 1, 2, \ldots$$

$$b_n = \frac{4}{2} \int_0^1 4 \sin n\pi t \, dt$$

$$= \frac{8}{n\pi} [1 - (-1)^n]$$

於是　　$b_n = 0$,　　　　n 為偶數

　　　　　$= \dfrac{16}{n\pi}$,　　　n 為奇數

這結果可與練習 17.1.1 做比對。

練　習

17.2.1　利用對稱性質，求 (17.7) 式的傅立葉級數。

17.2.2　對半波整流 (half-wave rectified) 的正弦函數

$$f(t) = 0, \qquad\qquad -\frac{\pi}{2} < t < -\frac{\pi}{4}$$

$$= 4 \cos 2t, \qquad -\frac{\pi}{4} < t < \frac{\pi}{4}$$

$$= 0, \qquad\qquad \frac{\pi}{4} < t < \frac{\pi}{2}$$

$$f(t + \pi) = f(t)$$

求它的傅立葉級數，這函數表示在附圖上。

答：$a_0 = \dfrac{8}{\pi}$; $a_1 = 2$; $a_n = \dfrac{8}{\pi(1-n^2)} \cos \dfrac{n\pi}{2}$, $n = 2 , 3 , 4 , \cdots$

　…; $b_n = 0$, $n = 1 , 2 , 3 \cdots\cdots$

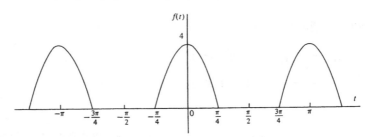

練習 17.2.2

17.2.3　求半波整流正弦函數

$$f(t) = |4 \sin 2t|$$

的傅立葉級數，這函數表示在附圖上。

答：$\dfrac{16}{\pi}\left(\dfrac{1}{2}+\displaystyle\sum_{n=1}^{\infty}\dfrac{1}{1-4n^2}\cos 4nt\right)$

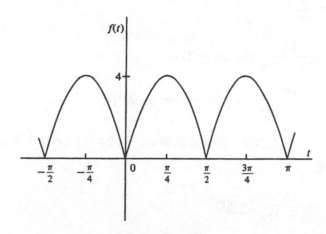

練習 **17.2.3**

17.3　對週期激勵的響應 （RESPONSE TO PERIODIC EXCITATIONS）

現在我們能夠發現一個電路對任何週期的響應均有一個傅立葉級數形式。若激勵可以表示爲傅立葉級數，則對級數中每一項的響應均可由相量方法求得，且可最後利用重疊原理組合個別的響應而得到全部的響應。

例題 17.4

爲了說明這敍述，假設我們有一個ＲＬ串聯電路，這裏 $R=6\Omega$，$L=2\mathrm{H}$，而它被電源

$$
\begin{aligned}
v(t) =\ &4\ \mathrm{V}, && 0 < t < 1\ \mathrm{s} \\
=\ &-4\ \mathrm{V}, && 1 < t < 2\ \mathrm{s}
\end{aligned}
$$

$$v(t+2)=v(t)$$

所激勵，這電源是一個矩形波，而它的傅立葉級數爲

$$v(t)=\frac{16}{\pi}\sum_{n=1}^{\infty}\frac{\sin(2n-1)\pi t}{2n-1}\ \mathrm{V}$$

因此我們可以寫

$$v(t) = \sum_{n=1}^{\infty} v_n$$

這裏

$$v_n = \frac{16}{(2n-1)\pi} \sin(2n-1)\pi t$$

$$= \frac{16}{(2n-1)\pi} \cos[(2n-1)\pi t - 90°]$$

是 $v(t)$ 的 $(2n-1)$ 次諧波,而諧波頻率 $\omega_n = (2n-1)\pi$ rad/s。

電壓相量是

$$\mathbf{V}_n = \frac{16}{(2n-1)\pi} \angle{-90°}$$

從電源端點看入的阻抗於 ω_n 時爲

$$\mathbf{Z}(j\omega_n) = 6 + j2(2n-1)\pi$$

$$= 2\sqrt{9 + \pi^2(2n-1)^2} \angle{\tan^{-1}\frac{(2n-1)\pi}{3}}$$

因此電流相量爲

$$\mathbf{I}_n = |\mathbf{I}_n| \angle{-90° - \theta_n}$$

這裏

$$|\mathbf{I}_n| = \frac{8}{(2n-1)\pi\sqrt{9 + \pi^2(2n-1)^2}} \tag{17.17}$$

和

$$\theta_n = \tan^{-1}\frac{(2n-1)\pi}{3} \tag{17.18}$$

因此對應的時域電流爲

$$i_n(t) = |\mathbf{I}_n| \cos(\omega_n t - 90° - \theta_n)$$

$$= |\mathbf{I}_n| \sin(\omega_n t - \theta_n) \tag{17.19}$$

再由重疊原理得知,電流的激勵響應分量爲

$$i_f(t) = \sum_{n=1}^{\infty} |\mathbf{I}_n| \sin(\omega_n t - \theta_n) \tag{17.20}$$

注意：若以正弦函數取代餘弦函數做爲基準相量的話，可簡化求解的過程，即電壓相量的角度會修正爲零度，且（17.19）式的第一式可省略。

我們也可以求自然響應而得到完全響應，但在這程序中有一個困難存在，那就是在求自然響應的任意常數時，必須總和一個無窮級數才能獲得。這當然也使我們在對一個已知的 t 求 $i(t)$ 時發生困難。在這例子中，可從（17.17）式看出電流波幅隨著 n 的增加而減少，且在 n 趨向無窮時變爲零。通常只要級數收斂，這敍述對傅立葉係數都是正確的。因此，級數可用相對少的項數來獲得一個近似。

爲了減少一般情況下的分析工作，我們需要一種簡化的傅立葉級數，即只用餘弦項來表示。爲了獲得此種表示式，我們可將 n 階諧波（ $n \neq 0$ ）寫成一個單一正弦波，即

$$a_n \cos n\omega_0 t + b_n \sin n\omega_0 t = A_n \cos(n\omega_0 t + \phi_n) \tag{17.21}$$

再根據（10.9）式和（10.10）式知它的波幅爲

$$A_n = \sqrt{a_n^2 + b_n^2} \tag{17.22}$$

相位爲

$$\phi_n = -\tan^{-1} \frac{b_n}{a_n} \tag{17.23}$$

因此，三角傅立葉級數爲

$$f(t) = \frac{a_0}{2} + \sum_{n=1}^{\infty} A_n \cos(n\omega_0 t + \phi_n) \tag{17.24}$$

如同相量情況，在決定 ϕ_n 象限時必須非常小心。角 $\tan^{-1}(b_n/a_n)$ 的終端邊是位於點（ a_n , b_n ）所在的象限內，即它是由 a_n 和 b_n 的符號來決定。

若 n 階諧波是一個電壓 v_n ，則它的相量表示爲

$$\mathbf{V}_n = A_n \underline{/\phi_n}.$$

且頻率 $\omega = n\omega_0$ 。dc 分量的相量表示爲

$$v_0 = \frac{a_0}{2}$$

且被定義爲

$$\mathbf{V}_0 = A_0 \underline{/\phi_0}$$

其中
$$A_0 = \left| \frac{a_0}{2} \right| \tag{17.25}$$

和
$$\begin{aligned} \phi_0 &= 0, & a_0 &> 0 \\ &= 180°, & a_0 &< 0 \end{aligned} \tag{17.26}$$

若從電壓 $\mathbf{V}_n$ 看入的阻抗為 $\mathbf{Z}(jn\omega_0)$，即

$$\mathbf{Z}(jn\omega_0) = \mathbf{Z}_n = |\mathbf{Z}_n| \underline{/\theta_n}$$

則電流相量為

$$\mathbf{I}_n = \frac{\mathbf{V}_n}{\mathbf{Z}_n} = \frac{A_n}{|\mathbf{Z}_n|} \underline{/\phi_n - \theta_n}$$

從這可求出時域電流 i_n，如同用相量法求解一樣。

對 dc 電壓 v_0 的響應 i_0 可用先前的方法求得，即電容器開路，電感器短路。若 $\mathbf{Z}(0)$ 是此時電路的電阻，則 i_0 相量為

$$\mathbf{I}_0 = \frac{\mathbf{V}_0}{\mathbf{Z}(0)}$$

它決定 i_0。

若端電壓 v 是非正弦的週期函數，但它的傅立葉級數為

$$v = \sum_{n=0}^{\infty} v_n \tag{17.27}$$

則用重疊原理可求得端電流為

$$i = \sum_{n=0}^{\infty} i_n = \frac{a_0}{2\mathbf{Z}(0)} + \sum_{n=1}^{\infty} \frac{A_n}{|\mathbf{Z}_n|} \cos(n\omega_0 t + \phi_n - \theta_n) \tag{17.28}$$

練　習

17.3.1 求例題 17.4 電路內電感器電壓的激勵分量。

答：$\displaystyle \sum_{n=1}^{\infty} \frac{16}{\sqrt{9 + \omega_n^2}} \cos\left(\omega_n t - \tan^{-1} \frac{\omega_n}{3}\right)$，其中 $\omega_n = (2n-1)\pi$

17.3.2 若習題 11.22 電路內的 v_g 為

$$v_g = 4 \text{ V}, \quad 0 < t < 1 \text{ s}$$
$$= 0, \quad 1 < t < 4 \text{ s}$$
$$v_g(t + 4) = v_g(t)$$

則求 v 的激勵分量。

答：$-1 - \dfrac{8}{\pi} \displaystyle\sum_{n=1}^{\infty} \dfrac{1}{n} \left| \sin \dfrac{n\pi}{4} \right| \cos\left(\dfrac{n\pi t}{2} - 2 \tan^{-1} \dfrac{n\pi}{4} - \dfrac{n\pi}{4} \right)$

17.4 指數型傅立葉級數
（THE EXPONENTIAL FOURIER SERIES）

用奧衣勒公式，我們可將正弦和餘弦函數轉換成為等效的指數函數，並獲得另一種型式的傅立葉級數。此種型式被稱為指數型傅立葉級數，它是相當有用的，特別是在考慮頻率響應時。本節我們將著重於指數型傅立葉級數的討論，下一節則研究頻率響應或頻譜。

在三角傅立葉級數內，將正弦函數項以它們的相等指數來取代，即

$$\cos n\omega_0 t = \frac{1}{2}(e^{jn\omega_0 t} + e^{-jn\omega_0 t})$$

和

$$\sin n\omega_0 t = \frac{1}{j2}(e^{jn\omega_0 t} - e^{-jn\omega_0 t})$$

（看附錄 D），且整理相同項得

$$f(t) = \frac{a_0}{2} + \sum_{n=1}^{\infty} \left[\left(\frac{a_n - jb_n}{2} \right) e^{jn\omega_0 t} + \left(\frac{a_n + jb_n}{2} \right) e^{-jn\omega_0 t} \right] \tag{17.29}$$

若我們定義新係數 C_n 為

$$c_n = \frac{a_n - jb_n}{2} \tag{17.30}$$

則將（17.5）式的 a_n 和 b_n 代入 C_n，且令 $t_0 = -T/2$ 時，有

$$c_n = \frac{1}{T} \int_{-T/2}^{T/2} f(t)(\cos n\omega_0 t - j \sin n\omega_0 t) \, dt$$

或由奧衣勒公式得知

$$c_n = \frac{1}{T} \int_{-T/2}^{T/2} f(t)e^{-jn\omega_0 t} \, dt \qquad (17.31)$$

我們也觀察 $C_n{}^*$（C_n 的共軛複數）是

$$c_n^* = \frac{a_n + jb_n}{2}$$

$$= \frac{1}{T} \int_{-T/2}^{T/2} f(t)(\cos n\omega_0 t + j \sin n\omega_0 t) \, dt$$

很明顯的，這等於 C_{-n}（以 $-n$ 取代 n），即

$$c_{-n} = \frac{a_n + jb_n}{2} \qquad (17.32)$$

最後，讓我們觀察

$$\frac{a_0}{2} = \frac{1}{T} \int_{-T/2}^{T/2} f(t) \, dt$$

這由（17.31）式得知

$$\frac{a_0}{2} = c_0 \qquad (17.33)$$

總和（17.30）式，（17.32）式和（17.33）式，能使我們重寫（17.29）式為

$$f(t) = c_0 + \sum_{n=1}^{\infty} c_n e^{jn\omega_0 t} + \sum_{n=1}^{\infty} c_{-n} e^{-jn\omega_0 t}$$

$$= \sum_{n=0}^{\infty} c_n e^{jn\omega_0 t} + \sum_{n=-1}^{-\infty} c_n e^{jn\omega_0 t}$$

我們已經組合 C_0 和第一個總和，現在再將第二個總和內的 n 以 $-n$ 取代，則可得一個更簡潔的形式，即

$$f(t) = \sum_{n=-\infty}^{\infty} c_n e^{jn\omega_0 t} \qquad (17.34)$$

這裏 C_n 如（17.31）式所給，這個傅立葉級數的敘述亦叫做指數型傅立葉級數。

例題 17.5

茲舉一例讓我們求練習 17.1.1 矩形波

$$f(t) = \quad 4, \qquad 0 < t < 1$$
$$= -4, \qquad 1 < t < 2$$

的指數級數，由於 $T = 2$，所以 $\omega_0 = 2\pi/T = \pi$，且從（17.31）式得知

$$c_n = \frac{1}{2} \int_{-1}^{1} f(t) e^{-jn\pi t} \, dt$$

對 $n \neq 0$，這是

$$c_n = \frac{1}{2} \int_{-1}^{0} (-4) e^{-jn\pi t} \, dt + \frac{1}{2} \int_{0}^{1} 4 e^{-jn\pi t} \, dt$$

$$= \frac{4}{jn\pi} [1 - (-1)^n]$$

同時，我們有

$$c_0 = \frac{1}{2} \int_{-1}^{1} f(t) \, dt$$

$$= -\frac{1}{2} \int_{-1}^{0} 4 \, dt + \frac{1}{2} \int_{0}^{1} 4 \, dt$$

$$= 0$$

因為 C_n 對偶數 n 為零，對奇數 n 為 $8/jn\pi$，所以 $f(t)$ 的指數級數可寫為

$$f(t) = \frac{8}{j\pi} \sum_{n=-\infty}^{\infty} \frac{1}{2n-1} e^{j(2n-1)\pi t} \tag{17.35}$$

而讀者可證明這結果同於練習 17.1.1 所得的結果。

練 習

17.4.1 求指數型傅立葉級數，若

$$f(t) = 1 \qquad -1 < t < 1$$
$$= 0, \qquad 1 < |t| < 2$$
$$f(t + 4) = f(t)$$

答：$\dfrac{1}{2} + \dfrac{1}{\pi} \displaystyle\sum_{\substack{n=-\infty \\ n \neq 0}}^{\infty} \dfrac{\sin(n\pi/2)}{n} e^{jn\pi t/2}$

17.4.2 函數

$$\text{Sa}(x) = \frac{\sin x}{x}$$

叫做樣本函數（sample function），它經常出現在通訊理論內，若我們定義

$$c_0 = \lim_{n \to 0} c_n$$

則證明練習 17.4.1 的結果，可以寫為

$$f(t) = \frac{1}{2} \sum_{n=-\infty}^{\infty} \text{Sa}\left(\frac{n\pi}{2}\right) e^{jn\pi t/2}$$

17.4.3 從一個脈衝列的指數級數，來一般化練習 17.4.2 的結果。這脈衝列的描述如下：

$$f(t) = 1, \qquad -\frac{\delta}{2} < t < \frac{\delta}{2}$$
$$= 0, \qquad \frac{\delta}{2} < |t| < \frac{T}{2}$$
$$f(t + T) = f(t)$$

這裏 $\delta < T$。

答：$\dfrac{\delta}{T} \displaystyle\sum_{n=-\infty}^{\infty} \text{Sa}\left(\dfrac{n\pi\delta}{T}\right) e^{j2n\pi t/T}$

17.4.4 證明：若 $f(t)$ 是偶函數，則指數型傅立葉係數為

$$c_n = \frac{a_n}{2} = \frac{2}{T} \int_0^{T/2} f(t) \cos n\omega_0 t \, dt$$

若 $f(t)$ 是奇函數，則它們爲

$$c_n = \frac{b_n}{2j} = \frac{2}{jT} \int_0^{T/2} f(t) \sin n\omega_0 t \, dt$$

用這結果去求（17.35）式。

17.5 頻譜（FREQUENCY SPECTRA）

從傅立葉級數表示式可知：本章的週期性非正弦輸入和輸出並不像正弦函數一樣只有一個頻率，而是有無窮多個頻率。由於傅立葉級數是表示每一頻率所對應的波幅和相位，所以它能告訴我們那些頻率在輸出輪廓上扮演著重要的角色。因此，傅立葉級數的一項重要應用 " 頻譜 " 是本節討論的重點。

時域輸出函數 $f(t)$ 的傅立葉級數表示式爲

$$f(t) = \frac{a_0}{2} + \sum_{n=1}^{\infty} A_n \cos (n\omega_0 t + \phi_n)$$

它也能根據頻域資料求得，即若我們知道每一分量的相量 A_n 和 ϕ_n，則我們能組成此函數。dc 量就是 $n = 0$ 的情形。若我們只想知道 n 階諧波的重要性，則我們只需觀察 A_n 的大小。這資訊可立即從 A_n 對頻率的圖形中獲得。由於頻率是斷續值，像 0、ω_0、$2\omega_0$ 等，所以圖形將是一組直線，且直線長度正比於 A_n。

若用奧衣勒公式來寫

$$\cos \omega t = \frac{e^{j\omega t} + e^{-j\omega t}}{2}$$

則存在兩個複頻率 $j\omega$ 和 $-j\omega$。結果 $f(t)$ 包含所有頻率 $\pm jn\omega_0$，$n = 0$，± 1，± 2，……。這可將指數型傅立葉級數修改爲

$$f(t) = \sum_{n=-\infty}^{\infty} c_n e^{jn\omega_0 t}$$

這裏　$c_n = \dfrac{a_n - jb_n}{2}$

或以極座標表示爲

$$c_n = \frac{\sqrt{a_n^2 + b_n^2}}{2} \bigg/ -\tan^{-1}\frac{b_n}{a_n}$$

用 A_n 和 ϕ_n 項表示則有

$$c_n = \frac{A_n}{2} \underline{/\phi_n}$$

$$c_{-n} = \frac{A_n}{2} \underline{/-\phi_n}$$

(17.36)

我們也令 $c_0 = a_0 / 2$ ，即

$$c_0 = A_0 \underline{/\phi_0}$$

(17.37)

根據（17.36）和（17.37）兩式知

$$|c_n| = |c_{-n}| = \frac{A_n}{2}, \qquad n = 1, 2, 3, \ldots$$

$$|c_0| = A_0$$

$|c_n|$ - 頻率圖所包含的資訊與 A_n - 頻率圖相同，且 $|c_n|$ 圖更包含 n 爲正、負值的情形。$|c_n|$ - 頻率圖被稱爲斷續幅譜（discrete amplitude spectrum）或線譜（line spectrum），且類似於連續狀況時的波幅響應。一個類似的 ϕ_n 線圖是一個斷續相譜（discrete phase spectrum），它類似於連續狀況時的相位響應。斷續幅譜和相譜包含組成傅立葉級數所需的全部資訊。

例題17.6

茲舉一例，是練習 17.4.1 的矩形脈衝，它的傅立葉係數是

$$c_0 = \frac{1}{2}$$

$$c_n = \frac{1}{n\pi} \sin\frac{n\pi}{2}, \qquad n = \pm1, \pm2, \pm3, \ldots$$

從練習 17.4.2 ，我們也可以利用樣本函數來寫出這結果，即

$$A_n = 2|c_n| = \left| \frac{\sin{(n\pi/2)}}{n\pi/2} \right|$$

$$= \left| \mathrm{Sa}\!\left(\frac{n\pi}{2} \right) \right|$$

很明顯的，若 $n = 1$，5，9，……時 $\phi_n = 0$ 及 $n = 3$，7，11，……時 $\phi_n = \pm 180°$，則偶數 n 的 $A_n = 0$，奇數 n 的 $A_n = |2/n\pi|$。圖 7.17 內的垂直實線表示幅譜，虛線表示樣本函數的絕對值，而它也叫做譜的包絡線（envolope）。

從圖 17.7 可看出幅譜是對縱軸對稱，因此它也是一個偶函數。在（17.36）式中以 $-n$ 取代 n 仍可獲得相同的波幅 A_n，所以上敘述通常是正確的。類似地，在（17.36）式中以 $-n$ 取代 n 將使得 ϕ_n 變為 $-\phi_n$，所以相譜是奇函數。這事實對畫相譜是相當有用的，即如圖 17.8 所示，對正 n 值取 $-180°$ 相位，負 n 值取 $180°$ 相位。

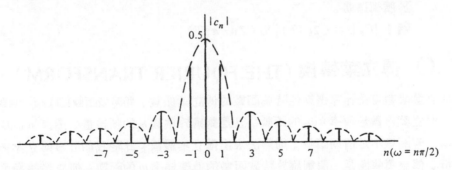

圖 17.7 幅 譜

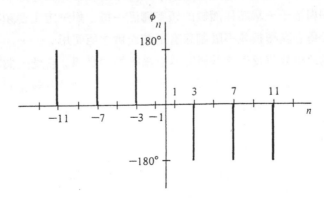

圖 17.8 相 譜

練 習

17.5.1 求（17.7）鋸齒波的幅譜 $|C_n|$ 和相譜 ϕ_n 。

答： $|C_n| = |1/n|$, $n = \pm 1$, ± 2 , ± 3 , …… ; $C_0 = 0$

$\phi_n = -90°$, $n = 1 , 3 , 5 , ……, -2 , -4 , -6 , ……$

$\quad\quad = 90°$, $n = 2 , 4 , 6 , ……, -1 , -3 , -5 ……$

17.5.2 求

$$f(t) = 1, \quad\quad -a < t < a$$
$$\quad\quad = 0, \quad\quad a < |t| < T/2$$
$$f(t + T) = f(t)$$

的幅譜，這裏 $T/2 > a$ 。注意這函數是練習 17.4.1 的一般式，它的譜包絡線於 $1/a$, $2/a$, $3/a$, ……處為零，且包絡線的 " 寬度 " 是獨立於脈衝週期 。

答： $|C_n| = (2a/T)|S_a(2n\pi a/T)|$

17.6 傅立葉轉換（THE FOURIER TRANSFORM）

傅立葉級數可藉計算週期性時域函數的傅立葉係數，將時域函數轉成頻域函數來分析。傅立葉係數是頻率 $n\omega_0$ 的函數，且是對應於整數 n 的斷續量，這裏 ω_0 是基本頻率。若函數不是週期函數，則無法求出傅立葉級數。此時我們可用傅立葉轉換來分析，傅立葉轉換是一個對應於時域函數的連續頻率 ω 的函數。傅立葉轉換可將相量觀念推廣到更一般化的非週期性函數，且此時的幅譜和相譜是連續量而不是斷續量。這些頻譜與第十五章轉移函數的頻率響應一樣，對決定主要頻率範圍是非常有用的。總之，傅立葉轉換並不限制只有正弦函數才能使用。

圖 17.9 的連續幅譜提供某些研究傅立葉轉換的動機。它是一個實際低通濾波器的波幅響應，水平軸是頻率且從零開始向右增加，縱軸是波幅。顯然地，主頻率是對應於大波幅的低頻，對應於低波幅的較高頻不是被抑止就是被濾掉了。

若一個函數不是週期函數，且定義在一個無窮大的區域內時，我們不能以傅立葉級數來表示它。但我們可以考慮函數是一個無窮大週期的函數，且推廣先前的結果去包含這情形。在本節中，我們將以一種較不嚴謹的方法來討論這情形，但所得的結果，若在 $f(t)$ 滿足 17.1 節的條件，其中（17.6）式改為

$$\int_{-\infty}^{\infty} |f(t)| \, dt < \infty \tag{17.38}$$

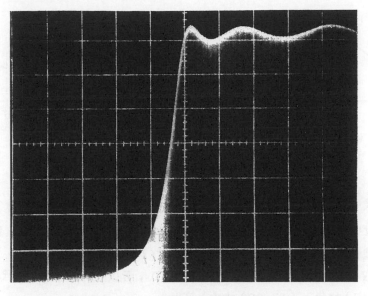

圖 17.9　一個低通濾波器的波幅響應

時，則是相當嚴謹的。

　　現在我們定義 $f_T(t)$ 是一個週期為 T 的週期函數，且等於 $-\dfrac{T}{2} < t < \dfrac{T}{2}$ 區段內的 $f(t)$，即

$$f_T(t) = f(t), \qquad \frac{-T}{2} < t < \frac{T}{2}$$

$$f_T(t + T) = f(t)$$

於是若 $f(t)$ 是圖 17.10 (a) 所示的非週期函數，則 $f_T(t)$ 在 $(-\dfrac{T}{2}, \dfrac{T}{2})$ 時段內等於 $f(t)$ 且是一個週期為 T 的函數，這如圖 17.10 (b) 所示。〔像這種函數 $f_T(t)$ 被稱為 $f(t)$ 的週期推廣（periodic extension）〕$f_T(t)$ 的指數型傅立葉級數為

$$f_T(t) = \sum_{n=-\infty}^{\infty} c_n e^{j2\pi nt/T} \tag{17.39}$$

這裏
$$c_n = \frac{1}{T} \int_{-T/2}^{T/2} f_T(x) e^{-j2\pi nx/T} \, dx \qquad (17.40)$$

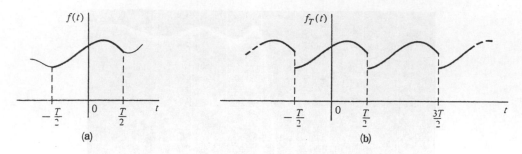

圖17.10 (a)函數 $f(t)$；(b)它的週期推廣 $f_T(t)$

且在係數式中，已經使用 $2\pi/T$ 和 x 取代 ω_0 和 t ，而我們的目的是當 $T \to \infty$ 時，$f_T(t) \to f(t)$ 的情形為何？藉考慮非週期函數 $f(t)$ 是一個週期為無窮大的週期函數，則我們可將傅立葉級數的觀念推廣到 $f(t)$ 。

因為取極限的過程中需要 $\omega_0 = 2\pi/T \to 0$ ，所以我們能以 $\Delta\omega$ 取代 $2\pi/T$ ，因此將 (17.40) 式代入 (17.39) 式中，可得

$$\begin{aligned}
f_T(t) &= \sum_{n=-\infty}^{\infty} \left[\frac{\Delta\omega}{2\pi} \int_{-T/2}^{T/2} f_T(x) e^{-jxn\Delta\omega} \, dx \right] e^{jtn\Delta\omega} \\
&= \sum_{n=-\infty}^{\infty} \left[\frac{1}{2\pi} \int_{-T/2}^{T/2} f_T(x) e^{-j(x-t)n\Delta\omega} \, dx \right] \Delta\omega
\end{aligned} \qquad (17.41)$$

若我們定義函數

$$g(\omega, t) = \frac{1}{2\pi} \int_{-T/2}^{T/2} f_T(x) e^{-j\omega(x-t)} \, dx \qquad (17.42)$$

則 (17.33) 式的極限，很明顯的為

$$f(t) = \lim_{\substack{T \to \infty \\ (\Delta\omega \to 0)}} \sum_{n=-\infty}^{\infty} g(n\Delta\omega, t) \Delta\omega \qquad (17.43)$$

由積分學的基本定理得知 (17.43) 式可為

$$f(t) = \int_{-\infty}^{\infty} g(\omega, t) \, d\omega \qquad (17.44)$$

但在（17.42）式內，$f_T \to f$ 和 $T \to \infty$ 時，會使得在（17.44）式的 $g(\omega, t)$ 是它的極限值，即

$$\lim_{T \to \infty} g(\omega, t) = \frac{1}{2\pi} \int_{-\infty}^{\infty} f(x) e^{-j\omega(x-t)} \, dx$$

因此（17.43）式實際上為

$$f(t) = \frac{1}{2\pi} \int_{-\infty}^{\infty} \left[\int_{-\infty}^{\infty} f(x) e^{-j\omega(x-t)} \, dx \right] d\omega \qquad (17.45)$$

現在讓我們重寫（17.45）式為

$$f(t) = \frac{1}{2\pi} \int_{-\infty}^{\infty} \left[\int_{-\infty}^{\infty} f(x) e^{-j\omega x} \, dx \right] e^{j\omega t} \, d\omega \qquad (17.46)$$

且定義括弧內的表示式為函數

$$\mathbf{F}(j\omega) = \int_{-\infty}^{\infty} f(t) e^{-j\omega t} \, dt \qquad (17.47)$$

這裏我們已經將虛擬變數 x 改為 t ，因此（17.46）式可改為

$$f(t) = \frac{1}{2\pi} \int_{-\infty}^{\infty} \mathbf{F}(j\omega) e^{j\omega t} \, d\omega \qquad (17.48)$$

而函數 $\mathbf{F}(j\omega)$ 叫做 $f(t)$ 的傅立葉轉換（fourier transform），而 $f(t)$ 叫做 $\mathbf{F}(j\omega)$ 的傅立葉逆轉換，這些式子常以符號

$$\begin{aligned} \mathbf{F}(j\omega) &= \mathscr{F}[f(t)] \\ f(t) &= \mathscr{F}^{-1}[\mathbf{F}(j\omega)] \end{aligned} \qquad (17.49)$$

來說明，這裏 $\mathscr{F}$ 表示取傅立葉轉換的運算子。（17.47）式和（17.48）式也叫做傅立葉轉換對，而它們的表示符號為

$$f(t) \longleftrightarrow \mathbf{F}(j\omega) \qquad (17.50)$$

傅立葉轉換（17.47）式可將時域函數 $f(t)$ 轉換為頻域函數。逆轉換（17.48）式是直接類比於傅立葉級數。傅立葉轉換（17.47）式是對應於 17.1 節的傅立葉係數。這兩個類比的其他描述是：傅立葉轉換是一個連續表示（ ω 是一

個連續變數），然而傳立葉係數是一個斷續表示（$n\omega_0$是一個斷續變數，這裏n是一個整數）。

例題 17.7

茲舉一例讓我們求

$$f(t) = e^{-at}u(t)$$

的轉換，這裏$a > 0$。我們由定義得知

$$\mathscr{F}[e^{-at}u(t)] = \int_{-\infty}^{\infty} e^{-at}u(t)e^{-j\omega t}\,dt$$

$$= \int_{0}^{\infty} e^{-(a+j\omega)t}\,dt$$

或

$$\mathscr{F}[e^{-at}u(t)] = \frac{1}{-(a+j\omega)}\,e^{-(a+j\omega)t}\,\Bigg|_{0}^{\infty}$$

上極限是

$$\lim_{t\to\infty} e^{-at}(\cos\omega t - j\sin\omega t) = 0$$

然而括弧內的表示式，在指數趨近零時是有界限的。因而

$$\mathscr{F}[e^{-at}u(t)] = \frac{1}{a+j\omega} \tag{17.51}$$

或

$$e^{-at}u(t) \longleftrightarrow \frac{1}{a+j\omega}$$

例題 17.8

另一個例題是讓我們求單一矩形脈衝

$$f(t) = A, \qquad -\frac{\delta}{2} < t < \frac{\delta}{2}$$

$$= 0, \quad |t| > \frac{\delta}{2} \tag{17.52}$$

的轉換，這圖形表示在圖17.11。由定義得知

$$\mathbf{F}(j\omega) = \int_{-\infty}^{\infty} f(t)e^{-j\omega t}\, dt$$

$$= \int_{-\delta/2}^{\delta/2} Ae^{-j\omega t}\, dt$$

$$= \frac{2A}{\omega}\left(\frac{e^{j\omega\delta/2} - e^{-j\omega\delta/2}}{j2}\right)$$

或　　$$\mathbf{F}(j\omega) = \frac{2A}{\omega}\sin\frac{\omega\delta}{2}$$

而另一種寫法是

$$\mathbf{F}(j\omega) = A\delta\, \mathrm{Sa}\left(\frac{\omega\delta}{2}\right) \tag{17.53}$$

這裏 $\mathrm{Sa}(\omega\delta/2)$ 是在練習 17.4.2 內所定義的樣本函數。

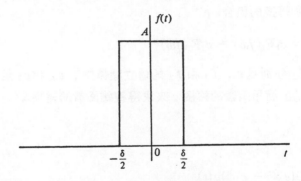

圖 17.11　寬度為 δ 的有限脈衝

練　習

17.6.1　求 $\mathbf{F}[e^{-a|t|}]$，這裏 $a > 0$
　　　　答：$2a/(\omega^2 + a^2)$

17.6.2　求 $\mathbf{F}(j\omega)$，若

$$f(t) = t + 1, \qquad -1 < t < 0$$
$$= -t + 1, \qquad 0 < t < 1$$
$$= 0, \qquad\qquad 其他$$

答：$[2(1-\cos\omega)]/\omega^2 = \text{Sa}^2(\omega/2)$

17.6.3　求 $f(t)$，若

$$\mathbf{F}(j\omega) = 1, \qquad -1 < \omega < 1$$
$$= 0, \qquad |\omega| > 1$$

答：$(1/\pi)\text{Sa}(t)$

17.7 傅立葉轉換運算
(FOURIER TRANSFORM OPERATIONS)

通常有很多傅立葉轉換的運算是非常有用的，本節將討論一些常用的運算並在節尾將它們列表。由於傅立葉轉換的運算是完成一個積分，所以它有一個最重要的性質"線性運算"，即

$$v(t) = c_1 f_1(t) + c_2 f_2(t)$$

組合的轉換是個別轉換的組合

$$\mathbf{V}(j\omega) = c_1 \mathbf{F}_1(j\omega) + c_2 \mathbf{F}_2(j\omega)$$

這裏 $\mathbf{V}$，$\mathbf{F}_1$ 和 $\mathbf{F}_2$ 分別是 v，f_1 和 f_2 的傅立葉轉換，c_1 和 c_2 是常數。線性觀念能使我們很容易的由簡單函數的轉換，來求得複雜函數的轉換。

例題 17.9

例如函數

$$f(t) = 2(e^{-2t} - e^{-3t})u(t) \tag{17.54}$$

的轉換，很容易由線性性質和 (17.51) 式，得知

$$\mathbf{F}(j\omega) = \frac{2}{2 + j\omega} - \frac{2}{3 + j\omega}$$
$$= \frac{2}{(2 + j\omega)(3 + j\omega)} \tag{17.55}$$

對時間微分的運算，傅立葉轉換是相當有用的，若我們想求函數 $f(t)$ 微分的傅立葉轉換，則可由定義得知，若

$$f(t) \longleftrightarrow \mathbf{F}(j\omega)$$

則
$$f(t) = \frac{1}{2\pi} \int_{-\infty}^{\infty} \mathbf{F}(j\omega) e^{j\omega t} \, d\omega \qquad (17.56)$$

從這，可得

$$\frac{df(t)}{dt} = \frac{1}{2\pi} \int_{-\infty}^{\infty} \frac{d}{dt} [\mathbf{F}(j\omega) e^{j\omega t}] \, d\omega$$

$$= \frac{1}{2\pi} \int_{-\infty}^{\infty} [j\omega \mathbf{F}(j\omega)] e^{j\omega t} \, d\omega$$

因此我們有

$$\frac{df(t)}{dt} \longleftrightarrow j\omega \mathbf{F}(j\omega) \qquad (17.57)$$

即 f 微分的轉換等於 f 的轉換乘以 $j\omega$，這結果很容易的推廣到一般的情形

$$\frac{d^n f(t)}{dt^n} \longleftrightarrow (j\omega)^n \mathbf{F}(j\omega) \qquad (17.58)$$

這裏 $n = 0，1，2，\cdots\cdots$，且導函數存在，而微分和積分運算的交變是有效的。這敍述對一般狀況都是正確的，且對我們所遭遇的任一函數也幾乎都成立。

例題 17.10

舉另一個例題，讓我們求 $f(t-\tau)$ 的轉換，這裏 τ 是一個常數。將（17.56）式內的 t 以 $t-\tau$ 取代可得

$$f(t-\tau) = \frac{1}{2\pi} \int_{-\infty}^{\infty} \mathbf{F}(j\omega) e^{j\omega(t-\tau)} \, d\omega$$

$$= \frac{1}{2\pi} \int_{-\infty}^{\infty} [\mathbf{F}(j\omega) e^{-j\omega\tau}] e^{j\omega t} \, d\omega$$

根據（17.56）式可得

$$f(t-\tau) \longleftrightarrow \mathbf{F}(j\omega) e^{-j\omega\tau} \qquad (17.59)$$

這結果的物理意義是在時域內的延遲（delay）〔函數 $f(t-\tau)$ 是 $f(t)$ 延遲 τ 秒〕對應於頻域內的相位移（ $-\omega\tau$ 加到相位上）。

　　就 $f(t)$ 及（17.48）和（17.47）兩式內 $f(t)$ 轉換的積分類似性，建議我們以某些方法互換 t 和 ω 將推得另一組新轉換。事實上，若在（17.48）式內以 x 和 $-\omega$ 分別取代 ω 和 t ，並對方程式兩邊都乘以 2π 可得

$$2\pi f(-\omega) = \int_{-\infty}^{\infty} \mathbf{F}(jx)e^{-jx\omega}\, dx$$

再根據（17.47）式可知右邊項爲 $\mathbf{F}(jt)$ 的傅立葉轉換。於是我們有

$$\mathbf{F}(jt) \longleftrightarrow 2\pi f(-\omega) \tag{17.60}$$

例題 17.11

　　若我們分別對（17.51）和（17.53）兩式應用（17.60）式可得

$$\frac{1}{a+jt} \longleftrightarrow 2\pi e^{a\omega}u(-\omega), \qquad a > 0$$

和
$$\frac{2A}{t}\sin\frac{t\delta}{2} \longleftrightarrow 2\pi A, \qquad |\omega| < \frac{\delta}{2}$$

$$\longleftrightarrow 0, \qquad |\omega| > \frac{\delta}{2}$$

　　我們已將本節推導過的傅立葉轉換運算和其他的運算列表於表 17.1 。讀者將在練習中被要求推導其他的運算。

　　我們也可以用傅立葉轉換將網路函數觀念推廣到含有非正弦激勵的電路。我們將看到此時的網路函數與含有正弦激勵的電路的網路函數一樣，於是所有討論過的轉移函數性質此時都成立。僅有的差別是這裏的輸入和輸出都是傅立葉轉換而不是相量。

　　我們從考慮圖 17.12 一般電路的網路函數開始，這裏爲了特定化，分別取電壓 $v_i(t)$ 和 $v_0(t)$ 爲輸入和輸出。我們也可以令這些函數之一或兩個爲電流。圖 17.12 電路的描述方程式爲

$$a_n\frac{d^n v_o}{dt^n} + a_{n-1}\frac{d^{n-1}v_o}{dt^{n-1}} + \cdots + a_1\frac{dv_o}{dt} + a_0 v_o$$
$$= b_m\frac{d^m v_i}{dt^m} + b_{m-1}\frac{d^{m-1}v_i}{dt^{m-1}} + \cdots + b_1\frac{dv_i}{dt} + b_0 v_i$$

表 17.1 傅立葉轉換運算

$f(t)$	$\mathbf{F}(j\omega)$
1. $c_1 f_1(t) + c_2 f_2(t)$	$c_1 \mathbf{F}_1(j\omega) + c_2 \mathbf{F}_2(j\omega)$
2. $f(t/a)$	$\|a\| \mathbf{F}(j\omega a)$
3. $f(t - \tau)$	$e^{-j\omega\tau} \mathbf{F}(j\omega)$
4. $e^{j\omega_0 t} f(t)$	$\mathbf{F}(j\omega - j\omega_0)$
5. $\mathbf{F}(jt)$	$2\pi f(-\omega)$
6. $f(-t)$	$\mathbf{F}(-j\omega)$
7. $\dfrac{d^n}{dt^n} f(t)$	$(j\omega)^n \mathbf{F}(j\omega),\ n = 0,\,1,\,2,\,\ldots$
8. $t^n f(t)$	$(-1)^n \dfrac{d^n}{d(j\omega)^n} F(j\omega),\ n = 0,\,1,\,2,\,\ldots$

圖 17.12 一般電路

取兩邊的傅立葉轉換，並使用（17.58）式和線性性質可得

$$\frac{d}{dt} \int f(t)\,d\omega = \int \frac{d}{dt} f(t)\,d\omega\,)$$

　　從（17.47）式的結果我們知道，傅立葉轉換能夠用來表示網路函數（對非正弦激勵），例如，取（14.22）式兩邊的傅立葉轉換，並利用（17.47）式和線性性質，得知

$$[a_n(j\omega)^n + a_{n-1}(j\omega)^{n-1} + \cdots + a_1 j\omega + a_0]\mathbf{V}_o(j\omega)$$
$$= [b_m(j\omega)^m + b_{m-1}(j\omega)^{m-1} + \cdots + b_1 j\omega + b_0]\mathbf{V}_i(j\omega)$$

函數 $\mathbf{V}_o$ 和 $\mathbf{V}_i$ 是輸出和輸入函數的傅立葉轉換，從這結果，我們可以寫出網路函數

$$\frac{\mathbf{V}_o(j\omega)}{\mathbf{V}_i(j\omega)} = \mathbf{H}(j\omega)$$

$$= \frac{b_m(j\omega)^m + b_{m-1}(j\omega)^{m-1} + \cdots + b_0}{a_n(j\omega)^n + a_{n-1}(j\omega)^{n-1} + \cdots + a_0}$$

$$(17.61)$$

這裏，由第十四章得知，它是於 $s = j\omega$ 時計算的網路函數。

這個推導告訴我們先前所定義的，輸出相量對輸入相量比的網路函數，恰好同於輸出轉換對輸入轉換的比；且在後者情形下，函數不需要是正弦函數，這推廣也可用來求時域響應。

例題 17.12

例如輸入 $v_i(t)$ 是

$$v_i(t) = e^{-3t}u(t) \tag{17.62}$$

它與對應的輸出 $v_o(t)$ 的關係式為

$$\frac{dv_o}{dt} + 2v_o = 2v_i$$

若我們轉換方程式，則可得

$$(j\omega + 2)\mathbf{V}_o(j\omega) = 2\mathbf{V}_i(j\omega)$$

或

$$\mathbf{H}(j\omega) = \frac{\mathbf{V}_o(j\omega)}{\mathbf{V}_i(j\omega)} = \frac{2}{j\omega + 2} \tag{17.63}$$

再由 (17.51) 式得知

$$\mathbf{V}_i(j\omega) = \frac{1}{3 + j\omega} \tag{17.64}$$

因此輸出的轉換為

$$\begin{aligned}\mathbf{V}_o(j\omega) &= \mathbf{H}(j\omega)\mathbf{V}_i(j\omega) \\ &= \frac{2}{(2 + j\omega)(3 + j\omega)}\end{aligned} \tag{17.65}$$

再由 (17.55) 式得知這等於

$$\mathbf{V}_o(j\omega) = 2\frac{1}{(2 + j\omega)} - 2\frac{1}{(3 + j\omega)}$$

所以從線性性質或 (17.54) 式，我們可得輸出的時域響應

$$v_o(t) = 2(e^{-2t} - e^{-3t})u(t) \tag{17.66}$$

　　然而網路函數的觀念暗示我們，只有一個輸入時，利用這方法所獲得的時域響應是最初鬆弛電路（ initially relaxed circuit ）的響應（沒有初始儲能）。雖然我們能夠用傅立葉轉換去發展求時域響應的更一般化方法，如（17.66）式，但傅立葉轉換對其他的應用更適合。為此，我們將在下一章討論另一種轉換 "拉普拉氏轉換"，它不像傅立葉轉換一樣定要零初始條件才能使用。

　　由於本章的轉移函數與先前所討論的相同，所以這裏並不詳細地討論它們的頻率響應、極點、零點、自然頻率等。上述領域已在 14 和 15 兩章中討論過。

___練_____習___

17.7.1　推導表 17.1 中的 2，4，6 和 8 運算。

17.7.2　用練習 17.6.1 的結果和表 17.1 的第三列，來求 $2e^{-j\omega}/(\omega^2+1)$ 的逆轉換。

　　　　答：$e^{-|t-1|}$

17.7.3　用練習 17.6.1 的結果和表 17.1 的第 5 列，來求 $1/(t^2+1)$ 的轉換。

　　　　答：$\pi e^{-|\omega|}$

17.7.4　若 $x(t)$ 是輸入，$y(t)$ 是輸出，則利用傅立葉轉換求網路函數，這裏

　　　　$y'' + 4y' + 3y = 4x$

　　　　答：$4/(3-\omega^2+j4\omega)$

17.7.5　若在練習 17.7.4 內

　　　　$x = e^{-2t}u(t)$

　　　　則求 $\mathscr{F}[y(t)]$。

　　　　答：$4/[(j\omega+1)(j\omega+2)(j\omega+3)]$

17.7.6　在練習 17.7.5 內，證明

$$\mathscr{F}[y(t)] = \frac{2}{j\omega + 1} - \frac{4}{j\omega + 2} + \frac{2}{j\omega + 3}$$

　　　　且對 $y(0) = y'(0) = 0$ 求 $y(t)$。

　　　　答：$(2e^{-t} - 4e^{-2t} + 2e^{-3t})u(t)$

17.8 傅立葉級數和SPICE
（FOURIER SERIES AND SPICE）

就三角級數

$$f(t) = d_0 + \sum_{n=1}^{\infty} D_n \sin(n\omega_0 t + \psi_n) \tag{17.67}$$

可用 SPICE 求出它的傅立葉係數。比較（17.67）式和（17.24）式可得

$$d_0 = \frac{a_0}{2}$$

$$D_n = A_n$$

$$\psi_n = \phi_n - \frac{\pi}{2}$$

用先前描述的 .TRAN 和 .FOUR 指令（參考附錄 E）可同時完成傅立葉分解和暫態分析。在 .TRAN 指令中適當地定義暫態區間可求出(17.67)式的傅立葉分量。通常我們令暫態響應的區間從 $t = 0$ 開始至基本頻率的週期

$$T = \frac{1}{f_0} = \frac{2\pi}{\omega_0}$$

為止。這對一個週期為 T 的週期函數可獲得一個級數表示，且波形為暫態響應的波形。

例題 17.13

　　舉一個例題，讓我們求圖 17.2 波形的傅立葉係數，為了完成暫態分析，我們必需設計一個能將傅立葉分解應用到響應上的電路。假設我們用一個簡單電路，它有一個電流源，且輸出是從參考節點流向節點 1，即相當於圖 17.2 連接一個 1 Ω 電阻器的情形。此時可用 .FOUR 指令來求電壓的傅立葉係數。用 PWL（在 I 中的片斷式線性波形暫態規格）完成這結論的電路檔案為

```
EXAMPLE FOR THE FOURIER SERIES OF FIG. 17.2.
* DATA STATEMENTS
I 0 1 PWL(0 0A 3.1416 3.1416A 3.1417 -3.1416A 6.2832 0A)
R 1 0 1
.TRAN 0.1 6.2832
.FOUR 0.159 V(1)
.END
```

在這程式中，定義波形週期爲 0 到 6.2832 S，這也是暫態響應週期。於是在
.FOUR 指令中用 0.159 的基本頻率。分解的最終解爲

FOURIER COMPONENTS OF TRANSIENT RESPONSE V(1)

DC COMPONENT = $-2.497780E-05$

HARMONIC NO	FREQUENCY (HZ)	FOURIER COMPONENT	NORMALIZED COMPONENT	PHASE (DEG)	NORMALIZED PHASE (DEG)
1	1.590E-01	2.000E+00	1.000E+00	5.805E-04	0.000E+00
2	3.180E-01	1.001E+00	5.002E-01	-1.800E+02	-1.800E+02
3	4.770E-01	6.676E-01	3.338E-01	1.936E-04	-3.869E-04
4	6.360E-01	5.013E-01	2.506E-01	1.800E+02	1.800E+02
5	7.950E-01	4.016E-01	2.008E-01	1.156E-04	-4.649E-04
6	9.540E-01	3.353E-01	1.676E-01	1.800E+02	1.800E+02
7	1.113E+00	2.880E-01	1.440E-01	8.192E-05	-4.986E-04
8	1.272E+00	2.526E-01	1.263E-01	-1.800E+02	-1.800E+02
9	1.431E+00	2.252E-01	1.126E-01	6.606E-05	-5.144E-04

一旦傅立葉係數決定以後，用(17.67)式寫出的級數就能描述原函數。一個網路對
週期函數的響應可用 17.3 節討論的方法求出，即對電路用 .DC 指令求 dc 分量
d_0，對每一諧波分量（波幅 D_n，頻率 nf_0 和相位 ψ_0）用 .AC 指令求出。最後再
用重疊原理將個別分量的時域解相加即可求得完整解。

練 習

17.8.1 用 SPICE 求練習 17.1.1 波形的傅立葉係數。

17.8.2 就圖示波形重複練習 17.8.1，這裏 $T = 10\,\mu s$，$A = 1$。

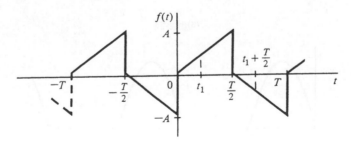

練習 17.8.2

習 題

17.1 求三角傅立葉級數，若函數爲

(a) $f(t) = 1, 0 < t < \pi$
$\quad\quad = 2, \pi < t < 2\pi$

$$f(t + 2\pi) = f(t).$$

(b) $f(t) = e^t,\quad -\pi < t < \pi$
$$f(t + 2\pi) = f(t)$$

(c) $f(t) = t^2,\quad -1 < t < 1$
$$f(t + 2) = f(t).$$

17.2 求三角傅立葉級數，若函數爲

(a) $f(t) = t + 1,\qquad 0 < t < \pi$
$$= t - 1,\qquad -\pi < t < 0$$
$$f(t + 2\pi) = f(t).$$

(b) $f(t) = |t|,\qquad -1 < t < 1$
$$f(t + 2) = f(t).$$

(c) $f(t) = \dfrac{A}{T}t,\qquad 0 < t < T$
$$f(t + T) = f(t)$$

(d) $f(t) = 1 - |t|,\qquad -1 < t < 1$
$$f(t + 2) = f(t).$$

17.3 求圖示函數的三角傅立葉級數。（對所有情形，$\omega_0 = 2\pi/T$）。

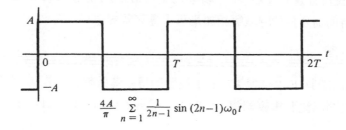

$$\frac{4A}{\pi} \sum_{n=1}^{\infty} \frac{1}{2n-1} \sin (2n-1)\omega_0 t$$

(a)矩形波

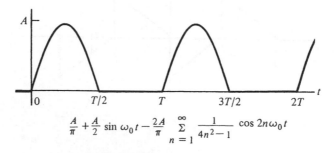

$$\frac{A}{\pi} + \frac{A}{2} \sin \omega_0 t - \frac{2A}{\pi} \sum_{n=1}^{\infty} \frac{1}{4n^2-1} \cos 2n\omega_0 t$$

(b)半波整流正弦波

習題 **17.3**

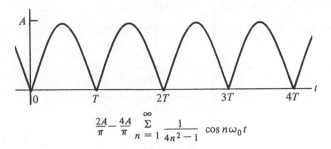

$$\frac{2A}{\pi} - \frac{4A}{\pi} \sum_{n=1}^{\infty} \frac{1}{4n^2-1} \cos n\omega_0 t$$

(c)正弦波經全波整流後之波形

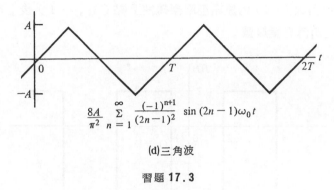

$$\frac{8A}{\pi^2} \sum_{n=1}^{\infty} \frac{(-1)^{n+1}}{(2n-1)^2} \sin(2n-1)\omega_0 t$$

(d)三角波

習題 **17.3**

17.4 求圖示函數 $f(t)$ 的三角傅立葉級數。

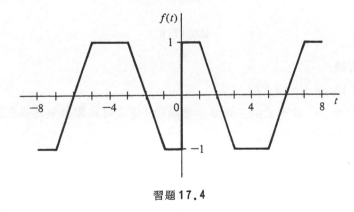

習題 **17.4**

17.5 若 t 和 $f(t)$ 軸被轉換到 τ 和 $g(\tau)$ 軸，使得新軸原點位於 (t_0, f_0)，則新舊變數間的關係為 $g = f - f_0$，$\tau = t - t_0$。證明

$$f(t) = f_0 + g(t - t_0)$$

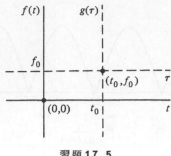

習題 **17.5**

17.6　將圖示函數 $f(t)$ 的原點經座標轉換至點（1，-1）後，再利用對稱性質求三角傅立葉級數。

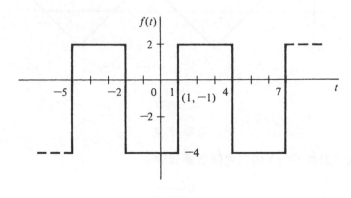

習題 **17.6**

17.7　就函數

$$f(t) = 4 \mid \cos 2t \mid$$

求（17.24）式型式的三角傅立葉級數，這裏可將縱軸先轉換至能應用習題 17.3(c)結果的點。

17.8　若函數

$$f(t) = 1, \qquad -1 < t < 1$$
$$= 0, \qquad 1 < |t| < 2$$
$$f(t + 4) = f(t)$$

求它的三角級數。

17.9　若 $v_g(t)$ 是習題 17.8 中的函數，求激勵響應 $i(t)$ 的前三項。

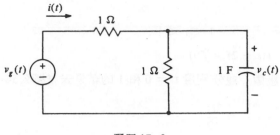

習題 **17.9**

17.10 若 v_g 是練習 17.2.3 中的函數，求激勵響應 $v(t)$ 。

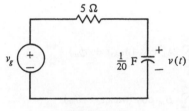

習題 **17.10**

17.11 若習題 17.9 內的 $v_g(t)$ 是習題 17.1(c) 中的函數，求激勵響應 $i(t)$ 。

17.12 若圖 15.4 電路內的 v_1 為習題 17.2(c) 中的函數，且 $A = 4$ ，$T = 2$ ，求激勵響應 v_2 。

17.13 重複習題 17.12 ，若 v_1 是練習 17.2.3 中的函數。

17.14 已知函數

$$f(t) = e^t, \qquad -\pi < t < \pi$$
$$f(t + 2\pi) = f(t)$$

證明它的傅立葉級數為

$$f(t) = \frac{2\sinh\pi}{\pi}\left[\frac{1}{2} + \sum_{n=1}^{\infty}\frac{(-1)^n}{n^2 + 1}(\cos nt - n\sin nt)\right]$$

17.15 用習題 17.14 的結果求

$$\sum_{n=1}^{\infty}\frac{1}{n^2 + 1} = \frac{\pi\coth\pi - 1}{2}$$

的和。建議：令 $t = \pi$ 並回顧級數收斂於 $\frac{1}{2}\left[f(\pi^+) + f(\pi^-)\right]$ 。

17.16 求函數

$$f(t) = t^2, \qquad -1 < t < 1$$

$$f(t + 2) = f(t)$$

的傅立葉級數。並分別用 $t = 0$ 和 1 的結果去推導公式

$$\sum_{n=1}^{\infty} \frac{(-1)^{n+1}}{n^2} = \frac{\pi^2}{12}$$

和

$$\sum_{n=1}^{\infty} \frac{1}{n^2} = \frac{\pi^2}{6}$$

17.17 將兩級數

$$f = A_{dc} + \sum_{n=1}^{\infty} A_n \cos(n\omega_0 t + \phi_n)$$

和

$$g = B_{dc} + \sum_{m=1}^{\infty} B_m \cos(m\omega_0 t + \theta_m)$$

相乘，並對週期 T 取此乘積的平均值可推得

$$\frac{1}{T} \int_0^T fg \, dt = A_{dc}B_{dc} + \sum_{n=1}^{\infty} \frac{A_n B_n}{2} \cos(\phi_n - \theta_n)$$

（注意：若 f 和 g 分別是一個元件的 v 和 i，則左邊項是此元件的平均消耗功率。）現在令 $g = f$ 可推得巴色伐定理

$$F_{rms}^2 = \frac{1}{T} \int_0^T f^2(t) \, dt = A_{dc}^2 + \sum_{n=1}^{\infty} \frac{A_n^2}{2}$$

若 f 是一個 $1\,\Omega$ 電阻器的 v 或 i，則 F_{rms}^2 是釋放到這電阻器上的功率。

17.18 對習題 17.16 內的級數應用巴色伐定理可推得公式

$$\sum_{n=1}^{\infty} \frac{1}{n^4} = \frac{\pi^4}{90}$$

17.19 若習題 17.9 電路內的 v_g 是練習 17.1.1 中的函數，求激勵響應 $i(t)$，$v_c(t)$ 和釋放到每一 $1\,\Omega$ 電阻器的功率。

17.20 求下列函數的指數型傅立葉級數。

(a) $f(t) = e^{-t},\ -1 < t < 1$
$\qquad f(t + 2) = f(t).$
(b) $f(t) = t,\qquad -1 < t < 1$
$\qquad\quad = 2 - t,\ 1 < t < 3$
$\qquad f(t + 4) = f(t).$
(c) $f(t) = t,\ 0 < t < 1$
$\qquad f(t + 1) = f(t)$

17.21 就練習 17.2.3 中的全波整流正弦波，從它的三角級數求指數級數。

17.22 根據練習 17.4.1 中的指數級數，求習題 17.8 內 $f(t)$ 的三角級數。

17.23 求習題 17.1 (a)內函數的斷續幅譜和相譜。

17.24 求(a)練習 17.1.1；(b)練習 17.1.2；(c)練習 17.1.3；(d)練習 17.1.4 內函數的斷續幅譜和相譜。

17.25 若在 (17.34) 式內的 $f(t)$ 是跨在 $1\,\Omega$ 電阻器上的電壓，或流過電阻器的電流，則瞬時功率是 $f(t)^2$，且平均功率爲

$$P = \frac{1}{T}\int_0^T f^2(t)\ dt$$

證明平均功率也可以表示爲

$$P = \frac{1}{T}\int_0^T f^2(t)\ dt = \sum_{n=-\infty}^{\infty} |c_n|^2$$

這裏 C_n 是指數型傅立葉係數。這結果卽是有名的巴色伐定理（Parseval's theorem）。〔建議：將 $f^2(t)$ 寫爲

$$f^2(t) = \sum_{n=-\infty}^{\infty} \sum_{m=-\infty}^{\infty} c_n c_m e^{jn\omega_0 t} e^{jm\omega_0 t}$$

且積分，注意

$$\int_0^T e^{jn\omega_0 t} e^{jm\omega_0 t}\ dt = 0,\qquad m, n = 0,\ \pm 1,\ \pm 2,\ \ldots$$

除了 $m = -n$.〕

17.26 從習題 17.25 內得知，$|C_n|^2$ 量是頻率 $n\omega_0$ 時的平均功率，而 $|C_n|^2$ 對頻率的圖形是一個線譜，也是 $f(t)$ 的斷續功率譜。試劃出習題 17.20 函數的功率譜。

17.27 求下列函數的傅立葉轉換。

(a) $f(t) = u(t) - u(t - 1)$.

(b) $f(t) = e^{-at} \cos bt\, u(t)$, $a > 0$.

(c) $f(t) = e^{-at}[u(t) - u(t - 1)]$.

17.28 求下列函數的傅立葉轉換。

(a) $f(t) = e^{at}u(-t)$, $a > 0$.

(b) $f(t) = e^{-at} \sin bt\, u(t)$, $a > 0$.

(c) $f(t) = e^{at} \sin bt\, u(-t)$, $a > 0$.

(d) $f(t) = e^{-at}u(t) - e^{at}u(-t)$, $a > 0$.

17.29 用線性性質（17.51）式和習題 17.28 (a)的結果，來解習題 17.28 (d)。

17.30 用表 17.1 內的運算來求下列函數的傅立葉轉換。

(a) $te^{-2t}u(t)$, (b) $te^{-2t} \cos t\, u(t)$,

(c) $t^2 e^{-2t}u(t)$, (d) $te^{2t}u(-t)$,

(e) $e^{2t} \sin t\, u(-t)$, (f) $t^n e^{-2|t|}$, for $n = 1, 2$.

17.31 用表 17.1 內的運算 1 和 4 來求(a) $e^{-2t} \sin 3t\, u(t)$ 和(b) $e^{-2t} \cos 3t$ $u(t)$ 的轉換。

17.32 用表 17.1 內的運算 3 來求(a) $e^{-t}\, u(t - 1)$ 和(b) $e^{-2t} \cos(\pi t/4)$ $u(t - 2)$ 的傅立葉轉換。

17.33 用表 17.1 內的運算 1 和 3 來求

$$f(t) = 2, \quad -4 < t < -2 \text{ 和 } 1 < t < 3$$
$$= 0, \quad \text{其他}$$

的傅立葉轉換。

17.34 求下列函數的傅立葉轉換。

(a) $f(t) = \dfrac{1}{a^2 + t^2}$.

(b) $f(t) = \dfrac{1}{a + jt}$, $a > 0$.

(c) $f(t) = \text{Sa}(t) = \dfrac{\sin t}{t}$.

(d) $f(t) = [\text{Sa}(t)]^2$.

17.35 求(a) $\mathbf{F}(j\omega)$；(b) $j\omega \mathbf{F}(j\omega)$；(c) $e^{-2j\omega} \mathbf{F}(j\omega)$ 的逆轉換，這裏 $\mathbf{F}(j\omega) = e^{-a|\omega|}$，$a > 0$。

17.36 一函數 $f(t)$ 的傅立葉轉換爲

$$\mathbf{F}(j\omega) = \frac{1 + j\omega}{6 - \omega^2 + 5j\omega} = \frac{2}{j\omega + 3} - \frac{1}{j\omega + 2}$$

不求 $f(t)$，直接求(a)$f(t-2)$；(b)$e^{-t}f(t)$；(c)$f(2t)$ 和 (d)$f(-t)$ 的轉換。藉 $f(t)$ 和計算不同的轉換來查對結果。

17.37 求(a) $1/(j\omega-1)$；(b) $1/(j\omega-1)^2$ 的逆轉換。

17.38 若在習題 17.9 的電路內，輸出是 $i(t)$，輸入是 $v_g(t)$，則求網路函數。

17.39 若在習題 17.9 的電路內，輸出是 $v_c(t)$，輸入是 $v_g(t)$，則求(a)網路函數 $\mathbf{H}(j\omega)$，(b)$v_c(t)$，若 $v_c(0)=0$ 和 $v_g(t)=e^{-t}u(t)$ V。建議：注意

$$\frac{1}{(x+1)(x+2)}=\frac{1}{x+1}-\frac{1}{x+2}$$

17.40 求一個網路的波輻和相位響應，這裏輸入 $x(t)$ 和輸出 $y(t)$ 的關係式為

$$y''+5y'+4y=2x'$$

17.41 若最初鬆弛電路有一個輸入 $x(t)=(e^{-t}-e^{-2t})u(t)$ 和一個輸出 $y(t)=te^{-t}u(t)$，求網路函數 $\mathbf{H}(j\omega)$ 和描述微分方程式。

電腦應用習題

17.42 用 SPICE 求習題 17.3 所示函數的前 9 個諧波，這裏 $T=1$ s。

17.43 用 SPICE 求習題 17.4 所示函數的前 9 個諧波。

17.44 就函數 $f(t)=10e^{-t}$，$0<t<1$ s，用 SPICE 求其傅立葉級數的前 9 個諧波，這裏 $T=1$ s。

17.45 若習題 17.9 內的 v_g 是習題 17.44 內的函數，用 SPICE 重解習題 17.9。

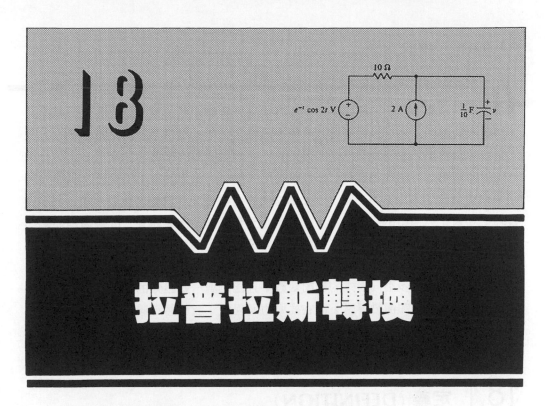

在我的假設下不需要上帝〔給拿破崙，他必定會問〕。

Pierre Simon Laplace

著名的法國天文學家、數學家Laplace推導出拉普拉斯轉換，它允許我們進一步地應用廣義相量法來分析非正弦波輸入的電路。Laplace在天文力學方面更有成就，他的主要工作是綜合整理從牛頓時代開始收集到的天文知識。

Laplace出生於法國諾曼第區的Beaumont-en-Auge。Laplace的童年生活資料不足，只知他是一位農夫的兒子，這主要是因他父親Snobbish Laplace在他成名後不願多談論他的微賤出身。據說Laplace是因為有錢的鄰居發現他的才華才資助他完成學校教育（先在Caen後在Beaumont的軍事學校）。Laplace的才華及厚顏令著名的物理學家d'Alembert有深刻的印象，也因此Laplace 20歲時即在巴黎擔任數學教授。他是一位機會主義者，若有需要，他會移轉他的政治效忠，這也使得他能成功地渡過法國大革命的三個時期——共和國、拿破崙帝國和波旁皇族復位。拿破崙封他為伯爵，路易十八封他為侯爵。無論如何，他的數學能力令偉大的數學家Simeon Poisson稱讚他為法國的Isacc Newton。

在 前一章裏，我們已經知道傅立葉轉換可把網路函數的觀念，推廣到一個非週期激勵的電路內，也可以對有傅立葉轉換的輸入函數，提供某些求激勵響應的方法；且傅立葉轉換更能使我們把含有非正弦 - 非週期激勵的網路相加起來，成爲一組可解析的電路。而在本書裏我們已經討論過的解析方法包括有：(1)對直流激勵的電阻電路求響應的方法（第二章），(2)對描述含有儲能元件電路的微分方程式的解題技巧，(3)對正弦激勵的相量技巧，(4)對阻尼正弦函數的廣義相量，(5)對週期激勵的三角和指數傅立葉級數的方法，(6)對某些非週期激勵的傅立葉轉換等等。

在最後一章裏，我們要討論一個比傅立葉轉換更有效的方法，即拉普拉斯轉換，它可以應用於更多不同形式的激勵函數，且能夠對一組已知的初始條件，立即求出電路的自然響應和激勵響應。而在推導的過程中，我們將定義一個特殊且非常有用的函數，即脈衝函數，並利用它的性質去獲得任何線性網路的一般時域解，但這網路的激勵函數必須有它對應的拉普拉斯轉換方可。

18.1 定義 (DEFINITION)

拉普拉斯轉換的定義爲

$$\mathcal{L}[f(t)] = \mathbf{F}(s) = \int_0^\infty f(t)e^{-st}\,dt \tag{18.1}$$

而函數 $\mathbf{F}(s)$ 是 $f(t)$ 的拉普拉斯轉換，且是廣義頻率 $s = \sigma + j\omega$ 的函數。我們也可以注意到(18.1)式的定義有時被參考爲單邊或單向轉換，而和雙邊和雙向轉換區別，而雙向轉換就是在(18.1)式定義裏的下限 0，被 $-\infty$ 所取代。但我們對這推廣並不需要，理由是我們只對 $t \geq 0$ 時的電路函數 $f(t)$ 有興趣。$t < 0$ 時的電路行爲是過去的歷史，且能用初始條件來包含它的影響。

若 $f(t)$ 於 $t = 0$ 時有一個無窮的不連續點，則拉普拉斯轉換的積分下限將設定爲 0^-，這是因爲我們希望完整地考慮脈衝函數的影響（它在原點處有一個無窮的不連續點）。

比較（18.1）式和傅立葉轉換的定義，我們知道

$$\mathcal{F}[e^{-\sigma t}f(t)u(t)] = \mathcal{L}[f(t)]$$

而因素 $e^{-\sigma t}$ 和 $u(t)$ 的存在，說明了拉普拉斯轉換爲何有更好的運用性，例如 $f(t)$ 的傅立葉轉換可以不存在，原因是

$$\int_{-\infty}^{\infty} |f(t)| \, dt < \infty \tag{18.2}$$

不能成立；但對相同的函數 $f(t)$，可以發現一個 σ 值使得

$$\int_{-\infty}^{\infty} |e^{-\sigma t}f(t)u(t)| \, dt = \int_{0}^{\infty} e^{-\sigma t}|f(t)| \, dt < \infty \tag{18.3}$$

再舉一個一般的原則，若 $f(t)$ 在 $t < 0$ 時爲零且 $\mathscr{F}[f(t)]$ 存在，則在 (18.3) 式內的 $u(t)$ 是多餘的，且因素 $e^{-\sigma t}$ 對積分的存在是不需要的，此時拉普拉斯轉換若以 $j\omega$ 取代 s，則可得傅立葉轉換。

在電路理論中所遇到的典型函數 $f(t)$ 都會有拉普拉斯轉換，即積分 (18.1) 式會存在。在數學上，存在性的充分條件爲 $f(t)$ 在每一 $t \geq 0$ 的區間內都是段落式連續 (sectionally continuous)，且在 $t \to \infty$ 時 $f(t)$ 至多是一個指數階 $e^{\alpha t}$。段落式連續意謂著每一 $t \geq 0$ 的區間都可分割爲有限個子部份，在每一子部份內 $f(t)$ 是連續的，且在 t 趨近於子部份的兩端點時有有限的極限。第二個條件需要存在常數 M 和 α，使得對足夠大的 t

$$|f(t)| < Me^{\alpha t} \tag{18.4}$$

要使 (18.3) 式成立的條件爲 $\mathrm{Re}\, s = \sigma > \alpha$。我們將不費心討論這兩個條件，原因是第一個條件爲原積分存在的充分條件，第二個條件是使拉普拉斯轉換不定積分收斂的充分條件。違反這些條件的是不常用函數，像 e^{t^2}，它不會在電路分析中出現。

例題 18.1

爲了說明一個拉普拉斯轉換的計算，讓我們考慮

$$f(t) = e^{-at}u(t)$$

這裏 $a > 0$，則由 (18.1) 式得知轉換爲

$$\mathbf{F}(s) = \int_{0}^{\infty} e^{-at}e^{-st} \, dt$$

$$= -\frac{1}{s+a} e^{-(s+a)t} \Big|_{0}^{\infty}$$

若 $\mathrm{Re}\, s = \sigma > -a$，則上限值爲零，且有

$$\mathcal{L}[e^{-at}u(t)] = \frac{1}{s+a} \tag{18.5}$$

通常我們定義（18.1）式內的 $f(t)$ 爲 $\mathbf{F}(s)$ 的拉普拉斯逆轉換，它的表示符號爲

$$f(t) = \mathcal{L}^{-1}[\mathbf{F}(s)] \tag{18.6}$$

而在傅立葉轉換裏，我們能夠很明確的表示逆轉換爲轉換的函數，且在18.4節中，我們將以一個簡單的過程，來獲得逆轉換的函數。

例題 18.2

茲舉一例，（18.5）式可以被寫成

$$\mathcal{L}^{-1}\left[\frac{1}{s+a}\right] = e^{-at}u(t) \tag{18.7}$$

例題 18.3

另一個簡單且非常有用的例題是步級函數 $u(t)$ 的轉換

$$\mathcal{L}[u(t)] = \int_0^\infty e^{-st}\,dt = \frac{1}{s} \tag{18.8}$$

這裏 $\operatorname{Re} s > 0$ ，而它另一個可變的敘述是

$$\mathcal{L}^{-1}\left[\frac{1}{s}\right] = u(t)$$

且這函數更加說明了拉普拉斯轉換的運用性。而步級函數之所以沒有傅立葉轉換，是因爲它對（18.2）式不能成立所致。（卽在一般情形下，它沒有傅立葉轉換，但它有可能從一個脈衝函數的廣義函數，去推導出它的傅立葉轉換。無論如何，我們將不討論此類型的轉換。）

在前面我們提到，拉普拉斯轉換已經將電路內的初始條件包含進去，爲了瞭解它是如何包含初始條件，讓我們考慮導函數 $f'(t)$ 的轉換。由（18.1）式的定義得知

$$\mathcal{L}[f'(t)] = \int_0^\infty f'(t)e^{-st}\,dt$$

再由部份積分法得知

$$\mathcal{L}[f'(t)] = f(t)e^{-st}\bigg|_0^\infty + s\int_0^\infty f(t)e^{-st}\,dt$$

若 $f(t)$ 和 s 使得被積分部份於上限處消失，則從（18.1）式的觀點知道這結果變成

$$\mathcal{L}\left[\frac{df(t)}{dt}\right] = s\mathbf{F}(s) - f(0) \tag{18.9}$$

〔我們所考慮的 $f(t)$ 在 $0 \le t < \infty$ 內是連續函數。〕因此初始條件 $f(0)$ 自動的出現於導函數的轉換內，而這對傅立葉轉換是不能的。

___練_____習_____

18.1.1　求(a) $\sin kt\, u(t)$ ，(b) $\cos kt\, u(t)$ 和(c) $(1+3e^{-2t})u(t)$ 的拉普拉斯轉換。

　　　　答：(a) $\dfrac{k}{s^2+k^2}$ ，(b) $\dfrac{s}{s^2+k^2}$ ，(c) $\dfrac{1}{s}+\dfrac{3}{s+2}$

18.1.2　用（18.9）式和練習 18.1.1 (b)的結果求 〔$\sin t\, u(t)$〕。

　　　　答：$1/(s^2+1)$

18.1.3　用練習 18.1.2 的方法求斜坡函數 $t\, u(t)$ 的轉換。

　　　　答：$\dfrac{1}{s^2}$

18.2　某些特殊的結論（SOME SPECIAL RESULTS）

由於拉普拉斯轉換是一個積分且是一個線性運算，因此我們可以說

$$\mathcal{L}[c_1 f_1(t) + c_2 f_2(t)] = c_1 \mathbf{F}_1(s) + c_2 \mathbf{F}_2(s) \tag{18.10}$$

這裏 $\mathbf{F}_1$ 和 $\mathbf{F}_2$ 是 f_1 和 f_2 的拉普拉斯轉換，且 c_1 和 c_2 是常數。例如練習 18.1.1 (c)的函數可以很容易的從

$$\mathcal{L}[u(t) + 3e^{-2t}u(t)] = \mathcal{L}[u(t)] + 3\mathcal{L}[e^{-2t}u(t)]$$

$$= \frac{1}{s} + \frac{3}{s+2}$$

獲得。

例題 18.4

另一個例題是

$$\mathcal{L}[e^{jkt}u(t)] = \frac{1}{s-jk}$$

和 $\qquad \mathscr{L}[e^{-jkt}u(t)] = \dfrac{1}{s+jk}$

我們可以利用（18.10）式寫出

$$\begin{aligned}
\mathscr{L}[\cos kt\, u(t)] &= \mathscr{L}\left[\dfrac{e^{jkt}+e^{-jkt}}{2}u(t)\right] \\[2mm]
&= \dfrac{1}{2}\mathscr{L}[e^{jkt}u(t)] + \dfrac{1}{2}\mathscr{L}[e^{-jkt}u(t)] \\[2mm]
&= \dfrac{1}{2}\left[\dfrac{1}{s-jk}+\dfrac{1}{s+jk}\right] \\[2mm]
&= \dfrac{s}{s^2+k^2}
\end{aligned} \qquad (18.11)$$

且利用相似的方法，我們可以證明

$$\mathscr{L}[\sin kt\, u(t)] = \dfrac{k}{s^2+k^2} \qquad (18.12)$$

而這兩個結果相同於練習 18.1.1 的結果。

將（18.10）式寫成

$$c_1 f_1(t) + c_2 f_2(t) = \mathscr{L}^{-1}[c_1\mathbf{F}_1(s) + c_2\mathbf{F}_2(s)]$$

就可看出逆轉換也是一個線性運算（換句話說，我們可以在方程式的兩邊取逆轉換）。由於 f_1 和 f_2 是 $\mathbf{F}_1$ 和 $\mathbf{F}_2$ 的逆轉換，所以上式可寫成

$$\mathscr{L}^{-1}[c_1\mathbf{F}_1(s) + c_2\mathbf{F}_2(s)] = c_1\mathscr{L}^{-1}[\mathbf{F}_1(s)] + c_2\mathscr{L}^{-1}[\mathbf{F}_2(s)] \qquad (18.13)$$

它是一個線性運算。

例題 18.5

逆轉換的線性性質允許我們翻回很多轉換。譬如，若

$$\mathbf{F}(s) = \dfrac{4}{s} - \dfrac{3}{s+2} \qquad (18.14)$$

則根據（18.13）式可求出

$$f(t) = \mathscr{L}^{-1}\left[\dfrac{4}{s}+\dfrac{-3}{s+2}\right]$$

$$= 4\mathscr{L}^{-1}\left[\frac{1}{s}\right] - 3\mathscr{L}^{-1}\left[\frac{1}{s+2}\right]$$

從（18.8）和（18.7）兩式可得

$$f(t) = (4 - 3e^{-2t})u(t) \tag{18.15}$$

這裏 $a = 2$。結果可總結爲

$$\mathscr{L}^{-1}\left[\frac{s+8}{s(s+2)}\right] = (4 - 3e^{-2t})u(t) \tag{18.16}$$

　　接下來的例子建議一種求逆轉換的一般方法。像（18.16）式的轉換可如（18.14）式一樣用部份分式展開後再逆轉每一部份，逆轉換就是逆轉部份的總和。我們將在18.4節討論部份分式法。

頻率平移（frequency translation）

　　接下來我們考慮兩個有用的平移結果，一個是 s 以 $s+a$ 取代（頻率平移），另一個是 t 以 $t-\tau$ 取代〔時間平移（time translation）〕。爲了獲得第一個，讓我們考慮轉換

$$\mathscr{L}[e^{-at}f(t)] = \int_0^\infty e^{-at}f(t)e^{-st}\,dt$$

$$= \int_0^\infty f(t)e^{-(s+a)t}\,dt$$

且將這結果與（18.1）式比較，可得

$$\mathscr{L}[e^{-at}f(t)] = \mathbf{F}(s+a) \tag{18.17}$$

這裏 $\mathbf{F}$ 是 f 的轉換。

例題18.6

　　舉一個例題，讓我們求 $te^{-3t}u(t)$ 的轉換。令 $f(t) = tu(t)$ 使得 $\mathbf{F}(s) = \dfrac{1}{s^2}$，且從（18.17）式知 $a = 3$ 時

$$\mathscr{L}[te^{-3t}u(t)] = F(s+3) = \frac{1}{(s+3)^2}$$

其他兩個有用的例子是阻尼正弦的轉換

$$\mathscr{L}[e^{-at} \cos bt \ u(t)] = \frac{s + a}{(s + a)^2 + b^2} \tag{18.18}$$

和

$$\mathscr{L}[e^{-at} \sin bt \ u(t)] = \frac{b}{(s + a)^2 + b^2} \tag{18.19}$$

讀者可用（18.11）和（18.12）兩式來證明。值得注意的是：a 和 b 都是實數，所以上述的分母是不能簡化的二次式。

例題 18.7

為了說明這些結論，讓我們求轉換

$$\mathbf{F}(s) = \frac{6s}{s^2 + 2s + 5}$$

的函數 $f(t)$，我們可以重寫分母為（$s+1$）$^2 + 2^2$，而得到

$$\mathbf{F}(s) = \frac{6s}{(s + 1)^2 + 2^2}$$

這又可以寫為

$$\mathbf{F}(s) = \frac{6(s + 1) - 6}{(s + 1)^2 + 2^2}$$

$$= 6\left[\frac{s + 1}{(s + 1)^2 + 2^2}\right] - 3\left[\frac{2}{(s + 1)^2 + 2^2}\right]$$

最後，由（18.18）式和（18.19）式得知

$$f(t) = (6e^{-t} \cos 2t - 3e^{-t} \sin 2t)u(t) \tag{18.20}$$

時間平移

為了說明時間平移定理，讓我們求函數 $f(t-\tau) \ u(t-\tau)$ 的轉換，這裏函數 $f(t-\tau)$ 是函數 $f(t)$ 對 $t < 0$ 時，其值為零且延遲 τ 單位的情形，而圖 18.1 是說明這敍述的圖形。對這情形我們有

$$\mathcal{L}[f(t - \tau)u(t - \tau)] = \int_0^\infty f(t - \tau)u(t - \tau)e^{-st}\,dt$$

$$= \int_\tau^\infty f(t - \tau)e^{-st}\,dt$$

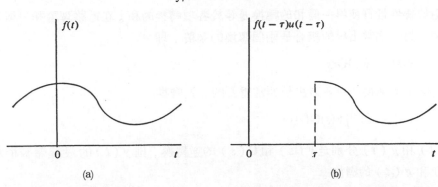

圖 18.1 (a)函數 $f(t)$；(b) $f(t)$ 對 $t < 0$ 時為零且向右遞移 τ 的單位

再令變數 $t = \tau + x$，則

$$\mathcal{L}[f(t - \tau)u(t - \tau)] = \int_0^\infty f(x)e^{-s(\tau + x)}\,dx$$

$$= e^{-s\tau}\int_0^\infty f(x)e^{-sx}\,dx$$

或時間平移定理

$$\mathcal{L}[f(t - \tau)u(t - \tau)] = e^{-s\tau}\mathbf{F}(s) \tag{18.21}$$

這裏 $\mathbf{F}$ 是 f 的轉換。將這結果與頻率平移定理（18.17）式比較可看出：在頻域內的平移（ s 被 $s + a$ 取代）相當於在時域內乘以一個指數項，同樣在（18.21）式中，時域內的平移相當於在頻域內乘以一個指數項。

例題 18.8

爲了說明時間平移定理，讓我們求 $f(t) = e^{-3t}u(t - 2)$ 的轉換。若重寫

$$e^{-3t}u(t - 2) = e^{-3(t-2)-6}u(t - 2)$$

$$= e^{-6}e^{-3(t-2)}u(t - 2)$$

則由於 $\mathcal{L}[e^{3t}u(t)] = \mathbf{F}(s) = 1/(s+3)$，再根據（18.21）式可得

$$\mathscr{L}[e^{-3t}u(t-2)] = e^{-6}\left(\frac{e^{-2s}}{s+3}\right)$$

廻旋 (convolution)

由於線性性質使得一個和的轉換是等於各項轉換的和。在電路理論和一般系統理論中，另一個常出現的組合是兩個轉換的乘積，即

$$\mathbf{Y}(s) = \mathbf{F}(s)\mathbf{G}(s)$$

它對發展求逆轉換的一般方法是非常重要的。逆轉換

$$y(t) = \mathscr{L}^{-1}[\mathbf{F}(s)\mathbf{G}(s)]$$

若 $f(t)$ 和 $g(t)$ 分別是 $\mathbf{F}(s)$ 和 $\mathbf{G}(s)$ 的逆轉換，則 $y(t)$ 的最終值被稱爲 $f(t)$ 和 $g(t)$ 的廻旋。

我們從定義

$$\mathbf{F}(s) = \int_0^\infty f(\tau)e^{-s\tau}\,d\tau$$

開始，將上式兩邊各乘以 $\mathbf{G}(s)$ 可得

$$\mathbf{F}(s)\mathbf{G}(s) = \int_0^\infty f(\tau)[\mathbf{G}(s)e^{-s\tau}]\,d\tau$$

再由 (18.21) 式得知這會形成

$$\mathbf{F}(s)\mathbf{G}(s) = \int_0^\infty f(\tau)\mathscr{L}[g(t-\tau)u(t-\tau)]\,d\tau$$

$$= \int_0^\infty f(\tau)\left[\int_0^\infty g(t-\tau)u(t-\tau)e^{-st}\,dt\right]d\tau$$

再交換積分的次序及注意 $u(t-\tau)$ 對 $\tau > t$ 時爲零，則

$$\mathbf{F}(s)\mathbf{G}(s) = \int_0^\infty e^{-st}\left[\int_0^t f(\tau)g(t-\tau)\,d\tau\right]dt$$

再由轉換的定義得知

$$\mathbf{F}(s)\mathbf{G}(s) = \mathscr{L}\left[\int_0^t f(\tau)g(t-\tau)\,d\tau\right]$$

因而函數 $y(t)$ 為

$$\mathcal{L}^{-1}[\mathbf{F}(s)\mathbf{G}(s)] = \int_0^t f(\tau)\, g(t - \tau)\, d\tau \tag{18.22}$$

這結論就是著名的廻旋定理（convolution theorem），且伴隨的積分是 f 和 g 的廻旋，而它的表示符號為

$$f(t) * g(t) = \int_0^t f(\tau)g(t - \tau)\, d\tau \tag{18.23}$$

函數 $f(t)$ 和 $g(t)$ 的階數並不重要，讀者將在習題 18.12 中被要求證明這敍述。

例題 18.9

舉一個例題，讓我們計算 e^{-t} 和 e^{-2t} 的廻旋。根據（18.23）式得

$$e^{-t} * e^{-2t} = \int_0^t e^{-\tau}e^{-2(t - \tau)}\, d\tau$$

$$= e^{-2t}\int_0^t e^{\tau}\, d\tau$$

$$= e^{-t} - e^{-2t}$$

例題 18.10

舉另一個例題，令（18.22）式內的 $g(t) = u(t)$，則 $\mathbf{G}(s) = \dfrac{1}{s}$ 且在 $0 < \tau < t$ 時段內，$g(t - \tau) = 1$，所以（18.22）式變為

$$\mathcal{L}^{-1}\left[\frac{\mathbf{F}(s)}{s}\right] = \int_0^t f(\tau)\, d\tau$$

或

$$\mathcal{L}\left[\int_0^t f(\tau)\, d\tau\right] = \frac{\mathbf{F}(s)}{s} \tag{18.24}$$

於是這型態的積分轉換是被積函數的轉換除以 s。這與微分的轉換不同，微分的轉換是被微分函數的轉換乘以 s。

例題 18.11

最後一個例題是讓我們用拉普拉斯轉換去求圖 18.2 內 $t > 0$ 時的電流 $i(t)$，這裏 $v(o) = 2\,\mathrm{V}$。廻路方程式為

$$4i(t) + 8\int_0^t i(\tau)\,d\tau + 2 = 14$$

或　　　$$i(t) + 2\int_0^t i(\tau)\,d\tau = 3$$

經轉換得

$$\mathbf{I}(s) + \frac{2}{s}\mathbf{I}(s) = \frac{3}{s}$$

這裏 $\mathbf{I}(s)$ 是 $i(t)$ 的轉換。〔注意：由於 $t > 0$，所以我們視 3 爲 $3u(t)$。〕
解此轉換可得

$$\mathbf{I}(s) = \frac{3/s}{1 + (2/s)} = \frac{3}{s+2}$$

即 $t > 0$ 時，

$$i(t) = 3e^{-2t} \quad \text{A}$$

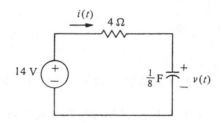

圖18.2　RC電路

___練_____習_____

18.2.1　求(a) $(2 + 3e^{-t})u(t)$；(b) $(3t - 5e^{6t})u(t)$；(c) $\cosh kt$
　　　　$u(t)$ 的拉普拉斯轉換。

　　　答：(a) $\dfrac{2}{s} + \dfrac{3}{s+1}$；(b) $\dfrac{3}{s^2} - \dfrac{5}{s-6}$；(c) $\dfrac{s}{s^2 - k^2}$

18.2.2　求(a) $\dfrac{6}{s^2} - \dfrac{5s}{s^2+4}$；(b) $\dfrac{3s+4}{s^2+16}$；(c) $\dfrac{s+4}{s(s+2)} = \dfrac{2}{s} - \dfrac{1}{s+2}$ 的逆
　　　　轉換。

　　　答：(a) $(6t - 5\cos 2t)u(t)$；(b) $(3\cos 4t + \sin 4t)$；(c) $(2$
　　　　　 $- e^{-2t})u(t)$

18.2.3 求(a) $te^{-2t}u(t)$ ，(b) $u(t-3)$ 和(c) $f(t)=1$ ， $0<t<2$ 及對其他 t ， $f(t)=0$ 的拉普拉斯轉換。

答：(a) $\dfrac{1}{(s+2)^2}$ ；(b) $\dfrac{e^{-3s}}{s}$ ；(c) $\dfrac{1}{s}(1-e^{-2s})$

18.2.4 求(a) $\dfrac{e^{-2s}}{s+3}$ ；(b) $\dfrac{s+1}{s^2}e^{-s}$ ；(c) $\dfrac{2s}{s^2+2s+5}$ 的逆轉換。

答：(a) $e^{-3(t-2)}u(t-2)$ ；(b) $tu(t-1)$ ；(c) $(2\cos 2t-\sin 2t)e^{-t}u(t)$

18.2.5 求 $\mathcal{L}^{-1}[1/(s^2+1)^2]$ 。〔建議：利用廻旋積分，這裏 $F(s)=G(s)=1/(s^2+1)$ 。〕

答： $\dfrac{1}{2}(\sin t-t\cos t)u(t)$

18.2.6 就

$$y(t)=1+\int_0^t 2y(t-\tau)e^{-2\tau}\,d\tau$$

解 $t>0$ 時的 $y(t)$〔建議：積分是 $2y(t)$ 和 e^{-2t} 的廻旋〕。
答： $1+2t$

18.3 脈衝函數（THE IMPULSE FUNCTION）

直到目前為止我們已獲得一些拉普拉斯轉換，它的範圍從單位步級函數的轉換 $1/s$ 到某些需用到平移定理和廻旋定理的複雜函數。不過，讀者可能已注意到一個非常簡單的轉換 $\mathbf{F}(s)=1$ 被疏忽掉。本節即將討論此轉換，且會看到它所對應的時域函數，在電路和系統理論中是最常用到的函數之一。

轉換為1的函數被稱為脈衝函數，且被定義為 $\delta(t)$ ，即

$$\mathcal{L}[\delta(t)]=1 \tag{18.25}$$

在一般的觀念中，脈衝函數不是一個函數。事實上，它原被大英帝國物理學家 Paul A. M. Dirac 稱為"不正常函數"，Paul 不僅是第一位預測正電子存在的學者，也是發展脈衝函數的先鋒。脈衝函數可用廣義或擴充函數理論來做不嚴謹的定義，及建立它的性質。我們將對它的存在性做約略地說明，並像普通函數一樣地有效的應用它。

例題 18.12

讓我們考慮圖 18.3 的有限脈波，它的中心在原點，寬度 a 及高度 $1/a$ ，即

$$f(t) = \frac{1}{a}, \qquad -\frac{a}{2} < t < \frac{a}{2}$$

$$= 0 \qquad 其他 \ t$$

而在脈波下的面積爲 1 ，且對不同的 a 值仍維持 1 不變。若 a 變得很小，則脈波底縮小，高度增加，且仍保持面積爲 1 ；在 a 趨近零時，脈波接近一個無窮大的脈波，且發生於時間 0 時，但它的面積仍爲 1 。像這種函數，我們稱爲脈衝函數或單位脈衝函數。圖 18.4(a) 表示它的圖形爲直立於 $t = 0$ 的箭頭，圖 18.4(b) 表示一個更一般化的函數 $\delta(t - \tau)$ ，這是發生於 $t = \tau$ 的脈衝。由於在圖 18.3 中脈衝函數下的面積爲 1 ，所以圖 18.4 中的函數強度亦爲 1 。$k\delta(t)$ 表示強度爲 k 的脈衝函數，並仍能以圖 18.4(a) 的箭頭來表示，但在這裏箭頭位置將標示爲 (k) 。

脈衝函數的數學定義爲

$$\delta(t) = 0, \qquad t \neq 0$$

$$\int_{-\infty}^{\infty} \delta(t) \ dt = 1 \tag{18.26}$$

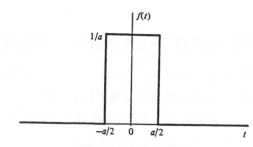

圖 18.3 有限的脈波

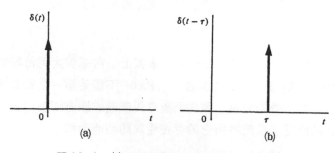

圖 18.4 (a) $\delta(t)$ 脈衝 ; (b) $\delta(t - \tau)$ 脈衝

或更一般化的定義爲

$$\delta(t - \tau) = 0, \qquad t \neq \tau$$

$$\int_{-\infty}^{\infty} \delta(t - \tau) \, dt = 1 \tag{18.27}$$

因而脈衝値除了在它的不連續點外均爲 0 ，且它的面積均爲 1 ，而脈衝的物理描述爲 ，在一個很短的時間內釋放一個很大的能量 ，就像一個鐵鎚突然敲擊彈簧上的物體並使它運動一樣 。

脈衝函數的一個重要性質爲抽樣性質（sampling property），它的定義爲

$$\int_{a}^{b} f(t)\delta(t - \tau) \, dt = f(\tau) \tag{18.28}$$

這裏 $a < \tau < b$ 且 $f(t)$ 於 $t = \tau$ 時是連續的 。這性質似乎合理的說明 ， $\delta(t - \tau)$ 除了在 $t = \tau$ 外 ，均爲零 ，因此

$$\int_{a}^{b} f(t)\delta(t - \tau) \, dt = \int_{\tau-\epsilon}^{\tau+\epsilon} f(t)\delta(t - \tau) \, dt$$

這裏若 ϵ 是足夠小且 $f(t)$ 於 $t = \tau$ 時連續 ，則 $f(t)$ 在 $\tau - \epsilon$ 與 $\tau + \epsilon$ 間逼近於 $f(\tau)$ ，因而我們可以從積分內提出因數 $f(\tau)$ ，並利用脈衝函數的本性 ，可得

$$\int_{a}^{b} f(t)\delta(t - \tau) \, dt = f(\tau) \int_{\tau-\epsilon}^{\tau+\epsilon} \delta(t - \tau) \, dt$$
$$= f(\tau)$$

抽樣性質在決定脈衝函數的拉普拉斯轉換是非常有用的 ，即

$$\mathscr{L}[\delta(t)] = \int_{0^-}^{\infty} e^{-st}\delta(t) \, dt$$

（回想於 $t = 0$ 時的積分 ，爲一個無窮大的不連續時 ，我們使用 0^- 爲積分下限） ，再由抽樣性質得知

$$\mathscr{L}[\delta(t)] = e^{-st} \Big|_{t=0} = 1 \tag{18.29}$$

這是（18.25）式 。更一般化的轉換是脈衝平移轉換 ，即

$$\mathscr{L}[\delta(t - \tau)] = \int_{0^-}^{\infty} e^{-st} \delta(t - \tau) \, dt$$
$$= e^{-s\tau}$$

這在 $\tau = 0$ 時簡化爲 1。

例題 18.13

爲了描述脈衝函數何時出現，讓我們求

$$\mathbf{F}(s) = \frac{s}{s + 2}$$

的逆轉換。這是一個不正常的分式（分母和分子有相同的階數）。藉長除法可改寫上式爲

$$\mathbf{F}(s) = 1 - \frac{2}{s + 2}$$

根據線性性質可得它的逆轉換爲

$$f(t) = \delta(t) - 2e^{-2t} u(t)$$

現在讓我們藉一個微分的轉換來推導脈衝函數與另一個已知函數間的關係，已知：

$$\mathscr{L}[f'(t)] = s\mathbf{F}(s) - f(0^-) \tag{18.30}$$

這裏爲了滿足 $t = 0$ 時的不連續性，已用 0^- 取代 0。若令 $f(t) = u(t)$，這關係式變爲

$$\mathscr{L}[u'(t)] = s\left(\frac{1}{s}\right) - 0 = 1$$

於是我們獲得

$$\frac{du(t)}{dt} = \delta(t) \tag{18.31}$$

因爲它們有相同的轉換。很不幸地，因 $u(t)$ 和 $\delta(t)$ 的數學描述並不嚴謹，所以無法視它們爲一般的函數。無論如何，（18.31）式可用廣義函數理論來推導，且在系統和電路分析中它是一個非常實用的工具。練習 18.3.2 是對（18.31）式的一個

不嚴謹證明。

　　包含脈衝函數的另一個有用的結論是

$$f(t)\delta(t) = f(0)\delta(t) \tag{18.32}$$

這裏 $f(t)$ 於 $t = 0$ 時連續，由於 $\delta(t)$ 對 $t \neq 0$ 時均為零，所以這結果似乎合理。譬如，被微分的函數含有 $u(t)$ 因式時，可對此乘積的微分應用（18.32）式。

___練___習___

18.3.1 計算積分

$$\int_a^3 (t^2 + 3 \cos 2t)\delta(t) \, dt$$

這裏(a) $a = -1$ 和(b) $a = 1$ 。

答：(a) 3 ，(b) 0

18.3.2 證明圖 18.3 的脈波為

$$f(t) = \frac{u[t + (a/2)] - u[t - (a/2)]}{a}$$

使得

$$\lim_{a \to 0} f(t) = \frac{du(t)}{dt}$$

這是對建立

$$\delta(t) = \frac{du(t)}{dt}$$

的一個不嚴謹的證明。

18.3.3 利用練習 18.3.2 的結論，去獲得

$$\frac{d}{dt}[f(t)u(t)] = f'(t)u(t) + f(t)\delta(t)$$

$$= f'(t)u(t) + f(0)\delta(t)$$

若 $f(0) = 0$ ，則這結果變為

$$\frac{d}{dt} f(t)u(t) = f'(t)u(t)]$$

18.3.4 試利用練習 18.3.3 的結論和 (18.9) 式,從

$$\mathcal{L}[f'(t)] = s\mathcal{L}[f(t)] - f(0^-)$$

推導出 $\mathcal{L}[\delta(t)] = 1$,這裏 $f(t) = e^{-at}u(t)$ 及 $f(0^-)$ 的使用是因為 $f(t)$ 於 $t = 0$ 時不連續。

18.4 逆轉換 (THE INVERSE TRANSFORM)

從本章的前兩節,我們很明顯的知道可以對不同的函數 $f(t)$,重複的使用 (18.1) 式,來編輯一連串的函數和它們的拉普拉斯轉換的對應表。例如在表 18.1 內,我們已經收集了大部份電路理論裏常用的函數 $f(t)$ 和它們的轉換 $\mathbf{F}(s)$ 。

由於我們只對 $t > 0$ 時的函數有興趣,所以除了像時間平移公式 (18.21) 式一樣必需之外,我們將省略因式 $u(t)$ 。在表 18.1 的第二列中已保有函數 $u(t)$,對 $t > 0$ 它將被表示為

$$\mathcal{L}[1] = \frac{1}{s}$$

在表中的其他列已省略因式 $u(t)$ 。

表 18.1 拉普拉斯轉換的簡要表

	$f(t)$	$\mathbf{F}(s)$
1.	$\delta(t)$	1
2.	$u(t)$	$\dfrac{1}{s}$
3.	e^{-at}	$\dfrac{1}{s+a}$
4.	$\sin kt$	$\dfrac{k}{s^2+k^2}$
5.	$\cos kt$	$\dfrac{s}{s^2+k^2}$
6.	$e^{-at}\sin bt$	$\dfrac{b}{(s+a)^2+b^2}$
7.	$e^{-at}\cos bt$	$\dfrac{s+a}{(s+a)^2+b^2}$
8.	t	$\dfrac{1}{s^2}$
9.	te^{-at}	$\dfrac{1}{(s+a)^2}$
10.	$\dfrac{t^{n-1}e^{-at}}{(n-1)!}$	$\dfrac{1}{(s+a)^n}; \quad n = 1, 2, 3, \ldots$

例題 18.14

為了說明表 18.1 的應用，假設我們要求

$$\mathbf{F}(s) = \frac{6}{s+4} + \frac{2}{s^2+9} - \frac{3}{s}$$

的逆轉換。由於逆轉換是一個線性運算，所以

$$f(t) = 6\mathscr{L}^{-1}\left[\frac{1}{s+4}\right] + \frac{2}{3}\mathscr{L}^{-1}\left[\frac{3}{s^2+3^2}\right] - 3\mathscr{L}^{-1}\left[\frac{1}{s}\right]$$

再由表 18.1 內的 3、4、2 列得知

$$f(t) = 6e^{-4t} + \frac{2}{3}\sin 3t - 3$$

例題 18.15

另一個例題是讓我們求

$$\mathbf{F}(s) = \frac{2(s+10)}{(s+1)(s+4)}$$

的逆轉換。在表 18.1 內沒有直接的對應能求得 $f(t)$，但我們可以求得 $\mathbf{F}(s)$ 的部分分式展開，且對展開式內的每一項利用表 18.1 的記錄來獲得 $f(t)$。求一個部分分式展開，相當於獲得一個共同分母的逆運算，即把某些簡單的分式相加而得 $\mathbf{F}(s)$，若轉換是一個眞分式（分子的次數比分母低），則部分分式也是眞分式，且 $\mathbf{F}(s)$ 必為

$$\mathbf{F}(s) = \frac{2(s+10)}{(s+1)(s+4)} = \frac{A}{s+1} + \frac{B}{s+4}$$

的形式，這裏常數 A 和 B 必須使第二和第三部份的 s 係數相同。

而決定 A 和 B 的簡單方法是觀察

$$(s+1)\mathbf{F}(s) = \frac{2(s+10)}{s+4} = A + \frac{B(s+1)}{s+4}$$

和

$$(s+4)\mathbf{F}(s) = \frac{2(s+10)}{s+1} = \frac{A(s+4)}{s+1} + B$$

這兩個方程式，若在第一個方程式內，令 $s = -1$ ，在第二個方程式內，令 $s =$ -4 ，則可以分別求得

$$A = (s + 1)\mathbf{F}(s)\bigg|_{s=-1} = \frac{2(9)}{3} = 6$$

$$B = (s + 4)\mathbf{F}(s)\bigg|_{s=-4} = \frac{2(6)}{-3} = -4$$

因此有 $\quad \mathbf{F}(s) = \dfrac{6}{s + 1} - \dfrac{4}{s + 4}$

再由表 18.1 得知

$$f(t) = 6e^{-t} - 4e^{-4t}$$

　　讀者可從微積分中的部份分式展開瞭解上一例題是相對簡單的情形，即像 $\mathbf{F}(s)$ 分母內的 ($s-p$) 一樣，上一例題的所有因式都是不同的線性因式。極點 $s =$ p 是一個單極點或是一個次數爲 1 的極點；通常對每一單極點，部份分式展開都含有一項 $A/(s-p)$ 。若分母含因式 $(s-p)^n$ ， $n = 2$ ， 3 ， 4 ，…… ，則極點 $s = p$ 是一個多極點（multiple pole）或是一個次數爲 n 的極點。由於所含的因式 $(s-p)^n$ 不再是相異的，所以部份分式展開當然必須修正。以後我們將考慮多極點的情形。

　　複極點是以共軛複數表示的極點，且它們在展開式內所對應的係數也是共軛複數。譬如， $\mathbf{F}(s)$ 有單極點 $s = \alpha \pm j\beta$ ，且展開式爲

$$\mathbf{F}(s) = \frac{A}{s - \alpha - j\beta} + \frac{B}{s - \alpha + j\beta}$$

則

$$A = (s - \alpha - j\beta)\mathbf{F}(s)\bigg|_{s=\alpha+j\beta}$$

和

$$B = (s - \alpha + j\beta)\mathbf{F}(s)\bigg|_{s=\alpha-j\beta}$$

由於 $\mathbf{F}(s)$ 是一個實係數的 s 多項式比，所以從上式可看出 $B = A^*$ 。逆轉換爲

$$f(t) = Ae^{(\alpha+j\beta)t} + A^*e^{(\alpha-j\beta)t}$$

它是一個複數和它的共軛複數之和。因此

$$f(t) = 2 \,\mathrm{Re}[Ae^{(\alpha+j\beta)t}]$$

若 $A = |A| e^{j\theta}$ ，則

$$f(t) = 2 \,\mathrm{Re}[|A| e^{\alpha t} e^{j(\beta t+\theta)}]$$

$$= 2|A| e^{\alpha t} \cos(\beta t + \theta)$$

例題 18.16

舉一個例題，轉換

$$\mathbf{F}(s) = \frac{s}{(s+1)(s^2+2s+2)} \tag{18.33}$$

的部份分式展開為

$$\mathbf{F}(s) = \frac{s}{(s+1)(s+1-j1)(s+1+j1)}$$

$$= \frac{A}{s+1} + \frac{B}{s+1-j1} + \frac{B^*}{s+1+j1}$$

這裏

$$A = \left. \frac{s}{s^2+2s+2} \right|_{s=-1} = -1$$

和

$$B = \left. \frac{s}{(s+1)(s+1+j1)} \right|_{s=-1+j1} = \frac{1-j1}{2} = \frac{1}{\sqrt{2}} \underline{/-45^\circ}$$

於是我們有

$$f(t) = Ae^{-t} + 2 \,\mathrm{Re}[Be^{(-1+j1)t}]$$

$$= -e^{-t} + 2 \,\mathrm{Re}\left[\frac{1}{\sqrt{2}} e^{-t} \underline{/1t - 45^\circ} \right]$$

$$= -e^{-t} + \sqrt{2}\, e^{-t} \cos(t - 45^\circ)$$

另一個型式為

$$f(t) = -e^{-t} + \sqrt{2}\, e^{-t}(\cos t \cos 45^\circ + \sin t \sin 45^\circ)$$

$$= -e^{-t} + e^{-t}(\cos t + \sin t) \tag{18.34}$$

例題 18.17

若要維持二次因式，則（18.33）式的展開為

$$\mathbf{F}(s) = \frac{s}{(s+1)(s^2+2s+2)} = \frac{A}{s+1} + \frac{Cs+D}{s^2+2s+2} \qquad (18.35)$$

這裏 $C_s + D$ 是二次分母項的一般分子型態。如前一樣 $A = -1$，為了求 C 和 D，我們將（18.35）式通分母後比較分子多項式

$$s = -(s^2 + 2s + 2) + (Cs + D)(s + 1)$$

比較 s^2 項係數可得

$$0 = -1 + C$$

即 $c = 1$。比較 s^0 項係數可得

$$0 = -2 + D$$

或 $D = 2$。於是轉換為

$$\mathbf{F}(s) = \frac{-1}{s+1} + \frac{s+2}{s^2+2s+2}$$

$$= \frac{-1}{s+1} + \frac{s+1}{(s+1)^2+1} + \frac{1}{(s+1)^2+1}$$

逆轉換為（18.34）式內的函數。

若分母有多極點因式 $(s+a)^n$，則它的部份分式展開為

$$\mathbf{F}(s) = \frac{A_n}{(s+a)^n} + \frac{A_{n-1}}{(s+a)^{n-1}} + \cdots + \frac{A_k}{(s+a)^k} + \cdots + \frac{A_1}{s+a} + \mathbf{F}_1(s)$$
$$(18.36)$$

這裏 $\mathbf{F}_1(s)$ 對應於 $\mathbf{F}(s)$ 的其他極點。

例題 18.18

例如

$$\mathbf{F}(s) = \frac{4}{(s+1)^2(s+2)}$$

$$= \frac{A}{(s+1)^2} + \frac{B}{s+1} + \frac{C}{s+2} \qquad (18.37)$$

係數 A 和 C 能很容易求得，即

$$A = (s+1)^2 \mathbf{F}(s)\bigg|_{s=-1} = \frac{4}{s+2}\bigg|_{s=-1} = 4$$

和　　　$$C = (s+2)\mathbf{F}(s)\bigg|_{s=-2} = \frac{4}{(s+1)^2}\bigg|_{s=-2} = 4$$

於是 C 如前所得，且 A 是對應於線性因式重複最多次的係數。爲了獲得 B，我們可以通分母（18.37）式，即

$$4 = 4(s+2) + B(s+1)(s+2) + 4(s+1)^2$$

比較 s^2 項係數可得

$$0 = B + 4$$

即 $B = -4$。

因此，（18.37）式的轉換爲

$$\mathbf{F}(s) = \frac{4}{(s+1)^2} - \frac{4}{s+1} + \frac{4}{s+2}$$

所以　　　$$f(t) = 4te^{-t} - 4e^{-t} + 4e^{-2t}$$

右邊式的第一項可用表 18.1 內的第 9 列求得。

例題 18.19

最後一個例題是求

$$\mathbf{F}(s) = \frac{9s^3}{(s+1)(s^2 + 2s + 10)}$$

的逆轉換，由於分子次數與分母相同，所以必須使用長除法來獲得一個常數加上一個眞分式，很明顯的這常數是 9，因此我們可以寫

$$\mathbf{F}(s) = \frac{9s^3}{(s+1)(s^2 + 2s + 10)}$$

$$= 9 + \frac{A}{s+1} + \frac{Bs + C}{s^2 + 2s + 10}$$

如同前一例題，我們可以求得 A，即

$$A = (s + 1)\mathbf{F}(s)\bigg|_{s=-1} = \frac{-9}{1 - 2 + 10} = -1$$

B 和 C 可用先前的方法求出，且轉換成爲

$$\mathbf{F}(s) = 9 - \frac{1}{s + 1} - \frac{26s + 80}{s^2 + 2s + 10}$$

再重新整理爲

$$\mathbf{F}(s) = 9 - \frac{1}{s + 1} - 26\left[\frac{s + 1}{(s + 1)^2 + 3^2}\right] - 18\left[\frac{3}{(s + 1)^2 + 3^2}\right]$$

由表 18.1 得知

$$f(t) = 9\delta(t) - e^{-t}(1 + 26 \cos 3t + 18 \sin 3t)$$

練　習

18.4.1 求下列轉換的逆轉換：

(a) $\dfrac{2}{(s + 1)(s + 2)(s + 3)}$,

(b) $\dfrac{s}{(s^2 + 1)(s^2 + 4)}$,

(c) $\dfrac{s^4 + 5s^3 + 21s^2 + 47s + 78}{(s^2 + 9)(s^2 + 2s + 5)}$,

(d) $\dfrac{2s^3 + 2s^2 - 4s + 8}{s^2(s^2 + 4)}$.

答：(a) $e^{-t} - 2e^{-2t} + e^{-3t}$; (b) $\frac{1}{3}(\cos t - \cos 2t)$;
(c) $\delta(t) + \cos 3t + \sin 3t + 2e^{-t}\cos 2t$;
(d) $2t - 1 + 3\cos 2t$

18.4.2 已知轉換爲

$$\mathbf{F}(s) = \frac{3s^2 + 8s + 8}{(s + 1)^2(s + 2)}$$

求 $f(t)$。

答：$3te^{-t} - e^{-t} + 4e^{-2t}$

18.4.3 求

$$\mathbf{F}(s) = \frac{2s^2 + s + 2}{s(s^2 + 1)^2}$$

的逆轉換。〔建議：令 $s^2 + 1 = (s + j)(s - j)$〕

答：$2 - 2\cos t + \dfrac{1}{2}(\sin t - t\cos t)$

18.5 對微分方程式的應用（APPLICATIONS TO INTEGRODIFFERENTIAL EQUATIONS）

拉普拉斯轉換和傅立葉轉換一樣，可以用來解微分方程式，且拉普拉斯轉換法能自動的考慮初始條件，而獲得微分方程式的全解。這也是拉普拉斯轉換的絕妙應用之一。

在 18.1 節裏，我們已經導出（18.9）式，在這裏我們重複為

$$\mathscr{L}[f'(t)] = s\mathbf{F}(s) - f(0) \tag{18.38}$$

若我們以 f' 代替 f，則有

$$\mathscr{L}[f''(t)] = s\mathscr{L}[f'(t)] - f'(0)$$

或由（18.38）式得知

$$\mathscr{L}[f''(t)] = s^2\mathbf{F}(s) - sf(0) - f'(0) \tag{18.39}$$

我們可於（18.39）式再一次以 f' 取代 f 去獲得 $\mathscr{L}[f'''(t)]$，且依次類推，最後我們得到一個通式，即

$$\mathscr{L}[f^{(n)}(t)] = s^n\mathbf{F}(s) - s^{n-1}f(0) - s^{n-2}f'(0) - \cdots - f^{(n-1)}(0) \tag{18.40}$$

這裏 $f^{(n)}$ 是 n 次導函數，且函數 $f, f^1, \ldots\ldots, f^{(n-1)}$，假設在 $(\cdot\,0\,,\infty)$ 內是連續的，且 $f^{(n)}$ 除了對有限的不連續點外是連續的。

例題 18.20

舉一個例題，若（18.40）式內的 $f(t) = t^n$，n 是一個非負整數，則 $f^{(n)}$

$(t) = n!$ 且 $f(0) = f'(0) = \cdots\cdots = f^{(n-1)}(0) = 0$。於是有

$$\mathscr{L}[n!] = s^n \mathscr{L}[t^n]$$

或

$$\mathscr{L}[t^n] = \frac{1}{s^n} \mathscr{L}[n!] = \frac{n!}{s^{n+1}}; \qquad n = 0, 1, 2, \ldots \tag{18.41}$$

很明顯的，若我們利用 (18.40) 式來轉換一個常係數的線性微分方程式，則這結果將是拉普拉斯轉換的代數方程式，且將初始條件考慮進去，因此我們可以對轉換方程式求解及逆轉換解，而得時域解。

例題 18.21

茲舉一例，讓我們求 $t > 0$ 時，系統方程式

$$x'' + 4x' + 3x = e^{-2t}$$

$$x(0) = 1, \qquad x'(0) = 2$$

的解 $x(t)$。轉換方程式爲

$$s^2 \mathbf{X}(s) - s - 2 + 4[s \mathbf{X}(s) - 1] + 3\mathbf{X}(s) = \frac{1}{s + 2}$$

從這得知

$$\mathbf{X}(s) = \frac{s^2 + 8s + 13}{(s + 1)(s + 2)(s + 3)}$$

再部分分式展開爲

$$\mathbf{X}(s) = \frac{3}{s + 1} - \frac{1}{s + 2} - \frac{1}{s + 3}$$

而得 $t > 0$ 時的時域解爲

$$x(t) = 3e^{-t} - e^{-2t} - e^{-3t}$$

我們也可以直接對積微分方程式應用拉普拉斯轉換，而不需要先微分數次去掉積分項。即藉

$$\mathscr{L}\left[\int_0^t f(\tau) \, d\tau \right] = \frac{\mathbf{F}(s)}{s}$$

轉換積分項。

例題18.22

我們將描述圖18.5電路的積微分方程式，並求電流 $i(t)$，這裏無初始儲能。方程式為

$$\frac{di}{dt} + 2i + 5\int_0^t i\, dt = u(t)$$

$$i(0) = 0$$

轉換上式可得

$$s\mathbf{I}(s) + 2\mathbf{I}(s) + \frac{5}{s}\mathbf{I}(s) = \frac{1}{s}$$

或

$$\mathbf{I}(s) = \frac{1}{s^2 + 2s + 5} = \frac{1}{2}\left[\frac{2}{(s+1)^2 + 4}\right]$$

因此步級響應為

$$i(t) = \frac{1}{2}e^{-t}\sin 2t \text{ A}$$

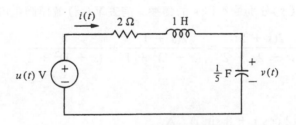

圖18.5　RLC電路

例題18.23

舉另一個例題，若圖18.6電路內的 $v(0) = 4\,\text{V}$，$i(0) = 2\,\text{A}$，求 $t > 0$ 時的 i。在節點 a（節點電壓為 $12\,\text{V}$）的節點方程式為

$$\frac{dv}{dt} = \frac{12 - v}{1} + i$$

及右網目方程式為

$$\frac{di}{dt} + i = 12 - v$$

我們能藉消去上兩式中的 v，來求得 i 的二階方程式後再對此方程式求解 i。不過用拉普拉斯轉換法，可先將方程式轉換爲代數方程式後再求解 i。

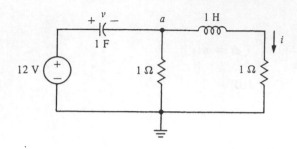

圖 18.6　二階電路

轉換上兩式可得

$$s\mathbf{V}(s) - 4 = \frac{12}{s} - \mathbf{V}(s) + \mathbf{I}(s)$$

$$s\mathbf{I}(s) - 2 + \mathbf{I}(s) = \frac{12}{s} - \mathbf{V}(s)$$

其中 $\mathbf{V}(s)$ 和 $\mathbf{I}(s)$ 分別是 v 和 i 的轉換。消去 $\mathbf{V}(s)$ 並經簡化可得

$$\mathbf{I}(s) = \frac{2(s+5)}{s^2 + 2s + 2} = \frac{2(s+1)}{(s+1)^2 + 1} + \frac{8}{(s+1)^2 + 1}$$

因此電流爲

$$i = e^{-t}(2\cos t + 8\sin t) \quad \text{A}$$

___練___習___

18.5.1 利用拉普拉斯轉換，求 $t > 0$ 時的 $x(t)$。

(a) $x'' + 3x' + 2x = \delta(t)$
$x(0^-) = x'(0^-) = 0.$

(b) $x'' + 4x' + 3x = 4e^{-t}$
$x(0) = x'(0) = 4.$

答：(a) $e^{-t} - e^{-2t}$ ；(b) $e^{-t}(2t+7) - 3e^{-3t}$

18.5.2 用拉普拉斯轉換求 $x(t)$ 和 $y(t)$：

$$x' = x + 2y$$

$$y' = 2x + y$$

其中 $x(0) = 2$，$y(0) = 0$。（建議：轉換上兩式，並解轉換方程式。）

答：$x = e^{3t} + e^{-t}$，$y = e^{3t} - e^{-t}$

18.5.3　證明圖示電路的轉換 $I(s)$ 為

$$\mathbf{I}(s) = \frac{\mathbf{V}_g(s) + i(0) - v_c(0)/s}{s + 4 + 1/Cs}$$

若 $C = \dfrac{1}{3}\,F$，$v_g(t) = 6\,V$，$i(0) = 1\,A$，$v_c(0) = 1\,V$，求 $t > 0$ 時的 $i(t)$。

答：$2e^{-t} - e^{-3t}\,A$

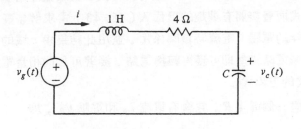

練習 18.5.3

18.5.4　若練習 18.5.3 電路內的 $C = \dfrac{1}{13}\,F$，$v_g(t) = 6\,V$，$i(0) = 2\,A$，$v_c(0) = 4\,V$，求 $t > 0$ 時的 $i(t)$。

答：$2e^{-2t}\left(\cos 3t - \dfrac{1}{3}\sin 3t\right)\,A$

18.5.5　若練習 18.5.3 電路內的 $C = \dfrac{1}{4}\,F$，$v_g(t) = 6\,V$，$i(0) = 1\,A$，$v_c(0) = 2\,V$，求 $t > 0$ 時的 $i(t)$。

答：$e^{-2t}(2t + 1)\,A$

18.6 轉換電路（THE TRANSFORMED CIRCUIT）

當我們討論相量電路時，能利用相量方法立即寫出微分方程式，再利用分析電阻電路的技巧來獲得輸出相量，並從輸出相量獲得時域解。在這裏，我們有一個相似的方法，即對轉換電路（transformed circuit）利用拉普拉斯轉換來解析，而這解析程序類似於相量方法，但拉普拉斯轉換能應用於更一般化的函數，並能考慮初始條件而獲得全解。

為了瞭解轉換電路如何獲得，讓我們考慮KVL時域方程式

$$v_1(t) + v_2(t) + \cdots + v_n(t) = 0 \tag{18.42}$$

轉換此式可得

$$\mathbf{V}_1(s) + \mathbf{V}_2(s) + \cdots + \mathbf{V}_n(s) = 0 \tag{18.43}$$

其中$\mathbf{V}_i(s)$是v_i的轉換。轉換電壓（transformed voltage）能像相量一樣滿足KVL。一個類似的發展也能證明轉換電流能滿足KCL。由於轉換電壓是跨於電感器、電阻器和電容器上的電壓，以及電源轉換和表示初始條件的項，所以我們可以不寫出時域方程式而直接將有興趣的項代入（18.43）式求解。事實上，我們可以轉換不同電路元件的電壓－電流時域關係式，並用此結果求 s 域的電路元件模型，再將這些代入時域電路模型即可獲得轉換電路，接著可如同相量電路一樣直接寫出類似（18.43）式的方程式。

讓我們先考慮一個電阻R，它含有電流i_R和電壓v_R，即

$$v_R = Ri_R$$

我們轉換這方程式得

$$\mathbf{V}_R(s) = R\mathbf{I}_R(s) \tag{18.44}$$

圖18.7(a)表示這轉換的電阻器元件。其次，讓我們考慮一個電感器L，即

$$v_L = L\frac{di_L}{dt}$$

轉換這方程式得

$$\mathbf{V}_L(s) = sL\mathbf{I}_L(s) - Li_L(0) \tag{18.45}$$

它可用一個阻抗為

$$\mathbf{Z}_L(s) = SL$$

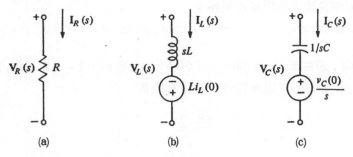

圖 18.7　轉換的電路元件

的電感器串聯一電源 $Li_L(0)$ 來表示。

圖 18.7 (b)表示這轉換的電感器元件，且初始條件以電壓源的型態來表示。在電容器的情形，我們有

$$v_C = \frac{1}{C} \int_0^t i_C \, dt + v_C(0)$$

轉換這方程式得

$$\mathbf{V}_C(s) = \frac{1}{sC} \mathbf{I}_C(s) + \frac{1}{s} v_C(0) \tag{18.46}$$

圖 18.7 (c)描述此轉換電容器可用一個阻抗爲

$$\mathbf{Z}_C(s) = \frac{1}{sC}$$

的電容器串聯一電源 $v_c(0)/s$ 來表示，這裏初始條件是以電壓源型態來表示。

　　若我們有相依電源，仍可用相同的方法轉換它們，例如一個被控制電壓源

$$v_1 = K v_2$$

它的拉普拉斯轉換爲

$$\mathbf{V}_1(s) = K \mathbf{V}_2(s)$$

這在轉換電路內，是一個被轉換變數控制的電源。

　　我們可以利用拉普拉斯轉換法，來寫出電路的時域方程式並求其解，或以轉換電路取代原電路來解析；在此情形時，被動元件被圖 18.7 所示的轉換元件所取代，被控制電源也被適當的轉換，而獨立電源亦被它們的時域值轉換所表示，因此我

們可使用電阻電路法來解析轉換電路。

例題 18.24

　　玆舉一例，若在圖 18.8 (a)內，$i(0) = 4A$ 和 $v(0) = 8V$，則求 $t > 0$ 時的 $i(t)$。圖 18.8 (b)表示轉換電路，從這我們有

$$\mathbf{I}(s) = \frac{[2/(s+3)] + 4 - (8/s)}{3 + s + (2/s)}$$

這可以被寫成

$$\mathbf{I}(s) = -\frac{13}{s+1} + \frac{20}{s+2} - \frac{3}{s+3}$$

所以對 $t > 0$ 時，

$$i(t) = -13e^{-t} + 20e^{-2t} - 3e^{-3t}$$

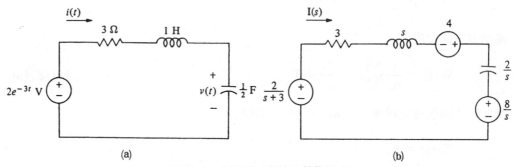

(a)　　　　　　　　　　　　　　　　　　　　(b)

圖 18.8　(a)電路；(b)它的轉換電路

　　現在，我們將這結果與圖 18.8 (a)的時域方程式

$$\frac{di}{dt} + 3i + 2\int_0^t i\, dt + 8 = 2e^{-3t}$$

$$i(0) = 4$$

做一個比對；轉換這時域方程式得

$$s\mathbf{I}(s) - 4 + 3\mathbf{I}(s) + \frac{2}{s}\mathbf{I}(s) + \frac{8}{s} = \frac{2}{s+3}$$

它是圖 18.8 (b)電路的廻路方程式，且 $I(s)$ 解與先前相同。

若我們想使用節點分析，則我們必須解(18.44)—(18.46)的電流。這結果是

$$\mathbf{I}_R(s) = \frac{\mathbf{V}_R(s)}{R}$$

$$\mathbf{I}_L(s) = \frac{1}{sL}\mathbf{V}_L(s) + \frac{1}{s}i_L(0)$$

$$\mathbf{I}_C(s) = sC\,\mathbf{V}_C(s) - Cv_C(0)$$

讀者可以自行證明；而描述這些方程式的轉換元件表示在圖18.9，且表示的被動元件如圖18.7一樣是為阻抗。

所有適用於電阻和相量電路的網路定理，都適用於轉換電路，且轉換電路的另一個優點為，初始條件已經被導入電路內。茲舉一例，讀者可以證明圖18.9的元件是圖18.7的諾頓等效元件(用電源轉換法)。

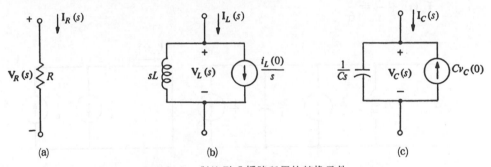

圖18.9 對節點分析時所用的轉換元件

例題 18.25

由於用轉換電路解題的步驟與用相量電路解題是相同的，所以我們可像相量電路一樣獲得轉換戴維寧和諾頓電路。為了描述此過程，讓我們將圖18.10(a)電路內4Ω電阻器右邊的網路以它的戴維寧等效電路取代，並用最終電路求$v(t)$。若$i(0)=1\mathrm{A}$，$v(0)=4\mathrm{V}$，則轉換電路如圖18.10(b)所示。

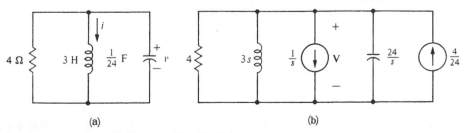

圖18.10 (a)並聯RLC電路；(b)它的轉換電路

從圖 18.10(b)可獲得 4 Ω 電阻器右邊網路的轉換電路，這如圖 18.11(a)所示，且 $\mathbf{V}_{oc}(s)$ 是跨於開路端點處的電壓。（注意：圖 18.11(a)不像戴維寧相量電路，因轉換電路已考慮初始條件。）節點方程式為

$$\frac{\mathbf{V}_{oc}(s)}{3s} + \frac{1}{s} + \frac{s}{24}\mathbf{V}_{oc}(s) = \frac{1}{6}$$

從這知轉換開路電壓為

$$\mathbf{V}_{oc}(s) = \frac{4(s-6)}{s^2 + 8}$$

若圖 18.11(a)內的輸入端短路，則會因電感器和電容器被短路掉而簡化成圖 18.11(b)。節點方程式為

$$\mathbf{I}_{sc}(s) + \frac{1}{s} = \frac{1}{6}$$

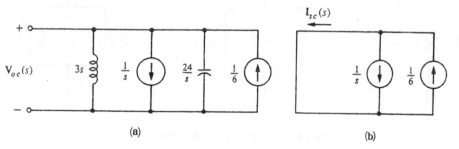

(a)　　　　　　　　　　　　(b)

圖 18.11 求(a)$\mathbf{V}_{oc}(s)$；(b) $\mathbf{I}_{sc}(s)$ 的電路

從這知轉換短路電流為

$$\mathbf{I}_{sc}(s) = \frac{s-6}{6s}$$

因此戴維寧阻抗為

$$\mathbf{Z}_{th}(s) = \frac{\mathbf{V}_{oc}(s)}{\mathbf{I}_{sc}(s)} = \frac{\left[\dfrac{4(s-6)}{s^2+8}\right]}{\left[\dfrac{s-6}{6s}\right]} = \frac{24s}{s^2+8}$$

圖 18.12 表示這戴維寧等效電路和 4 Ω電阻器的組合。跨於電阻器上的電壓 $\mathbf{V}(s)$

如圖示。

以 $\mathbf{V}(s)$ 為變數的節點方程式為

$$\frac{\mathbf{V}(s)}{4} + \frac{\mathbf{V}(s) - \dfrac{4(s - 6)}{s^2 + 8}}{\dfrac{24s}{s^2 + 8}} = 0$$

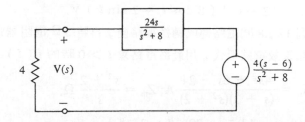

圖 18.12 終端接有 4Ω 電阻器的戴維寧等效電路

解上式可得

$$\mathbf{V}(s) = \frac{4(s - 6)}{(s + 2)(s + 4)} = \frac{-16}{s + 2} + \frac{20}{s + 4}$$

因此，$t > 0$ 時的時域電壓為

$$v(t) = -16e^{-2t} + 20e^{-4t} \ \ \text{V}$$

練 習

18.6.1 若 $v(0) = 10\text{V}$，則利用轉換電路法求 $t > 0$ 時的 v。

答：$10(2 - e^{-t}) + \dfrac{1}{2} e^{-t} \sin 2t \ \text{V}$

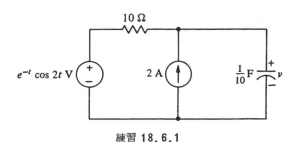

練習 18.6.1

18.6.2 若一個 RLC 並聯電路被電流源 $i_g(t) = e^{-2t} A$ 激勵，且 $R = 4\Omega$ ，$L = 5H$ ，$C = 1/20\,F$ ，初始電感電流 $i_L(0) = 1A$ ，$v(0) = 2V$ ，則利用轉換電路法求 $t > 0$ 時的電壓 $v(t)$ ，這裏 $v(t)$ 指跨於 RLC 並聯電路的端電壓，且電流 i_g 是指向 v 的正端點，i_L 是指向 v 的負端點。

答：$-14e^{-t} + 20e^{-2t} - 4e^{-4t}\,V$

18.6.3 用轉換電路求圖 18.6 內的 i 和 v 。

答：$v = 12 - e^{-t}\,(\,8\cos t - 2\sin t\,)\,V$

18.6.4 先將圖 18.8 (a)電路轉成轉換電路後，再將 $3\,\Omega$ 電阻器以外的電路用它的諾頓等效電路取代。用最終電路求 $t > 0$ 時的 $i(t)$ 。

答：$\mathbf{I}_{sc} = \dfrac{4s^2 + 6s - 24}{(s + 3)(s^2 + 2)}\,A;\ Z_{th} = \dfrac{s^2 + 2}{s}\,\Omega;$

$i(t) = -13e^{-t} + 20e^{-2t} - 3e^{-3t}\,A$

18.7 網路函數（NETWORK FUNCTIONS）

在 14.4 節中，我們已定義廣義頻域內的網路函數 $\mathbf{H}(s)$ 爲一個電路的輸出相量與輸入相量的比值，且此電路只有單一激勵和響應。本節將定義網路函數爲輸出的拉普拉斯轉換與輸入的拉普拉斯轉換的比值，且我們將發現這兩個網路函數定義是相同的。我們再一次假設電路只有一個單一輸入和輸出，使得所有初始條件均爲零。

若輸入 v_i 和輸出 v_o 的關係式是微分方程式

$$a_n\frac{d^n v_o}{dt^n} + a_{n-1}\frac{d^{n-1}v_o}{dt^{n-1}} + \cdots + a_1\frac{dv_0}{dt} + a_0 v_o$$

$$= b_m\frac{d^m v_i}{dt^m} + b_{m-1}\frac{d^{m-1}v_i}{dt^{m-1}} + \cdots + b_1\frac{dv_i}{dt} + b_0 v_i$$

且所有的初始條件均爲零，卽

$$v_o(0) = \frac{dv_o(0)}{dt} = \cdots = \frac{d^{n-1}v_o(0)}{dt^{n-1}} = v_i(0) = \frac{dv_i(0)}{dt} = \cdots = \frac{d^{m-1}v_i(0)}{dt^{m-1}} = 0$$

則轉換微分方程式爲

$$(a_n s^n + a_{n-1}s^{n-1} + \cdots + a_1 s + a_0)\mathbf{V}_o(s)$$

$$= (b_m s^m + b_{m-1}s^{m-1} + \cdots + b_1 s + b_0)\mathbf{V}_i(s)$$

從這裏知道網路函數或轉移函數為

$$\mathbf{H}(s) = \frac{\mathbf{V}_o(s)}{\mathbf{V}_i(s)} = \frac{b_m s^m + b_{m-1} s^{m-1} + \cdots + b_1 s + b_0}{a_n s^n + a_{n-1} s^{n-1} + \cdots + a_1 s + a_0} \tag{18.47}$$

將這結果與 (17.61) 式比較得知，$\mathbf{H}(s)$ 是網路函數且將 $j\omega$ 推廣至 s，或回顧（（14.24）式得知，$\mathbf{H}(s)$ 是輸出的拉普拉斯轉換對輸入轉換的比，即為原來網路函數的定義；此外在導納和阻抗是網路函數時，它們實際上是在拉普拉斯轉換域內的廣義相量。事實上，拉普拉斯轉換能適用於更多的情形，即輸入或輸出函數只要它有拉普拉斯轉換即可，不再限制於阻尼正弦函數。

例題 18.26

對大多數情形，從轉換電路求網路函數是一個較簡易的方法。為了描述這，讓我們討論一個 RLC 串聯電路。若它的輸入是 $v_g(t)$，輸出是 $i(t)$，則有

$$\mathbf{H}(s) = \frac{\mathbf{I}(s)}{\mathbf{V}_g(s)} = \frac{1}{\mathbf{Z}(s)}$$

$$= \frac{1}{sL + R + (1/sC)}$$

若 $R = 2\,\Omega$，$L = 1\,\text{H}$，$C = 0.2\,\text{F}$，則上式變為

$$\mathbf{H}(s) = \frac{s}{s^2 + 2s + 5} \tag{18.48}$$

就最初鬆弛電路（無初始儲能）而言，只要電路輸入是可轉換的，則知道網路函數就能決定電路的外部行為。換句話說，有了 $\mathbf{H}(s)$ 就相當於有了電路本身。為了瞭解這，讓我們改寫（18.47）式為

$$\mathbf{V}_o(s) = \mathbf{H}(s)\mathbf{V}_i(s) \tag{18.49}$$

於是知道輸入 $v_i(t)$ 就能求得 $\mathbf{V}_i(s)$ 和 $\mathbf{V}_o(s)$，再由 $\mathbf{V}_o(s)$ 求出輸出 $v_o(t)$。

例題 18.27

舉一個例題，若電路的轉移函數為（18.48）式，且輸入為

$$v_g(t) = u(t) \quad \text{V}$$

則　　　$$\mathbf{V}_g(s) = \frac{1}{s}$$

於是有

$$\mathbf{I}(s) = \mathbf{H}(s)\mathbf{V}_g(s) = \frac{\mathbf{H}(s)}{s}$$

$$= \frac{1}{s^2 + 2s + 5}$$

逆轉它可求得

$$i(t) = \frac{1}{2}e^{-t}\sin 2t \quad \text{A}$$

例題 18.28

舉另一個例題，若圖 18.13 (a)電路的輸出爲 $i(t)$，輸入爲 $v_g(t)$，求電路的轉移函數。圖 18.13 (b)爲圖 18.13(a)的轉換電路，且因它是一個階梯網路，所以我們用比例法求解。任意取

$$\mathbf{I}(s) = 1$$

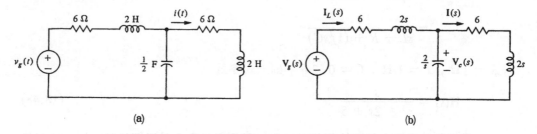

圖18.13 (a)時域電路；(b)它的轉換電路

則有

$$\mathbf{V}_c(s) = (2s + 6)\mathbf{I}(s) = 2s + 6$$

$$\mathbf{I}_L(s) = \frac{\mathbf{V}_c(s)}{(2/s)} + \mathbf{I}(s) = \frac{s}{2}(2s + 6) + 1 = s^2 + 3s + 1$$

和

$$\mathbf{V}_g(s) = (2s + 6)\mathbf{I}_L(s) + \mathbf{V}_c(s)$$

$$= (2s + 6)(s^2 + 3s + 1) + 2s + 6$$

$$= (2s + 6)(s^2 + 3s + 2)$$

因此，轉移函數爲

$$\mathbf{H}(s) = \frac{\mathbf{I}(s)}{\mathbf{V}_g(s)} = \frac{1}{(2s + 6)(s^2 + 3s + 2)}$$

$$= \frac{1/2}{(s + 1)(s + 2)(s + 3)}$$

若 $\mathbf{Y}(s)$ 和 $\mathbf{X}(s)$ 分別是一個最初鬆弛電路的轉換輸出和輸入，則網路函數爲

$$\mathbf{H}(s) = \frac{\mathbf{Y}(s)}{\mathbf{X}(s)}$$

及輸出爲

$$\mathbf{Y}(s) = \mathbf{H}(s)\mathbf{X}(s) \tag{18.50}$$

第八章定義步級響應 $r(t)$〔轉換爲 $\mathbf{R}(s)$〕爲一個最初鬆弛電路對單位步級輸入 $u(t)$ 的響應。根據（18.50）式可推得

$$\mathscr{L}[r(t)] = \mathbf{R}(s) = \mathbf{H}(s)\mathscr{L}[u(t)]$$

或

$$\mathbf{R}(s) = \frac{\mathbf{H}(s)}{s}$$

所以步級響應特別容易求出。

例題18.29

舉一個例題，圖18.14電路的網路函數爲

$$\mathbf{H}(s) = \frac{\mathbf{I}(s)}{\mathbf{V}_g(s)} = \frac{s}{s^2 + 2s + 5}$$

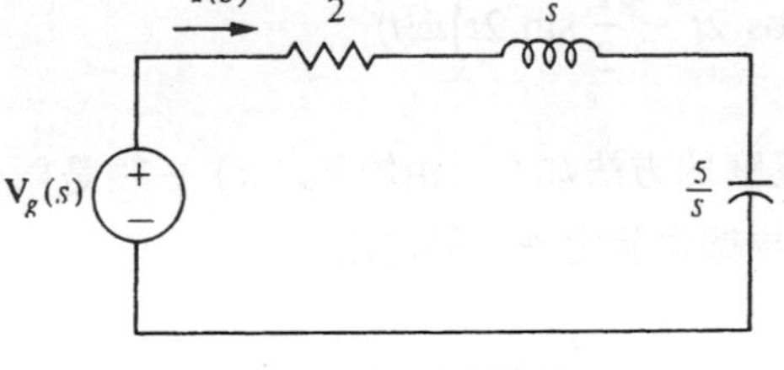

圖 18.14　RLC 轉換電路

於是步級響應爲

$$r(t) = i(t) = \mathscr{L}^{-1}\left[\frac{H(s)}{s}\right]$$

$$= \mathscr{L}^{-1}\left[\frac{1}{s^2 + 2s + 5}\right]$$

$$= \frac{1}{2}e^{-t}\sin 2t \quad \text{A}$$

脈衝響應（impulse response）是一個最初鬆弛電路對一個單位脈衝輸入 $\delta(t)$ 的響應。由於 $\mathscr{L}[\delta(t)] = 1$，所以根據（18.50）式知脈衝響應為

$$y(t) = \mathscr{L}^{-1}[\mathbf{H}(s) \cdot 1] = \mathscr{L}^{-1}[\mathbf{H}(s)]$$

由於它是轉移函數 $\mathbf{H}(s)$ 的逆轉換，所以我們自然用 $h(t)$ 表示脈衝響應，即

$$h(t) = \mathscr{L}^{-1}[\mathbf{H}(s)]$$

因此，若已知脈衝響應就能求出轉移函數

$$\mathbf{H}(s) = \mathscr{L}[h(t)]$$

從這裏我們能求出任何輸入的響應，也從這理由可知：脈衝響應在電路理論中是最重要的輸出函數之一。當然我們也能從步級響應求轉移函數，但這過程並不直接且不聰明。

例題 18.30

舉一個例題，圖 18.14 電路的脈衝響應為

$$h(t) = \mathscr{L}^{-1}\left[\frac{s}{s^2 + 2s + 5}\right]$$

$$= e^{-t}\left(\cos 2t - \frac{1}{2}\sin 2t\right)u(t)$$

另一種產生脈衝響應的方法如下。由於 $\mathbf{V}_o(s)$ 一般是兩個轉換的乘積 $\mathbf{H}(s)\mathbf{V}_i(s)$，所以我們可根據廻旋定理立即寫出

$$v_o(t) = h(t) * v_i(t) = \int_0^t h(\tau)v_i(t - \tau)d\tau$$

因此，若已知脈衝響應和輸入，就能直接用廻旋定理求出一個最初鬆弛電路的輸出。

通常步級響應為

$$r(t) = \mathscr{L}^{-1}\left[\frac{\mathbf{H}(s)}{s}\right]$$

即　　　$r(t) = \int_0^t h(\tau)\,d\tau$　　　　　　　　　　　　　　　　(18.51)

這證明了步級響應可直接從脈衝響應求得。由於微分（18.51）式可得

$$h(t) = \frac{dr(t)}{dt}$$

所以反向敍述亦是正確的。

練　　習

18.7.1　已知方程式

$$y''(t) + 2y'(t) + 5y(t) = 10x(t)$$

這裏 $y(t)$ 和 $x(t)$ 分別是一個電路的輸出和輸入，求轉移函數和步級響應。

答：$\dfrac{10}{s^2 + 2s + 5}$; $(2 - 2e^{-t}\cos 2t - e^{-t}\sin 2t)\,u(t)$

18.7.2　若輸出是 i ，輸入是 v_g ，則就情形(a) $L = 2\,\text{H}$ ，$R = 5\,\Omega$; (b) $L = 1\,\text{H}$ ，$R = 3\,\Omega$; (c) $L = 1\,\text{H}$ ，$R = 1\,\Omega$ ，求 $\mathbf{H}(s)$ 。

答：(a) $\dfrac{s}{2s^2 + 7s + 6}$; (b) $\dfrac{s}{s^2 + 4s + 4}$; (c) $\dfrac{s}{s^2 + 2s + 2}$

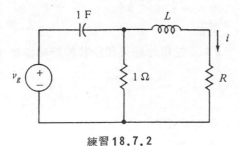

練習 18.7.2

18.7.3　就練習 18.7.2 內的情形(b)和(c)，求步級響應。

答：(b) $te^{-2t}\,u(t)\,\text{A}$; (c) $e^{-t}\sin t\,u(t)\,\text{A}$

18.7.4　已知網路函數

$$\mathbf{H}(s) = \frac{2(s+2)}{(s+1)(s+3)}$$

求(a) $h(t)$ ；(b)步級函數和(c)對輸入 e^{-2t} 及 $y(0)=0$ ， $y'(0)=2$ 的激勵響應。

18.7.5 已知方程式

$$y''(t) + 4y'(t) + 3y(t) = 6x(t)$$

其中 $x(t)$ 是輸入， $y(t)$ 是輸出，求(a)網路函數；(b)脈衝響應；(c)步級響應。

答：(a) $\dfrac{6}{s^2 + 4s + 3}$ ；(b) $3(e^{-t} - e^{-3t}) u(t)$ ；

(c) $(2 - 3e^{-t} + e^{-3t}) u(t)$

18.7.6 在練習 18.7.4中，用

$$\frac{dr(t)}{dt} = h(t)$$

求 $h(t)$ 。

習　　題

18.1 求下列函數的拉普拉斯轉換。

(a) $f(t) = -1$ ， $0 \le t \le 3$

$\qquad = 1$ ， $t > 3$

(b) $f(t) = 1$ ， $0 < a < t < b$

$\qquad = 0$ ，其他

18.2 計算積分 $\int t e^{\alpha t} dt$ ，並用此結果和拉普拉斯轉換來求下列函數的轉換。

(a) t 。

(b) $t e^{-at}$ 。

(c) $f(t) = 0$ ， $0 < t < 2$

$\qquad = t$ ， $t > 2$

(d)如圖示。

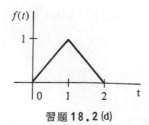

習題 18.2 (d)

18.3 用線性性質求下列函數的拉普拉斯轉換。

(a) $\sinh kt\, u(t)$, (b) $(1 - e^{-2t})u(t)$,
(c) $\sin^2 3t\, u(t)$, (d) $\cos^2 t\, u(t)$.

〔建議：在(c)和(d)中用三角恆等式。〕

18.4 求下列轉換的逆轉換。

(a) $\dfrac{2}{s+4} + \dfrac{3}{s^2}$,

(b) $\dfrac{1}{s} - \dfrac{s}{s^2+4}$,

(c) $\dfrac{2s+6}{s^2+9}$,

(d) $\dfrac{1}{s+1} + \dfrac{1}{s^2} - \dfrac{1}{s}$.

18.5 求下列函數的拉普拉斯轉換。

(a) $e^{-t}\cos 3t\, u(t)$, (b) $e^{-2t}\sin 4t\, u(t)$,
(c) $e^{-3t}(2t + 1)\, u(t)$,
(d) $e^{-4t}\sinh t\, u(t)$.

18.6 用頻率平移定理和（18.41）式內 $t^n u(t)$ 的轉換來導出轉換

$$\mathscr{L}[e^{-at}t^n u(t)] = \frac{n!}{(s+a)^{n+1}};$$
$$n = 0, 1, 2, \ldots$$

18.7 求下列轉換的逆轉換。

(a) $\dfrac{6s}{s^2+2s+10}$,

(b) $\dfrac{2s+10}{s^2+4s+13}$,

(c) $\dfrac{1}{(s+2)^2}$,

(d) $\dfrac{2s-6}{s^2+2s+2}$.

18.8 求下列函數的拉普拉斯轉換。

(a) $u(t) - u(t-1)$,
(b) $e^{-2t}[u(t) - u(t-2)]$,
(c) $t\, u(t-2)$, and (d) $e^{-t}u(t-2)$.

18.9 求 $\mathscr{L}[\,t\sin 2t\, u(t)\,]$。（建議：用指數項表示 $\sin 2t$）

18.10 求下列轉換的逆轉換。

(a) $\dfrac{1 + e^{-\pi s}}{s^2 + 4}$,

(b) $\dfrac{e^{-4s} - e^{-7s}}{s^2}$,

(c) $\dfrac{5s + 6}{s^2 + 9} e^{-\pi s}$,

(d) $\dfrac{2(1 + e^{-\pi s/2})}{s^2 + 2s + 5}$.

18.11 推導刻度變化（scale change）性質

$$\mathscr{L}[f(ct)] = \frac{1}{c} \mathbf{F}\left(\frac{s}{c}\right), \qquad c > 0$$

並用這結果和 $[\cos t] = s/(s^2+1)$ 求 $\cos kt$ 的轉換。

18.12 證明廻旋定理是可交換的，即

$$f(t) * g(t) = g(t) * f(t)$$

〔建議：令（18.23）式內的 $\tau = t - x$。〕

18.13 用廻旋定理求(a) $\dfrac{1}{s^2 + 5s + 6}$; (b) $\dfrac{1}{s(s^2 + 1)}$ 的逆轉換。

18.14 證明 $\mathscr{L}^{-1}\left[\dfrac{s^2}{(s^2 + k^2)^2}\right] = \dfrac{1}{2}\left(t \cos kt + \dfrac{1}{k} \sin kt\right)$

用這結果和練習 18.2.5 來求 $\mathscr{L}^{-1}\left[\dfrac{s^2 - 1}{(s^2 + 1)^2}\right]$。

18.15 求 $t > 0$ 時的 $y(t)$：

$$y(t) = \cos t + \int_0^t e^{-(t-\tau)} y(\tau)\, d\tau$$

18.16 若

$$x'(t) + x(t) + \int_0^t x(\tau) e^{\tau - t}\, d\tau = 0,$$
$$x(0) = 1$$

求 $t > 0$ 時的 x。

18.17 求下列轉換的逆轉換。

(a) $\dfrac{s}{(s + a)(s + b)}$, $b \neq a$.

    (b) $\dfrac{s + 3}{(s + 1)(s + 2)}$.

    (c) $\dfrac{2(s^2 - 6)}{s^3 + 4s^2 + 3s}$.

    (d) $\dfrac{5s^3 - 3s^2 + 2s - 1}{s^4 + s^2}$.

18.18 求下列轉換的逆轉換。

    (a) $\dfrac{3s^2 + 6}{(s^2 + 1)(s^2 + 4)}$.

    (b) $\dfrac{4s^2}{s^4 - 1}$.

    (c) $\dfrac{s^2 + 5s + 5}{(s + 1)(s + 2)^2}$.

    (d) $\dfrac{s^3 - 1}{s^3 + s}$.

18.19 求下列轉換的逆轉換。

    (a) $\dfrac{s^2 + 4s + 7}{(s + 1)(s^2 + 2s + 5)}$.

    (b) $\dfrac{s + 2}{(s^2 + 2s + 2)(s + 1)^2}$.

    (c) $\dfrac{4(s^3 - s^2 + 3s - 15)}{(s^2 + 9)(s^2 + 4s + 13)}$.

18.20 若 $f(t + T) = f(t)$，則證明

$$\mathcal{L}[f(t)] = \frac{\int_0^T e^{-st} f(t)\, dt}{1 - e^{-sT}}$$

〔建議：寫拉普拉斯轉換爲一個對 $(0, T)$，$(T, 2T)$ ……積分的無窮級數和。〕利用這結果去獲得下列函數的轉換。

    (a) $f(t) = 1$,　$0 < t < 1$
             $= 0$,　$1 < t < 2$
        $f(t + 2) = f(t)$.

    (b) $f(t) = |\sin t|$.

18.21 求下列轉換的逆轉換。

    (a) $\dfrac{27}{(s + 1)^3(s + 4)}$.

    (b) $\dfrac{1}{s(s + 1)^4}$.

18.22 若一個無初始儲能的 LC 串聯電路被一個電壓源 $v_g = 10 \sin 2t$ V 所驅動，且 $L = 5$ H，$C = 1/20$ F，求離開電源正端點的電流。

18.23 對 $t > 0$ 時，利用拉普拉斯轉換解下列方程式。

(a) $x'' + x = 0$, $x(0) = -1$, $x'(0) = 1$.

(b) $x'' + 2x' + 2x = 0$, $x(0) = 0$,
$x'(0) = 1$.

(c) $x''' - 2x'' + 2x' = 0$,
$x(0) = x'(0) = 1$, $x''(0) = 2$.

(d) $x'' + 4x' + 3x = 4 \sin t + 8 \cos t$,
$x(0) = 3$, $x'(0) = -1$.

(e) $x'' + 4x' + 3x = 4e^{-3t}$,
$x(0) = x'(0) = 0$.

(f) $x'' + 4x' + 3x = 4e^{-t} + 8e^{-3t}$,
$x(0) = x'(0) = 0$.

18.24 用拉普拉斯轉換解下列方程式（$t > 0$）：

(a) $x' + 4x + 3 \int_0^t x(\tau)\,d\tau = 5$, $x(0) = 1$.

(b) $x' + 4 \int_0^t x(\tau)\,d\tau = 3 \sin t$, $x(0) = 4$.

18.25 求 $t > 0$ 時的 x：

$$x' + x + y' + y = 1$$
$$-2x + y' - y = 0$$
$$x(0) = 0, \qquad y(0) = 1.$$

18.26 若(a) $i_g = 2u(t)$ A；(b) $i_g = 2e^{-t}u(t)$ A，用描述方程式和拉普拉斯轉換求 $t > 0$ 時的 v。

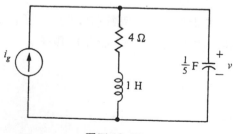

習題 18.26

18.27 若電路在 $t = 0^-$ 時為穩態，用描述方程式和拉普拉斯轉換求 $t > 0$ 時的 i。

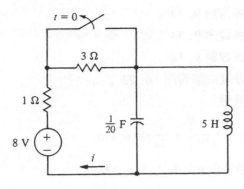

習題 18.27

18.28 若 $i_1(0) = -1\,\text{A}$, $i_2(0) = 0$,用描述方程式和拉普拉斯轉換求 $t > 0$ 時的 v 。

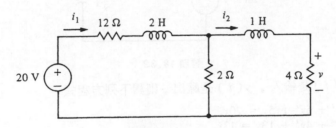

習題 18.28

18.29 若 $i(0) = 2\,\text{A}$, $v(0) = 6\,\text{V}$,用描述方程式和拉普拉斯轉換求 $t > 0$ 時的 i 。

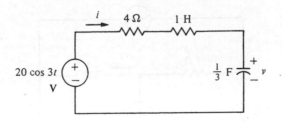

習題 18.29

18.30 用轉換電路解習題 9.11 。

18.31 用轉換電路解習題 9.13 。

18.32 用轉換電路解習題 9.23 。

18.33 用轉換電路解習題 9.29 。

18.34 用轉換電路解習題 9.31 。

18.35 用轉換電路解習題 9.33 。

18.36 用轉換電路解習題 9.34 。

18.37 用轉換電路解習題 9.38 。

18.38 藉轉換描述方程式解習題 16.23 。

18.39 藉廻旋定理證明

$$\mathscr{L}^{-1}\left[\frac{s}{(s^2+a^2)^2}\right]=\frac{t}{2a}\sin at\, u(t)$$

用這結果求最初鬆弛電路內 $t>0$ 時的 i 。

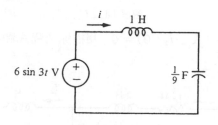

習題 **18.39**

18.40 若 $x(t)$ 是輸入，$y(t)$ 是輸出，則對下列方程式

(a) $y''+6y'+5y=20x.$
(b) $y''+4y'+13y=13x.$

求步級響應 $r(t)$ 和脈衝響應 $h(t)$ 。

18.41 若 $v(0)=4\,\text{V}$ ，$i(0)=2\,\text{A}$ ，用轉換電路求 $t>0$ 時的 i 。

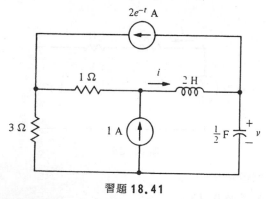

習題 **18.41**

18.42 若網路的脈衝響應為

$$h(t)=te^{-2t}u(t)$$

則求輸入為

$$f(t) = e^{-2t} \cos t\, u(t)$$

的激勵響應。

18.43 對方程式

$$2x' + 4x + y' + 7y = 0$$
$$x' + x + y' + 3y = \delta(t)$$

求 $t > 0$ 時的 x 和 y。

18.44 若輸出是 $i(t)$，則求網路函數和脈衝響應。

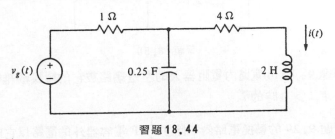

習題 18.44

18.45 若習題 18.44 內的電路是最初鬆弛電路，且 $v_g(t) = u(t) - u(t-1)$ V，求響應 $i(t)$。

18.46 在理論上，對瞬間改變的電感電流和電容電壓，有可能存在脈衝電流或脈衝電壓。試在所給的電路內，對 $-\infty < t < \infty$ 求 $v(t)$ 和 $i(t)$ 來說明上敍述。這裏開關於 $t = 0$ 時關上，且 $v(0^-) = 0$。

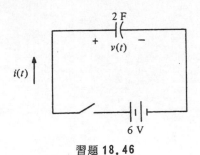

習題 18.46

18.47 若一個電路的脈衝響應是

$$h(t) = \sqrt{2}\, e^{-t/\sqrt{2}} \sin \frac{t}{\sqrt{2}}\, u(t)$$

則求網路函數和波幅響應，並證明電路於 $\omega c = 1$ rad/s 時，爲一個二階的巴特握低通濾波器。

18.48 就習題9.35內的電路，用轉換電路求步級響應。

18.49 若習題9.23內的12 V電源被 $v_g(t)$ 取代，用轉換電路求 $\mathbf{H}(s) = \mathbf{I}(s) / \mathbf{V}(s)$ 。也對每一情形求 $h(t)$ 和 $r(t)$ 。

18.50 求 $\mathbf{H}(s) = \mathbf{V}_o(s)/\mathbf{V}_i(s)$ ， $h(t)$ 和 $r(t)$ 。

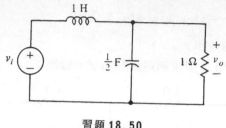

習題 **18.50**

18.51 若習題9.15(b)電路內電阻器 R 的左邊網路被它的轉換戴維寧等效電路取代，求 $t > 0$ 時的 i 。

18.52 在習題9.29的轉換電路內，除了 $\frac{1}{4}$ F 電容器外的電路以它的戴維寧等效電路取代，求 v 。

附錄A 行列式和克拉莫規則

在電路理論內常碰到的聯立方程式，可以利用行列式很容易的求出解。我們定義行列式為有一個數目的數方陣，像

$$\Delta = \begin{vmatrix} a_{11} & a_{12} \\ a_{21} & a_{22} \end{vmatrix} \tag{A.1}$$

這時行列式為一個 2×2 方陣，它有兩個列和兩個行，且 Δ 值定義為

$$\Delta = a_{11}a_{22} - a_{12}a_{21} \tag{A.2}$$

在（$A,1$）式的二階或 2×2 方陣情形時，獲得 Δ 值的方法（$A,2$）式可以想成一個對角規則（diagonal rule），即

$$\Delta = \begin{vmatrix} a_{11} & a_{12} \\ a_{21} & a_{22} \end{vmatrix} = a_{11}a_{22} - a_{12}a_{21} \tag{A.3}$$

或 Δ 是從左上方向右下方的對角元件的乘積 $a_{11}a_{12}$，減去從右上方向左下方的對角元件乘積 $a_{12}a_{21}$。

玆舉一例，考慮

$$\Delta = \begin{vmatrix} 1 & 2 \\ -3 & 4 \end{vmatrix}$$

這可得 $\quad \Delta = (1)(4) - (2)(-3) = 10$

一個三階或 3×3 的行列式，像

$$\Delta = \begin{vmatrix} a_{11} & a_{12} & a_{13} \\ a_{21} & a_{22} & a_{23} \\ a_{31} & a_{32} & a_{33} \end{vmatrix} \tag{A.4}$$

有三列和三行，它也可以利用對角規則計算，即

$$\Delta = \begin{vmatrix} a_{11} & a_{12} & a_{13} \\ a_{21} & a_{22} & a_{23} \\ a_{31} & a_{32} & a_{33} \end{vmatrix}$$

$$= (a_{11}a_{22}a_{33} + a_{12}a_{23}a_{31} + a_{13}a_{32}a_{21}) \tag{A.5}$$

$$- (a_{13}a_{22}a_{31} + a_{23}a_{32}a_{11} + a_{33}a_{21}a_{12})$$

因而行列式值是向右下對角元件的乘積和減掉向左下對角元件的乘積和。

舉一個三階行列式的例題,且它的計算爲

$$\Delta = \begin{vmatrix} 1 & 1 & 1 \\ 2 & -1 & 1 \\ -1 & 1 & 2 \end{vmatrix}$$

$$= [(1)(-1)(2) + (1)(1)(-1) + (1)(1)(2)] \tag{A.6}$$

$$- [(1)(-1)(-1) + (1)(1)(1) + (2)(2)(1)]$$

$$= -7$$

在基本的代數課本裏,有一般的行列式定義和它的計算程序,但爲達到我們的目的,我們將使用對角規則去計算二階和三階行列式,而對高階行列式的計算則利用子行列式的(minor)餘因子展開法來決定。

在行列式裏,i 列和 j 行的元件 a_{ij} 的子行列式 A_{ij},是行列式移去 i 列和 j 行後所剩餘的部份。例如在(A.6)式裏,元件 $a_{21} = 2$ 的子行列式 A_{21} 是

$$A_{21} = \begin{vmatrix} 1 & 1 \\ 1 & 2 \end{vmatrix} = 2 - 1 = 1$$

元件 a_{ij} 的餘因子是

$$C_{ij} = (-1)^{i+j} A_{ij} \tag{A.7}$$

換句話說,餘因子是有符號的。餘因子乘以 " + 1 " 或 " − 1 " 是根據列數及行數的和爲偶數或奇數而定。

一個行列式的值,是任一列或行的元件與它們的餘因子的乘積和。例如,展開(A.4)式的行列式爲第一列的餘因子形式,即

$$\Delta = a_{11}C_{11} + a_{12}C_{12} + a_{13}C_{13}$$

或由(A.7)式得知

$$\Delta = a_{11}(-1)^{1+1}A_{11} + a_{12}(-1)^{1+2}A_{12} + a_{13}(-1)^{1+3}A_{13}$$
$$= a_{11}A_{11} - a_{12}A_{12} + a_{13}A_{13}$$

更明確的寫出子行列式得

$$\Delta = a_{11}\begin{vmatrix} a_{22} & a_{23} \\ a_{32} & a_{33} \end{vmatrix} - a_{12}\begin{vmatrix} a_{21} & a_{23} \\ a_{31} & a_{33} \end{vmatrix} + a_{13}\begin{vmatrix} a_{21} & a_{22} \\ a_{31} & a_{32} \end{vmatrix}$$

再利用對角規則，得

$$\Delta = a_{11}(a_{22}a_{33} - a_{23}a_{32}) - a_{12}(a_{21}a_{33} - a_{23}a_{31}) + a_{13}(a_{21}a_{32} - a_{22}a_{31})$$

這可以簡化為（A.5）式。

為了說明子行列式的展開，讓我們計算（A.6）式行列式值，這裏我們對第三行做展開，得

$$\Delta = 1(-1)^{1+3}\begin{vmatrix} 2 & -1 \\ -1 & 1 \end{vmatrix} + 1(-1)^{2+3}\begin{vmatrix} 1 & 1 \\ -1 & 1 \end{vmatrix} + 2(-1)^{3+3}\begin{vmatrix} 1 & 1 \\ 2 & -1 \end{vmatrix}$$
$$= (2 - 1) - (1 + 1) + 2(-1 - 2) = -7$$

而利用行列式獲得聯立方程式解的方法，叫做克拉莫規則，我們將對二階和三階系統，運用此方法來說明克拉莫規則的運算程序，此程序可推廣到高階系統。一個二階系統的描述方程式為

$$x_1 - 2x_2 = 5$$
$$6x_1 + x_2 = 4 \tag{A.8}$$

我們定義系統行列式 Δ 的結構為 Δ 的第一行，為 x_1 的係數，第二行為 x_2 的係數。在（A.8）式的系統裏，它的行列式為

$$\Delta = \begin{vmatrix} 1 & -2 \\ 6 & 1 \end{vmatrix} = 13 \tag{A.9}$$

克拉莫規則說明

$$x_1 = \frac{\Delta_1}{\Delta}$$
$$x_2 = \frac{\Delta_2}{\Delta} \tag{A.10}$$

$$\vdots$$

這裏 Δ_1 是 Δ 的第一行，被系統方程式右邊的常數所取代，Δ_2 是第二行被取代。在（A.8）式的情形，方程式右邊項是 5 和 4，所以

$$\Delta_1 = \begin{vmatrix} 5 & -2 \\ 4 & 1 \end{vmatrix} = 13$$

$$\Delta_2 = \begin{vmatrix} 1 & 5 \\ 6 & 4 \end{vmatrix} = -26$$

再由克拉莫規則得知，（A.8）式的解爲

$$x_1 = \frac{\Delta_1}{\Delta} = \frac{13}{13} = 1$$

$$x_2 = \frac{\Delta_2}{\Delta} = \frac{-26}{13} = -2$$

舉一個三階系統的例題，讓我們考慮

$$\begin{aligned} x_1 + x_2 + x_3 &= 6 \\ 2x_1 - x_2 + x_3 &= 3 \\ -x_1 + x_2 + 2x_3 &= 7 \end{aligned} \tag{A.11}$$

則由（A.10）式得知解爲

$$x_1 = \frac{\begin{vmatrix} 6 & 1 & 1 \\ 3 & -1 & 1 \\ 7 & 1 & 2 \end{vmatrix}}{\begin{vmatrix} 1 & 1 & 1 \\ 2 & -1 & 1 \\ -1 & 1 & 2 \end{vmatrix}} = \frac{-7}{-7} = 1$$

$$x_2 = \frac{\begin{vmatrix} 1 & 6 & 1 \\ 2 & 3 & 1 \\ -1 & 7 & 2 \end{vmatrix}}{-7} = \frac{-14}{-7} = 2$$

和

$$x_3 = \frac{\begin{vmatrix} 1 & 1 & 6 \\ 2 & -1 & 3 \\ -1 & 1 & 7 \end{vmatrix}}{-7} = \frac{-21}{-7} = 3$$

附錄B　高斯消去法

如（A.8）式形式的聯立方程，可利用一次消去一個未知元的方法來解，像這種程序叫做高斯消去法，在這裏我們將以（A.11）式為例來說明

$$x_1 + x_2 + x_3 = 6$$
$$2x_1 - x_2 + x_3 = 3 \qquad\qquad\text{(B.1)}$$
$$-x_1 + x_2 + 2x_3 = 7$$

這例題將能很清楚地說明消去步驟如何推廣到任一系統。第一步驟是將（B.1）式內的第二個方程式乘以（$-1/2$）後，分別把第一個方程式和第二、第三個方程式相加就能消去 x_1（除了第一個方程式外），即

$$x_1 + x_2 + x_3 = 6$$
$$-3x_2 - x_3 = -9 \qquad\qquad\text{(B.2)}$$
$$2x_2 + 3x_3 = 13$$

第二步驟是把（B.2）式內的第二個方程式乘以（$-1/3$）得

$$x_1 + x_2 + x_3 = 6$$
$$x_2 + \frac{1}{3}x_3 = 3 \qquad\qquad\text{(B.3)}$$
$$2x_2 + 3x_3 = 13$$

接著除了前兩個方程式外，我們消去所有方程式中的 x_2，即第三步驟是把（B.3）式內的第三個方程式除以（-2）後，與第二個方程式相加得

$$x_1 + x_2 + x_3 = 6$$
$$x_2 + \frac{1}{3}x_3 = 3 \qquad\qquad\text{(B.4)}$$
$$\frac{7}{3}x_3 = 7$$

從這可得

$$x_1 + x_2 + x_3 = 6$$

$$x_2 + \frac{1}{3}x_3 = 3 \tag{B.5}$$

$$x_3 = 3$$

在一個高階系統中，我們將一直重複上述步驟；即除了前三個方程式外我們消去所有方程式中的 x_3。當最後的未知元被發現後（此例爲 x_3），將此未知元解代回最後第二個方程式去求另一個未知元。這兩個未知元求出後再代回最後第三個方程式去求另一個未知元，如此一直回代到所有未知元求出爲止。

爲了描述回代步驟，我們只需要將 $x_3 = 3$ 代回（B.5）的第二個方程式，即

$$x_2 = 3 - \frac{1}{3}(x_3)$$

$$= 3 - \frac{1}{3}(3) \tag{B.6}$$

$$= 2$$

知道 x_2 和 x_3 值後，將它們代入（B.5）式第一個方程式內，可得

$$x_1 = 6 - x_2 - x_3$$

$$= 6 - 2 - 3 \tag{B.7}$$

$$= 1$$

因而三個未知元都已獲得。

而高斯消去法的程序能夠去掉未知元、加法符號和等號符號，而以一個簡潔的形式表示；即（B.1）式可以表示爲

$$\begin{bmatrix} 1 & 1 & 1 & 6 \\ 2 & -1 & 1 & 3 \\ -1 & 1 & 2 & 7 \end{bmatrix} \tag{B.8}$$

像這樣排列有時叫做矩陣（matrix），它有列和行像一個行列式一樣，但它不需要是一個方陣，且不表示一個數字。這矩陣實際上就表示方程式，即它的第一列爲 x_1 加 x_2 加 x_3 等於 6。

現在我們可以以前面相同的程序消去未知元，即將第二列乘以（-1/2）後，分別把第一列加入第二，第三列中，得

$$\begin{bmatrix} 1 & 1 & 1 & 6 \\ 0 & -3 & -1 & -9 \\ 0 & 2 & 3 & 13 \end{bmatrix} \tag{B.9}$$

這表示（B.2）式系統。

再將（B.9）式的第二列除以－3，得

$$\begin{bmatrix} 1 & 1 & 1 & 6 \\ 0 & 1 & \frac{1}{3} & 3 \\ 0 & 2 & 3 & 13 \end{bmatrix} \tag{B.10}$$

這表示（B.3）式系統。

再從（B.10）式內第三列減去二倍的第二列，得

$$\begin{bmatrix} 1 & 1 & 1 & 6 \\ 0 & 1 & \frac{1}{3} & 3 \\ 0 & 0 & \frac{7}{3} & 7 \end{bmatrix} \tag{B.11}$$

這表示（B.4）式。再把（B.11）式的第三列除 7/3，得

$$\begin{bmatrix} 1 & 1 & 1 & 6 \\ 0 & 1 & \frac{1}{3} & 3 \\ 0 & 0 & 1 & 3 \end{bmatrix} \tag{B.12}$$

這結果相當於（B.5）式，再用（B.6）和（B.7）兩式即可求得解。

若繼續消去過程，即再將（B.12）式內的第一列減去第三列，第二列減去 1/3 倍的第三列，則得

$$\begin{bmatrix} 1 & 1 & 0 & 3 \\ 0 & 1 & 0 & 2 \\ 0 & 0 & 1 & 3 \end{bmatrix}$$

最後，從第一列中減去第二列，得

$$\begin{bmatrix} 1 & 0 & 0 & 1 \\ 0 & 1 & 0 & 2 \\ 0 & 0 & 1 & 3 \end{bmatrix} \tag{B.13}$$

這最後結果表示 $x_1 = 1$，$x_2 = 2$，$x_3 = 3$，如同前面所獲得的解一樣。

而這利用矩陣方式的消去程序，我們稱爲高斯 - 約旦法。

附錄C 複 數

在早期的計算練習裏，我們已經討論過實數，像 3 ，－ 5 ，4/7 ，π ，等等，它們可以用來測量從一個固定點到其他點的距離。而一個要滿足

$$x^2 = -4 \tag{C.1}$$

的 x 數，並非一個實數，而習慣上稱它爲一個虛數。爲了討論虛數，我們必須定義一定虛單位爲

$$j = \sqrt{-1} \tag{C.2}$$

因而我們有 $j^2 = -1$ ，$j^3 = -j$ ，$j^4 = 1$ 等 。（ 我們必須注意在數學領域中，虛單位的符號爲 i ，但在電機工程裏，這會和電流符號相混淆。）一個虛數被定義爲 j 和一個實數的乘積，譬如 $x = j2$ ，此時 $x^2 = (j2)^2 = -4$ ，因而 x 是（C.1）的解。

一個複數是一個實數和一個虛數和，即

$$A = a + jb \tag{C.3}$$

這裏 a 和 b 都是實數。複數 A 有一個實部 a 和一個虛部 b ，這有時表示爲

$$a = \text{Re } A$$
$$b = \text{Im } A$$

複數 $a + jb$ 能以點 (a, b) 表示在直角座標面或複數面上，即如圖C.1所示，橫軸座標是 a ，縱軸座標是 b ，這裏以 $4 + j3$ 爲例。由於這類似於劃在直角座標系統的點，因此（C.3）式有時稱爲複數 A 的直角座標形式。

複數 $A = a + jb$ 也可以由原點至點 A 的距離 r ，及通過原點和點 A 的直線與實數軸的夾角 θ 表示，這如圖C.2所示。而從圖C.2內的直角三角形，我們知道

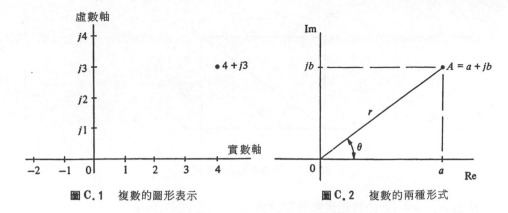

圖C.1 複數的圖形表示　　　圖C.2 複數的兩種形式

$$r = \sqrt{a^2 + b^2}$$

$$\theta = \tan^{-1}\frac{b}{a} \tag{C.4}$$

和　　　$a = r\cos\theta$

$$b = r\sin\theta \tag{C.5}$$

因此我們令這種複數的表示式為

$$A = r\underline{/\theta} \tag{C.6}$$

有時叫做複數的極座標形式，而數目 r 叫做波幅或量，有時表示為

$$r = |A|$$

數目 θ 是角度或引數（argument），且常表示為

$$\theta = \text{ang } A = \text{arg } A$$

（C.4）式和（C.5）式是轉換直角座標形式和極座標形式的公式，例如圖C.3 所示的複數

$$A = 4 + j3 = 5\underline{/36.9°}$$

而由（C.4）式得知

$$r = \sqrt{4^2 + 3^2} = 5$$

$$\theta = \tan^{-1}\frac{3}{4} = 36.9°$$

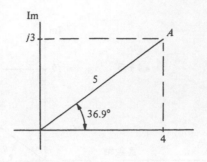

圖 C.3 複數A的兩種形式

複數 $A = a + jb$ 的共軛複數被定義爲

$$A^* = a - jb \tag{C.7}$$

即以 $-j$ 取代 j ，因此我們有

$$|A^*| = \sqrt{a^2 + (-b)^2} = \sqrt{a^2 + b^2} = |A|$$

和

$$\arg A^* = \tan^{-1}\left(\frac{-b}{a}\right) = -\tan^{-1}\frac{b}{a} = -\arg A$$

而以極座標形式表示時，我們可以寫爲

$$(r\underline{/\theta})^* = r\underline{/-\theta} \tag{C.8}$$

從定義中我們可以知道，假如 A^* 是 A 的共軛複數，則 A 是 A^* 的共軛複數，即 $(\ ^{..}\ )^* = A$ 。

對複數加、減、乘、除的運算，如同實數的運算一樣。在加和減的情形，我們一般寫爲

$$(a + jb) + (c + jd) = (a + c) + j(b + d) \tag{C.9}$$

和

$$(a + jb) - (c + jd) = (a - c) + j(b - d) \tag{C.10}$$

即兩個複數的相加（相減）就是它們的實部和虛部分別相加（相減）。

茲舉一例，讓 $A = 3 + j4$ ， $B = 4 - j1$ ，則

$$A + B = (3 + 4) + j(4 - 1) = 7 + j3$$

這也可以由做圖獲得，即如圖 C.4(a) 所示，這裏 A 和 B 表示爲從原點至點 A 和點 B 的向量。這結果相當於完成一個平行四邊形，或以首尾方式連接向量 A 和 B ，這如圖 C.4(b) 所示；而讀者可以比較這兩個結果來查對，因此複數加法有時叫做向量加

法。

在複數 A 和 B 相乘的情形爲

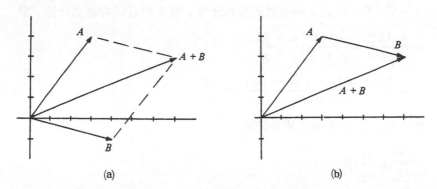

(a)　　　　　　　　　　　(b)

圖 C. 4　圖形加法的兩種形式

$$A = a + jb = r_1 \cos \theta_1 + jr_1 \sin \theta_1$$
$$B = c + jd = r_2 \cos \theta_2 + jr_2 \sin \theta_2 \qquad \text{(C.11)}$$

則　　$$AB = (a + jb)(c + jd) = ac + jad + jbc + j^2bd$$
$$= (ac - bd) + j(ad + bc) \qquad \text{(C.12)}$$

或　　$$AB = (r_1 \cos \theta_1 + jr_1 \sin \theta_1)(r_2 \cos \theta_2 + jr_2 \sin \theta_2)$$
$$= r_1r_2[(\cos \theta_1 \cos \theta_2 - \sin \theta_1 \sin \theta_2) + j(\sin \theta_1 \cos \theta_2 + \cos \theta_1 \sin \theta_2)]$$
$$= r_1r_2[\cos (\theta_1 + \theta_2) + j \sin (\theta_1 + \theta_2)]$$

因此在極座標形式時，我們得

$$(r_1 \underline{/\theta_1})(r_2 \underline{/\theta_2}) = r_1r_2 \underline{/\theta_1 + \theta_2} \qquad \text{(C.13)}$$

卽二數的相乘爲二數的量相乘及二數的角度相加。

從這結論我們得知

$$AA^* = (r \underline{/\theta})(r \underline{/-\theta}) = r^2 \underline{/0} = |A|^2 \underline{/0}$$

因爲 $|A|^2 \underline{/0}$ 是實數 $|A|^2$，所以

$$|A|^2 = AA^* \qquad \text{(C.14)}$$

而兩個複數相除，譬如

$$N = \frac{A}{B} = \frac{a + jb}{c + jd}$$

這裏由於 $j = \sqrt{-1}$ ，所以 N 有一個無理的分母，但我們可以有理化分母，卽

$$N = \frac{AB^*}{BB^*} = \frac{a + jb}{c + jd} \cdot \frac{c - jd}{c - jd}$$

從這得 $\quad N = \frac{(ac + bd) + j(bc - ad)}{c^2 + d^2}$ $\qquad\qquad$ (C.15)

我們利用獲得（C.13）式的方法去證明

$$\frac{r_1 \underline{/\theta_1}}{r_2 \underline{/\theta_2}} = \frac{r_1}{r_2} \underline{/\theta_1 - \theta_2} \qquad\qquad\qquad (C.16)$$

茲舉一例，讓 $A = 4 + j3 = 5\underline{/36.9°}$ ， $B = 5 + j12 = 13\underline{/67.4°}$ ，則

$$AB = (5)(13)\underline{/36.9° + 67.4°} = 65\underline{/104.3°}$$

和 $\qquad \dfrac{A}{B} = \dfrac{5}{13}\underline{/36.9° - 67.4°} = 0.385\underline{/-30.5°}$

　　從以上的討論中，我們很明顯的發現，對複數的加減，使用直角座標較容易，而對乘除使用極座標較容易。

　　假使兩個複數相等，則它們的實部和虛部必須分別相等，卽若

$$a + jb = c + jd$$

則 $\qquad a - c = j(d - b)$

這需要 $\quad a = c, \qquad b = d$

換句話說，若我們想要一個實數等於一個虛數是不可能的。舉一個例題，若

$$1 + x + j(8 - 2\lambda) = 3 + jy$$

則 $\qquad\quad 1 + x = 3$

$\qquad\quad 8 - 2x = y$

或 $x = 2$ ， $y = 4$ 。

附錄D 奧衣勒公式

為了推導一個重要的結果奧衣勒公式，讓我們從量

$$g = \cos \theta + j \sin \theta \tag{D.1}$$

開始，這裏 θ 是實數且 $j = \sqrt{-1}$ ，微分（D.1）得

$$\frac{dg}{d\theta} = j(\cos \theta + j \sin \theta) = jg$$

再將此方程式，利用分離變數法改為

$$\frac{dg}{g} = j\, d\theta$$

再積分得

$$\ln g = j\theta + K \tag{D.2}$$

這裏 K 是積分常數。從（D.1）式得知，當 $\theta = 0$ 時 $g = 1$ ，且這必須滿足（D.2）式，即

$$\ln 1 = 0 = 0 + K$$

或 $K = 0$ 。因此我們有

$$\ln g = j\theta$$

或 $$g = e^{j\theta} \tag{D.3}$$

比較（D.1）和（D.3）式，我們知道

$$e^{j\theta} = \cos \theta + j \sin \theta \tag{D.4}$$

這就是奧衣勒公式。另一種變化形式是

$$e^{-j\theta} = \cos (-\theta) + j \sin (-\theta)$$

這相等於

$$e^{-j\theta} = \cos \theta - j \sin \theta \tag{D.5}$$

很明顯的（D.4）式和（D.5）式是共軛對。

奧衣勒公式提供我們獲得 $\cos \theta$ 和 $\sin \theta$ 另一種形式的方法，即把（D.4）和（D.5）兩式相加後除以 2，可得

$$\cos \theta = \frac{e^{j\theta} + e^{-j\theta}}{2} \tag{D.6}$$

而（D.4）式減掉（D.5）式後除以 $2j$，得

$$\sin \theta = \frac{e^{j\theta} - e^{-j\theta}}{2j} \tag{D.7}$$

我們也可以利用奧衣勒公式去闡明複數的極座標形式

$$A = r\underline{/\theta} \tag{D.8}$$

和直角座標形式

$$A = a + jb \tag{D.9}$$

的關係。我們從（C.5）式得知

$$a = r \cos \theta$$
$$b = r \sin \theta \tag{D.10}$$

再由奧衣勒公式得知

$$re^{j\theta} = r(\cos \theta + j \sin \theta)$$
$$= r \cos \theta + jr \sin \theta$$

即 $\quad re^{j\theta} = a + jb \tag{D.11}$

因此比較（D.11）式、（D.8）式和（D.9）式得知

$$A = r\underline{/\theta} = re^{j\theta} \tag{D.12}$$

這結果使我們能很容易的獲得（C.13）式和（C.16）式的乘法和除法規則，現說明如下：若

$$A = r_1\underline{/\theta_1} = r_1 e^{j\theta_1}$$

和 $\quad B = r_2\underline{/\theta_2} = r_2 e^{j\theta_2}$

則　　$AB = (r_1\underline{/\theta_1})(r_2\underline{/\theta_2})$

　　　　$= (r_1 e^{j\theta_1})(r_2 e^{j\theta_2})$

　　　　$= r_1 r_2 e^{j(\theta_1 + \theta_2)}$

　　　　$= r_1 r_2 \underline{/\theta_1 + \theta_2}$

類似的，我們可以獲得

$$\frac{A}{B} = \frac{r_1}{r_2}\underline{/\theta_1 - \theta_2}$$

　　圖D.1是奧衣勒公式的圖形說明。一個單位向量沿著一個圓旋轉，它的方向如圖所示，它的角速度爲 ω rad/s，因此在 t 秒時，它已經旋轉了一個 ωt 的角度，所以向量可以被 $1\underline{/\omega t}$ 或 $e^{j\omega t}$ 所特定；而它的實部是在橫軸上的投影 $\cos \omega t$ ，它的虛部是縱軸上的投影 $\sin \omega t$ ，即

$$e^{j\omega t} = \cos \omega t + j \sin \omega t$$

這就是奧衣勒公式。我們也將向量旋轉時，它的餘弦和正弦波的投影軌跡表示在圖上。

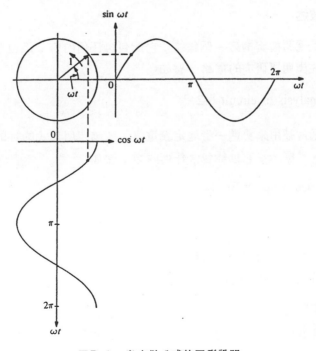

圖D.1　奧衣勒公式的圖形說明

附錄E 計算機方法

　　SPICE 是加州大學柏克萊分校電機與電腦工程學系所發展的軟體。此軟體不僅對解複雜電路相當有用，且能幫助讀者了解電路的基本理論。SPICE 系列能分析直流、交流和暫態電路。本書選擇 MicroSim 公司所發展的版本 PSpice，它所用的演算法和輸入文法均源自於 SPICE 2。雖然 PSpice 能提供一些指令來完成 SPICE 無法應用的運算和模擬，但於此仍將限制在標準指令和敘述的討論。PSpice 版適用於一般的個人電腦，像 IBM PC 等。

　　4.8 節曾說明 SPICE 的一般使用步驟。本附錄主要的目的是在說明本書內不同例題中所用的指令和資料敘述。一個 SPICE 輸入檔案或電路檔案包含(1)標題和說明敘述；(2)資料敘述；(3)解控制敘述；(4)輸出控制敘述和(5)結束敘述。

A 標題和說明敘述

　　標題敘述是電路檔案的第一個敘述，它能包含任何內容，但也被限制爲一列。通常這敘述是在標明所研究的電路，譬如

　　　　DC analysis of circuit 6.2

　　說明敘述通常被用來更進一步地定義電路，或者標明程式的目的。說明列的第一行必須以 " * " 標示，它也能包含任何內容，譬如

　　　　*Data statements for Ex. 12.7.

B 資料敘述

　　就 SPICE 模擬器而言，資料敘述是用來定義電路元件的。資料敘述的第一個字母是用來定義元件型態，譬如，被動元件的描述爲

R	電阻器	L	電感器
C	電容器	K	線性變壓器

獨立電壓和電流源的描述為

      I　電流源　　　　　　　　　V　電壓源

相依電流和電壓源的描述為

      E　電壓控制電壓源（VCVS）　　G　電壓控制電流源（VCCS）

      F　電流控制電流源（CCCS）　　H　電流控制電壓源（CCVS）

一個子電路呼叫（X）敍述可將這些元件合併成一個有用的子電路定義，這將在以後章節中討論。

圖E.1表示連接節點m和n的分支元件，參考節點必須被標示為0。分支電壓$V(m,n)$表示節點m對節點n的電壓。電壓$V(m,0)$表示節點m對參考節點的電壓，它亦可簡寫為$V(m)$。在SPICE中，分支電流總是定義為從正節點經分支元件流向負節點。每一分支均可包含上述元件中任何一個，且電流源和電壓源可為零，但電阻器、電容器和電感器則必須是非零值。

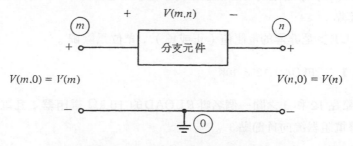

圖E.1　連接節點m和n的分支元件

　　除了參考節點必須為0外，有分支互接的節點是以非負整數標示，但這不需要是連續的（有些模擬器允許使用字數串表示）。電路不能含有一個電壓源的廻路，或一個電流源的切集（移去元件會將電路分割成兩部份的集合），或只有一個元件連接到的節點（尾隨節點）。此外，每一節點必須有一條 dc 路徑到參考節點。

　　在SPICE中，表示元件值和響應的數值格式為

型態	例題
整數	77 , — 56
浮點	7.54 , — 33.65
指數	100E-02 , 1.775E3

適用於這些數值的刻度係數爲

$$F = 10^{-15} \qquad U = 10^{-6} \qquad MEG = 10^{6}$$
$$P = 10^{-12} \qquad M = 10^{-3} \qquad G = 10^{9}$$
$$N = 10^{-9} \qquad K = 10^{3} \qquad T = 10^{12}$$

於是下列各值是相等的：

| 1.05E6 | 1.05MEG | 1.05E3K | .00105G |

不同電路元件的資料敍述如下：

1. 電阻器

R⟨NAME⟩ ⟨(+) NODE⟩ ⟨(−) NODE⟩ ⟨VALUE⟩

＜NAME＞表示任何七字元的字數串，它是用來標示元件。
（＋）和（－）節點定義電阻器連接的極性。正電流從（＋）節點經電阻器流向（－）節點。
＜VALUE＞是非零的電阻值（正或負），單位爲歐姆。

例題E.1： RLOAD 12 3 10K

表示在節點 12 和 3 之間一個名叫 RLOAD 的 10 kΩ 電阻器，且電流是從正節點 12 經電阻器流向負節點 3 。

2. 電容器

C⟨NAME⟩ ⟨(+) NODE⟩ ⟨(−) NODE⟩ ⟨VALUE⟩ [IC = ⟨INITIAL VALUE⟩]

＜NAME＞表示任何七字元的字數串。
（＋）和（－）節點定義電容器連接的極性。正電流從（＋）節點經電容器流向（－）節點。
＜VALUE＞是非零值（正或負），單位爲法拉。
＜INITIAL VALUE＞是選擇性的；對暫態響應分析而言，它表示在 $t = 0$ 時（＋）節點對（－）節點的初始電容器電壓。

例題E.2： CEXT 2 3 10U
CEXT 2 3 10U IC=4

表示在節點 2 和 3 之間一個名叫 EXT 的 $10\text{-}\mu F$ 電容器。若 $IC = 4$ 存在，則在 $t = 0$ 時一個節點 2 對 3 的初始電壓 4 V 亦存在，這只用在暫態響應中。

3. 電感器

$$L\langle NAME \rangle \langle (+) \ NODE \rangle \langle (-) \ NODE \rangle \langle VALUE \rangle \ [IC = \langle INITIAL \ VALUE \rangle]$$

＜NAME＞表示一個七位元的字數串。

（＋）和（－）節點定義電感器連接的極性。正電流從（＋）節點經電感器流向（－）節點。

＜VALUE＞是非零值（正或負），單位為亨利。

＜INITIAL VALUE＞是選擇性的；對暫態響應分析而言，它表示在 $t = 0$ 時從（＋）節點經電感器流向（－）節點的初始電感器電流。

例題 E.3：
```
L12 100 0 10M
L12 100 0 10M IC=-0.5
```

表示在節點 100 和 0 之間一個名叫 12 的 10 mH 電感器。若 $IC = -0.5$ 存在，則在 $t = 0$ 時從節點 100 經電感器流向節點 0 的初始電流 $-0.5A$ 亦存在，這只用在暫態響應中。

4. 線性變壓器

$$K\langle NAME \rangle \ L\langle INDUCTOR \ NAME \ A \rangle \ L\langle INDUCTOR \ NAME \ B \rangle \ \langle COUPLING \ VALUE \rangle$$

K＜NAME＞用一個點慣則來耦合兩個電感器 A 和 B，點慣則是由電感器 A 和 B 的節點指定來決定。極性是由 L 裝置內的節點規則來決定，而不是由 K 敘述內的電感器規則來決定。電感器 A 和 B 的點端點是標示在它們各別定義中的正節點。

＜NAME＞表示任何七字元的字數串。

＜COUPLE VALUE＞是互耦係數，範圍從 0 到 1。

例題 E.4：
```
LPRI   2 3  500M
LSEC   5 4  400M
KXFRM LPRI LSEC 0.98
```

表示一個由 LPRI 和 LSEC 所組成的線性變壓器，且兩電感器間的互耦係數為

0.98 。表示耦合極性的點端點分別在 LPRI 連接節點 2 和 LSEC 連接節點 5
的端點處 。

5. 獨立電流和電壓源

> I⟨NAME⟩ ⟨(+) NODE⟩ ⟨(−) NODE⟩ [TYPE ⟨VALUE⟩] [TRANSIENT SPEC.]
> V⟨NAME⟩ ⟨(+) NODE⟩ ⟨(−) NODE⟩ [TYPE ⟨VALUE⟩] [TRANSIENT SPEC.]

I 表示獨立電流源 。
V 表示獨立電壓源 。
＜NAME＞表示任何七字元的字數串 。
（＋）和（－）節點定義電源的極性 。正電流從（＋）節點經電源流向（－）節點 。
TYPE 是 DC（預設值）表示一個直流電源 ，AC 表示一個正弦交流電源 。
＜VALUE＞對 DC 它是一個 dc 值 ，對 AC 它是一個量和相位（單位為角）。
預設值為零 。
〔TRANSIENT SPEC.〕只用在暫態分析 ，且是下列形式之一 ：

> EXP(⟨x1⟩ ⟨x2⟩ ⟨td1⟩ ⟨tc1⟩ ⟨td2⟩ ⟨tc2⟩)

EXP 形式是指在第一個＜td 1＞秒時產生輸出電流或電壓＜x 1＞，接著輸出
＜x 1＞以一個時間常數＜tc 1＞指數衰減到＜x 2＞。衰減持續＜td 2＞秒
後 ，輸出＜x 2＞再以一個時間常數＜tc 2＞指數衰減回＜x 1＞。

> PULSE(⟨x1⟩ ⟨x2⟩ ⟨td⟩ ⟨tr⟩ ⟨tf⟩ ⟨pw⟩ ⟨per⟩)

PULSE 形式是指輸出從＜x 1＞開始並持續＜td＞秒 ，接著輸出＜x 1＞在
下一個時間＜tr＞秒內線性地增加到＜x 2＞。輸出＜x 2＞維持＜pw＞秒後
，再在＜tf＞秒內線性地衰減到＜x 1＞。接著輸出＜x 1＞維持＜per＞－
（＜tr＞＋＜pw＞＋＜tf＞）秒後 ，上述過程再重複 ，但重複過程將不包含
初始延遲＜td＞秒 。

> PWL(⟨t1⟩ ⟨x1⟩ ⟨t2⟩ ⟨x2⟩ . . . . ⟨tn⟩ ⟨xn⟩)

PWL 形式描述一個片斷式線性波形 。每一對時間輸出值規定波形的一個轉角
，當輸出的時間是位於兩轉角間時 ，輸出是兩轉角處電流的線性內插值 。

> SIN(⟨xoff⟩ ⟨xampl⟩ ⟨freq⟩ ⟨td⟩ ⟨df⟩ ⟨phase⟩)

SIN 形式是指輸出從＜xoff＞時開始，並維持＜td＞秒。接著輸出變成一個指數阻尼的正弦波，它的方程式為

$$xoff + xampl \cdot \sin\{2\pi \cdot [freq \cdot (TIME\text{-}td) - phase/360]\} \cdot e^{-(TIME\text{-}td) \cdot tf}$$

例題E.5：　　IG1 2 3 0.2A　　or　　IG1 2 3 DC 0.2A

表示一個名叫 G 1 的 **dc** 電流源正從節點 2 經電源供給 0.2A 到節點 3 。

　　ISOURCE 0 5 AC 10 64

表示在節點 0 和 5 之間有一個名叫 SOURCE 的 10∠64A 交流電源，且它的正端點為節點 0 。

　　I2 0 2 EXP(10M 0M 0 0.1 1)

表示在 $0 < t < 0.1\,s$ 時段內，從節點 0 經電源流向節點 2 的一個 $10\,e^{-10t}$ mA 指數電流，此敍述只能應用於暫態分析。有關 PULSE、PWL 和 SIN 的例題可見表8.1 。

6. 電壓控制電壓源（VCVS）

```
E⟨NAME⟩ ⟨(+) NODE⟩ ⟨(−) NODE⟩ ⟨(+ CONTROLLING) NODE⟩
+        ⟨(− CONTROLLING) NODE⟩ ⟨GAIN⟩
```

＜NAME＞表示一個七位元的字數串 。
（＋）和（－）節點定義電源的極性。正電源從（＋）節點經電源流向（－）節點 。
（＋CONTROLLING）和（－CONTROLLING）是一對，且被定義為一組被＜GAIN＞所放大的控制電壓。特定節點可出現一次以上，且輸出和控制節點可為同一節點 。

例題E.6：　　EBUFF 1 3 11 9 2.4

表示在節點 1 和 3 之間一個名叫 BUFF 的 VCVS，節點 1 對 3 的電壓等於 2.4 倍節點 11 對 9 的電壓 。

7. 電流控制電流源（CCCS）

F〈NAME〉〈(+) NODE〉〈(−) NODE〉〈(CONTROLLING V DEVICE) NAME〉 + 〈GAIN〉

＜NAME＞表示任何七字元的字數串。

（＋）和（－）節點定義電源的極性。正電流從（＋）節點經電源流向（－）節點。輸出電流爲＜GAIN＞乘以流經＜（CONTROLLING DEVICE）NAME＞的電流。

（CONTROLLING V DEVICE）是一個端電壓不爲零的獨立電壓源。

例題E.7 ： F23 3 7 VOUT 1.2

表示一個名叫 23 的 CCCS，且從節點 3 經電源流向節點 7 的電流會等於流經獨立電壓源 VOUT（從－端點到＋端點）的電流的 1.2 倍。

8. 電壓控制電流源（VCCS）

G〈NAME〉〈(+) NODE〉〈(−) NODE〉〈(+ CONTROLLING) NODE〉
+ 　　　〈(− CONTROLLING) NODE〉〈TRANSCONDUCTANCE〉

＜NAME＞表示任何七字元的字數串。

（＋）和（－）節點定義電源的極性。正電流從（＋）節點經電源流向（－）節點。

（＋CONTROLLING）和（－CONTROLLING）是一對，且被定義爲一組被＜TRANSCONDUCTANCE＞所放大的控制電壓。特定節點可出現一次以上，且輸出和控制節點可爲同一點。

例題E.8 ： GAMP 4 3 1 9 1.7

表示在節點 4 和 3 之間一個名叫 AMP 的 VCCS，且從節點 4 經電源流向節點 3 的電流會等於節點 1 對 9 的電壓的 1.7 倍。

9. 電流控制電壓源（CCVS）

H〈NAME〉〈(+) NODE〉〈(−) NODE〉〈(CONTROLLING V DEVICE) NAME〉
+ 　　　〈TRANSRESISTANCE〉

＜NAME＞表示任何七字元的字數串。

（＋）和（－）節點定義電源的極性。正電流從（＋）節點經電源流向（－）

節點。輸出電流為流經<CCONTROLLING DEVICE)NAME>的電流乘
以<TRANSRESISTANCE>。
(CONTROLLING V DEVICE)是一個端電壓不為零的獨立電壓源。

例題E.9：　HIN 4 8 VDUMMY 7.7

表示一個名為IN的CCCS，且從節點4經電源流向節點8的電流會等於流經
獨立電壓源VDUMMY的電流（從一端點到十端點）的7.7倍。

10. 子電路呼叫敍述

　　　　X〈NAME〉[NODE]* 〈(SUBCIRCUIT) NAME〉

<NAME>表示任何七字元的字數串。
[NODE]*表示定義子電路所需的一組節點。
<(SUBCIRCUIT)NAME>是子電路定義的名字（參考後面的.SUB-
CKT敍述）。在呼叫中的節點個數必須等於子電路定義內的節點個數。
這敍述會將被參考的子電路植入電路中，且給定節點會取代定義內的虛擬節點
。它允許你在多處使用同一個電路方塊，且此電路方塊只需定義一次。

例題E.10：　XBUFF 4 1 7 9 UNITAMP

表示SPICE分析中的一個呼叫，它會用檔案UNITAMP的內容來取代呼叫敍
述中的子電路。

C 解控制敍述

　　本節所要討論的指令為.AC、.DC、.FOUR、.IC、.LIB、.SUBCKT
、.TF和.TRAN等敍述。下一節要討論輸出控制敍述.PLOT和.PRINT，並
使用它們來獲得解控制敍述的結果。

1. AC分析：.AC敍述是用來對整個頻率範圍計算一個電路的頻率響應。它的形
　　式為

　　　.AC [LIN][OCT][DEC] 〈(POINTS) VALUE〉〈(START FREQUENCY) VALUE〉
　　　+　　　　　　　　　〈(END FREQUENCY) VALUE〉

LIN、OCT或DEC是關鍵字，它們是用來規定掃描的型態：

LIN：線性掃描。頻率從 START　FREQUENCY 線性變化到 END FREQUENCY。＜（POINTS）VALUE＞是掃描點的個數。

OCT：八進制掃描。頻率每憑八做對數式掃描。＜（POINT）VALUE＞是每八進的點個數。

DEC：十進制掃描。頻率每憑十做對數式掃描。＜（POINT）VALUE＞是每十進的點個數。

LIN、OCT或DEC只需一個被規定即可。

＜（END FREQUENCY）VALUE＞必須不小於＜（START FRE-QUENCY）VALUE＞，且兩者都必需大於零。若理想的話，完整的掃描可以只規定一點。

例題 E. 11：.AC LIN 1 100HZ 100HZ

表示一個網路的穩態解，它的頻率為 $100\,Hz$。

.AC LIN 101 100KHZ 200KHZ

表示一個線性頻率響應，它在 100 到 200 kHz 範圍內有均勻分佈的101點。

2. **DC分析**：.DC 敍述是用來完成電路的DC掃描分析。它的形式為

```
.DC ⟨(SWEEP VARIABLE) NAME⟩ ⟨(START) VALUE⟩ ⟨(END) VALUE⟩
+   ⟨(INCREMENT) VALUE⟩
```

＜（SWEEP VARIABLE）NAME＞是一個獨立電流源或電壓源的名字。它從＜（START）VALUE＞開始線性掃描到＜（END）VALUE＞，增量的大小為＜（INCREMENT）VALUE＞。＜（START）VALUE＞可以大於或小於＜（END）VALUE＞，即掃描可從任一方向開始。＜（INCREMENT）VALUE＞必須大於零。若理想的話，完整的掃描可以只規定一點。

例題 E. 12：.DC VIN 10V 10V 1V

表示一個電路的 dc 解，電路內的獨立電壓源 VIN＝10 V。

.DC IGEN 1M 10M 1M

表示一個 dc 掃描，其中獨立電流源 IGEN 以 1-mA 的步伐從 1 掃描到 10mA。

3. 傅立葉分析：傅立葉分析可將暫態分析的結果分解成它的傅立葉分量。一個 .FOUR 敍述需要一個 .TRAN敍述。它的形式爲

.FOUR ⟨(FREQUENCY) VALUE⟩ ⟨(OUTPUT VARIABLE)⟩*

＜（OUTPUT VARIABLE）＞是一列表示傅立葉分量的變數。傅立葉分析必須從暫態分析的結果開始進行，且暫態分析是對某些特定輸出變數進行。根據這些電壓或電流，可以計算 dc 分量，基本頻率和二次到 19 次諧波。＜（FREQUENCY）VALUE＞是基本頻率，它規定分析的週期。暫態分析必須至少有 1/ ＜（FREQUENCY）VALUE＞秒長。

例題E.13： .FOUR 10KHZ V(5) V(6, 7) I(VSENS3)

獲得變數 V（5）、V（6，7）和 I（VSENS3）的傅立葉分量。分解的基本頻率被設定爲 10 kHz 。

4. 初始暫態條件：.IC 敍述是用來設定暫態分析時的初始條件。它的形式爲

.IC ⟨V(⟨NODE⟩) = ⟨VALUE⟩⟩*

每一＜VALUE＞都是一個電壓，它表示 $t = 0$ 時的初始節點電壓。

例題E.14： .IC V(2)=5 V(5)=−4V V(101)=10

表示 $t = 0$ 時，節點 2、5 和 101 的初始節點電壓分別爲 5 、— 4 和 10 V 。

5. 公用檔：.LIB 敍述是用來將公用子電路放到另一檔案去。它的形式爲

.LIB ⟨(FILE) NAME⟩

＜（FILE）NAME＞是公用子電路的檔名。

例題E.15： .LIB OPAMP.LIB

表示一個公用子電路的檔名爲 OPAMP.LIB 。

6. 運轉點 dc 分析：.OP 敍述是用來計算所有的 dc 節點電壓和所有電壓源內的電流。它的形式爲

.OP

7. 子電路定義：.SUBCKT敍述是用來定義一個被X敍述所呼叫的子電路。它的
   形式為　.SUBCKT ⟨NAME⟩ [NODE]*

   .SUBCKT敍述是一個子電路定義的起點，它的終點是以 .ENDS敍述來結束
   。在 .SUBCKT和 .ENDS 間的所有敍述都是子電路的定義。當子電路被一
   個X敍述呼叫時，在定義內的所有敍述將取代呼叫敍述。

8. 轉移函數：.TF 敍述會產生 dc 小信號轉移函數。它的形式為

   .TF ⟨(OUTPUT VARIABLE)⟩ ⟨(INPUT SOURCE) NAME⟩

   從＜（ INPUT SOURCE) NAME＞到＜（ OUTPUT VARIABLE ）＞的
   增盆可根據輸入和輸出電阻求出。＜（ OUTPUT VARIABLE ）＞可以是一
   個電流或電壓：但是電流時，它被限制為電壓源內的電流。

   例題 E.16 ： .TF V(3) IIN

   產生一個 dc 小信號轉移函數 V（3）／IIN，從獨立電流源 IIN 端點處看入的
   輸入電阻，及從節點 V（3）處看入的輸出電阻。

9. 暫態分析：.TRAN敍述會完成一個電路的暫態分析。它的形式為

   .TRAN ⟨(PRINT STEP) VALUE⟩ ⟨(FINAL TIME) VALUE⟩ [UIC]

   暫態分析是計算 $0 < t << $（ FINAL TIME) VALUE＞時段內的電路行為
   。＜（ PRINT STEP）VALUE＞是指繪出或畫出分析結果時所用的時間間
   隔。關鍵字 UIC會用到 .IC 所規定的電容器和電感器初始條件。

   例題 E.17 ： .TRAN 1NS 100NS UIC

   會完成 0 到 100 ns 時段內的暫態分析，且以 1 － ns 時間間隔繪出輸出。

D 輸出控制敍述

輸出控制敍述包含 .PLOT、.PRINT和 .WIDTH 等敍述。

1. 繪圖：.PLOT敍述允許印表機繪出 dc、ac 和暫態分析的輸出圖形。它的形
   式為

.PLOT [DC][AC][TRAN][OUTPUT VARIABLE]*
+   ([〈(LOWER LIMIT) VALUE), 〈(UPPER LIMIT) VALUE)])

DC、AC和TRAN是能輸出的分析型態。實際上，只有一個分析型態必須被
規定。[OUTPUT VARIABLE]*是一列欲繪出的輸出變數。在一個
.PLOT紋述中至多有8個輸出變數。

　　x軸的增量及範圍是由欲繪出的分析所固定。y軸的範圍是由輸出變數的
(＜LOWER LIMIT)VALUE＞,＜(UPPER LIMIT)VALUE＞)
來設定。每一事件定義一個有特定範圍的y軸，在它和左方下一範圍間出現的
所有輸出變數都會放在它對應的y軸上。若沒有y軸極限規定，則程式會自動
決定繪圖的限制。

例題E.18： .PLOT DC V(2) V(3,5) I(R2)

畫出V(2)、V(3，5)和I(R2)的dc響應。

　　.PLOT AC VM(3) VP(3) IR(C1) II(C1)

畫出V(3)的量和相位，及I(C1)的實部和虛部。

　　.PLOT TRAN V(5) V(2,3) (0,5V) I(R1) I(VCC) (−5MA,5MA)

畫出極限0和5V間V(5)和V(2，3)的暫態響應，以及極限−5和5mA
間I(R1)和I(VCC)的暫態響應。

2. 印出： .PRINT紋述允許用表格形式印出dc、ac和暫態分析的結果。它的
形式為

　　.PRINT [DC][AC][TRAN][(OUTPUT VARIABLE)]*

DC、AC和TRAN是能輸出的分析型態。實際上，只有一個分析型態必須被
規定。[OUTPUT VARIABLE]*是一列欲印出的輸出變數，這裏輸出變
數個數並無限制。輸出格式可用.WIDTH指令來規定。

例題E.19： .PRINT DC V(1) I(R12)

印出V(1)和I(R12)的dc值。

　　.PRINT AC VM(1,5) VP(1,5) IR(L2) II(L2)

印出 V（1.5）的量和相位，以及 I（L2）的實部和虛部。

.PRINT TRAN V(7) I(L4) I(VCC) V(3,1)

印出 V（7）、I（L4）、I（VCC）和 V（3,1）的暫態響應。

3. 寬度：.WIDTH 敘述是設定輸出的寬度。它的形式為

.WIDTH OUT = ⟨VALUE⟩

＜VALUE＞是行數，且必須是 80 或 132。預設值為 80。

例題 E.20：.WIDTH OUT = 132

E 結束敘述

子電路檔案和電路檔案的結束敘述分別為 .ENDS 和 .END。

1. 子電路定義的結束：.ENDS 敘述標示一個子電路定義的結束。它的形式為

.ENDS [(SUBCIRCUIT) NAME]

雖然重複子電路名稱是多餘的，但也是相當好的行為。

2. 電路的結束：.END 敘述標示電路的結束。它的形式為

.END

附錄F 選擇性單數題解答

第一章

1.1 苯乙烯樹脂—20.55 mph, Griffith Joyner— 20.96 mph

1.3 (a) -4 C, (b) 5 C, (c) 1.5, 0, -3 A

1.5 9, 0, -18, 0 W

1.7 (a) 15, 4, 4 W, (b) 84 mJ

1.9 25/4, 8 mW

1.11 -24π mJ

1.13 6 cos 2t A, 3 C

1.15 (a) $32e^{-4t}$ W, 8 J, (b) $-128e^{-4t}$ W, -32 J, (c) $-16e^{-4t}$ W, -4 J

1.17 $32(1 - e^{-4})$ J

1.19 (a) 34,560 J, (b) 2880 C

1.21 (a) 14,400 J, (b) 1200 C

1.25 $8(e^{-2t} - 1)^2$ J

第二章

2.1 300 mA, 12 V

2.3 8 A, 15 Ω

2.5 -1 A, 4 V

2.7 1 A, -4 A, 17 V

2.9 4 A

2.11 300 Ω

2.13 400 Ω

2.17 2, 4, 6, 8, 10, 12 V

2.19 10 V

2.21 $R_{eq} = 5$ kΩ, $i_g = 10$ mA

2.23 3, 1 A

2.25 1/3 A, 3 A, 4 V

2.27 250 Ω, 10 mA

2.29 1.5 A

2.31 2 A, 4 Ω

2.33 (a) 400 Ω, 390 Ω, (b) 360 Ω, 351 Ω

2.35 3 W

2.37 3 A, 4 V

2.39 10 A, 2.5 A, 10 V

2.41 37.5 μA

2.43 4.5 kΩ

第三章

3.1 -2 V, 8/9 W

3.3 -3 A

3.5 5 A

3.7 (a) 3 A, 6 V, (b) -1 A, -6 V

3.9 (a) 5 cos 2t A, 3 Ω, (b) -20 cos 2t A, -2 Ω

3.11 -8 V

3.13 12 V

3.15 (a) 20 kΩ, 20 kΩ, (b) 1 kΩ

3.19 8 sin 3t V

3.21 3 Ω

3.23 3 A

3.25 -1 A

3.27 2 sin 3000t mA

3.29 17 V

3.31 (b) $0.999990v_1$, $0.9900990v_1$, $0.5v_1$

第四章

4.1 40, 24 V

4.3 2, 4 A

4.5 2 A

4.7 3 A

4.9 2 A

4.11 20 V

4.13 64 W

4.15 -2, -4 V

4.17 4 V

4.19 4 cos 3t V

4.21 95 kΩ

4.25 4 W

4.27 8 V

4.29 −2, 4 A

4.31 75 W

4.33 9 V

4.35 3 cos 1000t mA

4.41 $v = 3$ V, $R_{in} = 1.82$ kΩ

4.43 $v_1 = 5, 6, 7, 8, 9, 10$ V

第五章

5.1 3.5 A, 35 V, 8 V

5.5 −200 V

5.9 3 A

5.11 24 V

5.13 16 W

5.15 6 A

5.17 $v_{oc} = 14$ V, $R_{th} = 10$ Ω: 4 W

5.19 $i_{sc} = 2.8$ A, $R_{th} = 5$ Ω; 1 A

5.21 $i_{sc} = 3$ A, $R_{th} = 8$ Ω; 1A

5.23 $v_{oc} = 120/19$ V, $R_{th} = 198/19$ Ω; 4 V

5.25 $v_{oc} = −70$ V, $R_{th} = 16$ Ω; −3.5 A

5.27 $v_{oc} = 4.8$ V, $R_{th} = 800$ Ω; 1 mA

5.29 $v_{oc} = 14 \cdot$V, $R_{th} = 10$ Ω; 4 W

5.31 −6 mA

5.35 7.2 mW, 800 Ω

5.37 28 Ω, 1.75 W

5.39 16/9 Ω, 625 W

5.41 $v_{oc} = 12$ V, $R_{th} = 8$ Ω, $v = 4$ V

5.43 4.5 Ω, 2 W

第六章

6.1 2 V

6.5 4 V

6.9 2 V

6.11 (a) 3 A, (b) −1 A

6.17 26 V

第七章

7.1 $i = 2$ μA, $0 < t < 0.5$ s
 $i = −2$ μA, $0.5 < t < 1$ s

7.3 $e^{−20t}$ A

7.5 $25e^{−10t}$ V

7.7 (a) $5 + 8t$ V, (b) $5 + 8t^2$ V, (c) $9 − 4e^{−2t}$ V,
 (d) $5 + 5 \sin 4t$ V

7.9 $16e^{−4t}$ W

7.11 (a) 2 J, 2 s, (b) 16 V

7.13 (a) 3/2, 9/10 A, (b) 12, 12 V,
 (c) 0, −6/5 A, (d) 0, −12 V/s

7.15 3 A, 3 A, −3/4 A, 15 V

7.17 10 μF

7.19 6, 0, −2 V

7.21 $20e^{−20t}$ V

7.23 (a) −10 sin 10t mV, (b) −50 sin 20t μW,
 (c) $5 \cos^2 10t$ μJ, (d) 50 μW

7.25 72 J, −20 A/s

7.27 15 mA, −20 A/s

7.29 10 mH

7.31 12 mH

7.33 5, −20; 25, 20 V

7.35 20 V/s, 12 A/s

7.37 1 nF, 10^{12} Ω

7.39 2 或 10 V

第八章

8.1 $10e^{−100t}$ V

8.3 (a) 0.4 MΩ, 0.5 μF, 16 μJ, (b) 36.8%

8.5 $8e^{−3t}$ V, $e^{−3t}$ A

8.7 $0.9e^{−t}$ A

8.11 $5 + 10e^{−2t} + 5e^{−t}$ A

8.13 (a) $V_0 e^{−t/RC}$, (b) $\dfrac{R}{R_1 + R} V_0 e^{−t/RC}$

8.15 $2e^{−8t}$ A

8.17 $−16e^{−4t}$ V

8.19 $−24e^{−4t}$ V, $−0.3e^{−4t}$ A

8.21 $−6e^{−10^4 t}$ A

8.23 $2e^{−4t}$ A

8.25 $2 + 5e^{−2t}$ A, $24 − 30e^{−2t}$ V

8.27 $6(e^{−4t} − 1)$ V

8.29 $6 − 2e^{−2t}$ A

8.31 $2(1 + e^{−16t})$ A

8.33 (a) $4 − 2e^{−3t}$ V, (b) $6e^{−t} − 4e^{3t}$ V,
 (c) $e^{−3t}(12t + 2)$ V

8.35 $4e^{−5t} + 8$ V, $3(e^{−5t} − e^{−3t})$ A

8.37 $(14e^{−3t} − 12e^{−2t})u(t)$ V

8.39 $8(1 − e^{−3t})$ V

第九章

9.3 $1.2e^{-t} - 0.2e^{-6t}$ A

9.5 $8e^{-2t} (\cos t - \sin t)$ V

9.7 $(1 + 4t)e^{-2t}$ A

9.9 $54e^{-t} - 9e^{-6t}$ V

9.11 $(4 + 2t)e^{-2t}$ A

9.13 $e^{-5t}(\cos 5t + 0.2 \sin 5t)$ A

9.15 (a) $e^{-t}(\cos t + 4 \sin t)$ A,
(b) $(1 + 3t)e^{-2t}$ A, (c) $3e^{-3t/2} - 2e^{-2t}$ A

9.17 $8e^{-2t} - 2e^{-8t} + 2$ A

9.19 $6e^{-3000t} - 18e^{-1000t} + 12$ mA

9.21 $3e^{-4t} + 9$ V, $6e^{-2t} + 6$ V

9.23 (a) $12[1 - e^{-t}(\cos t + \sin t)]$ A,
(b) $6 - 12e^{-t} + 6e^{-2t}$ A,
(c) $12 - (12 + 24t)e^{-2t}$ A

9.25 $(6 + 12t)e^{-2t} + 4$ A

9.27 $-2e^{-2t} - e^{-3t} + 5 \cos 3t + \sin 3t$ A

9.29 $(2 + \frac{17}{2}t - 2t^2)e^{-t}$ A

9.31 (a) $(2 - 12t)e^{-2t} - 2$ V,
(b) $(4 - 6t)e^{-2t} - 4 \cos 2t - \sin 2t$ V

9.33 $(4 + 12t)e^{-8t} + 2 \sin 8t$ V

9.35 $8e^{-2t} \sin 2t$ V

9.37 $-(10 + 10^4 t)e^{-1000t} + 10$ V

第十章

10.1 (a) 100 V, (b) 45°, (c) $\pi/4$, (d) 5 ms,
(e) 400π, (f) 200, (g) 62° (leads)

10.3 (a) v_1 領先 60°, (b) v_1 領先 67.4°,
(c) v_1 落後 6.9°

10.5 $0.25 \cos (2 \times 10^6 t - 53.1°)$ mA

10.7 5 kΩ, $1/15$ μF

10.9 $10e^{j(4t-28.1°)}$ V, $10 \cos (4t - 28.1°)$ V

10.11 (a) $20e^{j(2t+15°)}$ A, (b) $10 \cos (2t - 45°)$ A,
(c) $2 \sin (2t - 60°)$ A

10.13 (a) $5\sqrt{2} \cos (10t + 135°)$,
(b) $13 \cos (10t + 112.6°)$,
(c) $5 \cos (10t - 36.9°)$,
(d) $-10 \cos 10t$, (e) $5 \sin 10t$

10.15 (a) $20\underline{/-171.9°}$ Ω, (b) $1/\sqrt{2}\underline{/15°}$ kΩ,

(c) $a\underline{/\alpha}$ Ω

10.17 5 Ω, -5 Ω, 1/10 S, 1/10 S,
$\sqrt{2} \cos (2t + 45°)$ A

10.19 $10 \cos (4t - 28.1°)$ V

10.21 $2\underline{/53.1°}$ Ω, $3\underline{/-53.1°}$ A,
$3 \cos (2t - 53.1°)$ A

10.23 $20 \sin 1000t$ mA, $4 \cos 1000t$ V

10.25 $8 \cos (t - 53.1°)$ A

10.27 $\sqrt{2} \cos (40,000t - 98.1°)$ mA

10.29 $2 \cos (2t - 53.1°)$ A,
$0.5 \cos (2t - 53.1°)$ A

10.31 $50 \cos 15,000t$ V

10.33 (a) $4 \cos (t + 36.9°)$ A, (b) $5 \cos 2t$ A,
(c) $4 \cos (4t - 36.9°)$ A

10.35 $\frac{3}{8} \cos 4t$ A

10.37 $2\sqrt{2} \cos (4000t - 135°)$ mA

10.39 $-3e^{-2t} + e^{-6t} + 2\sqrt{5} \cos (6t - 26.6°)$ A

第十一章

11.1 $10 \cos (2t + 233.1°)$ V

11.3 $\frac{3}{4} \cos 2t$ A

11.5 $24 \sin 4t$ V

11.9 $16\sqrt{2} \cos (4t - 45°)$ V

11.11 $\frac{\sqrt{2}}{2} \cos (4t - 135°)$ V

11.13 $2\sqrt{2} \cos (4t - 135°)$ V

11.15 $3\sqrt{2} \cos (1000t + 45°)$ mA

11.17 $2\sqrt{5} \cos (4t - 10.3°)$ V

11.19 $2\sqrt{2} \cos (4t - 135°)$ V

11.21 $-4 \sin 3000t$ mA

11.23 $8 \cos t$ V

11.25 $6\sqrt{2} \cos (t + 135°)$ V

11.27 $4 + \sqrt{2} \cos (2t - 45°)$ V

11.29 $3 \cos 2t + 12 \cos (3t + 7.4°)$ V

11.31 $\mathbf{I}_{sc} = \frac{9}{65}(7 - j4)$ A,

$\mathbf{Z}_{th} = \frac{18 + j1}{5}$ Ω, $i_1 = \cos 2t$ A

11.33 $\mathbf{V}_{oc} = \dfrac{10}{3} \underline{/0°}$ V, $\mathbf{Z}_{th} = -j\dfrac{4}{3}$ Ω,

$\quad\quad v = 2 \cos (8t - 53.1°)$ V

11.35 $\dfrac{1}{\sqrt{2}} \cos (1000t - 135°)$ V

11.37 $0.5 \cos (3t + 126.9°)$ A

11.39 $x^2 + \left(y + \dfrac{1}{2}\right)^2 = \dfrac{1}{4}$, 1 H, $\sin 2t$ V

第十二章

12.1 500 W

12.3 $\dfrac{3}{2}RI_m^2$

12.5 $\dfrac{8}{5}$ W

12.7 $P_{100\Omega} = 4000$ W, $P_{200\Omega} = 400$ W, $P_g = -4400$ W

12.9 3.4 W

12.11 145 W

12.17 (a) 2 W, (b) $\dfrac{25}{12}$ W, (c) $\dfrac{4}{3}$ Ω

12.19 (a) 10 V, (b) 9 V, (c) 8.72 V

12.21 4 V rms

12.23 $\dfrac{1}{4}$ A rms

12.27 0.6 落後 , $-\dfrac{25}{4}$ Ω

12.29 30 W, -18 vars, $30 - j18$ VA, $\dfrac{1}{80}$ F

12.31 $5\sqrt{2} \underline{/60°}$ A rms

12.33 (a) 1.6 mF, (b) 700 μF

12.35 14 W, 2 vars, $14 + j2$ VA

12.37 4 W

12.39 $3\sqrt{3}$ kW

第十三章

13.1 $10\sqrt{3} \underline{/90°}$ A rms

13.3 $2.31 \underline{/6.9°}$, $2.31 \underline{/-113.1°}$, $2.31 \underline{/-233.1°}$ A rms, 640 W

13.5 $20\sqrt{3}$ A rms

13.7 $5 \underline{/-53.1°}$ Ω

13.9 $2.66 - j10.32$ A rms

13.11 $\mathbf{I}_{AN} = 24$ A rms,

$\quad\quad \mathbf{I}_{BN} = \dfrac{24}{5}[\sqrt{3} - 2 - j(2\sqrt{3} + 1)]$ A rms,

$\quad\quad \mathbf{I}_{CN} = 6(\sqrt{3} + j1)$ A rms,

$\quad\quad \mathbf{I}_{nN} = \dfrac{1}{5}[-(72 + 54\sqrt{3}) + j(48\sqrt{3} - 6)]$ A rms

13.13 24 A rms

13.15 $\dfrac{100}{\sqrt{3}}$ A rms, 15 kW

13.17 $100\sqrt{3}$ V rms, 60 A rms, 10.8 kW

13.19 17.62 μF

13.21 20 A rms

13.23 $\mathbf{I}_{aA} = 10 - j4$, $\mathbf{I}_{bB} = -20$, $\mathbf{I}_{cC} = 10 + j4$ A rms

13.25 $10\sqrt{3}$ A rms, 7.2 kW

13.27 $\mathbf{I}_{aA} = 17.32$, $\mathbf{I}_{bB} = -8.66 + j6.34$, $\mathbf{I}_{cC} = -8.66 - j6.34$ A rms

13.31 (a) $2/\sqrt{3}$, $4/\sqrt{3}$ kW, (b) $2\sqrt{3}$ kW

13.35 $3\sqrt{3}$, $1.5\sqrt{3}$, $4.5\sqrt{3}$ kW

13.37 (a) 1, (b) 0, (c) 0.5 落後, (d) 0.5 領先
(e) 0.866 領先

13.39 $1500\sqrt{3}$, $-633.7\sqrt{3}$ W

第十四章

14.1 (a) $5 \underline{/-30°}$, (b) $1 \underline{/45°}$, (c) $10 \underline{/-53.1°}$, (d) $5 \underline{/0°}$

14.3 $-4e^{-t} \sin t$ A

14.5 $-16e^{-4t} \cos 2t$ V

14.7 $8e^{-2t} \sin t$ V

14.9 $\sqrt{2} \cos (t - 135°)$ V

14.11 $4\sqrt{2}\, e^{-2t} \cos (2t + 45°)$ V

14.13 $\dfrac{-2s}{s^2 + 4s + 8}$, $2\sqrt{5}e^{-2t} \cos (4t + 116.6°)$

14.15 $\dfrac{150}{s^2 + 15s + 75}$, $-12e^{-10t} \sin 5t$ V

14.17 $\dfrac{2}{(s + 1)^2}$, $\dfrac{12}{13}e^{-4t} \cos (2t + 67.4°)$ V

14.19 $\mathbf{V}_{oc} = \dfrac{16(2s + 3)}{s}$, $\mathbf{Z}_{th} = \dfrac{6(s + 2)}{s}$,

$$i = \sqrt{5}\, e^{-2t} \cos\,(4t - 26.6°)\ \text{A}$$

14.21 $6e^{-t} - 6e^{-3t} - 12te^{-t}$ V

14.23 $e^{-3t}(-8 + \sin 6t) + 8$ V

14.25 $\mathbf{z}_{11} = s$, $\mathbf{z}_{12} = \mathbf{z}_{21} = s$, $\mathbf{z}_{22} =$

$$\frac{s^2 + 250}{s},$$

$$\mathbf{y}_{11} = \frac{s^2 + 250}{250\,s},\ \mathbf{y}_{12} = \mathbf{y}_{21} = -\mathbf{y}_{22}$$

$$= \frac{-s}{250}$$

第十五章

15.1 $\dfrac{s}{s^2 + s + 25}$

15.3 $\dfrac{6s}{s^2 + 10s + 16}$

15.5 $\dfrac{2s}{s^2 + 2s + 100}$, $\omega_0 = 10$ rad/s, $|\mathbf{H}|$
$= 1$

15.7 $\dfrac{1}{5}$ H, 5 F

15.11 $R_1 = 5\ \Omega$, $R_2 = 10\ \Omega$, $R_3 = 1\ \Omega$,
$\omega_{c_1} = 0.95$ rad/s, $\omega_{c_2} = 1.05$ rad/s,
$B = 0.1$ rad/s

15.15 $\dfrac{\frac{1}{2}}{s^2 + \sqrt{2}s + 1}$

15.17 $\dfrac{\frac{2}{3}}{s^3 + 2s^2 + 2s + 1}$, $\dfrac{\frac{2}{3}}{\sqrt{1 + \omega^6}}$

15.19 $R_1 = \dfrac{1}{2}\ \Omega$, $R_2 = \dfrac{1}{\sqrt{2}}\ \Omega$, $R_3 = 1\ \Omega$

15.21 $|\mathbf{H}(j\omega)| = \dfrac{\omega^2}{\sqrt{1 + \omega^4}}$; $\omega_c = 1$ rad/s

15.23 $\dfrac{\frac{1}{2}s^3}{s^3 + 2s^2 + 2s + 1}$, $\dfrac{\frac{1}{2}\omega^3}{\sqrt{1 + \omega^6}}$,
$\omega_c = 1$ rad/s

15.25 $\dfrac{(1/2)(s^2 + 1)}{s^2 + (1/2)s + 1}$; $R = 1\ \Omega$, $L = 1$ H,
$C = 1$ F

15.27 $R_1 = 79.6$ kΩ, $R_2 = 159.2$ kΩ,
$R_3 = 15.92$ kΩ, 其他 1 Ω 電阻器都
改為 15.92 kΩ 電阻器。

15.29 $R_1 = 1\ \Omega$, $R_2 = 2\ \Omega$, 1 Ω 電阻器改
為 10 kΩ，2 Ω 電阻器改為 20 kΩ。

15.31 $\mathbf{H}(s) = \dfrac{s^3}{s^3 + 2s^2 + 2s + 1}$,
$L = 0.05$ H,
R's $= 10$ kΩ

15.33 1 Ω → 14.14 kΩ, 2 Ω → 28.28 kΩ,
$\dfrac{1}{2}\ \Omega$ → 7.07 kΩ

15.35 1 Ω → 4 kΩ, 2.5 H → 0.1 H

15.37 $|\mathbf{H}| = 1$, $\phi = -2\,\tan^{-1}\dfrac{2\omega}{2 - \omega^2}$

第十六章

16.1 $-50 \sin 100t$ V

16.3 (a) 12, 26 V, (b) 12, 26 V

16.5 26, -40; 14, 20 V

16.7 $4(e^{-t} - 2e^{-2t})$ V

16.9 $\dfrac{5\sqrt{2}}{6} \sin\,(2t + 135°)$ V

16.11 $2.5\sqrt{2} \cos\,(2t + 135°)$ V

16.13 4 J

16.15 8 J

16.17 (a) 0.6 H, (b) 0.3 H, (c) 6 mH

16.19 $-4e^{-t}$

16.23 $e^{-t} - e^{-3t}$ A

16.25 $3 \cos 4t$ A

16.27 $4\sqrt{2} \cos\,(2t - 45°)$ A

16.29 $\dfrac{s}{3s + 2}$

16.31 $\sqrt{2}e^{-t} \cos\,(t + 45°) - e^{-t}$ A

16.33 18W

16.35 (a) $\dfrac{\mathbf{V}_2}{\mathbf{V}_1} = \dfrac{N_2}{N_1}$, $\dfrac{\mathbf{I}_2}{\mathbf{I}_1} = \dfrac{N_1}{N_2}$, (b) $10\underline{/30°}$ A,
$40\underline{/0°}$ V

第十七章

17.1 (a) $a_0 = 3$, $a_n = 0$, $b_n = \dfrac{(-1)^n - 1}{n\pi}$,
$\omega_0 = 1$

(b) $a_n = \dfrac{2(-1)^n}{\pi(n^2 + 1)} \sinh \pi$,

$n = 0, 1, 2, \ldots; b_n = -na_n,$
$n = 1, 2, 3, \ldots; \omega_0 = 1;$

(c) $\dfrac{1}{3} + \dfrac{4}{\pi^2} \displaystyle\sum_{n=1}^{\infty} \dfrac{(-1)^n}{n^2} \cos n\pi t$

17.7 $\dfrac{8}{\pi} - \dfrac{16}{\pi} \displaystyle\sum_{n=1}^{\infty} \dfrac{(-1)^n}{4n^2 - 1} \cos 4nt$

17.9 $\dfrac{1}{4} + \dfrac{2}{\pi} \sqrt{\dfrac{\pi^2 + 4}{\pi^2 + 16}} \cos\left(\dfrac{\pi t}{2} + \right.$

$\tan^{-1}\dfrac{\pi}{2} - \tan^{-1}\dfrac{\pi}{4}\left.\right) - \dfrac{2}{3\pi}$

$\sqrt{\dfrac{9\pi^2 + 4}{9\pi^2 + 16}} \cos\left(\dfrac{3\pi t}{2} + \tan^{-1}\dfrac{3\pi}{2}\right.$

$\left. - \tan^{-1}\dfrac{3\pi}{4}\right) + \ldots$

17.11 $\dfrac{1}{6} + \displaystyle\sum_{n=1}^{\infty} \dfrac{4(-1)^n}{n^2\pi^2} \sqrt{\dfrac{n^2\pi^2 + 1}{n^2\pi^2 + 4}}$

$\cos\left(n\pi t + \tan^{-1} n\pi - \tan^{-1}\dfrac{n\pi}{2}\right)$ A

17.13 $\dfrac{8}{\pi} - \dfrac{16}{\pi} \displaystyle\sum_{n=1}^{\infty}$

$\dfrac{\cos\left(4nt + \tan^{-1}\dfrac{4n}{8n^2 - 1}\right)}{(4n^2 - 1)\sqrt{1 + 64n^2}}$ V

17.19 $\dfrac{16}{\pi} \displaystyle\sum_{n=1}^{\infty} \dfrac{1}{2n - 1} \sqrt{\dfrac{1 + (2n-1)^2\pi^2}{4 + (2n-1)^2\pi^2}}$

$\sin\theta$ A;

$\theta = (2n - 1)\pi t + \tan^{-1}$

$\dfrac{(2n-1)\pi}{2 + (2n-1)^2\pi^2}; \dfrac{16}{\pi}\displaystyle\sum_{n=1}^{\infty}$

$\dfrac{\sin\left[(2n-1)\pi t - \tan^{-1}\dfrac{(2n-1)\pi}{2}\right]}{(2n-1)\sqrt{4 + (2n-1)^2\pi^2}}$

左：

$\dfrac{128}{\pi^2}\displaystyle\sum_{n=1}^{\infty} \dfrac{1 + (2n-1)^2\pi^2}{(2n-1)^2[4 + (2n-1)^2\pi^2]}$
W;
右：

$\dfrac{128}{\pi^2}\displaystyle\sum_{n=1}^{\infty} \dfrac{1}{(2n-1)^2[4 + (2n-1)^2\pi^2]}$ W

17.21 $\displaystyle\sum_{n=-\infty}^{\infty} \dfrac{8}{\pi(1 - 4n^2)} e^{j4nt}$

17.23 (a) $|c_0| = \dfrac{3}{2}$, $\phi_0 = 0$; $|c_{-n}| = |c_n|$
$= 0$, n 偶數; $= 1/|\pi n|$, n 奇數
; $\phi_n = -90°$, $n = 1, 3, 5, \ldots$

17.27 (a) $e^{-j\omega/2} Sa(\omega/2)$,

(b) $\dfrac{a + j\omega}{(a + j\omega)^2 + b^2}$,

(c) $\dfrac{1 - e^{-(a+j\omega)}}{a + j\omega}$

17.29 $\dfrac{-j2\omega}{a^2 + \omega^2}$

17.31 (a) $\dfrac{-j3}{13 - \omega^2 + j4\omega}$,

(b) $\dfrac{2 + j\omega}{13 - \omega^2 + j4\omega}$,

17.33 $\dfrac{8e^{j\omega/2}\cos\dfrac{5\omega}{2}\sin\omega}{\omega}$

17.35 (a) $\dfrac{a}{\pi(t^2 + a^2)}$, (b) $\dfrac{-2at}{\pi(t^2 + a^2)^2}$,

(c) $\dfrac{a}{\pi[(t-2)^2 + a^2]}$

17.37 (a) $-e^t u(-t)$, (b) $-te^t u(-t)$

17.39 (a) $\dfrac{1}{2 + j\omega}$, (b) $(e^{-t} - e^{-2t})u(t)$ V

17.41 $\dfrac{2 + j\omega}{1 + j\omega}$; $y' + y = x' + 2x$

第十八章

18.1 (a) $\dfrac{2e^{-3s} - 1}{s}$ (b) $\dfrac{e^{-as} - e^{-bs}}{s}$

18.3 (a) $\dfrac{k}{s^2 - k^2}$, (b) $\dfrac{2}{s(s + 2)}$,

(c) $\dfrac{18}{s(s^2 + 36)}$, (d) $\dfrac{s^2 + 2}{s(s^2 + 4)}$

18.5 (a) $\dfrac{s + 1}{(s + 1)^2 + 9}$, (b) $\dfrac{4}{(s + 2)^2 + 16}$,

(c) $\dfrac{s + 5}{(s + 3)^2}$, (d) $\dfrac{1}{s^2 + 8s + 15}$

18.7 (a) $e^{-t}(6 \cos 3t - 2 \sin 3t)u(t)$
(b) $e^{-2t}(2 \cos 3t + 2 \sin 3t)u(t)$
(c) $te^{-2t}u(t)$
(d) $e^{-t}(2 \cos t - 8 \sin t)u(t)$

18.9 $\dfrac{4s}{(s^2 + 4)^2}$

18.13 (a) $(e^{-2t} - e^{-3t})u(t)$, (b) $(1 - \cos t)u(t)$

18.15 $(\cos t + \sin t)u(t)$

18.17 (a) $\dfrac{(ae^{-at} - be^{-bt})u(t)}{a - b}$
(b) $(2e^{-t} - e^{-2t})u(t)$
(c) $(-4 + 5e^{-t} + e^{-3t})u(t)$
(d) $(2 - t + 3 \cos t - 2 \sin t)u(t)$

18.19 (a) $e^{-t}(1 + \sin 2t)u(t)$
(b) $e^{-t}(1 + t - \cos t - \sin t)u(t)$
(c) $[-2 \sin 3t + 2e^{-2t}(2 \cos 3t - \sin 3t)]u(t)$
(d) $[4e^{-2t} + e^{-t}(-4 \cos 2t + \frac{13}{4} \sin 2t - 5t \sin 2t - \frac{5}{2}t \cos 2t)]u(t)$

18.21 (a) $\left[e^{-t}\left(1 - 3t + \dfrac{9}{2}t^2\right) + e^{-4t}\right]u(t)$,
(b) $\left[1 - e^{-t}\left(1 + t + \dfrac{t^2}{2} + \dfrac{t^3}{6}\right)\right]u(t)$

18.23 (a) $-\cos t + \sin t$, (b) $e^{-t} \sin t$,
(c) $1 + e^t \sin t$, (d) $3e^{-t} + 2 \sin t$,
(e) $e^{-t} - e^{-3t} - 2te^{-3t}$,
(f) $e^{-t}(1 + 2t) + e^{-3t}(-1 - 4t)$

18.25 $-1 + e^{-t}$

18.27 $2 + 10e^{-t} - 10e^{-4t}$ A

18.29 $e^{-3t} - 3e^{-t} + 4 \cos 3t + 2 \sin 3t$ A

18.37 (a) $2 \sin 2t$ V, (b) $2 \cos 2t$ V,
(c) $2 \cos 2t + 2 \sin 2t$ V

18.39 $t \sin 3t$ A

18.41 $e^{-t}\left(2 + t - \dfrac{1}{2}t^2\right)$ A

18.43 $-e^{-t}(\cos 2t + 3 \sin 2t)$,
$e^{-t}(2 \cos 2t + \sin 2t)$

18.45 $\dfrac{1}{5}[1 - e^{-3t}(\cos t + 3 \sin t)]u(t) - \dfrac{1}{5}\{1 - e^{-3(t-1)}[\cos (t - 1) + 3 \sin (t - 1)]\}u(t - 1)$

18.47 $\dfrac{1}{s^2 + \sqrt{2}s + 1}$, $\dfrac{1}{\sqrt{1 + \omega^4}}$

18.49 $\dfrac{\dfrac{\mu}{2R}}{s^2 + \left(2 - \mu + \dfrac{1}{R}\right)s + \dfrac{1}{R}}$,
(a) $2e^{-t} \sin t\, u(t)$,
$[1 - e^{-t}(\cos t + \sin t)]u(t)$ A,
(b) $(e^{-t} - e^{-2t})u(t)$,
$\left(\dfrac{1}{2} - e^{-t} + \dfrac{1}{2}e^{-2t}\right)u(t)$ A,
(c) $4te^{-2t}u(t)$, $[1 - e^{-2t}(1 + 2t)]u(t)$ A

MEMO

MEMO

親愛的讀者，您好！

感謝您對全華圖書的支持與愛用，雖然我們很慎重仔細的處理每一本書，但疏漏之處在所難免，若您發現本書有任何錯誤或不當之處，敬請填寫於勘誤表內，我們將詳盡查證後於再版時修正。您的批評與指教是鞭策我們前進的最大原動力，謝謝您的合作！

全華編輯部

書名：				
編號：		作者：		版次：
頁　數	行　數	錯 誤 或 不 當 之 詞 句	建 議 修 正 之 詞 句	
其他之批評與建議：（如封面、編排、架構……等）				

詳填後請寄至：台北市龍江路76巷20-2號2F　全華科技圖書公司編輯部收

國家圖書館出版品預行編目資料

電路學 /David E. Johnson，John L.
Hilburn Johnny R. Johnson 原著 ；
湯君浩編譯 . - - 初版. - - 臺北市：全華，
民 82
　　面 ；　　公分
譯自：Basic electric circuit analysis，fourth ed.

ISBN　　978-957-21-0413-2(平裝)

1. 電路

448.62　　　　　　　　　　　　82003436

電路學—第四版

編　　譯	湯君浩
發 行 人	陳本源
出 版 者	全華圖書股份有限公司
地　　址	236 台北縣土城市忠義路 21 號
電　　話	（02）2262-5666　（總機）
傳　　眞	（02）2262-8333
郵政帳號	0100836-1 號
印 刷 者	宏懋打字印刷股份有限公司
圖書編號	02320
初版十刷	2007 年 6 月
定　　價	新台幣 480 元
I S B N	978-957-21-0413-2

全華圖書
www.chwa.com.tw
book@ms1.chwa.com.tw

全華科技網 OpenTech
www.opentech.com.tw